2판

식품생화학

최 병 범

창지사

머리말

바이오산업(BT)에 속하는 국내 식품산업은 해마다 매우 빠른 속도로 성장하고 있는 가운데 4차 산업혁명 시대에서도, 정보통신기술산업(IT), 인공지능(AI) 및 로봇산업 등과 함께 선도적인 성장동력산업이자 핵심산업 분야이다. 우리에게 친숙한 제빵, 맥주나 와인의 양조, 치즈 제조, 과일주스 가공, 고기 연화 작용 등 이 모든 과정도 식품산업 기술이다. 또한, 식품은 본질적으로 동물, 식물, 미생물 등 생명체로부터 유래된 것이고 살아 있는 세포 내에서 일어나는 대사과정의 산물이기도 하여 식품과 인체는 동전의 양면처럼 연관성이 매우 크다.

소비 계층 및 욕구의 다양화로 인해 새로운 식품 개발이 요구되고 식품을 제조하는 공정의 규모가 커지고 복잡해짐에 따라 제품에 관한 연구 개발 및 식품제조 공정에 필요한 학문이 요구된다. 식품산업 연구와 제품 개발은 물리학, 화학, 생물학적 지식을 토대로 공학적 지식을 응용하는 학문이 꼭 필요하며 이러한 식품산업 분야의 연구와 제품 개발을 위해 필요한 대표적인 학문 중의 하나가 식품생화학(Food Biochemistry)이다.

현재까지 많은 종류의 생화학 관련 책들이 출판되어 있으나, 기존 생화학 저서들은 화학이나 생물학을 기반으로 다루는 생체 분자, 물질대사, 그리고 분자생물학 영역 중심으로 구성되어 있다. 이에 반해 본 저서는 기존 생화학 저서와는 다르게 차별성을 두어 기본적인 생화학 지식 이외에도 식품 관련 학생 및 종사자들이 식품과 생화학의 연관성 그리고 식품에서 일어나는 생화학 관련 내용을 다루어 식품산업 분야에 도움이 되고자 이 책을 출판하고자 한다.

이 책은 물과 완충용액, 탄수화물, 지질, 아미노산 및 단백질, 효소, 대사의 기본 개요, 해당과정 및 탄수화물 대사, TCA 회로, 전자전달계와 산화적 인산화, 지질 대사, 아미노산 대사, 핵산 및 대사, 식품 가공 및 저장 공정에 필수적인 생화학 반응 등 총 17장으로 구성하였고 각 장마다 연습문제를 수록하였다.

이 책이 식품 관련 분야 학생들에게는 전공 교과목의 수업교재로 제공되어 식품과 관련된 생화학 지식을 체계화 및 심화시키고, 식품산업 분야 종사자들에게는 식품산업 분야 현장에서 생화학이 응용되고 있는 기술, 공정과 연구 및 제품 개발에 도움을 주는 데 기여할 수 있기를 기대한다. 또한, 저자의 부족함으로 생긴 여러 가지 미흡한 점이 있다면 향후 보완을 통하여 더 나은 책으로 거듭날 것을 약속드린다. 마지막으로 이 책의 출판을 위하여 많은 도움과 노고를 아끼지 않은 창지사와 관계자분들에게 감사의 마음을 전한다.

2022. 1.

최병범

차례

chapter 01

서론

Introduction

생화학(biochemistry)은 생명체의 생명현상을 분자 수준에서 규명하는 학문으로 식품학, 영양학, 생명과학, 생명공학 의학, 약학 등의 관련 학문과 밀접한 관계를 이루는 바이오(bio, BT) 관련 최첨단 분야이며, 기초 연구의 결과가 산업 및 실생활에 직접 응용되는 특수한 학문 분야이다. 생화학에서 다루는 영역은 생체분자(biomolecule)의 구조와 기능, 생체분자의 대사, 분자생물학 그리고 생리화학 등으로 크게 나눌 수 있다.

생체분자는 생명체를 구성하는 탄수화물, 지질, 단백질 등으로 이들 분자에 대한 화학적 구조와 물리적 특성 및 생화학적 기능을 분자 수준에서 이해함으로써 궁극적으로는 생명현상의 기본 원리를 밝히는 데 토대가 되는 생명과학 전반에 걸친 기초 분야이다. 세포는 물질을 분해하여 에너지를 생산하는 분해 대사와 에너지를 소비하여 물질을 합성하는 합성 대사가 복잡하게 얽혀 일어나고 있는 조절계이며, 생체분자 대사 분야에서는 이와 같은 생화학 반응 경로와 조절 문제를 연구한다. 분자생물학은 유전정보의 흐름을 연구하는 학문으로서, DNA의 구조, 복제, 수선 및 재조합, RNA의 합성, 전사 및 가공 그리고 단백질의 생합성 및 유전자 발현 조절 등을 연구한다. 생리화학은 생체의 각 조직에서 일어나는 생화학 반응을 연구하여 생리현상을 규명하고자 하는 분야로, 주로 척추동물의 순환, 배설, 면역, 근육, 감각, 신경 및 호르몬계의 유기적 상관관계와 다양한 생화학 반응을 다룬다.

생화학을 이해하기 위해서는 생명체를 구성하는 세포 내 구성 성분인 분자와 이들의 결합 등을 먼저 이해하는 것이 필요하다. 한편, 식품생화학(food biochemistry)은 생화학 지식을 토대로 식품산업 분야의 연구와 제품 개발에 응용하는 학문이다. 식품(food)은 본질적으로 동물, 식물, 미생물 등 생명체로부터 유래된 것이고 살아 있는 세포 내에서 일어나는 대사과정의 산물이기도 하여 식품과 생화학은 동전의 양면처럼 연관성이 매우 크다. 사실, 제빵, 맥주나 와인의 양조, 치즈 제조, 과일 주스 가공, 고기 연화 작용 등 이 모든 과정도 생화학 반응과 대사를 통해 얻게 되는 식품산업 기술이다.

이 장에서는 생화학을 학습하기 전에 필요한 기초 개념인 분자, 화학결합, 이성질체, 그리고 세포 및 주요 생화학 반응 등에 대해서 간단하게 알아보고자 한다.

1. 물질

물질인 분자를 구성하는 원자(atom)는 중심에 양전하(+)를 가진 원자핵과 그 주위에 회전하는 음전하(-)를 가진 전자(electron)로 구성되어 있으며, 원자핵은 양성자(proton)와 중성자(neutron)를 포함하고 있다. 일반적으로 양성자 수와 전자 수는 같으며, 양성자 수는 그 원소의 기본적인 성질을 나타내어 그 원소의 원자번호라고 한다. 원자의 질량수는 양성자 수와 중성자 수를 합한 값이다. 분자(molecule)는 자연계의 모든 순수한 물질들의 기본단위로 원자들의 결합에 의해 생성된다. 전기를 띠고 있는 원자나 원자 모임(원자단)을 이온(ion)이라 하며, 양전하를 가진 양이온(양성자 수가 전자 수보다 많은 경우)과 음전하를 가진 음이온(전자 수가 양성자 수보다 많은 경우)이 있다. 한 가지 원자로 구성된 물질을 원소(element), 두 가지 이상의 원자로 구성된 분자 모임을 화합물(compound)이라 한다. 분자를 구성하는 원자의 종류와 개수를 나타내는 식을 분자식(molecular formula)이라 한다.

1) 화학결합

물질을 계속 쪼개어 나가면 그 물질의 성질을 가지는 가장 작은 입자인 분자가 되고, 분자는 원자로 이루어져 있다. 이러한 사실은 원자들이 결합하여 분자가 되며, 분자들이 모여서 물질이 되는 것을 나타낸다. 이처럼, 원자들이 서로 결합하여 분자를 이루는 이유는 자연에 있어서 물질의 변화는 늘 안정한 쪽으로 이루어지는데, 원자가 결합하여 분자를 형성하는 것도 그렇게 함으로써 더 안정해지기 때문이다. 이때 안정하다는 것은 에너지 함량이 상대적으로 적다는 의미이다. 만일, 원자 상태가 분자 상태보다 더 안정하다면 화학결합은 이루어지기 어려울 것이다. 따라서 원자가 결합을 형성하면 안정해지는 만큼의 에너지를 외부로 방출하는데, 이 에너지를 결합 에너지라고 한다. 분자 내의 원자와 원자 사이의 결합을 화학결합(chemical bond)이라 하며, 원자들의 결합에 의해 형성된다. 결합 방식에는 전자를 공유하는 공유결합(covalent bond), 전자를 주고받는 이온결합(ion bond) 등이 있다.

(1) 공유결합

탄소(C)는 다른 원소들과 전자쌍을 공유함으로써 공유결합을 형성할 수 있다. 그러므로 탄소는 쉽게 자신과 수소, 산소 혹은 질소와 강하고 안정한 공유결합을 쉽게 형성할 수 있다. 이것은 탄소가 최대로 4개의 다른 원자들과 결합할 수 있음을 말한다. 탄소의 이러한 특수한 성질 때문에 다양한 공유결합 배열이 가능하며, 거의 수백만의 다른 물질을 만들 수 있다. 이것은 탄소가 다양한 결합이 가능한 원소이며, 생명에 대한 기본 요소로 이용되는 데 아주 적당하다는 것을 보여 주는 것이다. 기본적으로 원자들은 서로 원자가 전자를 공유하여 비활성 기체와 같은 전자배치를 가지려는 경향을 보이며, 이러한 전자배치를 갖게 되면 안정한 상태가 된다. 이와 같이 전자의 공유를 통한 결합을 공유결합이라고 한다. 2개의 수소 원자(H)가 각각의 전자를 상대방 원자와 함께 공유함으로써 수소 분자(H_2)를 형성하면 수소 원자들은 비활성 기체인 아르곤(Ar)과 같은 전자배치를 갖게 되어 전체적으로 안정화가 된다. 공유결합은 두 결합된 원자 사이에 전자쌍을 공유함으로써 이루어진다. 공유한다는 것은 전자쌍이 두 원자의 각 궤도 함수를 동시에 점유한다는 것을 의미하며, 이러한 것은 두 궤도 함수가 서로 적당히 겹치면 일어난다. 단일, 이중 및 삼중결합은 두 원자 사이에 각각 하나, 둘 및 세 개의 결합 전자쌍을 공유한다. 또한, 공유결합은 공유전자쌍으로 이루어진 결합으로 방향성을 가지며 입체 구조를 가지는 것이 특징이다. 즉, 공유결합의 방향성을 통해 공유결합물질의 입체 구조를 예측할 수 있다.

❶ 수소결합

수소결합(hydrogen bond)은 분자 간 인력의 하나로 분자 중에 산소(O), 질소(N), 플루오르(F)처럼 전기음성도가 큰 원자와 공유결합한 수소를 가진 화합물에서 나타나는 현상이다. 즉, 수소와 산소로 이루어진 공유결합에서 산소의 전기음성도는 수소에 비해 매우 크기 때문에 극성이 큰 결합이다. 이러한 결합에서 수소 원자는 부분적으로 양전하를 띠며 산소 원자는 음전하를 갖게 된다. 이 화합물은 인접한 분자의 반대 전하와 상호작용을 일으켜 인력이 발생된다. 이처럼 수소와 전기음성도가 큰 원자인 산소, 질소, 플루오르 간의 인력을 수소결합이라 하며, 극성 공유결합이다.

(2) 이온결합

이온결합(ion bond)은 정반대되는 전하를 띤 양(+)이온과 음(-)이온 사이에 형성되는 인력을 통해 이루어진다. 이온결합은 금속과 비금속 사이에 형성되며, 일반적으로 높은 녹는점을 가지며 물에 잘 녹는다. 이온결합은 생명체에서 다른 화학결합보다 모든 방향으로 향하면서 먼 거리에 걸쳐 인력을 작용하며, 이온결합의 세기는 다른 전하물질에 따라 변한다.

2) 이성질체

이성질체(isomer)는 분자식은 같으나, 물리적 또는 화학적 성질을 달리하는 두 물질이다. 이성질체의 종류는 구조, 기하, 광학, 입체 등이 있다. 구조 이성질체(structural isomer)는 원자의 결합 상태가 서로 다르며, 기하이성질체(geometric isomer)는 원자단 간의 거리가 서로 다른 시스(cis)-트랜스(trans) 관계이다.

광학이성질체(optical isomer)는 편광면을 회전하는 성질이 서로 다른, 광학 활성이 있는 이성질체로 우선성과 좌선성의 두 종류가 있다. 우선성(dextrorotatory: +, d) 이성질체는 편광면을 오른쪽으로 이동시키는 반면, 좌선성(levorotatory: -, l) 이성질체는 편광면을 왼쪽으로 이동시킨다. 이들 광학이성질체는 화학적 성질은 동일하나, 물리학적 성질의 일부와 생리학적 성질과 편광면 회전 성질이 다르다.

입체이성질체(stereoisomer)는 비대칭 탄소 원자에 결합된 원자나 원자단의 배열이 다른 이성질체로 D형과 L형이 있다. D-카논(D-carnone)은 스피어민트(spearmint)이고 L-카논(L-carnone)은 캐러웨이(caraway)로 미나리과의 회향풀이며, L-아스파틸-L-페닐알라닌 메틸 에스터(L-Asp-L-Phe methyl ester)는 다이펩타이드(dipeptide)인 아스파탐(aspartame)으로 달콤한 맛의 감미제인 반면, L-아스파틸-D-페닐알라닌 메틸 에스터(L-Asp-D-Phe methyl ester)는 쓴맛을 가진다.

2. 식품

식품(food)은 섭취할 수 있는 모든 음식물로, 섭취할 수 있는 식품의 종류는 대략 3,000종이며 생산방식, 자원, 가공에 따라 각각 분류할 수 있다. 생산방식에 따른 분류로는 농산식품, 수산식품, 축산식품 등이, 자원에 따른 분류로는 식물성 식품, 동물성 식품 등이, 가공에 따른 분류로는 자연식품, 냉동식품, 저장식품, 건조식품, 인스턴트식품, 레토르트(retort)식품, 건강기능식품 등이 있다. 특히, 건강기능식품은 인체에 유용한 기능성을 가진 원료나 성분을 사용하여 제조 · 가공한 식품으로 고시형과 개별인정형으로 구분하는데, 이러한 기능성 성분은 생리활성물질로서 이들의 대사는 생화학과 밀접한 관계가 있다.

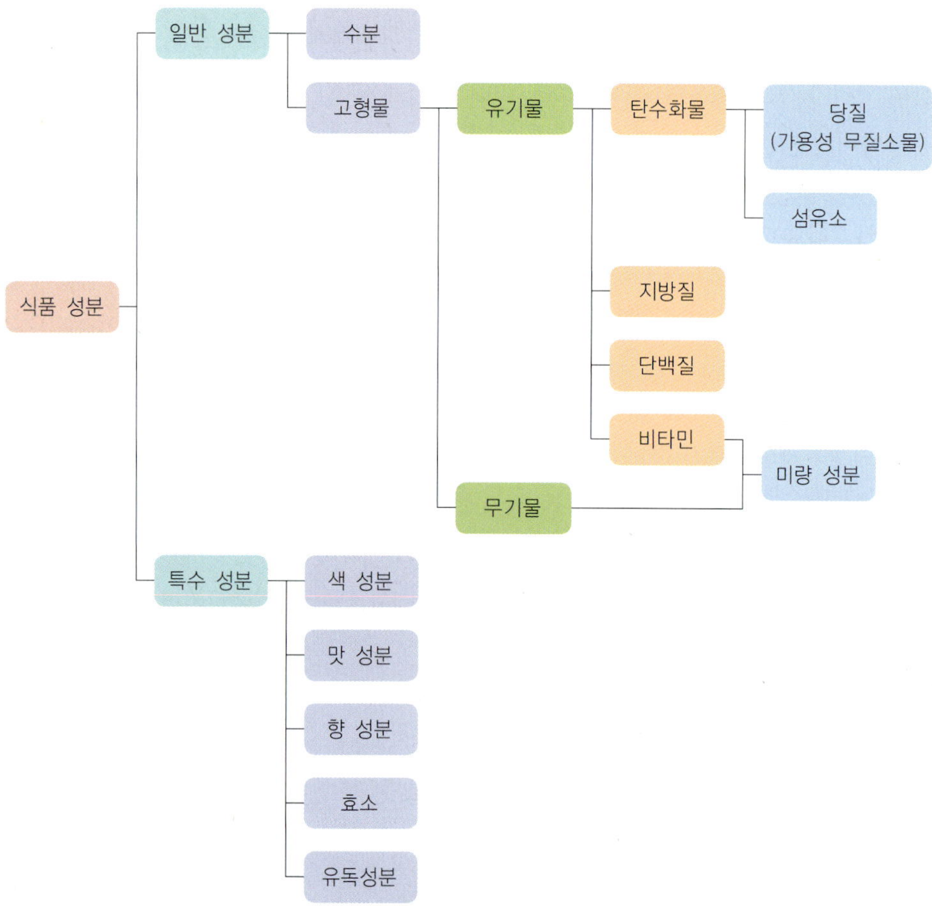

[그림 1-1] 식품의 화학 성분

식품은 다양한 화학 성분으로 구성된 복합체이다. 식품의 화학 성분은 식품의 영양적 · 기호적 품질을 좌우하며, 식품의 가공 및 저장과 밀접하다. 식품의 화학 성분은 크게 수분과 고형물로 나눌 수 있으며, 고형물은 탄수화물, 단백질, 지방질 등의 유기물(organic compound)과 회분 등의 무기물(inorganic compound) 또는 무기질(mineral)로 구분된다.

식품 성분(food composition)은 성분의 함량으로 일반 성분과 특수 성분으로 나눈다. 일반 성분은 수분, 탄수화물, 단백질, 지방질, 무기질 등의 양이 많은 주성분이며, 특수 성분은 비타민, 유기산, 아미노산, 지방산, 콜레스테롤, 알코올, 색소, 카페인, 탄닌, 펙틴 등의 양이 적은 미량 성분이다. 또한, 특수 성분에는 비타민, 카로티노이드, 플라보노이드, 오메가-3 지방산인 EPA와 DHA, 올리고당 등 인체에 유용한 생리활성물질이 있으며, 이러한 기능성 성분이 들어 있는 식품이 기능성 식품인 건강기능식품(health functional food)이다.

3. 인체

인체는 다세포동물로 세포가 집합하여 조직을 만들고 각 조직은 기관을 구성하며, 이들이 모여서 기관계를 형성한 다음 개체를 생성한다. 세포 구조에는 단계적 조직이 있으며, 구성단위인 생체분자, 생체고분자(macromolecule), 초분자 집합체, 세포소기관 등으로 이루어진다. 공유결합으로 이루어진 아미노산과 뉴클레오타이드는 단백질과 핵산의 성분이며, 단백질과 핵산은 수소결합으로 이루어진 염색질의 성분이고 염색질은 세포소기관인 핵의 성분이다. 거대분자, 세포 전체의 크기, 형태, 생물학적 기능은 그것을 구성하는 단순한 구성단위 성분의 크기와 형태에 의존한다. 각 생체고분자의 독특한 구조는 그 기능을 결정하며, 비공유 상호작용(noncovalent interaction)은 생체고분자의 구조와 기능에 중요하다.

1) 생체분자

인체의 화학 원소는 20종류가 있으며, 이들이 상호 결합하여 유기화합물 또는 무기물로서 인체를 구성한다. 인체에서 가장 많은 비중을 차지하는 원소는 O, C, H, N 등

4가지이며, 이들은 세포 중량의 99% 이상을 차지한다. 인체의 화학 성분은 물 61%, 단백질과 지질 39%, 무기질 5.5% 등으로 되어 있다.

인체의 주요 구성 성분은 생체고분자(macromolecule)로 다당류, 지방질, 단백질, 핵산 등 거대분자이다. 생체고분자는 작은 구성단위 분자로 구성되었으며, 구성단위 분자는 단순한 구조이다. 다당류인 글리코젠은 단당류인 글루코오스가 구성단위로 글라이코사이드 결합으로 연결되었으며, 지방은 지방산이 구성단위로 글리세롤과 에스터 결합으로 형성된 구조이다. 단백질은 구성단위가 아미노산이고 펩타이드 결합으로 형성되었으며, 아미노산은 R기가 20종이므로 아미노산도 20종류이다. 핵산은 구성단위가 염기, 오탄당, 인산으로 구성된 뉴클레오타이드로 포스포디에스터 결합으로 연결되었으며, 핵산은 크게 DNA와 RNA의 2종류로 구분한다. 염기는 DNA의 A, T, G, C 등의 4종류와 RNA의 A, U, G, C 등의 4종류가 있다.

2) 세포

인체의 진핵세포(eukaryotic cell)는 이중 막으로 형성된 핵을 가진 세포로, 핵 외에 미토콘드리아, 소포체 등의 세포소기관과 세포골격을 가지고 있다. 진핵세포의 크기는 보통 5~100μm로, 원핵세포(prokaryotic cell)보다 크고 유전정보인 DNA도 대량으로 가지고 있다. 원핵세포에서 RNA와 단백질은 DNA와 똑같은 구획으로 합성된다. 한편, 진핵

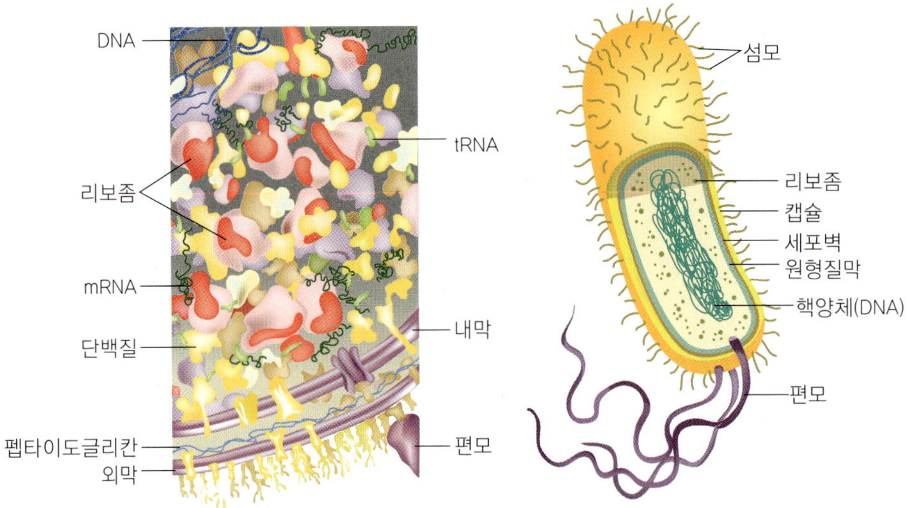

[그림 1-2] 원핵세포의 구조

세포에서 유전정보인 DNA는 핵으로 싸여 있고 RNA 합성은 핵 속에서 이루어지며, 단백질은 세포질에서 합성된다.

(1) 세포소기관

세포소기관은 진핵세포의 세포 내에서 보이는 막으로 형성된 구조로 오가넬(organelle)이라고도 한다. 세포막, 핵, 미토콘드리아, 골지체, 소포체, 리보좀, 리소좀, 퍼옥시좀 등이 있다. 엽록체(chloroplast)는 식물세포만이 갖는 세포소기관으로 동물세포에는 없다. 엽록체는 미토콘드리아처럼 2개의 막으로 되어 있고 광합성, 지방산 합성, 식물의 면역반응 등에 관여한다.

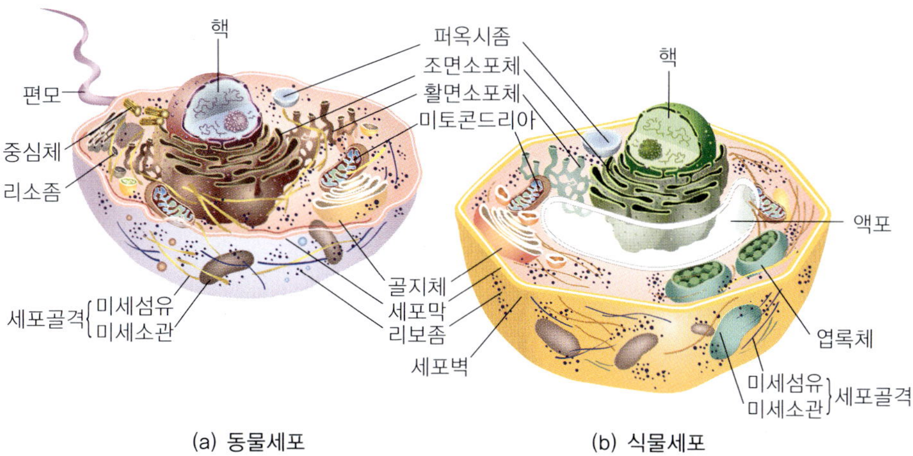

[그림 1-3] 진핵세포의 구조

❶ 세포막

세포막(cell membrane)은 단백질이 묻혀 있는 지질 이중층 구조로 세포의 안쪽을 바깥쪽으로부터 분리하여 주변 환경으로부터 세포를 보호하고 이온과 유기화합물에 선택적 투과성을 갖고 있으며, 세포 내외의 물질 이동을 조절하는 역할을 한다. 세포막은 세포 부착, 삼투, 세포 신호, 세포 내 함입, 세포 외 배출 등 다양한 세포반응에 관여한다.

❷ 핵

핵(nucleus)은 핵막으로 둘러싸여 있고 DNA와 히스톤의 복합체인 염색질을 갖고 있는 세포소기관이다. 핵은 세포주기 중 유전자 발현을 제어하고 DNA 복제를 조절한다.

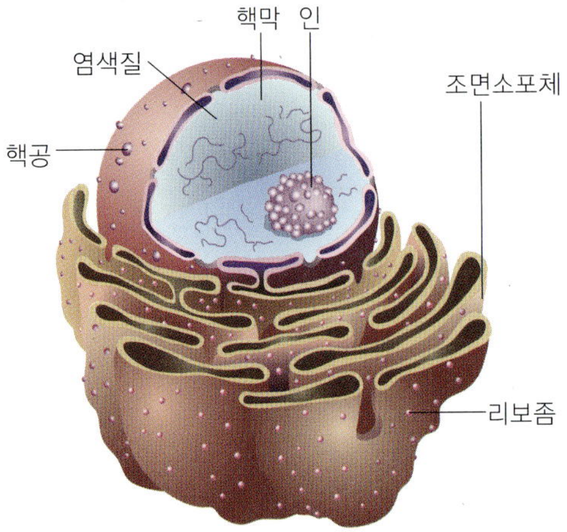

[그림 1-4] 핵의 구조

또한, 핵은 전사가 일어나는 장소로 전사된 RNA는 핵막공(핵공)을 통해 세포질로 이동하여 번역 과정을 거친다. 핵은 이중 막으로 형성된 세포소기관으로 진핵세포의 '진핵'이라는 이름은 핵을 가진 것에서 유래하며, 세포 속에서 가장 눈에 띄는 구조로, 1개의 진핵세포는 보통 1개의 핵을 갖는다. 핵은 유전정보인 DNA를 둘러싸고 있고 이중 막의 핵막은 안쪽 막인 내막과 바깥쪽 막인 외막이 있으며, 외막은 소포체에 연결되어 있다. 핵막에는 다수의 작은 구멍인 핵공이 뚫려 있고, 세포질과의 연락은 핵공을 통해 이루어진다. 진핵세포에서 DNA의 전사는 핵 속에서 이루어지며, mRNA는 핵공에서 세포질로 나가고, 거기서 번역이 이루어진다. 핵을 가지지 않은 원핵생물에서는 전사와 번역도 세포질에서 이루어진다.

❸ 미토콘드리아

미토콘드리아(mitochondria)는 외막, 내막, 크리스타(cristae), 기질(matrix), 막사이 공간 등을 포함한 구조로 ATP 합성에 관여하는 전자전달계와 산화적 인산화는 내막에, TCA 회로 등은 기질에 위치한다. 미토콘드리아는 호흡반응으로 에너지원인 ATP를 생산하는, 세포에 없어서는 안 되는 작용을 한다. 여기서 말하는 호흡은 폐에 의한 호흡인 외호흡이 아니라 세포의 호흡인 내호흡이다. 호흡반응에서는 산소를 이용하여 포도당이 분해되어 이산화탄소와 물이 되는 과정에서 ATP가 만들어진다. 미토콘드리아가 없으면 세포는 1분자의 포도당에서 2분자의 ATP밖에 생산할 수 없지만, 미토콘드리아가 있으면 30 또는 32분자의 ATP를 생산할 수 있어 미토콘드리아는 '세포의 발전소'라고도 불린다.

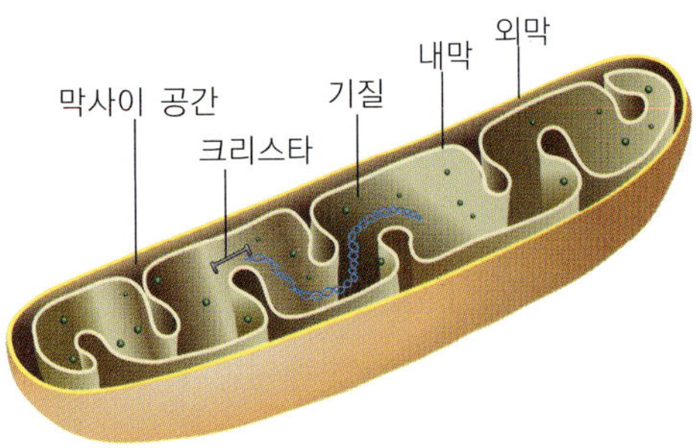

[그림 1-5] 미토콘드리아의 구조

❹ 소포체

소포체(endoplasmic reticulum, ER)는 시스터나(cisternae), 소낭(vesicle), 세관(tubule) 등으로 구성된 세포질 그물망 구조로 조면소포체(rough endoplasmic reticulum)와 활면소포체(smooth endoplasmic reticulum)로 나눈다. 조면소포체는 단백질을 합성하는 리보좀으로 부착되어 덮여 있고 단백질 합성에 관여하는 반면, 활면소포체는 리보좀이 부착되어 있지 않아 지질 대사, 탄수화물 대사, 해독 작용에 관여한다.

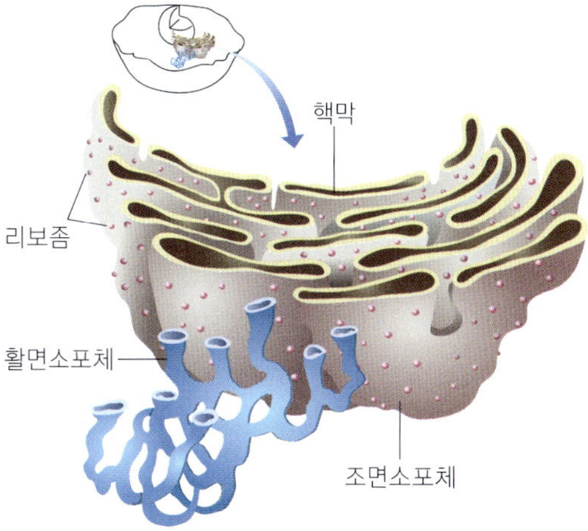

[그림 1-6] 소포체의 구조

❺ 리보좀

리보좀(ribosome)은 유전정보에 따라 단백질을 합성하는 세포소기관으로 RNA와 단백질로 구성된 복합체이다. 리보좀은 막으로 둘러싸여 있지 않아 세포소기관으로 분류하지 않으며, 조면소포체에 결합된 형태로 존재하나, 일부 세포질에 유리된 상태로도 존재한다. 원핵세포의 리보좀은 50S와 30S 소단위로 구성된 70S이고 진핵세포의 리보좀은 60S와 40S 소단위로 구성된 80S로 각 소단위는 rRNA와 단백질의 복합체이다.

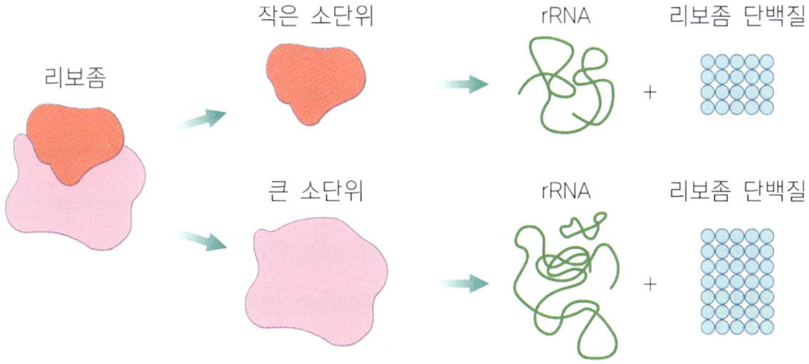

[그림 1-7] 리보좀의 구성

❻ 골지체

골지체(Golgi apparatus)는 지질과 단백질로 된 납작한 막으로 싸여 있고 다수의 평평한 자루가 겹쳐진 구조로 커다란 분자의 분비나 운반을 하고 있다. 소포체는 세포질 전체에 퍼져 있는 구조로 핵막의 외막과 연결되어 있고 단백질과 지질의 합성이나 운반을 담당하고 있다. 골지체는 소포체로부터 온 단백질을 가공하여 기능적 단백질로 변화시키며, 프로테오글라이칸(proteoglycan) 합성에서 중요한 역할을 하고 단백질과 리소좀으로 들어갈 단백질을 분류한다.

❼ 리소좀

리소좀(lysosome)은 글라이코사이드 가수분해효소(glycosidase), 단백질 가수분해효소(protease), 지질 가수분해효소(lipase), 핵산 가수분해효소(nuclease) 등 다양한 분해효소를 갖고 있는 세포소기관이다. 리소좀 효소들은 조면소포체 내에서 합성되고 산성 pH(4.8)에서 탄수화물, 단백질, 지질, 핵산 등과 세균 및 바이러스 등을 분해한다.

❽ 퍼옥시좀

퍼옥시좀(peroxisome)은 고급 지방산, 분지 사슬 지방산, D-아미노산 등을 분해하는 팔미토일-CoA 산화효소(pamitoyl-CoA oxidase), 분지 사슬 지방산 산화효소(branched chain fatty acid oxidase), D-아미노산 산화효소(D-amino acid oxidase)와 과산화수소(H_2O_2)를 분해하는 과산화수소 분해효소(catalase) 등 다양한 효소들을 갖고 있는 세포소기관으로 주로 산화반응에 관여한다.

3) 주요 생화학 반응

인체에서 생화학 반응은 생체촉매(biocatalyst)인 효소가 촉매하기 때문에 시험관 안에서 일어나는 화학반응보다 훨씬 더 빠르고 효율적으로 일어난다. 이러한 생화학 반응은 생명현상을 위하여 탄수화물, 지질, 단백질, DNA와 RNA 등 생체분자들의 대사에 모두 참여하며, 인체에서 주요 생화학 반응은 산화-환원반응(oxidation-reduction reaction), 가수분해반응(hydrolysis reaction), 제거반응(elimination reaction), 첨가반응(addition reaction), 이성질화반응(isomerization) 등 5가지 형태가 있다.

(1) 산화-환원반응

산화-환원반응은 2개의 반쪽반응(half reaction)으로 하나는 환원 반쪽반응이고 다른 하나는 산화 반쪽반응으로 구성된 가역적인 반응이다. 산화-환원반응에서 일반적으로 전자를 주는 분자를 환원제(reducing agent, reductant), 전자를 받는 분자를 산화제(oxidizing agent, oxidant)라고 부르지만 대사에서 산화의 정의는 산소가 들어가는 산소첨가(+O)거나 수소가 빠져나가는 탈수소(-H_2)이며, 환원의 정의는 산소가 빠져나가는 탈산소(-O)나 수소가 들어가는 수소첨가(+H_2)이다.

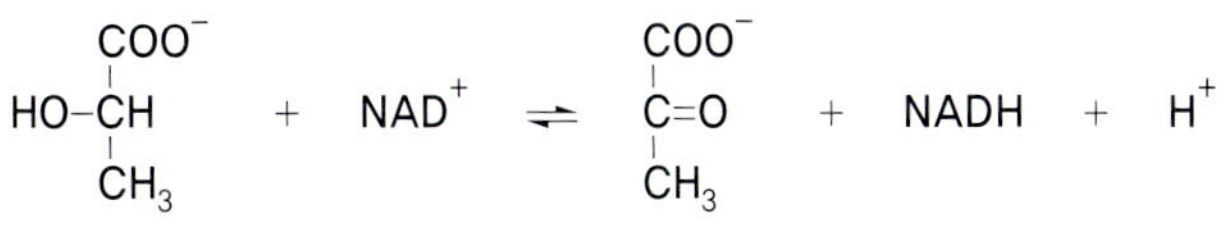

L-lactate　　pyruvate

(2) 가수분해반응

가수분해반응은 반응물에 물 분자(H_2O)가 첨가하여 분해되는 반응으로 생성물의 하나는 물 분자의 H와 다른 하나는 OH와 결합한다. 반대로, 탈수반응은 화합물의 H와 OH가 결합하여 물 분자를 생성하는 반응이다.

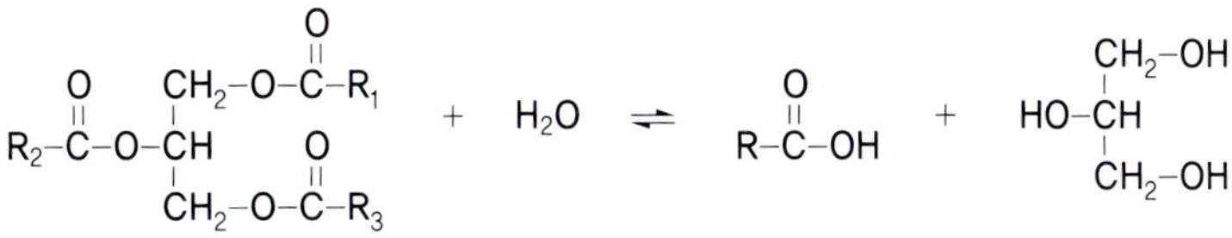

triacylglycerol　　fatty acid　　glycerol

(3) 제거반응

제거반응은 반응물인 한 분자의 일부분이 떨어져 나가는 반응으로 탄소 원자에 결합된 작용기의 수가 감소되는 반응이다. 일반적인 제거반응은 2개의 탄소 원자에서 수소 원자를 제거하여 탄소 사이의 단일결합을 이중결합으로 만드는 반응이다.

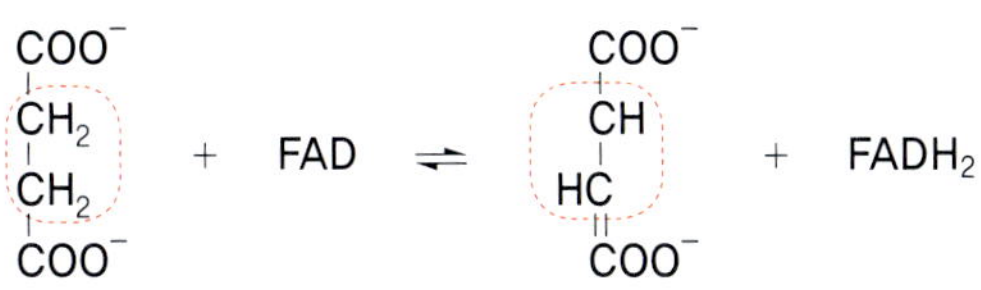

succinate　　fumarate

(4) 첨가반응

첨가반응은 이중결합에 2개의 원자 또는 작용기를 첨가하여 이중결합을 단일결합으로 전환시키는 제거반응의 반대 반응이다. 대사에서 첨가반응에는 수화반응(hydration), 수소첨가인 환원반응(reduction) 등이 있다.

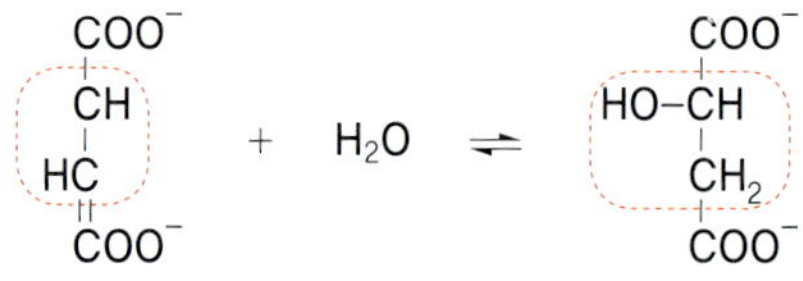

fumarate L–malate

(5) 이성질화반응

이성질화반응은 반응물의 결합이나 원자가 재배열되면서 이성질체를 만드는 반응으로 한 분자가 똑같은 원자로 다른 원자 배열로 인한 다른 구조를 갖는 반응이다. 이성질화반응으로 생성된 분자는 반응물의 분자와는 서로 다른 물리적·화학적 성질을 가진다. 대사에서 주로 이성질화반응은 알도오스-케토오스(aldose-ketose), 시스-트랜스(cis-trans) 이중결합, L형-D형의 상호 전환 등이다.

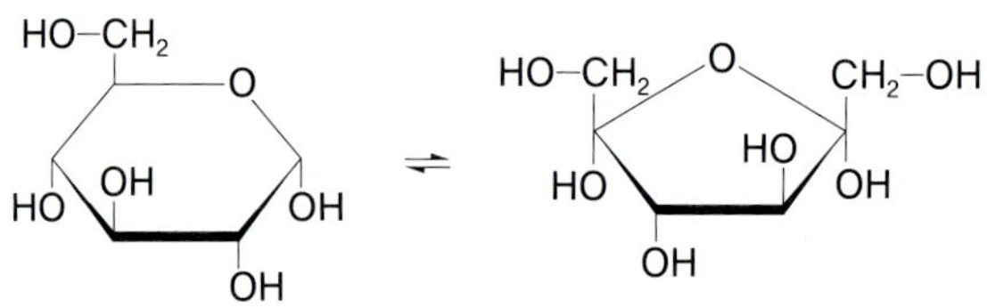

glucose fructose

4) 대사

인체를 포함한 대부분의 생명체(생물체, 생체)는 생명의 유지와 성장 및 여러 생활 현상을 영위하기 위하여 자신의 구성물질을 끊임없이 소비한다. 따라서 생체는 외부에서 항상 적당한 물질을 섭취하며, 외부에서 섭취된 물질은 생체 내에서 복잡한 변화를 일으킨다. 이와 같은 변화에서 에너지를 축적하는 작용을 생합성 또는 동화작용(anabolism)이라 하고 에너지를 공급하는 작용을 분해 대사 또는 이화작용(catabolism)이라 하며, 이 둘을 합쳐서 이루어지는 생체 내의 변화를 대사(metabolism)라고 한다. 대사는 생명 활동을 유지하기 위해 생물이 하는 연속적인 화학반응으로 대사에는 반드시 에너지가 동반된다. 생합성을 하기 위해서는 화학에너지인 ATP와 NACPH가 필요하고, 분해 과정으로 ATP를 얻을 수 있다. 한편, 영양(nutrition)은 생체가 필요한 물질을 외부에서 섭취하여 이것을 이용하여 생활 현상을 영위하는 것이다. 생체가 생활을 영위하기 위하여 외부에서 섭취하는 물질, 즉 영양에 관여하는 물질을 영양소(nutrient)라 하고 영양소는 탄수화물, 지질, 단백질, 비타민 및 무기질 등 5가지로 나누며, 이들을 5대 영양소라 한다. 이들 영양소의 기능은 첫째, 에너지 공급원, 둘째, 생체 조직의 구성 성분 및 소모되는 생체 성분의 보충 역할, 셋째, 생활기능 조절 등이다.

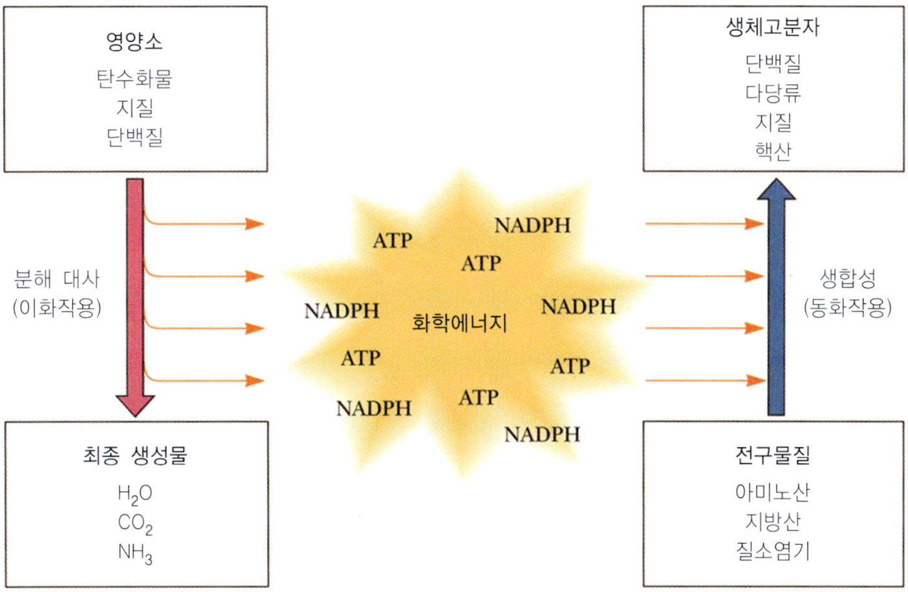

[그림 1-8] 대사와 에너지의 관계

연습문제

1. 수소와 전기음성도가 큰 원자인 산소, 질소, 플루오르 간의 인력으로 옳은 것은?
   ① 수소결합 ② 반데르발스 힘
   ③ 정전기적 인력 ④ 소수성 상호작용
   ⑤ 비극성 공유결합

2. 다음 식품 성분 중 일반 성분으로 옳은 것은?
   ① 유기산 ② 지방산
   ③ 무기질 ④ 아미노산
   ⑤ 콜레스테롤

3. 다음 반응 중 수소가 빠져나가는 반응은?
   ① 산화반응 ② 환원반응
   ③ 분해반응 ④ 첨가반응
   ⑤ 이성질화반응

4. 단백질 합성이 일어나는 곳은?
   ① 미토콘드리아 ② 리소좀
   ③ 소포체 ④ 골지체
   ⑤ 리보좀

5. 미토콘드리아에서 일어나지 않는 대사과정은?
   ① 해당과정 ② TCA 회로
   ③ 전자전달계 ④ 지방산 산화
   ⑤ 산화적 인산화

6. 다음 생체 내에서 일어나는 대사 중 세포 내 부위와 연결이 잘못된 것은?
   ① 해당과정 – 세포질
   ② RNA 합성 – 핵
   ③ TCA 회로 – 미토콘드리아
   ④ 지방산 산화 – 리소좀
   ⑤ 단백질 합성 – 리보좀

7. 생체막의 구조에 대한 설명 중 틀린 것은?
   ① 생체막은 인지질의 이중층으로 되어 있다.
   ② 생체막은 주로 지질과 단백질로 되어 있다.
   ③ 세포막의 단백질에는 지질 이중층을 관통하고 있는 것도 있다.
   ④ 생체막의 표면에는 어떤 호르몬과 특이적으로 결합하는 수용체 단백질이 있다.
   ⑤ 생체막의 인지질 중 소수성 부분은 생체막 표면에, 친수성 부분은 생체막 내부에 위치하고 있다.

8. 생명체가 환경 변화에 의해 스스로 수분, pH, 삼투압, 체온 등을 일정하게 조절하는 것을 무엇이라 하는가?
   ① 대사(metabolism) ② 항상성(homeostasis)
   ③ 성장(growth) ④ 적응(adaptation)
   ⑤ 유기적 체제(organization)

9. 다음 중 능동적 운반(active transport)과 관계없는 것은?
   ① 운반체가 참여한다.
   ② 에너지를 소모한다.
   ③ 특이성을 가지고 있다.
   ④ 포화현상이 나타난다.
   ⑤ 농도가 높은 곳에서 낮은 곳으로 물질 운반이 일어난다.

10. 다음 중 이성질화반응과 관련 있는 것은?
   ① 포도당 – 과당 ② 맥아당 – 자당
   ③ 피루브산 – 젖산 ④ 푸마르산 – 말산
   ⑤ 숙신산 – 푸마르산

정답: 1 ① 2 ③ 3 ② 4 ⑤ 5 ①
6 ④ 7 ⑤ 8 ② 9 ⑤ 10 ①

chapter 02

물과 완충용액

Water and buffers

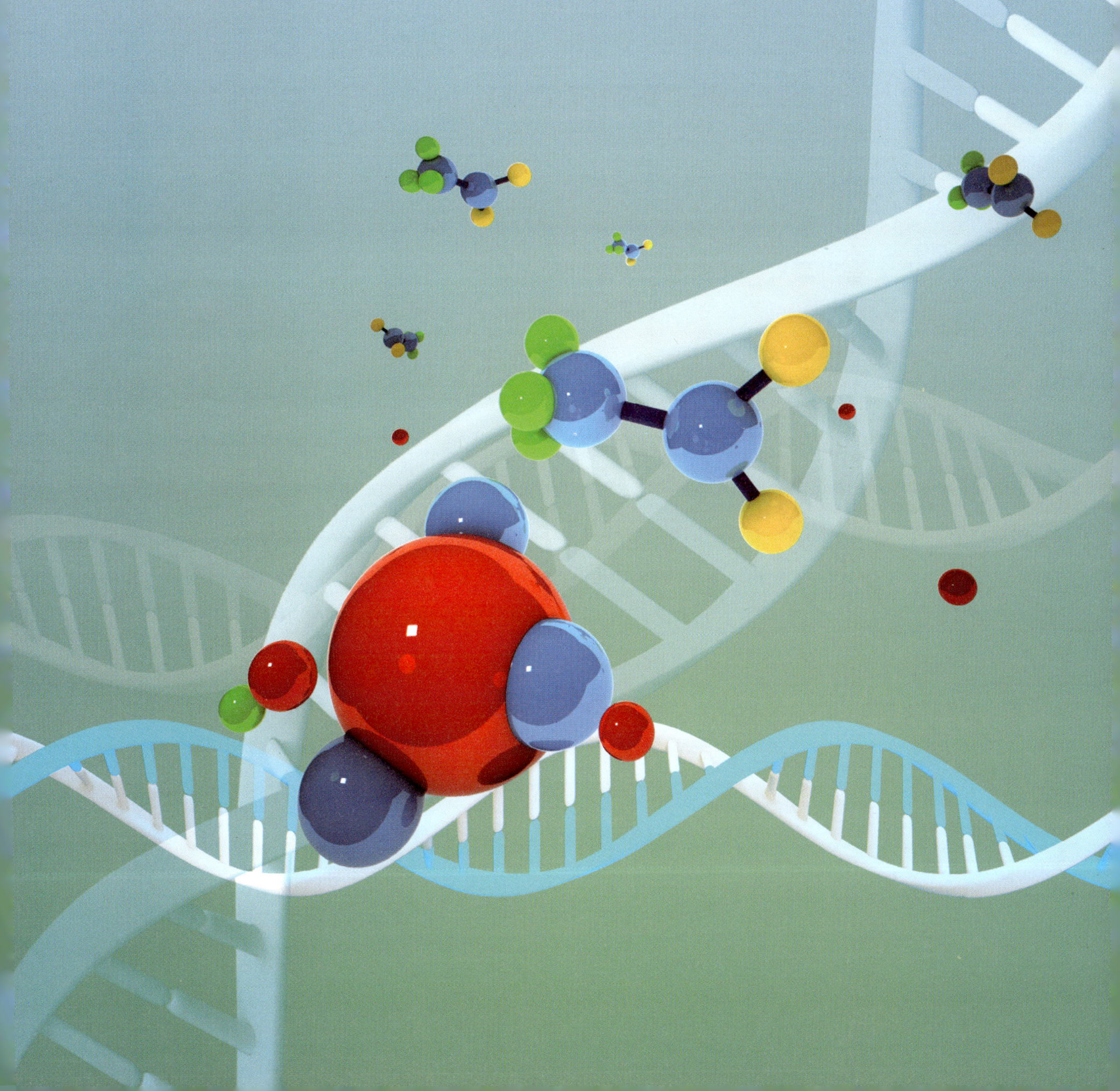

물(water)은 모든 생명체에서 생명현상에 필수적이며, 대부분 세포의 주성분으로 전체 무게의 70~85% 정도를 차지한다. 물은 비록 수소와 산소로 구성된 작은 분자이지만 독특한 성질을 갖고 있다. 물은 용매로서 생명체의 생명 활동과 유지에 결정적인 역할을 하며, 세포 내 다양한 생화학 반응의 촉매 역할도 하고 세포와 조직의 형태 유지와 기능에도 중요한 역할을 한다. 이처럼, 물은 생명체 내에서 대사 반응의 용매로 작용하며, 다양한 생체분자의 생화학 반응에도 관여하고 세포가 일정한 pH를 유지하는 데도 작용한다.

이 장에서는 물 분자의 구조적 특성, 그리고 물 분자의 성질과 생물학적 중요성을 포함한 물의 화학을 설명하고 산, 염기 및 완충용액(buffer)과 체내의 생리학적 완충작용에 대해서도 설명한다.

1. 물의 화학

1) 물의 구조

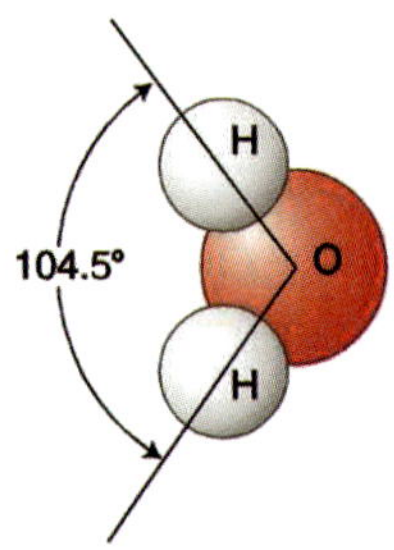

[그림 2-1] 물 분자의 구조

〈표 2-1〉 주요 원소의 전기음성도

원소	전기음성도
F(불소)	4.0
O(산소)	3.5
N(질소)	3.0
C(탄소)	2.5
H(수소)	2.1

물은 자연환경에서 세 가지 상태인 고체, 액체 및 기체로 존재할 수 있는 유일한 물질로 이러한 특성은 물 분자의 독특한 구조와 연관성이 있다.

물은 1개의 산소 원자(O)와 2개의 수소 원자(H)가 공유결합으로 연결된 분자로 분자식은 H_2O이며, 분자량은 18이다. H_2O 분자 내의 H-O-H 결합각도는 105°(104.5°)이고 O-H 결합거리는 0.10nm(0.0965nm)이다.

산소는 전기음성도가 매우 큰 원소(3.5)이기 때문에 공유된 전자를 끌어당겨 수소 원자와 극성 공유결합을 형성한다(표 2-1). 전자는 수소 원자보다 산소 원자에 더 잘 끌려가 산소 원자핵은 부분적인 음전하(δ^-)를, 수소 원자핵은 부분적인 양전하(δ^+)를 띤다.

물 분자는 부분적인 양전하와 음전하를 갖고 있기 때문에 물은 하나의 쌍극자(dipole)로 다른 물과 수소결합(hydrogen bond)을 형성할 수 있다.

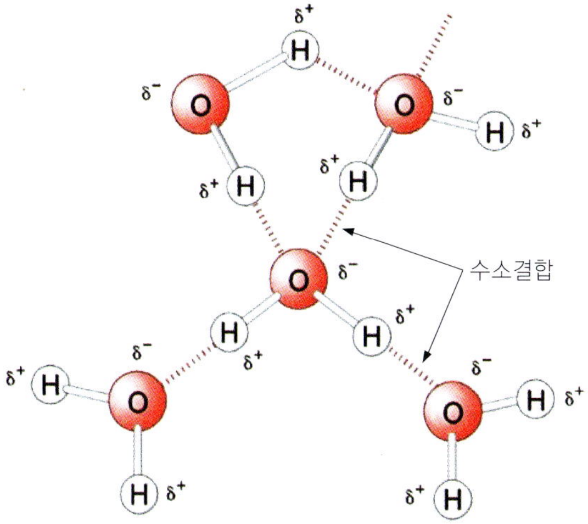

[그림 2-2] 물 분자 사이의 수소결합

수소결합은 분리된 물 분자 사이의 쌍극자-쌍극자 간의 인력으로, 비록 공유결합보다 훨씬 약하지만 물 분자의 특이적 성질의 원인이 된다. 물은 수소결합 때문에 물 분자 상호 간의 강한 인력(응집력)이 발생하여 분자량이 비슷한 다른 물질보다 높은 온도(100℃)에서 끓는다(표 2-2). 이는 물 분자의 수소결합을 파괴하여 분리시키는 데 많은 열에너지가 요구되기 때문이다. 또한, 물이 녹는점(0℃), 증발열, 표면장력 등에 예외적으로 높은 값을 갖는 것은 모두 물의 수소결합에 기인한다.

〈표 2-2〉 물과 분자량이 비슷한 물질의 특성

화합물	분자량	녹는점(℃)	끓는점(℃)	증발열(kj/mol)
CH_4	16.04	−182	−162	8.16
NH_3	17.03	−78	−33	23.26
H_2O	18.02	0	+100	40.71

물은 쌍극자이므로 부분적으로 양전하 혹은 음전하를 띤 많은 물질과 수소결합을 형성하여 쉽게 용해시킬 수 있으며, 대부분 극성물질인 탄수화물, 아미노산, 단백질, 핵산 등의 생체분자는 쉽게 물에 용해된다.

2) 물의 성질

물의 특이한 성질은 수소결합에 기인한다. 수소결합은 생체 내에서 공통으로 작용하며, 물은 용매로서 특이한 성질을 갖고 있다. 물은 높은 녹는점, 끓는점, 증발열, 표면장력 그리고 물 분자들 사이의 강한 인력(응집력)을 갖고 있다. 물 분자는 쌍극성 분자로 전기음성도가 큰 산소 원자가 두 수소 원자들로부터 결합에 관여하는 전자를 끌어당겨 두 결합을 편극화시킨다. 따라서 산소 원자핵은 부분 음전하를, 수소 원자핵은 부분 양전하를 가져 분자들 사이에 정전기적 인력이 발생하고, 이 인력이 수소결합의 원인이다. 수소결합은 방향성을 가진다. 물은 비교적 질서를 갖춘 구조로 $(H_2O)_n$의 거대분자를 형성한다.

3) 물과 인체

인체에서 물은 세포 중량의 대부분(70% 이상), 그리고 성인 체중의 60% 정도를 차지하며 생명현상에 필수적이다. 인간은 물만 공급받으면 3주 이상 생명을 유지하지만, 물을 전혀 공급받지 못하면 생명이 위험해진다. 물은 무기화합물이지만 영양소의 무기질과 구별하며 수분으로 개별 취급한다. 냉동 저장은 조직이나 장기에 따라 다르며, 체내의 수분은 세포 내 수분(70%), 세포 간 액(20%) 및 혈액(10%) 등에 존재하여 이들 중 일부는 조직 성분과 결합하여 결합수로 된다. 근육은 75% 정도의 수분을 함유하여 수분 저장 장소 역할을 하며, 인체 수분 함량의 절반 이상을 보유하고 있다.

(1) 물의 기능

인체에서 물은 영양소의 운반(물질 운반), 대사에서의 효소 촉매반응, 화학에너지의 전달, 생화학 반응, 소화액 생성 및 배설을 위한 노폐물 용해, 체온 유지 등의 역할을 한다. 세포의 구조나 기능은 물의 물리적 · 화학적 성질에 의존한다. 물은 체내의 각 조직에 함유되어 있으며, 조직으로 영양소를 운반하고 조직에서 노폐물을 배설하는 기능을 한다. 용액 또는 유리 상태의 단당류, 아미노산, 지질, 무기질 및 비타민은 혈액과 림프에 의하여 세포조직으로 운반되며, 노폐물도 같은 방식으로 배설된다. 산소와 이산화탄소도 혈액을 경유하여 수송되며, 물은 혈장에서부터 신장을 통과하여 여과되는데 대부분의 물은 다시 신장으로 흡수된다. 물, 그리고 물의 이온 형태인 H^+와 OH^-은 세포 성분인 효소, 단백질, 핵산, 지방질에 영향을 주는데, 특히 효소의 촉매 활동은 H^+와 OH^- 농도에 민감하게 영향을 받는다.

(2) 물의 생물학적 중요성

물의 큰 비열과 기화열은 체온조절에 중요한 역할을 한다. 물의 비열은 1인데 비열은 물 1g을 1℃ 올리는 데 필요한 열에너지(물 1g당 열용량)이다. 물의 비열이 크기 때문에 열을 잘 흡수하여 체온을 일정하게 유지한다. 비열이 클수록 주어진 열량에 의하여 생기는 온도는 낮다. 물은 유능한 열의 전도체로 신체의 건강을 유지하는 데 필요하며, 체온을 일정하게 조절하는 기능이 있다. 피부로부터 수분이 증발되는 것은 체내에서 과다하게 발생하는 열을 제거하는 데 중요하다. 운동을 심하게 할 때 땀이 많이 흐르는 것은 이 때문이며, 이렇게 체온을 조절하기 위하여 수분의 배설을 증가시킨다. 물은 내장기관을 보호하는 데 외부의 자극 전달을 막는 역할을 한다. 물은 조직 내에서 결합 형태로 체내의 평형 유지에 중요한 역할을 한다. 물의 손실로 인한 탈수작용으로 신체는 식품과 체조직을 과다하게 연소시켜 수분 감소에 대해 저항한다. 혈액 내에 단백질 부족으로 생기는 부종은 체조직이 과량의 물을 보유하기 때문이다. 산성뇨(acidosis)에서 산과 케톤체를 제거하기 위하여 과량의 물을 방출하는 등 물은 대사과정에서 조절 역할을 한다. 물은 체내에서 여러 화학반응의 용매 및 가수분해반응에 필요하다. 물은 4℃에서 최대 밀도인 1을 가지며, 물의 큰 유전 상수 값은 수용액 내 많은 이온을 함유한다. 이온성 성분과 물 분자 사이의 인력이 이온성 성분들 사이의 인력보다 월등히 크기 때문에 극성 작용기들은 물 분자들과 쉽게 수소결합을 형성하여 물 분자들 사이로 분산된다.

(3) 물의 흡수와 배설

성인은 물을 하루 약 2.5~3.0L(liter)(1kcal 섭취당 1mL 물 필요)를 섭취하는데 주로 식품 중에 함유된 수분과 음료수이며, 그 외에 영양소의 대사에 의해 생성된 수분이다. 섭취된 물은 위를 빨리 통과하여 대부분 소장에서 95%, 대장에서 4% 흡수하고, 나머지 1%는 소변으로 배설된다. 물이 배설되는 경로는 신장, 피부, 폐 및 장관이며, 분비 비율은 신장과 피부에서부터 각각 40~60%, 15~30%이며, 분변 중에 수분 5~10%가 배설된다. 일반적으로 음료수, 식품 중의 수분, 식품과 체성분의 연소 시 생성되는 물 등으로 하루 소요량을 충족시킨다. 물의 소요량은 체중, 체표면적, 식품 섭취량, 환경의 온도, 습도 및 노동량에 의하여 좌우된다. 고열과 고온에서의 활동은 하루 5L 이상이 필요하며, 물의 소요량은 나이에 따라 많아지지만 단위체중당으로는 유아기가 제일 많다. 물의 소요량은 수분의 배설량으로 계산할 수 있는데 요에서 1.0~1.5L, 분변에서 0.05~0.2L, 피부에서 0.5~1.0L, 땀으로 0.1L, 입김으로 0.3L 등 총 2.0~3.5L이다. 수분의 체내 대사는 뇌하수체 및 부신피질 호르몬에 의하여 조절된다.

4) 물과 식품

식품 내의 물인 수분은 식품 성분과 결합한 결합수(bound water)와 식품 성분과 결합하지 않은 자유수(free water)가 있다.

결합수 또는 수화수는 탄수화물, 단백질 등 식품 성분 표면에 작용기와 물 분자가 수소결합을 형성하여 식품 성분과 단단하게 결합되어 있어 이동, 동결, 증발되지 않고 용매, 미생물 증식, 효소 반응에 이용되지 않는다. 반면, 자유수 또는 유리수는 자유롭게 움직이고 물 분자 상호 간에 수소결합을 형성하여 끓는점, 녹는점, 증발열, 비열, 비중, 표면장력, 점성이 매우 크며, 이동, 동결, 증발하기 쉽고 용매, 미생물 증식, 효소 반응에 이용된다. 즉, 결합수는 -18℃ 이하에서도 얼지 않고 용매로 작용하지 않는 물이고, 자유수는 0℃에서 얼며 용매로 작용하는 물이다. 결합수와 자유수의 중간 형태인 준결합수(semi-free water)는 식품 성분과 직접 결합하는 단분자층 흡착수인 결합수와 달리, 다분자층 흡착수로 식품 성분과 약하게 결합되었지만 자유롭게 움직일 수 없는 물이다.

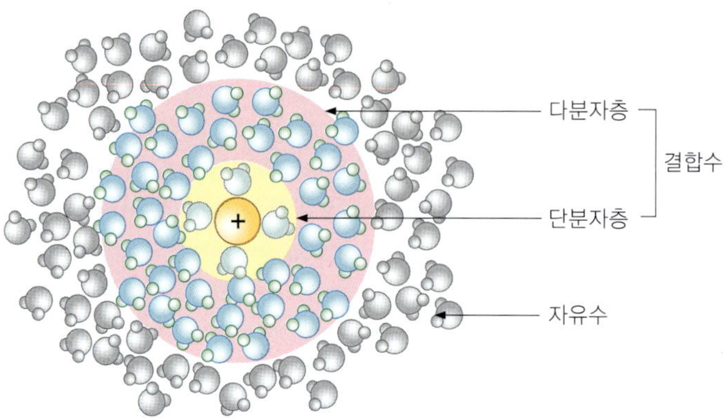

[그림 2-3] 식품 중 물 분자의 분포

5) 물의 이온화

(1) 물의 이온곱

순수한 물 분자는 10^9분자당 2분자 정도로 매우 작은 양이지만 H^+과 OH^-으로 해리한다. H^+ 이온은 실제 수용액 속에 존재하지 않고 H_2O와 결합하여 H_3O^+ 이온을 형성하지만, H_3O^+ 대신 H^+를 사용한다.

$$H_2O + H_2O \rightleftharpoons H_3O^+ + OH^-$$
$$H_2O \rightleftharpoons H^+ + OH^-$$
$$K_{eq} = \frac{[H^+][OH^-]}{[H_2O]}$$

K_{eq}는 물 분자의 이온화반응에 대한 평형 상수이고 괄호[ ]는 몰 농도 M(mol/L)을 나타낸다. 25℃에서 순수한 물의 농도는 1L 물의 무게 1,000g을 물의 분자량 18로 나누면, 1,000g/L/18g/mol = 55.5M이고 평형 상수 K_{eq} 값은 1.8×10^{-16}M이다.

$$K_{eq} = \frac{[H^+][OH^-]}{[55.5M]}$$
$$\frac{(55.5M)}{(K_{eq})} = [H^+][OH^-] = K_w$$

$(55.5M)(K_{eq})$ 곱을 물의 이온곱이라 하며, K_w로 표시한다. 여기에 평형 상수 K_{eq} 값을 대입하면

$$K_w = (55.5M)(1.8 \times 10^{-16}M) = (1.0 \times 10^{-14}M^2) = [H^+][OH^-]$$

따라서 25℃에서 $[H^+][OH^-]$의 곱은 항상 $1.0 \times 10^{-14}M^2$이다.

$$K_w = [H^+][OH^-] = (1.0 \times 10^{-14}M^2)$$
$$K_w = [H^+]^2 = [OH^-]^2 = (1.0 \times 10^{-14}M^2)$$
$$[H^+] = [OH^-] = 1.0 \times 10^{-7}M$$

순수한 물에서 H^+과 OH^- 농도가 같을 때 중성 용액이라고 한다. 물의 이온곱은 상수이므로 만일 $[H^+]$가 1.0×10^{-7}M보다 크면 $[OH^-]$는 1.0×10^{-7}M보다 작아야 하며, 그 반대도 마찬가지이다. 물의 이온곱으로부터 $[H^+]$와 $[OH^-]$ 관계를 통해 $[H^+]$를 알면 $[OH^-]$를 알 수 있고 반대로, $[OH^-]$를 알면 $[H^+]$를 알 수 있다.

(2) pH

순수한 물에서 H^+ 농도와 OH^- 농도는 같지만 산이나 염기를 첨가하면 H^+과 OH^-의 상대적 농도를 변화시켜 다른 용액으로 변화된다. 가령, 산을 첨가하여 수용액 속의 H^+ 농도가 증가하면 수용액의 산도(acidity)는 증가하여 산성 용액으로, 염기를 첨가하여 OH^- 농도가 증가하여 염기성 용액으로 변한다. pH는 H^+ 농도를 음의 상용대수($-\log_{10}$) 또는 역수의 대수($\frac{1}{\log}$)로 표시한 것으로 H^+ 농도를 pH로 나타낼 수 있다.

$$pH = -\log_{10}[H^+] = -\log[H^+] = \frac{1}{\log[H^+]}$$

pH는 산의 세기의 척도로 H^+ 농도를 간략히 나타낸 것으로, H^+ 농도를 측정하는 단위로 사용할 수 있다. 순수한 물에서 H^+ 농도는 1.0×10^{-7}M이며, pH = $-\log[1.0 \times 10^{-7}]$에 대입하면 pH = 7이다. pH가 7인 용액을 중성 용액이라 한다.

$$K_w = [H^+][OH^-] = (1.0 \times 10^{-14}M^2)$$
$$\log K_w = \log[H^+] + \log[OH^-] = \log(1.0 \times 10^{-14}M^2)$$
$$-\log K_w = -\log[H^+] - \log[OH^-] = -\log(1.0 \times 10^{-14}M^2)$$
$$pK_w = pH + pOH = 14(25℃)$$
$$pH + pOH = 14$$

산성 용액은 $[H^+]$가 1.0×10^{-7}M보다 큰 것으로 pH가 7보다 작은 용액이고 염기성 용액은 $[H^+]$가 1.0×10^{-7}M보다 작은 것으로 pH가 7보다 큰 용액이며, pH 값은 1~14 사이의 값으로 표시한다.

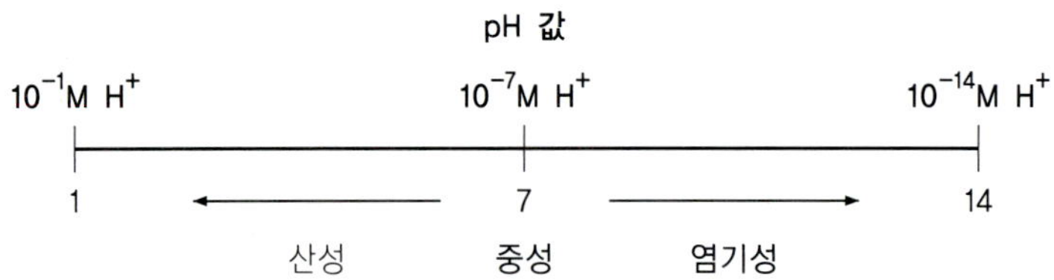

pH 값은 대수값으로 pH가 1단위만큼 변화하면 용액의 H^+ 농도가 10배로 변화한다는 의미이다. 즉, pH가 1단위만큼 감소하면 H^+ 농도가 10배 증가하고 2단위만큼 감소하면 H^+ 농도가 100배 증가한다.

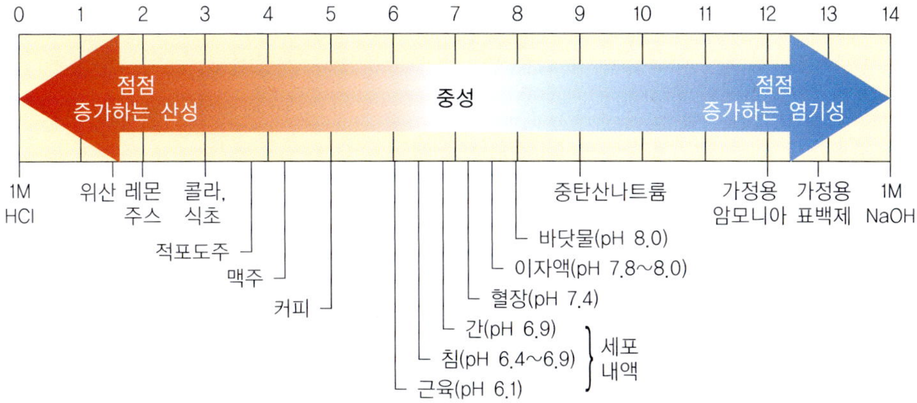

[그림 2-4] 주요 물질의 pH

2. 산과 염기

아레니우스(Arrhenius)의 정의에 따르면 수용액에서 산(acid)은 수소 이온(H^+) 생성물질, H^+ 공여체(H^+ donor)이고 염기(base)는 수산화 이온(OH^-) 생성물질, OH^- 공여체(OH^- donor)이다. 루이스(Lewis)의 정의에 의하면 산-염기 반응에서 산은 전자쌍 공여체(electron pair donor)이고 염기는 전자쌍 수용체(electron pair acceptor)이며, 브뢴스테드-로우리(Bronsted-Lowry)의 정의에 따른 산은 양성자(H^+) 공여체(proton donor), 염기는 양성자 수용체(proton acceptor)이다.

강산(strong acid)과 강염기(strong base)는 수용액에서 완전히 해리되는 산과 염기인 반면 약산(weak acid)과 약염기(weak base)는 수용액에서 부분적으로 해리되는 산과 염기이다. 생화학의 주요 대사 반응에서는 유기산을 포함하여 대부분 약산의 해리반응이며, 약산은 아래와 같이 가역적으로 해리한다.

$$HA \rightleftharpoons H^+ + A^-$$

HA는 해리반응에 의해 H^+과 A^-로 해리되는데 A^-를 HA의 짝염기(conjugate base)라 하며, 역반응에서 A^-는 H^+을 받아들여 다시 HA를 생성한다. HA과 A^-는 각각 H^+ 공여체와 H^+ 수용체로 짝산-짝염기쌍(conjugate acid-conjugate base pair)의 관계를 형성한다.

$$K_a = \frac{[H^+][A^-]}{[^-HA]}$$

K_a는 산의 해리 상수(acid dissociation constant)로 H^+ 방출 정도를 알 수 있는 산 세기(acid strength)의 척도이다. 즉, K_a 값이 크면 클수록 산은 산성이 더 크며, 해리도 더 크다. K_a 값도 10^{-2}~10^{-8} 정도로 대단히 작아 pH처럼 음의 상용대수로 표시한 pK_a로 나타낼 수 있다.

$$pK_a = -\log K_a$$

피루브산(pyruvic acid)의 K_a 값은 3.16×10^{-3}이므로 pK_a 값은 $pK_a = -\log(3.16 \times 10^{-3}) = 2.5$이다. pK_a 값도 K_a 값처럼 산 세기를 나타내며, pK_a 값이 작을수록 산성이 더 크다. 생물학적으로 중요한 산들은 분자 내에 1개 이상의 이온화기와 양성자를 갖고 있는데 적정(titration)을 통해 이들의 pK_a 값과 수를 알 수 있다(표 2-3).

〈표 2-3〉 주요 유기산의 pK_a 값

산	구조*	K_a	pK_a
포름산	HCOOH	1.78×10^{-4}	3.75
초산	CH_3COOH	1.74×10^{-5}	4.76
피루브산	$CH_3COCOOH$	3.16×10^{-3}	2.50
젖산	$CH_3CHOHCOOH$	1.38×10^{-4}	3.86
말산	$HOOC-CH_2-CHOH-COOH$	(1) 3.98×10^{-4} (2) 5.50×10^{-6}	3.40 5.26
구연산	OH | $HOOC-CH_2-C-CH_2-COOH$ | COOH	(1) 8.14×10^{-4} (2) 1.78×10^{-5} (3) 3.92×10^{-6}	3.09 4.75 5.41
탄산	O ‖ HO−C−OH	(1) 4.31×10^{-7} (2) 5.62×10^{-11}	6.37 10.26
인산	O ‖ HO−P−OH | OH	(1) 7.25×10^{-3} (2) 6.31×10^{-8} (3) 3.98×10^{-13}	2.15 7.21 12.40
암모늄 이온	H | $H-N^+-H$ | H	5.62×10^{-10}	9.25

* 산의 산성 양성자(acidic proton)들을 붉은색으로 표시하였고, H^+가 해리하면 산의 짝염기가 된다.

1) 적정 곡선

적정은 농도를 알고 있는 NaOH 표준 용액의 첨가 부피로부터 산의 pK_a 값을 구하는 과정이며, 적정 곡선(titration curve)은 산-염기 적정 그림이다. 산-염기 적정은 항상 당량(equivalent) 대 당량으로 산의 당량과 염기의 당량은 같으며, 당량점이 적정의 종말점(end point)이다. 이러한 당량점은 산의 양으로 결정되며, 산의 세기는 당량점의 pH로 결정한다.

$$CH_3COOH \rightleftharpoons CH_3COO^- + H^+$$

$$K_a = \frac{[H^+][CH_3COO^-]}{[CH_3COOH]} = 1.74 \times 10^{-5}M,\ pK_a = 4.76$$

$$NaOH \rightarrow Na^+ + OH^-$$

$$\text{중화반응 : } H^+ + OH^- \rightarrow H_2O$$

초산(CH_3COOH)은 NaOH 용액이 첨가하기 전에 해리되어 있으며 NaOH로부터 첨가된 OH^-는 H^+과 결합하여 H_2O를 생성한다. 적정을 계속 진행하면 NaOH의 0.5 당량이 첨가된 중간 지점에서는 초산의 절반이 해리되었기 때문에 초산(CH_3COOH) 농도와 초산염(CH_3COO^-) 농도가 같게 된다. 이때, 같은 농도의 초산(CH_3COOH)과 초산염(CH_3COO^-)의 pH는 초산의 pK_a와 같은 4.76이다(그림 2-5).

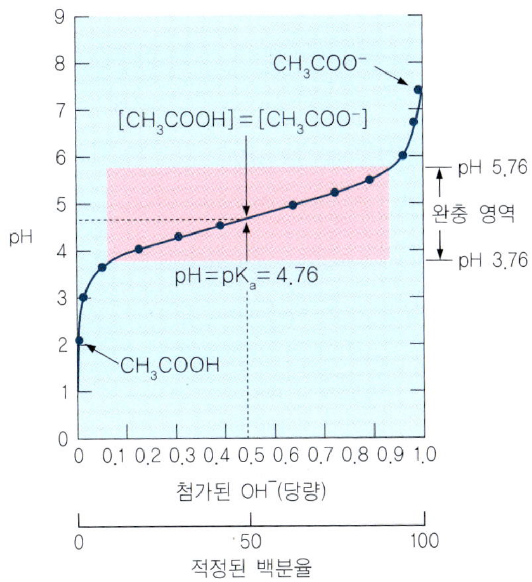

[그림 2-5] 초산의 적정곡선

3. 완충용액

생화학 대사에서 효소와 기질, 아미노산 등은 다양한 pK_a 값을 가진 이온화된 작용기를 가지고 있어 pH는 대단히 중요한 역할을 한다. 완충용액(buffer)은 H^+나 OH^- 첨가 시 pH 변화를 막는 용액으로 약산(HA)과 짝염기(A^-)의 혼합물이다. 일반적으로 세포의 세포질 내 pH는 7에 가까우며, 약산과 짝염기의 혼합물에 의해서 일정하게 유지된다.

〈표 2-4〉 주요 완충용액

산	짝염기	pK_a
$H_2PO_4^-$	HPO_4^{2-}	7.2
$TRISH^+$ $(HOCH_2)_3CNH_3^+$	TRIS $(HOCH_2)_3CNH_2$	8.3
$TESH^+$ $(HOCH_2)_3C\overset{+}{N}N_2CH_2CH_2SO_3^-$	TES $(HOCH_2)_3CNHCH_2CH_2SO_3^-$	7.55
$HEPESH^+$ 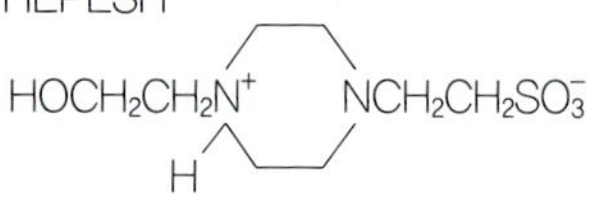	HEPES 	7.55

TRIS: N–Tris(hydroxymethyl)aminomethane
TES: N–Tris(hydroxymethyl)methyl–2aminoethane sulfonate
HEPES: N–2–Hydroxyethylpiperazine–N′–2–ehane sulfonate

1) 헨더슨-하셀바하 방정식

헨더슨(Henderson)과 하셀바하(Hasselbalch)는 약산의 해리반응에서 산의 해리 상수를 pH와의 관계식을 방정식으로 나타냈는데, 이러한 pH와 pK_a의 관계 방정식을 헨더슨-하셀바하 방정식(Henderson-Hasselbalch equation)이라 한다. 약산은 수용액에서 부분적으로 해리되며, 산 해리 상수 K_a는 다음과 같다.

$$HA \rightleftharpoons H^+ + A^-$$

$$K_a = \frac{[H^+][A^-]}{[HA]}$$

K_a를 $[H^+]$로 풀고 양변에 -log를 취한 후 pH, pK_a를 대입하여 정리하면

$$[H^+] = \frac{K_a[HA]}{[A^-]}$$

$$-\log[H^+] = -\log K_a - \log\frac{[HA]}{[A^-]}$$

$$pH = pK_a + \log\frac{[A^-]}{[HA]}$$

이 식을 헨더슨-하셀바하 방정식이라 한다. 이 식을 통하여 약산의 pH, pK_a, 약산과 짝염기인 $\frac{A^-}{[HA]}$의 몰 비율 등을 구할 수 있다. 즉, pK_a 값을 알면 완충용액의 pH는 $\frac{A^-}{[HA]}$의 비로 결정할 수 있다. 완충용액의 최적 완충작용 또는 최대 완충용량은 $\frac{A^-}{[HA]}$ = 1일 때, [HA]와 $[A^-]$가 같을 때이며, 이때 완충용액의 pH는 pK_a와 같다.

$$pH = pK_a + \log\frac{[A^-]}{[HA]} = pK_a + \log 1 = pK_a$$

2) 생리적 완충용액

생리적으로 중요한 완충용액에는 인산 완충용액(phosphate buffer)과 중탄산염 완충용액(bicarbonate buffer)이 있다.

인산 완충용액은 모든 세포의 세포질에서 작용하며, 약산인 $H_2PO_4^-$(인산이수소)와 짝염기인 HPO_4^{2-}(인산수소)로 구성되어 있다. 인산 완충용액은 pK_a = 6.86에 가까운 pH에서 최대 효과를 내기 때문에 pH 6과 8 사이에서의 pH 변화에 대한 저항 능력을 갖고 있어 생명체의 체액에서 효과적인 완충용액으로 사용한다.

$$H_2PO_4^- \rightleftharpoons HPO_4^{2-} + H^+$$

체액에 산성물질(H^+)이 첨가되면, 짝염기인 HPO_4^{2-}가 작용하여

$HPO_4^{2-} + H^+ \rightarrow H_2PO_4^-$로 중화시키고

체액에 염기성물질(OH^-)이 첨가되면, 약산인 $H_2PO_4^-$가 작용하여

$$H_2PO_4^- + OH^- \rightarrow HPO_4^{2-} + H_2O$$로 중화시킨다.

생명체의 혈액에서 효과적인 완충용액은 약산인 H_2CO_3(탄산)와 짝염기인 HCO_3^-(중탄산)으로 구성되어 있다. 중탄산염 완충용액의 pH는 H_2CO_3와 HCO_3^- 농도에 달려 있으며, H_2CO_3 농도는 용해된 기체의 CO_2 농도에 달려 있어, 결국 pH는 수용 상태의 HCO_3^-농도와 기체의 CO_2 농도 또는 CO_2의 부분압력인 pCO_2에 의해 결정된다.

$$H_2CO_3 \rightleftharpoons HCO_3^- + H^+$$

혈액에 산성물질이 들어오면, 짝염기인 HCO_3^-가 작용하여 폐에서 기체의 CO_2를 날려 보내 pH를 증가시킨다.

$$HCO_3^- + H^+ \rightarrow H_2CO_3 \rightarrow CO_2(g) + H_2O$$

반면에 혈액에 염기성물질이 들어오면, 기체의 CO_2가 혈액에 녹아 들어가 H_2CO_3를 증가시켜 H^+를 생성시키고 OH^-를 중화시켜 pH를 감소시킨다.

$$CO_2(aq) + H_2O \rightarrow H_2CO_3 \rightarrow HCO_3^- + H^+$$
$$H^+ + OH^- \rightarrow H_2O$$

이처럼, 체내 pH가 감소하면 폐에서 기체로 CO_2를 호흡으로 내보내며, 반대로 pH가 증가하면 CO_2를 혈액으로 녹아 들어오게 한다. 따라서, 중탄산염 완충용액은 혈액 내 녹아 있는 CO_2와 폐 안의 CO_2의 평형을 통하여 H_2CO_3 농도를 조절하는 역할을 한다.

$$CO_2(g) \rightleftharpoons CO_2(aq)$$

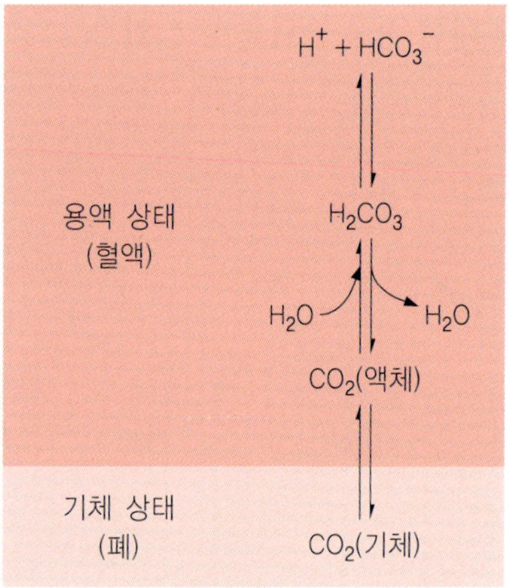

[그림 2-6] 중탄산염 완충용액

이러한 호흡 작용으로 혈액의 pH(7.4)는 항상 일정하게 유지된다. 반면, 과호흡(hyperventilation)은 지나치게 깊고 빠른 호흡으로 폐에서 너무 많은 양의 CO_2를 제거하기 때문에 혈액 내의 H^+ 농도가 낮아져서 pH가 상승하여 기절하는 등 위험할 수 있다. 단거리 경주 운동선수의 과호흡은 짧은 순간 격렬한 운동을 통해 생성된 혈액 내 고농도 젖산의 작용으로 혈액 내 pH의 균형이 유지된다.

연습문제

1. 결합수의 설명으로 옳은 것은?
   ① 비점과 융점이 높다.
   ② 0℃ 이하에서 쉽게 동결된다.
   ③ 수증기압이 보통의 물보다 낮다.
   ④ 미생물의 번식과 발아에 이용된다.
   ⑤ 압착이나 건조에 의하여 쉽게 제거된다.

2. 혈액에서 완충작용에 크게 기여하는 것은?
   ① $H_2PO_4^- - HPO_4^{2-}$　② 마이오글로빈
   ③ $NaNO_3 - NO_3^-$　④ $H_2CO_3 - HCO_3^-$
   ⑤ $HCO_3^- - HPO_4^{2-}$

3. 다음 중 최대 완충작용을 할 수 있는 완충용액은?
   ① $[A^-]$가 $[HA]$보다 클 때
   ② $[HA]$가 $[A^-]$보다 클 때
   ③ $[A^-]/[HA]$가 0일 때
   ④ $[HA]/[A^-]$가 0일 때
   ⑤ $[HA]$와 $[A^-]$가 같을 때

4. 헨더슨-하셀바하 방정식(Henderson-Hasselbalch equation)으로 옳은 것은?
   ① $K_a = [H^+][A^-]/[HA]$
   ② $pH = pK_a + \log[A^-]/[HA]$
   ③ $pI = (pK_1 + pK_2)/2$
   ④ $1/V = (K_m/V_{max})(1/[S]) + 1/V_{max}$
   ⑤ $V = V_{max}[S]/([S] + K_m)$

5. 완충용액(buffer solution)이란?
   ① 과잉의 산 또는 염기가 가해졌을 때 일어나는 pH 변화에 저항하는 체계
   ② 양전하와 음전하 상태의 아미노산 용액의 pH
   ③ 양이온과 음이온을 동시에 갖고 있는 용액
   ④ 내분비성에서 합성되어 분비되는 화학물질
   ⑤ 수용성 및 지용성을 모두 갖고 있는 물질

6. 순수한 물은 $[H^+] = 1 \times 10^{-7}M$이다. $1 \times 10^{-4}M$ NaOH의 pH는?
   ① 7　② 8
   ③ 9　④ 10
   ⑤ 11

7. 콜라의 pH는 2.8이다. $[H^+]$의 농도로 옳은 것은?
   ① 1.6×10^{-3}　② 1.6×10^{-4}
   ③ 1.6×10^{-5}　④ 1.6×10^{-6}
   ⑤ 1.6×10^{-7}

8. 초산의 pK_a는 4.76이다. 0.1M의 초산과 0.2M 초산나트륨 혼합 용액의 pH는?
   ① 1.88　② 2.43
   ③ 3.88　④ 4.76
   ⑤ 5.10

9. 혈액에서 pH 7.4를 유지시키는 H_2CO_3와 HCO_3^-의 농도비는?(H_2CO_3의 $pK_a = 6.1$)
   ① 1 : 2　② 1 : 10
   ③ 1 : 20　④ 2 : 1
   ⑤ 20 : 1

10. 어떤 환자의 $[H_2CO_3]$는 5mM, 정상인의 평균 $[HCO_3^-]$는 27mM일 때 이 환자의 혈액 pH는 얼마인가?(H_2CO_3의 $pK_a = 6.1$)
   ① 6.67　② 6.73
   ③ 6.77　④ 6.83
   ⑤ 6.87

정답: 1 ③　2 ④　3 ⑤　4 ②　5 ①
6 ④　7 ①　8 ⑤　9 ③　10 ④

chapter 03

탄수화물

Carbohydrates

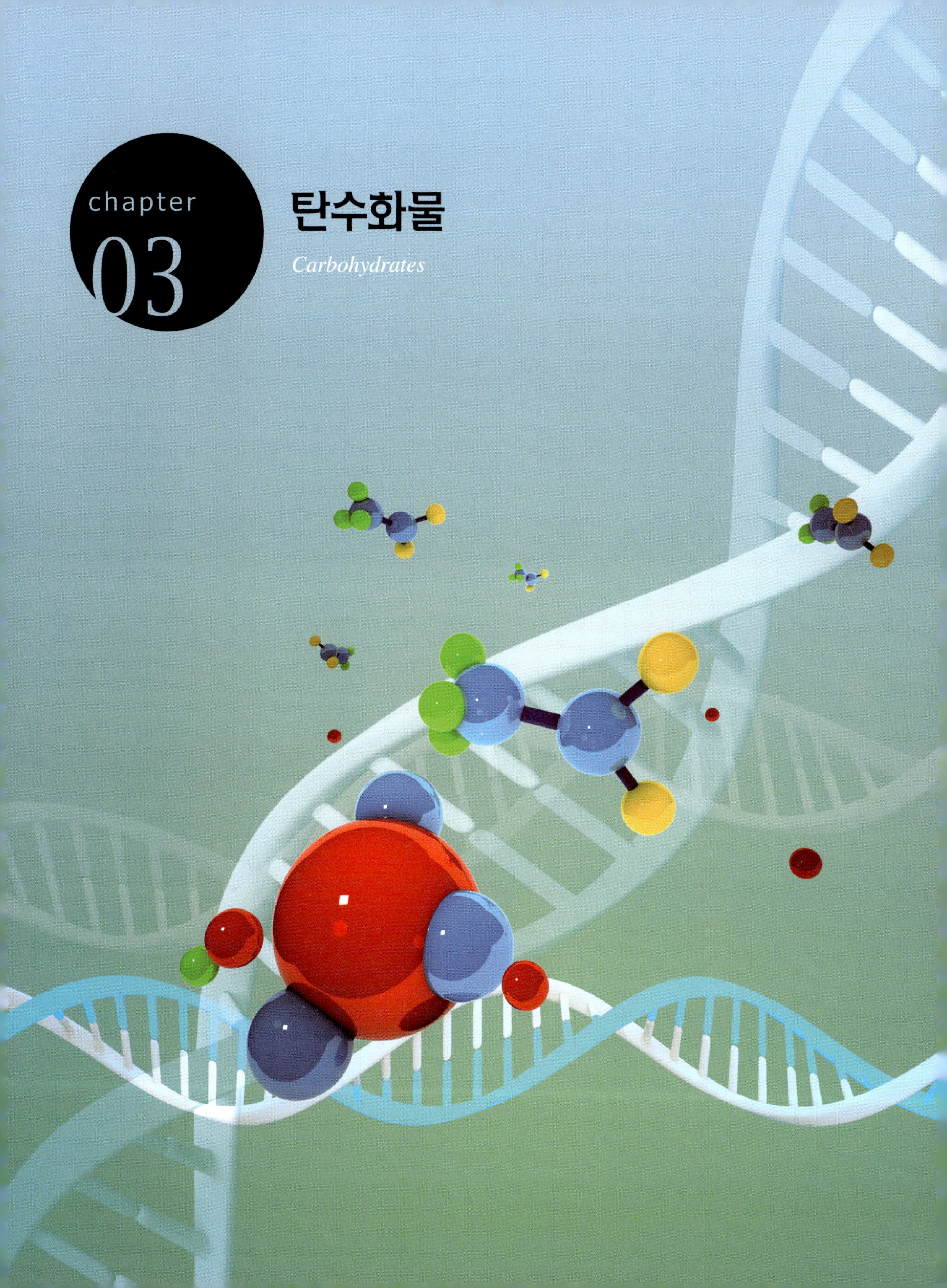

탄수화물(carbohydrate)은 전분(녹말), 자당(설탕) 및 고무 등 자연에 널리 분포되어 있으며, 탄수화물의 주요 구성 원소는 탄소(C), 수소(H), 산소(O) 등이다. 탄수화물은 함수탄소, 탄소의 수화물로 소화 여부, 즉 에너지원 여부에 따라 당질과 섬유소(섬유질)로 나누며, 일반식은 $(CH_2O)_n(n > 3)$이다. 탄수화물은 일반적으로 우리 식생활에서 가장 많은 양을 차지하며, 쌀, 밀가루, 옥수수, 설탕 등이 대표적인 탄수화물식품으로 에너지의 급원으로 필수 영양소이다. 필요 이상으로 섭취한 과량의 탄수화물은 지방으로 변하여 체내에 축적되는데 지질은 같은 양으로 탄수화물의 2.2배 정도의 열량을 저장할 수 있기 때문이다. 한편, 탄수화물은 작용기의 종류에 따라 폴리하이드록시알데하이드(polyhydroxyaldehyde), 또는 폴리하이드록시케톤(polyhydroxyketone)이라고도 하는데 탄수화물은 화학적으로 유리 상태의 알데하이드기(-CHO)나 케톤기(-CO)와 2개 이상의 하이드록시기(-OH)를 가진 화합물이다. 이러한 탄수화물은 에너지원, 저장물질, 세포벽의 구성 성분의 기능 이외에 세포와 세포 사이를 부드럽게 혹은 접착시키며, 동물세포 표면에 생물학적 특이성을 부여한다.

1. 단당류

탄수화물은 당 단위 수로 분류할 수 있는데 단당류는 1개, 소당류는 2~8개, 다당류는 10개 이상의 당 단위를 가진다.

1) 단당류의 분류와 구조

(1) 단당류의 분류

가장 간단한 탄수화물인 단당류는 분자 내의 골격 탄소 수와 작용기에 따라서 분류할 수 있으며, 탄소 수에 따라 삼탄당(triose), 사탄당(tetrose), 오탄당(pentose), 육탄당(hexose) 등으로 분류한다.

단당류는 알데하이드기 또는 케톤기 중에 하나를 가지는데 알데하이드기를 가진 것을 알도오스(aldose), 케톤기를 가진 것을 케토오스(ketose)라고 한다. 알도오스와 케토오스는 각각 접미사가 -오스(-ose), 울로오스(-ulose)로 표기하여 구분한다. 3개의 탄소

〈표 3-1〉 단당류의 분류

구분	종류		구조
탄소 수	삼탄당, 사탄당, 오탄당, 육탄당, 칠탄당 (n=3, 4, 5, 6, 7)		$(CH_2O)_n$
카보닐기	알도오스: 알데하이드기	글리세르알데하이드, 라이보오스, 글루코오스	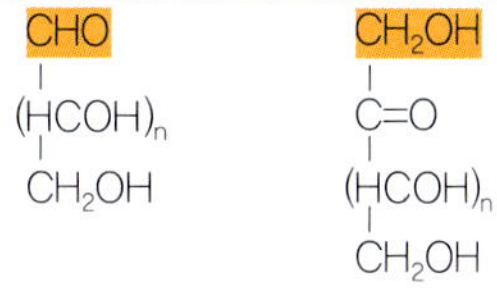 알도오스 케토오스
	케토오스: 케톤기	다이하이드록시아세톤, 리불로오스, 프럭토오스	
아노머 탄소에 치환된 OH기 방향	α: 같은 방향		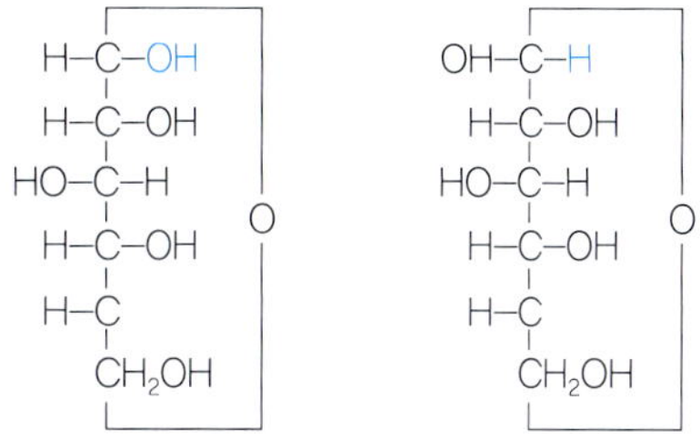 α-D-글루코오스 β-D-글루코오스
	β: 반대 방향		
에피머: 하나의 비대칭 탄소에서만 구조가 다른 경우	글루코오스와 갈락토오스 (4-에피머)		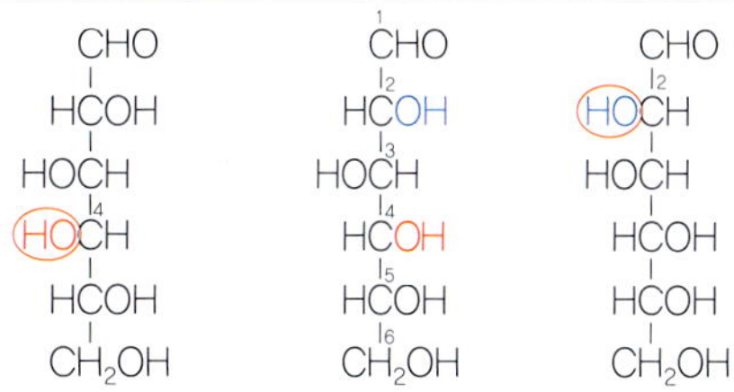 갈락토오스 글루코오스 만노오스
	글루코오스와 만노오스 (2-에피머)		
고리 구조	피라노오스-육원자 고리 (글루코오스, 갈락토오스)		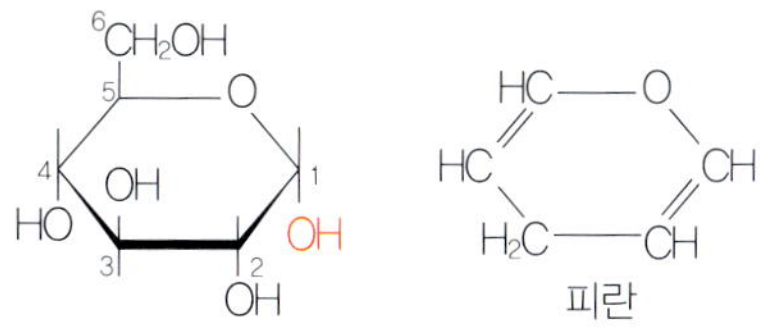 α-D-글루코피라노오스
	푸라노오스-오원자 고리 (프럭토오스)		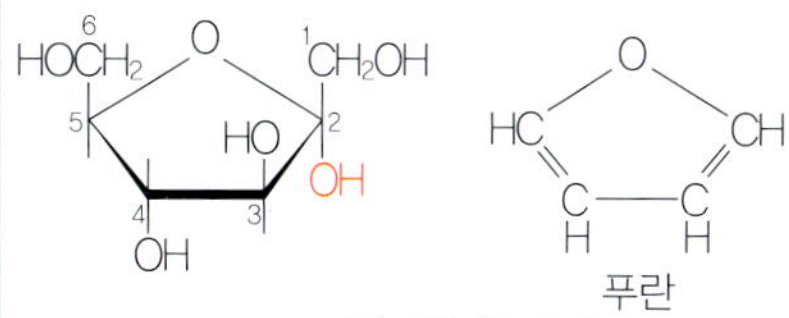 α-D-프럭토푸라노오스
입체이성질체 (가장 멀리 위치한 비대칭 탄소를 기준으로)	D-입체이성질체 (D-글리세르알데하이드와 같은 방향)		 D-글리세르알데하이드 L-글리세르알데하이드
	L-입체이성질체 (L-글리세르알데하이드와 같은 방향)		

원자로 된 알도오스와 케토오스를 각각 알도트리오스(aldotriose), 케토트리오스(ketotriose)라 하며, 알도오스의 표준물질인 글리세르알데하이드(glyceraldehyde)는 알도트리오스, 케토오스의 표준물질인 다이하이드록시아세톤(dihydroxyacetone)은 케토트리오스이다.

(2) 단당류의 입체이성질체

다이하이드록시아세톤을 제외한 모든 단당류는 적어도 하나 이상의 비대칭 탄소 원자(asymmetric carbon atom)가 있는데, 비대칭 탄소(부제탄소)는 4개의 서로 다른 원자 또는 작용기가 결합된 탄소이다. 글리세르알데하이드의 탄소 원자는 위에서 아래로 번호를 부여하는데 별 표시(*)되어 있는 2번 탄소가 비대칭 탄소이며, 1번과 3번 탄소는 비대칭 탄소가 아니다. 2번 탄소의 오른쪽에 OH기가 있는 경우 D-글리세르알데하이드, OH기가 왼쪽에 위치하면 L-글리세르알데하이드라 한다. 일반적으로 n개의 비대칭 탄소를 가진 분자는 2^n개의 입체이성질체(stereoisomer)를 가진다. 예를 들어, [그림 3-2]에서와 같이 글루코오스(glucose)는 4개의 비대칭 탄소가 있으므로 $2^4 = 16$개의 입체이성질체가 가능하며, D-형 8개, L-형 8개가 있다.

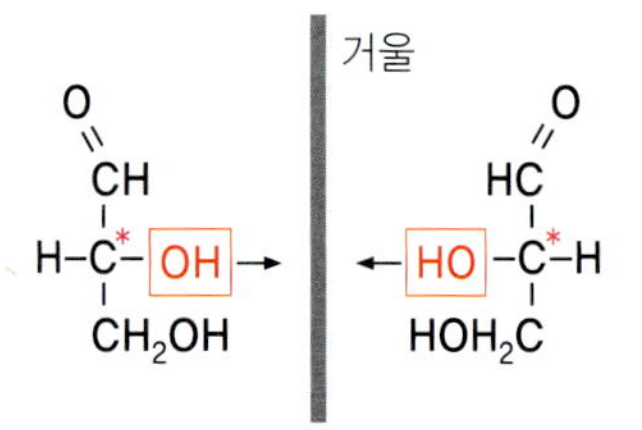

D-글리세르알데하이드 (OH가 오른쪽에 위치)　L-글리세르알데하이드 (OH가 왼쪽에 위치)

*: 비대칭 탄소 원자

[그림 3-1] 글리세르알데하이드의 입체이성질체

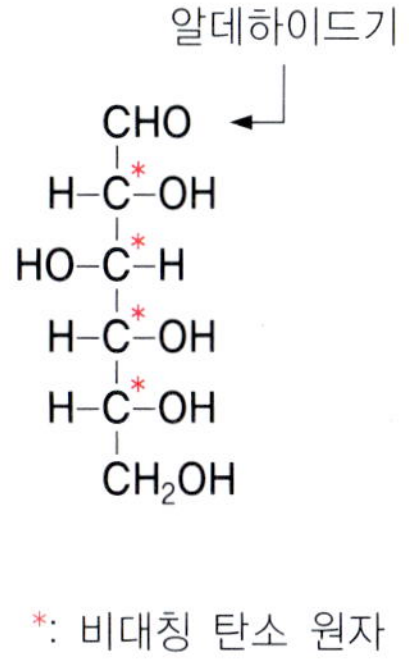

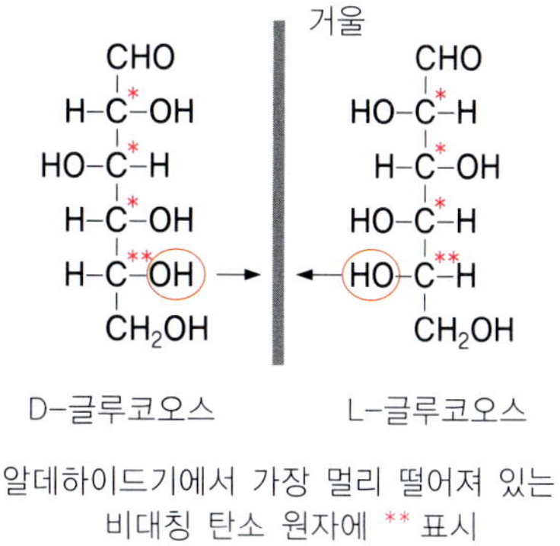

[그림 3-2] 글루코오스의 비대칭 탄소 원자와 입체이성질체

알데하이드기의 카보닐(carbonyl) 탄소로부터 가장 멀리 떨어져 있는 비대칭 탄소 원자에 결합되어 있는 OH의 방향에 따라 D-형, L-형으로 정해지는데, 5번 탄소의 OH가 오른쪽에 위치하면 D-글루코오스, 왼쪽에 있으면 L-글루코오스이다. D-글루코오스와 L-글루코오스의 관계를 거울상 이성질체(enantiomer) 또는 입체이성질체라 부른다.

하나의 특정 비대칭 탄소에 결합된 OH기의 배치가 서로 다른 당을 에피머(epimer) 관계라 한다. 예를 들면, 2번 탄소의 OH기의 위치가 다른 D-글루코오스와 D-만노오스, 그리고 4번 탄소의 OH기의 위치가 다른 D-글루코오스와 D-갈락토오스는 에피머이다. 자연에는 많은 다른 에피머 관계에 있는 당이 있다(표 3-1).

[그림 3-3]은 삼탄당에서 육탄당까지의 D-알도오스 계열을 나열하였는데 천연에 존재하는 것은 주로 오탄당과 육탄당이다. 또한, [그림 3-4]는 D-케토오스 계열이다. 두 경우 모두 D-당은 천연에 흔한 편이나 L-당은 희귀하다.

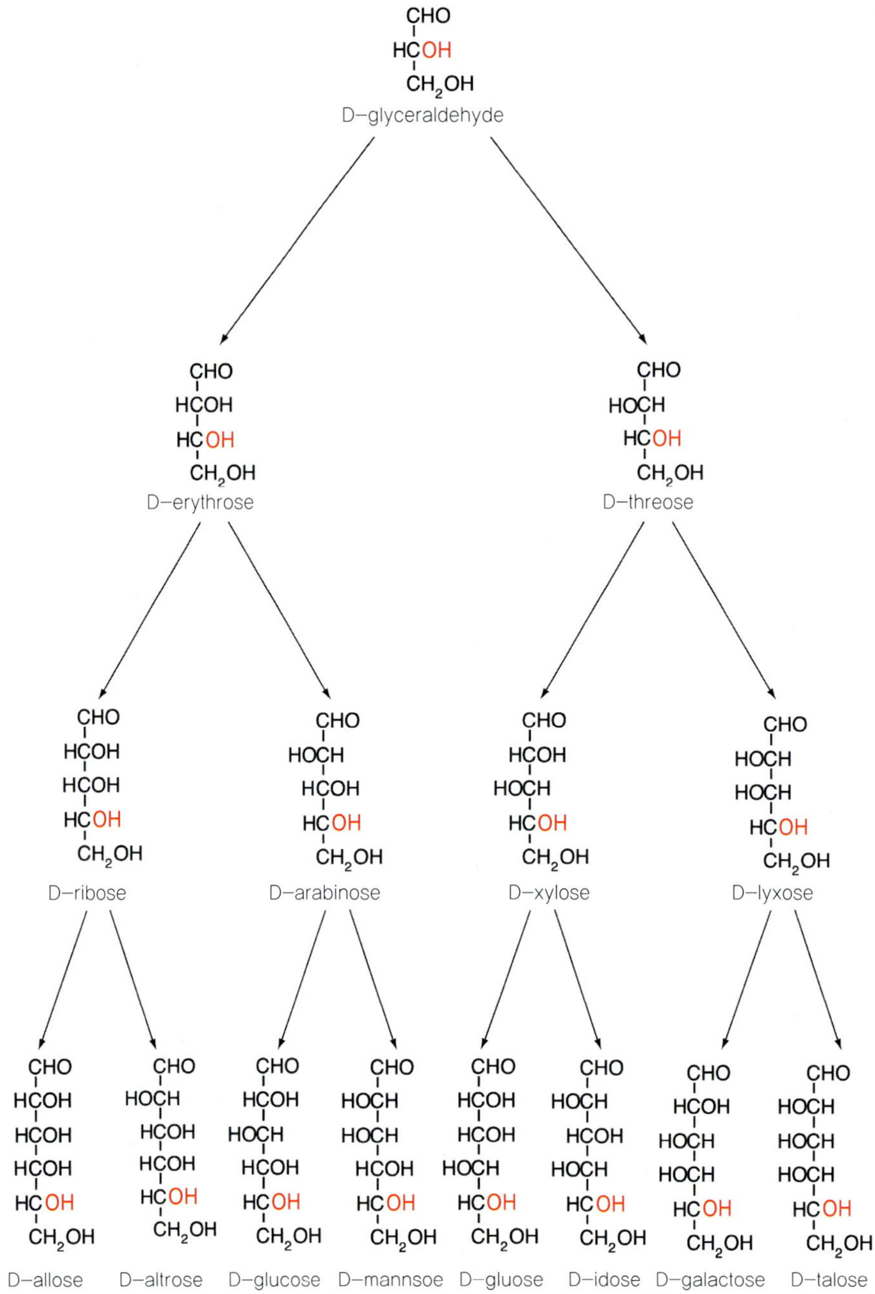

[그림 3-3] D-알도오스 계열

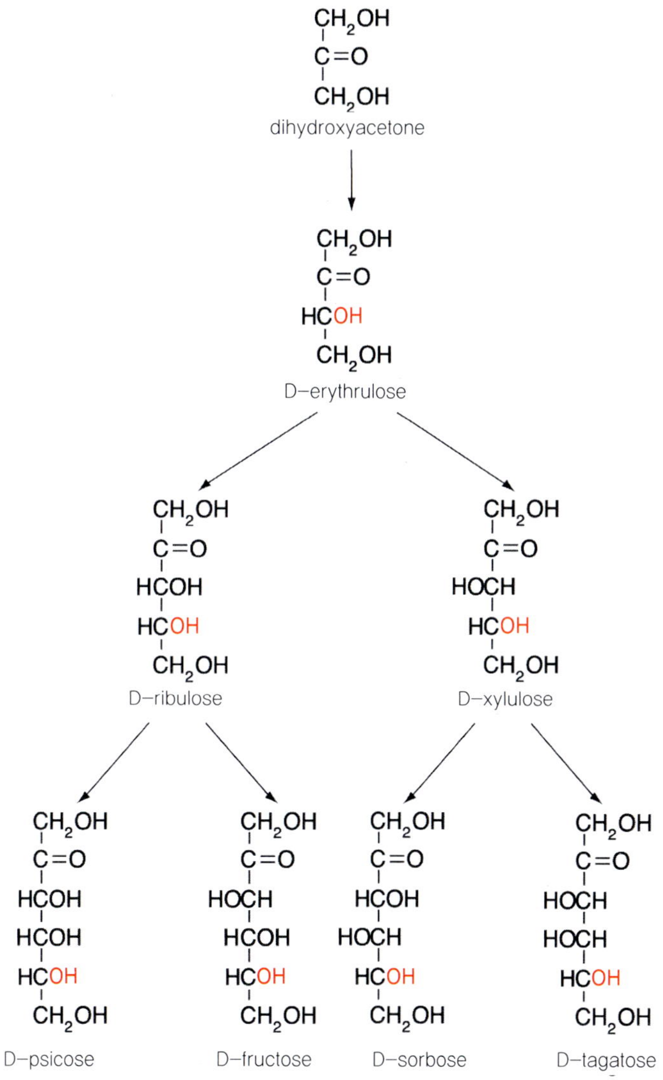

[그림 3-4] D-케토오스 계열

(3) 단당류의 고리 구조

단당류를 사슬 구조로 표기했지만, 수용액에서 삼탄당과 사탄당은 사슬 구조로 존재하고 오탄당, 육탄당은 고리 구조(cyclic form)를 하고 있다. 피란(pyran)은 6원자의 고리형, 푸란(furan)은 5원자의 고리형 구조이다. 육탄당인 D-글루코오스의 구조는 단일결합으로 연결되어 있는 탄소 원자는 회전할 수가 있어 5번 탄소의 OH기가 1번 탄소의 알데하이드기에 접근하게 된다. 이때 알코올기(OH기)와 알데하이드기 사이의 반응에 의해 헤미아세탈(hemiacetal) 구조를 형성한다. 글루코오스의 분자 내 헤미아세탈 형성반응은 [그림 3-5]와 같다.

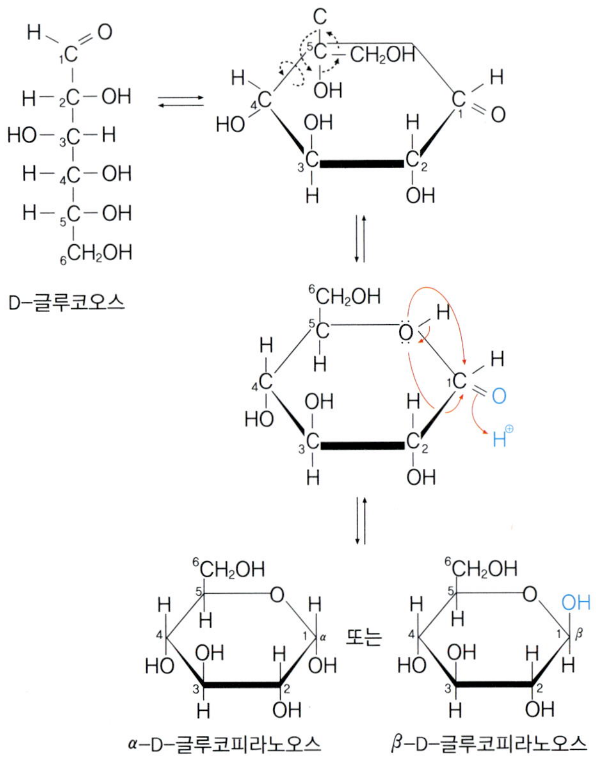

[그림 3-5] 글루코오스의 분자 내 헤미아세탈 반응

[그림 3-5]에서와 같이 헤미아세탈 구조 형성은 당을 고리 구조로 만든다. 고리 구조를 형성할 때 5번 탄소의 OH기의 산소가 1번과 5번 탄소를 연결시킨다. 헤미아세탈 구조가 형성될 때 새로 만들어진 OH기는 1번 탄소에 있게 된다. 5개의 탄소와 1개의 산

소가 육각형을 이루고 있어 피라노오스(pyranose) 고리라 하고, D-글루코오스의 경우는 D-글루코피라노오스(glucopyranose)라 한다. 1번 탄소인 아노머 탄소(anomeric carbon)에 결합되어 있는 OH기가 위쪽에 있으면 β-형, 아래쪽에 있으면 α-형이라 한다.

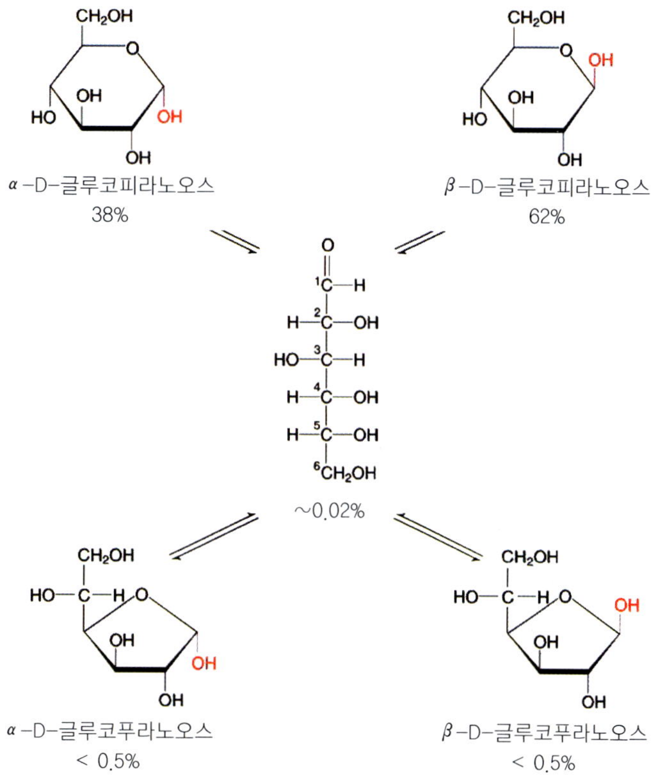

[그림 3-6] 글루코오스의 아노머

아노머 탄소에 붙어 있는 OH기의 위치가 다른 α와 β형의 입체이성체를 아노머(anomer)라 한다. 고리 형성을 통해 이러한 아노머형을 갖게 되는 모든 단당류는 환원당이 된다. 환원당은 산화제를 환원시킬 수 있는 당으로 혈액이나 요의 당용액에 의해 환원된 산화제의 양을 정량하여 당 농도를 측정할 수 있어 당뇨병 진단에 이용된다.

아노머형의 당은 용액 중에서 아주 빠른 내부 전환이 일어나는데 이를 변선광(mutarotation)이라 한다. 한 형태의 아노머당은 사슬 형태로 되돌아가고, 이것이 다른 형태의 아노머형을 형성한다. 그래서 평형상태의 용액에서는 적당한 농도의 α-형, β-형, 그리고

소량의 사슬 구조로 존재한다. 글루코오스를 물에 녹이면 용액 중에는 α-D-글루코오스가 33%, β-D-글루코오스가 67%, 그리고 미량의 사슬 구조로 존재한다. β-형이 α-형보다 더 많이 존재하는 이유는 β-형에 있는 OH기는 다른 OH기나 당의 탄소골격과 상호작용을 할 수 없기 때문이다.

단당류의 또 다른 입체 배치인 하워드 투영도(Haward projection formular)에서는 단당류의 작용기를 축에 수평과 수직으로 표시한 의자형(chair form)과 배형(boat form)으로 나타낸다. 단당류의 고리 구조에서 모든 탄소 원자가 한 평면에 놓이는 것이 아니고 3차원적 배치인 의자형 또는 배형(boat form)의 입체적 구조를 형성하며, 의자형이 배형보다 안정하다.

케토오스는 알코올기와 케톤기의 카보닐 산소와 반응하여 헤미케탈(hemiketal) 구조를 형성하는데, 알도펜토오스(aldopentose)나 케토헥소오스(ketohexose)는 오각형의 푸라노오스(furanose) 고리 구조를 만든다. 대부분의 알도헥소오스(aldohexose)는 보다 안정한 알도피라노오스(aldopyranose) 고리를 형성한다. 프럭토오스(fructose)는 2번 탄소의 케톤기와 5번 탄소의 OH기가 분자 내에서 헤미케탈 고리를 형성하여 프럭토푸라노오스(fructofuranose)가 된다. 프럭토오스의 α-형과 β-형은 0℃에서 각각 30%, 70%이며 온도가 증가할수록 α-형은 증가하고 β-형은 감소하여 80℃에서는 오히려 α-형과 β-형은 70%, 30%로 역전된다. 글루코오스의 α-형은 β-형보다 1.5배 정도의 단맛을 가지는 반면, 프럭토오스의 β-형은 α-형보다 3배 정도의 단맛을 가져 프럭토오스를 함유하고 있는 과일은 온도가 낮을수록 단맛이 더 강해진다.

2) 단당류의 반응

(1) 변선광

변선광(mutarotation)이란 단당류 및 그 유도체의 수용액이 시간이 경과함에 따라 선광도가 변화하여, 평형에 도달하여 고유한 선광도 값을 갖는 현상이다. 사슬 형태의 글루코오스는 수용액에서 고리형의 α-D-글루코피라노오스(glucopyranose)와 β-D-글루코피라노오스로 존재하는데 이들의 선광도는 각각 $+112.2^\circ$, $+18.7^\circ$이며, 구성 비율은 각각 36.2%, 63.8%로 이들은 선광도 값이 $+53^\circ$에서 평형이 된다(표 3-2).

〈표 3-2〉 α-D-글루코오스, β-D-글루코오스의 물리적 성질

성질	α-이성질체	β-이성질체
선광도, $[\alpha]_D^{20}$	+112°	+19°
녹는점	146°	150°
25℃에서의 물에 대한 용해도(g/100mL)	82	178

(2) 알도오스의 산화-환원반응

알도오스(aldose)는 약산화제(Br)와 반응하면 알데하이드기(-CHO)가 카복실기(-COOH)로 전환된 알돈산(aldonic acid)을 생성한다(그림 3-7). 글루코오스, 갈락토오스는 각각 글루콘산(gluconic acid, GlcA), 갈락톤산(galactonic acid, GalA)으로 전환된다. 알도오스는 강산화제(HNO_3)와 반응하면 -CHO, -CH_2OH가 모두 카복실기(-COOH)로 전환된 알다르산(aldaric acid) 또는 사카르산(saccharic acid)을 생성한다. 글루코오스, 갈락토오스는 각각 글루카르산(glucaric acid) 또는 글루코사카르산(glucosaccharic acid, 글루코당산), 갈락타르산(galactaric acid) 또는 갈락토사카르산(galactosaccharic

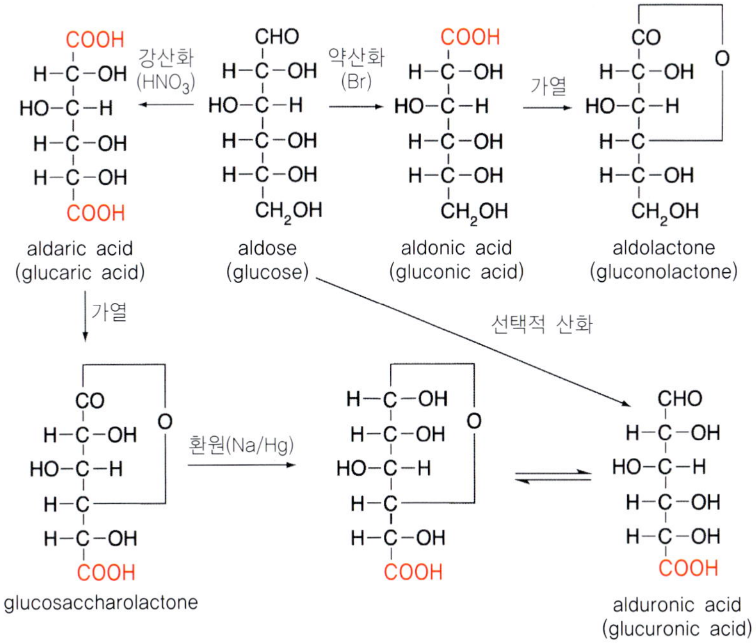

[그림 3-7] 알도오스의 산화반응

acid, 갈락토당산)으로 전환된다. 또한, 알도오스는 선택적 산화제와 반응하면 $-CH_2OH$가 카복실기(-COOH)로 전환된 알두론산(alduronic acid)을 생성한다. 글루코오스, 갈락토오스는 각각 글루쿠론산(glucuronic acid, GlcUA), 갈락투론산(galacturonic acid, GalUA)으로 전환된다. 알도오스는 환원제($NaBH_4$)와 반응하면 -CHO가 $-CH_2OH$으로 전환된 알디톨(alditol)로 전환된다. 글루코오스, 갈락토오스는 각각 글루시톨(glucitol)(솔비톨, sorbitol), 갈락티톨(galactitol)로 전환된다(그림 3-8).

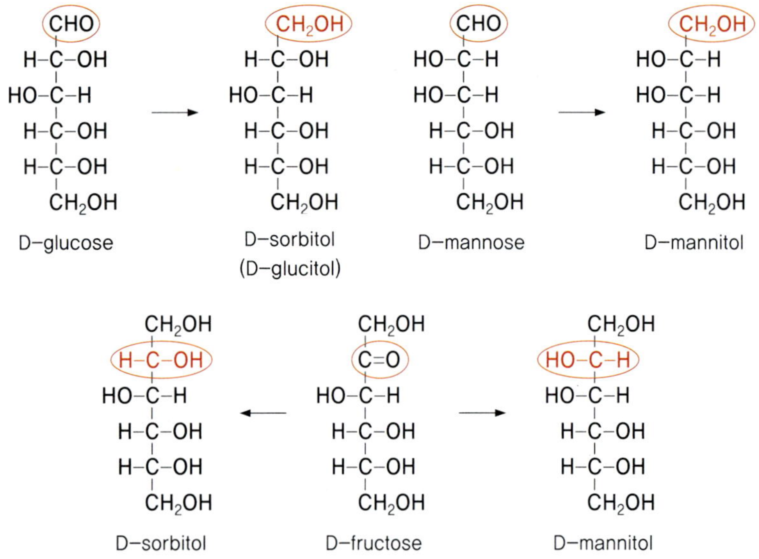

[그림 3-8] 알도오스의 환원반응

(3) 기타 반응

❶ 산성 용액과의 반응

당을 황산과 가열하면 탈수되어 푸르푸랄(furfural)을 생성한다. 이 푸르푸랄은 나프톨(naphtol)과 같은 방향족 화합물과 반응하여 특유한 색을 나타내므로 알도오스의 정성 분석에 이용한다.

❷ 염기성 용액과의 반응

글루코오스를 묽은 염기와 접촉시키면 일부가 프럭토오스와 만노오스로 변하는 당의 엔올(enol)화 현상이 일어난다.

❸ 오사존 생성 반응

헥소오스는 페닐하이드라진(phenylhydrazine)과 반응하여 페닐하이드라존(phenylhydrazone), 오사존(osazone)의 결정을 생성하는데 이 반응은 미지 당의 구조 결정 및 분리에 사용된다.

❹ 아세틸화 반응

글루코오스를 무수 초산[anhydric acetate, $(CH_3CO)_2O$]과 함께 가열하면 글루코오스의 모든 -OH기가 아세틸화되어 결정성 구조로 당의 동정에 사용된다. 에스터화된 아세틸기는 묽은 산 또는 염기로 가수분해된다.

❺ 메틸화 반응

글루코오스를 산화은(AgO)의 존재하에서 요오드화메틸(CH_3I)을 환류 냉각시키면서 가열하면 메틸테트라메틸글루코사이드(methyltetramethylglucoside)를 생성하여 다당류 구조나 당 잔기 결합 양식을 입증하는 데 사용된다.

3) 주요 단당류

(1) 오탄당

❶ L-아라비노오스

아라비노오스(L-arabinose)는 천연에서 대부분 L형으로 존재하며, 침엽수의 아라비노갈락탄(arabinogalactan), 식물의 헤미셀룰로오스(hemicellulose), 아라비아 검(arabia gum), 펙틴(pectin)의 구성 성분이다.

❷ D-라이보오스와 D-디옥시라이보오스

D-라이보오스(D-ribose)와 D-디옥시라이보오스(D-deoxyribose)도 펜토오스이며, 동식물 세포 핵산의 구성 성분으로 각각 RNA와 DNA의 당 성분이다. D-라이보오스는 라이보플라빈(riboflavin)이 들어 있는 조효소 FAD의 구성 성분이며, 가다랑어 지미 성분으로 화학조미료로 사용된다.

❸ D-자일로오스

D-자일로오스(D-xylose)는 식물 헤미셀룰로오스의 주성분인 자일란(xylan)의 구성 성분으로 옥수수의 속대, 맥짚에 존재한다.

(2) 육탄당

❶ D-글루코오스

D-글루코오스(D-glucose)는 지구상에서 가장 풍부하게 존재하는 유기화합물로 혈액 속의 혈당, 꿀, 과실에 존재하며, 덱스트로오스(dextrose, 우선성의 당)라고도 한다.

❷ D-갈락토오스

D-갈락토오스(D-galactose)는 락토오스(lactose), 라피노오스(raffinose) 등 올리고당과 한천(agar)이나 카라지난(carrageenan) 등 해조류의 다당류 구성 성분이다. D-갈락토오스는 인체에서 뇌나 혈구막 등의 당지질 성분으로 혈액형 B형의 결정물질이다.

❸ D-만노오스

D-만노오스(D-mannose)는 상아야자의 만난(mannan)의 구성 성분이며, 식용식물 근경의 곤약(konjac)에는 글루코만난(gluconomannan)형으로 존재한다. 효모와 미생물의 세포벽 성분이며 효소, 면역 글로불린 등 당단백질의 당 구성 성분이다.

❹ 프럭토오스

프럭토오스(fructose)는 과당, 레불로오스(levulose, 좌선성의 당)라고도 하며, 과즙, 벌꿀, 국우나 다알리아 뿌리의 다당류인 이눌린(inulin)의 구성 성분으로 강한 단맛을 내어 감미료로 사용된다. 프럭토오스의 단맛은 수크로오스의 단맛을 100으로 할 때 150으로 글루코오스(70)의 2배 정도로 단당류 중에서 가장 달다.

❺ L-푸코오스와 L-람노오스

L-푸코오스(L-fucose)와 L-람노오스(L-rhamnose)는 둘 다 6-디옥시헥소오스(6-deoxyhexose)로 L-푸코오스는 해조나 식물 고무 등의 다당류와 여러 당단백질의 당 성분으로 혈액형 O형의 결정물질이다. L-람노오스는 오크나무껍질의 황색 색소인 레몬 플라빈(lemon flavin) 등 식물배당체의 성분이며, 살모넬라균(*Salmonella*)의 리포다당의 O-항원 다당 성분이다.

(3) 산성당

❶ 우론산

우론산(uronic acid)은 산성당으로 글루쿠론산은 많은 식물의 점집물과 뮤코 다당의 당 성분이며, 갈락투론산은 펙틴의 주요 성분이고 만누론산은 해조의 알긴산(arginic acid), 아이두론산은 콘드로이틴과 헤파린의 구성 성분이다.

❷ 무람산과 뉴람산

무람산(muramic acid)은 뮤코펩타이드의 골격 부분으로 세균세포벽의 구성 성분이며, 뉴람산(neuramic acid)은 피루브산과 D-만노사민의 알돌 축합으로 생성된다. N-아세틸뉴람산(N-acetylneuramic acid)은 시알산(sialic acid)이라고도 하며, 많은 당단백질과 당지질의 당사슬 말단이다.

(4) 아미노당

❶ 글루코사민

아미노당은 헥소오스의 두 번째 탄소(C-2)의 하이드록시기(-OH)가 아미노기($-NH_2$)로 치환된 당이다. 글루코사민(GlcN)은 글루코오스의 동물조직의 뮤코 다당이나 당단백질의 주요 성분으로, 특히 갑각류 키틴(chitin)의 구성 성분이다. 글루코사민(glucosamine)은 무람산(muramic acid)과 결합하여 세균의 세포벽인 펩타이도글라이칸(peptidoglycan)의 골격 구조물을 형성한다. 글루코사민은 천연 상태에서 N-아세틸(N-acetyl)화되어 있어 N-아세틸글루코사민(N-acetylglucosamine, GlcNAc: NAG)의 형태로 존재하며, N-아세틸갈락토사민(N-acetylgalactosamine, GalNAc)은 혈액형 A형의 결정물질이다. 〈표 3-3〉에 단당류 및 유도체의 약식 표기를 정리하였다.

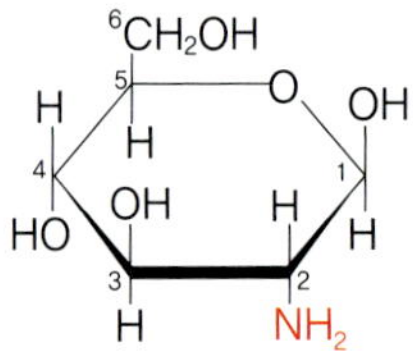

β-D-글루코사민
(β-D-glucosamine)

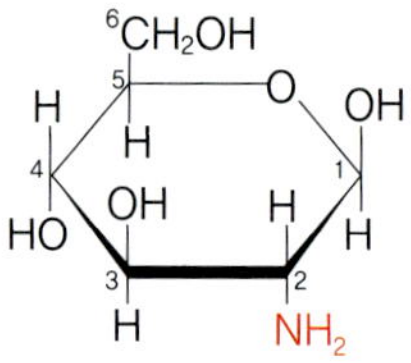

β-D-갈락토사민
(β-D-galactosamine)

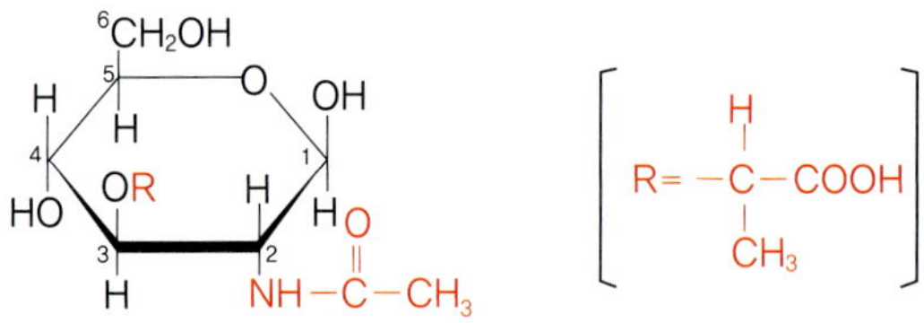

N-아세틸무람산
(N-acetymuramic acid)

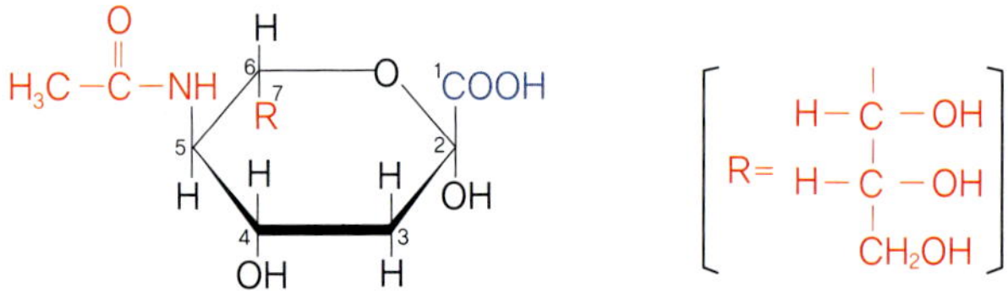

N-아세틸뉴람산(시알산)
(N-acetylneuramic acid)

[그림 3-9] 산성당과 아미노당 유도체

〈표 3-3〉 단당류 및 유도체의 약식 표기

abequose	Abe	gluconic acid	GlcA
arabinose	Ara	glucuronic acid	GlcUA
fructose	Fru	galactosamine	GalN
fucose	Fuc	glucosamine	GlcN
galactose	Gal	N-acetylgalactosamine	GalNAc
glucose	Glc	N-acetylglucosamine	GlcNAc, NAG
mannose	Man	muramic acid	Mur
rhamnose	Rha	N-acetylmuramic acid	MurNAc
ribose	Rib	N-acetylneuramic acid (sialic acid)	NeuNAc
xylose	Xyl		

2. 소당류

1) 이당류

이당류는 2개의 단당류 단위가 글라이코사이드 결합(glycosidic bond)으로 연결된 구조이다. 글라이코사이드 결합은 단당류 단위의 화학결합으로 α와 β형의 두 가지 형태가 있으며, α-글라이코사이드 결합은 아노머 탄소의 OH기 배열이 α형, β-글라이코사이드 결합은 아노머 탄소의 OH기 배열이 β형이다. α-글라이코사이드 결합은 당 단위가 서로 같은 위치 배열인 시스(cis)형, β-글라이코사이드 결합은 다른(반대) 위치 배열인 트랜스(trans)형이다.

(1) 말토오스

말토오스(maltose)는 맥아당이라고도 하며, 전분(starch)의 구성단위로 두 분자의 글루코오스가 연결된 glucose(α 1→4)glucose의 구조이다. 말토오스는 주로 전분으로부터 전분 분해효소인 아밀레이스(amylase)의 작용으로 생성된다.

(2) 수크로오스

수크로오스(sucrose)는 설탕, 자당, 사카로오스(saccharose), 전화당(invertose, invert sugar)이라고도 하며, 사탕수수, 사탕무에 존재한다. 수크로오스는 글루코오스와 프럭토오스가 연결된 glucose(α 1→2)fructose의 구조이다.

수크로오스는 첫 번째 탄소(C-1)의 OH기가 글라이코사이드 결합에 참여하여 유리된 아노머 탄소의 OH기가 없어 산화제를 환원시킬 수 없는 비환원당이다. 수크로오스를 감미도(단맛)의 기준으로 삼는 이유는 수크로오스가 비환원당이므로 변선광이 일어나지 않고 물에 녹이거나 가열하여도 단맛의 변화가 적기 때문이다.

(3) 셀로바이오스

셀로바이오스(cellobiose)는 섬유소인 셀룰로오스(cellulose)의 구성단위이며, 두 분자의 글루코오스가 연결된 glucose(β 1→4)glucose의 구조이다.

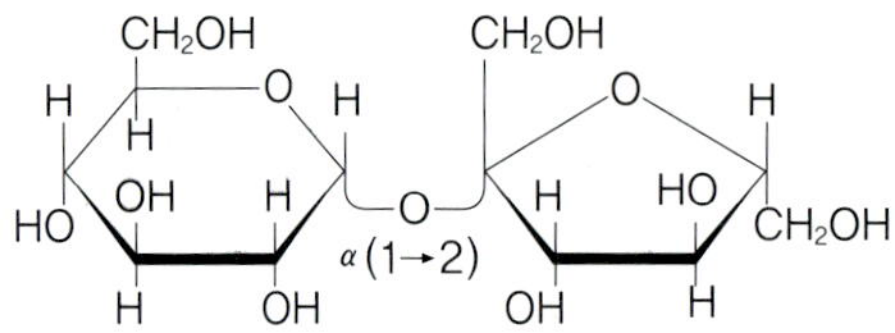

설탕(sucrose)
포도당(α 1→2)과당

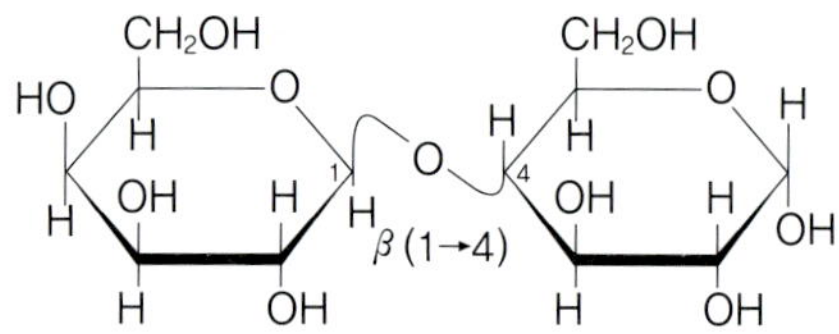

젖당(lactose)
갈락토오스(β 1→4)포도당

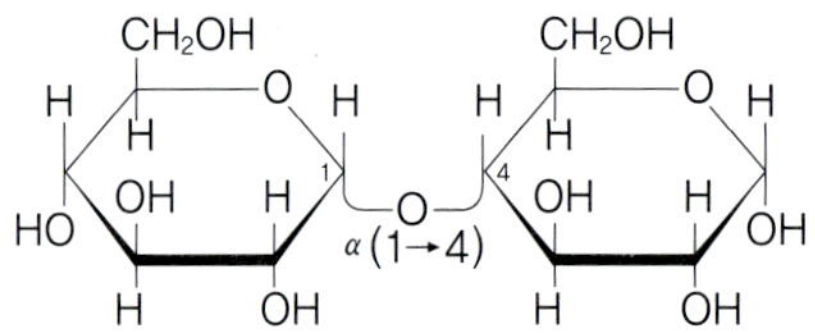

맥아당(maltose)
포도당(α 1→4)포도당

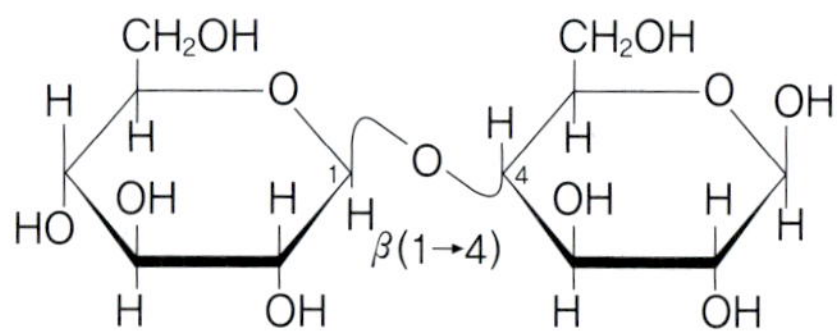

셀로바이오스(cellobiose)
포도당(β 1→4)포도당

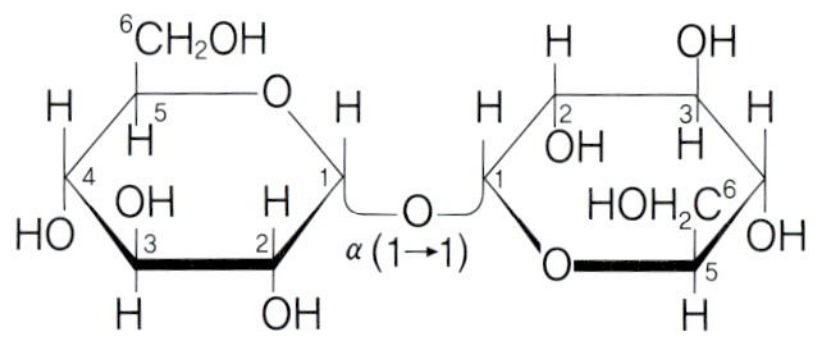

트레할로오스(trehalose)
포도당(α 1→1)포도당

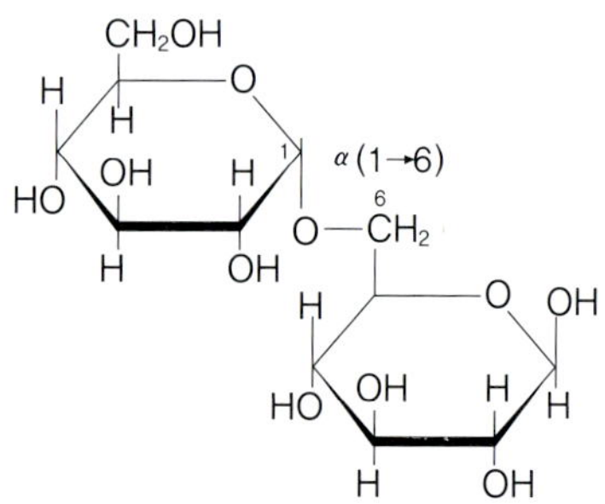

멜리바이오스(melibiose)
포도당(α 1→6)갈락토오스

[그림 3-10] 주요 이당류

(4) 락토오스

락토오스(lactose)는 젖당, 유당(milk sugar)이라고도 하며, 젖, 우유의 당으로 갈락토오스와 글루토오스가 연결된 galactose(β 1→4)glucose의 구조이다.

락토오스는 갈락토세미아(galactosemia)를 유발하는 당이다. 갈락토세미아는 갈락토오스-1-인산 유리딜트랜스퍼레이스(galactose-1-phosphate uridyltransferase)라는 효소가 결핍되어 생기는 병으로 갈락토오스와 갈락토오스-1-인산이 대사되지 않고 혈액과 조직 중에 축적되어 백내장, 지적장애를 유발시킨다. 우유에 들어 있는 락토오스는 갈락토오스의 주요 공급원으로 갈락토세미아의 치료를 위해 우유 및 유제품의 섭취를 금지한다. 갈락토세미아는 갈락토카이네이스(galactokinase)나 에피머레이스(epimerase)와 같은 효소 결핍 시에도 발생한다. 한편, 락토오스 불내증(lactose intolerance)은 유년 시절 이후 락토오스 분해효소인 락테이스(lactase) 활성이 사라지기 때문에 락토오스를 완전히 소화하거나 흡수하지 못하여 장관에 락토오스가 축적되어 설사의 원인이 되는 증상이다.

(5) 기타

트레할로오스(trehalose)는 버섯과 맥각에 존재하며, 두 분자의 글루코오스가 연결된 glucose(α 1→1)glucose의 구조이다. 젠티오바이오스(gentiobiose)는 용담 뿌리에 존재하며, 두 분자의 글루코오스가 연결된 glucose(α 1→6)glucose의 구조이다. 멜리비오스(melibiose)는 장 내 유산균에 의해 생산되는 글루코오스와 갈락토오스가 결합된 glucose(α 1→6)galactose의 구조이다. 대부분의 환원당과 달리 비환원당은 아노머 탄소의 OH기가 글라이코사이드 결합에 참여하여 아노머 탄소의 유리된 OH기가 없는 당으로 트레할로오스(trehalose)는 비환원당이다.

3. 다당류

다당류는 많은 단당류 단위를 가지며, 반복되는 단당류 단위의 성질, 사슬의 길이, 분지(가지치기)의 정도에 따라 구분된다. 다당류는 크게 단순다당류와 복합다당류로 구분한다. 단순다당류(homopolysaccharide)는 동일한 단당류 단위로 구성된 당이며, 전분(starch), 글리코젠(glycogen) 등이 있다. 이질다당류(heteropolysaccharide)는 두 종류 이상의 서로 다른 단당류 단위로 구성된 당으로 그 예는 하이알루론산(hyaluronic acid) 등이 있다. 또한, 다당류는 그 구조의 복잡 여부에 따라 단순다당류(simple polysaccharide)와 복합다당류(complex polysaccharide)로 구분한다. 단순다당류는 동질 · 동일다당류이며, 복합다당류는 이질다당류, 당단백질(glycoprotein), 당지질(glycolipid) 등이다.

〈표 3-4〉 다당류의 종류

구분	종류		반복단위	기능	
단순 (동질) 다당류	전분	아밀로오스	Glc(α 1→4)Glc	식물	에너지
		아밀로펙틴	Glc (α 1→4)Glc + Glc (α 1→6)Glc		
	글리코젠		Glc (α 1→4)Glc + Glc (α 1→6)Glc	동물세포와 박테리아	
	셀룰로오스		Glc (β 1→4)Glc	식물의 세포벽	구조
	키틴		Glc (β 1→4)GlcNAc	곤충, 거미, 갑각류의 외골격	
복합 (이질) 다당류	글라이코사미노글라이칸 (뮤코 다당)		GlcUA(β 1→3)GlcNAc 등	척추동물의 피부와 결합 조직의 세포외기질	
	펩타이도글라이칸		GlcNAc(β 1→4)MurNAc	박테리아의 세포벽	
	아가로오스		Gal(β 1→4)anhydroGal	조류의 세포벽	

1) 단순다당류

단순다당류(homopolysaccharide)는 1종류의 단당류 단위로 구성된 당으로 구성 당의 접미사인 오스(-ose) 대신 안(-an)을 사용한다. 가령, 글루코오스(glucose), 프럭토오스(fructose), 갈락토오스(galactose)로만 구성된 다당류를 각각 글루칸(glucan), 프럭탄(fructan), 갈락탄(galactan)이라 한다. 또한, 당을 연결한 글라이코사이드 결합 형태에 따라 *α*-와 *β*-형으로 구분한다. 예를 들면, 글루칸을 구성한 글루코오스가 *α*-글라이코사이드 결합 형태로 연결되어 있으면 *α*-글루칸(a-glucan), *β*-글라이코사이드 결합 형태이면 *β*-글루칸(*β*-glucan)으로 나눈다. 글루칸의 종류로는 전분, 셀룰로오스(cellulose) 등이 있으며, 전분은 *α*-글루칸, 셀룰로오스는 *β*-글루칸이다.

(1) 전분

전분(starch)은 고등 식물의 종자, 근경(뿌리), 보리, 쌀, 옥수수 등의 곡류와 감자, 고구마 등의 서류에 분포되어 있다. 곡류 전분은 지상 전분으로 입자 크기가 작고 일정한 반면 서류 전분은 지하 전분으로 입자 크기가 크고 불규칙하다.

전분은 식물세포의 저장 다당류로 글루코오스 중합체인 아밀로오스(amylose)와 아밀로펙틴(amylopectin)의 두 종류로 존재한다. 아밀로오스는 (*α* 1→4) 결합의 직쇄 구조로 요오드(I_2) 반응에서 청색을 나타낸다. 아밀로펙틴은 (*α* 1→4), (*α* 1→6) 결합의 분지 구조로 요오드(I_2) 반응에서 적자색을 나타낸다(그림 3-11).

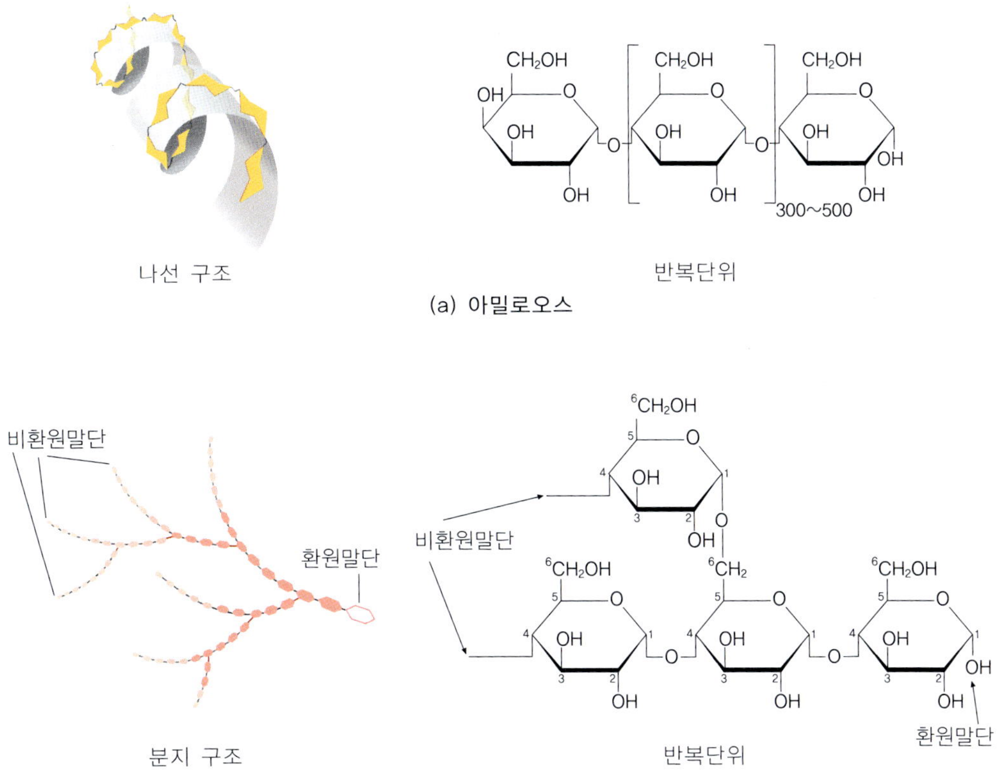

(a) 아밀로오스

(b) 아밀로펙틴

[그림 3-11] 아밀로오스와 아밀로펙틴의 구조

❶ 전분의 변화

(i) 호화

호화는 생전분인 β-전분이 젤라틴화되어 α-전분으로 변하는 과정이다. 전분이 물과 열을 통해 수화 및 팽윤되면 전분의 수소결합이 파괴되어 마이셀(micelle)이 붕괴되어 교질(콜로이드)로 변하게 된다. 호화전분의 예로는 쌀이 밥으로, 쌀가루가 떡으로, 밀가루가 국수로 되는 경우이다.

(ii) 노화

노화는 호화전분을 냉각하면 수소결합을 통해 마이셀을 형성하는 과정으로, α-전분이 β-전분으로 되는 과정이다. 노화전분의 예로는 찬밥, 굳은 떡이나 굳은 빵 등이 있다.

(iii) 호정화

호정화는 전분에 물을 가하지 않고 150~190℃ 정도의 열로 분해하여 덱스트린(dextrin)인 호정을 얻는 과정이다. 호정화의 예로는 쌀 또는 옥수수튀김, 베이킹, 비스킷, 토스트 등이 있다. 덱스트린은 전분의 (α 1→4) 결합을 가수분해한 산물로 수용성이며, 덱스트란(dextran)은 (α 1→6) 결합을 가수분해한 산물로 불용성이다.

(iv) 당화

당화는 전분을 산, 알칼리, 효소 등으로 가수분해하는 과정으로 당화의 예로는 물엿, 식혜 등이 있다.

❷ 전분 분해효소

전분 분해효소는 α-아밀레이스(α-amylase), β-아밀레이스(β-amylase), 글루코아밀레이스(glucoamylase) 등이 있다.

(i) α-아밀레이스

α-아밀레이스는 인체에 존재하는 액화효소로 전분의 (α 1→4) 결합을 내부에서 무작위로 분해하여 맥아당(maltose)을 생성하는 효소이다.

(ii) β-아밀레이스

β-아밀레이스는 식물에 존재하는 당화효소로 전분의 (α 1→4) 결합을 외부에서 순차적으로 분해하여 맥아당을 생성하는 효소이다.

(iii) 글루코아밀레이스

글루코아밀레이스는 γ-아밀레이스(γ-amylase)라고도 하며, 동물이나 미생물에 존재하고 아밀로펙틴의 (α 1→6) 결합을 분해하는 효소이다.

(2) 글리코젠

글리코젠(glycogen)은 인체 및 동물세포의 저장 다당류로 전분의 아밀로펙틴 구조와 유사하다. 글리코젠은 아밀로펙틴처럼 (α 1→4), (α 1→6) 결합의 분지 구조로 요오드(I_2) 반응에서 적자색을 나타낸다(그림 3-12).

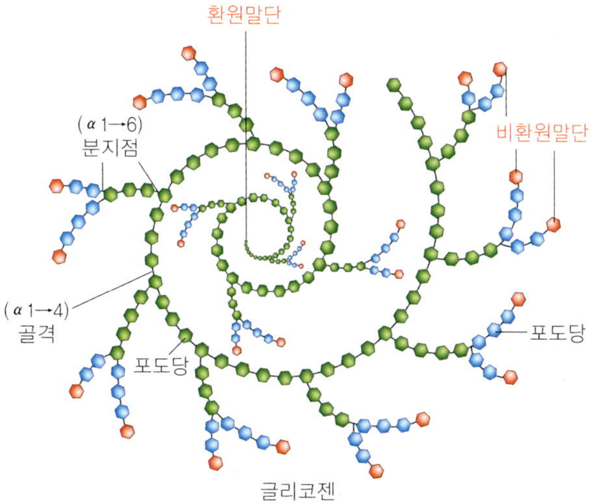

[그림 3-12] 글리코젠의 구조

(3) 셀룰로오스

셀룰로오스(cellulose)는 가장 풍부하게 존재하는 구조 다당류로 식물 세포벽의 주성분이다. 구조다당류는 세포, 조직, 기관 등을 보호하고 형태를 유지시키는 역할을 한다. 셀룰로오스는 3,000개 이상의 글루코오스 단위가 (β 1→4) 글라이코사이드 결합으로 연결된 곁가지 사슬이 없는 선상 구조(직쇄 구조)의 동질다당류이다(그림 3-13).

(α 1→4)와 (β 1→4) 글라이코사이드 결합을 비교해 보면 (α 1→4) 결합은 나선형 구조로 조밀한 과립을 형성하여 에너지 저장에 유리한 반면, (β 1→4) 결합은 수소결합에 의한 교차 결합으로 뻗어 나간 형태로 서로 줄지어 모여서 만든 불용성 섬유로 구조다당류로 안성맞춤이다.

셀룰로오스는 가장 대표적인 식이섬유로 인체의 소화효소에 의해 분해되지 않아 에너지원이 되지 못하는 다당류이다. 이는 사람에게는 셀룰로오스 분해효소인 셀룰레이스(cellulase)가 없기 때문이다. 셀룰레이스는 흰개미에 기생하는 미생물인 트리코님파(*Trichonympha*)가 분비하며, 셀룰로오스를 먹이로 이용하는 반추 동물(양, 염소, 낙타, 기린, 소 등)의 위에 셀룰로오스를 분해하는 트리코님파가 들어 있어 셀룰로오스를 분해할 수 있다.

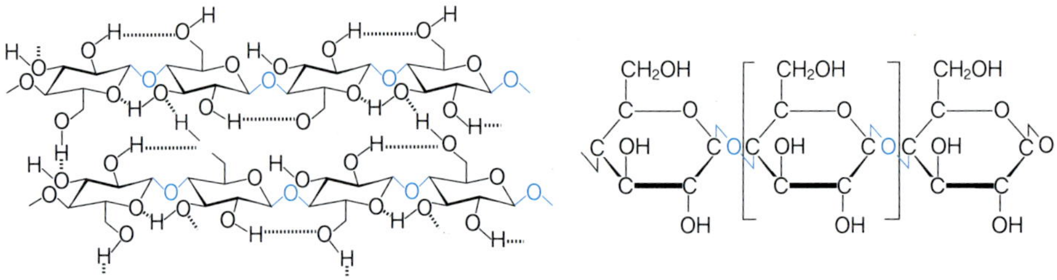

망목 구조　　　　　　　　　　　반복단위

[그림 3-13] 셀룰로오스의 구조

(4) 이눌린

이눌린(inulin)은 프럭토오스의 당 단위로만 구성된 프럭탄(fructan)으로 돼지감자과(다알리아, 돼지감자의 근경)의 저장 다당이다. 이눌린은 식물의 프럭탄으로 프럭토오스의 (β 1→2) 결합 구조이다(그림 3-14). 프럭탄은 난소화성의 수용성 식이섬유로 비피더스균의 증식 역할을 하는 프럭토올리고당과 유사한 역할을 하는 것으로 장 기능을 향상시키는 건강기능식품의 기능성 성분이다. 레반(levan)은 세균의 프럭탄으로 이눌린보다 구성 당 단위가 많은 고점성으로 프럭토오스의 (β 2→6) 결합 구조이다.

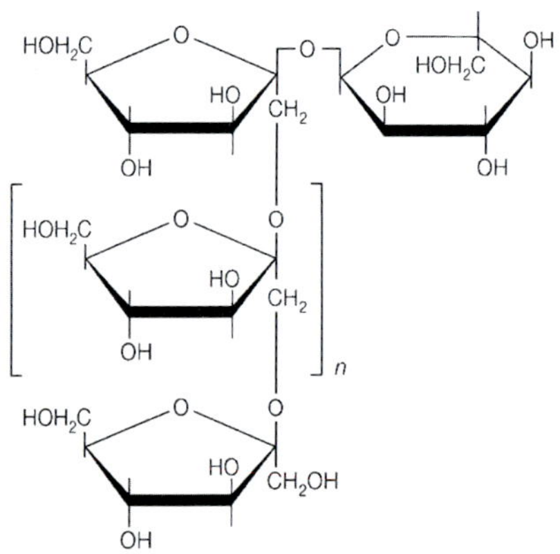

[그림 3-14] 이눌린의 구조

(5) 한천

한천(아가, agar)은 갈락탄(galactan) 및 검류(gum)로 갈락토오스와 무수 갈락토오스(anhdro galactose)의 (α 1→4) 결합 구조로 이루어진 아가로바이오스(agarobiose)가 구성단위이며, 한천에는 두 종류의 갈락토오스 중합체인 아가로오스(agarose)와 아가로펙틴(agaropectin)이 각각 70%, 30% 존재한다.

(6) 펙틴

펙틴(pectin)은 불용성의 프로토펙틴(protopectin)으로부터 생성된 수용성의 식이섬유로 갈락투론산(galacturonic acid, GalUA) 단위가 (α 1→4) 결합으로 연결된 나선형의 직쇄 구조(나선형)이다. 펙틴은 분자 내의 메톡실기(-OCH_3) 함유량에 따라 7% 이상 메톡실기를 가진 고메톡실펙틴(HMP)과 7% 이하 메톡실기를 가진 저메톡실펙틴(LMP)으로 나눈다.

❶ 펙틴의 겔화

펙틴은 펙틴분해효소(protopectinase)에 의해 불용성의 프로토트펙틴으로부터 성숙한 수용성의 펙틴을 얻는데 이러한 펙틴에 당과 산을 첨가하면 겔화되어 젤리가 생성된다. 겔 형성 과정은 1~1.5%의 고메톡실펙틴(HMP)에 0.3%의 산을 가하여 pH를 3.0~3.5 정도 낮추어 펙틴의 음전하를 중화시킨다. 여기에 60~65%의 당을 첨가시켜 펙틴에 수화되어 있는 물이 제거되고 펙틴끼리 수소결합하여 겔을 형성한다.

2) 복합다당류

(1) 헤미셀룰로오스

헤미셀룰로오스(hemicellulose)는 고등 식물 세포벽의 성분으로 비글루코오스계 다당류인 자일란(xylan)계 다당으로 목재, 벼와 식물의 줄기나 껍질에 존재한다. 헤미셀룰로오스는 자일란 주사슬인 $(Xyl(\beta\ 1\rightarrow4)Xyl)_n$에 L-아라비노오스(L-arabinose), 글루쿠론산(GlcUA)이 측쇄로 결합한 아라비노자일란(arabinoxylan) 구조이다.

(2) 검류

검류(gum)는 점성의 다당류로 한천(agar) 이외에도 구아검(gua gum)과 알긴산(alginic acid) 등 복합다당류가 있다. 구아검은 갈락토오스와 만노오스(mannose)가 1:2 비율로 구성된 갈락토만난(galcatomannan)이다. 알긴산은 미역, 다시마 등 갈조류의 식이섬유로 구성 당인 만누론산(mannuronic acid, ManUA)과 N-아세틸글루코사민(N-acetylglucosamine, GlcNAc)이 ManUA(β 1→4)GlcNAc 결합의 구조이다.

(3) 뮤코 다당

뮤코(muco) 다당은 아미노당인 헥소사민(hexosamine)을 함유한 점액성 다당류로 생체 내의 결합 조직이나 점막의 구성물질이다. 뮤코 다당의 종류는 [그림 3-15]에 나타냈다.

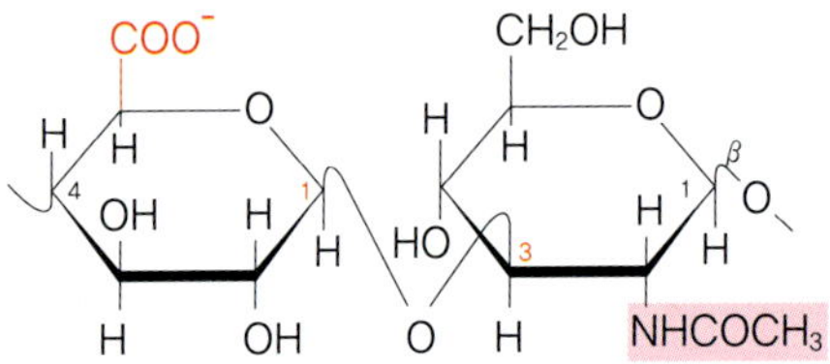

D-글루쿠론산(β 1→3)N-아세틸-D-글루코사민(NAG)

하이알루론산

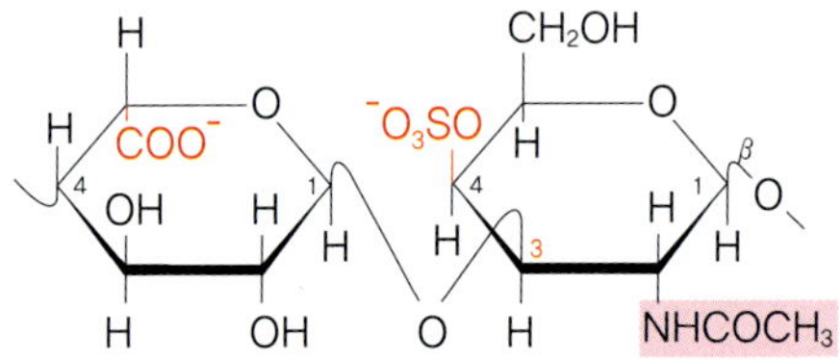

L-아이두론산(β 1→3)N-아세틸-D-갈락토사민-4-황산염

더마탄 황산염

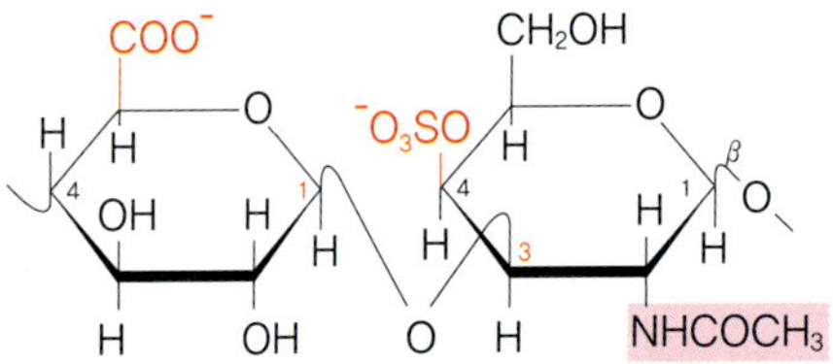

D-글루쿠론산(β 1→3)N-아세틸-D-갈락토사민-4-황산염

콘드로이틴-4-황산염

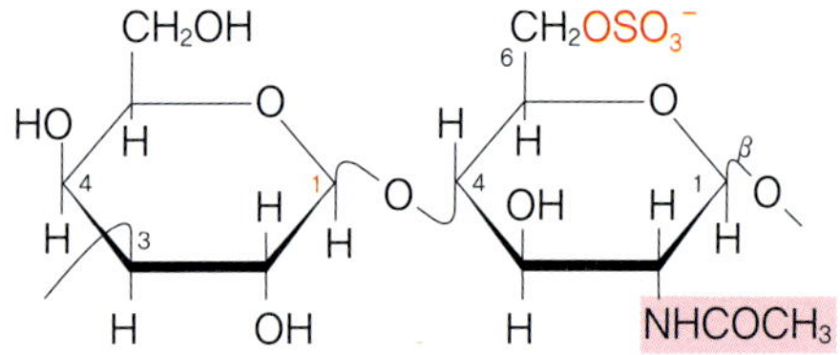

D-갈락토오스(β 1→4)N-아세틸-D-글루코사민-6-황산염

케라탄 황산염

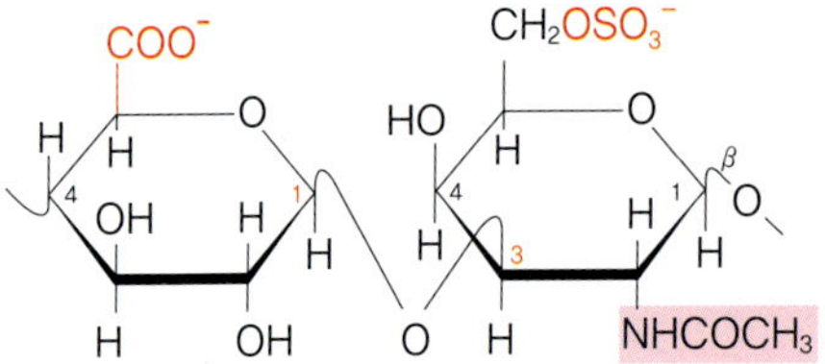

D-글루쿠론산(β 1→3)N-아세틸-D-갈락토사민-6-황산염

콘드로이틴-6-황산염

[그림 3-15] 주요 뮤코 다당의 종류

글라이코사미노글라이칸(glycosaminoglycan)은 산 뮤코(acid muco) 다당으로 반복되는 이당류로 구성된 복합다당류이다. 이당류 단위는 일반적으로 N-아세틸글루코사민(GlcNAc), N-아세틸갈락토사민(N-acetyl-D-galactosamine, GalNAc) 등의 헥소사민 유도체로, pH 7에서 음전하를 띠며, 산성기는 카복실기($-COO^-$), 설폰기($-SO_3^-$) 등이다. 글라이코사미노글라이칸은 다당류가 전체 중량의 대부분을 차지하며, 단백질과 결합한 글라이코사미노글라이칸을 프로테오글라이칸(proteoglycan)이라 한다.

❶ 키틴

키틴(chitin)은 N-아세틸글루코사민(GlcNAc, NAG)이 구성 당 단위이며, GlcNAc(β 1→4)GlcNAc 결합으로 연결된 형태로, 자연계에서 셀룰로오스 다음으로 풍부하다. 키틴은 새우, 게, 곤충 등의 갑각류와 갑충류의 불용성 껍질이나 세포벽의 외골격 구조 다당류이다. 키토산(chitosan)은 키틴을 탈아세틸화시킨 수용성의 다당류로 구성 당 단위인 글루코사민(GlcN)이 (β 1→4) 결합을 한 다당류이다.

❷ 하이알루론산

하이알루론산(hyaluronic acid)은 동물 조직세포 간의 보존, 활제(기저물질) 역할을 하며, 글루쿠론산(GlcUA)과 N-아세틸글루코사민(GlcNAc)이 구성 성분으로 GlcUA(β 1→3)GlcNAc의 결합으로 연결된 형태이다.

❸ 콘드로이틴 황산

콘드로이틴 황산(chondroitin sulfate)은 연체동물에 존재하며, 연골 프로테오글라이칸의 주요 다당으로 구성 성분이 글루쿠론산(GlcUA)과 N-아세틸갈락토사민 황산(N-acetyl-D-galactosamine-sulfate, $GalNAcSO_4^-$)이다. GlcUA(β 1→3)$GalNAcSO_4^-$의 결합 형태, 더마탄 황산(dermatan sulfate)은 구성 성분이 아이두론산(iduronic acid, IdoUA)과 N-아세틸갈락토사민 황산($GalNAcSO_4^-$)으로 IdoUA(β 1→3)$GalNAcSO_4^-$의 결합 형태이다.

❹ 헤파린

헤파린(heparin)은 혈액 응고 저지제로 구성 성분이 글루쿠론산(GlcUA)과 N-아세틸갈락토사민 황산($GalNAcSO_4^-$)이며, GlcUA(α 1→4)$GlcNAcSO_4^-$의 결합 형태이다.

❺ 펩타이도글라이칸

펩타이도글라이칸(peptidoglycan)은 세균의 세포벽 성분이며, 세포를 둘러싸고 있는 교차 결합한 망목 구조로 다당류(뮤코 다당)와 펩타이드가 결합한 혼성체의 고분자 물질이다. 다당류 주사슬은 N-아세틸글루코사민(GlcNAc, NAG)과 N-아세틸무람산(N-acetyl muramic acid, MurNAc, NAM)이 GlcNAc(β 1→4)MurNAc으로 결합한 구조이다(그림 3-16).

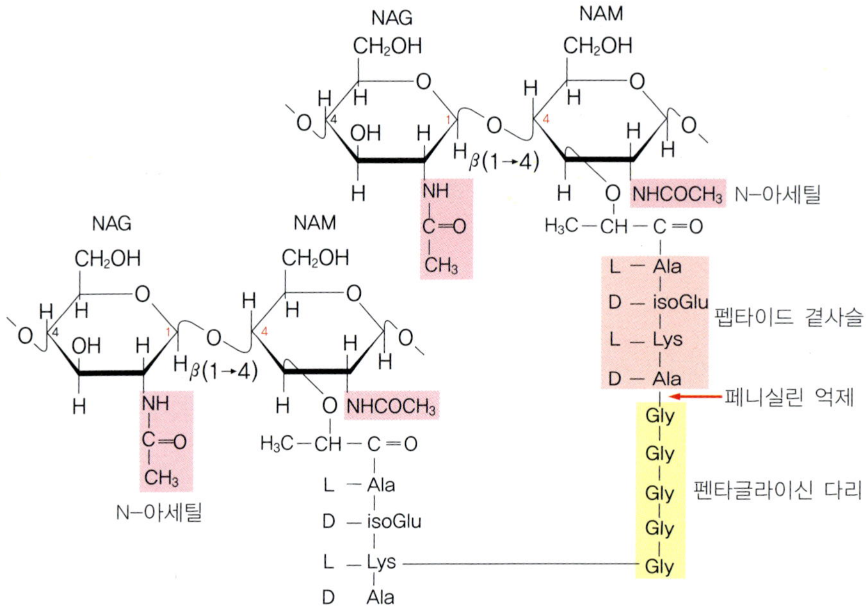

[그림 3-16] 펩타이도글라이칸의 구조

라이소자임(lysozyme)은 눈물에 많이 존재하며, 세포벽의 GlcNAc(β 1→4)MurNAc 결합을 가수분해하여 세포를 파괴한다. 페니실린(penicillin)은 펩타이도글라이칸 합성을 억제하며, 따라서 세포벽이 불완전하여 세포의 정상적인 성장을 유지하지 못하게 한다.

(4) 당단백질

당단백질(glycoprotein)은 단백질이 주체로 당이 폴리펩타이드(polypeptide) 사슬의 특정 아미노산과 결합하여 측쇄를 형성한 구조로 당이 2~10% 정도 들어 있으며, 혈구 등 세포막의 주요 구성 성분이다. 동물은 적혈구, 혈청이나 면역 글로불린(globulin) 등이며, 식물은 혈구 응집 단백질인 렉틴(lectin), 콘카나발린(concanavalin) A, 미생물은 세포막 단백질 등이다. 세포 표면에 당단백질의 당사슬이 존재하는 것은 당사슬의 친수성 때문에 당사슬이 세포 바깥쪽 방향에 위치하는 것이다. 따라서 병원균이나 바이러스의 단백질 분해 효소로부터 세포를 보호할 수 있다. 특히, 렉틴은 정상 세포에 비해 암세포와 쉽게 응집반응을 하는데, 이는 암 연구에서 매우 주목할 만한 현상이다. 당단백질은 두 가지 결합 형태를 갖는데, 하나는 N-글라이코사이드 결합이고 다른 하나는 O-글라이코사이드 결합이다(그림 3-17). N-글라이코사이드 결합은 당이 단백질의 아스파라긴(asparagine) 잔기의 R기의 N에 결합한 형태이고 O-글라이코사이드 결합은 당이 단백질의 세린(serine)이나 트레오닌(threonine) 잔기의 -OH기에 결합한 형태이다. N-글라이코사이드 결합은 혈장 당단백질, 난백 당단백질, 렉틴, 세포막 당단백질, 효소 당단백질 등 대부분의 당단백질이 이에 속하며, 알칼리에 대단히 안정하다. O-글라이코사이드 결합은 뮤신(mucin) 등이며, 알칼리 처리로 쉽게 절단된다.

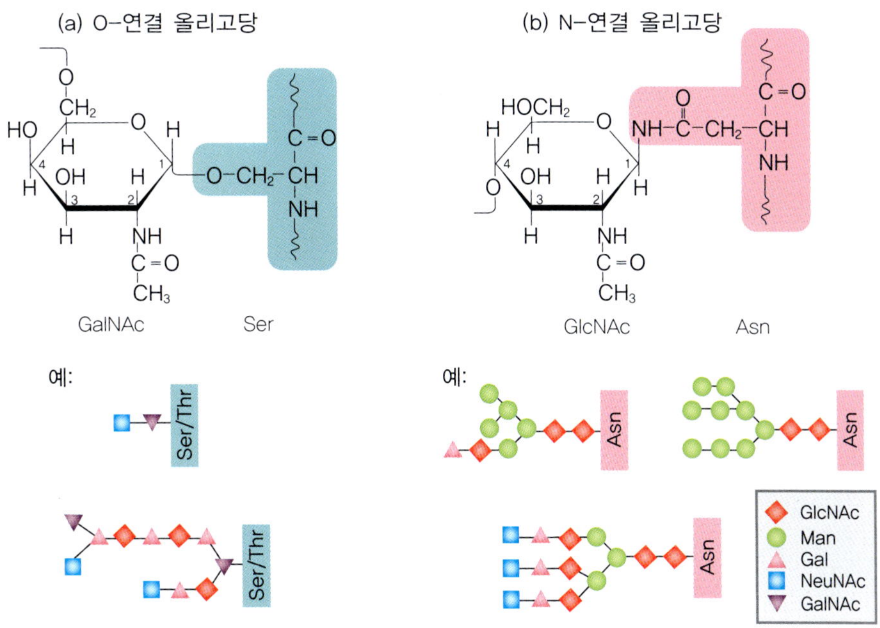

[그림 3-17] 당단백질의 당 결합 방식

(5) 당지질

당지질(glycolipid)은 당이 지질과 결합한 구조로 당단백질처럼 당이 2~10% 정도 들어 있으며, 세포막의 주요 구성 성분이다. 당지질은 주로 생체막 구성 성분이며, 동물계는 스핑고당지질, 식물, 미생물계는 글리세로당지질이다. 또한, 혈액형 결정물질도 당지질인데 A형은 지질 주사슬에 대해 N-아세틸갈락토사민(GalNAc)이, B형은 갈락토오스(D-galactose)가, O형은 A, B형의 특이적인 말단기가 없고 푸코오스(L-fucose)가 말단기이다(그림 3-18). 라이포사카라이드(lipopolysaccaride, LPS)는 당지질로 대장균(*E. coli*)이나 살모넬라균(*S. typhimurium*) 등과 같은 그람 음성 세균(gram-negative bacteria)의 주요 세포막 성분이다.

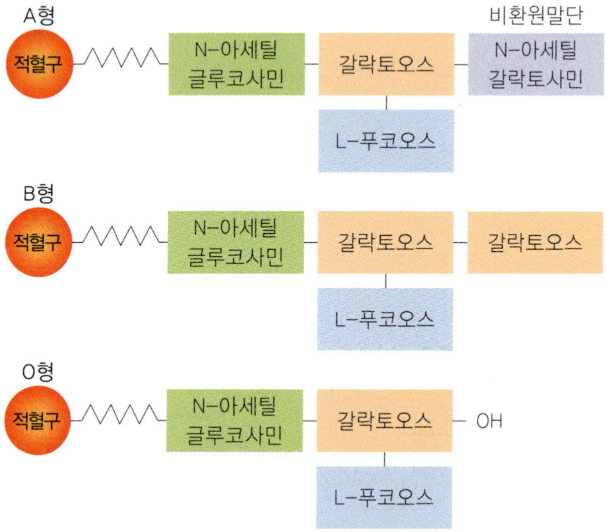

[그림 3-18] 혈액형 결정 당 잔기

4. 기능성 탄수화물

탄수화물 공학의 발전으로 새로운 탄수화물 소재들이 개발되어 산업적으로 널리 활용되고 있다. 탄수화물의 기능성은 식품의 물리·화학적 특성을 개선시킨 식품학적 기능성뿐만 아니라 생리활성 기능의 건강기능식품 소재로 주목받고 있다. 이러한 기능성 탄수화물은 대부분 인체 내 소화효소로 분해될 수 없는 난소화성 탄수화물이다. 기능성 탄수화물 소재들은 저열량 대체 감미료 이외에 포도당 및 콜레스테롤의 체내 흡수 억제, 유용균 증식 효과 등과 같은 다양한 생리활성 기능이 있다.

1) 단당류

타가토오스(targatose)는 갈락토오스(galactose)의 케토오스 이성질체로 감미도는 설탕의 90% 수준으로 유사하지만 열량과 당지수는 각각 설탕의 1/3, 5% 수준이다. 이처럼, 타가토오스는 저열량과 당지수가 매우 낮아 식후 혈당 조절에 도움을 줄 수 있어 당뇨 환자를 위한 감미료로 사용하며, 장내 유산균 증식을 도와 장 건강에 유익한 기능도 있다.

아미노당인 글루코사민(glucosamine)은 골관절염 증상을 완화시키는 생리활성 기능이 있으며, 연골식품에 풍부하다.

솔비톨(sorbitol)은 글루코오스의 당알코올로 식품품질 향상 소재로 사용되며, 자일리톨(xylitol)은 충치 세균인 뮤탄스균(*Sterptococcus mutans*)을 제거하여 충치 예방 등의 생리활성 기능이 있는 건강기능식품의 기능성 성분이다.

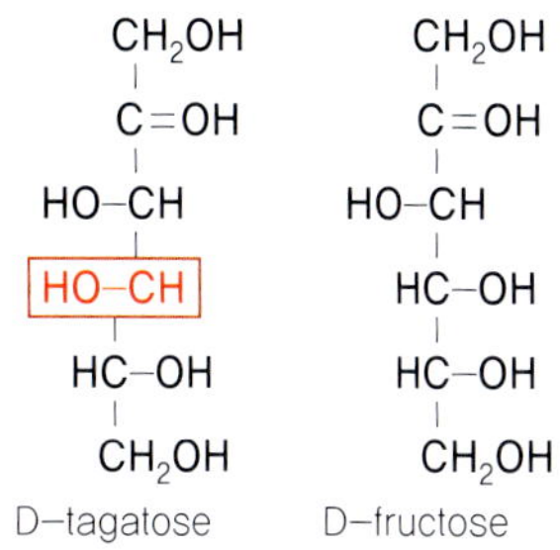

[그림 3-19] 타가토오스의 구조

2) 소당류

(1) 올리고당

올리고당(oligosaccharide)은 인체의 소화효소에 분해되지 않는 당으로 대장에 도달하면 장내 세균에 의해 분해되어 유익균인 프로바이오틱(probiotic)은 증식하고 유해균은 억제시키는 프리바이오틱(prebiotic) 성분이다. 올리고당의 종류로는 대두올리고당, 프럭토올리고당, 갈락토올리고당, 말토올리고당, 아이소말토올리고당 등이 있다.

❶ 대두올리고당

대두올리고당에는 라피노오스(raffinose), 스타키오스(stachyose) 등이 있으며, 라피노오스는 콩과 식물, 사탕무 등에 존재하는 삼당류로 galactose-glucose-fructose로 구성된 비환원당이다. 스타키오스는 목화씨에 존재하는 사당류이며, 구성 성분은 galactose-galactose-glucose-fructose로 역시 비환원당이다.

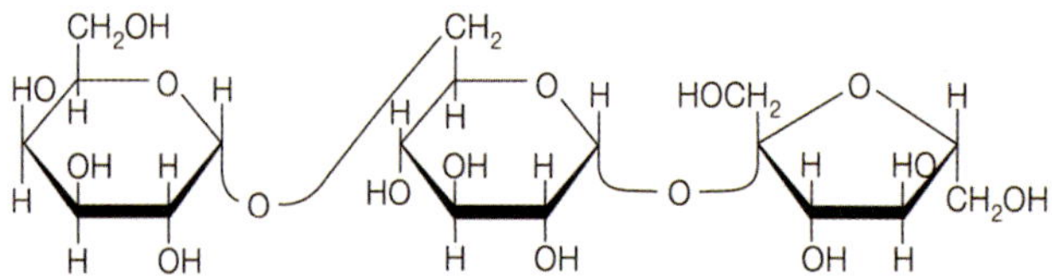

라피노오스

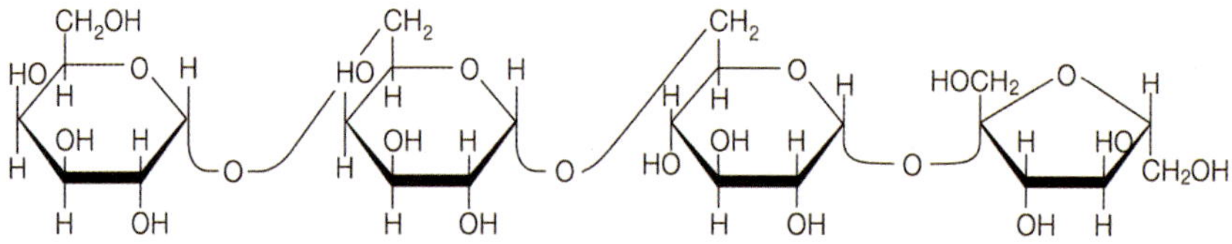

스타키오스

[그림 3-20] 대두올리고당의 종류

❷ 프럭토올리고당

프럭토올리고당(fructooligosaccharide, FOS)은 수크로오스(sucrose, GF)에 프럭토오스(fructose) 잔기가 각각 1, 2, 3개 결합한 케스토오스(kestose, GF2), 니스토오스(nystose, GF3), 프럭토실 니스토오스(fructosyl nystose, GF4) 등이 있으며, 주로 유익균인 비피더스균(*Bifidus*) 증식 촉진과 해로운 세균인 유해균을 억제시키며, 혈압 강화 등의 효능이 있다.

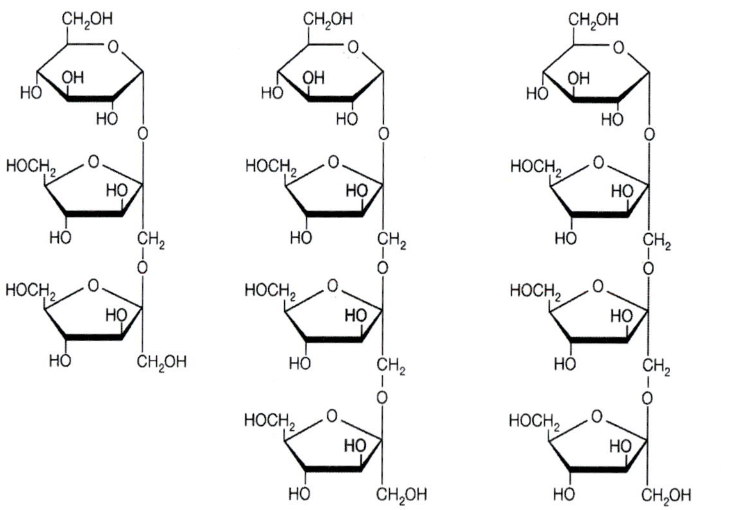

케스토오스(GF2) 니스토오스(GF3) 프럭토실 니스토오스(GF4)

[그림 3-21] 프럭토올리고당의 종류

❸ 갈락토올리고당

갈락토올리고당(galactooligosaccharide, GOS)은 락토오스(lactose)에 갈락토오스(galactose) 잔기가 1~4개 결합한 당으로 초유와 모유에 존재하며, 비피더스 증식 작용, 충치 예방 효과가 있다.

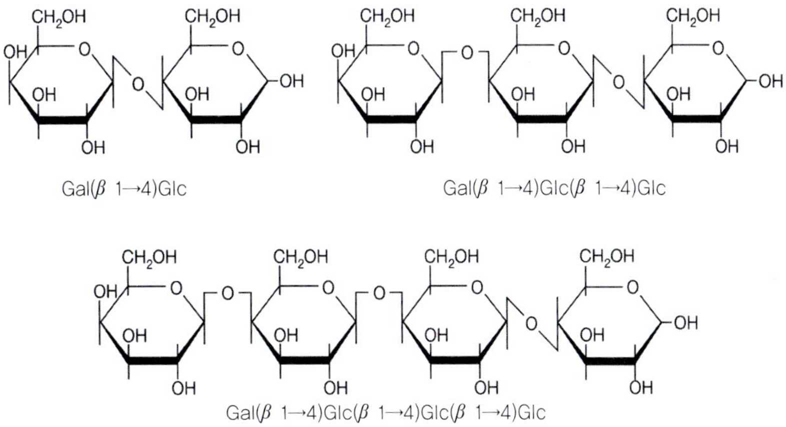

[그림 3-22] 갈락토올리고당의 구조

❹ 말토올리고당

말토올리고당(maltooligosaccharide, MOS)은 말토오스(maltose)에 글루코오스(glucose) 1~8개가 (α 1→4) 결합한 당으로 소화 흡수가 빠르고 소화기관의 부담이 적어 소화 기능이 약한 환자용 식품과 우수한 보습성을 가지고 있어 물성 개선 효과가 있다.

❺ 아이소말토올리고당

아이소말토올리고당(isomaltooligosaccharide, IMO)은 글루코오스 각각 2, 3, 4개가 (α 1→6) 결합한 아이소말토오스(isomaltose), 아이소말토트리오스(isomaltotriose), 아이소말토테트라오스(isomaltotetraose)가 있으며, 비피더스 증식 작용과 보습성, 전분의 노화 방지 등 물성 개선, 당뇨병 환자식 등의 효과가 있다.

(2) 아카보오스

아카보오스(acarbose)는 아카비오신(acarbiosin)의 환원성 말단에 말토오스가 결합한 구조로 말토테트라오스(maltotetraose)의 구조와 유사하다. 아카보오스는 말토테트라오스 구조 유사체로 기질인 말토테트라오스와 α-아밀레이스(α-amylase)의 활성자리 등에서 서로 경쟁한다. 즉, 아카보오스는 α-아밀레이스와 α-글루글루코시데이스(α-glucosidase)의 경쟁적 저해제로 작용하여 혈당 감소에 도움을 주는 기능이 있다.

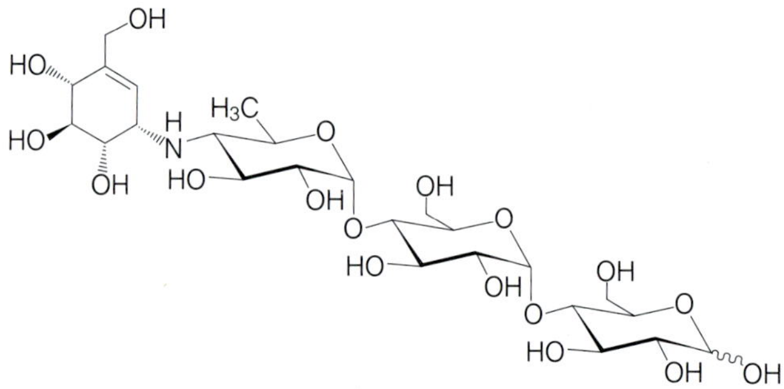

[그림 3-23] 아카보오스의 구조

3) 다당류

(1) 식이섬유

식이섬유(dietary fiber, DF)는 소화효소에 분해되지 않는, 즉 에너지원이 되지 못하는 난소화성 다당류로 불용성 식이섬유(insoluble dietary fiber, IDF)와 수용성 식이섬유(soluble dietary fiber, SDF)로 분류한다. 식이섬유의 효능은 체중 감량, 혈청 콜레스테롤 저하, 혈당 저하, 장내 유용균 증식, 대장암 예방 등 다양한 생리활성 기능이 있다.

불용성 식이섬유(IDF)로는 셀룰로오스, 헤미셀룰로오스, 키틴 등이 있으며, 헤미셀룰로오스는 아라비노자일란(arabinoxylan)으로 항바이러스 작용 및 면역 증강의 활성이 있다. 수용성 식이섬유(SDF)는 펙틴, 키토산 등이 있으며, 펙틴은 혈중 콜레스테롤 감소, 위 소화력 증강 효과가 있다.

(2) 저항 전분

저항 전분(resistant starch, RS)은 전분 분해효소에 분해되지 않고 직장에 도달하는 난소화성 전분으로 건강기능식품의 기능성 성분이다. 이러한 저항 전분은 올리고당이나 식이섬유처럼 장내 세균총을 개선하는 생리활성 기능이 있다. 저항 전분의 종류로는 크게 4가지 형태가 있는데 RS I은 곡류나 종자처럼 포장된 전분, RS II는 날감자나 초록색 바나나 등의 생 전분, RS III는 호화 후 냉각된 노화나 재결정된 전분, RS IV는 화학적으로 변환시켜 변성된 전분으로 모두 소화효소에 분해되지 않는 전분이다.

(3) 키틴질

키틴질은 난소화성 동물성 식이섬유로 키틴(chitin), 키토산(chitosan), 키토올리고당(chitooligosaccharide)으로 분류한다. 키틴과 키토산은 구성 성분이 각각 N-아세틸글루코사민(GlcNAc, NAG)과 글루코사민(GlcN)으로 불용성과 수용성이다. 키틴과 키토산은 구성단위인 글루코사민처럼 혈중 콜레스테롤 저하, 정장 및 항균 작용 등 다양한 생리활성으로 건강기능식품 소재로 널리 사용된다. 키틴을 탈아세틸화한 키토산은 수용성으로 체내 흡수가 용이하며, 키토산을 더 작게 분해한 키토올리고당은 글루코사민이 10개 이하, 분자량이 200~3,000 정도인 수용성 당으로 키틴과 같은 다양한 기능이 있다.

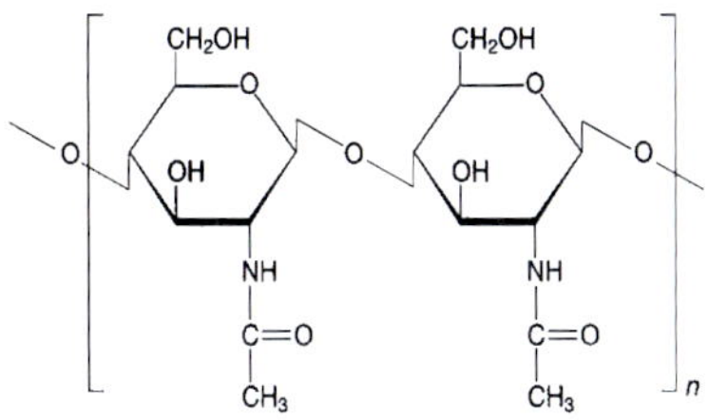

[그림 3-24] 키틴의 구조

(4) 기타

하이알루론산은 관절 윤활 작용, 천연 보습 및 피부 개선 등 건강기능식품의 기능성 성분이며, 콘드로이틴 황산은 골관절염 완화 및 관절 기능 강화, 안구 각막 보호 등의 생리활성 기능이 있다.

연습문제

1. 탄수화물의 설명 중 틀린 것은?
① 말토오스(maltose)는 환원당이다.
② 자일로오스(xylose)는 헤미셀룰로오스(hemicellulose)의 구성 성분이다.
③ 프럭토오스(fructose)는 푸란(furan)형의 케토펜토오스(ketopentose)이다.
④ 동일 탄소에 결합된 4개의 원자단이 서로 다른 것을 부제탄소라고 한다.
⑤ 알데하이드기를 갖는 당을 알도오스(aldose), 케톤기를 갖는 당을 케토오스(ketose)라고 한다.

2. 에피머(epimer)에 관한 설명으로 옳은 것은?
① 서로 비대칭성을 갖는다.
② 편광면을 서로 반대 방향으로 회전시킨다.
③ 하나는 알도오스(aldose), 다른 하나는 케토오스(ketose)이다.
④ 갈락토오스(galactose)와 만노오스(mannose)는 서로 에피머이다.
⑤ 부제탄소 1개에 결합된 작용기의 배열 상태가 서로 다른 단당류이다.

3. 아노머(anomer) 이성질체에 대한 설명으로 틀린 것은?
① α-D-glucose와 β-D-glucose는 같은 양으로 존재한다.
② 글루코오스(glucose)의 아노머 탄소는 C-1이다.
③ 프럭토오스(fructose)의 아노머 탄소는 C-2이다.
④ α-D-Glc와 β-D-Glc는 서로 아노머 이성질체이다.
⑤ 아노머가 수용액에서 상호 변환하여 선광도가 변하는 현상을 변선광이라 한다.

4. 알도펜토오스(aldopentose)의 부제탄소 수와 입체이성질체 수가 올바르게 짝지은 것은?
① 2, 4 ② 2, 8
③ 3, 6 ④ 3, 8
⑤ 4, 16

5. 글루코오스의 유도체 중에서 C-1과 C-6이 COOH기인 것은?
① 소비톨 ② 글루코당산
③ 글루콘산 ④ 리비톨
⑤ 글루쿠론산

6. 다음 중 비환원성 삼당류는?
① 스타키오스 ② 락토오스
③ 셀로비오스 ④ 라피노오스
⑤ 트레할로오스

7. β-글라이코사이드(glycoside) 결합으로 된 포도당의 중합체는?
① 헤미셀룰로오스 ② 아밀로펙틴
③ 셀룰로오스 ④ 키틴
⑤ 아가

8. (β 1→4) 글라이코사이드 결합의 특징이 아닌 것은?
① 섬유 ② 불용성
③ 망목 구조 ④ 교차결합
⑤ 저장다당류

9. 이당류의 결합을 바르게 나타낸 것은 ?
① sucrose : Glc(α 1→2)Fru
② maltose : Glc(α 1→2)Glc
③ cellobiose : Glc(α 1→4)Glc
④ lactose : Gal(α 1→4)Glc
⑤ trehalose : Gal(α 1→6)Glc

10. 이눌린(inulin)의 구성 당 단위로 옳은 것은?
① α-D-Glc ② β-D-Glc
③ α-D-Ga ④ β-D-Fru
⑤ α-D-Man

정답: 1 ③ 2 ⑤ 3 ① 4 ④ 5 ②
6 ④ 7 ③ 8 ⑤ 9 ① 10 ④

chapter 04

지질

Lipids

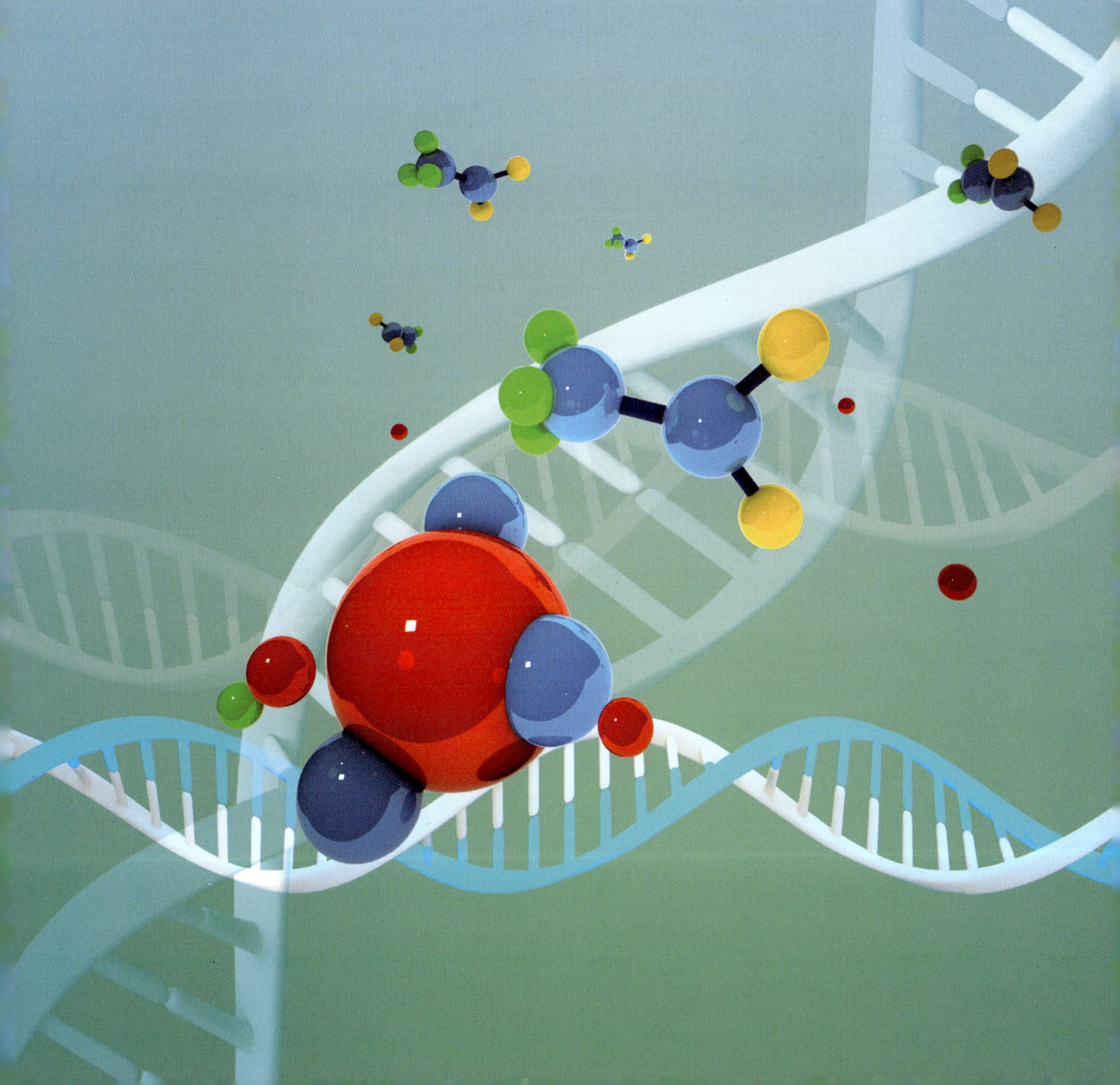

지질(lipid)은 생물체 내에 널리 분포되어 있는 지방 또는 유사한 물질들의 총칭이며, 지질은 조직세포의 구성 성분이고 생물체의 중요한 영양물질이다. 지질은 영양상 에너지원으로 중요하며, 같은 양의 탄수화물이나 단백질보다 약 2.2배의 에너지를 더 낼 수 있다. 일반적으로 식품 속에 들어 있는 지질은 섭취 후 지방산과 글리세롤로 분해 흡수되어 임파액에 들어가 혈액에 의해 각 조직에 운반된다. 지질은 물에 녹지 않고 에테르, 클로로포름, 벤젠 같은 비극성 용매에 녹는 유기물질로 생체 내에서 생체분자, 세포막 구성 성분과 대사 연료의 역할을 한다.

1. 지질의 분류

지질은 구조의 복잡 여부에 따라 크게 단순지질, 복합지질, 유도지질로 분류한다. 단순지질은 지방산과 글리세롤(또는 알코올)의 에스터 구조이며, 중성지방, 왁스(납) 등이다. 복합지질은 지방산, 알코올 이외에 인산, 당 등과 결합한 지질이며, 인지질, 스핑고지질, 당지질 등이 있고 지질이 가수분해되어 얻어진 지방산, 스테로이드, 테르펜, 아이코사노이드 등은 유도지질이다(표 4-1). 그리고 지질은 체내 기능에 따라 중성의 저장지질과 극성의 막지질로 구분할 수 있다(그림 4-1). 저장지질은 중성지방, 막지질은 인지질과 당지질 등이 속한다. 또한, 지질은 비누화 여부에 따라 검화유인 비누화성 지질(saponifiable lipid)과 불검화유인 비비누화성 지질(non-saponifiable lipid)로 분류한다. 비누화(saponification)란 지질의 에스터 결합이 지방산과 알코올로 가수분해되는 과정을 말한다. 검화유는 단순지질, 복합지질로 지방산이 들어 있는 중성지방, 인지질, 당지질 그리고 왁스는 모두 비누화성 지질에 속한다. 불검화유는 유도지질 지방산이 없어 비누화되지 않는 지질로 테르펜(terpene), 스테로이드(steroid), 프로스타글란딘(prostaglandin) 등이 여기에 속한다.

〈표 4-1〉 화학 구조에 따른 지질의 분류

단순지질	복합지질	유도지질
triacylglycerol wax	인지질 phosphatidyl ethanolamine phosphatidyl choline phosphatidyl serine phosphatidyl inositol cardiolipin 스핑고지질 ceramide sphingomyelin 당지질 cerebroside ganglioside	steroid fatty acid glycerol

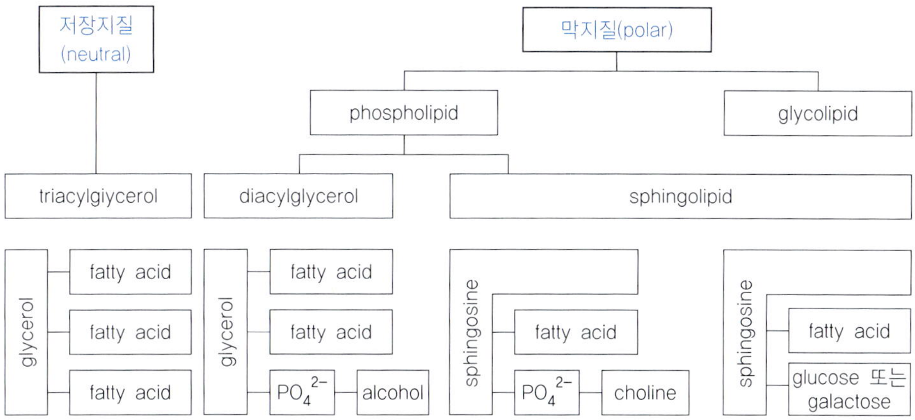

[그림 4-1] 기능에 따른 지질의 분류

2. 지방산

지방산(fatty acid)은 지질의 구성단위이다. 지방산은 긴 탄화수소 사슬에 카복실기가 한쪽 끝에 존재하는 구조이다. 지방산이 물에 잘 녹지 않는 원인은 탄화수소로 된 비극성의 꼬리 부분 때문이다. 지방산은 인지질과 당지질의 구성단위로 생물학적 막 성분이며, 중성지방의 구성단위로 연료 분자, 에너지 저장형이다. 지방산 유도체는 호르몬과 세포 내 전령 역할을 한다. 지방산은 생리적 활성물질(신호 분자)로 프로스타글란딘

(prostaglandin), 트롬복산(thromboxane), 류코트리엔(leukotriene) 합성의 전구체에 이용된다.

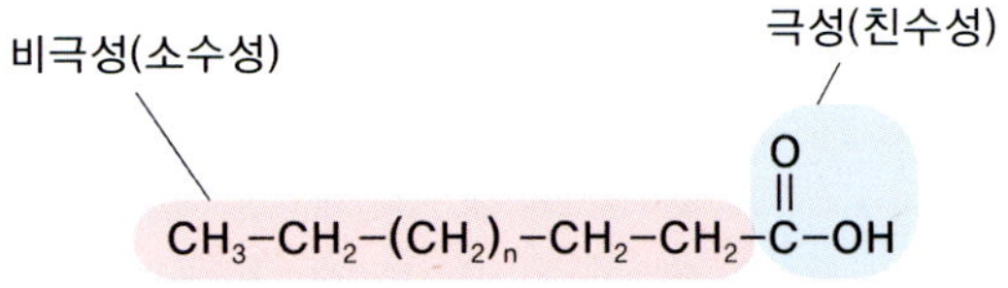

[그림 4-2] 지방산의 일반적인 구조

1) 지방산의 종류

지방산은 탄소 수의 장단, 이중결합의 개수와 위치에 따라 포화지방산, 불포화지방산, 다불포화지방산으로 구분한다. 포화지방산은 탄화수소의 사슬이 단일결합으로 된 포화 탄화수소로 고체 형태로 구조가 안정하다. 불포화지방산은 탄화수소의 사슬이 단일결합 이외에 하나의 이중결합이 있는 불포화 탄화수소로 액체 형태로 구조가 불안정하다. 다불포화지방산은 이중결합이 두 개 이상 존재하는 지방산이다.

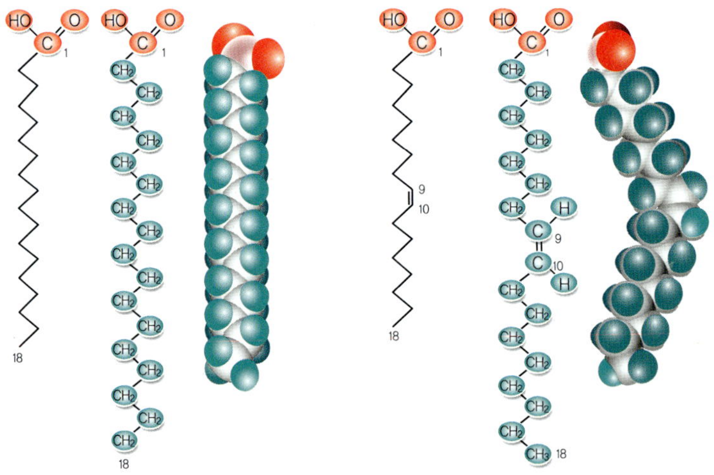

(a) 스테아르산 (b) 올레산

[그림 4-3] 포화지방산과 불포화지방산의 구조

(a) 스테아르산: 18개의 탄소 원자를 가진 포화지방산
(b) 올레산: 18개의 탄소 원자와 1개의 이중결합을 가진 불포화지방산

〈표 4-2〉 천연에 존재하는 주요 지방산

표기법	구조*	계통명	관용명	융점(℃)
12:0	$CH_3(CH_2)_{10}COOH$	n-dodecanoic acid	lauric acid	44.2
14:0	$CH_3(CH_2)_{12}COOH$	n-tetradecanoic	myristic acid	53.9
16:0	$CH_3(CH_2)_{14}COOH$	n-hexadecanoic acid	palmitic acid	63.1
18:0	$CH_3(CH_2)_{16}COOH$	n-octadecanoic acid	stearic acid	69.6
20:0	$CH_3(CH_2)_{18}COOH$	n-eicosanoic acid	arachidic acid	76.5
24:0	$CH_3(CH_2)_{22}COOH$	n-tetracosanoic acid	lignoceric acid	86.0
16:1(Δ^{9})	$CH_3(CH_2)_5CH=CH(CH_2)_7COOH$		palcitoleic acid	-0.50
18:1(Δ^{9})	$CH_3(CH_2)7CH=CH(CH_2)_7COOH$		oleic acid	13.4
18:2($\Delta^{9,12}$)	$CH_3(CH_2)_4CH=CHCH_2CH=CH(CH_2)_7COOH$		α-lnoleic acid	-5.00
18:3($\Delta^{9,12,15}$)	$CH_3CH_2CH=CHCH_2CH=CHCH_2CH=CH(CH_2)_7COOH$		linolenic acid	-11.00
20:4($\Delta^{5,8,11,14}$)	$CH_3(CH_2)_4CH=CHCH_2CH=CHCH_2CH=CHCH_2CH=CH(CH_2)_3COOH$		arachidonic acid	-49.5
20:5($\Delta^{5,8,11,14,17}$)	$CH_3CH_2(CH=CHCH_2)_5(CH_2)_2COOH$		eicosapentaenoic acid(EPA)	-54.0
22:6($\Delta^{4,7,10,13,16,19}$)			docosahexaenoic acid(DHA)	

* 모든 산은 비이온화형으로 나타냈지만, 중성에서 모든 지방산은 이온화형으로 존재하며, 탄소 원자 번호는 카복실기 탄소부터 시작한다. 표기법 왼쪽의 숫자는 탄소 수이고 오른쪽의 숫자는 분자 내 이중결합의 수를 나타낸다. 불포화지방산의 마지막 불포화 결합의 위치에 따라 분류하는 방법은 omega(n) 분류법이 있다(예: oleic acid는 omega(ω) 9, linoleic acid와 arachidonic acid는 omega(ω) 6, EPA, linolenic acid 그리고 DHA는 모두 omega(ω) 3 지방산이다.

(1) 불포화지방산

불포화지방산의 이중결합 구조는 시스(cis) 형태와 비공액형(non-conjugated)이다. 지방산 사슬에서 시스 배치는 분자가 굽혀지거나 비틀려지는 원인이 된다. 지방산 사슬 내에서의 굽혀짐은 다른 지방산의 탄화수소 사슬과는 격리되어 있어, 분자운동이 많게 된다. 이와 같은 성질 때문에 사슬이 긴 불포화지방산은 불안정하여 일반적으로 실온에서 액체 상태가 되는 것이다. 불포화지방산의 표기법은 탄소(C) 다음의 숫자는 탄소 수, 그다음(:) 숫자는 분자 내의 이중결합의 수를 나타낸다. 델타(delta, Δ) 분류법이란 탄소 원자 번호는 카복실(carboxyl)기 탄소(C-1)부터 시작하여 이중결합의 탄소 원자 번호를 위 첨자로 표시하는 방법이다. 또한, 불포화지방산의 마지막 이중결합의 위치에 따라 분류하는 방법인 오메가(omega, ω, n) 분류법이 있다. 이중결합이 메틸기(CH_3) 끝에서부터 세 번째 탄소에서부터 시작하면 오메가(n)-3 계열의 지방산이라 하며, 여섯 번째 탄소에서부터 시작하면 오메가(n)-6 계열의 지방산, 9번째 탄소에서부터 시작하면 오메가(n)-9 계열의 지방산이라고 한다.

❶ 올레산: C18:1, Δ^9, n-9

올레산(oleic acid)은 오메가-9 계열의 지방산으로서 탄소 수는 18개, 이중결합은 말단의 메틸기(CH_3) 끝에서부터 시작하여 탄소 9번에 1개가 있다.

❷ 리놀레산: C18:2, $\Delta^{9,12}$, n-6

리놀레산(linoleic acid)은 오메가-6 계열의 지방산으로서 탄소 수는 18개, 이중결합은 말단의 메틸기부터 시작한 탄소 6번부터 2개가 있다. ω-6 계열의 지방산에는 아라키돈산(arachidonic acid; ARA, C20:4, $\Delta^{5,8,11,14}$) 등이 있다.

❸ 리놀렌산: C18:3, $\Delta^{9,12,15}$, n-3

리놀렌산(linolenic acid)은 오메가-3 계열의 지방산으로서 탄소 수는 18개, 이중결합은 말단의 메틸기부터 시작한 탄소 3번부터 3개가 있으며, 오메가-3 계열의 지방산에는 아이코사펜타에노인산(eicosapentaenoic acid; EPA, C20:5, $\Delta^{5,8,11,14,17}$)과 도코사헥사에노인산(docosahexaenoic acid; DHA, C22:6, $\Delta^{4,7,10,13,16,19}$) 등이 있다. 이 지방산은 생선 같은 식품에 많이 함유되어 있고 오메가-3 지방산인 리놀렌산(C18:3)으로부터 만들어질 수 있다.

(2) 필수 지방산

포유동물은 다른 전구물질들로부터 포화지방산과 단일 불포화지방산을 합성할 수 있으나, 지방산 사슬에서 9번째 탄소 원자(C-9) 너머로 있는 탄소 원자들에 이중결합을 도입시키는 효소들이 없어 리놀레산과 리놀렌산을 합성할 수 없다. 이처럼 자체 내에서 합성될 수 없기 때문에 식물로부터 포유동물의 음식물로 공급되는 지방산을 필수 지방산(essential fatty acid, EFA)이라 한다. 이처럼, 필수 지방산은 체내에서 합성할 수 없어 외부에서 음식물로 섭취하는 지방산이다. 필수 지방산은 리놀레산(C18:2)과 리놀렌산(C18:3) 등의 다불포화지방산이다(그림 4-4). 가장 풍부한 필수 지방산은 중성지방과 인지질 등의 전체 지방산의 10~20% 정도를 차지하는 리놀레산이다. 리놀레산은 포유동물에서 식물에 없는 아라키돈산의 생합성에 필요한 전구물질이다. 또한, 리놀레산과 리놀렌산은 그 밖의 여러 불포화지방산의 합성에 대한 출발점이다. 필수 지방산은 많은 중요한 생리적 활동에 주요 효과를 갖는 미량의 호르몬성 화합물인 프로스타글란딘(prostaglandin)이라고 하는 지방산 유도체 그룹에 필요한 전구물질이다.

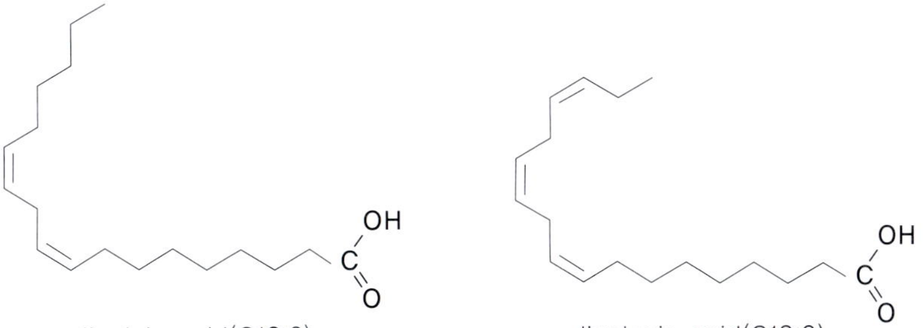

linoleic acid(C18:2) linolenic acid(C18:3)

[그림 4-4] 필수 지방산의 구조

(3) 트랜스 지방산

트랜스 지방산(trans fatty acid)은 불포화지방산의 시스(cis)형의 이중결합이 트랜스(trans)형으로 전환된 지방산이다. 트랜스 지방산은 천연 상태에서도 일부 존재하지만 대부분 식물성 기름이 수소첨가 과정을 거쳐 마가린, 쇼트닝 등 경화유를 만드는 과정이나 고온에서 가열할 때 생성된다. 대표적인 트랜스 지방산은 올레산(oleic acid)으로부터 전환된 엘라이드산(elaidic acid)이 있으며, 트랜스 지방산은 LDL 함량을 증가시키고

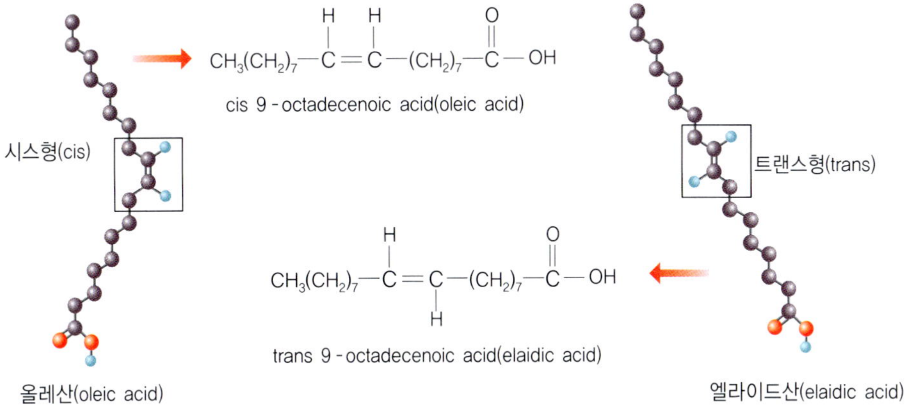

[그림 4-5] 트랜스 지방산의 구조

HDL 함량을 감소시키며, 포화 지방처럼 행동하여 심혈관계 질환 발병을 증가시킨다고 알려져 있다.

3. 단순지질

단순지질은 지방산과 글리세롤 또는 알코올의 에스터 구조이며 중성지방, 왁스(납) 등이다.

1) 중성지방

중성지방(neutral fat)은 글리세롤(glycerol) 1분자와 지방산 3분자의 에스터(ester) 형태인 트리아실글리세롤(triacylglycerol, TG)이다. 이러한 지방은 전하를 갖지 않아 중성지방(neutral fat)이라 부르며, 중성지방에 대한 일반적 명칭은 트리아실글리세롤 또는 트리글리세리드(triglyceride)이다. 여기서 아실(acyl)은 지방산의 탄화수소 사슬을 말하는 것으로 지방산의 카복실기는 글리세롤 분자의 알코올기와 에스터 결합을 형성한 글리세롤의 지방산 에스터이다(그림 4-6). 대표적인 중성지방은 트리팔미틴(tripalmitin)으로 트리팔미틴에는 3개의 지방산이 모두 팔미트산(palmitic acid)이다. 중성지방은 인체에서 지방조직(adipose tissue)에 저장되어 있다. 중성지방은 에너지 저장형으로 글리코젠(glycogen)이나 단백질에 비해 g당 2배 이상의 에너지를 공급하는데 글리코젠의 하루 필요량으로 동물의 지방세포에 수개월 동안 저장할 수 있다. 중성지방은 또한 보온재 역할을 한다.

[그림 4-6] 트리아실글리세롤의 형성

(1) 지방의 분류

지방은 액체 형태는 유(oil), 고체 형태는 지(fat)로 구분된다. 지방은 지방산의 종류에 따라 물리 · 화학적 성질이 좌우된다. 포화지방산이 많은 지질인 포화 지방은 쇠기름(beef fat), 버터(butter) 등으로 고체 상태(고형)이고, 불포화지방산이 많은 지방인 불포화 지방은 올리브유 등 식물성 기름으로 액체 상태(액상)이다. 불포화 지방에 들어 있는 불포화지방산의 이중결합에 수소를 첨가하면 액상이 고형으로 전환되는데 식물유에 수소를 첨가한 것이 마가린, 쇼트닝 등이다.

일반적으로 식용 유지는 대부분 트리아실글리세롤이며, 출처에 따라 동물성과 식물성으로 나눈다. 동물성 유지는 쇠기름, 돼지기름, 유지방, 라놀린, 버터, 간유 및 기타 어유 등이며, 식물성 유지는 야자유, 면실유, 카카오유, 아마인유 및 올리브유 등이다. 또한, 아이오딘(요오드)가에 따라 유지는 건성유, 반건성유, 불건성유 등으로 나눈다. 요오

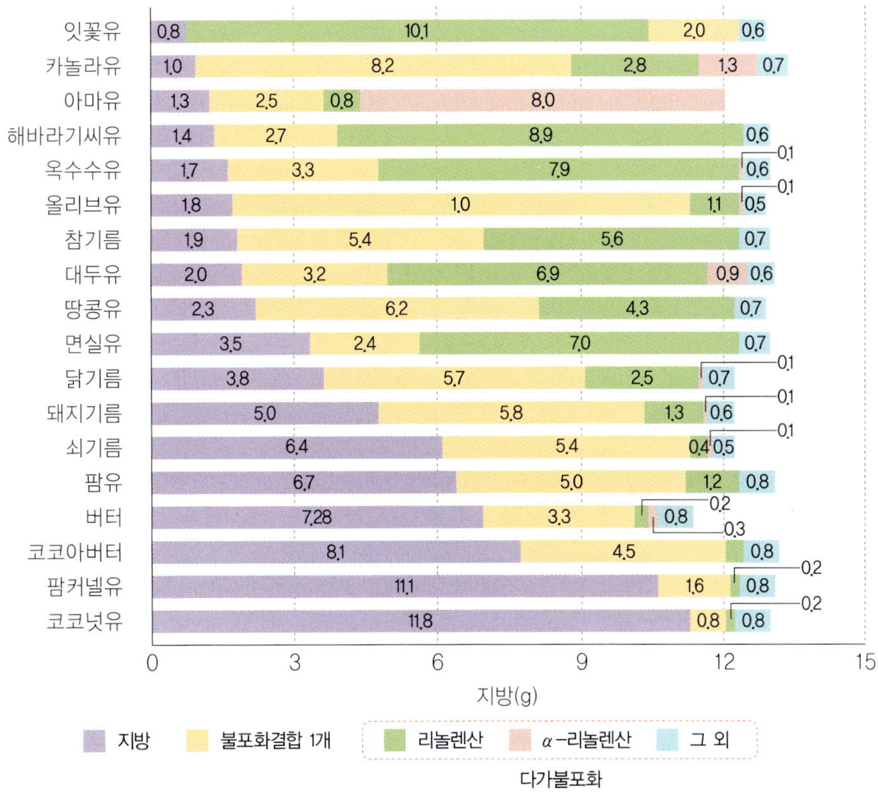

[그림 4-7] 주요 유지의 지방산 조성

드가는 유지 100g에 첨가되는 요오드의 g 수로 건성유는 요오드가 130 이상, 반건성유는 100~130, 불건성유는 100 이하이다. 요오드가는 유지에 첨가하는 요오드양으로 유지의 불포화도를 조사하는 것으로 불포화지방산에 비례하여 불포화지방산이 많을수록 증가한다. 건성유는 고도의 불포화지방산을 다량으로 함유하여 공기 중에서 산소를 흡수하여 굳는 데 시간이 오래 걸리는 아마인유, 호두기름 등이며, 반건성유는 콩기름, 면실유, 유채유 등이고, 불건성유는 공기 중에서 굳어지기 힘든 기름으로 동백유, 올리브유, 피마자유 등이다.

(2) 중성지방의 반응

❶ 가수분해반응

중성지질은 가수분해되면 그 구성 성분인 3분자의 지방산과 글리세롤을 생성한다.

❷ 비누화 과정

비누화 과정(saponification)은 알칼리에 의한 중성지방의 가수분해반응으로 알칼리(KOH)를 사용하여 지방산의 알칼리염 형성 과정이다.

❸ 탈수반응

중성지방에 탈수제인 $KHSO_4$, P_2O_5 등을 가하면 아크로레인(acrolein)이라는 화합물을 생성한다.

2) 왁스

왁스(wax, 납)는 긴 사슬의 고급 지방산과 고급 알코올의 에스터이다. 왁스의 지방산은 탄소 수가 14~16개, 알코올은 12~16개이다. 왁스는 에너지 저장형과 습윤이나 건조 방지 등의 광택 작용을 한다. 왁스의 탄화수소 사슬은 일반적으로 매우 길며 왁스는 깃털, 모피, 피부, 잎, 과일 등의 보호막에서 발견된다. 피지선(sebaceous gland)에서 분비되는 물질에 일종의 많은 왁스가 들어 있는 것은 피부를 부드럽게 유지해 주고 건조를 방지하기 때문이다. 태아의 피부도 왁스물질에 의해 보호되어 있다.

왁스는 해양생물인 플랑크톤에 의해 다량으로 생성되고 이용되는 연료의 주요 저장형이다. 고래, 청어, 연어는 플랑크톤을 소비하므로 왁스는 먹이사슬에서 주요 식량과 저장 지방질 역할을 한다. 왁스의 종류로는 벌의 밀랍(bees wax), 향유고래의 경랍 등이 있다.

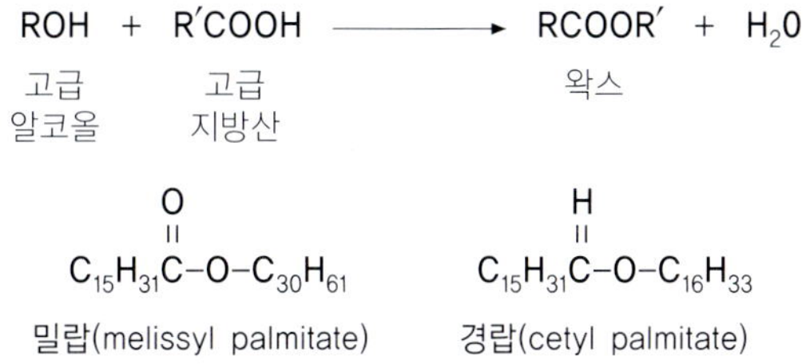

[그림 4-8] 왁스의 구조

4. 복합지질

복합지질은 지방산, 알코올 이외에 인산, 당 등과 결합한 지질이며, 인지질, 스핑고지질, 당지질 등이 있다.

1) 인지질

인지질(phospholipid)은 지방산과 글리세롤 인산(glycerol phosphate)의 에스터이다. 인지질은 글리세롤을 포함한 글리세로인지질(glycerophospholipid) 또는 포스포글리세리드(phosphoglyceride)와 글리세롤을 포함하지 않는 스핑고지질(sphingolipid)로 구분할 수 있다. 글리세로인지질은 포스파티드산(phosphatidate)을 모체로 하는 양친매성(amphipathic) 구조로 가장 풍부한 막지질이다. 모든 인지질은 인산기와 머리 부분의 알코올기가 pH 7 근처에서 음전하를 띤다. 인지질의 양친매성은 극성의 친수성 머리 부분과 비극성의 소수성 꼬리 부분 때문이다. 인지질이 양친매성인 것과 달리 중성지질과 납은 구조에서 알 수 있듯이 양친매성이 아니다.

(1) 인지질의 종류

인지질의 종류로는 포스파티딜 콜린(phosphatidyl choline, lecithin), 포스파티딜 에탄올아민(phosphatidyl ethanolamine, cephalin), 포스파티딜 세린(phosphatidyl serine), 포스파티딜 이노시톨(phosphatidyl inositol) 등과 플라스말로겐(plasmalogen), 카르디오리핀(cardiolipin), 혈소판 활성인자(platelet-activating factor), 스핑고마이엘린

〈표 4-3〉 글리세로인지질의 종류와 구조

글리세로인지질의 일반 구조		
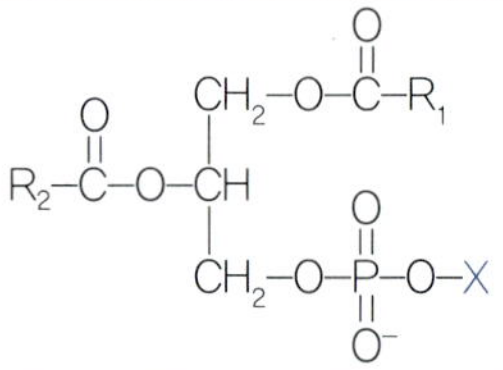		
인지질의 이름	**치환체(X)의 이름**	**치환체(X)의 구조**
포스파티드산 (phosphatidic acid)		$-H$
포스파티딜 에탄올아민 (phosphatidylethanolamine), 세팔린(cephalin)	에탄올아민	$-CH_2CH_2\overset{+}{N}H_3$
포스파티딜 콜린 (phosphatidylcholine), 레시틴(lecithin)	콜린	$-CH_2CH_2\overset{+}{N}(CH_3)_3$
포스파티딜 세린 (phosphatidylserine)	세린	$-CH_2CH(\overset{+}{N}H_3)COO^-$
포스파티딜 이노시톨 (phosphatidylinositol)	이노시톨	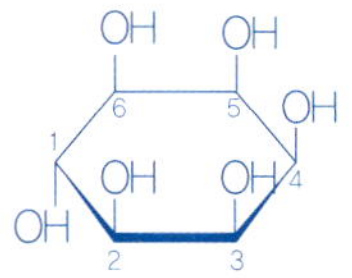
포스파티딜 글리세롤 (phosphatidylglycerol)	글리세롤	$-CH_2CH(OH)CH_2OH$
다이포스파티딜 글리세롤 (diphosphatidylglycerol), 카디오리핀(cardiolipin)	포스파티딜 글리세롤	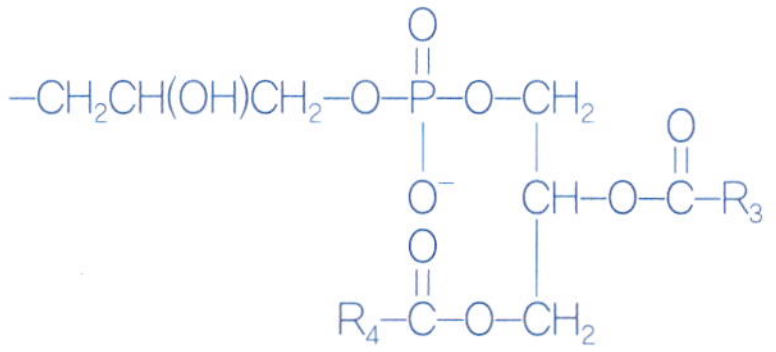

(sphingomyelin) 등이 있다(표 4-3). 포스파티딜 콜린인 레시틴은 동물조직에서 가장 풍부한 인지질로서 대부분 세포막의 구성 성분으로 매우 중요한 역할을 수행한다. 포스파티딜 세린은 포스파티딜 에탄올아민인 세팔린과 레시틴의 전구체이며, 포스파티딜 이노시톨도 대부분의 세포막에서 발견되는 중요한 인지질이고 뇌 조직에도 풍부하고 포스파티딜 이노시톨의 가수분해는 세포 내 전령을 생성한다. 플라스말로겐은 에터지질(etherlipid)로 척추동물 심장 조직의 지질 절반을 차지하는데 그 기능은 아직 불분명하

다. 그리고 미토콘드리아 내막에서 특이적으로 검출되는 카르디오리핀은 다른 인지질과 달리 두 개의 인지질 구조이다. 혈소판 활성인자(platelet-activating factor)는 아세틸 에스터(acetyl ester) 구조로 백혈구 세포에서 분비되는 호르몬으로 혈소판을 응집시키고 혈소판으로부터 세로토닌(serotonin)을 분비시켜 소염 작용과 알레르기의 대응 역할을 한다. 스핑고마이엘린(sphingomyelin)은 스핑고신(sphingosine) 유도체로 스핑고지질(sphingolipid)의 한 종류로 인지질이다.

2) 스핑고지질

스핑고지질(sphingolipid)은 글리세롤을 포함한 지질인 글리세로지질(glycerolipid)과 달리 글리세롤을 포함하지 않는 지질이다. 스핑고지질은 스핑고신(sphingosine)을 모체로 하는 스핑고신 유도체이며, 막의 주요 성분이다. 스핑고지질은 혈액형 결정 역할을 하며 생물학적 인식자리이다. 혈액형(O, A, B)은 스핑고지질에 있는 말단 당 잔기로 분류한다(그림 4-9). O 항원(O antigen)은 스핑고지질의 당 잔기들 중에서 말단 부위가 푸코스(L-fucose) 잔기, A 항원은 N-아세틸갈락토사민(GalNAc), B 항원은 갈락토오스(D-galactose) 잔기이다. anti-A, anti-B 항체로 결정된 사람의 ABO 군의 분류에서 O형은 항원이 없어 anti-A, anti-B 항체와 모두 양성반응이며, A형은 A 항원을 가져 anti-B와 양성반응, B형은 B 항원을 가져 anti-A와 양성반응, AB형은 A, B 항원을 가지므로 항체와 반응하지 않는다.

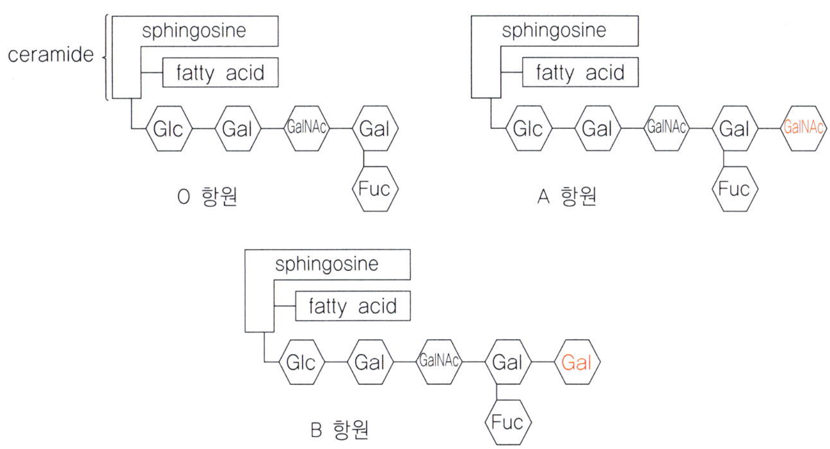

[그림 4-9] 혈액형 항원의 종류

(1) 스핑고지질의 종류

스핑고지질의 종류는 스핑고신, 스핑고마이엘린(sphingomyelin) 등이 있다(표 4-4). 스핑고신은 1분자의 고급(긴 사슬) 지방산과 극성 부분의 1분자의 고급 아미노 알코올 구조로 고급 아미노 알코올의 모체 화합물이다. 스핑고마이엘린은 극성 머리 부분에 인을 함유한 구조로 인지질로 분류되며, 동물의 세포막과 신경세포에 존재한다.

3) 당지질

당지질(glycolipid)은 당 잔기가 결합된 지질로 스핑고신(sphingosine) 모체에 갈락토오스 또는 글루코오스 같은 당 잔기와 고급 지방산이 결합한 구조이다. 당지질에는 인산기가 없기 때문에 인지질이 아니며, 스핑고신에 지방산이 결합되어 생성된 물질을 세라마이드(ceramide)라 부른다. 당 잔기가 스핑고신에 결합된 물질은 세레브로사이드(cerebroside)라 한다.

(1) 당지질의 종류

당지질의 종류는 세레브로사이드(cerebroside), 강글리오사이드(ganglioside) 등이 있다. 세레브로사이드(cerebroside)는 머리 부분에 인이 없고 중성으로 전하가 없으며, 갈락토오스 또는 락토오스 등의 1개 이상의 당 단위를 가진 구조로 갈락토실 세레브로사이드(galactocerebroside), 락토실 세라마이드(lactosyl ceramide) 등이 있다. 강글리오사이드는 당지질 중 가장 복잡한 구조로 머리 부분이 pH 7에서 많은 음전하를 갖는 극성이며, 당 단위 중 1개 이상이 시알산(sialic acid; N-acetylneuramic acid, NeuNAc)이다(그림 4-10). 강글리오사이드는 뇌의 막지질이며, 신경 말단 세포막 표면의 특이적인 인식자리 성분으로, 충격이 신경세포끼리 전달될 때 신경 전달 분자가 결합하는 신경 말단의 특이적 부위에 존재한다.

〈표 4-4〉 스핑고지질의 종류와 구조

스핑고지질의 일반 구조

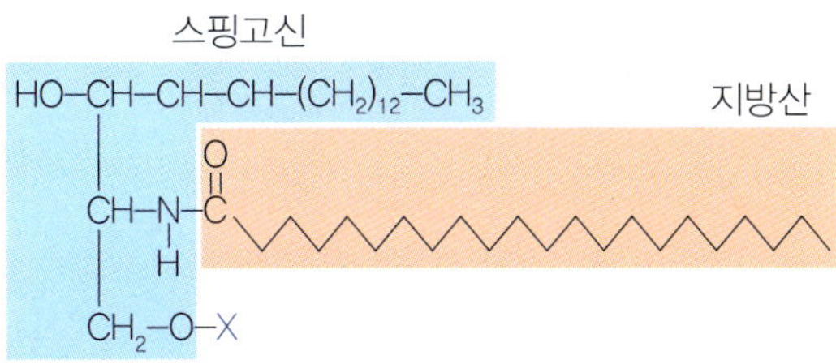

스핑고지질의 이름	치환체(X)의 이름	치환체(X)의 구조
세라마이드 (ceramide)		–H
스핑고마이엘린 (sphingomyelin)	인산콜린 (phosphocholine) 또는 인산에탄올아민 (phosphoethanolamine)	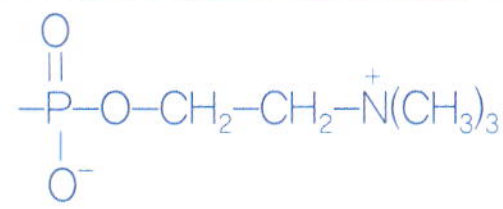 인산콜린 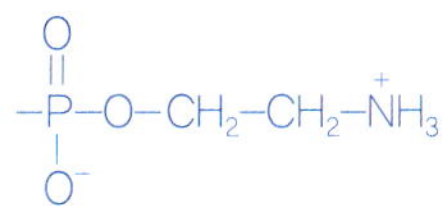 인산에탄올아민
글루코세레브로사이드 (glucocerebroside)	글루코오스 (β–D–glucose)	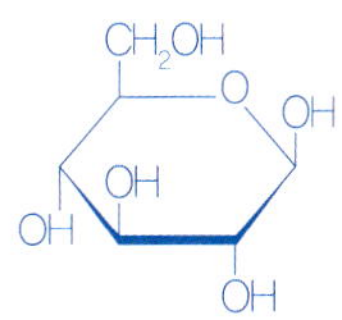 글루코오스(Glc)
갈락토세레브로사이드 (galactocerebroside)	갈락토오스 (β–D–galactose)	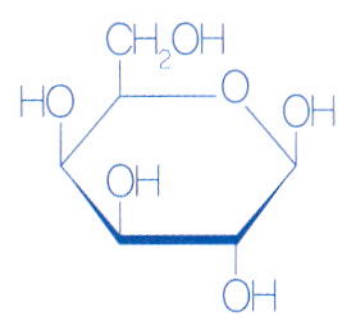 갈락토오스(Gal)
강글리오사이드 (ganglioside)	복합당	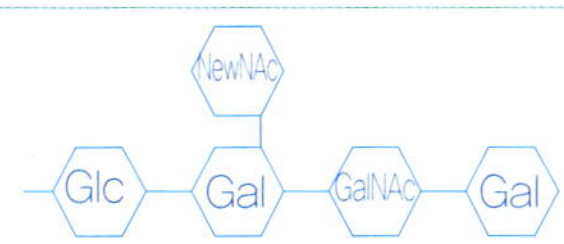

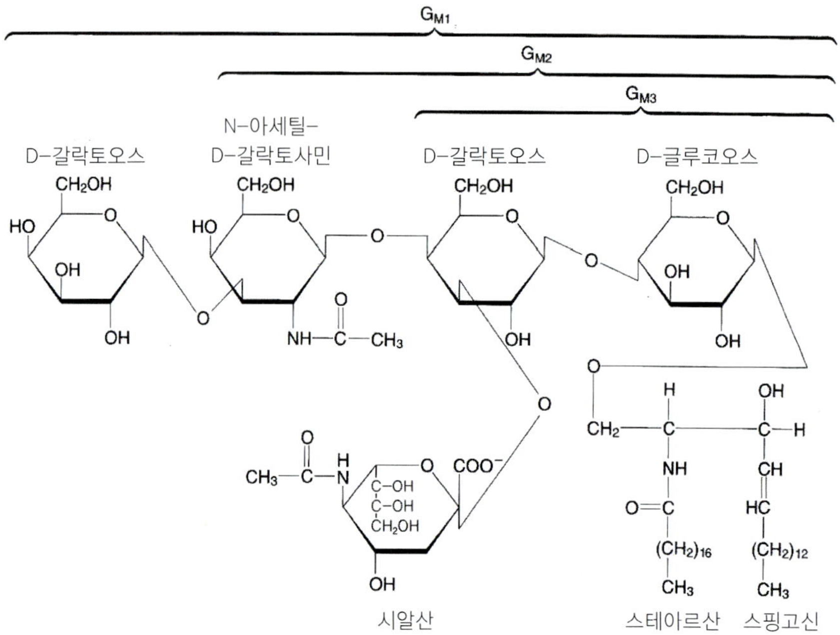

[그림 4-10] 강글리오사이드의 종류

5. 유도지질

유도지질의 종류로는 지질이 가수분해되어 얻어지는 지방산, 스테로이드, 테르펜, 아이코사노이드 등이 있는데 여기서는 지방산을 제외한 나머지 유도지질에 대해서 언급한다.

1) 스테로이드

스테로이드(steroid)는 4개의 고리를 가진 지용성의 탄화수소 유도체이며, 스테로이드 중 세 번째 탄소에 OH기를 가지고 17번째 탄소에 탄화수소 사슬을 가진 구조를 스테롤(sterol)이라 한다. 스테로이드는 지방산이 없어 비누화되지 않는 지질(non-saponifiable lipid)이다. 스테로이드는 고리 구조에 치환기의 수와 위치, 이중결합의 수와 위치, 고리 구조의 입체 화학 등에 따라 구분한다.

(1) 스테로이드의 종류

스테로이드의 종류는 콜레스테롤(cholesterol), 시토스테롤(sitosterol), 스티그마스테롤(stigmasterol) 등이 있다. 콜레스테롤은 탄소 수 27개의 동물조직의 스테롤로 극성인 세 번째 탄소의 OH기와 나머지는 비극성인 양쪽성물질이다(그림 4-11).

인체의 가장 중요한 스테로이드 중의 하나인 콜레스테롤은 스쿠알렌(squalene) 등으로부터 합성되는 화합물로 우리 몸은 간에서 하루 1.5~2.0g의 콜레스테롤을 합성하고, 콜레스테롤은 담즙산염이나 스테로이드성 호르몬과 같은 많은 스테로이드의 중요한 전구체로 작용한다(그림 4-12). 담즙산의 합성은 간에서 일어나며, 담즙산인 콜산(cholic acid)에 글라이신(glycine)과 타우린(taurine)이 결합하여 글라이코콜산(glycocholic acid)과 타우로콜산(taurocholic acid)형으로 염을 이루고 있다. 사람의 담즙에는 글라이코콜산이 많고, 육식동물에는 타우로콜산이 많다. 이들 담즙산은 콜레스테롤 분자보다 훨씬 많은 하이드록실기를 갖고 있다. 또한, 곁사슬(side-chain)이 변형되어 있는데, 이 변형으로 인하여 담즙산은 양친매성이다. 이 양친매성 분자는 레시틴과 결합하여 마이셀을 만들어 응집될 수 있다. 이러한 특성 때문에 레시틴/담즙산 마이셀은 콜레스테롤과 같은 불용성 식이지방을 용해시킬 수 있다. 이렇게 하여 과잉의 콜레스테롤은 장으로 분비되어 분변으로 배설된다.

콜레스테롤의 생리적 중요성은 담즙산 이외에도 스테로이드 호르몬, 비타민 D_3의 전구물질이며, 세포막과 혈청 지단백질의 성분이다. 스테로이드 호르몬 중 테스토스테론(testosterone)은 남성의 성호르몬이고 에스트라디올(estradiol)은 여성의 성호르몬이며, 코티솔(cortisol)과 알도스테론(aldosterone)은 글루코오스 대사 조절과 염을 배출하는 작용을 한다. 식물조직의 스테롤인 식물 스테롤(phytosteol)은 이중결합 구조의 스티그마스테롤과 시토스테롤 등이 있으며, 버섯류에는 에르고스테롤(ergosterol) 등을 함유하고 있다(그림 4-13).

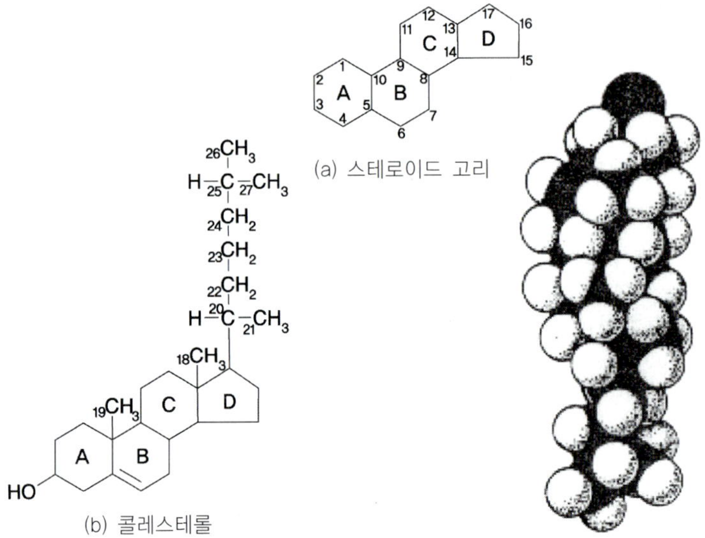

[그림 4-11] 스테로이드 고리와 콜레스테롤의 구조

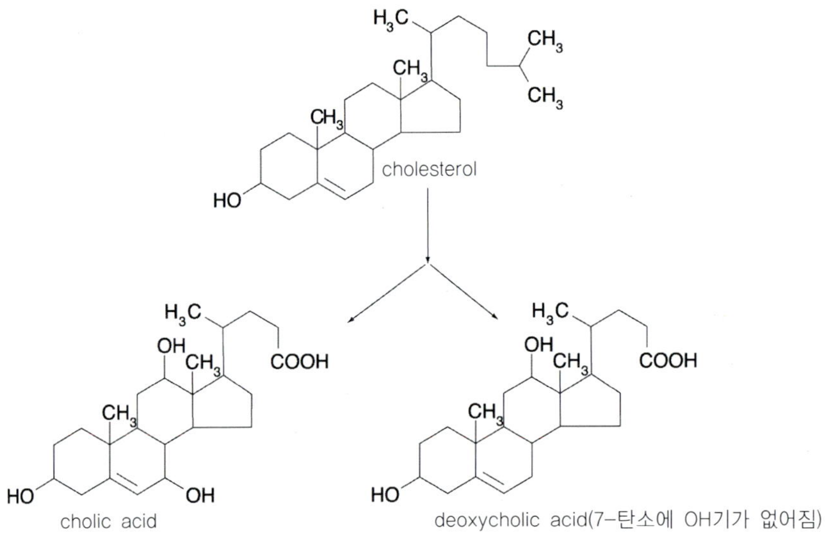

[그림 4-12] 콜레스테롤로부터 유도된 담즙산

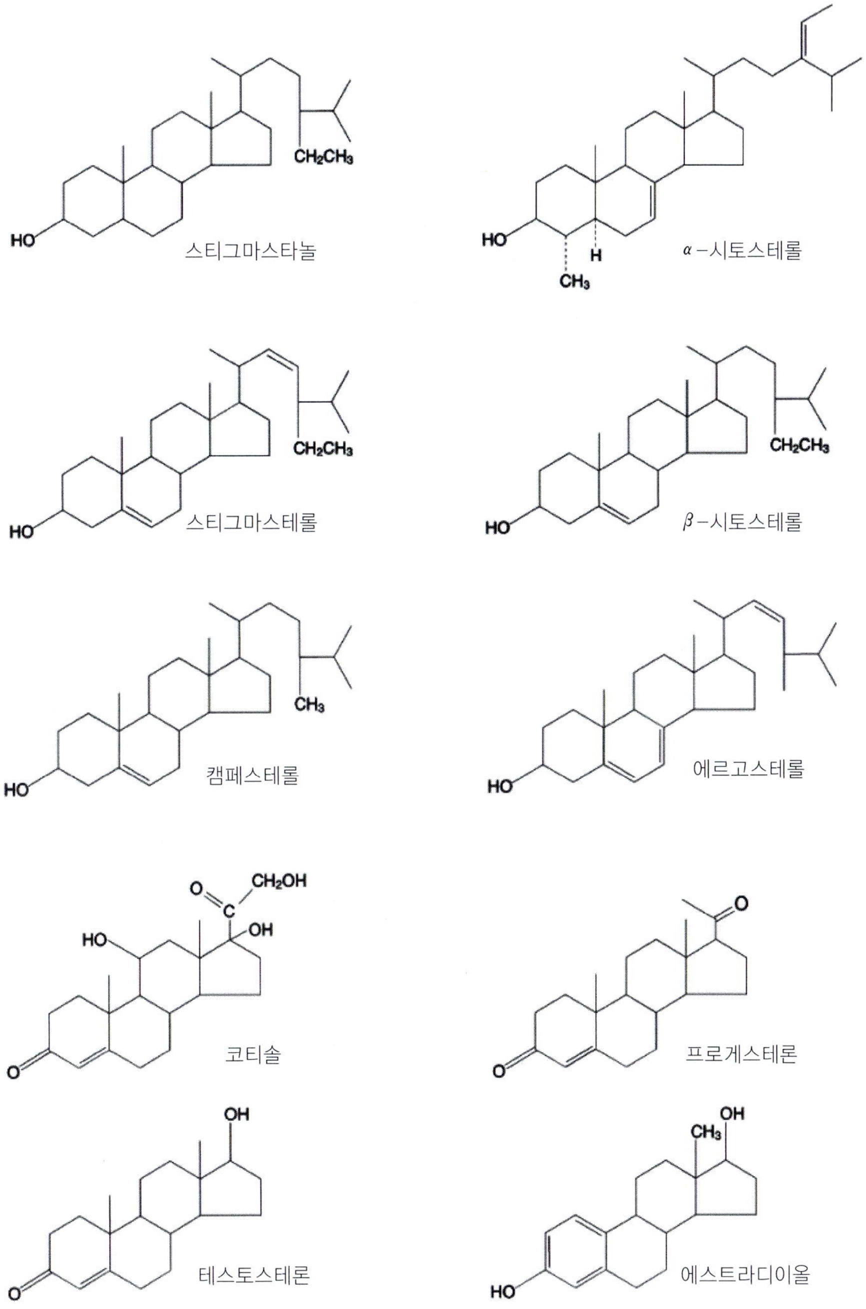

[그림 4-13] 식물 스테롤과 스테로이드 호르몬의 종류

2) 테르펜

테르펜(terpene)은 아이소프렌(isoprene, 2-methylbutadiene) 단위가 중복된 아이소프레노이드(isoprenoid) 구조이다. 테르펜의 종류로는 동물의 스쿠알렌(squalene) 그리고 식물의 라이코펜(lycopene), β-카로틴(β-carotene) 등이 있다(그림 4-14). 비타민 A, E, K도 지용성으로 아이소프렌 단위로 구성된다.

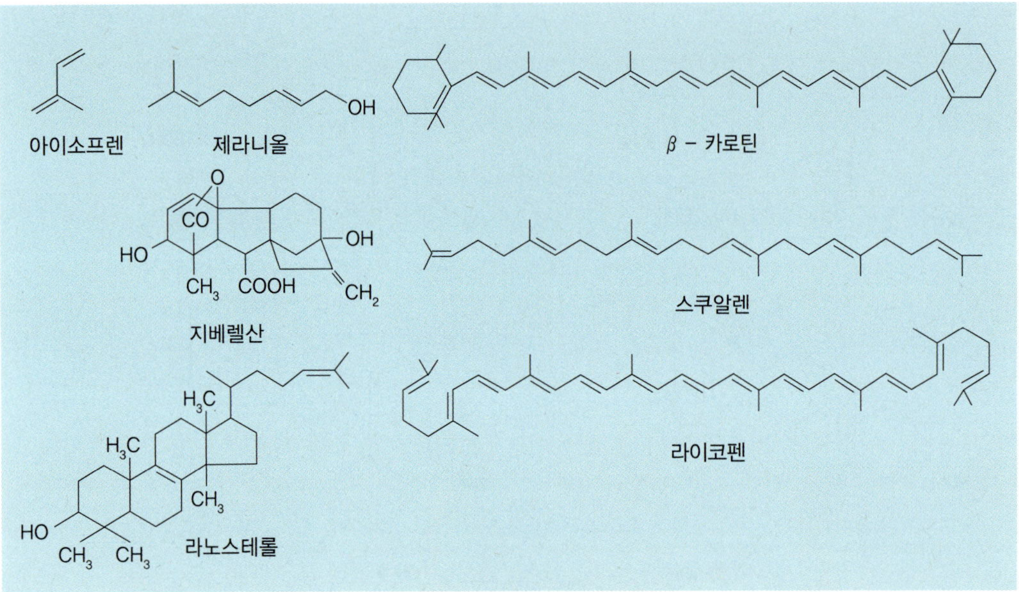

[그림 4-14] 주요 테르펜의 종류

3) 아이코사노이드

아이코사노이드(eicosanoid)는 탄소 수가 20개이고 다불포화지방산인 아라키돈산으로부터 유도 생성되고 여러 생물학적 작용을 하며, 그 종류는 프로스타글란딘(prostaglandin, PG), 트롬복산(thromboxane, TX), 류코트리엔(leukotriene, LT) 등이 있다.

(1) 프로스타글란딘

프로스타글란딘(prostaglandin, PG)은 호르몬과 조절 성격을 띠며, 광범위한 생리작용에 영향을 미치는 지방산 유도체들의 그룹이다. 이 물질은 극소량으로 혈압을 내려 주고 어떤 평활근을 수축하도록 자극한다. 프로스타글란딘은 호르몬 그 자체로서 작용하는 것이 아니라 세포의 유형 또는 조직에 따라 호르몬의 작용을 조절하는 것으로 보인다. 서로 다른 프로스타글란딘은 많은 방식으로 대사의 조절인자로 작용하며, 자신을 합성하는 세포들의 활동성을 조절한다. 프로스타글란딘은 다섯 개의 탄소로 된 고리를 가진 20개 탄소를 가진 지방산이다. 모든 자연 상태의 프로스타글란딘은 필수 지방산인 리놀레산(linoleic acid)으로부터 형성된 아라키돈산과 같은 20개 탄소의 불포화지방산의 고리화에서 얻어지는데 지방산 뼈대의 5개 탄소 원자가 루우프(loop)되어 5원자 고리구조(five-membered ring)를 형성한다. 프로스타글란딘은 탄소골격의 치환기에 따라 A부터 I까지의 알파벳을 덧붙이고 또 탄소골격 내의 이중결합의 수(1~3)를 함께 쓴다. C-9의 구조에서 치환기가 평면 아래쪽에 위치하면 α, 평면 위쪽에 위치하면 β를 숫자 다음에 쓴다. 가장 잘 알려진 프로스타글란딘은 PGE_1, PGE_2, PGE_{2a} 등이다. PGE_1은 지질분해 자극 호르몬인 에피네프린(epinephrine), 글루카곤(glucagon) 등에 의하여 유발된 cAMP의 세포 내 농도 상승을 방해한다. 따라서 PGE_1은 지방세포들에 있는 아데닐산 고리화효소(adenylate cyclase)를 방해하는 것으로 생각된다. PGE_2는 분만을 수 시간 내에 유발시키고 PGE_{2a}는 수정된 난자가 자궁에 착상하는 데 필요한 호르몬인 프로게스테론(progesterone)의 분비를 감소시킨다. 프로스타글란딘은 포유동물의 정액 등에 존재하며, 생리적 기능은 평활근 수축, 임신 방지, 해산 진통 유발, 위궤양 완화, 염증 및 혈압조절, 천식 완화 등이다. 아스피린(aspirin), 이부프로펜(ibuprofen)은 아라키돈산으로부터 프로스타글란딘과 트롬복산 등의 형성을 억제한다.

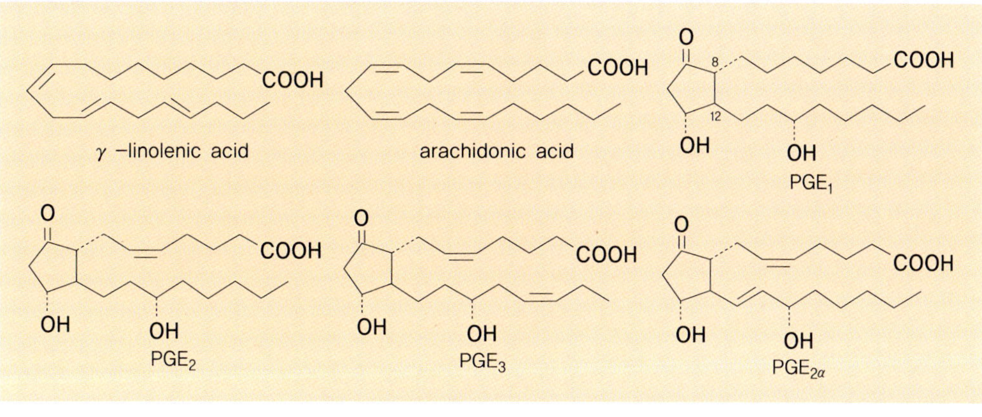

[그림 4-15] 프로스타글란딘의 종류

(2) 트롬복산과 류코트리엔

트롬복산(thromboxane, TX)은 PGE_2 등과 마찬가지로 아라키돈산으로부터 동물조직 내에서 합성되며, 6원자 고리 구조이다. 트롬복산은 혈액 응고, 혈류 감소 등의 생리적 기능이 있으며, 그중 TXA_2는 혈소판 응집, 동맥 수축, 기관지 수축 등의 생리활성을 나타내며, 혈전증, 협심증, 기관지천식 등의 원인이 된다.

류코트리엔(leukotriene, LT)도 프로스타글란딘처럼 아라키돈산으로부터 유도된 화합물로 백혈구에서 발견되며, 3개의 짝지은(conjugated) 이중결합 구조이다. 류코트리엔은 폐근육 수축의 기능이 있으며, 과잉 생산 시 천식이 발생한다. 류코트리엔 C는 류코트리엔의 대표적인 물질인데 카복실산 골격에 20개의 탄소가 있어 구조적으로 아라키돈산과 연관되어 있다. 류코트리엔의 중요한 성질은 평활근, 특히 허파근육의 수축으로 꽃가루에 대한 알레르기 반응에서 류코트리엔 C의 합성이 촉진되는 것으로 보아 이러한 근육 수축으로부터 천식이 발생하는 것으로 여겨진다. 따라서 류코트리엔 C의 합성을 막는 물질은 천식의 치료제로 활용할 수 있으며, 또한 류코트리엔은 염증을 일으키는 성질을 가지고 있어 류머티즘 관절염과도 관계가 있다.

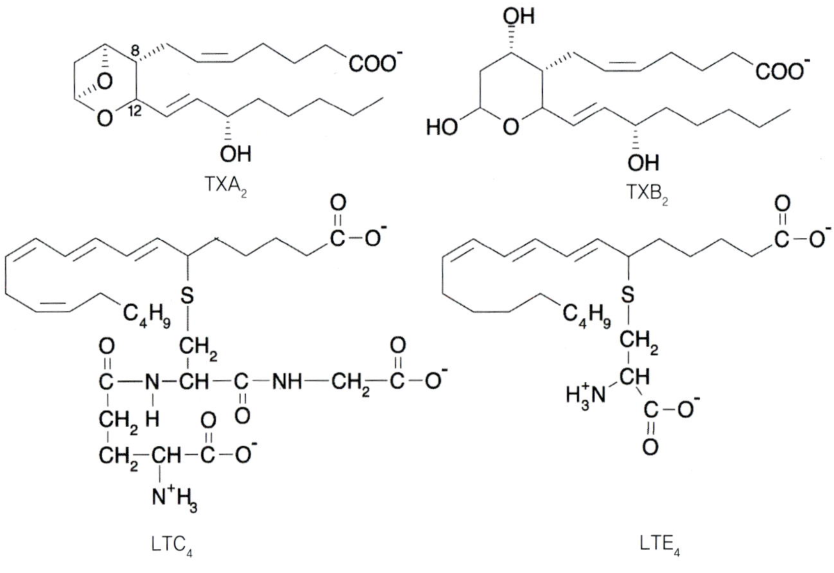

[그림 4-16] 트롬복산과 류코트리엔의 종류

6. 기능성 지질

기능성 지질의 종류로는 다불포화지방산(PUFA), 공액리놀레산(CLA), 레시틴, 식물 스테롤, 구조지질 등이 있다.

1) 다불포화지방산

다불포화지방산(polyunsaturated fatty acid, PUFA)은 오메가(n)-3 계열과 오메가(n)-6 계열이 있다. 등푸른 생선에 많이 존재하는 n-3 지방산은 α-리놀렌산(ALA), EPA, DHA 등이 있으며, DHA는 뇌신경세포의 구성 성분으로 뇌의 발달, 시력 향상, EPA는 관상 염증 질환 감소, ALA는 심장 질환 감소의 생리적 기능이 있다. n-6 지방산은 리놀레산, γ-리놀렌산(GLA), 아라키돈산 등이 있으며, 달맞이꽃(evening promise) 종자유 등에 존재하는 GLA는 항염 효과, 아라키돈산은 면역 향상, 피부 보호 기능이 있다.

2) 공액리놀레산

공액리놀레산(conjugated linoleic acid, CLA)은 리놀레산(linoleic acid)의 시스형 C-9, C-12의 비공액형 이중결합이 반추동물의 미생물 등에 의해 각각 시스형 C-9, 트랜스형 C-11과 트랜스형 C-10, 시스형 C-12의 공액형 이중결합으로 변형된 구조로 체지방 감소, 항돌연변이성 및 면역능력 활성화, 동맥경화 발생 완화 등의 기능이 있다.

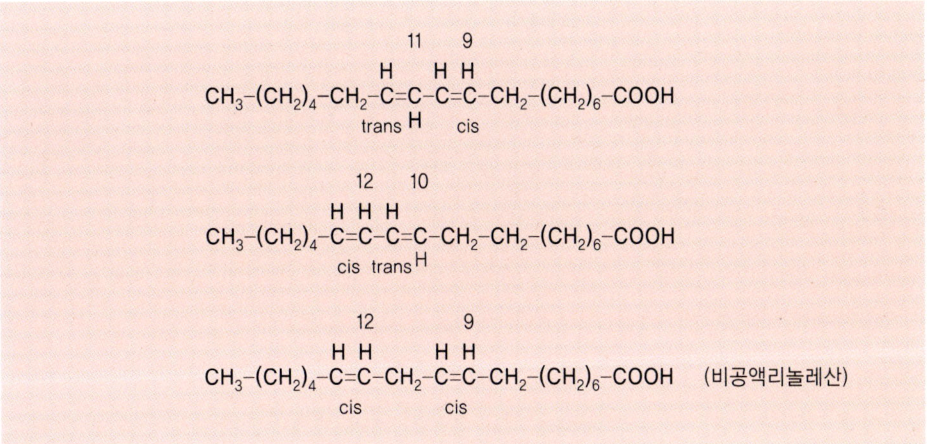

[그림 4-17] 공액리놀레산의 구조

3) 레시틴

포스파티틸 콜린(phosphatidyl choline)인 레시틴(lecithin)은 난황, 대두 등에 존재하며, 유화제 외에도 혈중 콜레스테롤 저하, 뇌와 신경 조직의 구성 요소로 작용한다. 레시틴은 신경전달물질인 아세틸콜린(acetyl choline)의 콜린 공급원 역할을 하여 아세틸콜린 부족 시 일어나는 기억력 감소, 치매 예방 역할을 한다. 레시틴을 효소 처리하여 얻은 포스파티틸 세린(phosphatidyl serine)도 인지능력 개선 기능이 있다.

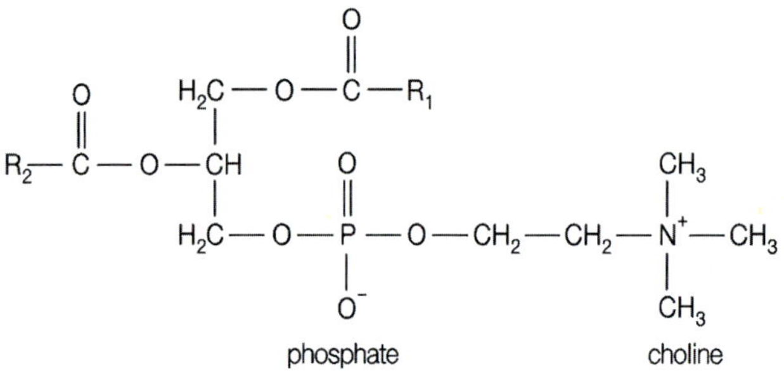

레시틴(포스파티틸 콜린)

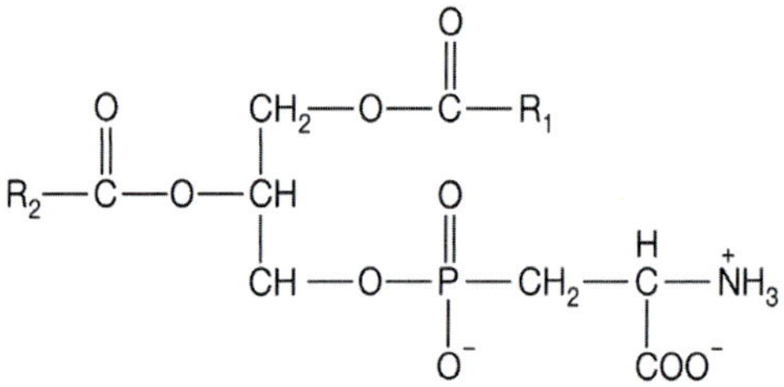

포스파티틸 세린

[그림 4-18] 레시틴과 포스파티틸 세린의 구조

4) 식물 스테롤

식물 스테롤(phytosterol)은 체내에서 합성되지 않아 식이를 통해서만 공급되며, 호르몬 역할을 한다. 식물 스테롤은 4개의 고리를 가진 기본적인 스테로이드 구조(1,2-cyclopentanophenathrene)로 27~30개의 탄소와 C-3에 하이드록실기(-OH)를 가진 스테로이드 알코올이다. 대표적인 식물 스테롤의 종류로는 시토스테롤(sitosterol), 스티그마스테롤(stigmasterol) 등이 있고 콜레스테롤 구조와 유사하며, 스티그마스테롤은 C-22에 이중결합을 가지고 있다. 식물 스테롤은 체내 흡수가 낮아 생체이용률이 낮은 단점이 있으나, 혈중 콜레스테롤 저하와 항염증 효능이 있다.

5) 구조지질

구조지질(structured lipid)은 글리세롤에 지방산을 조절한 지질로 대표적인 구조지질로 MCT(medium-chain triglyceride)가 있다. MCT는 탄소 수 6~12개의 지방산과 글리세롤의 에스터 구조로 크기가 작아 기존의 라이페이스(lipase)나 지단백질인 카일로마이크론(chylomicron)의 도움 없이 직접 간으로 통과되어 흡수 속도가 대단히 빠르다. MCT는 중성지방을 소화하지 못하는 지질 소화 질환자에게 유용하며, 면역 기능을 향상시키는 효과가 있다. 살라트림(short and long triglyceride, salatrim)과 카프레닌(caprenin)은 현재 상업적으로 유통되는 구조지질로 저칼로리 유지이다.

6) 기타

알콕시글리세롤(alcoxyglycerol)은 상어간유의 불검화물이며, 라이페이스로 분해되지 않는 에터지질의 구조로 유아 성장, 면역 증진, 유용균 증식 등의 효과가 있다. 옥타코사놀(octacosanol)은 소맥배아유의 탄소 28개의 고급 포화알코올로 지구력 증진, 혈중 콜레스테롤 저하의 효능이 있다. 스쿠알렌(squalene)도 상어간유의 탄소 수 30개의 아이소프레노이드 구조로 콜레스테롤 생합성의 중간체이며, 신진대사 촉진, 항종양 및 항염증 효과가 있다.

알콕시글리세롤(바틸알코올, batyl alcohol) 옥타코사놀

[그림 4-19] 알콕시글리세롤과 옥타코사놀의 종류

연습문제

1. 필수 지방산 중에서 ω-6계열 지방산은?

① EPA ② DHA
③ 올레산(oleic acid) ④ 리놀렌산(linolenic acid)
⑤ 리놀레산(linoleic acid)

2. 지질에 관한 설명으로 옳은 것은?

① 지질의 성질은 지방산의 포화도와 길이와 밀접한 관계가 있다.
② 포화 또는 고급 지방산을 많이 포함할수록 융점이 낮아진다.
③ 중성지방은 일반적으로 두 분자의 지방산을 함유한다.
④ 지질을 구성하는 천연 지방산은 탄소 수가 홀수이다.
⑤ 중성지방은 두 분자의 글리세롤을 함유한다.

3. 당지질에 대한 설명으로 옳은 것은?

① 유도지질에 속한다.
② 불검화성 지질이다.
③ 알칼리에 의해 가수분해되지 않는다.
④ 스핑고신, 지방산, 당이 결합된 화합물이다.
⑤ 레시틴, 세레브로사이드는 당지질이다.

4. 비누화되지 <u>않는</u> 지질로 옳은 것은?

① 중성지질(triacylglycerol)
② 콜레스테롤(cholesterol)
③ 세레브로사이드(cerebroside)
④ 지방산(fatty acid)
⑤ 왁스(wax)

5. 지방산의 구조에 대한 설명으로 옳은 것은?

① 지방산은 탄소사슬이 길수록 물에 잘 녹는다.
② 다불포화지방산은 이중결합의 수가 3개 이상이다.
③ 천연의 불포화지방산은 시스형의 이중결합을 하고 있다.
④ 탄소 수가 많은 불포화지방산은 실온에서 고체로 존재한다.
⑤ 카복실기로부터 세 번째 탄소에 첫 이중결합을 갖는 불포화지방산은 ω-3계 지방산이다.

6. 중성지방을 가장 바르게 설명한 것은?

① 고급 지방산과 글리세롤의 에테르
② 고급 지방산과 글리세롤의 에스터
③ 저급 지방산과 글리세롤의 에스터
④ 저급 지방산과 저급 알코올의 에스터
⑤ 고급 지방산과 고급 알코올의 에스터

7. 강글리오사이드의 구성 물질이 <u>아닌</u> 것은?

① 긴사슬 지방산 ② 글리세롤
③ 시알산 ④ 갈락토오스
⑤ 스핑고신

8. DHA(docosahexaenoic acid)의 탄소 수와 이중결합 수는?

① 18 : 4 ② 22 : 5
③ 20 : 5 ④ 22 : 6
⑤ 20 : 4

9. 인체가 합성할 수 <u>없는</u> 지방산은?

① 미리스트산 ② 올레산
③ 리놀레산 ④ 스테아르산
⑤ 팔미트산

10. 프로스타글란딘과 류코트리엔을 생합성하는 지방산은?

① 아세트산(acetic acid)
② 아라키돈산(arachidonic acid)
③ 팔미트산(palmitic acid)
④ 올레산(oleic acid)
⑤ EPA(eicosapentaenoic acid)

정답: 1 ⑤ 2 ① 3 ④ 4 ② 5 ③
6 ② 7 ② 8 ④ 9 ③ 10 ②

chapter 05

단백질

Proteins

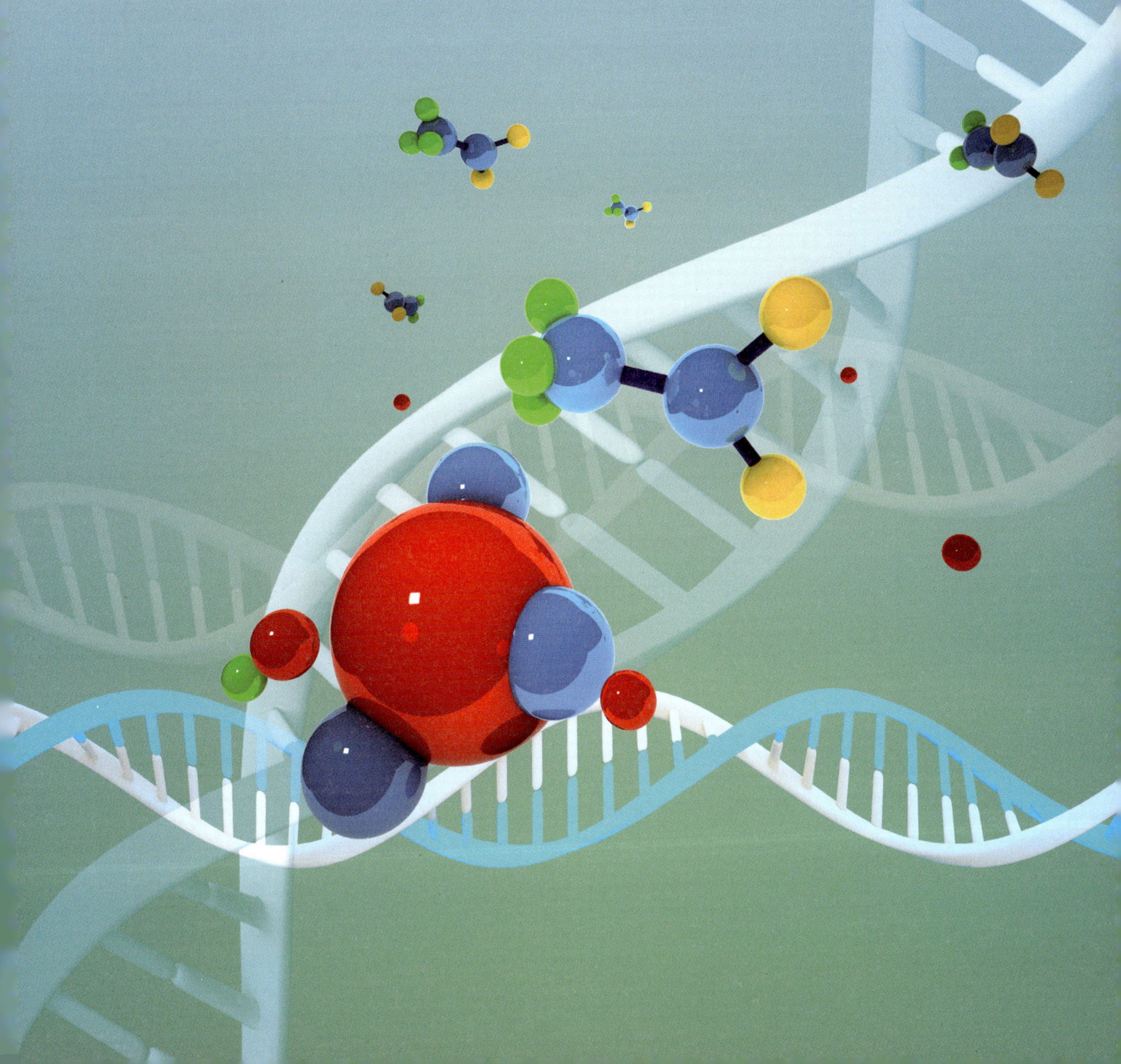

단백질(protein)은 아미노산으로 구성되어 있는 고분자 질소화합물로 생명체의 구조물질인 동시에 생명현상의 기능 담당물질이다. 단백질은 산 또는 효소에 의해 구성단위인 아미노산으로 분해되며, 분해된 아미노산은 다시 단백질로 합성된다. 단백질의 원소조성은 탄소(C) 51~55%, 산소(O) 20~23.5%, 질소(N) 15.5~18.5%, 수소(H) 6.8~7.9%, 황(S) 0.4~2.5%로 되어 있으며, 종류에 따라 인(P), 철(Fe), 요오드(I), 구리(Cu) 등 무기성분을 함유한다. 질소는 단백질뿐만 아니라 핵산, 퓨린(purine) 및 피리미딘(pyrimidine) 염기, 아마이드(amide) 화합물, 요소(urea), 크레아틴(creatine) 등에도 포함되기 때문에 전체 질소량에 질소계수를 곱하여 얻은 단백질량을 조단백질(crude protein)이라 한다. 대부분 식품 단백질에는 평균 16%의 질소를 함유하고 있으므로 $\frac{100}{16} = 6.25$, 이 값을 질소계수(nitrogen coefficient)라고 한다. 식품 단백질의 양은 단백질을 분해하여 생기는 전체 질소량에 일반적 단백질 질소계수인 6.25를 곱하면 산출할 수 있다.

1. 아미노산

1) 아미노산의 구조

아미노산(amino acid)은 단백질의 구성 기본단위로서 공통된 구조적 특징을 가지고 있다. 아미노산은 각각 1개의 아미노기(amino group, $-NH_2$), 카복실기(carboxyl group, -COOH), 수소 원자(H), R기(side chain)로 구성되어 있다(그림 5-1). 아미노산은 분자 내에서 염기성기(아미노기)와 산성기(카복실기)를 동시에 가진 양쪽성물질(양쪽성 전해질, ampholyte)의 구조를 갖고 있다. 아미노산은 아미노기에 결합한 탄소의 위치에 따라 α-(C-2), β-(C-3), γ-(C-4). δ-(C-5) 아미노산으로 구분하며, R기에 의해 20종류로 분류한다.

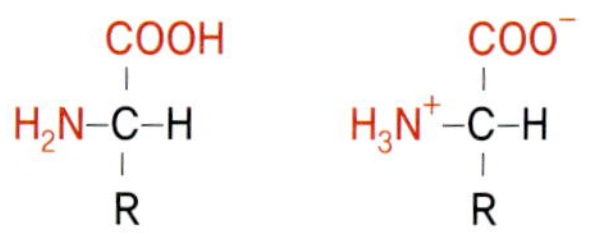

[그림 5-1] 아미노산과 쌍극성 이온의 일반적 구조

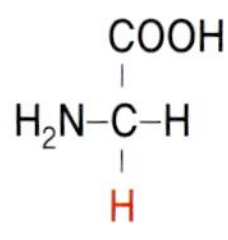

[그림 5-2] 글라이신(glycine)의 구조

글라이신(glycine, R = H)을 제외한 대부분의 아미노산은 4개의 서로 다른 치환기(NH_2, COOH, H, R)와 결합된 탄소인 부제탄소(비대칭 탄소)를 가지고 있다(그림 5-2). 부제탄소를 가진 아미노산은 공간 안에 서로 다른 배열을 갖는 두 종류가 존재하며, 이 둘은 서로 거울상 관계로 겹쳐지지 않기 때문에 거울상 이성질체(enatiomer) 또는 입체이성질체(steroisomer)가 존재한다. 아미노산은 아미노기 위치에 따라 입체 배치를 L형(좌측), D형(우측)으로도 분류하며, 식품 단백질 내의 아미노산은 모두 L-아미노산으로 D-아미노산은 항생 펩타이드(antibiotic peptide)인 그라마이시딘 S(gramicidin S) 등에 존재한다.

2) 아미노산의 분류

아미노산은 20종류이며, L(α)-형태이고 중성 pH에서 쌍극성 이온(zwitter ion)이다. 글라이신(Gly)을 제외한 아미노산은 부제탄소를 가지며, 프롤린(Pro)은 이미노산이다. 아미노산은 R기의 극성 여부 등에 따라 크게 4가지로 분류한다(그림 5-3).

① 비극성 R기: Ala, Val, Leu, Ile, Pro, Met, Phe, Trp

② 극성(uncharged) R기: Gly, Ser, Thr, Tyr, Cys, Asn, Gln

③ 극성(- 전하) R기: Asp, Glu

④ 극성(+ 전하) R기: Lys, Arg, His

① 비극성(소수성) R기

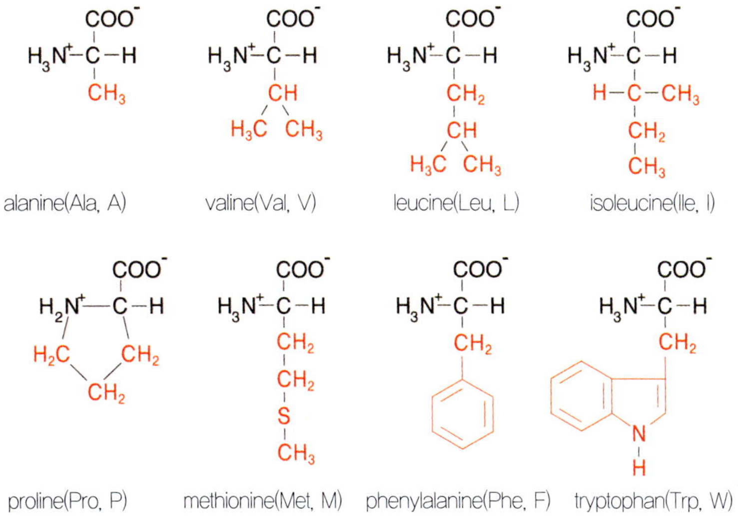

② 극성이지만 전하를 띠지 않은 R기

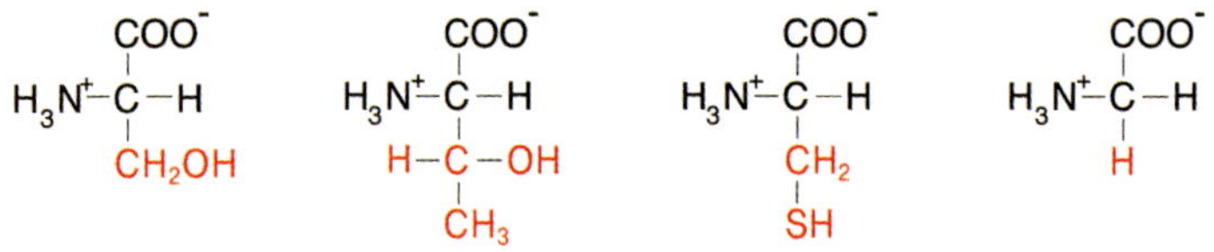

serine(Ser, S) threonine(Thr, T) cysteine(Cys, C) glycine(Gly, G)

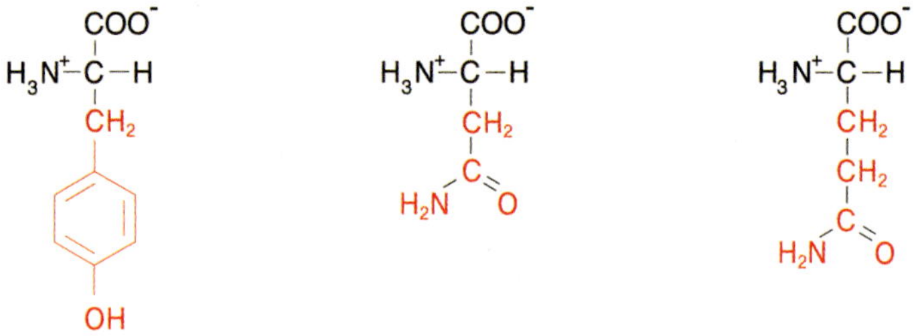

tyrosine(Tyr, Y) asparagine(Asn, N) glutamine(Gln, Q)

③ −전하를 띤 R기(산성 아미노산)

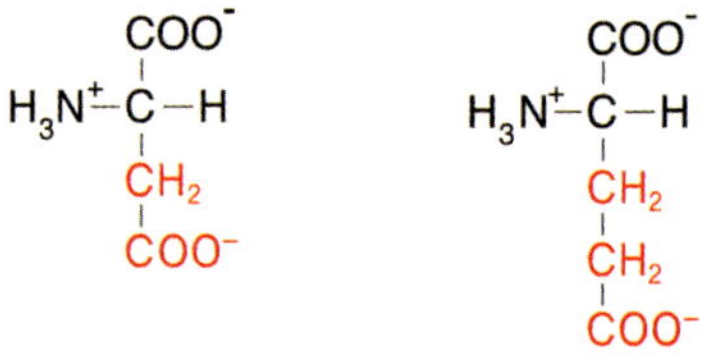

aspartic acid(Asp, D) glutamic acid(Glu, E)

④ +전하를 띤 R기(염기성 아미노산)

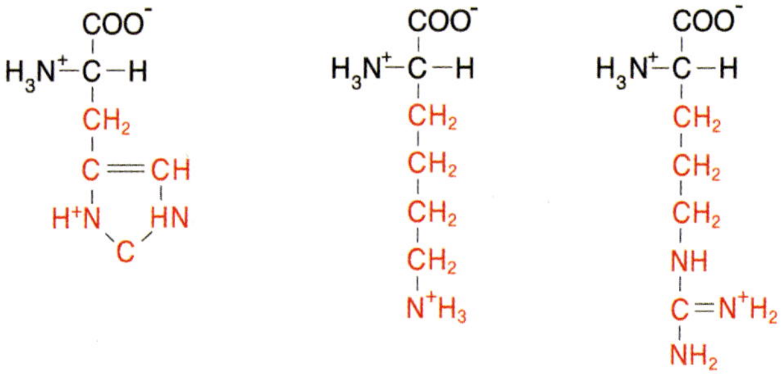

histidine(His, H) lysine(Lys, K) arginine(Arg, R)

[그림 5-3] R기의 극성에 따른 아미노산의 분류

3) 필수와 특수 아미노산

(1) 필수 아미노산

필수 아미노산(essential amino acid)은 체내에서 합성할 수 없어 반드시 외부 또는 음식물로 섭취해야 하는 아미노산으로 성인의 경우 발린(Val), 류이신(Leu), 아이소류이신(Ile), 트레오닌(Thr), 메티오닌(Met), 라이신(Lys), 페닐알라닌(Phe), 트립토판(Trp) 등 8가지이며, 유아의 경우에는 이외에 아르지닌(Arg), 히스티딘(His)이 추가되어 모두 10가지이다(표 5-1).

〈표 5-1〉 사람의 필수 아미노산

비필수 아미노산		필수 아미노산	
Glu	Ala	Ile	Thr
Gln	Gly	Leu	Trp
Pro	Ser	Lys	Val
Asp	Tyr	Met	Arg*
Asn	Cys	Phe	His*

* 어린이나 성장기 동물에게는 필수이지만 성인에게는 필수가 아니다.

(2) 특수 아미노산

아미노산은 기존의 20가지 아미노산 이외에 특수 아미노산이 있다(그림 5-4). 4-하이드록시프롤린(4-hydroxyproline), 5-하이드록시프롤린(5-hydroxyproline)은 결합 조직 단백질인 콜라젠(collagen)의, N-메틸라이신(N-methyllysine)은 근육 단백질인 마이오신(myosin)의, 카복시글루탐산(carboxyglutamate)은 혈액 응고 단백질인 프로트롬빈(prothrombin)의 구성 성분이다. 또한, 데스모신(desmosine)은 섬유 단백질인 엘라스틴(elastin) 내의 4개의 라이신(lysine) 잔기 구조를 가지고 있으며, 오르니틴(ornithine), 시트룰린(citrulline)은 요소 회로(urea cycle) 내의 대사 아미노산이다.

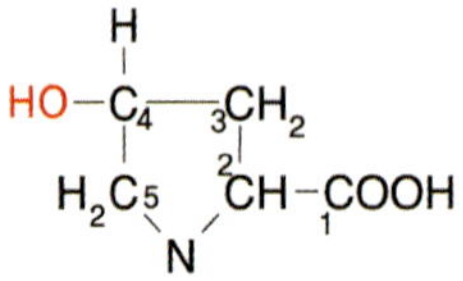

4-hydroxyproline

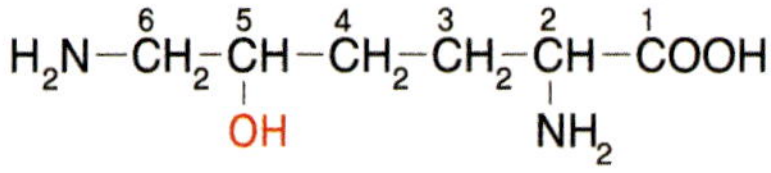

5-hydroxylysine

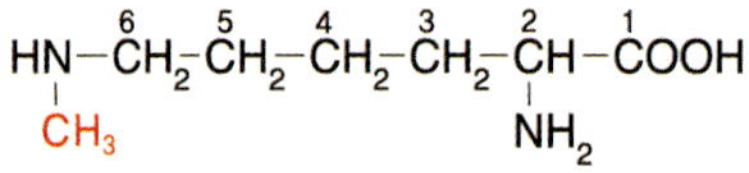

6-N-methyllysine

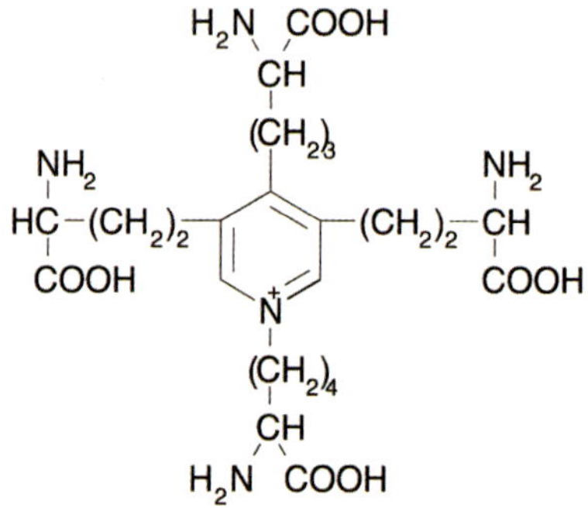

desmosine

[그림 5-4] 특수 아미노산의 구조

4) 아미노산의 성질

(1) 용해성

아미노산은 물 등 극성 용매, 묽은 산 및 염기에 녹고 아세톤, 에테르 등 비극성 용매와 알코올 등에는 거의 녹지 않으며, 융점이 200℃ 이상이다.

(2) 광학적 성질

부제탄소를 가진 아미노산은 광학적 활성(optical active)을 가지기 때문에 편광면을 오른쪽 또는 왼쪽 방향으로 회전시키는 2가지 종류의 광학적 이성질체(optical isomer)가 존재한다. 오른쪽 방향으로 회전시키는 광학적 이성질체는 +(d), 왼쪽 방향으로 회전시키는 광학적 이성질체는 -(l)로 표시하고 각각 시계 방향과 시계 반대 방향으로 회전한다.

(3) 양쪽성 전해질 및 등전점

아미노산은 수용액에서 이온화되는데 한 분자 중에 염기성(양전하)과 산성(음전하)

을 동시에 가진 양쪽성 전해질로 산성 용액 중에는 염기(양이온)로, 염기성 용액 중에는 산(음이온)으로 작용한다. 아미노산은 아미노기와 카복실기를 가지며, 중성 용액(pH = 7)에서 이 두 기는 이온화된다. 이처럼, 분자 자체 내에서 서로 다른 반대의 전하를 띤 쌍극성 이온(dipolar ion)을 즈비터 이온(zwitter ion, 혼합 이온)이라고 한다(그림 5-1). 이 쌍극성 이온의 묽은 수용액의 pH는 이들의 산성과 염기성의 세기로 정해지며, pH = $\frac{(pK_{a1} + pK_{a2})}{2}$로 표시된다. 이러한 pH에서는 쌍극성 이온이 동일하게 존재하며, 순 전하(net charge)가 없어 전기적으로 중성이고 전기장 내에서 움직이지 않는다. 이때의 pH를 등전점(isoelectric point, pI)이라 한다. 즉, 등전점(pI)이란 전기적으로 중성으로 전기장 안에서 이동하지 않는 pH, 또는 양전하 화학종과 음전하 화학종의 수가 같은 pH를 말한다.

〈표 5-2〉 아미노산의 pK_a와 pI 값

아미노산	pK_1	pK_2	pK_3	pI
Gly	2.34(α–COOH)	9.60(α–NH_3^+)		5.97
Ala	2.34(α–COOH)	9.69(α–NH_3^+)		6.01
Val	2.32(α–COOH)	9.62(α–NH_3^+)		5.97
Leu	2.36(α–COOH)	9.60(α–NH_3^+)		5.98
Ile	2.36(α–COOH)	9.68(α–NH_3^+)		6.02
Ser	2.21(α–COOH)	9.15(α–NH_3^+)		5.68
Pro	1.99(α–COOH)	10.60(α–NH_3^+)		6.30
Phe	1.83(α–COOH)	9.13(α–NH_3^+)		5.48
Trp	2.38(α–COOH)	9.39(α–NH_3^+)		5.89
Met	2.28(α–COOH)	9.21(α–NH_3^+)		5.74
Tyr	2.20(α–COOH)	9.11(α–NH_3^+)	10.97(OH)	5.66
Cys	1.96(α–COOH)	8.18(α–NH_3^+)	10.28(SH)	5.07
Asp	1.88(α–COOH)	3.65(β–COOH)	9.60(α–NH_3^+)	2.77
Glu	2.19(α–COOH)	4.25(γ–COOH)	9.67(α–NH_3^+)	3.22
His	1.82(α–COOH)	6.00(imidazole)	9.17(α–NH_3^+)	7.59
Agr	2.17(α–COOH)	9.04(α–NH_3^+)	12.48(guanidyl)	10.76
Lys	2.18(α–COOH)	8.95(α–NH_3^+)	10.53(ε–NH_3^+)	9.74

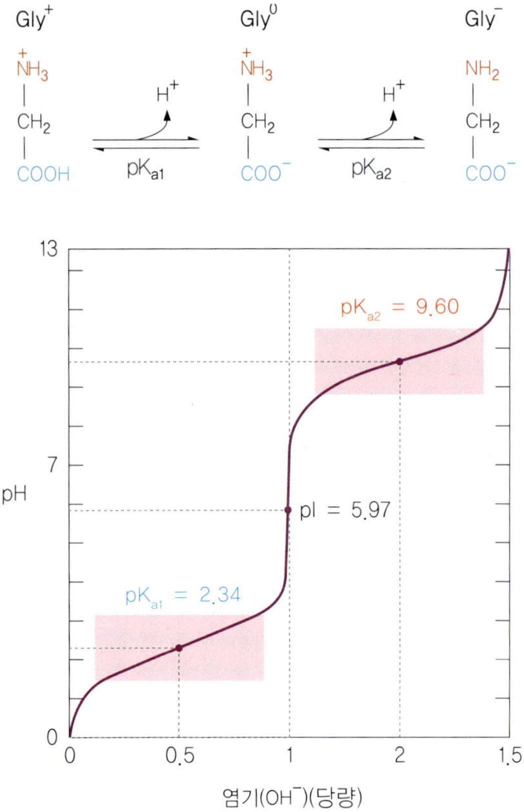

[그림 5-5] 글라이신의 적정곡선

(4) 자외선 흡수성

아미노산 중 방향족 아미노산인 타이로신(Tyr), 트립토판(Trp), 페닐알라닌(Phe)의 최대 흡수파장은 각각 275, 278, 260nm이다. 대부분의 단백질은 방향족 아미노산을 함유하므로 280nm에서 자외선을 최대 흡수하는 방향족 아미노산을 이용하여 수용액 중의 단백질량은 280nm에서 흡광도를 측정하면 구할 수 있다.

(5) 맛

일반적으로 단백질은 아무 맛이 없으나 아미노산은 각각 특유한 맛을 가지고 있어 식품의 맛과 밀접한 관계가 있다. 글루탐산은 감칠맛을 내므로 글루탐산 소듐(monosodium glutamate, MSG)은 조미료로 널리 사용된다. 글라이신, 알라닌, 발린, 세린, 라이신 등은 단맛, 류이신, 아이소류이신, 페닐알라닌, 트립토판 등은 쓴맛, 아스파트산은 신맛을 낸다.

5) 아미노산의 반응

(1) 탈탄산반응

아미노산은 수산화바륨(Ba$(OH)_2$)과 함께 가열하거나 장내 부패세균의 탈탄산효소(decarboxylase) 작용으로 아미노산에서 카복실기(-COOH)를 제거시켜 아민(amine)을 생성한다. 히스티딘(histidine)과 라이신(lysine)의 카복실기가 제거되면 각각 히스타민(histamine)과 카다베린(cadaverine)이 생성되어 알레르기를 유발하거나 부패 독을 생성한다.

(2) 탈아미노반응

아미노산의 아미노기는 아질산(HNO_2)과 반응하면 질소가스를 발생하여 아미노산, 펩타이드, 단백질 등의 아미노기 측정에 이용된다.

(3) 알데하이드반응

아미노산은 산성과 염기성 모두 가진 양쪽성물질로 아미노산의 아미노기와 알데하이드가 반응하면 알켄 이민(alkene imine) 화합물을 형성하여 아미노기의 염기성이 소실된다.

(4) 닌하이드린 반응

닌하이드린(ninhydrin) 반응은 대표적인 α-아미노산의 검출 및 정량에 이용되는데 닌하이드린은 아미노산의 아미노기에 완만한 산화제로 작용하여, 닌하이드린 2분자와 아미노산의 질소 분자와 결합하여 자색 색소(purple pigment)를 생성한다(그림 5-6).

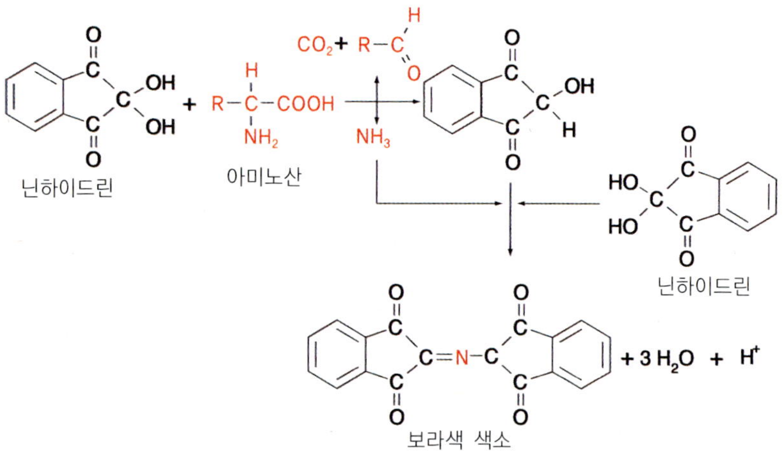

[그림 5-6] 닌하이드린 반응

(5) 생어 반응(FDNB 반응)

생어(Sanger) 반응은 N-말단 아미노산 확인반응으로 생어가 사용한 1-fluoro-2,4-dinitrobenzene(FDNB)은 전하를 띠지 않은 아미노산의 유리(free) 아미노기와 반응하여 황색의 2,4-dinitrophenyl(DNP) 유도체를 형성시킨다. DNP-아미노산 유도체를 통해 N-말단 아미노산을 알 수 있다.

2. 펩타이드

다이펩타이드(dipeptide), 트리펩타이드(tripeptide), 테트라펩타이드(tetrapeptide)는 각각 2, 3, 4개의 아미노산 잔기로 구성된 1, 2, 3개의 펩타이드 결합(peptide bond)을 갖고 있는 아미노산 결합체이다. 올리고펩타이드(oligopeptide)와 폴리펩타이드(polypeptide)는 각각 10개 이하, 10개 이상의 아미노산 결합체이며, 특히 분자량이 10,000 이상인 폴리펩타이드를 단백질이라 한다.

1) 펩타이드 결합

펩타이드 결합(peptide bond)은 한 분자의 아미노산 카복실기와 다른 한 분자의 아미노산 아미노기로부터 물이 빠져나가면서 생성되는 치환 아마이드 결합(amide bond)이며, 폴리펩타이드 사슬에서 아미노산 간의 결합이다.

펩타이드 결합의 구조적 특징을 살펴보면 펩타이드 결합은 경직된 평면적 단위이며, C-N 결합은 부분적인 이중결합(partial double bond)으로 회전을 못 하고 결합 길이는 단일과 이중결합 길이의 중간이다(그림 5-8). 또한, 펩타이드의 CO기와 NH기는 서로 트랜스(trans) 형태이고, N-말단에서 시작하여 C-말단에서 끝나는 방향성을 가진다.

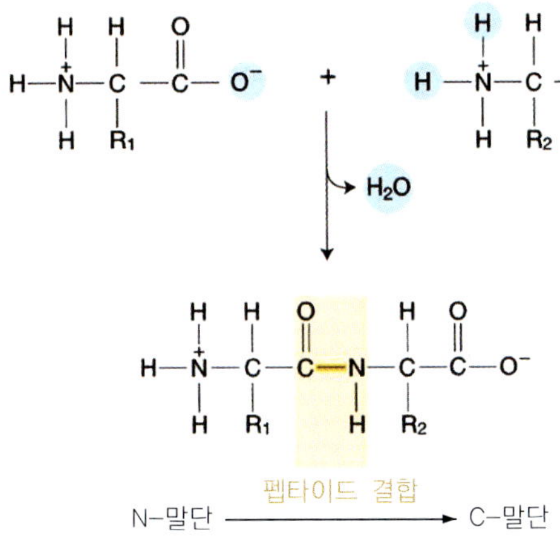

[그림 5-7] 펩타이드 결합

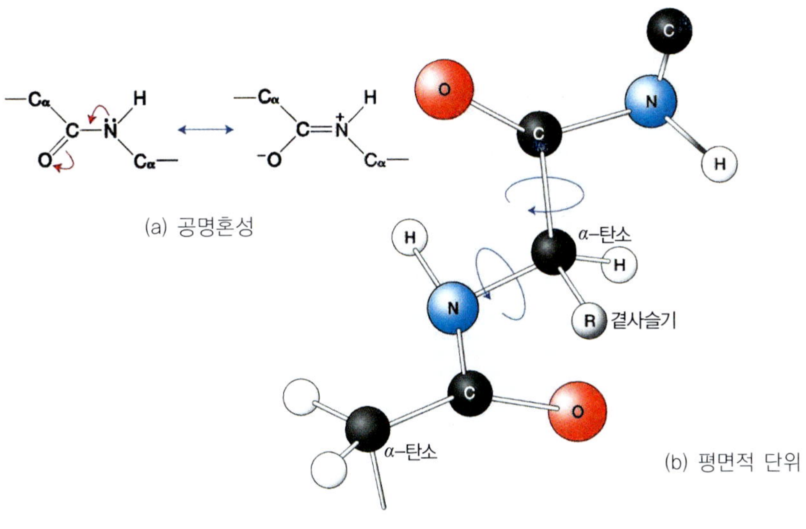

[그림 5-8] 펩타이드 결합의 구조적 특징

2) 펩타이드의 기능

펩타이드는 다양한 생리 활성을 가지고 있다. 아스파탐(aspartame)은 아스파트산(Asp)과 페닐알라닌(Phe), 두 개의 아미노산으로 이루어진 다이펩타이드(dipeptide)로 감미도가 설탕의 150~200배인 감미료이다. 인슐린(insulin)과 글루카곤(glucagon)은 각각 51, 39개 아미노산 잔기를 가진 부신피질 호르몬으로 길항적인 혈당 조절 작용을 한다. 브래디키닌(bradykinin)과 옥시토닌(oxytocin)은 9개 아미노산 잔기로 구성된 호르몬으로 각각 혈관 확장과 분만 유도에 관여한다. 타이로트로핀 유리인자[tyrotropin-releasing factor(TRF), 3개 아미노산 잔기]는 타이로트로핀(tyrotropin) 분비 촉진에, 엔케팔린(enkephalin)은 모르핀과 유사한 구조로 진통 마취 작용을 하며, 그라마이시딘(gramicidin) S는 D형 아미노산을 가진 고리형 구조의 항생물질이다.

3) 펩타이드의 반응과 분리

펩타이드는 구성 아미노산 잔기의 기능기(아미노기, 카복실기, R기)에 의해 결정되는 특징적인 반응을 한다. 펩타이드 결합은 강산 또는 강염기와 함께 가열하면 가수분해되어 구성 아미노산이 방출된다. 펩타이드의 N-말단 잔기의 확인반응은 아미노산처럼 FDNB(Sanger 시약), 댄실 염화물(dansyl chloride), PITC(Edaman 시약) 등으로 아미노산의 배열 순서를 결정할 수 있다.

펩타이드도 아미노산처럼 이온교환 크로마토그래피, 전기영동 등에 의해 분리된다. 즉, 펩타이드는 이온화 정도에 따라 분리되는, 서로 다른 pH에서 산-염기 성질이나 극성을 이용하여 분리되며, 크기나 결합자리의 친화도 등에 따라서도 분리가 가능하다.

3. 단백질

1) 단백질의 분류

단백질은 매우 큰 분자로 모든 단백질은 각기 정해진 아미노산 조성, 배열, 폴리펩타이드 사슬의 길이를 가진다. 단백질은 특징적인 아미노산 조성을 가지며, 기능이 다른 단백질은 구성 아미노산의 수가 다른데 20종의 아미노산은 단백질 안에 동량으로 존재하지 않고 각 단백질은 아미노산 단위를 서로 다른 비율로 함유한다. 단백질은 조성에 따라 단순 단백질, 복합 단백질, 유도 단백질로 나눌 수 있으며, 형상에 따라 구상 단백질, 섬유상 단백질로 구분된다.

(1) 조성에 의한 분류

단순 단백질은 아미노산만으로 구성된 단백질이며, 복합 단백질은 단순 단백질(아미노산)과 보결 분자(비아미노산 부분)로 이루어진 단백질이고 유도 단백질은 성질이 변화된 단백질이다.

❶ 단순 단백질

(i) 알부민

알부민(albumin)은 생물의 세포 및 체액 중에 들어 있으며, 물과 약염용액에 용해되고 가열하면 응고된다. 유황의 함유량이 2% 정도로 비교적 많으며, 산으로 가수분해하면 모노 아미노산이 된다.

종류: serum albumin(혈청), ovalbumin(난백), lactalbumin(우유), leucosin(밀)

(ii) 글로불린

글로불린(globulin)은 생물의 세포 및 체액 중에 들어 있고 물에는 녹지 않으나 중성염용액 및 약알칼리 용액에 용해되며, 가열하면 응고된다.

종류: serum globulin(혈청), ovoglolbulin(난백), fibrinogen(혈청), myosin(근육), glycinin(콩), phaseolin(팥)

(iii) 글루텔린

글루텔린(glutelin)은 식물의 종자에 많이 들어 있으며, 물과 중성 용매에는 녹지 않으나, 약산과 알칼리 용액에는 용해된다. 가열하면 응고되며, 글루타민이 많이 들어 있다.

종류: glutenin(밀), oryzenin(쌀)

(iv) 프롤라민

프롤라민(prolamin)은 물, 무수알코올에는 녹지 않으나 70~80% 알코올에는 용해된다.

종류: gliadin(밀), zein(옥수수), hordein(보리)

(v) 알부미노이드

알부미노이드(albuminoid, scleoporprotein)는 동물의 형체를 보존하고 피부, 모발 등으로 몸의 표면을 보호하는 불활성단백질이다. 모든 중성 용매, 약산, 알칼리, 염용액에 불용성이고 경질이어서 동물체를 잘 보호할 수 있다.

종류: keratin(털, 모발, 손톱, 발톱, 뿔, 말굽), elastin(혈맥, 난막, 새털), collagen(뼈, 손톱, 발톱, 말굽, 생선 비늘), gelatin(뼈, 연골, 결합 조직), fibroin(명주실)

(vi) 히스톤

히스톤(histone)은 동물에만 존재하며, 적혈구와 백혈구의 세포핵 주성분으로 물과 약산에는 녹으나 암모니아 용액에는 침전되고 가열하면 약산에 녹는 응고물로 변한다. 히스톤의 가수분해로 생성되는 아미노산은 주로 염기성 아미노산이 많이 들어 있다.

종류: hemoglobin(혈액), histone(흉선)

(vii) 프로타민

프로타민(protamin)은 동물의 생식세포에 존재하며, 물과 약산에 잘 용해되지만 가열하여도 응고되지 않는다. 가수분해 시 주로 염기성 아미노산인 아르지닌(arginine)이 생긴다.

종류: sturine(상어 정액), scombrine(고등어 정액), kulpain(고래 정액)

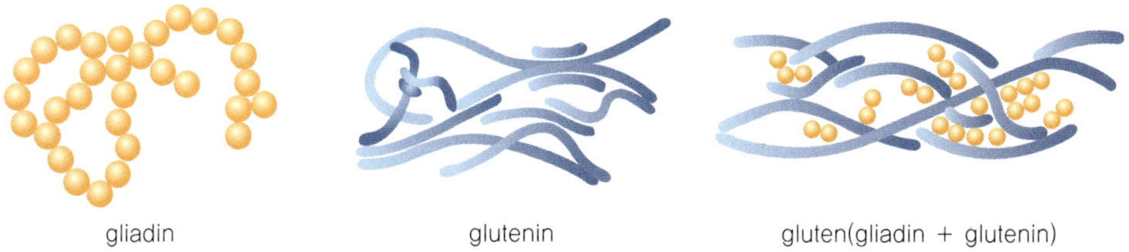

[그림 5-9] 글루텐의 형성

❷ 복합 단백질

복합 단백질은 지단백질, 당단백질, 인단백질, 핵단백질, 색소단백질 및 금속단백질 등으로 분류한다.

(i) 지단백질

지단백질은 분자 중에 지질을 함유한 단백질이며, 주로 혈액, 난황, 우유, 혈청 등에서 발견된다.

종류: β-lipoprotein, thromboplastin

(ii) 당단백질

당단백질은 단순 단백질과 당 또는 그 유도체와 결합되었으며, 주로 동물의 점액성이나 분비액 중에 들어 있고 O와 S의 함량은 많으나 C와 N의 함량은 적다.

종류: immunoglobulin G(Ig G), mucin

(iii) 인단백질

인단백질은 단백질과 인산 화합물이 결합한 분자이다.

종류: casein, vitellin

(iv) 핵단백질

핵단백질은 프로타민(protamine) 또는 히스톤(histone)에 핵산이 결합한 단백질이며, 세포핵의 가장 중요한 성분이다. 이 단백질을 가수분해하면 다시 단순 단백질과 핵산으로 분해되며, 핵산은 RNA, DNA의 두 가지 종류가 있다. RNA 단백질은 주로 세포질에 존재하고 DNA 단백질은 세포핵에 존재한다. 핵단백질은 주로 흉선, 심장, 췌장, 비장 및 정액에 많이 들어 있으며, 식물에는 배아와 종자에 들어 있다.

(v) 색소단백질

색소단백질은 단백질이 색소와 결합하여 주로 착색되어 있다.

종류: hemoglobin(Fe), hemocyanin(Cu)

(vi) 금속단백질

금속단백질은 단백질이 금속과 결합한 형태이다.

종류: ferritin(Fe), alchol dehydrogenase(Zn)

❸ 유도 단백질

유도 단백질은 천연의 단백질이 산, 염기, 효소작용, 가열 등에 의하여 성질이 변화된 단백질로 1, 2차로 구분한다.

(i) 1차 유도 단백질

1차 유도 단백질은 변성에 의해 유도된 단백질로 콜라겐을 가열하여 생성된 젤라틴 등이 있다.

(ii) 2차 유도 단백질

2차 유도 단백질은 가수분해에 의해 유도된 단백질로 단백질을 가수분해하여 생성된 프로테오스(proteose)와 펩톤(peptone) 등이 있다.

(2) 형상에 의한 분류

❶ 구상 단백질

구상 단백질은 나선 형태의 폴리펩타이드 사슬이 α-헬릭스(α-helix) 구조로 구성된 효소, 알부민, 헤모글로빈 등 생리활성 단백질 등 기능 단백질이다[그림 5-10 (a)].

❷ 섬유상 단백질

섬유상 단백질은 긴 섬유상의 폴리펩타이드 사슬이 β-시트(β-sheet) 구조로 구성된 콜라겐, 케라틴 등 신체 구조 보호 단백질이다[그림 5-10 (b)].

(a) 구상 단백질　　(b) 섬유상 단백질

[그림 5-10] 구상 및 섬유상 단백질

2) 단백질의 기능

단백질은 다양한 구조와 함께 여러 생물학적 기능(biological function)을 가진다.

(1) 효소

현재까지 알려진 약 4,000개 이상의 효소(enzymes)는 모두 단백질이며, 효소는 대단히 큰 촉매 기능과 매우 독특한 특이성을 갖고 있다. 육탄당인산화효소인 헥소카이네이스(hexokinase)는 ATP로부터 글루코오스(glucose)에 인산기 전달을, DNA 중합효소(DNA polymerase)는 DNA의 복제와 수선을 담당한다.

(2) 운반 단백질

운반 단백질(transport proteins)은 혈액을 통해 어떤 특정한 형태의 분자와 결합하여 이들을 운반한다. 적혈구에서 산소(O_2)를 폐에서 말초 조직으로 운반하는 헤모글로빈(hemoglobin), 근육에서 산소를 운반하는 마이오글로빈(myoglobin), 혈장에서 지질을 다른 조직으로 운반하는 지단백질(lipoprotein) 등이 있다.

(3) 영양 및 저장 단백질

영양 및 저장 단백질(nutrient and storage proteins)은 배아의 성장에 필요한 영양소 혹은 구성 요소로서 단백질을 저장한다. 달걀흰자의 주요 단백질인 오발부민(ovalbumin), 우유의 주요 단백질인 카제인(casein), 철분(Fe) 저장 단백질인 페리틴(ferritin) 등이 있다.

(4) 수축성 또는 운동성 단백질

수축성 또는 운동성 단백질(contractile or motile proteins)은 골격근의 수축 관여 단백질인 액틴(actin)과 마이오신(myosin), 마이크로튜블(microtuble, 미소관)의 구성 단백질인 튜블린(tublin) 등이 있다.

(5) 구조 단백질

구조 단백질(structural protein)에는 힘줄, 연골의 섬유상 단백질인 콜라젠(collagen), 인대의 구조 단백질인 엘라스틴(elastin), 모발, 손톱, 새털의 불용성 단백질인 케라틴(keratin), 명주 섬유나 거미줄의 주요 단백질인 피브로인(fibroin) 등이 있다.

(6) 방어 단백질

방어 단백질(defense protein)에는 박테리아, 바이러스 또는 다른 생물종의 이종 단백질을 침전 또는 중화 단백질인 이뮤노글로불린(immunoglobulin)과 항체(antibody), 혈액 응고 단백질인 피브리노젠(fibrinogen)과 트롬빈(thrombin), 방어 작용 단백질인 세균 독소(bacterial toxin)와 피마자(castor bean)의 리신(ricin) 등이 있다.

(7) 조절 단백질

조절 단백질(regulatory protein)에는 당 대사 조절과 글리코젠(glycogen) 합성을 촉진하는 인슐린(insulin), 성장을 촉진하는 성장호르몬(growth hormone), 칼슘과 인산의 운반을 조절하는 파라티로이드 호르몬(parathyroid hormone), 효소의 생합성을 억제하는 억제인자(repressor), 호르몬 신호에 대한 세포반응을 중재하는 G-단백질(GTP binding protein) 등이 있다.

(8) 기타

그 외에도 감미료인 모넬린(monellin), 혈액이 어는 것을 보호하는 부동화 단백질인 부동단백질(anti-freeze protein) 등이 있다.

3) 단백질의 구조

단백질의 구조는 1, 2, 3, 4차 구조로 각각 나눌 수 있다. 단백질의 1차 구조(primary structure)는 아미노산 배열 순서(공유결합), 2차 구조(secondary structure)는 연속하여 인접한 아미노산 잔기의 공간적 배치(수소결합), 3차 구조(tertiary structure)는 아미노산 잔기 사이의 공간적 관계(모든 결합), 4차 구조(qurternary structure)는 서브유닛(sub-unit, 배위체)들 간의 공간적인 관계를 나타낸다.

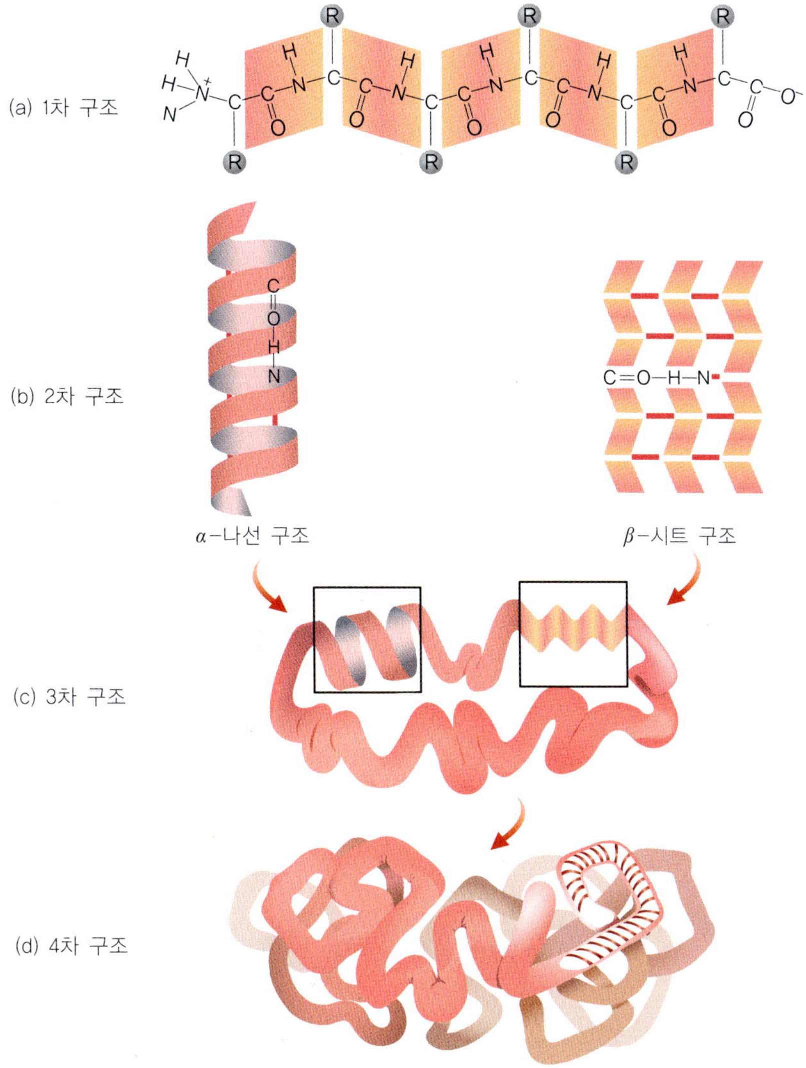

[그림 5-11] 단백질의 구조

(1) 1차 구조

단백질의 1차 구조는 단순한 배열의 구성 아미노산 서열로 공유결합이다. 단백질의 1차 구조인 아미노산 서열을 결정하는 방법은 생어(Sanger, 1953)가 제안한 것으로 생어는 이 방법으로 인슐린의 51개 아미노산 배열 순서를 결정하였다.

(2) 2차 구조

단백질의 2차 구조는 3차원 구조의 주기인자(regular element)로 α-헬릭스(α-helix), β-시트(β-sheet) 그리고 트리플 헬릭스(triple helix)가 있다(표 5-3). α-헬릭스와 β-시트와 같은 2차 구조는 구성 아미노산의 조성과 배열에 의해서 자동으로 결정된다.

〈표 5-3〉 2차 구조의 종류

구조	특성	예
α-헬릭스	단단함과 유연성 정도가 서로 다른 견고하며 불용성인 보호 구조	모발, 깃털, 손톱
β-시트	부드럽고 유연한 섬유	명주
트리플 헬릭스	신장성이 없는 매우 강한 항장력	건, 뼈의 간질물질

❶ α-헬릭스

α-헬릭스는 1930년대 초 영국의 아스트베리(Astbury)가 발견한 것으로 모발이나 양모의 섬유 단백질인 α-케라틴에 X선을 비추어 장축을 따라 0.54nm로 반복되는 주기성 단위의 나선상의 구조이다. 대부분의 섬유상 단백질의 α-헬릭스는 오른손잡이 나선 구조(right-handed helix)로 단백질의 C-말단에서 N-말단 쪽으로 시계 방향으로 꼬였으며, 아미노산 잔기 n과 n+1의 펩타이드 결합의 CO-기와 아미노산 잔기 n+4와 n+5의 펩타

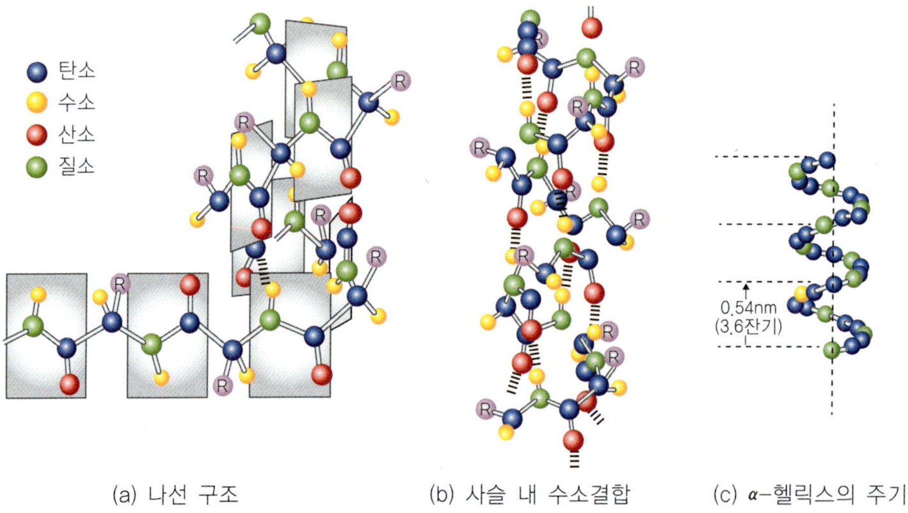

[그림 5-12] α-헬릭스의 구조

이드 결합의 NH-기 간의 수소결합(사슬 내 수소결합, intrachain H-bond) 구조이다(그림 5-12).

구상 단백질이 물에 잘 녹는 이유는 소수성 아미노산의 R기는 안쪽, 친수성 또는 극성 아미노산의 R기는 바깥쪽 표면에 위치하기 때문이다.

❷ β-시트

명주나 거미줄의 단백질인 피브로인이나 β-케라틴은 모발의 α-케라틴을 증기로 가열하여 α-헬릭스를 유지하는 수소결합을 파괴시켜 코일형이 아닌 지그재그(zigzag)형의 병풍 구조가 된다. β-시트는 단백질의 폴리펩타이드 사슬이 평형(pararell)과 역평형(antipararell) 방향에서 형성된 수소결합의 구조이다(그림 5-13). β-시트는 사슬 내 수소결합의 α-헬릭스와는 달리 인접한 폴리펩타이드 사슬의 모든 펩타이드 결합이 사슬 간 수소결합(interchain H-bond)으로, 구성 아미노산의 R기는 지그재그 구조로부터 밖으로 돌출되어 있다.

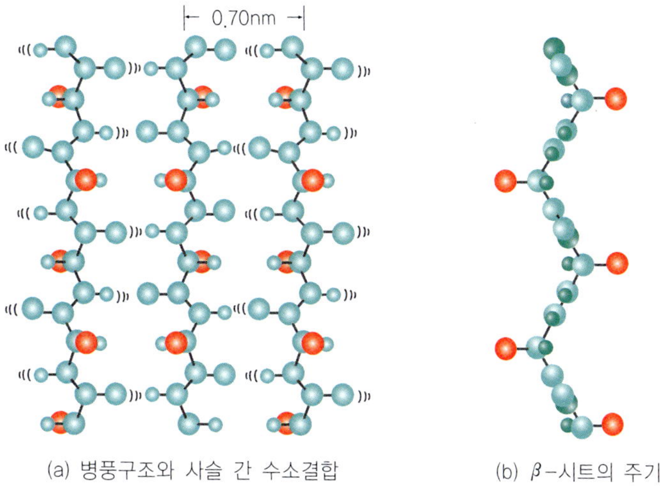

[그림 5-13] β-시트의 구조

❸ 트리플 헬릭스

트리플 헬릭스의 대표적 예로 콜라겐이 있다. 콜라겐의 구조는 3개의 왼손잡이 나선 구조(left-handed helix)가 서로 길게 수소결합으로 연결되어 오른쪽으로 꼬여 슈퍼 헬릭스(superhelix)를 이룬 구조로, 결체나 결합 조직에 관여한다. 각 폴리펩타이드 사슬은 주로 (Gly-X-Pro)n이나 (Gly-X-hydroxy Pro)n으로 되어 있다. 글라이신(Gly)은 세 번째의 헬릭스가 꼬일 때 만나는 곳의 공간에 그 크기가 적합하도록 세 번째의 아미노산 잔기에 주기적으로 나타난다.

(3) 3차 구조

단백질의 3차 구조는 3차원 구조의 폴딩(folding, 접힘)으로 마이오글로빈(myoglobin)의 경우, 근육에서 산소 운반 단백질로 분자량은 16,700으로 아미노산 잔기가 153개인 1개의 폴리펩타이드 사슬이다(그림 5-14). 단백질의 3차 구조를 안정화시키는 힘은 ① 수소결합, ② 정전기적 인력, ③ 쌍극자 간의 인력, ④ 소수성기 간의 상호작용, ⑤ S-S 결합 등이다(그림 5-15). 이 중에서 특히 비극성 R기 사이의 소수성 상호작용이 3차 구조의 안정에 큰 역할을 한다. 단백질의 접힘 구조는 약한 비공유결합의 구조(weak, non-covalent structure)로 이들 결합의 수가 많아 구조를 유지한다.

❶ 수소결합

수소결합은 수소(H)와 전기음성도가 큰 원자(electronegative atom)인 산소(O), 질소(N) 간의 인력(attraction)으로 α-헬릭스와 β-시트 구조를 이루는 결합이다.

❷ 정전기적 인력

정전기적 인력(electrostatic forces)은 반대 전하 그룹 간의 인력(attractive forces, salt bridge)으로 수소결합보다 강하다. 정전기적 인력은 유전 상수(dielectric constant, D)에 반비례하므로 아세톤이나 에탄올을 가하면 인력이 작아져 단백질이 침전된다.

❸ 쌍극자 간의 인력

쌍극자 간의 인력(반데르발스 힘, Van der Waals forces)은 분자나 원자 그룹 간의 상호 접촉으로 발생한 힘으로 수소결합보다 약하다.

❹ 소수성기 간의 상호작용

소수성기 간의 상호작용(hydrophobic forces)은 소수성기(hydrophobic group) 간의 상호작용으로 생성되는 힘이다.

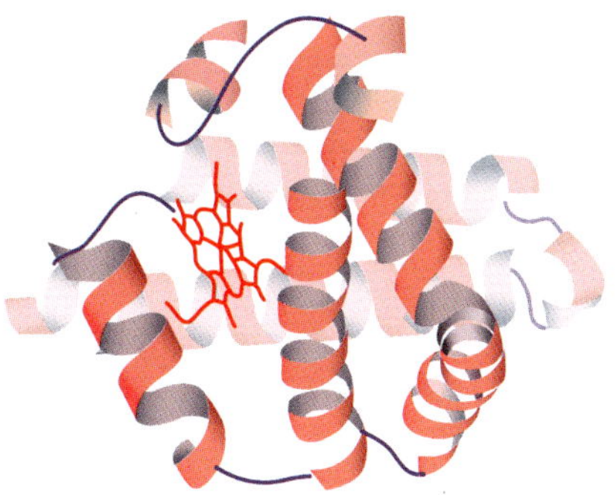

[그림 5-14] 마이오글로빈의 3차 구조

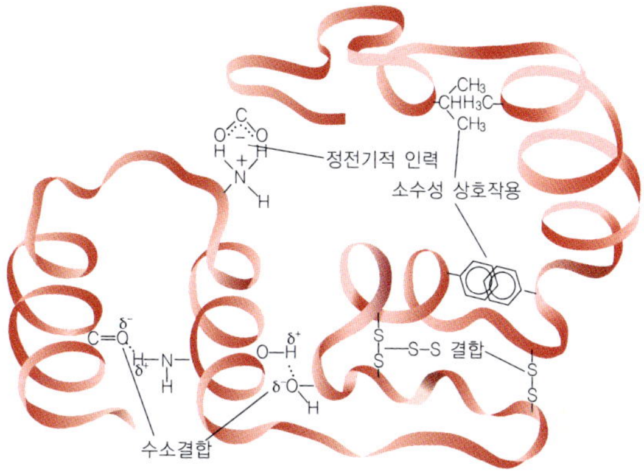

[그림 5-15] 단백질의 3차 구조를 유지시키는 인자

(4) 4차 구조

단백질의 4차 구조는 서브유닛(subunit) 간의 공간적인 배열(arrangement)로 올리고머릭 단백질(oligomeric protein)의 형태 안에 서브유닛 사슬이 서로 적합하게 수용된 상태이다. 4차 구조의 헤모글로빈(hemoglobin)은 분자량이 64,500이고 각각 2개의 α(141 아미노산 잔기) 사슬과 β(146 아미노산 잔기) 사슬로 된 테트라머(tetramer)의 산소 운반 단백질이다(그림 5-16). 마이오글로빈과 헤모글로빈의 산소 결합곡선은 서로 다른데 마이오글로빈은 쌍곡선형인 반면 헤모글로빈은 S자형의 시그모이드(sigmoid) 곡선이다. 산소의 협동적 상호작용(cooperative interaction)이 산소 운반체로서의 헤모글로빈의 효율을 높인다. 마이오글로빈은 산소에 대해 헤모글로빈보다 높은 친화성을 가져 헤모글로빈은 매우 낮은 산소 분압에서도 약간의 산소만을 방출하므로 헤모글로빈은 폐로부터 조직으로 산소를 운반하기에 적합하다.

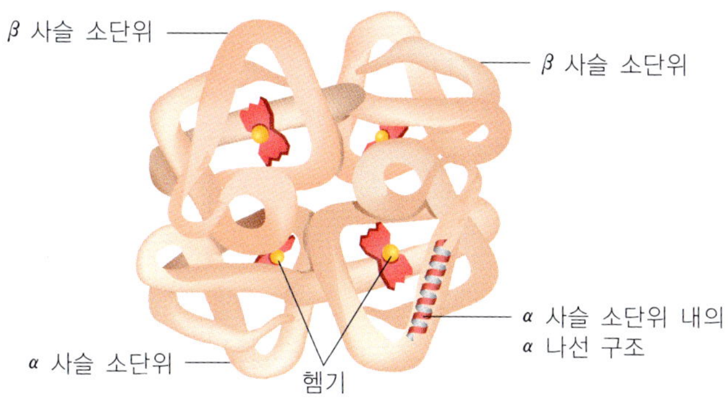

[그림 5-16] 헤모글로빈의 4차 구조

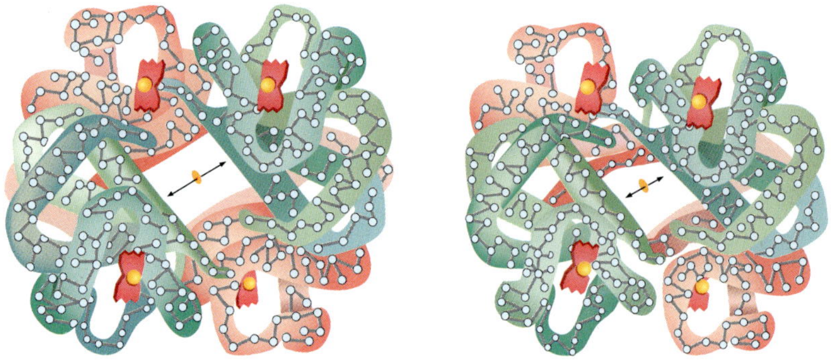

[그림 5-17] 옥시헤모글로빈(oxyhemoglobin)과 디옥시헤모글로빈(deoxyhemoglobin)의 구조

4) 단백질의 성질

(1) 분자량

단백질은 대부분 분자량이 수만에서 수백만에 이르는 고분자화합물로 셀로판 등의 반투막을 통과하지 못하며, 투석을 통해 단백질 용액에서 염, 유기용매 등과 같은 저분자물질을 제거하여 단백질을 정제할 수 있다.

(2) 용해성

단백질은 물에 녹으면 분자 내에 아미노기(-NH_2), 카복실기(-COOH), 알코올기(-OH) 등의 친수성기를 가지고 있어 이들 친수성기가 물 분자와 수소결합하는 수화현상에 의해 용해되어 콜로이드 용액을 형성한다. 단백질은 대부분 묽은 중성 염류에는 잘 녹는데 이런 현상을 염용(salting in)이라고 한다. 이 효과는 중성염의 해리 이온이 단백질의 작용기와 작용하여 단백질 분자 사이의 인력을 감소시켜 물 분자에 의한 수화가 증가되기 때문이다. 그러나 중성 염류의 농도가 증가하면 염과 단백질이 물 분자에 대해 서로 경쟁하기 때문에 오히려 수화를 감소시켜 용해도가 감소하는 염석(salting out)이 일어난다.

(3) 침전성

단백질 또한 아미노산처럼 음이온(산성)과 양이온(염기성)을 모두 다 갖고 있는 양성

(양쪽성) 전해질(ampholyte)로 수은, 카드뮴, 납 등 중금속류, TCA(tricholoacetic acid), 피크르산(picric acid), 설포살리실산(sulfosalicylic acid), 타닌산(tannic acid) 등 유기침전제, 알코올, 아세톤 등 유기용매에 의해 불용성의 염을 형성하여 침전한다.

(4) 응고성

단백질은 가열, 산, 연기, 염류, 효소 등에 의해 응고된다. 대부분의 단백질은 60~70℃로 가열하면 응고가 일어나며, 이때 묽은 염산이나 초산을 가하면 응고가 촉진된다. 우유단백질인 카제인(casein)은 산처리로 침전되고 응유효소인 레닌(rennin)에 의해 응고되는 성질을 활용하여 치즈 제조에 이용한다. 대두 단백질인 글라이시닌(glycinin)은 칼슘(Ca^{2+}) 또는 마그네슘 이온(Mg^{2+})에 응고되는 성질을 활용하여 두부 제조에 이용한다.

(5) 등전점

단백질은 아미노산으로 구성되어 있어 아미노산처럼 분자 내에 양이온과 음이온을 동시에 가진 양쪽성 전해질로 산성 용액 중에는 양전하로, 염기성 용액 중에는 음전하로 작용한다. 어떤 특정 pH에서 양전하와 음전하 수가 같을 때, 단백질의 순전하(net charge)가 0이 되어 전기적으로 중성일 때의 pH를 등전점(isoelectric point, pI)이라 한다. 등전점(pI)은 전기장 안에서 이동하지 않는 pH로 단백질은 등전점에서 움직이지 않기 때문에 용해도가 최소화되어 쉽게 침전된다.

단백질은 구성 아미노산 중에 각각 산성과 염기성이 많으면, 산성과 염기성의 등전점을 갖는다. 대부분 식품 단백질의 등전점은 pH 4~6 범위에 있다(표 5-4).

〈표 5-4〉 여러 단백질의 등전점

단백질	등전점	단백질	등전점
펩신	< 1.0	γ-글로불린	6.6
난알부민	4.6	헤모글로빈	6.8
혈청알부민	4.9	마이오글로빈	7.0
우레아 가수분해효소	5.0	카이모트립시노젠	9.5
β-락토글로불린	5.2	사이토크롬 *c*	10.7
		라이소자임	11.0

(6) 정색반응

단백질은 구성 아미노산의 종류와 성질에 따라 여러 가지 정색반응을 생성한다.

❶ 뷰렛 반응

뷰렛(biuret) 반응은 펩타이드(peptide) 결합이 2개 이상 있는 단백질 또는 단백질 분해물에서 나타나는 반응으로 분자량이 크면 청자색을, 작으면 적자색을 띤다.

❷ 닌하이드린 반응

닌하이드린(ninhydrin) 반응은 α-아미노산, 펩타이드, 단백질은 산성 내지 중성에서 100℃ 이상으로 가열하면서 닌하이드린과 반응시키면 황색 또는 청자색으로 정색반응을 일으키며, β-, γ-아미노산은 이 반응이 일어나지 않는다.

❸ 밀론 반응

밀론(Millon) 반응은 페놀성 수산기를 지닌 방향족 화합물에서 공통으로 일어나는 반응으로 타이로신(tyrosine)은 적색반응을 나타낸다.

❹ 잔토프로테인 반응

잔토프로테인(xanthoprotein) 반응은 방향족 아미노산은 진한 질산에 의해 나이트로화하면서 황색으로 정색반응을 일으킨다. 이 나이트로 화합물은 염기 용액에서 황색의 알칼리(alkali) 금속염을 이룬다. 이 반응은 처음에 질산을 가하면 백색의 침전이 형성되고 다시 가열하면 침전이 용해되면서 황색으로 변하며, 알칼리화하면 오렌지색으로 변한다.

❺ 홉킨스-콜 반응

홉킨스-콜(Hopkins-Cole) 반응은 단백질 용액에 글리옥살산(glyoxalic acid) 또는 무수 아세트산을 가한 뒤, 다시 진한 황산을 가하면 경계면에 적자색의 고리가 생긴다. 트립토판(tryptophan)의 인돌(indole)기가 존재할 경우에만 일어나는 반응이다.

❻ 파울리 반응

파울리(Pauly) 반응은 단백질 용액에 다이아조벤젠 설폰산(diazobenzene sulfonic acid) 용액을 가한 뒤 알칼리성으로 하면 등황색 내지 적색으로 된다. 타이로신(tyrosine)과 히스티딘(histidine)의 벤젠핵이 시약과 반응하여 아조(azo)계 색소를 형성하기 때문이다.

❼ 나이트로푸루사이드 반응

나이트로푸루사이드(nitroprusside) 반응은 시스테인(cysteine)의 티올(thiol)기가 과량의 암모니아 존재 아래 소듐 나이트로푸루사이드(sodium nitroprussede)와 반응하여 붉은색을 나타내는 반응이다.

❽ 사카쿠지 반응

사카쿠지(Sakaguchi) 반응은 아르지닌(arginine)의 구아니딜(guanidyl)기가 α-나프톨(α-naphtol)과 반응한 생성물이 브롬(Br)과 같은 산화제에 의해 산화되어 적색이 되는 반응이다.

5) 단백질의 변성 및 재생

(1) 단백질의 변성

동식물의 천연 식품 단백질은 수소결합, 이온결합, 소수성 결합 등 주로 비공유결합을 통해 입체 구조가 유지되어 고유한 형태와 성질을 가진다. 이러한 천연 단백질이 물리적 및 화학적 작용으로 분자 내 구조의 변형이 일어나는 현상을 변성(denaturation, unfolding)이라 한다. 단백질의 변성은 변성 요인(denaturing agent)에 의해 공간에서 형태의 변화, 즉 1차 구조를 제외한 2~4차 구조의 변화로 생물학적 활성을 잃고 단백질의 고유 특성이 변화하는 것이다.

단백질을 변성시키는 변성 요인의 종류로는 가열, 동결, 건조 등 물리적 요인과 pH(산, 알칼리), 염류(금속 이온), 유기 용매, 계면활성제, 효소 등 화학적 요인이 있다.

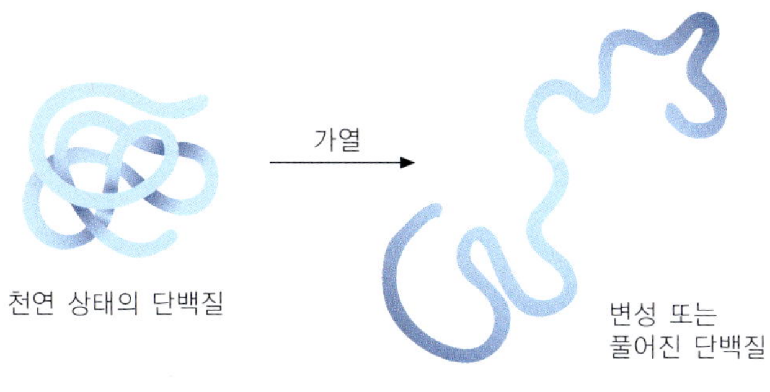

[그림 5-18] 단백질의 변성

❶ 변성 단백질의 성질

(i) 생물학적 특성의 상실

단백질이 변성되면 원래의 입체 구조가 풀리면서 본래 가지고 있던 효소 활성, 면역성 등 고유의 생물학적 특성을 상실하게 된다.

(ii) 용해도의 감소

단백질이 물에 녹으면 친수성기는 물과 가까운 외부에, 소수성기는 물과 멀리 떨어진 내부에 위치하지만, 변성이 되면 구조가 풀리면서 소수성기도 표면에 노출되어 단백질의 친수성이 감소하여 용해도가 감소한다.

(iii) 반응성의 증가

단백질이 변성되면 내부에 있던 작용기($-NH_2$, -COOH, -OH, -SH)가 표면에 나타나 유리 아미노기와 카복실기가 증가하여 반응성이 증가한다.

(iv) 소화 용이

단백질이 가열에 의해 변성되면 폴리펩타이드 사슬이 풀어지면서 소화효소가 쉽게 작용할 수 있어 소화가 잘된다. 그러나 지나치게 가열하면 오히려 새로운 결합과 촘촘한 구조를 형성하게 되어 소화효소 작용이 어려워진다. 반숙 달걀이 완숙 달걀보다 소화가 잘되는 것도 이러한 이유이다.

(v) 청색 이동 및 점도 증가

단백질이 변성되면 풀린 구조 때문에 내부에 있던 아미노산 잔기가 표면에 노출되면서 자외선 흡광도가 단파장 쪽으로 이동하여 증가하는 변성 청색 이동(denatured blue shift)이 일어나고, 또한 분자 부피도 커져 점도도 증가한다.

(2) 단백질의 재생

단백질의 재생(renaturation)은 변성 구조에서 본래 구조로 되돌아가 생물학적 활성을 되찾는 것으로 변성된 단백질은 변성제를 제거하면 본래의 정확한 구조로 돌아간다. 안핀센(Christian B. Anfinsen)은 리보뉴클레이스(ribonuclease, RNase)에 머캅토에탄올(mercaptoethanol)이나 요소(urea) 제거 시 본래 구조로 되돌아가는 것을 증명하였다. 리보뉴클레이스(RNase)는 8개의 시스테인(Cys) 잔기를 가지며, 이들이 4개의 S-S 결합인 시스틴(cystine)을 형성할 수 있는 가능 수는 105개인데 이 중 1가지만 선택한다. 여기서 단백질의 1차 구조는 특이적인 3차 구조의 정보를 가지는 것을 알 수 있다. 서로 다른 종류의 단백질은 각기 고유의 생물학적 기능을 위해 특수화되었으며, 독특한 형태의 3차원 구조를 가진다. 단백질의 2, 3차 구조는 구성 아미노산 잔기의 R기의 근거리와 원거리 배열에 의해 결정된다. 100개의 아미노산 잔기를 가진 변성 단백질이 특이적인 3차 구조의 정보가 없다면 가능 수에 의해 본래의 구조로 되돌아가는 데 걸리는 시간은 10^{50}년이 소요된다. 지구가 4.6×10^{9}년 전에 생성된 것에 비교하면 천문학적 시간이라는 것을 알 수 있다.

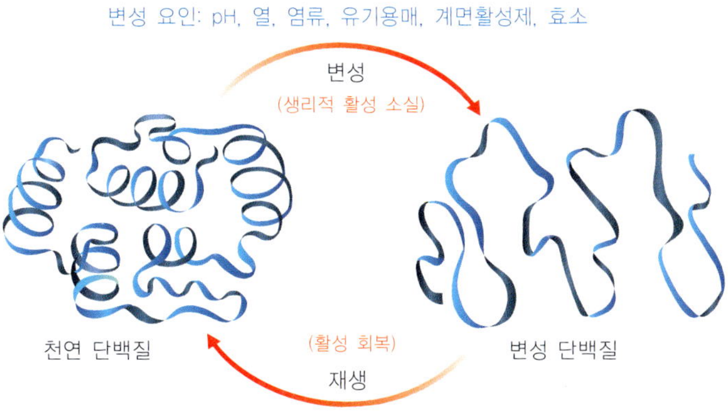

[그림 5-19] 단백질의 변성과 재성

6) 단백질의 분리

단백질을 분리, 정제하는 방법은 여러 가지가 있는데 크기(size), 전하(charge), 용해도(solubility), 친화도(affinity, binding site) 등을 이용한다. 크기에 의한 분리 방법은 원심분리(centrifugation), 겔여과(gel filtration), 투석(dialysis), 초여과(ultrafiltration) 등이 있고 극성에 의한 분리 방법은 전하를 이용한 이온교환 크로마토그래피(ion-exchange chromatography), 전기영동(electrophoresis), 등전 초점 전기영동(isoelectric focusing) 등과 소수성 특성을 이용한 소수성 크로마토그래피(hydrophobic chromatography) 등이 있다. 용해도에 의한 분리 방법은 pH, 이온 세기(ionic strength), 유전 상수(dielectric constant) 등의 변화가 있고 친화도나 구조적 특징을 이용한 분리 방법은 친화 크로마토그래피(affinity chromatography) 등이 있다.

4. 기능성 단백질

1) 기능성 아미노산

아미노산은 단백질의 구성 기본단위이며, 양쪽성물질로 신체의 산-염기 평형 유지뿐만 아니라 근육 강화, 신체 리듬 조절, 피로 회복 등 다양한 생리적 기능을 가지고 있다. 산성 아미노산(Asp, Glu)과 방향족 아미노산(Phe, Tyr, Trp)은 중추신경계에, 황 아미노산(Met, Cys)은 유아 성장 및 발달에 영향을 준다.

(1) 분지쇄 아미노산

분지쇄 아미노산(branched chain amin acid, BCAA)인 발린(Val), 류이신(Leu), 아이소류이신(Ile)은 고강도 운동의 에너지원으로 트립토판(Trp)과 길항 작용을 하여 운동 전후 섭취 시 트립토판의 뇌 유입을 저해시켜 중추 피로를 예방한다. 전체 아미노산의 절반 정도를 차지하는 분지쇄 아미노산은 외상과 화상 치료에 효과가 있다.

(2) 테아닌

테아닌(L-theanine)은 녹차 아미노산으로 글루타민(L-Gln)과 에틸아민(ethylamine)이 반응하여 생성한 감마-글루타밀 에틸아마이드(γ-glutamyl ethylamide)이다. 테아닌은 주간의 뇌 신경전달물질인 글루탐산(Glu) 유사체 구조로 글루탐산 수용체와 결합하여 글루탐산을 차단시켜 뇌 스위치를 끄게 한다. 이처럼, 테아닌은 수면을 유도하는 천연 신경안정제 역할을 한다.

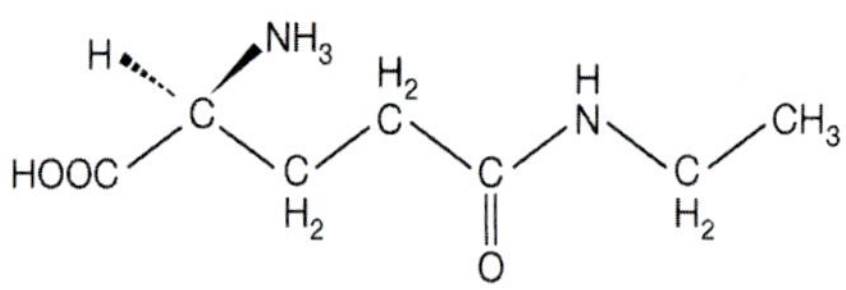

[그림 5-20] 테아닌

(3) 타우린

타우린(taurine)은 황을 함유한 유리(free)아미노산이자 β-아미노산인 2-아미노에테인설폰산(2-aminoethanesulfonic acid)이다. 타우린은 신생아의 성장 및 발육에 중요한 기능을 하며, 다양한 생리활성을 갖고 있다. 먼저, 타우린은 간에서 담즙산과 결합하여 지방을 유화 및 흡수시키는 지방 흡수 기능, 칼슘 과잉 축적을 방지하는 심근 보호 기능, 광수용체 세포막을 안정화하는 망막 기능, 신경 자극 전달 및 과도한 흥분을 억제하여 안정화시키는 두뇌 기능, 그리고 세포막에 과산화지질 생성을 억제하여 세포막을 보호하는 항산화 기능 등이 있다.

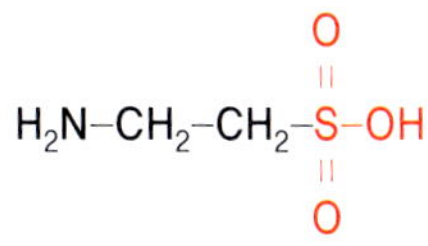

[그림 5-21] 타우린

(4) L-카르니틴

L-카르니틴(L-carnitine)은 유리아미노산으로 라이신(Lys)과 메티오닌(Met)으로부터 생성된 아미노부티르산 유도체(β-hydroxy-γ-N-trimethyl aminobutyrate)이다. L-카르니틴은 활성화된 지방산을 세포질에서 미토콘드리아로 운반하는 역할을 하여 체내 지방의 연소를 촉진시킨다.

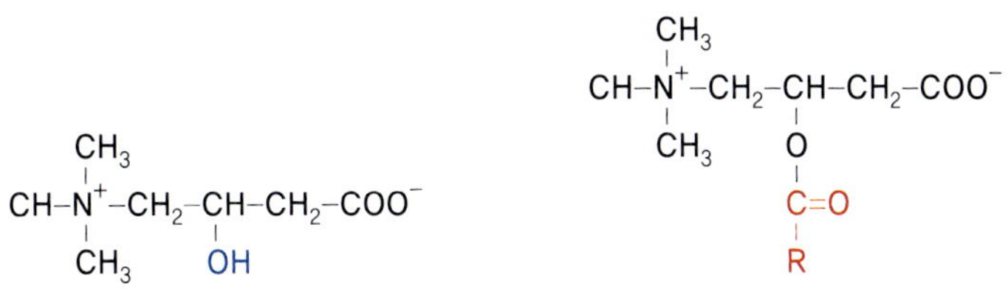

카르니틴(carnitine) 아실 카르니틴(acyl carnitine)

[그림 5-22] 카르니틴

(5) 멜라토닌

멜라토닌(melatonin)은 트립토판(Trp)이 탈탄산반응을 통해 생성된 세로토닌(serotonin)을 거쳐 유도된 물질로 생체리듬을 조절하며 숙면을 유도한다. 멜라토닌은 혈압 조절에도 관여하며, 활성산소를 중화시키고 글루타치온 퍼옥시데이스(glutathione peroxidase)의 분비를 촉진시키는 천연 항산화제이다.

2) 기능성 펩타이드

펩타이드는 평균 분자량이 10,000 이하, 2~50개의 아미노산 중합체로 아미노산보다 체내 흡수가 빠르고 다양한 생리활성을 가지고 있다.

(1) 안지오텐신 전환효소 저해 펩타이드

안지오텐신 전환효소(angiotensin converting enzyme, ACE) 저해 펩타이드는 정어리 등에 존재하며, 발린과 타이로신으로 구성된 다이펩타이드로 혈압을 감소시키는 작용을 한다.

혈압이 발생하는 기전은 먼저, 신장 단백질분해효소(kidney protease)인 레닌(renin)이 분비되면 크기가 57,000이고 당단백질인 안지오텐시노젠(angiotensinogen)을 분해하여 안지오텐신 I(angiotensin I)을 생성한다. 안지오텐신 전환효소(ACE)는 안지오텐신 I을 혈압 상승인자인 안지오텐신 II(angiotensin II)로 전환시킨다. 안지오텐신 II는 말초조직을 수축, 감각신경이나 부신을 자극하여 카테콜아민(catecholamine) 방출을 촉진시키거나 알도스테론(aldosterone) 분비의 증가, 나트륨(Na)의 재흡수를 촉진시켜 수분이 많아진 혈류량이 증대하여 혈압이 상승한다.

안지오텐신 전환효소(ACE)는 혈관을 확장하는 브래드키닌(bradykinin)을 분해하는 인산화효소(kinase)로 혈압을 상승시키며, 안지오텐신 전환효소(ACE) 저해 펩타이드는 안지오텐신 전환효소(ACE)를 저해시켜 혈압 상승을 막는 역할을 한다.

(2) 글루타치온

글루타치온(glutathione)은 천연 과일과 채소 등에 존재하며, 글루탐산, 시스테인, 글라이신으로 구성된 트리펩타이드(Glu-Cys-Gly)로 항산화 작용을 하는 펩타이드이다. 글루타치온은 글루타치온 퍼옥시데이스(glutathione peroxidase, GPOD, GPx), 글루타치온 트랜스퍼레이스(glutathione-S-transferase, GST)의 전자공여체로 작용하여 환원형의 비타민 E와 C를 재생시킨다.

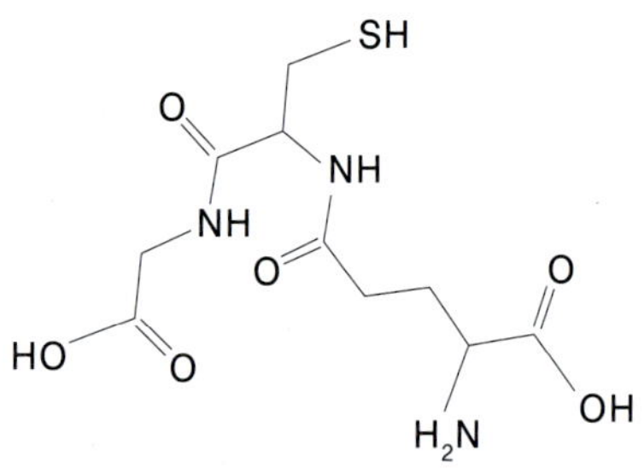

[그림 5-23] 글루타치온

(3) 기타

모르핀과 유사한 구조와 작용을 하는 엔케팔린(enkephalin)과 카제인에서 분리한 카소모르핀(β-casomorphin) 등의 아편상 펩타이드(opioid), 칼슘 흡수 촉진 펩타이드인 카제인 인산펩타이드(casein phosphopeptide, CPP), 카파-카제인에서 유래한 비피더스균 증식 펩타이드인 글리코메크로펩타이드(glycomacropeptide, GMP) 그리고 다양한 생리적 기능이 있는 대두 단백질, 누에의 피브로인, 콜라젠 등 전통 발효 식품과 식품 단백질들을 분해시킨 펩타이드 등이 있다.

3) 기능성 단백질

콩에서 탄수화물 및 지방을 제거한 단백질인 대두 단백질(soybean protein)은 혈청 콜레스테롤과 중성지방을 저하시키고 철 운반 단백질로 트랜스페린의 한 종류인 락토페린(lactoferrin)은 세균의 철을 제거하는 항균 작용을 하여 부패세균의 생육을 억제시켜 정장 작용을 강화하고 세균성 설사를 예방한다. 콜라젠(collagen)은 섬유상의 결합 단백질로 인체를 보호하는 기능을 하며 연골과 피부를 개선시키는 효능이 있다.

연습문제

1. 아미노산에 대한 설명 중 옳은 것은?

① 천연아미노산은 D-아미노산이다.
② 아미노산은 분자 내에 $-NO_2$, $-COOH$가 있다.
③ 아미노산을 가수분해하면 단백질을 생성한다.
④ 아미노산은 곁사슬의 극성 여부에 따라 분류한다.
⑤ 산성아미노산은 같은 수의 아미노기와 카복실기가 있다.

2. 중성 pH에서 순 전하가 -인 아미노산은?

① aspartate ② glutamine
③ arginine ④ cysteine
⑤ tyrosine

3. 타이로신(tyrosine)을 확인하는 정색반응으로 옳은 것은?

① 몰리시(Molish) 반응
② 뷰렛(Biuret) 반응
③ 닌하이드린(Ninhydrin) 반응
④ 홉킨스-콜(Hopkins-Cole) 반응
⑤ 밀론(Millon) 반응

4. 글라이신(glycine)의 pK_1, pK_2값이 각각 2.3, 9.7이라면 등전점(pI)은?

① 3.7 ② 4.7
③ 6.0 ④ 6.4
⑤ 7.4

5. 펩타이드 결합을 설명한 것으로 옳은 것은?

① 펩타이드 결합을 할 때는 물 한 분자가 첨가된다.
② 다수의 아미노산이 결합한 것을 폴리펩타이드라 한다.
③ 두 아미노산의 펩타이드 결합을 다이펩타이드라고 한다.
④ 같은 아미노산에 있는 아미노기와 카복실기의 결합이다.
⑤ 1개의 아미노산에 있는 아미노기와 다른 아미노산에 있는 곁사슬 간의 결합이다.

6. 다음 중 단백질의 2차 구조와 관계없는 것은?

① 주기인자 ② α-나선(helix)
③ β-병풍(sheet) ④ 수소결합
⑤ 펩타이드 결합

7. 단백질에 대한 설명으로 틀린 것은?

① 1만~100만의 분자량을 가지고 있다.
② 아미노산 단위로 구성되어 있다.
③ 효소나 호르몬 또는 항체로 작용한다.
④ 생체 내에서 직접 세포의 생활에 관여한다.
⑤ 가수분해하면 D-아미노산이 된다.

8. 단백질에 대한 설명으로 옳은 것은?

① 타우린(taurine)은 닌하이드린(Ninhydrin) 반응에서 양성이다.
② 트리펩타이드(tripeptide)는 뷰렛(Biuret) 반응에서 양성이다.
③ 몰리시(Molish) 반응은 트립토판을 확인하는 시험이다.
④ 단백질은 탄소, 수소, 산소만으로 구성된다.
⑤ 단백질내 아미노산 사이의 수소결합이다.

9. 식품에 함유된 단백질이 바르게 연결된 것은?

① 콩 – 글리시닌(glycinin)
② 옥수수 – 호데인(hordein)
③ 보리 – 오리제닌(oryzenin)
④ 쌀 – 제인(zein)
⑤ 난백 – 락트알부민(lactalbumin)

10. 변성 단백질의 특징으로 옳은 것은?

① 등전점 일정 ② 용해도 증가
③ 유리 아미노기 증가 ④ 유리 카르복실기 감소
⑤ 자외선 흡광도 감소

정답: 1 ④ 2 ① 3 ⑤ 4 ③ 5 ②
6 ⑤ 7 ⑤ 8 ② 9 ① 10 ③

chapter 06

효소

Enzymes

효소(enzyme)는 자신은 변하지 않고 생체 내 반응의 속도를 높여 주는 생물학적 촉매(biological catalyst), 즉 생체촉매(biocatalyst)로 대부분 단백질이다. 효소는 화학반응을 촉매하는 무기촉매와 다르게 생체 내에서 생화학 반응을 촉매하며, 무기촉매와는 구별되는 특성들을 갖고 있다. 효소는 그리스어로 '효모의'(in yeast)의 의미로 쿤(Kuhne, 1878)이 처음으로 미생물 전체와 미생물의 추출물(효소) 구분에 사용하였으며, 부흐너(Buchner, 1897)는 효모 추출물(yeast extract)이 발효를 촉매한다는 것을 증명하였다.

1. 효소의 특성

1) 효소의 구성

효소는 대부분 단백질이므로 산, 알칼리, 열, 중금속 등에 의하여 변성되면 불활성화된다. 대부분의 효소(holoenzyme, 완전효소)는 복합 단백질이며, 이들은 단백질 성분인 주효소(apoenzyme, 결손효소)와 보결성분인 조효소(coenzyme)로 되어 있다. 효소는 기질을 운반하는 주효소와 활성기 역할을 하는 조효소가 결합하여 분해나 합성의 화학반응을 촉매한다. 주효소는 단백질이므로 열에 약하고 불투과성이며, 조효소는 대부분 비타민이어서 열에 강하고 투과성을 가진다. 한편, 외부효소(exoenzyme)는 세포 외로 분비되는 효소로 대부분 소화액효소이며, 내부효소(endoenzyme)는 세포 내로 분비되는 효소이고 라이소엔자임(lysoenzyme)은 세포가 파괴되면 추출되는 효소이다.

2) 효소의 분리

효소의 기질 특이성, 반응 속도론, 조절 양상에 대한 정확한 연구를 위해 순수한 단백질을 분리하기 시작하였다. 효소의 분리 목적은 최대 효율, 최대 활성도, 최대 순도의 효소를 얻는 것이다. 효소를 분리하려면 효소원(enzyme source), 균일화(homogenation), 분리 방법(separation method) 등을 살펴보아야 한다. 이렇게 분리한 효소는 기본적으로 효소의 구조를 밝혀내는 것으로부터 시작한다. 효소의 구조 규명 목표는 3차원 구조 결정과 촉매 기능 조사이며, 그 단계는 분자량, 아미노산 조성, 1, 2, 3, 4차 구조 결정 등이다. 1차 구조의 아미노산 배열 순서는 효소의 분자량, 효소에서 특정 아미노산의 위치, 효소의 3차원 구조, 효소 사이의 진화 관계 등을 알려 준다. 또한, 효소의 3차원 구조를 통해 거대 분자의 구조 모형, 촉매 기작, 효소 사이의 유사성 등을 알 수 있다.

3) 효소의 구조

효소는 물 분자로 채워진 약간의 내부 공간을 가진 대단히 촘촘한 구상 구조이며, 비극성 아미노산 곁사슬은 효소 안쪽, 극성 아미노산 곁사슬은 효소 바깥쪽에 위치한다. 효소 내부의 극성 그룹은 수소결합으로 연결되어 있고 큰 효소 분자는 조각으로 연결된 영역구조이다. 효소는 반응물인 기질(substrate)과의 결합자리인 활성자리(활성 부위, ctive site)를 가지고 있다. 활성자리는 효소 전체에 대해 적은 부피를 차지하며, 복잡한 3차원 구조이고 기질과는 약하고 많은 비공유결합으로 결합되어 있다.

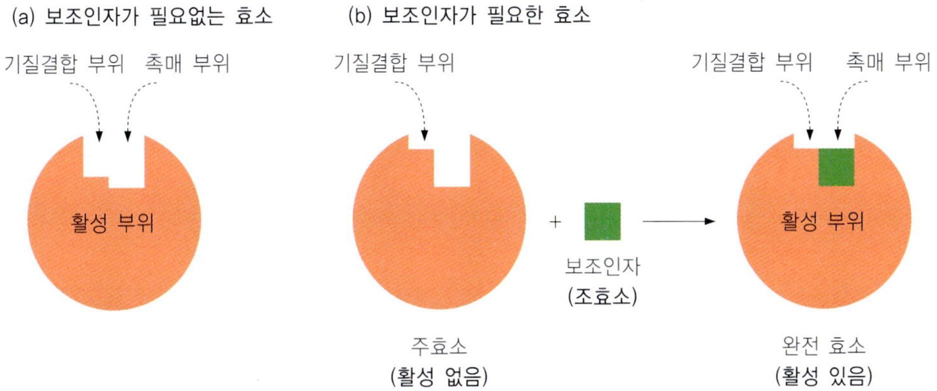

[그림 6-1] 효소의 활성 부위

(1) 효소의 활성자리 모델

기질과 결합하는 효소의 활성자리(active site)는 3가지 모델이 있다(그림 6-2).

❶ 자물쇠-열쇠 가설('lock and key' hypothesis)

피셔(Fischer, 1894)는 효소는 활성자리가 고정되어 있어 처음부터 상보적인 기질하고만 결합한다고 주장하였다.

❷ 유도 적합론('indeced fit' theory)

코쉬랜드(Koshland, 1958)는 효소는 활성자리가 고정되어 있지 않아 기질과 처음부터 맞는 것이 아니라 만나서 생리적 조건의 변화에 반응하여 서로 맞추어지는 것이라고 하였다.

❸ 다른자리 입체적 모형('allosteric' model)

모노(Monod, 1960)는 어떤 효소는 기질 결합자리인 활성자리 이외에 다른자리인 조절자리가 존재하며, 효소의 한 자리가 변하면 다른자리도 변하는, 즉 조절자리에 효과인자(effector)가 결합하면 활성자리의 구조적 변화가 유도된다고 하였다. 억제인자(negative effector, inhibitor)는 효소의 기질 결합을 억제하며, 활성인자(positive effector, activator)는 기질 결합을 증가시킨다고 하였다.

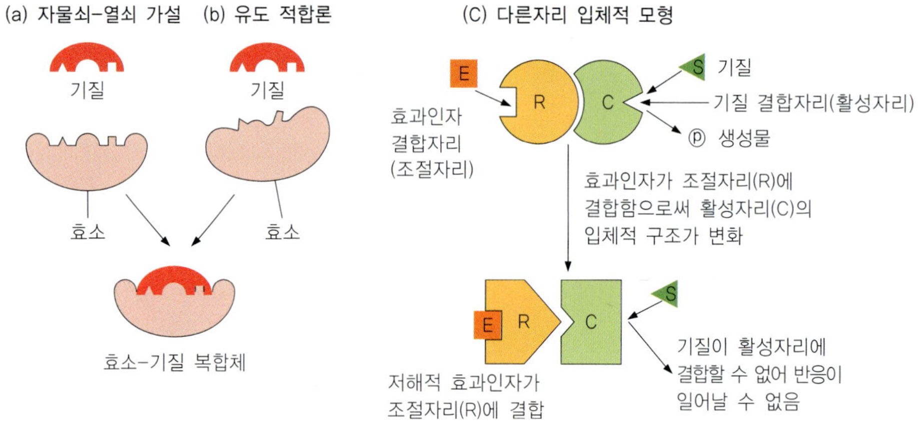

[그림 6-2] 효소의 활성자리 모델

4) 효소의 일반적 성질

(1) 촉매 능력(catalytic power)

효소는 자신은 반응 전후에 변화되지 않으면서 반응의 속도를 빠르게 한다. 즉, 효소는 반응을 일으키는 데 필요한 최소 에너지인 활성화 에너지를 저하시킴으로써 반응 속도를 높인다. 효소는 반응 속도론적으로만 영향을 미칠 뿐 열역학적으로 불리한 반응을 유리하게 하는 것이 아니라 안정한 계에 있는 반응을 빨리 진행시킨다. 효소는 반응의 전체 자유 에너지 변화, 즉 최종 평형의 위치를 바꾸지 않고 반응 경로를 낮추어 활성화 에너지 장벽을 낮춘다(그림 6-3). 생체촉매인 효소는 대략 반응 속도를 10^{14}~10^{20}배 정도 높여 주는 반면 화학반응을 촉매하는 금속 등의 무기촉매는 10^{2}~10^{4}배 정도 증가시킨다.

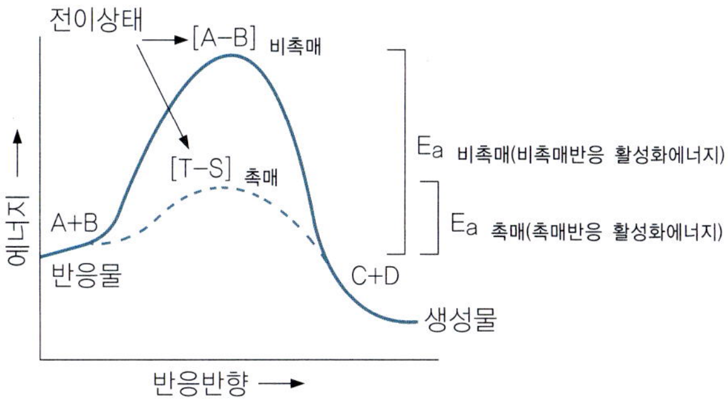

[그림 6-3] A+B → C+D 반응의 촉매반응과 비촉매반응

실선은 촉매가 관여하지 않는 반응을, 점선은 촉매(효소)가 관여한 반응을 나타내며, E_a는 활성화 에너지를 나타낸다.

(2) 특이성(specificity)

효소는 자신에게 맞는 기질만 선택하는 특이성(specificity)이 있는데 그룹 전체와 반응하는 그룹 특이성(group specificity), 절대적 기질과 반응하는 절대 특이성(absolute specificity), 입체인자와 반응하는 입체 특이성(sterospecificity) 등 크게 3가지 종류가 있다(그림 6-4).

❶ 그룹 특이성

그룹 특이성은 효소가 일정한 작용기를 가진 그룹의 기질을 특이적으로 촉매하는 성질이다. 육탄당인산화효소인 헥소카이네이스(hexokinase)는 육탄당 그룹 전체를 인산화시키는 효소이다.

❷ 절대 특이성

절대 특이성은 효소가 유사한 일정 그룹의 기질 중에서 한 종류의 기질을 특이적으로 촉매하는 성질이다. 포도당 인산화효소인 글루코카이네이스(glucokinase)는 육탄당 중에서 포도당만을 인산화시키는 효소이다.

❸ 입체 특이성

입체 특이성은 효소가 기질의 입체 구조 중에서 한 종류의 구조에만 작용하여 특이적으로 촉매하는 성질이다. A-면 특이적 탈수소효소(A-side specific dehydrogenase)와 B-면 특이적 탈수소효소(B-side specific dehydrogenase)는 각각 고리의 앞면과 뒷면의 수소 하나만을 선택하여 제거하는 효소이다.

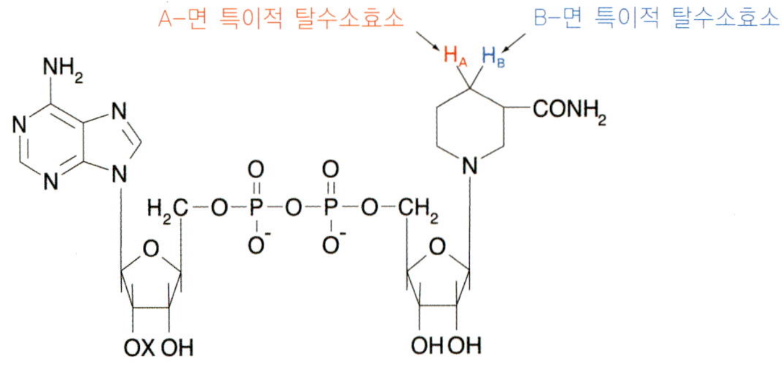

[그림 6-4] 효소의 입체 특이성

(3) 조절(regulation)

효소는 이온이나 분자들에 의해 촉매 활성이 조절된다. 카바모일인산 합성효소(carbamoyl phosphate synthase)와 아스파트산 카바모일트랜스퍼레이스(aspartate carbamoyltransferase)는 피리미딘 뉴클레오티드 생합성 경로의 최종산물인 UTP, CTP에 의해 조절된다. 조절효소인 다른자리 입체성 효소(allosteric enzyme)는 기질 결합자리인 활성자리 이외에 조절물질이 결합할 수 있는 자리가 있는 효소로서 생합성 경로의 첫 번째 비가역적 반응을 촉매하여 되먹임 억제로 조절한다. 다른자리 입체성 효소는 서브유닛(subunit) 사이에 연락을 취하고 조절인자에 의해 저해 또는 촉진되어 미카엘리스-멘텐(Michaelis-Menten) 식의 성질에서 벗어나 시그모이드(sigmoid, S 자형) 곡선 형태를 갖는다(그림 6-5).

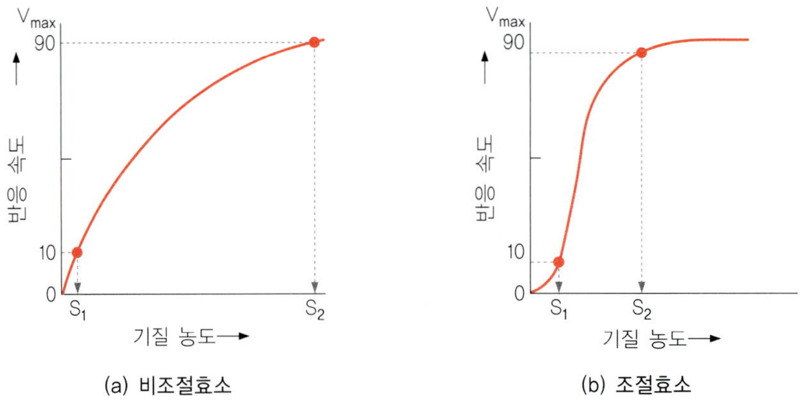

[그림 6-5] 비조절효소의 포화 곡선과 조절효소의 시그모이드 곡선

(4) 조효소(coenzyme)

효소는 주효소(결손효소, apoenzyme)와 조효소(coenzyme) 또는 보조인자(cofactor)가 합친 전효소(완전효소, holoenzyme) 형태이다. 조효소는 비단백질 성분으로 무기 보조인자(inorganic cofactor)와 유기 보조인자(organic cofactor)가 있다. 특히, 효소에 아주 철저히 결합된 보조인자를 보결 원자단(prothetic group)이라 한다.

〈표 6-1〉 보조인자로서 금속 이온

구분	종류
Fe^{2+} 또는 Fe^{3+}	• 사이토크롬 산화효소(cytochrome oxidase) • 과산화효소(peroxidase) • 카탈레이스(catalase)
Cu^{2+}	• 사이토크롬 산화효소(cytochrome oxidase)
Zn^{2+}	• 탄산 무수화효소(carbonic anhydrase) • 알코올 탈수소효소(alcohol dehydrogenase)
Mg^{2+}	• 육탄당인산화효소(hexokinase) • 글루코오스 6-인산 가인산분해효소(glucose 6-phosphate phosphorylase) • 피루브산 인산화효소(pyruvate kinsase)
Mn^{2+}	• 아르지닌 분해효소(argininase) • 리보뉴클레오타이드 환원효소(ribonucleotide reductase)
K^{+}	• 피루브산 인산화효소(pyruvate kinsase)
Ni^{2+}	• 요소분해효소(urease)
Mo	• 질산 환원효소(nitrate reductase)
Se	• 글루타치온 과산화효소(glutathione peroxidase)

❶ 무기 보조인자

무기 보조인자는 금속(metal)이며, 금속은 조효소로서 주로 구조 유지와 산화-환원 작용에 관여한다. Mg는 인산화효소(kinase)의 조효소로, Mg-ATP^{2-} 복합체는 ATP의 O^- 끼리 반발 정도가 심하므로 Mg^{2+}가 들어가 안정한 상태를 형성하는 구조이다. EDTA는 금속제거제로 금속을 잡는 역할을 하며 독성이 강하다. EDTA는 금속을 필요로 하는 효소의 활성은 잃게 한다.

❷ 유기 보조인자

수용성 비타민 대부분은 생체 대사 과정의 조효소로 작용하는데 유기 보조인자는 비타민 B 유도체이다.

❸ 유기 보조인자의 종류

(i) NAD^+, $NADP^+$

NAD^+(nicotinamide adenine dinucleotide)와 $NADP^+$(nicotinamide adenine dinucleotide phosphate)는 비타민 B_3인 나이아신(niacin) 유도체로 니코틴아마이드와 아데닐산을 함유한 물질로 탈수소반응의 조효소이며, NAD^+는 전자전달반응의 전자운반체이다.

(ii) FAD

FAD(flavine adenine dinucleotide)는 리보플라빈(riboflavin, 비타민 B_2) 유도체로 전자전달반응의 전자운반체이며, 탈수소반응의 조효소이다.

(iii) CoA

CoA(coenzyme A)는 아실기운반체로 아데닐산과 -SH기가 분자의 양 말단에 있으며, 비타민 B_5인 판토텐산(pantothenic acid)이 구성 성분이다.

(iv) THF

THF(tetrahydrofolate)는 엽산(folic acid, 비타민 B_9) 유도체로 일탄소(C_1) 단위 운반체이다.

(v) 바이오틴

바이오틴(biotin, 비타민 B_7)은 CO_2 운반체이며, 카복시화 반응의 조효소이다.

(vi) PLP

PLP(pyridoxal phosphate)는 피리독신(pyridoxine, 비타민 B_6) 유도체로 아미노기 전달, 탈카복시화, 라세미화 반응 등의 조효소이다.

(vii) TPP

TPP(thiamine pyrophosphate)는 티아민(thiamine, 비타민 B_1) 유도체로 알데하이드 운반체이며, 탈카복시화 반응의 조효소이다.

(viii) 리포산

리포산(lipoic acid)은 CoA처럼, 아실기운반체로 결손 효소의 라이신 잔기에 아마이드기로 공유결합된 구조이다.

〈표 6-2〉 주요 조효소

<table>
<tr><th>조효소</th><th>전달작용기</th><th>반응 유형</th><th>비타민</th></tr>
<tr><td>티아민 피로인산(TPP)
(thiamine pyrophosphate)</td><td>CO_2</td><td>탈카복실화 반응</td><td>티아민
(thiamin, B_1)</td></tr>
<tr><td>피리독살 인산(PLP)
(pyridoxal phosphate)</td><td>아미노기
(amino group)</td><td>아미노기
전이반응</td><td>피리독신
(pyridoxine, B_6)</td></tr>
<tr><td>플라빈 모노뉴클레오타이드(FMN)
(flavin mononucleotide)</td><td rowspan="4">전자
(electron)

수소</td><td rowspan="4">산화-환원반응</td><td rowspan="2">리보플라빈
(riboflavin, B_2)</td></tr>
<tr><td>플라빈 아데닌 다이뉴클레오타이드(FAD)
(flavin adenine dinucleotide)</td></tr>
<tr><td>니코틴아마이드 아데닌 다이뉴클레오타이드
(NAD)
(nicotinamide adenine dinucleotide)</td><td rowspan="2">나이아신
(niacin, B_3)</td></tr>
<tr><td>니코틴아마이드 아데닌 다이뉴클레오타이드인산
(NADP)
(nicotinamide adenine dinucleotide phosphate)</td></tr>
<tr><td>조효소 A
(coenzyme A)</td><td>아실기
(acyl group)</td><td>아실기 전이반응</td><td>판토텐산
(pantothenic acid, B_5)</td></tr>
<tr><td>5′-디옥시아데노실 코발라민
(5-deoxyadenosyl cobalamin)</td><td>일탄소기
(one carbon group)</td><td>일탄소 전이반응</td><td>코발라민
(cobalamin, B_{12})</td></tr>
<tr><td>바이오틴
(biotin)</td><td>CO_2</td><td>카복실화 반응</td><td>바이오틴
(biotin, B_7)</td></tr>
<tr><td>테트라하이드로엽산(THF)
(tetrahydrofolate)</td><td>일탄소기
(one carbon group)</td><td>일탄소 전이반응</td><td>엽산
(folate, B_9)</td></tr>
<tr><td>리포산
(lipoic acid)</td><td>아실기(acyl group)</td><td>아실기 전이반응</td><td>리포산
(lipoic acid)</td></tr>
</table>

2. 효소의 분류

효소의 일반적인 명칭(trival name)은 기질 다음에 -ase를 붙여 사용한다. 그러나, 수많은 효소가 발견되면서 효소의 명칭을 보다 체계적으로 분류하기 위하여 국제생화학연맹(International Union of Biochemistry, IUB)의 효소위원회(Enzyme Commission, EC)에서 효소가 촉매하는 반응에 따라 6가지 종류로 분류하였다. 효소의 체계적인 분류 명칭은 EC(a, b, c, d) 등으로 사용한다(표 6-3). a는 대분류로 class가 가장 큰 그룹(group)이며,

b는 subclass로 그룹의 특이성(specificity)을 나타내며, c는 sub-subclass이고 d는 sub-subclass의 일련번호(serial number)이다. 예를 들어, 산화-환원효소(oxidoreductase)의 경우 a는 1이며, b는 산화-환원효소의 특이성, c는 산화-환원효소의 전자수용체(electron acceptor) 형태, d는 일련의 번호 순서이다. 6가지 그룹의 효소는 산화-환원효소, 전이효소, 가수분해효소, 분해효소, 이성질화효소, 합성효소 등이 있으며, 식품산업에 주로 이용되는 효소는 대부분 산화-환원효소와 가수분해효소 부류이다(그림 6-6).

〈표 6-3〉 효소의 분류

1. 산화–환원효소(oxidoreductase): 산화–환원반응을 촉매 group 1: lactate dehydrogenase(EC 1.1.1.27) 1.1. CH–OH를 공여체로 하는 것 1.2. aldehyde 또는 ketone을 공여체로 하는 것 1.3. CH=CH를 공여체로 하는 것 1.4. H_2O_2를 수용체로 하는 것	4. 탈이효소(lyases): 비가수분해로 화학기의 이탈반응을 촉매 group 4: fructose 1,6–bisphosphate adolase(EC 4.1.2.13) 4.1. CO_2 제거(탈탄산효소, decarboxylase) 4.2. NH_3 제거(탈아미노효소, deaminase)
2. 전이효소(transferase): 관능기의 전이를 촉매 group 2: hexokinase(EC 2.7.1.1) 2.1. 일탄소기를 전이하는 것 2.2. aldehyde기 또는 ketone기를 전이하는 것 2.3. acyl기를 전이하는 것(탄화수소 사슬) 2.4. glycosyl기를 전이하는 것(당) 2.5. 인을 함유한 기를 전이하는 것	5. 이성질화효소(isomerase): 이성질화반응을 촉매 group 5: triose phosphate isomerase(EC 5.3.1.1) 5.1. racemases 및 epimerase 5.2. Cis–trans 이성질화효소
3. 가수분해효소(hydrolases): 가수분해반응을 촉매 – 물을 가하여 화학결합을 파괴 group 3: adenosine triphosphatase(EC 3.6.1.3) 3.1. ester 결합에 작용하는 것 3.2. glycoside 결합에 작용하는 것(당 분자 사이의) 3.3. ether 결합에 작용하는 것 3.4. peptide 결합에 작용하는 것	6. 합성효소(ligases): ATP를 분해시켜 화학결합을 형성하는 반응을 촉매 group 6: isoleucyl t–RNA synthetase(EC 6.1.1.5) 6.1. C–O 결합을 형성하는 것 6.2. C–S 결합을 형성하는 것 6.3. C–N 결합을 형성하는 것 6.4. C–C 결합을 형성하는 것

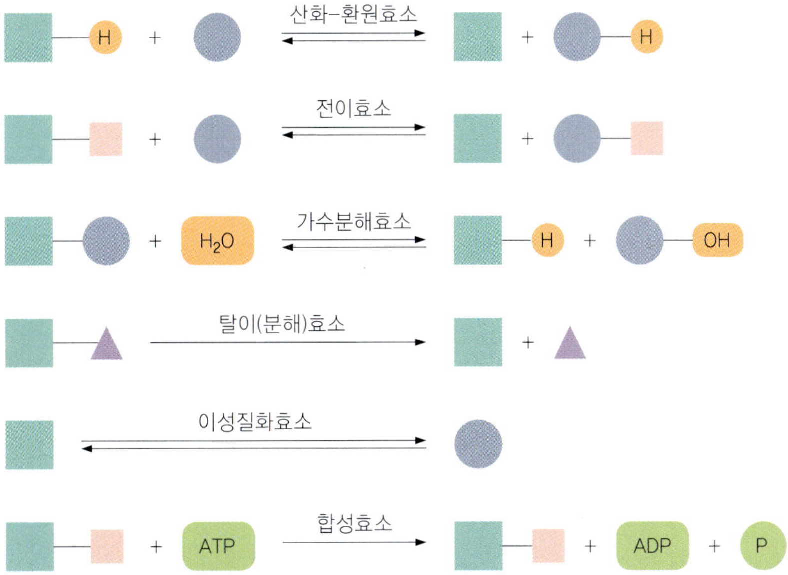

[그림 6-6] 효소의 6가지 대분류

6가지 그룹의 효소에서 EC 1의 산화-환원효소(oxidation-reduction reaction by oxidoreductase)에는 젖산탈수소효소(lactate dehydrogenase, EC 1.1.1.27) 등이, EC 2의 전달(전이)효소(group transfer reaction by transferase)에는 육탄당인산화효소(hexokinase, EC 2.7.1.1) 등이, EC 3의 가수분해효소(hydrolytic reaction by hydrolase)에는 ATP 분해효소(adenosinetriphosphatase, EC 3.6.1.3) 등이, EC 4의 분해효소(elimination reaction by lyase)에는 과당 1,6-이인산 분해효소(fructose 1,6-bisphosphate adolase, EC 4.1.2.13) 등이, EC 5의 이성질화효소(isomerization reaction by isomerase)에는 삼탄당인산 이성질화효소(triosephosphate isomerase, EC 5.3.1.1) 등이, EC 6의 연결(합성)효소(ATP-requiring join reaction by ligase, synthetase)에는 아이소류이실 t-RNA 합성효소(isoleucyl t-RNA synthetase, EC 6.1.1.5) 등이 있다.

합성효소 중 ligase(synthetase)는 ATP를 사용하여 합성하는 반응을 촉매하는 반면, synthase는 ATP를 사용하지 않고 합성하는 반응을 촉매한다.

3. 효소 활성의 영향인자

효소 활성의 영향인자는 pH, 온도, 기질 농도, 효소 농도, 저해인자, 활성인자 등이 있다.

1) pH

효소는 단백질이므로 pH에 따라 그 활성이 크게 좌우되며, 대부분의 효소는 일정한 pH 범위에서만 특이적 활성을 갖는다. 효소 활성이 항상 pH에 의존하는 것은 효소 내의 작용기 또는 기질의 이온화에 영향을 받기 때문이다. 대부분 효소의 K_m값은 pH에 따라 변화한다. 최적 pH(optimum pH)는 효소 활성이 최대값을 가장 잘 나타내는 특정 pH이다. 대부분 효소의 최적 pH는 중성 또는 약산성 범위이지만 펩신(pepsin, pH 1.5~2.5), 트립신(trypsin, pH 7.5~10.0)의 경우도 있다. 대부분 효소의 pK_a는 아미노산의 곁사슬의 pK_a가 좌우되며, 효소는 종 모양(bell-shape)의 그림을 갖는다(그림 6-7).

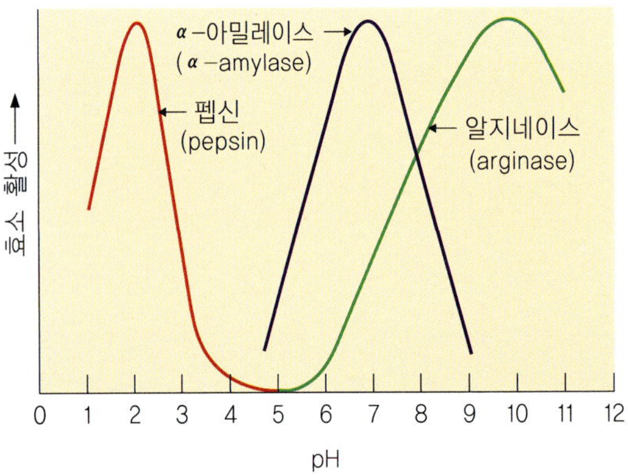

효소	최적 pH
지방 분해효소(췌장)	8.0
지방 분해효소(위)	4.0~5.0
펩신	1.5~1.6
트립신	7.8~8.7
요소 가수분해효소	7.0
α-아밀레이스(췌장)	6.7~7.0
과산화수소 분해효소	7.0
알지네이스	9.4

[그림 6-7] 효소 활성에 미치는 pH의 영향

2) 온도

일반적으로 온도가 10℃ 정도 올라갈 때 반응 속도는 대략 두 배 정도 증가한다. 효소 반응 속도도 온도가 상승하면 증가하지만 효소는 단백질이므로 온도가 너무 올라가면 응고되어 변성된다. 최적 온도(optimum temperature)는 효소 활성이 최대값을 갖는 특정 온도이다(그림 6-8). 대부분 효소는 온도가 40~50℃를 넘으면 효소 활성이 급격히 감소되어 변성되며, 60℃ 이상에서는 극소수의 효소만이 활성을 유지할 수 있다.

$k = Ae^{-Ea/RT}$

k: 속도 상수

A: 아레니우스 상수(pre-expotential factor)

R: 기체 상수

T: 절대 온도(K)

E_a: 활성화 에너지

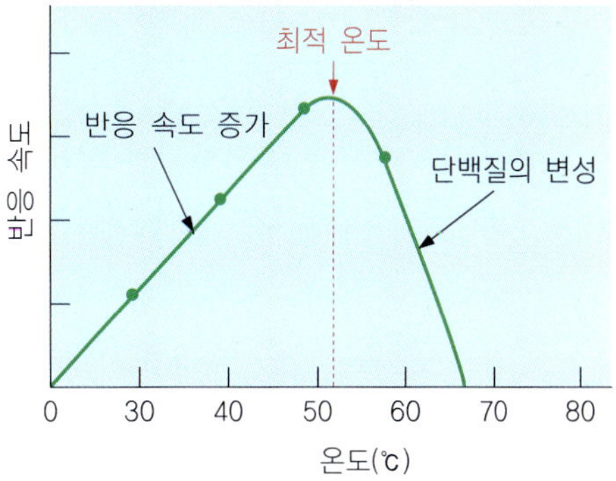

[그림 6-8] 효소 활성에 미치는 온도의 영향

3) 기질 농도와 효소 농도

기질 농도는 효소 활성, 즉 반응 속도에 큰 영향을 미치며, 기질 농도가 증가하면 반응 속도도 증가한다. 그러나, 계속 기질 농도를 높이더라도 초기 반응 속도의 증가율은 점점 감소하게 되며, 결국 기질 농도를 높여도 반응 속도가 변화하지 않는 포화 상태에 이르게 된다. 기질 농도가 낮은 범위에서는 반응 속도가 기질 농도에 비례하여 증가하지만, 높은 기질 농도에서는 일정한 값에 도달한다. 즉, 효소 반응 속도는 일정 범위까지는 기질의 농도에 비례하지만 이 범위를 넘었을 때는 비례하지 않는다.

한편, 효소 반응 속도는 일반적으로 효소 농도에 비례하여 증가하지만 반응 생성물이 효소 작용을 억제하는 경우도 있다. 이러한 현상은 효소 반응 생성물이 축적되면 효소 작용을 억제시키기 때문에 나타난다.

4) 저해인자와 활성인자

저해인자(inhibitor)는 반응 속도 또는 효소 활성을 저해하는 물질로 비가역적, 가역적 두 가지 형태가 있다. 비가역적 저해인자(irreversible inhibitior)는 효소 분자 내의 활성자리의 작용기에 직접 결합하거나 파괴하여 효소 활성을 완전히 상실시켜 회복할 수 없는 물질이다. 가역적 저해인자(reversible inhibitior)는 저해물질을 제거하면 효소 활성을 부분적 또는 완전히 회복할 수 있는 물질로 경쟁적 저해(competitive inhibition), 비경쟁적 저해(non-competitive inhibition) 등에서 작용한다. 이러한 저해인자는 효소의 기질 특이성이나 활성자리의 작용기에 대한 성질, 즉 촉매 활성의 메커니즘(mechanism)에 대한 유용한 정보를 얻을 수 있다. 반면, 활성인자(activator)는 반응 속도 또는 효소 활성을 증가시키는 물질로 대표적인 활성인자로는 금속(metal) 등이 있으며, 금속은 효소의 활성자리에서 기질과의 결합을 안정화시키는 역할 등을 수행한다.

4. 효소의 반응 속도론

효소에서 반응 속도론의 목적은 효소의 작용기작, 효소의 역할, 효소의 활성 조절 등에 관한 정보를 구하는 데 있다. 반응 속도론은 효소의 반응 메커니즘을 이해하는 데 특히 중요하며, 산업적으로 효소를 이용하고자 할 때 경제성 여부의 판단 기준으로 활용할 수 있고 어떤 기질을 사용하는 것이 가장 효과적인지 관한 정보를 얻을 수 있다. 우리가 반응 속도론적 결과를 구하는 실험 목적은 반응을 정확하게 정량적으로 나타내는 것으로 생성물의 양을 최적 조건에서 기질의 감소를 측정하는 것이다.

1) 효소 활성도

효소의 활성도는 일정량의 효소가 촉매하는 반응 속도로 나타낸다. 효소 활성도의 측정 단위는 유닛 단위(unit, U)이며 분당 생성된 마이크로몰(μmol) 생성물(μmol/min)로, 비활성도(specific activity) 또는 고유활성도는 효소 활성도를 단백질 함량으로 나눈 값(U/mg protein)으로 정의한다. 반응 속도론적 결과를 구하는 측정 방법(assay)은 반응 속도가 일정한 시간과 비례하는 범위의 효소량으로 초기 속도를 측정한다. 효소 활성도를 측정하는 방법은 불연속적 측정 방법(discontinuous assay)과 연속적 측정 방법(continuous assay) 등 크게 두 가지가 있다.

(1) 불연속적 측정 방법

불연속적 측정 방법(discontinuous assay)은 효소 활성도를 효소 반응의 생성물량으로 측정하는 방법이다.

헥소카이네이스(hexokinase)의 활성을 반응의 생성물인 글루코오스 6-인산(glucose 6-phosphate)의 양으로 직접 측정하여 결정하는 방법이다.

(2) 연속적 측정 방법

연속적 측정 방법(continuous assay)은 효소 활성도를 효소 반응의 직접적인 생성물이 아니라 생성물과 연계된 반응의 조효소 등을 측정하는 방법이다.

헥소카이네이스의 활성을 글루코오스 6-인산 탈수소효소(glucose 6-phosphate dehydrogenase)의 반응 생성물인 NADPH양을 측정하여 결정하는 방법이다. 340nm에서 NADPH가 최대 흡광하는 성질을 이용하여 340nm에서 흡광도 증가는 NADPH와 글루코오스 6-인산의 증가를 일으켜 헥소카이네이스 활성의 증가를 초래한다.

2) 미카엘리스-멘텐 식

기질 농도는 효소의 반응 속도에 큰 영향을 미치며, 기질 농도가 낮은 범위에서 반응 속도는 기질 농도에 비례하여 커지지만, 기질 농도가 증가함에 따라 초기 반응 속도의 증가율이 포화되어 일정한 값에 도달한다. 이러한 효소 반응 속도와 기질 농도의 관계를 보여 주는 식이 미카엘리스-멘텐(Michaelis-Menten) 식이다. 미카엘리스-멘텐 식은 대부분 효소의 기질 농도와 반응 속도와의 관계식이며, 포화 곡선의 형태를 나타낸다.

이 식의 가정은 촉매작용을 하는 특이적인 효소-기질 복합체(ES)가 필수적인 중간체이고 생성물은 전혀 초기 상태의 기질로 돌아가지 않는다는 것이다. 미카엘리스-멘텐 식은 평형상태와 정류상태의 두 가지 가정법으로 나누어 유도할 수 있다.

(1) 미카엘리스-멘텐 식의 유도

❶ 평형상태 가정법

$$E + S \rightleftharpoons ES \rightarrow E + P(k_2 = k_{cat} = k_p)$$

평형상태 가정법(equilibrium assumption)은 E + S와 ES가 평형상태 후 P가 생기고, $k_{-1} > k_2$일 때이다.

$$K = \frac{[E][S]}{[ES]}$$: 평형 상수

$$F = \frac{[ES]}{[E] + [ES]}$$: 분율(fraction), $F = \frac{[S]}{K + [S]}$

$[E]_t = [E]_o = [E] + [ES]$: 효소의 전체 농도(초기 농도)

$$[ES] = F[E]_o$$

$$[ES] = \frac{[E]_o[S]}{K + [S]}$$

$$v = k_2[ES](A \rightarrow B,\ v = k[A]),\ v = \frac{k_2[E]_o[S]}{K + [S]}$$

$$V_{max} = k_2[E]_o$$

$$v = \frac{V_{max}[S]}{K + [S]}$$

여기서 [S] < K일 때는 1차 반응(first-order kinetics)이며, $v = \frac{V_{max}[S]}{K + [S]} = \frac{V_{max}}{K}[S]$, [S] = K일 때는 $v = \frac{1}{2}V_{max}$, [S] > K일 때는 0차 반응이며, $v = V_{max}$이다.

❷ 정류상태 가정법

정류상태 가정법(steady-state assumption)은 [ES]는 일정하고 [ES] 생성 속도와 [ES] 분해 속도는 같다.

[ES] 생성 속도 = [ES] 분해 속도

$$k_1[E][S] = k_{-1}[ES] + k_2[ES]$$

$$[ES] = \frac{k_1[E][S]}{k_{-1} + k_2}$$

$$F = \frac{[ES]}{[E] + [ES]} = \frac{[S]}{\left(\frac{k_{-1} + k_2}{k_1}\right) + [S]}$$

$$v = k_2[ES],\ [E]_t = [E]_o = [E] + [ES]$$

$$V_{max} = k_2[E]_o$$

$$v = \frac{k_2[E]_o[S]}{\left(\frac{k_{-1} + k_2}{k_1}\right) + [S]} = \frac{V_{max}[S]}{\left(\frac{k_{-1} + k_2}{k_1}\right) + [S]}$$

$$K_m = \frac{k_{-1} + k_2}{k_1} \text{ : Michaelis-Menten 상수}$$

$$v = \frac{V_{max}[S]}{K_m + [S]} \text{: Michaelis-Menten 식(그림 6-9)}$$

K_m은 미카엘리스-멘텐(Michaelis-Menten) 상수로 불리며, k_2가 k_{-1}보다 훨씬 작을 때 반응 속도가 최대 속도의 반이 될 때의 기질 농도이자 활성자리의 반이 찼을 때의 기질 농도이다. 또한, K_m은 ES 복합체의 해리 상수이며, 높은 K_m은 약한 결합을, 낮은 K_m은 강한 결합을 나타낸다(표 6-4).

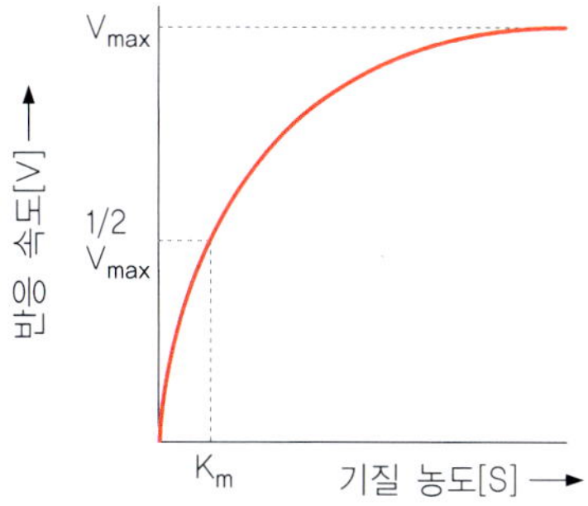

[그림 6-9] 미카엘리스-멘텐 식

$k_2(k_{cat})$는 효소가 기질로 완전히 포화됐을 때 단위시간에 생성물로 전환되는 기질 분자의 수, 즉 반응 회전수(turn-over number, 1/sec)로 대부분 10~10^7/sec 정도이다.

$$k_{cat} = \frac{V_{max}}{[E]_o} \text{([E]}_o\text{ = 초기 효소 농도)}$$

회전수가 큰 것은 효소 촉매반응이 대단히 빠른 속도로 진행한다는 것을 의미한다.

〈표 6-4〉 몇 가지 효소의 K_m 값

효소	기질	K_m(M)
chymotrypsin	acetyl-tryptophanamide	5×10^{-3}
lysozyme	hexa-n-acetylglucosamine	6×10^{-6}
β-galactosidase	lactose	4×10^{-3}
threonine deaminase	threonine	5×10^{-3}
carbonic anhydrase	CO_2	8×10^{-3}
penicillinase	benzylpenicillin	5×10^{-5}
pyruvate carboxylase	pyruvate	4×10^{-4}
	HCO_3	1×10^{-3}
	ATP	6×10^{-5}
arginine-tRNA-synthetase	arginine	3×10^{-6}
	tRNA	4×10^{-7}
	ATP	3×10^{-4}

(2) 미카엘리스-멘텐 식의 변형식

❶ 라인위버-버크 식

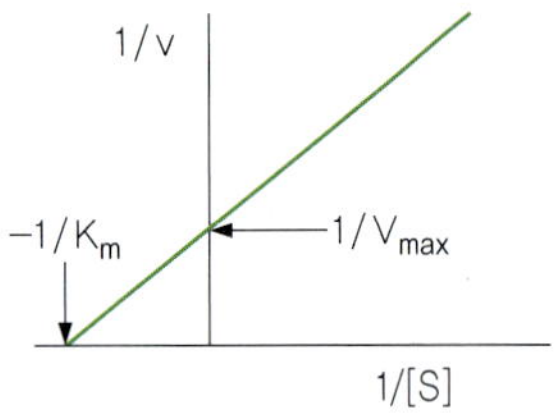

[그림 6-10] 라인위버-버크 식

라인위버-버크(Lineweaver-Burk) 식은 미카엘리스-멘텐 식의 변형식으로 역수식이다. y축은 $\frac{1}{v}$, x축은 $\frac{1}{[S]}$, 기울기는 $\frac{K_m}{V_{max}}$이다.

$$\frac{1}{v} = \frac{K_m}{V_{max}} \times \frac{1}{[S]} + \frac{1}{V_{max}}$$

❷ 에디-호스티 식

에디-호스티(Eadie-Hofstee) 식 역시 미카엘리스-멘텐 식의 변형식으로 y축은 $\frac{v}{[S]}$, x축은 v, 기울기는 $\frac{-1}{K_m}$이다.

$$\frac{v}{[S]} = \frac{V_{max}}{K_m} - \frac{v}{K_m}$$

5. 효소의 저해

효소의 기질 결합을 억제하여 효소의 활성을 감소시키는 물질을 저해제(inhibitor, I) 또는 억제제라고 하며, 효소의 저해는 크게 비가역적 저해(irreversible inhibition)와 가역적 저해(reversible inhibition)로 구분한다.

1) 비가역적 저해

비가역적 저해는 촉매에 필요한 효소의 작용기를 공유결합으로 영구히 변형시킬 수 있는 물질을 가하여 효소 분자를 불활성화시키는 방해 작용이다(그림 6-11). 이 저해는 EI 또는 ESI 복합체 형성을 가정한 미카엘리스-멘텐(Michaelis-Menten) 식을 적용할 수 없다.

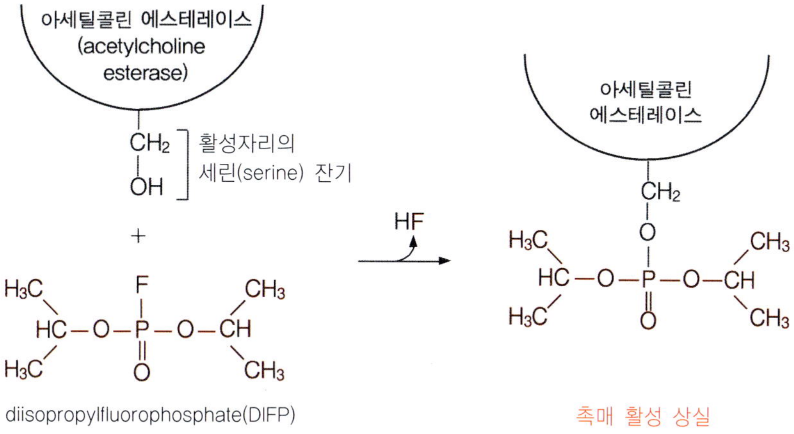

[그림 6-11] 아세틸콜린 에스테레이스의 비가역적 저해

2) 가역적 저해

$$K_{ES} = \frac{[E][S]}{[ES]}, \quad [ES] = \frac{[E][S]}{K_{ES}}$$

$$[EI] = \frac{[E][I]}{K_{EI}}$$

$$[ESI] = \frac{[E][S][I]}{K_{ESI}}$$

$$F = \frac{[ES]}{[E] + [ES] + [EI] + [ESI]}$$

$$v = V_{max}F$$

$$= \frac{V_{max}[ES]}{[E] + [ES] + [EI] + [ESI]}$$

$$= V_{max}\frac{\frac{[S]}{K_{ES}}}{1 + \frac{[S]}{K_{ES}} + \frac{[I]}{K_{EI}} + \frac{[S][I]}{K_{ES}\,K_{EI}}}$$

$$\frac{1}{v} = \frac{1}{V_{max}}\left(1 + \frac{[I]}{K_{ESI}}\right) + \frac{K_{ES}}{V_{max}}\left(1 + \frac{[I]}{K_{EI}}\right)\frac{1}{[S]}$$

(1) 경쟁적 저해

경쟁적 저해(competitive inhibition) 가정의 K_{ESI}값은 무한값으로 기질(S)과 저해제(I)가 서로 경쟁한다. 경쟁적 저해는 구조가 기질과 비슷한 기질구조 유사체(substrate analog)로 효소의 활성자리에 결합, 기질과 결합하는 효소 분자의 비율을 감소시켜 반응 속도를 감소시킨다. 기질의 농도가 충분하면 저해제의 효과가 없으며, K_m은 증가하고 V_{max}은 일정하여 기울기는 증가한다[그림 6-12 (a)]. 대표적인 경쟁적 저해의 예로는 호박산탈수소효소(succinate dehydrogenase)로 호박산탈수소효소의 작용은 기질인 호박산(succinate)의 구조와 유사한 말론산(malonate)에 의해 경쟁적으로 저해된다.

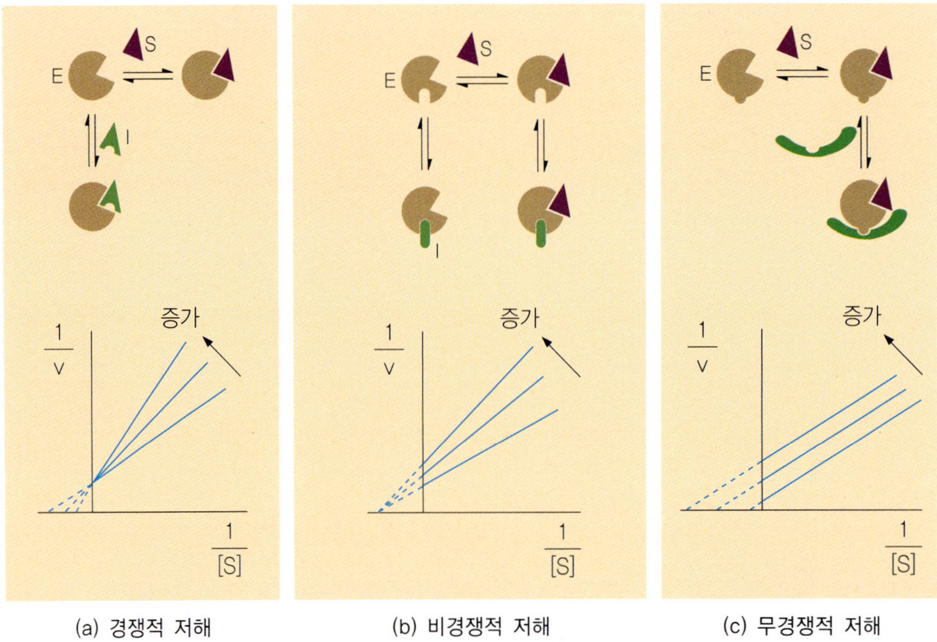

[그림 6-12] 효소의 경쟁적 저해(a), 비경쟁적 저해(b), 무경쟁적 저해(c)

(2) 비경쟁적 저해

비경쟁적 저해(non-competitive inhibition)의 가정은 $K_{ESI} = K_{ES}$로 I는 E 또는 ES와 결합한다. 비경쟁적 저해는 기질과 동시에 효소 분자에 결합하여 결합자리는 중복되지 않아 효소가 기질의 활성자리에 결합하는 것을 방해하지 않는다. 비경쟁적 저해제는 활성자리가 아닌 자리에 결합하여 효소를 변형시켜 정상적인 속도로 ES 복합체를 형성하지 못하여 ES → E + P 속도를 감소시키며, 효소 분자 비율을 감소시키지 않고 효소의 반응 회전수(단위시간에 생성물로 전환되는 기질 분자 수)를 감소시킨다. 기질의 농도를 증가시켜도 저해는 극복되지 않으며, 효소의 활성자리를 변형시키지 않으므로 K_m은 일정하고 V_{max}은 감소하여 기울기는 증가한다[그림 6-12 (b)]. 비경쟁적 저해의 예로는 과당 1,6-이인산가수분해효소(fructose 1,6-bisphosphatase)로 과당 1,6-이인산가수분해효소의 작용은 AMP에 의해 비경쟁적으로 저해된다.

(3) 무경쟁적 저해

무경쟁적 저해(uncompetitive inhibition)의 가정은 K_{EI}값은 무한값으로 I는 ES와만 결합한다. 무경쟁적 저해제는 효소와 결합하지 않고 ES 복합체와 결합하여 ESI를 생성한다. 기질의 농도를 증가시켜도 저해는 극복될 수 없으며, 무경쟁 저해제의 농도를 증가시키면 K_m은 감소하고 V_{max}도 감소하여 기울기는 일정하다[그림 6-12 (c)]. 무경쟁적 저해의 예로는 알칼리성 인산가수분해효소(alkaline phosphatase)로 알칼리성 인산가수분해효소의 작용은 페닐알라닌(L-Phe)에 의해 무경쟁적으로 저해된다.

6. 효소 활성의 조절

생체에서 중요한 생화학적 작용을 주관하는 대사는 수많은 효소 촉매반응으로 구성되어 있다. 이러한 촉매작용을 하는 효소들은 다양한 인자에 의해서 영향을 받으며, 효소와 상호작용을 하는 인자들은 효소의 활성화와 불활성화 등의 조절 기능을 통하여 대사에 영향을 준다. 여기에서는 특히 대사에서 중요한 조절작용을 하는 공유결합 변형(covalent modification), 다른자리 입체성 조절(allosteric regulation) 등에 대해 알아본다.

1) 공유결합 변형

어떤 효소는 활성화 형태와 불활성화 형태 사이의 가역적 상호 전환에 의해 조절된다. 공유결합 변형(covalent modification)은 효소의 특정 아미노산 잔기의 곁사슬(side chain)이 인산기, 메틸기, 아세틸기 등 작용기의 공유결합으로 효소 구조 전체 또는 일부가 변형되어 효소 활성이 변화되는 현상이다. 공유결합 변형으로 효소 구조에 변화가 생기면 그 기능이 변한다. 이러한 효소들은 보통 인산화(phosphorylation) 또는 탈인산화(dephosphorylation)될 수 있는 특정 아미노산 잔기를 갖고 있다. 예를 들어 글리코젠 가인산분해효소(glycogen phosphorylase)의 활성이 인산화 또는 탈인산화에 따라 변하게 된다. 즉, 호르몬 작용에 의해 불활성화 형태의 글리코젠 가인산분해효소 b의 세린 잔기가 인산화되면 활성화 형태의 글리코젠 가인산분해효소 a로 전환된다. 가역적 공유결합 변형의 다른 형태로 메틸화(methylation), 아세틸화(acetylation)와 뉴클레오타이드화(nucleotidylation, 뉴클레오타이드 첨가) 등이 있다.

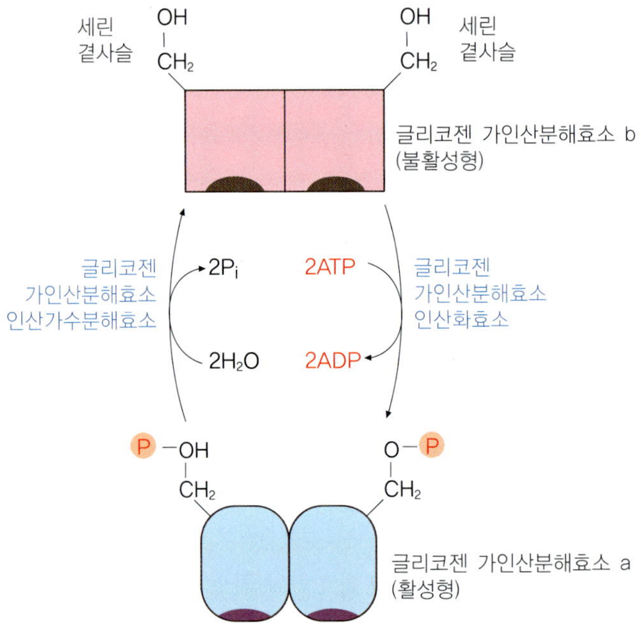

[그림 6-13] 글리코젠 가인산분해효소의 공유결합 변형

2) 다른자리 입체성 조절

일반적으로 대사에서 첫 반응 단계에 관련된 효소가 보통 페이스메이커(pacemaker) 또는 조절효소(regulatory enzyme)로 작용한다. 또 생합성 대사의 분기점(branch point)의 첫 단계에 관여하는 효소도 있다. 다른자리 입체성 조절(allosteric regulation)은 공유결합 변형과 함께 조절효소를 조절하는 중요한 메커니즘이다. 이처럼 대사의 첫 단계에

관여하는 효소는 미카엘리스-멘텐 식의 양상을 띠지 않으며 최종 생성물에 의해 억제되는데 이런 현상을 되먹임 저해(feedback inhibition)라 하며, 이 효소를 다른자리 입체성 효소(allosteric enzyme)라 한다. 다른자리 입체성 효소는 조절효소로서 보통 여러 개의 기본 단위체로 구성되며, 그 조절작용은 효과인자에 의해 영향을 받는다. 효과인자가 효소에 결합하면 효소에 대한 기질의 결합이 증가하거나 감소한다. 다른자리효과는 양성적 또는 음성적이다. 다른자리효소의 결합곡선은 시그모이드형이다. 효과인자가 결합할 때 활성인자와 억제인자에 따라 곡선은 위 또는 아래로 이동한다. 아스파트산 카바모일 전이효소(aspartate transcarbamoylase, ATCase)는 피리미딘 뉴클레이티드인 시티딘 삼인산(cytidine triphosphate, CTP)을 합성하는 대사회로의 첫 반응을 촉매하는 다른자리효소이다. CTP는 ATCase 효소의 억제제로 작용한다. 이는 대사회로의 최종 생성물이 페이스메이커 효소의 활성을 억제하는 음성 되먹임 저해(negative feedback inhibition)의 대표적인 예이다.

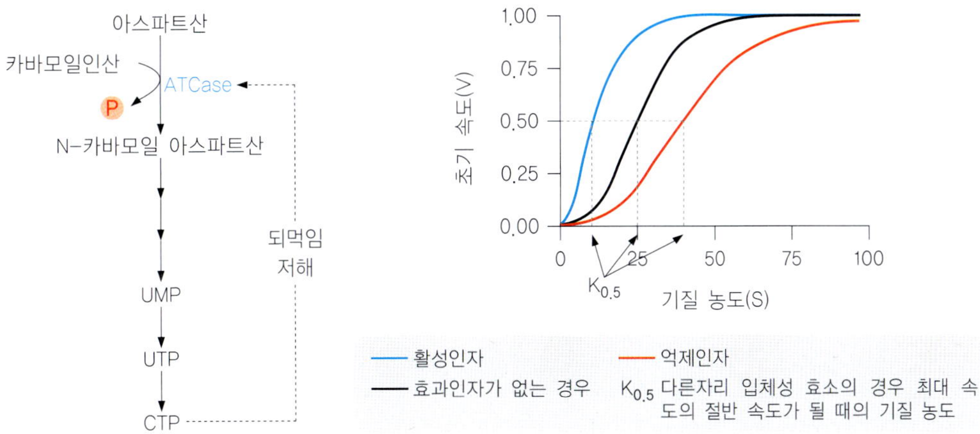

[그림 6-14] 아스파트산 카바모일 전이효소(ATCase)의 되먹임 저해와 다른자리 입체성 조절

7. 식품산업 효소

식품산업에서 식품의 저장과 가공 그리고 품질 및 성분 변화 등과 관련 있는 효소는 주로 산화-환원효소와 가수분해효소이다.

1) 산화-환원효소

(1) 산화효소

산화효소(oxidase)는 산소가 수소의 전자수용체 역할을 하여 기질을 산화시키는 효소로 이때 철(Fe) 또는 구리(Cu)가 조효소로 작용한다.

❶ 카탈레이스

카탈레이스(catalase)는 과산화수소를 분해하여 물과 산소로 전환시키는 반응을 촉매하는 효소이다. 카탈레이스는 포도당을 글루콘산(gluconic acid)으로 만드는 식품가공 공정 등에 사용한다.

❷ 과산화효소

과산화효소(peroxidase)는 과산화수소를 이용하여 아스코브산(ascorbic acid)이나 페놀성 물질 등과 같은 환원형 물질을 산화시키는 반응을 촉매하는 효소이다. 과산화효소는 식물조직에 널리 존재하고 식물조직의 생육과 성숙에 중요한 역할을 하여 과실류나 채소류의 신선도 판정에 이용한다. 과실류나 채소류가 오래될수록 효소 활성이 감소한다.

❸ 폴리페놀 산화효소

폴리페놀 산화효소(polyphenol oxidase)는 카테콜(catechol), 클로로젠산(chlorogenic acid), 다이하이드록시페닐알라닌(dihydroxyphenylalanine, DOPA) 등과 같은 다이하이드록시페놀(dihydroxyphenol)성 물질을 퀴논(quinone)으로 산화시키는 반응을 촉매하는 효소로 폴리페놀레이스(polyphenolase)라고도 한다. 폴리페놀 산화효소는 페놀성 물질을 함유한 과일이나 찻잎의 갈변현상에 관여한다.

❹ 아스코브산 산화효소

아스코브산 산화효소(ascorbic acid oxidase)는 비타민 C인 아스코브산을 산화시켜 디하이드로아스코브산(dehydroascorbic acid)을 생성하는 반응을 촉매하는 효소로 폴리페놀 산화효소 반응과 유사하다.

2) 가수분해효소

가수분해효소(hydrolase)는 물 분자를 첨가하여 고분자화합물을 가수분해하여 저분자

화합물을 생성하는 효소이다. 탄수화물, 지방질, 단백질 등을 가수분해하는 효소인 탄수화물분해효소, 지방질분해효소, 단백질분해효소 등이 있으며, 식품공업에서 중요하다.

(1) 탄수화물분해효소

❶ 전분분해효소

(i) α-아밀레이스

α-아밀레이스(a-amylase)는 인체의 침(타액), 췌장 그리고 곰팡이 및 세균에 존재하며, 전분의 아밀로오스나 아밀로펙틴 내부의 (α 1→4) 결합을 무작위로 분해하여 말토오스(maltose)를 생성하는 내부효소로 액화효소이다.

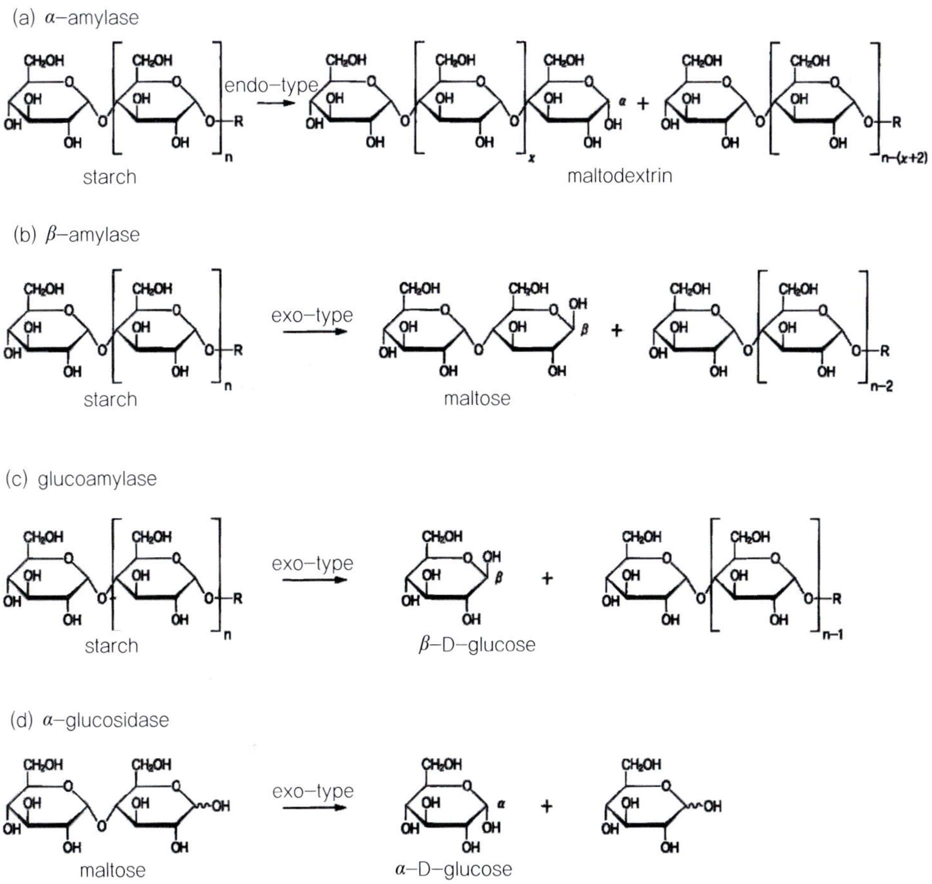

[그림 6-15] 아밀레이스의 반응

(ii) β-아밀레이스

β-아밀레이스(β-amylase)는 맥아, 물엿, 고구마, 콩 등 식물에 널리 존재하며, 전분의 아밀로오스나 아밀로펙틴 가장 바깥에 있는 비환원성 말단에서부터 (α 1→4) 결합을 순차적으로 분해하여 말토오스를 생성하는 외부효소로 당화효소이다.

(iii) 글루코아밀레이스

글루코아밀레이스(glucoamylase)는 곰팡이 및 세균에 존재하며, 전분의 비환원성 말단에서부터 (α 1→4) 결합과 (α 1→6) 결합을 순차적으로 분해하여 글루코오스(glucose)을 직접 생성하는 효소이다.

❷ 펙틴분해효소

펙틴분해효소(pectinase)는 고등식물이나 미생물에 존재하며, 과일 주스나 술 제조 가공 시 탁한 용액을 맑게 해 주고 과일의 성숙 및 연화에 영향을 준다.

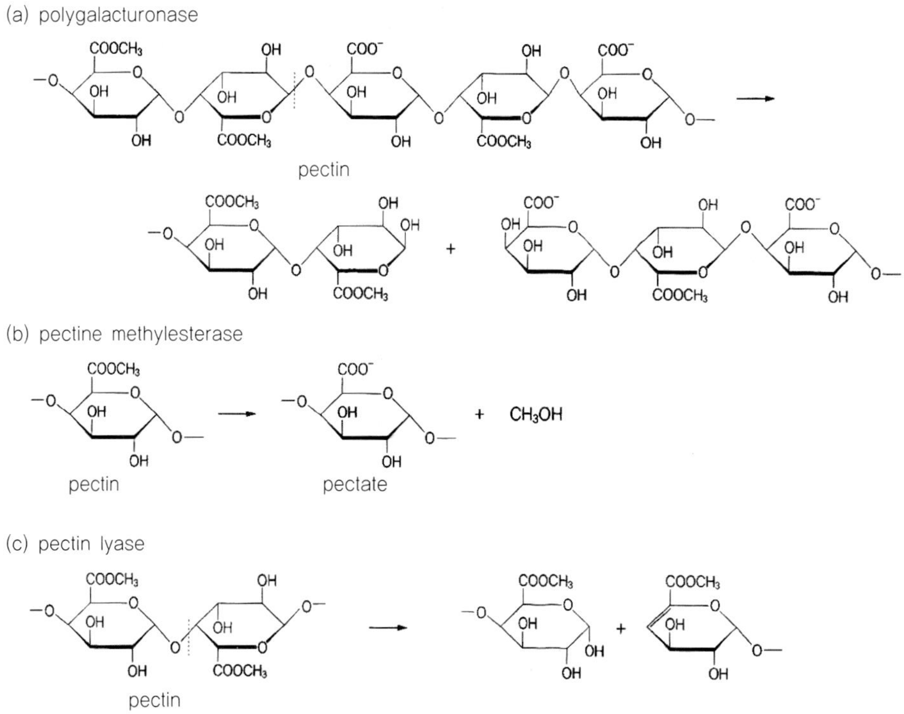

[그림 6-16] 펙틴분해효소의 반응

(i) 프로토펙티네이스

프로토펙티네이스(protopectinase)는 불용성의 프로토펙틴(protopectin)을 분해하여 수용성의 펙틴(pectin)을 생성하는 효소이다.

(ii) 펙틴 에스터레이스

펙틴 에스터레이스(pectin esterase)는 펙틴의 메틸 에스터(methyl ester)를 분해하여 수용성의 펙틴산(pectinic acid)을 생성하는 효소이다.

(iii) 폴리갈락투로네이스

폴리갈락투로네이스(polygalacturonase)는 폴리갈락투론산(polygalacturonic acid)의 (α 1→4) 결합을 분해하여 갈락투론산(galacturonic acid)을 생성하는 효소이다.

❸ 조섬유분해효소

조섬유분해효소는 식물의 세포벽 성분인 섬유질을 분해하는 효소로 섬유질의 (β 1→4) 결합을 분해하여 글루코오스(glucose)를 생성하는 효소인 셀룰레이스(cellulase)와 자일로오스(xylose)를 생성하는 효소인 헤미셀룰레이스(hemicellulase)가 있으며, 사과 주스 등 주로 과일 주스 가공에 이용한다.

(2) 지질분해효소

❶ 지질분해효소

중성지방분해효소인 라이페이스(lipase)는 에스터 결합을 가수분해하여 산과 알코올을 생성하는 에스터레이스(esterase)의 한 종류이다. 라이페이스는 트리아실글리세롤을 가수분해하여 지방산과 글리세롤을 생성하는 효소이다. 라이페이스는 유지 식품을 오래 저장할 때 휘발성 저급 지방산을 생성하여 산패를 일으키지만 치즈나 초콜릿 제조 시에는 오히려 향미 생성을 증진시킨다.

❷ 라이폭시제네이스

라이폭시제네이스(lypoxygenase)는 곡류, 두류, 파이토케미칼 등 식물에 존재하며, 지방산을 산패시켜 하이드로퍼옥사이드(hydroperoxide)를 생성하는 효소이다. 과일이나 채소 저장 시 색소 파괴를 방지하기 위하여 데치기(blanching)를 통해 이 효소를 불활성화시킨다.

(3) 단백질분해효소

단백질분해효소인 프로테이스(proteae)는 단백질 내 특정 부위의 펩타이드 결합을 가수분해하며, 펩신, 트립신, 카이모트립신 등 내부에서 불규칙적으로 분해하는 엔도펩티데이스(endopeptidase)와 아미노펩티데이스(aminopeptidase), 카복시펩티데이스(carboxypeptidase) 등 가장 끝에서부터 순차적으로 분해하는 엑소펩티데이스(exopeptidase)로 구분한다(표 6-5). 식품공업에서 중요한 프로테이스(proteae)는 대부분 엔도펩티데이스로 송아지의 레닌(rennin), 파파야의 파파인(papain), 파인애플의 브로멜라인(bromelain) 등이며, 이들은 치즈 제조와 연육 작용에 이용한다.

타이로시네이스(tyrosinase)는 감자 등에 들어 있는 아미노산인 타이로신을 다이하이드록시페닐알라닌(dihydroxy phenylalanine, DOPA)을 거쳐 멜라닌(melanin) 색소를 형성하는 효소로 식품을 갈색으로 변하게 한다.

〈표 6-5〉 주요 단백질분해효소

<table>
<tr><th>효소</th><th>적용</th><th>들어 있는 곳</th></tr>
<tr><td colspan="3">엔도펩티데이스(endopeptidase)</td></tr>
<tr><td>펩신(pepsin)</td><td>단백질 → 폴리펩타이드 + 아미노산</td><td>위장</td></tr>
<tr><td>트립신(trypsin)</td><td>단백질 → 폴리펩타이드 + 펩톤</td><td>췌장</td></tr>
<tr><td>키모트립신(chymotrypsin)</td><td></td><td>췌장</td></tr>
<tr><td>카텝신(cathepsin)</td><td>단백질 → 폴리펩타이드 + 펩톤</td><td>간, 신장, 비장</td></tr>
<tr><td>파파인(papain)</td><td>단백질 → 폴리펩타이드 + 아미노산</td><td>파파야 열매</td></tr>
<tr><td>레닌(rennin)</td><td>카제인 → 파라카제인 + 펩타이드</td><td>양 및 송아지의 제4위</td></tr>
<tr><td>브로멜라인(bromelain)</td><td></td><td>파인애플</td></tr>
<tr><td colspan="3">엑소펩티데이스(exopeptidase)</td></tr>
<tr><td>아미노펩티데이스(aminopeptidase)</td><td rowspan="2">프로테오스
펩톤
펩타이드 → 아미노산 + 다이펩타이드</td><td rowspan="2">동물의 장, 곰팡이, 세균</td></tr>
<tr><td>카복시펩티데이스(carboxypeptidase)</td></tr>
<tr><td>다이펩티데이스(dipeptidase)</td><td>다이펩타이드 → 아미노산</td><td>동물의 장, 곰팡이, 세균</td></tr>
</table>

3) 식품 효소

일반적으로 식품산업과 관련 있는 식품 효소는 주로 탄수화물, 지방질, 단백질 관련 효소 등이다.

(1) 탄수화물 관련 효소

식품산업에서 탄수화물 관련 효소는 전분당 및 올리고당 생산, 과일 주스 가공 등에 주로 사용되며, 제빵, 맥주 및 와인 생산, 유가공 등에도 이용된다.

❶ 전분당 생산

전분당은 전분을 산이나 효소를 이용, 가수분해하여 얻는 당들로 말토덱스트린, 물엿, 포도당, 과당 등이 포함된다. 전분당은 초기에 글루코아밀레이스(glucoamylase)를 사용하여 생산하였으며, 지금은 내열성 α-아밀레이스(thermostable α-amylase)가 개발되면서 전분의 호화 및 액화를 동시에 수행할 수 있어 공정이 더욱 간단해졌으며, 포도당 이성질화효소(glucose isomerase)를 이용하여 포도당을 과당으로 전환시켜 고과당시럽(high fructose syrup)을 생산할 수 있게 되었다.

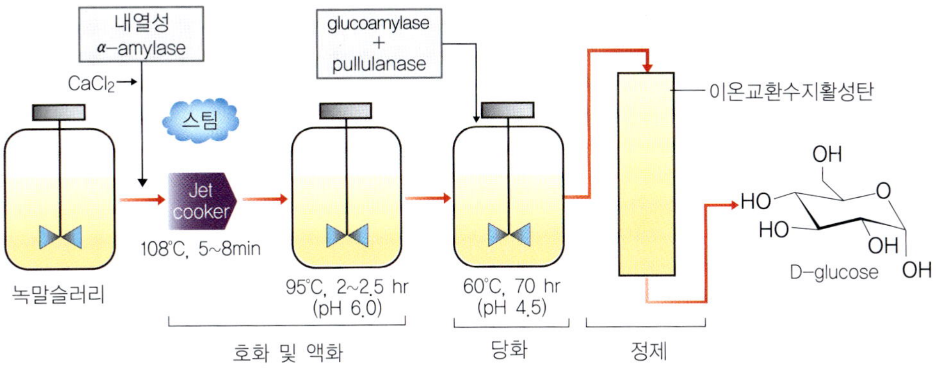

[그림 6-17] 전분당의 생산 공정

❷ 올리고당 생산

현재 산업적으로 많이 생산되는 올리고당은 인체에 유용한 작용을 하여 주로 건강기능식품의 성분이나 원료로 사용되고 있는 기능성 올리고당이다. 프럭토올리고당(FOS), 갈락토올리고당(GOS), 아이소말토올리고당(IMO), 분지올리고당(BOS) 등이 있으며, 이들 모두 효소의 당전이반응으로 생산된다.

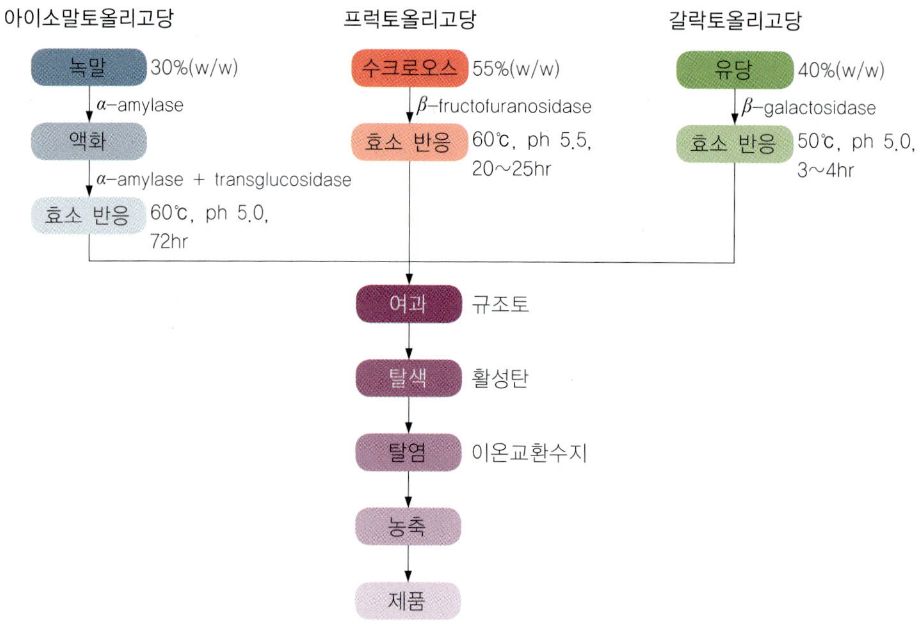

[그림 6-18] 기능성 올리고당의 생산 공정

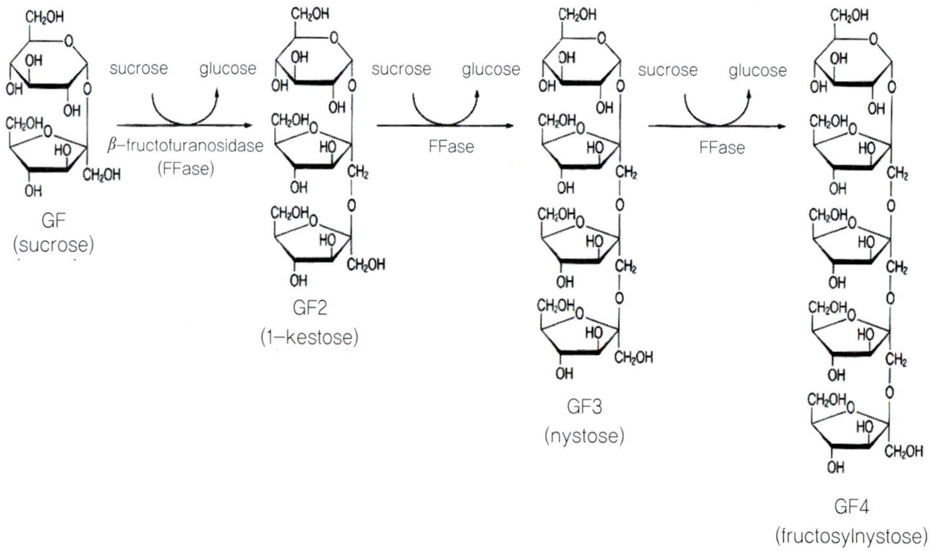

[그림 6-19] 프럭토올리고당의 생산

(i) 프럭토올리고당

프럭토올리고당(FOS)은 β-프럭토푸라노시데이스(β-fructofuranosidase, FFase)로 생성되며, 이 효소는 자당(sucrose)의 과당 잔기를 수용체에 (β 2→1) 결합으로 전달하는 당전이반응을 수행한다.

(ii) 갈락토올리고당

갈락토올리고당(GOS)은 β-갈락토시데이스(β-galactosidase)의 당전이반응을 이용하여 생산된다. 이 효소는 유당(lactose)의 갈락토오스(galactose)를 수용체에 전달하여 (β 1→2), (β 1→3), (β 1→4), (β 1→6) 등 다양한 결합을 형성한다.

(iii) 아이소말토올리고당

아이소말토올리고당(IMO)은 말토오스를 기질로 하여 글루코시데이스(glucosidase)의 일종인 트랜스글루코시데이스(transglucosidase)의 당전이반응으로 생산된다. 이 효소는 말토오스의 비환원성 말단의 포도당을 수용체에 전달하여 (α 1 →6) 결합을 형성한다.

(iv) 분지올리고당

분지올리고당(BOS)은 액화 전분을 기질로 하여 말토제닉 아밀레이스(maltogenic amylase)의 당전이반응으로 생산된다. 이 효소는 말토올리고당의 비환원성 말단으로부터 말토오스를 수용체에 전달하여 (α 1→6) 결합을 형성한다.

❸ 과일 주스 가공

과일 주스 가공에 주로 사용되는 효소는 펙틴분해효소(pectinase), 셀룰레이스(cellulase), 헤미셀룰레이스(hemicellulase) 등이며, 이들 주스 모두 과일의 세포벽 성분을 분해하는 효소로 펙틴 제거, 과육의 침지 및 액화 등에 사용된다. 이들은 과즙의 수율을 증가시키고 여과 및 청징 등의 공정을 쉽게 하여 우수한 품질의 과일 주스를 생산할 수 있도록 도와준다.

〈표 6-6〉 식품산업에 사용하는 탄수화물 관련 주요 효소

식품산업	효소	효소의 역할
녹말당 생산	α-amylase, glucoamylase, pullulanase, β-amylase, glucose isomerase	• 녹말의 액화 및 당화 • 포도당의 이성질화
기능올리고당 생산	β-fructofuranosidase, β-galactosidase, transglucosidase, maltogenic amylase	• 글루코실기 전달반응을 이용한 올리고당의 합성
과일 주스 가공	pectinase, hemicellulase, cellulase	• 세포벽 성분의 분해 • 주스의 수율 증가 • 침지, 청정 및 여과 공정 개선
제빵	xylanase, α-amylase, glucoamylase	• 반죽의 안정성 및 물성 개선 • 빵의 부피 증가 • 녹말의 노화 억제
알코올 발효	α-amylase, glucoamylase	• 녹말로부터 포도당 및 소당류를 생산하여 효모에 공급
맥주 제조	α-amylase, β-glucanase, xylanase	• 녹말의 액화 • β-glucan에 의한 제품의 혼탁 방지 • 침지 및 여과 공정 개선
와인 제조	pectinase, hemicellulase, cellulase	• 발효액의 점도 개선 • 침지, 청정 및 여과 공정 개선
유가공	lactase(β-galactosidase)	• 유당을 분해하여 소화에 도움

(2) 지질 관련 효소

식품산업에서 지질 관련 효소는 유지산업과 관련이 있으며, 주로 지방산과 글리세롤 사이의 에스터 결합을 가수분해하는 지질분해효소인 라이페이스(lipase)이다. 라이페이스는 기질인 올리브유나 대두유를 분해하여 기름층인 지방산과 수분층인 글리세롤을 생산한다. 주류산업에서는 곡물을 물에 침지하는 초기 과정에 라이페이스를 첨가하면 곡물 내의 지질을 가수분해하여 쉽게 휘발되는 유리지방산으로 전환시켜 유익한 향미성분을 보완하고 우수한 알코올 발효를 유도할 수 있다.

(3) 단백질 관련 효소

식품산업에서 단백질 관련 효소는 치즈 생산과 연육 작용 등과 관련 있는 단백질분해효소인 프로테이스(protease)이다. 치즈 생산에 이용하는 응유효소는 송아지 위점막으로부터 유래한 효소인 레닌이며, 아스파트산계 프로테이스로 카이모신과 펩신의 혼합물

이다. *Rhizomucor miehei, Rhizomucor pussilus, Crytphonectria parasitica* 등의 미생물 유래 응유효소는 대부분 발효 공정을 통해서 생산된다. 연육화 효소는 파파야 과실의 파파인(papain), 파인애플의 브로멜라인(bromelain), 무화과의 피신(ficin) 등이 있으며, 이들 모두 수용성이고 시스테인계 프로테이스로 고기 연화를 위해 이용된다.

연습문제

1. 효소에 관한 설명 중 틀린 것은?
   ① 효소는 생체 내 반응을 촉매한다.
   ② 단백질만으로 이루어진 효소도 있다.
   ③ apoenzyme + coenzyme = holoenzyme이다.
   ④ 한 개의 효소는 몇 가지 기질에 특이성을 갖는다.
   ⑤ 단백질 외에 단백질이 아닌 다른 물질이 결합한 것도 있다.

2. K_m에 관한 설명 중 옳은 것은?
   ① 효소-기질 복합체이다.
   ② V_{max}를 이루기 위하여 필요한 기질의 농도이다.
   ③ 효소 반응에 따르는 기질의 성질을 나타낸 것이다.
   ④ V_{max}를 이루기 위하여 필요한 기질 농도의 1/2이다.
   ⑤ $1/2V_{max}$를 이루기 위하여 필요한 기질의 농도이다.

3. 비경쟁적 억제의 특징으로 옳은 것은?
   ① V_{max} 감소, K_m 일정　② K_m 감소, V_{max} 일정
   ③ V_{max} 증가, K_m 일정　④ K_m 증가, V_{max} 일정
   ⑤ V_{max}, K_m 모두 감소

4. 동위효소(isoenzyme)의 설명 중 옳은 것은?
   ① 동일한 기능의 촉매적으로 다른 효소이다.
   ② 다른 종에서 분리한 동일한 기능의 효소이다.
   ③ 같은 반응을 촉매하고 구조가 다른 효소이다.
   ④ 효소의 촉매적으로 활동적인 가수분해산물이다.
   ⑤ 여러 배위체의 조절단백질의 형태학적 이성질체이다.

5. 되먹임 저해(feedback inhibition)에서 최종산물에 의해 방해 작용을 받는 효소는?
   ① covalently regulated enzyme
   ② allosteric enzyme
   ③ holoenzyme
   ④ apoenzyme
   ⑤ coenzyme

6. 지모젠(zymogen)은 효소의 비활성화된 전구체를 말한다. 지모젠이 아닌 것은?
   ① pepsinogen　② phosphorylase b
   ③ trypsinogen　④ phosphorylase a
   ⑤ chymotrypsinogen

7. 다음 중 효소 분류의 계통명(EC)이 아닌 것은?
   ① 분해효소(lyase)
   ② 전이효소(transferase)
   ③ 탈인산효소(phosphatase)
   ④ 가수분해효소(hydrolase)
   ⑤ 산화-환원효소(oxidoreductase)

8. 다음 값 중 기질과 가장 친화력이 있는 효소는?
   ① 5.0 : threonine dehydratase
   ② 0.05 : hexokinase
   ③ 25 : catalase
   ④ 9.0 : carbonic anhydratase
   ⑤ 4.0 : β-galactosidase

9. 다른자리 입체성 조절효소에 대한 설명 중 옳은 것은?
   ① 가역반응을 촉매한다.
   ② 활성자리는 조절자리와 구별된다.
   ③ 최종 생성물에 의해 억제되지 않는다.
   ④ 억제인자는 기질의 결합을 증가시킨다.
   ⑤ 활성인자는 기질의 결합을 감소시킨다.

10. 다음 중 조효소와 작용으로 옳은 것은?
   ① 바이오틴 – 탈탄산반응
   ② PLP – 일탄소전이반응
   ③ THF – 아미노기전이반응
   ④ NAD – 탈수소반응
   ⑤ TPP – 탄산반응

정답: 1 ④　2 ⑤　3 ①　4 ③　5 ②
6 ④　7 ③　8 ②　9 ②　10 ④

chapter 07

대사 개요

Introduction to metabolism

자연계에서는 빛, 열, 전기, 일, 화학 등 다양한 형태의 에너지가 존재한다. 생명체, 즉 생체가 생명현상을 영위하기 위해서는 에너지가 필요하며, 이러한 에너지는 유기물질인 음식물이 가진 화학에너지를 이용하는 것이다.

생체는 탄소원과 에너지원으로 분류할 수 있는데 탄소원이 이산화탄소(CO_2)와 유기물질에 따라 각각 독립영양생물(autotroph), 종속영양생물(heterotroph) 그리고 에너지원이 빛과 화학반응에 따라 각각 광합성 영양생물(phototroph), 화학합성 영양생물(chemotroph)이라 한다. 따라서 생체는 크게 녹색 식물, 조류 등의 광합성 독립영양생물(photoautotroph)과 동물, 미생물, 비광합성 식물 등의 화학합성 종속영양생물(chemoheterotroph)로 구분한다. 또한, 에너지 생성 단계에서 전자의 최종 수용체가 산소(O_2) 여부에 따라 각각 호기성 생물(aerobe)과 혐기성 생물(anaerobe)로 나눈다. 엽록소를 가진 녹색 식물은 빛에너지를 이용하여 이산화탄소로부터 포도당과 전분을 합성하고 화학에너지로 바꾸어 저장한다. 이처럼, 생체가 이용할 수 있는 에너지의 대부분은 광합성에 의해서 빛에너지를 유기물질로 바꾸어 축적한 화학에너지이다.

1. 에너지 대사

1) 인체의 에너지

에너지란 일할 수 있는 능력으로 인체의 에너지원은 음식물 또는 식품으로, 체내에서 식품에너지는 대사를 통해 화학에너지로 전환된다. 식품에너지의 단위는 칼로리(calorie)로, 1칼로리(cal)는 1g의 물을 1℃ 올리는 데 필요한 열량으로 정의한다. 화학에너지의 단위는 ATP(adenosine triphosphate)이며, 1 ATP는 7.3 kcal에 해당한다.

1g의 당질은 4.30kcal에 해당하지만 체내 흡수율이 97%이기 때문에 실제 에너지는 $4.30 \times 0.97 = 4$kcal에 해당한다. 마찬가지로, 각각 1g의 지방과 단백질도 각각 9.45, 5.65kcal에 해당하나, 체내 흡수율이 각각 95, 92%이기 때문에 실제 에너지는 $9.45 \times 0.95 = 9$kcal, $5.65 \times 0.92 = 4$kcal에 해당한다. 1g의 알코올은 7.00kcal에 해당하며, 체내 흡수율이 100%이기 때문에 실제 에너지도 $7.00 \times 1.00 = 7$kcal이다.

인체의 에너지는 주로 간, 근육, 지방 조직, 혈액 등에 저장되어 있다. 체내 에너지는 대략 ATP 1kcal, 크레아틴 인산(creatine phosphate, PCr) 4kcal, 혈당 20kcal, 간과 근육

글리코겐 400kcal, 1,500kcal, 근육 단백질 30,000kcal, 지방조직의 중성지방 80,000kcal 정도를 저장하고 있다(표 7-1).

인체의 에너지원 보충제로는 크레아틴(creatine), 분지쇄 아미노산(branched chain amin acid, BCAA), β-하이드록시 β-메틸 부티르산(β-hydroxy-β-methyl butyrate, HMB), 카페인(caffeine), L-카르니틴(L-carnitjne) 등이 있다.

크레아틴은 글라이신(Gly)과 아르지닌(Arg)이 반응하여 생성된 아민(amine)이며, 근육의 저장 에너지원으로 순발력을 향상시킨다. 분지쇄 아미노산은 고강도 운동의 에너지원으로 운동 전후 BCAA를 보충하면 트립토판(Trp)을 거쳐 생성된 세로토닌(serotonin)의 뇌 유입을 저해시켜 중추 피로를 예방할 수 있다. HMB는 류이신(Leu) 분해의 대사산물로서 근육량을 증가시키고, 체지방을 감소시켜 근력(파워) 운동능력을 향상시킨다.

카페인은 지방산의 분해를 촉진하여 지구력을 증가시키는데 카페인은 포스포다이에스터레이스(phosphodiesterase) 활성을 감소시켜 cAMP가 AMP로 되는 것을 저해한다. cAMP는 호르몬-감수성 지질분해효소(hormone-sensitive lipase, HSL) 활성을 증가시켜 체지방의 분해 및 β-산화가 증가되어 지구력 운동능력이 향상된다. 카르니틴은 세포질에서 미토콘드리아로 이동하는 지방산 운반체로서 체내 지방 연소를 촉진시키고 지방산 이용 및 β-산화를 증가시켜 지구력 운동능력을 향상시킨다.

인체에서 에너지 균형이란 흡수 에너지와 소비 에너지가 동일한 상태이며, 에너지 과잉은 흡수 에너지가 소비 에너지보다 큰 상태인 영양 과잉, 비만을 의미하고 에너지 결핍은 흡수 에너지가 소비 에너지보다 작은 상태인 영양 결핍, 영양실조를 나타낸다.

흡수 에너지는 음식물 또는 식품인 에너지원으로 성인의 1일 에너지 권장량은 평균 2,300kcal(남성 2,500kcal, 여성 2,000kcal) 정도로 권장 비율은 탄수화물 65%, 단백질 15%, 지질 20%이다. 소비 에너지는 총 1일 에너지 소비량을 의미하며, 기초대사량(BMR) 60~70%, 활동대사량(TEE) 15~30%, 식이성 발열효과(TEF) 10%, 적응대사량(AT) 7%의 비율이다(그림 7-1).

〈표 7-1〉 인체의 주요 에너지 저장량*

에너지원	주요 저장 형태	총신체 칼로리	총신체 킬로줄	이동 거리**
ATP	조직	1	4.2	약 16m
크리아틴 인산(PCr)	조직	4	16.8	약 64m
탄수화물	혈청포도당	20	88	약 320m
	간글리코젠	400	1,680	약 6.5km
	근글리코젠	1,500	6,300	약 24km
지방	혈청유리지방	7	29.2	약 112m
	혈정중성지방	75	315	약 1.2km
	근육중성지방	2,500	10,500	약 40km
	지방조직중성지방	80,000	336,000	약 1,287km
단백질	근단백질	30,000	126,000	약 438km

* 이 수치는 체지방량, 체력 수준, 다이어트, 개인적인 크기에 따라 차이가 있음
** 달리기 시 1.6km당 100kcal의 에너지양

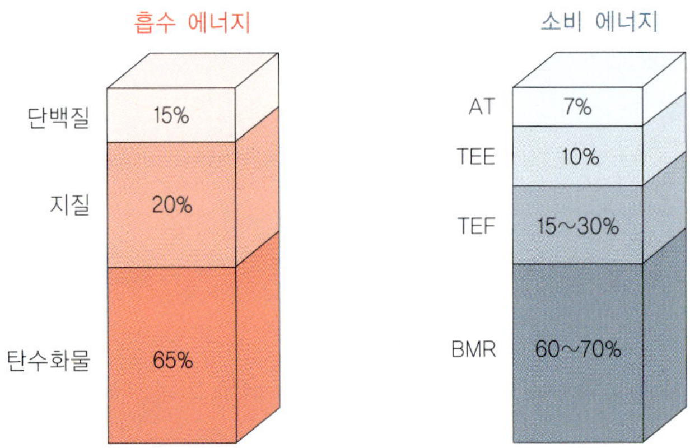

[그림 7-1] 인체의 흡수 에너지와 소비 에너지

2) ATP

인체를 포함한 생체에서 보편적인 화학에너지는 ATP다. 인체는 영양소가 산화될 때 유리되는 에너지를 ATP 형태의 화학에너지로 전환, 저장하였다가 여러 가지 일에 사용한다. ATP(adenine triphosphate)는 아데닌(adenine)과 세 개의 인산(triphosphate)이 포스포다이에스터(phosphodiester) 결합한 뉴클레오타이드(nucleotide) 구조의 고에너지 화합물이다. ATP는 말단의 인산결합이 끊어져 ADP(adenine diphosphate)로 될 때 많은

에너지를 방출시킨다.

$$ATP + H_2O \rightarrow ADP + P_i(P),\ \Delta G^\circ = -7.3kcal/mol$$

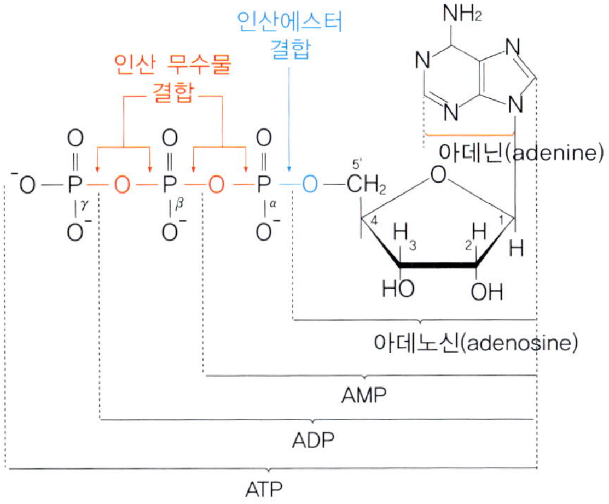

[그림 7-2] ATP의 구조

(1) ATP의 생성

생체에서 ATP는 주로 세포의 미토콘드리아에서 전자전달계를 수반한 산화적 인산화 과정을 통해 생성된다. 산화적 인산화 과정은 미토콘드리아의 내막에서 산화-환원반응으로 일어나며, 전체 ATP 생성량의 95% 정도를 차지한다. 인체가 호흡하고 세포에 산소를 공급하는 것도 바로 이 반응에서 사용하기 때문이다. 세포 내의 산화는 일련의 효소에 의해 환원된 기질을 산화, 즉 전자를 전달하고 최종적으로 산소에 건네주면서 물로 된다. 이러한 일련의 효소계를 전자전달계라고 하며, 전자가 전달되는 과정에서 에너지가 큰 산화-환원전위차를 가진 세 곳에서 ATP를 생성하는 과정을 산화적 인산화(oxidative phosphorylation)라고 한다.

생체에서는 산화적 인산화 이외에도 불안정한 구조를 가진 고에너지 화합물의 기질이 자신의 인산을 ADP에 전달하여 ATP를 생성하는 반응인 기질 수준 인산화(substrate level phosphorylation)를 통해 5% 정도 ATP가 생성된다.

(2) ATP의 이용

생체는 음식물 섭취를 통하여 체내에서 대사되어 변환된 화학에너지인 ATP를 다양한 형태로 저장한다. 생성된 ATP는 근육에서 크레아틴 인산(creatine phosphate, phosphocreatine), 간과 근육에서 글리코젠, 지방조직의 중성지방 등으로 저장되어 있다. 이러한 ATP는 체온 유지, 근육 수축 운동, 신경의 자극 전달, 생합성 등 생명을 유지하고 다양한 생리작용에 이용된다.

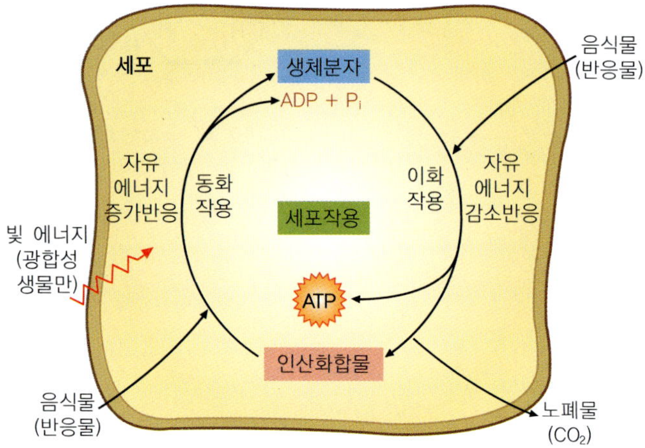

[그림 7-3] ATP의 생성과 이용

주변 환경으로부터 흡수된 물질은 이화작용에 의해 에너지(ATP)로 추출되고 이 에너지는 세포의 성장, 분열과 생합성 등에 이용된다.

3) 분해와 합성 대사

생체는 외부로부터 당질, 지질, 단백질 등 영양소를 섭취하고 체내에서 대사되어 ATP를 생성하고 이용한다. 대사(metabolism)는 생체의 세포 내에서 일어나는 연속적인 효소 반응(multienzyme sequence)이다. 일반적으로 세포 내에서 일어나는 대사는 에너지 변화에 따라 분해 대사(catabolism, 이화작용)와 합성 대사(anabolism, 동화작용)로 구분한다. 분해 대사는 보다 복잡한 고분자를 간단한 분자로 분해하는 과정을 말하는데, 이 과정 중에 화학에너지인 ATP가 생성된다. 합성 대사는 단순한 전구물질을 여러 가지 고분자 및 세포 구성 성분으로 생합성하는 과정인데 이때는 ATP를 요구한다. 대사의 경로(pathway)는 연속된 효소 반응으로 이루어진 대사중간체의 특정 배열로 직선 경로의 과정과 순환 경로의 회로(cycle)로 구분한다.

직선 경로인 과정에서 A라는 물질은 B로, B는 C로, C는 D로 전환된다. 경로의 각 단계는 연속으로 일어나며, E_1, E_2, E_3와 같은 효소에 의해 촉진된다. 반응물질 A는 효소 E_2, E_3의 개입 과정 없이 직접 생성물 D로 전환될 수 없다. 그러나 어떤 대사과정은 한 효소에 의해 생성된 반응물질이 다음 단계에 관여하는 효소의 활성 부위에서 반응이 일어날 수 있도록 복합효소체로 효소들이 조직화되어 있는 경우도 있다. 10~20여 개의 효소가 관여하는 아주 복잡한 대사 경로들도 세포 내에서 일어난다.

세포의 주요 분해 및 합성 대사를 [그림 7-4]에 나타냈다. 고분자가 저분자로 분해되는 지질이 지방산으로, 다당류가 단당류로, 단백질이 아미노산으로 각각 분해되는 과정은 에너지 발생이 없다. 지방, 탄수화물, 단백질 등 에너지원이 아세틸-CoA(acetyl-CoA)라는 공통물질을 통해 TCA(tricarboxylic acid) 회로로 들어가고 산화적 인산화 과정을 거쳐 많은 ATP가 생성된다.

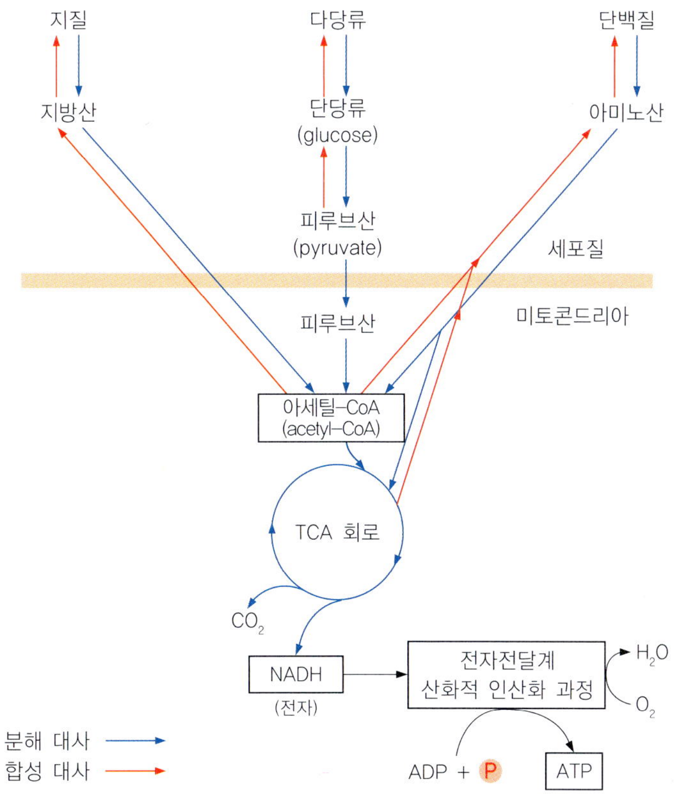

[그림 7-4] 세포의 주요 분해 및 합성 대사

분해 대사와 합성 대사는 서로 독립적으로 조절되며, 분해 대사가 촉진되면 합성 대사는 저해되는, 즉 서로 반대 방향으로 조절된다. 또한, 분해 대사와 합성 대사는 세포 내에서 서로 분리되어, 서로 다른 장소에서 발생한다. 가령, 지방산 분해 대사는 미토콘드리아(mitochondria)에서, 지방산 생합성은 세포질(cytosol)에서 일어난다.

2. 생체 에너지론

생체 에너지론(bioenergetics)은 생체에서 다양한 형태의 에너지 상호 전환과 관계 그리고 반응의 자발성을 연구하는 학문이다.

1) 열역학

열역학(thermodynamics)은 에너지의 한 형태가 다른 형태로의 변환을 연구하는 분야이다. 생체에서는 영양소가 분해될 때 생성되는 에너지를 ATP 형태의 화학에너지로 전환, 저장하였다가 여러 가지 일에 사용한다. 생체에서도 한 형태의 에너지가 다른 형태의 에너지로 전환되고 있다. 이처럼, 생체 안에서의 에너지 전환도 열역학적 법칙을 따르게 된다. 생체에서 에너지 변화를 이해하려면 기초적인 열역학의 개념을 파악하여야 한다. 또한, 열역학은 반응이 어떤 방향으로 일어날 것인가를 예측하게 하고 반응에 동반되는 에너지 변화를 정량적으로 다룰 수 있다.

(1) 열역학 제1법칙

계(system)는 생체, 세포 등 우리가 주목하는 영역을 말하며, 계 이외의 나머지 영역을 주위(surrounding)라고 한다. 계와 주위는 우주(universe)라고 한다. 계는 성질에 따라 열린계(open system), 닫힌계(closed system), 고립계(isolated system)로 나눈다. 열린계는 계와 주위가 물질과 에너지를 모두 교환하며, 예로 인체나 자동차 엔진 등이 있다. 닫힌계는 계와 주위가 물질은 교환하지 않고 에너지만을 모두 교환하며, 예로 찜질팩 등이 있다. 고립계는 계와 주위가 물질과 에너지를 모두 교환하지 않으며, 예로 밀봉된 진공 플라스크 내의 뜨거운 액체 등이다. 한편, 화학반응은 반응물이 생성물로 진행되는 과정에서 주위로 열을 방출하는 발열반응(exothermic reaction)과 반대로 열을 흡수하는 흡열반응(endothermic reaction)으로 나누며, 자발적인 화학반응은 발열반응이다.

열역학 제1법칙은 우주의 총에너지양은 항상 일정하다는 것이다. 에너지가 한 형태에서 다른 형태로 바뀌더라도 에너지는 창조되거나 소멸될 수 없는 에너지 보존의 법칙이다. 예를 들면, 근육이 수축할 때 ATP의 화학에너지가 기계적 에너지로 전환되지만 총 에너지양에는 변함이 없다.

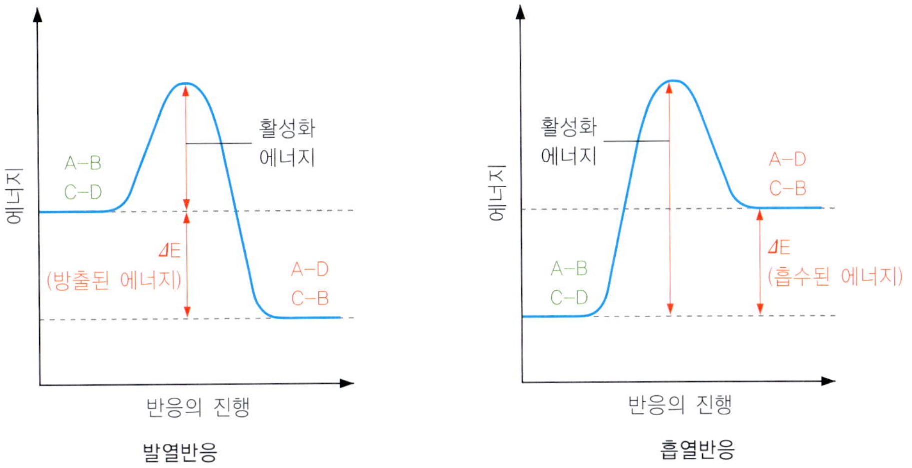

[그림 7-5] 발열반응과 흡열반응

(2) 열역학 제2법칙

열역학 제2법칙은 우주는 항상 무질서가 증가하는 방향으로 향한다는 것이다. 모든 자연 과정에서 우주의 엔트로피는 증가한다. 계는 질서 있는 상태로부터 무질서한 상태로 증가하는 경향이 있고 우주의 엔트로피는 비가역적 과정에서 증가한다는 것이다.

엔트로피(entropy, S)는 무질서도 또는 혼란을 나타내는 척도이다. 무질서한 계는 높은 엔트로피를 가지며, 질서 있는 계는 낮은 엔트로피를 가진다. 그러나 엔트로피는 우주의 무질서도를 반응 과정의 자발성 기준으로 사용하기에 추적의 어려움 등 실용적이지 못하다. 자유에너지(free energy, G)는 깁스(Gibbs, 1878)가 반응 과정의 자발성을 예측하기 위하여 도입한 개념으로 일정한 온도와 압력에서 반응하는 동안 일의 에너지양을 표시한 것이고 자유에너지 변화(ΔG)가 음수값을 가지면 발열반응, 양수값을 가지면 흡열반응이다. 엔탈피(enthalpy, H)는 반응계의 열용량 또는 열함량으로 엔탈피 변화(ΔH) 역시 음수값을 가지면 발열반응, 양수값을 가지면 흡열반응이다. 화학반응이 일어날 때의 에너지 변화는 이러한 자유에너지, 엔탈피, 엔트로피로 나타낼 수 있다.

$$\Delta G = \Delta H - T\Delta S$$

ΔG는 반응에서 자유에너지 변화, ΔH는 엔탈피 변화, T는 절대온도(K), ΔS는 엔트로피 변화이다.

자발적인 반응에서는 ΔH는 발열반응일 때 음수값, ΔS는 엔트로피는 증가할 때 양수값이므로 항상 음수값이다. 즉, $\Delta G < 0$이면 반응은 자발적이고, $\Delta G > 0$이면 반응은 비자발적이며 $\Delta G = 0$이면 반응은 평형상태이다.

포도당의 완전 산화는 포도당이 산소와 반응하여 이산화탄소, 물 그리고 에너지를 생성하는 자발적인 반응이다.

$$C_6H_{12}O_6 + 6\ O_2 \rightarrow 6\ CO_2 + 6\ H_2O,\ \Delta G < 0$$

세포는 외부에서 포도당과 산소를 흡수하고 이산화탄소와 물을 다시 외부로 내보내므로 세포 자신의 무질서도는 변화가 없고 주위의 무질서도만 증가시켜 엔트로피가 증가한다.

(3) 열역학 제3법칙

열역학 제3법칙은 모든 완전 결정의 엔트로피는 절대온도가 0K에 가까워질수록 0으로 접근한다는 것이다. 완전 결정은 무질서도가 전혀 없는 물질을 뜻하며, 물질의 온도를 0에서 증가시키면 무질서도가 증가한다는 것이다. 즉, 모든 물질은 절대온도가 0보다 높은 온도에서는 엔트로피가 0보다 크다. 이처럼, 열역학 제3법칙은 엔트로피의 절대척도를 표시한 것으로 물질이 완전한 질서 상태에서는 엔트로피가 0을 나타낸다.

볼츠만(Boltsman, 1877)은 측정이 불가능한 엔트로피를 계산할 수 있는 엔트로피 관계식을 만들었다.

$$S = k\ln W$$

S는 엔트로피, k는 볼츠만 상수(1.381×10^{-23}J/K), W는 물질의 배열 방식(경우의 수)이다.

(4) 화학반응에서 자유에너지 변화

앞서 반응의 자발성을 예측할 수 있는 자유에너지 변화(ΔG)는 화학반응에서 온도, 압력, 반응물과 생성물의 농도, pH 등의 조건에 따라 달라진다. 여러 화학반응의 자유에너지 변화를 비교하기 위하여 표준상태를 사용하는데, 표준상태(standard state)란 1기압, 25℃(298K)에서 반응물과 생성물의 농도가 각각 1M일 때를 말하며, 표준상태에서의 자유에너지 변화를 표준자유에너지 변화(ΔG^{o})라고 한다. 생체 내에서는 생리적 pH가 7.0이므로 pH 7.0에서 생화학적 표준자유에너지 변화는 ΔG^{o} 대신 $\Delta G^{o'}$를 사용한다.

표준자유에너지 변화($\Delta G^{o'}$)는 평형 상수(equilibrium constant, K_{eq})와 밀접하게 연관되어 있다.

화학 반응에서 반응물과 생성물의 혼합물은 평형에 도달할 때까지 계속해서 변화하는 경향을 나타낸다. 반응물과 생성물의 평형 농도에서 정반응과 역반응의 속도가 정확히 같을 때 더 이상 변화는 일어나지 않는다.

$$aA + bB \rightleftharpoons cC + dD$$

$$K_{eq} = \frac{[C]^c[D]^d}{[A]^a[B]^b}$$

$aA + bB \rightleftharpoons cC + dD$ 반응에 대한 ΔG^{o}와 $\Delta G^{o'}$의 관계식은 다음과 같다.

$$\Delta G = \Delta G^{o'} + RT\ln\frac{[C]^c[D]^d}{[A]^a[B]^b}$$

$$\Delta G = \Delta G^{o'} + 2.303\ RT\log\frac{[C]^c[D]^d}{[A]^a[B]^b}$$

$$\Delta G = \Delta G^{o'} + 2.303\ RT\log K_{eq}$$

반응이 평형이 될 때, ΔG는 0이므로

$$0 = \Delta G^{o'} + 2.303\ RT\log K_{eq}$$

$$\Delta G^{o'} = -2.303\ RT\log K_{eq}$$

$$K_{eq} = 10^{\frac{-\Delta G^{o'}}{2.303\ RT}}$$

R은 기체 상수(1.987cal/mol), T는 절대온도이다.

생체에서 온도, 반응물과 생성물의 농도, pH에 따라 반응의 자발성은 달라질 수 있다.

반응이 표준상태에서 자발적으로 일어나도 표준상태와 다른 실제 상태에서는 자발적으로 일어나지 않을 수 있다.

(5) 산화-환원반응에서 자유에너지 변화

산화-환원반응(oxidation-reduction reaction)은 한 물질은 산화되고 다른 물질은 환원되는 반응이다. 산화반응은 전자 또는 수소를 잃는 반응이고 환원반응은 전자 또는 수소를 얻는 반응이다. 산화-환원반응에서 전자 또는 수소를 잃는 산화물질은 나중에 환원제(reductant)가 되고 반대로 전자 또는 수소를 얻는 환원물질은 산화제(oxidant)가 된다. 이처럼, 산화-환원반응은 모두 산화제와 환원제가 필요로 하는 반응인데, 하나의 산화반응과 환원반응을 반쪽반응(half-reaction)이라고 한다.

생체 내 산화-환원반응에서 자유에너지 변화는 환원전위로 나타낼 수 있다. 환원전위(reduction potential, E)란 한 물질이 전자를 얻어 환원되는 경향을 측정한 것으로 볼트(volt, V)로 나타낸 환원력의 척도이다. 환원전위가 양수값을 가질수록 환원될 경향이 증가하는, 환원력이 커진다는 것을 의미한다.

한편, 물질들의 환원전위를 정확히 측정하는 것이 어렵고 환원능력이 서로 상대적이기 때문에 수소전극을 기준전극으로 정하는 표준환원전위를 사용한다. 표준환원전위(standard reduction potential, $E^{o'}$)는 1기압, 25℃(298K)와 pH 7.0의 표준상태에서 수소이온이 환원되는 전위를 0.00V로 정한다.

$$H^+ + e^- \rightarrow \frac{1}{2}H_2,\ E^{o'} = 0.00V$$

생체 내 산화-환원반응에서는 각각 산화반응과 환원반응인 두 반응의 환원전위차이로부터 자유에너지 변화를 계산할 수 있는데, 산화-환원반응은 전자의 흐름이므로 열역학적으로 에너지 변화를 전위차로 나타낼 수 있기 때문이다. 표준자유에너지 변화($\Delta G^{o'}$)와 표준환원전위차($\Delta E^{o'}$)의 관계식은 다음과 같다.

$$\Delta G^{o'} = -nF\Delta E^{o'}$$

n은 이동된 전자 수, F는 패러데이(Faraday) 상수(23.063kcal/V • mol), $\Delta E^{o'}$는 환원반응의 표준환원전위에서 산화반응의 표준환원전위를 뺀 표준환원전위차이다.

생체 내에서 중요한 물질들의 표준환원전위는 〈표 7-2〉와 같다.

〈표 7-2〉 주요 환원 반쪽반응의 표준환원전위

반쪽반응(환원반응)	pH 7.0에서 E°′ (V)
$\frac{1}{2}O_2 + H^+ + 2e^- \rightarrow H_2O$	0.82
$Fe_3^+ + e^- \rightarrow Fe^{2+}$	0.77
cytochrome a–Fe^{3+} + e^- → cytochrome a–Fe^{2+}	0.29
cytochrome c–Fe^{3+} + e^- → cytochrome c–Fe^{2+}	0.25
ubiquinone + $2H^+$ + $2e^-$ → ubihydriquinone	0.10
cytochrome b–Fe^{3+} + e^- → cytochrome b–Fe^{2+}	0.06
dehydroascorbic acid + $2H^+$ + $2e^-$ → ascorbic acid	0.06
산화형 glutathione + $2H^+$ + $2e^-$ → 환원형 glutathione	0.04
fumarate + $2H^+$ + $2e^-$ → succinate	0.03
oxaloacetate + $2H^+$ + $2e^-$ → malate	−0.10
acetaldehyde + $2H^+$ + $2e^-$ → ethanol	−0.16
pyruvate + $2H^+$ + $2e^-$ → lactate	−0.19
FAD + $2H^+$ + $2e^-$ → $FADH_2$	−0.20
1,3–diphosphoglycetate + $2H^+$ + $2e^-$ → glyceraldehyde 3–phosphate	−0.29
NAD^+ + $2H^+$ + $2e^-$ → NADH + H^+	−0.32
acetyl–CoA + $2H^+$ + $2e^-$ → acetaldehyde + CoA–SH	−0.41
$H^+ + e^- \rightarrow \frac{1}{2} H_2$	−0.42
ferredoxin–Fe^{3+} + e^- → ferredoxin–Fe^{2+}	−0.43
acetate + $2H^+$ + $2e^-$ → acetaldehyde + H_2O	−0.47

pH 7에서 아세트알데하이드(acetaldehyde)가 산화되어 에탄올(ethanol)을 생성하는 반응이 자발적으로 일어날 수 있는지 그리고 자유에너지 변화를 계산해 보면,

$$\text{acetaldehyde} + \text{NADH} + H^+ \rightarrow \text{ethanol} + NAD^+$$

위의 반응은 전체 반응으로 실제로 다음과 같은 두 반쪽반응의 합과 같다.

$$\text{acetaldehyde} + 2H^+ + 2e^- \rightarrow \text{ethanol}$$
$$\text{NADH} \rightarrow NAD^+ + H^+ + 2e^-$$
$$\text{acetaldehyde} + \text{NADH} + H^+ \rightarrow \text{ethanol} + NAD^+$$

그리고 〈표 7-3〉에서 아세트알데하이드 → 에탄올의 표준환원전위($E^{o'}$)는 -0.20 V, NAD^+ → NADH의 표준환원전위는 -0.32V이므로 상대적으로 환원전위가 큰 아세트알데하이드는 환원반응(acetaldehyde → ethanol), 작은 NAD^+는 산화반응(NADH → NAD^+)이 일어난다.

pH 7에서 자유에너지 변화는 $\Delta G^{o'} = -nF\Delta E^{o'}$이므로

$$\Delta G^{o'} = -2 \times 23.063(\text{kcal/V} \cdot \text{mol}) \times [-0.20 - (-0.32)](\text{V})$$
$$= -5.535\text{kcal/mol}$$

$\Delta G^{o} < 0$이므로 이 반응은 자발적으로 진행한다는 것을 알 수 있다.

(6) 연계반응

생화학 대사 반응에서 열역학적으로 $\Delta G < 0$이면 자발적으로 일어난다. 그러나, 대사경로의 반응들은 발열반응인 자유에너지 감소반응뿐만 아니라 흡열반응인 자유에너지 증가반응도 포함하고 있다. 열역학적으로 불리한 이러한 자유에너지 증가반응은 자유에너지 감소반응과 연계 또는 짝지어서 자발적으로 일어나게 할 수 있다. 이처럼, 자유에너지 감소반응으로부터 자유에너지 증가반응으로 에너지가 전달되고 공통적인 중간물질을 공유하는 반응을 연계반응(coupled reaction) 또는 짝지은반응이라 한다.

가령,

$$A + B \rightarrow C + D,\ \Delta G^{o'} = +10\text{kcal/mol}$$
$$D + E \rightarrow F + G,\ \Delta G^{o'} = -20\text{kcal/mol}$$

일 때, 이 두 반응을 연계 또는 짝지으면

$$A + B + E \rightarrow C + F + G,\ \Delta G^{o'} = -10\text{kcal/mol}$$

전체 반응은 자유에너지가 감소되어 자발적인 정반응으로 진행한다. 생체 내에서는 이 같은 비자발적인 자유에너지 증가반응을 자발적인 자유에너지 감소반응과 연계시켜 능동 수송, 근육 수축, 고분자 생합성 등 수많은 생물학적 반응들을 수행한다.

해당과정에서 고에너지 화합물인 포스포엔올피루브산((phosphoenolpyruvate, PEP)으로부터 ATP를 생성하는 기질 수준 인산화반응에 대해 살펴보자.

포스포엔올피루브산이 피루브산(pyruvate)으로 분해되는 반응은 자유에너지 감소반응으로 정반응으로 진행하지만, ADP로부터 ATP를 생성하는 반응은 자유에너지 증가반응으로 열역학적으로 불리하여 정반응으로 진행할 수 없다. 생체에서는 이 두 반응을 짝지어서 포스포엔올피루브산이 피루브산으로 될 때 방출되는 에너지를 이용하여 ADP로부터 ATP를 생성한다.

phosphoenolpyruvate(PEP) + H_2O → pyruvate + Ⓟ, $\Delta G^{o'}$ = −14.8kcal/mol
ADP + Ⓟ → ATP + H_2O, $\Delta G^{o'}$ = +7.3kcal/mol
PEP + ADP → pyruvate + ATP, $\Delta G^{o'}$ = −7.5kcal/mol

2) 고에너지 화합물

고에너지 화합물(high energy compound)은 불안정한 구조를 가진 화합물로 분해 시에 외부로 상당히 큰 에너지를 방출할 수 있는 화합물이다. 고에너지 화합물은 분해하면서 화합물이 가진 큰 자유에너지는 외부로 방출되고 자신의 자유에너지는 크게 감소하며, 이온화, 이성질화 또는 공명 등에 의해 보다 안정한 화합물이 된다.

생체에서 대부분의 고에너지 화합물은 인산 화합물이며, 고에너지 화합물의 자유에너지 감소반응은 열역학적으로 불리한 자유에너지 증가반응들과 짝지어서 이들 반응을 정반응으로 진행시킨다. 고에너지 화합물의 종류로는 파이로인산(pyrophosphate), 엔올 인산(enol phosphate), 아실인산(acyl phosphate), 구아니듐 인산(guanidium phosphate), 티오에스터(thioester) 등이 있다.

(1) 파이로인산형

파이로인산(pyrophosphate)은 두 개의 인산이 인접하여 연결된 구조의 화합물로 분해 시 많은 에너지를 방출한다. ATP가 가장 대표적인 예이며, ATP 이외에도 ADP, GTP, GDP, UTP, UDP, CTP, CDP 등이 있다.

파이로인산형 화합물은 인접한 2개 이상의 무기인산이 포스포다이에스터(phosphodiester) 결합을 한 구조로 생체 내 pH에서 인산에스터 부분이 전기음성도 차이에 의해 인 원자는 부분 양전하(δ^+)를, 산소 원자는 부분 음전하(δ^-)를 가진다. 파이로인산 화합물은 생리적 pH 7에서 인접한 산소 원자들의 음전하 사이에서 발생하는 정전기적 반발 때문에 열역학적으로 불안정한 분자이며, 이러한 정전기적 반발을 극복하고 결합을 유지하기 위하여 그만큼 많은 내부에너지를 가지고 있다. 이처럼 불안정한 구조의 파이로인산 화합물은 가수분해 시 파이로인산 결합이 끊어지면서 많은 에너지를 외부로 방출시킨다. 가수분해된 이온들은 더 이상 반발을 하지 않아 낮은 에너지를 가지며 안정화된다.

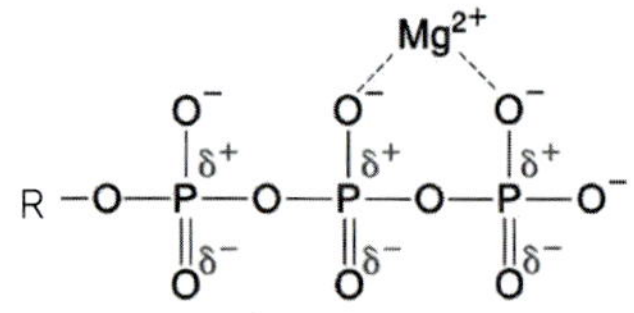

세포 내에서 ATP는 Mg^{2+}와 결합하여 $[ATP \cdot Mg]^{2-}$ 복합체를 형성하는데, 이는 ATP 산소 원자의 음전하가 Mg의 양전하와 부분적으로 중화하여 정전기적 반발을 감소시켜 안정화되어 존재한다.

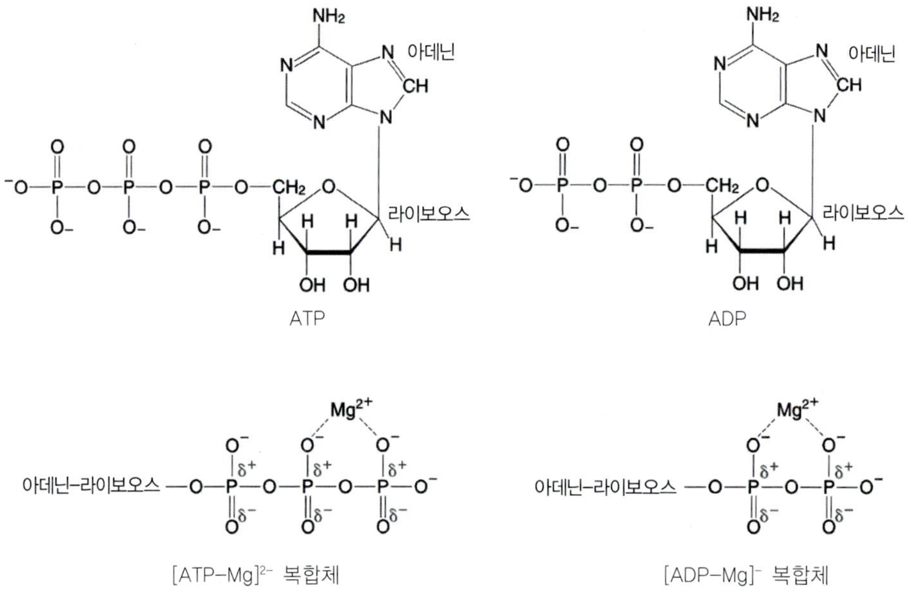

[그림 7-6] ATP와 $[ATP \cdot Mg]^{2-}$ 복합체의 구조

(2) 아실인산형

아실인산(acyl phosphate)의 대표적인 예로 해당과정의 중간체인 글리세르산 1,3-이인산(1,3-diphosphoglycerate, DPG)은 고에너지 화합물이다. 글리세르산 1,3-이인산 분자 내 C=O와 P=O에서 전기음성도의 차이로 발생하는 C와 P 원자의 부분적인 양전하 사이의 반발과 O 원자의 부분적인 음전하 사이의 반발을 극복하기 위해서는 그만큼 많은 에너지를 가져야 한다. 이러한 글리세르산 1,3-이인산이 가수분해되면 생성물이 이온화를 통해 더 많은 공명 구조를 갖게 되어 안정화되며, 11.8kcal/mol의 자유에너지를 방출하는데, 이때 방출되는 에너지는 해당과정에서 ADP로부터 ATP를 생성하는 기질 수준 인산화반응에 사용된다.

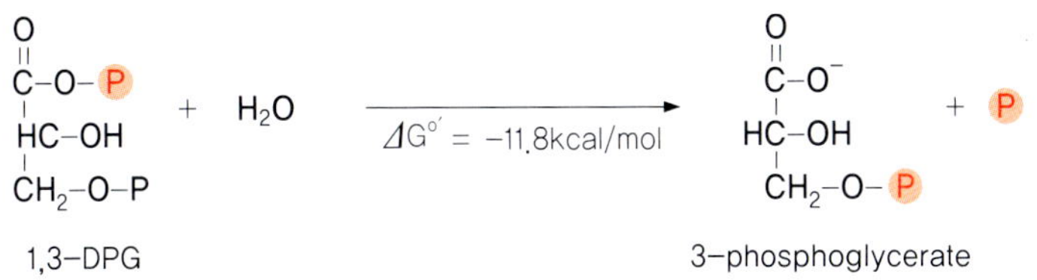

(3) 엔올 인산형

엔올 인산(enol phosphate) 화합물은 가장 많은 에너지를 포함하는 고에너지 화합물이다. 해당과정의 중간체인 포스포엔올피루브산(phosphoenolpyruvate, PEP)이 가수분해될 때 매우 큰 에너지를 방출하는 것은 포스포엔올피루브산의 구조가 대단히 불안정한 엔올(enol) 형태를 가지고 있고 이러한 불안정한 엔올(enol) 형태는 가수분해되면 곧바로 호변이성질화(tautomerization)를 통해 보다 안정한 형태인 케토(keto)형으로 이성질화되기 때문이다. 포스포엔올피루브산은 피루브산(pyruvate)으로 가수분해될 때 전체 $\Delta G^{\circ\prime}$는 -14.8kcal/mol이 되며, 이 에너지도 해당과정에서 ADP로부터 ATP를 생성하는데 사용된다.

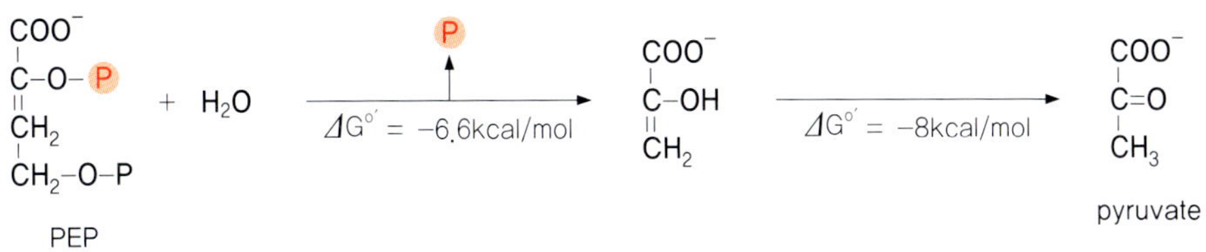

(4) 구아니듐 인산형

구아니듐 인산(guanidium phosphate) 또는 포스포구아니듐(phosphoguanidium)형 화합물은 에너지 전이와 저장에 중요한 역할을 하며, 척추동물의 크레아틴 인산(creatine phosphate, phosphocreatine), 무척추동물의 아르지닌 인산(arginine phosphate, phosphoarginine) 등이 있다.

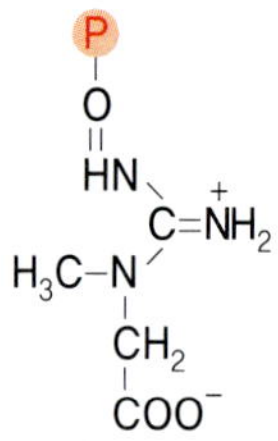

creatine phosphate
(phosphocreatine)

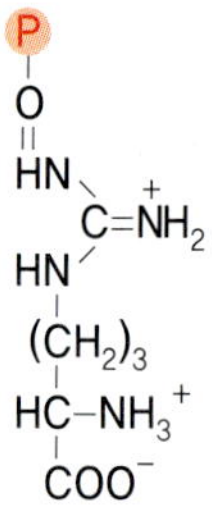

arginine phosphate

구아니듐 인산 화합물은 아실인산이나 엔올 인산 화합물처럼 본질적으로 구조가 불안정한 것이 아니라 생성물이 반응물보다 공명 형태가 더 많아 반응물보다 생성물이 더 안정한 구조를 갖기 때문이다. 반응물인 구아니듐 인산 화합물은 질소 원자가 부분적인 양전하의 인 원자 옆에 있어 공명 구조를 하기 어려운 반면에 생성물인 구아니듐은 인산기가 없어 질소 원자가 양이온의 공명 구조를 쉽게 가질 수 있어 자유에너지가 낮은 안정한 화합물이 된다.

크레아틴 인산의 가수분해 시의 $\Delta G^{\circ'}$는 -10.3kcal/mol로 ATP보다 3 kcal/mol 정도 더 음의 값을 가지고 있어 ADP로부터 ATP를 생성시킬 수 있다.

creatine phosphate (phosphocreatine) + ADP → creatine + ATP

(5) 티오 에스터형

티오 에스터(thioester) 화합물의 반응물인 티오 에스터의 황(S)은 공명 구조를 형성하지 못하지만 가수분해 생성물의 카복실기는 공명 구조를 형성할 수 있어 안정화되고 자유에너지가 낮아지게 된다. 티오에스터의 황은 이중결합을 형성하는 데 필요한 전자방출이 쉽지 않아 공명 구조를 이룰 수 없지만, 에스터 결합의 산소 원자와 카복실기의 탄소 원자와 이중결합의 공명 구조를 이룰 수 있다. 이처럼, 티오 에스터 화합물은 매우 불안정하여 반응물과 생성물 간의 자유에너지 차이가 커 가수분해 시 높은 음의 $\Delta G^{o'}$를 갖게 된다. 아세틸-CoA는 티오 에스터형 화합물의 대표적 화합물로 가수분해될 때 -7.5kcal/mol의 에너지를 방출한다.

〈표 7-3〉 인산 화합물의 가수분해 시 자유에너지 변화

고 · 저 에너지 인산 화합물	$\Delta G^{o'}$(pH 7.0, kcal/mol)	고 · 저 에너지 인산 화합물	$\Delta G^{o'}$(pH 7.0, kcal/mol)
phosphoenolpyruvate	−14.8	ATP(ATP → ADP + P_i)	−7.3
cyclic AMP	−12.0	ATP(ATP → AMP + PP_i)	−8.6
1,3-diphosphoglycerate	−11.8	ADP	−7.8
phosphocreatine	−10.3	UDP-glucose	−8.0
acetylphosphate	−10.1	glucose 1-phosphate	−5.0
S-adenosylmethionine	−10.0	fructose 6-phosphate	−3.8
pyrophosphate	−8.0	glucose 6-phosphate	−3.3
acetyl-CoA	−7.5	glycerol 3-phosphate	−2.2

연습문제

1. 다음 중 고에너지 화합물이 아닌 것은?

① ATP
② glucose-6-ⓟ
③ phosphocreatine(PC)
④ phosphoenolpyruvate(PEP)
⑤ 1,3-diphosphoglycerate(1,3-DPG)

2. 다음 중 근육 내에 있는 고에너지 화합물은?

① phosphocreatine(PC) ② ATP
③ phosphoenol pyruvate(PEP) ④ glucose-6-ⓟ
⑤ 1,3-diphosphoglycerate(1,3-DPG)

3. 세포 내에서 ATP와 결합하여 복합체를 형성하는 데 필요한 금속 이온은?

① Cu^{2+} ② Mn^{2+} ③ Mg^{2+}
④ Co^{2+} ⑤ Ca^{2+}

4. 전자전달계에서 수소(전자)의 최종 수용체는?

① flavoprotein ② CoQ
③ 사이토크롬 b ④ 사이토크롬 a
⑤ O_2

5. 정상적인 호흡을 하고 있는 세포에서 가장 풍부하게 존재하는 뉴클레오타이드는?

① GTP ② UTP ③ ADP
④ ATP ⑤ CTP

6. 다음은 표준자유에너지의 변화($\Delta G^{o'}$)에 관한 설명이다. 틀린 사항은?

① $\Delta G^{o'}$가 0이라는 것은 어떤 반응의 평형 상수가 1.0이다.
② 반응의 평형 상수(Keq)가 1.0보다 크면 G는 (-)값을 가진다.
③ $\Delta G^{o'}$가 (+)인 경우에 있어서 반응의 생성물은 반응물보다도 적은 자유에너지를 가지게 된다.
④ $\Delta G^{o'}$가 (+)값을 갖는다는 것은 모든 성분의 농도를 1.0몰로써 시작하면 반응은 역방향으로 진행한다.
⑤ $\Delta G^{o'}$가 (-)값을 갖는다는 것은 모든 성분의 농도를 1.0몰로써 시작하면 반응은 정방향으로 진행한다.

7. 다음 중 고에너지 화합물인 것은?

① AMP
② 1,3-diphosphoglycerate
③ glyceraldehyde 3-phosphate
④ glucose 1-phosphate
⑤ fructose 6-phosphate

8. ATP의 역할과 관련 있는 것은?

① 인산기 전이 ② 카복실기 전이
③ 아미노기 전이 ④ 알데하이드기 전이
⑤ 메틸기 전이

9. ATP에 대한 설명이다. 틀린 것은?

① ATP나 크레아틴 인산은 고에너지 인산결합을 가지고 있다.
② 기질 수준의 인산화에 의해 생성된 ATP는 전 ATP 생성량의 10% 이하이다.
③ 산화적 인산화에 의해 NADH에서는 2.5분자의 ATP가 생성된다.
④ 산화적 인산화에 의해 FADH2에서는 1.5분자의 ATP가 생성된다.
⑤ 산화적 인산화에 의한 ATP의 생성은 미토콘드리아의 기질에서 일어난다.

10. 세포 내에서 산화반응으로 생성된 에너지는 어떤 형태로 존재하는가?

① NAD ② AMP
③ ADP ④ ATP
⑤ NADPH

정답: 1 ② 2 ① 3 ③ 4 ⑤ 5 ④
6 ③ 7 ② 8 ① 9 ⑤ 10 ④

chapter 08

탄수화물 대사

Carbohydrate metabolism

이 장에서는 먼저 탄수화물의 소화와 흡수 과정을 간략하게 설명한 다음 해당과정(glycolysis)으로 알려진 대사과정에 따라 글루코오스 분자가 효소적으로 어떻게 분해되고 ATP 형태의 화학에너지를 생성하는 대사 경로에 대해 알아본다. 글루코오스는 생체의 모든 세포에서 사용되는 에너지원이며, 특히 뇌와 적혈구 등에서는 유일한 에너지원이다. 이 장에서는 해당과정의 각 단계 반응과 대사 경로의 조절에 대해서 자세히 알아본다. 또한, 이당류 등으로부터 생성된 프럭토오스, 갈락토오스 등의 다른 단당류들도 해당과정의 중간물질로 전환되는 대사도 살펴보고 발효에 대하여 간단히 기술한다.

1. 탄수화물의 소화 및 흡수

우리가 섭취하는 탄수화물 중 전분과 수크로오스 등 소화 가능한 탄수화물은 약 90% 정도를 차지하고, 나머지 10%는 글루코오스, 락토오스 및 다른 단당류 등이다.

셀룰로오스 등 난소화성 탄수화물은 사람은 셀룰로오스의 (β 1→4) 결합을 가수분해할 수 있는 효소를 가지고 있지 않기 때문에 세포의 에너지원으로 이용할 수 없다. 그러나 셀룰로오스 등 식이섬유는 장내 세균의 에너지원 역할을 하며, 장의 운동과 기능에 중요하다.

인체에서 주로 저장 당질인 전분 등을 섭취하면 대부분 체내 효소에 의해 소장에서 글루코오스(glucose) 등 단당류로 최종 분해된 후 흡수된다. 전분은 먼 타액의 α-아밀레이스(α-amylase)에 의해 아밀로펙틴이나 아밀로오스의 (α 1→4) 결합을 가수분해하여 덱스트린(dextrin)과 말토오스(maltose) 등을 생성한다. 위를 거쳐서 췌장의 α-아밀레이스에 의해 다시 분해되어, 말토오스, 아이소말토오스(isomaltose), 말토트리오스(maltotriose) 등 말토올리고당으로 된다. 소장 점막세포는 단백질, 당단백질과 가수분해 효소들이 복잡하게 연결되어 구성되어 있는데 이어서 소장 점막세포 외부 표면의 미세융모(brush border)에 들어 있는 말테이스(maltase), α-글루코시데이스(α-glucosidase) 등에 의해서 최종적으로 글루코오스로 분해된다(그림 8-1). [그림 8-1]은 소장의 미세융모에서 소당류를 단당류로 가수분해하는 여러 효소를 요약한 것이다.

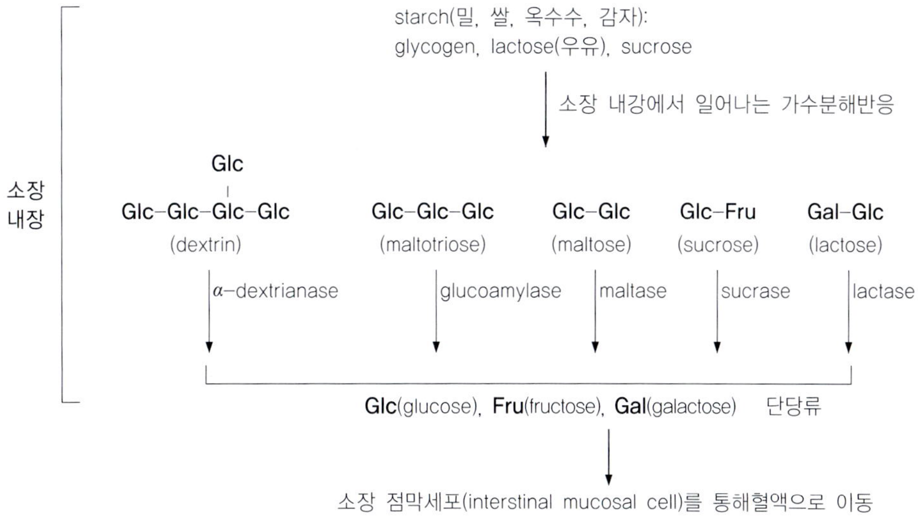

[그림 8-1] 소장의 미세융모 내에서 탄수화물의 소화 및 흡수

한편, 단당류는 소장의 점막 세포막을 통하여 흡수되어 혈액으로 이동하며 탄수화물 섭취 후 10~20분 내에 혈당량이 증가한다. 대부분의 체세포는 단당류를 에너지원으로 이용하는데, 특히 뇌세포는 에너지원을 거의 전적으로 글루코오스에 의존한다. 세포는 당을 혈액으로부터 세포막을 통과하여 세포질로 이동시켜 이곳에서 당을 분해하고 ATP를 생성한다. 그런데, 글루코오스는 강한 친수성이어서 세포막을 통과하기가 쉽지 않다. 모든 글루코오스의 세포막 통과에는 글루코오스 수송체(glucose transporter, GLUT)를 필요로 한다. GLUT는 GLUT 1~14 등 14종류가 있으며, 골격근, 지방조직 등에 존재하는 GLUT 4는 인슐린에 의해 활성이 증가되어 혈액으로부터 근육세포와 지방세포 내로 글루코오스의 유입을 증가시킨다(표 8-1).

저농도에서 고농도로 이동하는 능동수송(active transport)은 소장에서 글루코오스의 흡수 과정에서 일어난다(그림 8-2). 세포 외 농도가 세포 내 농도보다 고농도인 Na^+의 농도 기울기와 세포 내 농도가 세포 외 농도보다 고농도인 글루코오스의 농도 기울기가 서로 연결된 능동수송에 의해 글루코오스는 세포 내로 유입된다. 이처럼, 농도 기울기로 글루코오스가 세포막을 통과하는 것을 촉진 확산(facilitated diffusion)이라 한다. 이 과정에서 소모된 Na^+의 농도 기울기를 원래의 세포 외 고농도인 상태로 복귀시키는 데는 ATP가 필요하다.

〈표 8-1〉 글루코오스 수송체(GLUT)의 주요 종류

구분	발현되는 조직	특징
GLUT 1	적혈구 등 모든 세포	• 활성이 저혈당에 의해 증가되고 고혈당에 의해 감소됨
GLUT 2	간, 신장, 췌장	• 혈액으로부터 과다 글루코오스를 유입하고 저혈당 시 글루코오스를 혈액으로 유출(간, 신장) • 인슐린 분비를 조절(췌장)
GLUT 3	뇌(뉴런)	• 글루코오스에 친화력이 매우 큼
GLUT 4	골격근, 지방조직, 심근	• 인슐린에 의해 활성이 증가되어 글루코오스 유입을 증가시킴
GLUT 5	소장, 신장, 정소, 정자	• 프럭토오스의 유입

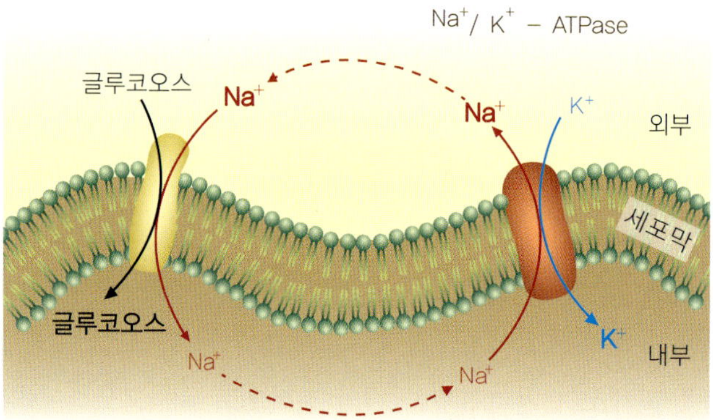

[그림 8-2] 글루코오스의 능동수송

2. 해당과정

1) 해당과정의 개요

Embden-Meyerhof-Parnas 경로(Embden-Meyerhof-Parnas pathway, EMP)로 알려진 해당과정(glycolysis)은 세포질(cytosol)에서 일어나는 10가지 연속적인 효소 반응에 의해 육탄당의 글루코오스(glucose) 분자를 산소가 없는 혐기적인 조건(anaerobic condition)에서 탄소 원자 3개로 된 피루브산(pyruvate) 2분자로 분해되면서 ATP 2분자와 NADH 2분자를 생성하는 과정이다.

해당과정은 탄수화물 대사에서 가장 중요한 대사 경로인데, 이는 식품으로 섭취하거나 체내 저장된 탄수화물은 모두 글루코오스로 전환될 수 있고 해당과정은 산소가 필요

하지 않은 상태에서도 작동되며, 에너지뿐만 아니라 다른 대사 경로에서 필요한 중간물질을 생성하여 공급한다.

(1) 글루코오스의 공급과 해당과정으로의 도입

인체에서 글루코오스를 공급하는 두 가지 물질은 식품 형태의 전분 등과 저장 형태의 글리코젠(glycogen)이다. 전분의 글루코오스는 α-아밀레이스 등에 의해 분해되어 소장의 점막세포를 통해 혈액으로 운반되고 인슐린의 작용에 의해 조직으로 흡수된다. 간이나 근육의 글리코젠은 인체에서 글루코오스의 중요한 저장 형태로 글리코젠은 무게비로 간에는 약 5% 정도, 근육에는 약 1% 정도 함유되어 있어 사람이 즉시 이용 가능한 형태로 저장되어 있는 탄수화물은 0.23kg 정도가 된다.

간이나 근육에 있는 글리코젠은 가인산분해효소인 포스포릴레이스(phosphorylase)에 의해 글루코오스 1-인산(glucose 1-phosphate)으로 분해되며, 탈인산효소인 포스파테이스(phosphatase)에 의해 글루코오스 6-인산(glucose 6-phosphate)은 인산기가 제거되어 유리 글루코오스가 되고, 이것은 혈액에 의해 운반되어 조직세포에 흡수된다. 포스파테이스는 근육에는 없고 간세포에만 존재하는 효소이다. 간 글리코젠이 분해되어 생성된 글루코오스 1-인산에는 글루코오스를 거쳐 해당과정으로 들어갈 수 있지만, 근육 글리코젠이 분해되어 생성된 글루코오스 1-인산은 포스포글루코뮤테이스(phosphoglucomutase)에 의해 글루코오스 6-인산으로 전환된 후 해당과정으로 들어갈 수 있다(그림 8-3).

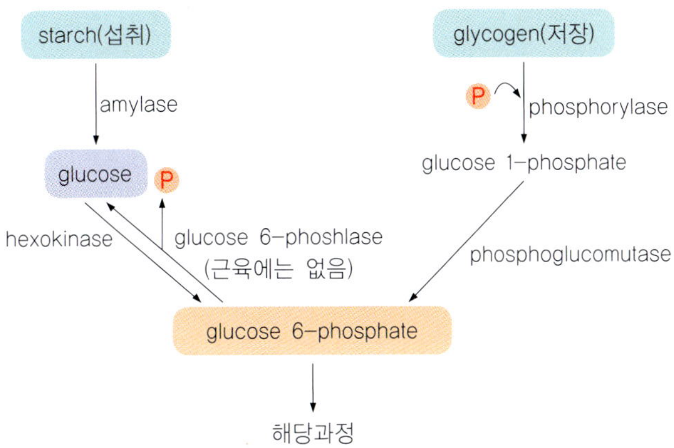

[그림 8-3] 섭취나 저장 형태의 글루코오스의 해당과정으로의 유입

(2) 혐기적 및 호기적 해당과정

❶ 혐기적 해당과정

혐기적 해당과정은 인체에서 격렬한 또는 고강도 운동을 할 때 일시적으로 발생하는 산소 부족 기간 동안 일어나며, 이때 근육 수축을 위해 필요한 ATP를 제공한다. 혐기적 해당과정에서는 글루코오스가 해당과정을 통해 생성된 피루브산이 젖산(lactate)으로 전환되면서 2 ATP를 생성한다. 한편, 효모와 같은 미생물은 해당과정의 생성물인 피루브산을 추가적인 효소들에 의해 2분자의 아세트알데하이드(acetaldehyde)를 거쳐 알코올과 CO_2로 전환되는 과정을 알코올 발효(alcoholic fermentation)라고 하며 포도주, 맥주, 음료산업 등에는 알코올을 생산하기 위해 이러한 대사 경로를 이용한다.

❷ 호기적 해당과정

진핵세포는 호기적인 조건(aerobic condition)에서는 해당과정에서 글루코오스로부터 생성된 피루브산(pyruvate)은 아세틸-CoA(acetyl-CoA)로 전환된 후 세포질에서부터

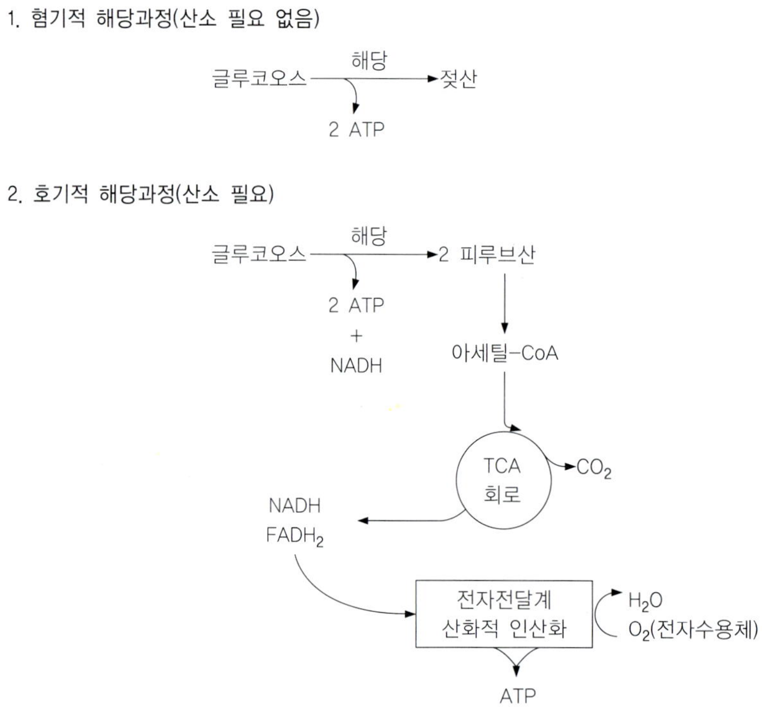

[그림 8-4] 혐기적 및 호기적 해당과정의 비교

미토콘드리아로 옮겨져서 TCA 회로(구연산 회로)를 통하여 이산화탄소와 물로 완전 산화된다. TCA 회로에서 생성된 NADH 등은 전자전달계(electron transport system)에 전달되고 거기서 산화적 인산화(oxidative phosphorylation)를 거쳐 ATP 분자가 생성된다. 이러한 과정을 미토콘드리아성 호흡(mitochondrial respiration)이라 하며, 마지막 전자 수용체로 산소가 반드시 필요하다.

글루코오스가 호기적 해당과정을 거쳐 완전히 산화되면 30 혹은 32개의 ATP를 생성하며, 혐기적 조건에서는 글루코오스 한 분자당 2개의 ATP를 생성하므로 15배 정도 많은 ATP 분자를 생성한다(그림 8-4). 이처럼, 혐기적 해당과정은 ATP 생산 면에서 호기적 해당과정에 비해 훨씬 비효율적이지만 사람에게는 심한 운동이나 산소 부족 기간에도 ATP를 지속적으로 생성해 주기 때문에 매우 중요하다.

2) 해당과정의 구분

해당과정의 각 단계 반응을 상세히 알아보기 전에 우선 개략적으로 살펴보면 해당과정은 10단계의 효소 반응이 연속적으로 일어나면서 탄소 원자 6개의 글루코오스가 탄소 원자 3개의 피루브산 2분자로 분해된다. 이러한 해당과정은 크게 2가지 단계로 분류할 수 있다. 1단계부터 5단계 반응의 전반부는 소모 단계로 글루코오스는 2ATP를 소모하면서 글리세르알데하이드 3-인산(glyceraldehyde 3-phosphate)을 생성한다.

나머지 6단계부터 10단계 반응의 후반부는 생성 단계로 2분자의 글리세르알데하이드 3-인산이 2분자의 피루브산으로 전환되면서 동시에 4분자의 ATP와 2분자의 NADH를 생성한다(그림 8-5). 해당과정의 후반부에서 4분자의 ATP가 생성되지만 전반부에서 2분자의 ATP가 소모되면서 전체의 수율로서는 2분자의 ATP가 생성된다.

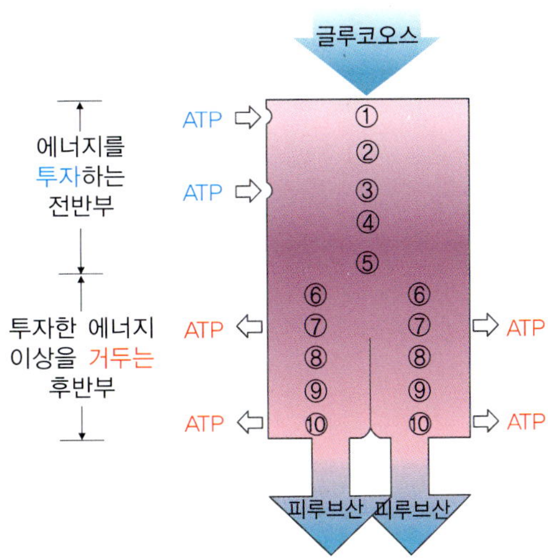

[그림 8-5] 해당과정의 전반부와 후반부

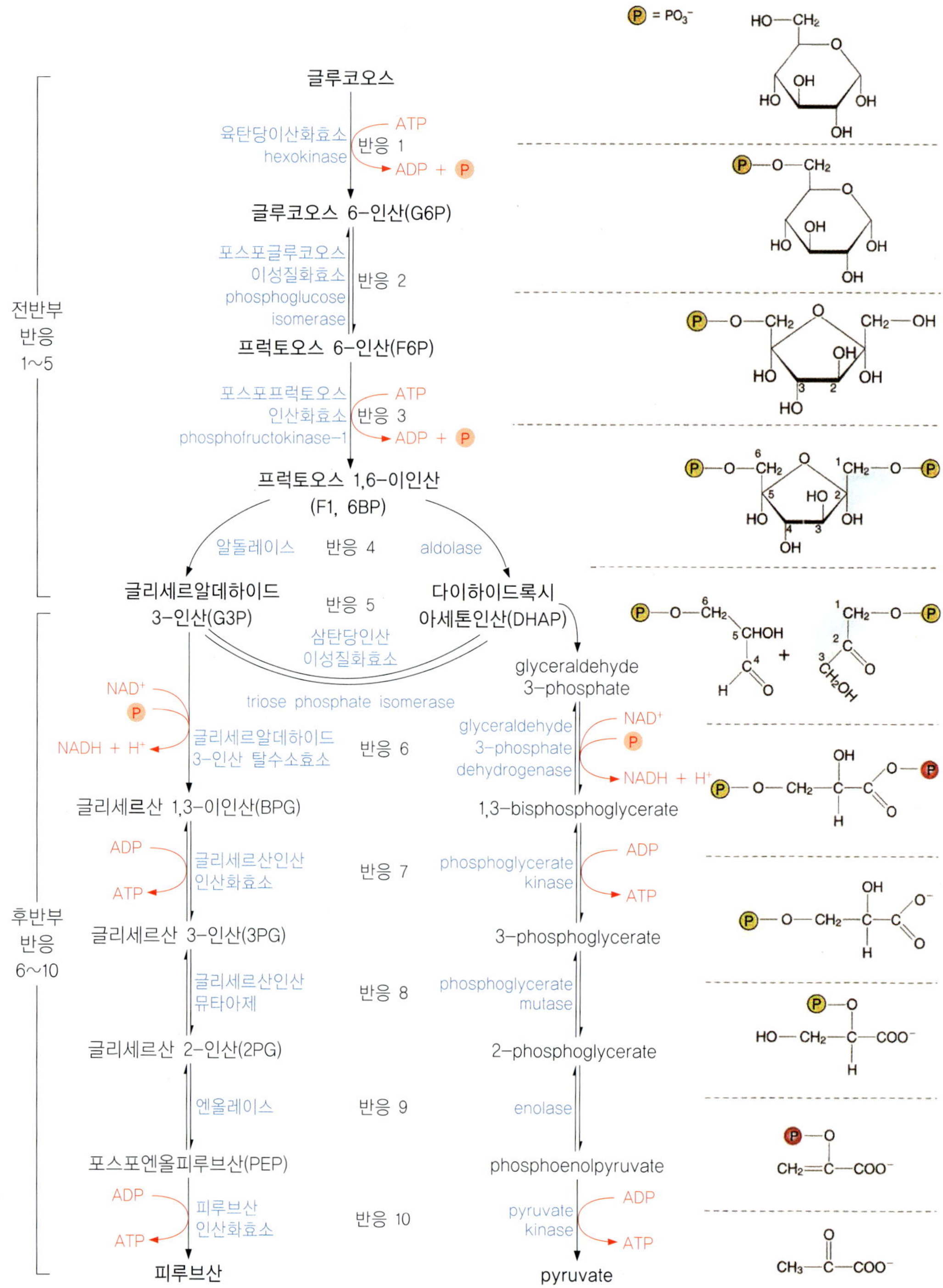

[그림 8-6] 해당과정의 전체 10단계 반응

3) 해당과정의 반응

(1) 육탄당인산화효소(hexokinase) 단계: 글루코오스의 인산화(첫 번째 ATP 소모)

글루코오스가 세포의 세포질로 운반되면 즉시 육탄당인산화효소(hexokinase, HK)에 의해 인산화된다. '카이네이스(kinase)'는 '인산기 전이효소(phosphotransferase)'로 인산기를 전달하기 위하여 ATP를 소모한다. 이 단계에서 ATP 분자에 있는 인산이 글루코오스의 6번 탄소의 OH기에 전달되어 글루코오스 6-인산을 생성하고 ATP는 ADP가 된다.

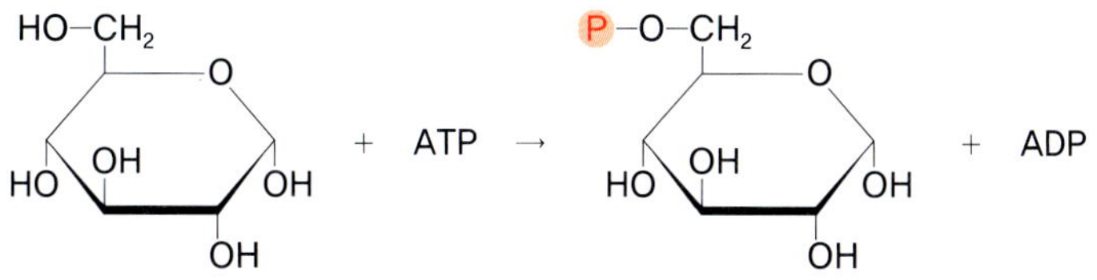

세포 내의 글루코오스 농도는 아주 낮은 수준으로 글루코오스가 세포 내에 들어오는 즉시 인산화된다. 글루코오스가 인산화된 글루코오스 6-인산은 쉽게 세포막을 통과할 수 있는 글루코오스와 달리, 분자 내 인산기의 음전하로 인해 친수성이 증가하여 세포막을 통해 확산될 수 없어 세포 밖으로 빠져나갈 수가 없다.

이 반응은 열역학적으로 자유에너지 감소가 매우 커서 생성물인 글루코오스 6-인산이 반응물인 글루코오스로 되돌아갈 수 없는 비가역적 반응이다. 이러한 비가역적 반응은 대사에서 조절받을 수 있는 조절 단계(자리)로 반응 생성물인 글루코오스 6-인산에 의해 저해를 받는다.

인체에서 육탄당인산화효소는 동위효소(isoenzyme)로 4가지 종류가 있으며 I, II, III형은 글루코오스뿐만 아니라 다른 육탄당도 인산화할 수 있는 기질 특이성이 낮은 효소이고 IV형은 글루코오스만 인산화할 수 있는 기질 특이성이 높은 효소다.

육탄당인산화효소 I, II, III는 골격근에 존재하며, K_m이 낮아서(40μM) 주로 글루코오스 농도가 낮을 때 글루코오스를 인산화시킬 수 있는 효소이다.

육탄당인산화효소 IV는 글루코카이네이스(glucokinase, GK)라고도 한다. 간에 존재하며, K_m이 높아서(10μM) 주로 글루코오스 농도가 높을 때 글루코오스를 인산화시킬 수 있는 효소이다. 글루코카이네이스는 식후 혈당이 높아질 때 작용하여 글루코오스를 글리코젠으로 합성하여 저장하는 데 사용된다. 이처럼, 글루코카이네이스는 간에서 혈당의 항상성 유지에 중요한 역할을 한다.

(2) 이성질화효소 단계: 글루코오스 6-인산의 이성질화

글루코오스 6-인산은 글루코오스 인산 이성질화효소(glucose phosphate isomerase; phosphohexose isomerase)에 의해 프럭토오스 6-인산(fructose 6-phosphate)으로 전환된다. 글루코오스 인산 이성질화효소에 의해 알도오스(aldose)형의 글루코오스가 케토오스(ketose)형의 프럭토오스로 이성질화된다.

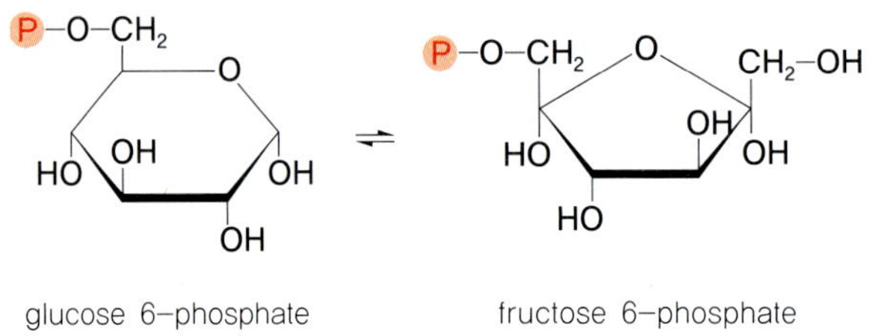

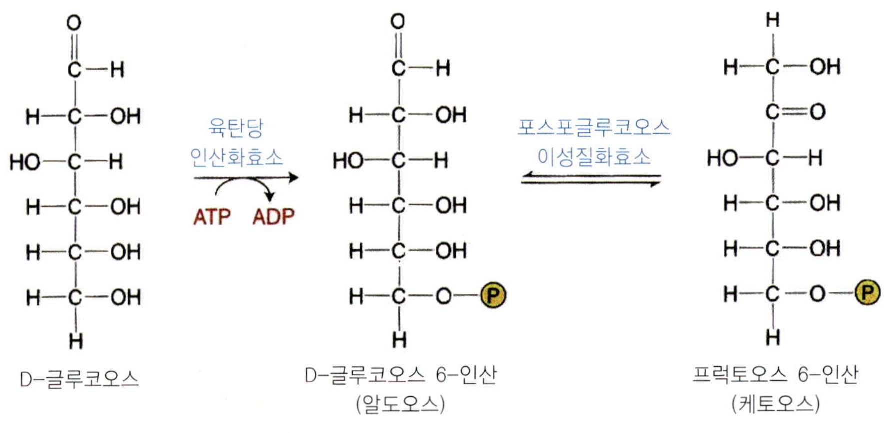

[그림 8-7] 해당과정의 1, 2단계 반응

(3) 포스포프럭토오스 인산화효소 단계: 프럭토오스 6-인산의 인산화(두 번째 ATP 소모)

포스포프럭토오스 인산화효소(phosphofructokinase, PFK)는 프럭토오스 6-인산의 1번 탄소의 OH기에 인산기를 하나 더 첨가하는 반응을 촉매하여 프럭토오스 1,6-이인산(fructose 1,6-diphosphate)을 생성한다.

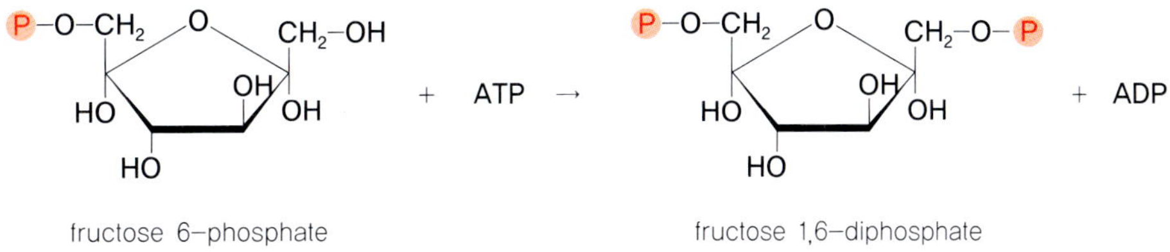

전반부에서 두 번째의 ATP 분자가 여기에서 사용되며, 이 반응도 열역학적으로 자유 에너지 감소가 매우 큰 비가역적 반응으로 해당과정의 두 번째 조절자리이다. 포스포프럭토오스 인산화효소는 해당과정에서 두 번째 조절자리이지만 대사 전체의 속도를 결정하는 속도 조절 단계 효소(pace maker)이다.

포스포프럭토오스 인산화효소는 ATP, 시트르산(citrate)에 의해 저해되고 AMP, 프럭토오스 2,6-이인산(fructose 2,6-diphosphate)에 의해 촉진되는 다른자리 입체성 효소(allosteric enzyme)이다.

(4) 알돌레이스 단계: 프럭토오스 1,6-이인산의 분해

단계 4의 알돌(aldol) 분해반응은 알데하이드나 케톤과 같은 카보닐기를 가진 분자 사이에서 일어나는 알돌 축합반응의 역반응으로 알돌레이스(aldolase)라는 효소에 의해 촉매된다.

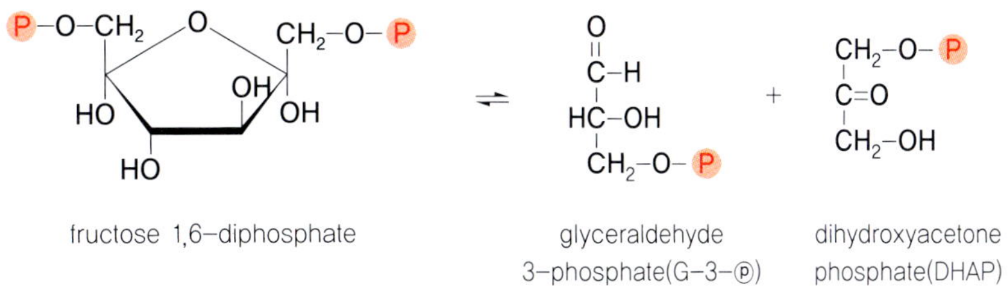

알돌레이스에 의한 프럭토오스 1,6-이인산의 알돌 분해반응은 알돌레이스의 염기성 측쇄 중 라이신 잔기의 e-아미노기가 기질과 반응하여 시프 염기(Schiff's base)를 형성함으로써 진행된다. 이 반응으로 육탄당인 프럭토오스 1,6-이인산은 각각 삼탄당인 글리세르알데하이드 3-인산(glyceraldehyde 3-phosphate)과 다이하이드록시아세톤 인산(dihydroxyacetone phosphate, DHAP)으로 분해된다.

(5) 트리오스 인산 이성질화효소 단계: 트리오스 인산 이성질화

해당과정의 다음 반응물은 글리세르알데하이드 3-인산만 허용하므로 다이하이드록시아세톤 인산(DHAP)은 트리오스 인산 이성질화효소(triosephosphate isomerase)에 의해 또 하나의 글리세르알데하이드 3-인산으로 전환된다.

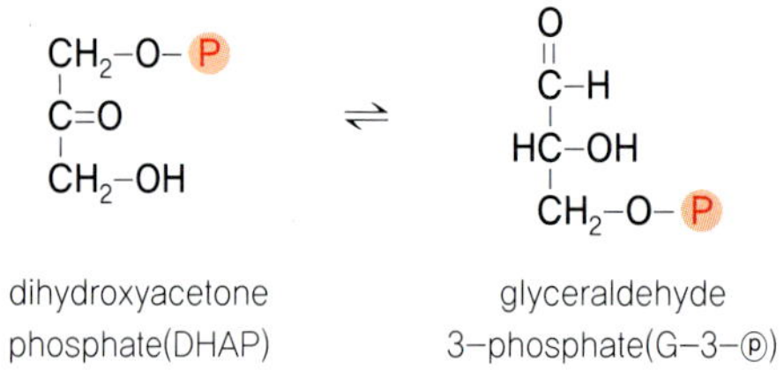

육탄당인 프럭토오스 1,6-이인산은 알돌레이스와 트리오스 인산 이성질화효소에 의해서 2분자의 글리세르알데하이드 3-인산으로 전환된다. 알돌레이스와 트리오스 인산 이성질화효소 반응 모두 가역적인 반응이다.

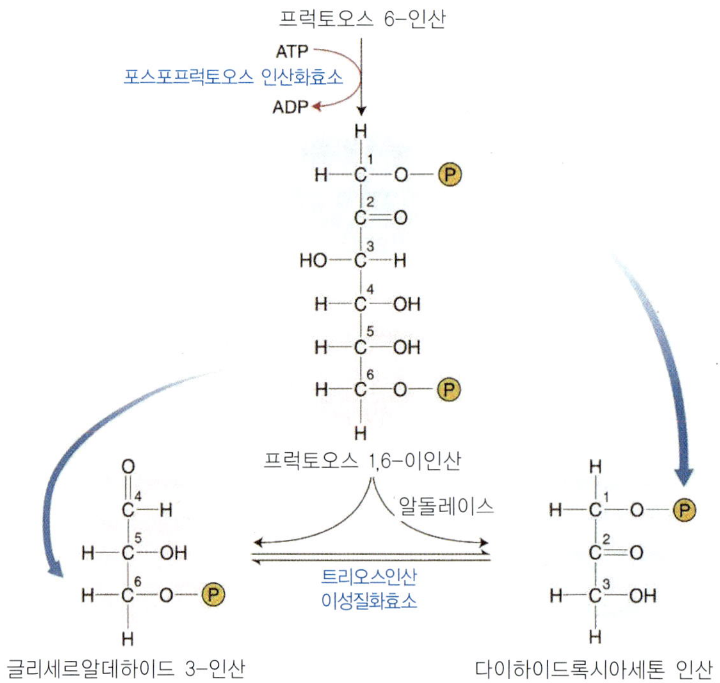

[그림 8-8] 해당과정의 3, 4, 5단계 반응

(6) 글리세르알데하이드 3-인산 탈수소효소 단계: NADH의 생성

글리세르알데하이드 3-인산은 글리세르알데하이드 3-인산 탈수소효소(glyceraldehyde 3-phosphate dehydrogenase)에 의해 글리세르알데하이드 3-인산의 알데하이드기가 카복실기로 산화되고 카복실기에 무기인산(P_i)이 결합되어 1,3-다이포스포글리세르산(1,3-diphosphoglycerate)이 생성된다. 이 반응에서는 탈수소효소의 조효소로 니코틴아마이드 아데닌 다이뉴클레오타이드(nicotinamide adenine dinucleotide, NAD^+)가 작용하면서 NADH가 생성된다.

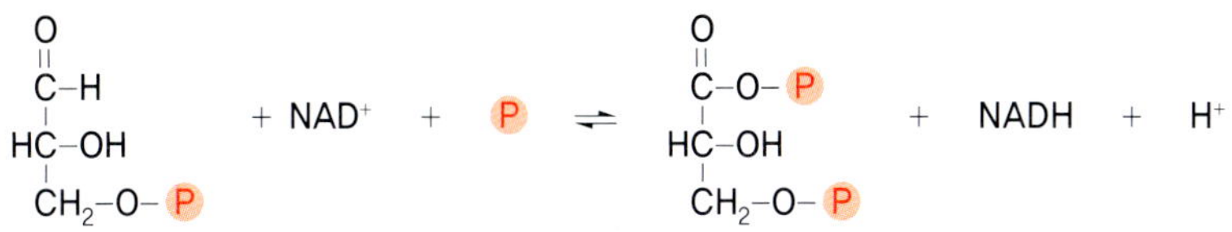

glyceraldehyde 3-phosphate(G-3-ⓟ) 1,3-diphosphoglycerate (1,3-BPG)

반응 생성물인 1,3-다이포스포글리세르산(1,3-diphosphoglycerate)은 고에너지 인산기의 공여체인 고에너지 화합물로 다음 단계에서 ATP 분자 생성을 돕게 된다.

글리세르알데하이드 3-인산 탈수소효소 단계는 무기인산에 의한 인산화반응과 동시에 일어나는 유일한 산화반응이기 때문에 해당과정에 있어서 가장 중요한 반응 단계의 하나이다.

(7) 포스포글리세르산 인산화효소 단계: 기질 수준 인산화(첫 번째 ATP 생성)

이 반응에서는 포스포글리세르산 인산화효소(phosphoglycerate kinase)가 1,3-다이포스포글리세르산의 두 개의 인산기 중 1번 탄소의 인산기를 ADP에 전달시켜 3-포스포글리세르산(3-phosphoglycerate)과 ATP를 생성한다.

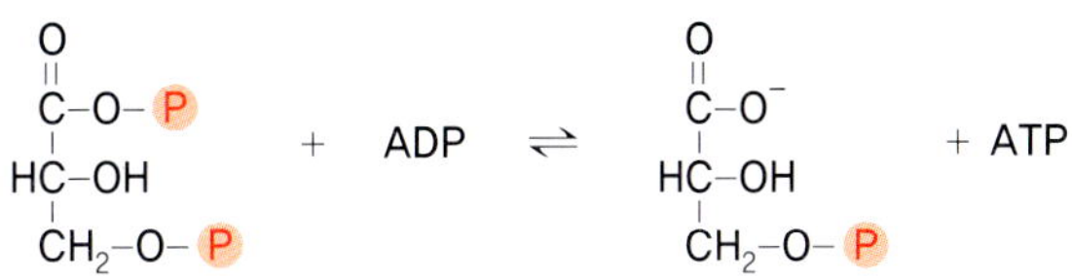

1,3-diphosphoglycerate 3-phosphoglycerate(3-PG)

이 반응은 매우 큰 발열반응으로 쉽게 오른쪽으로 반응이 진행되어 ATP를 생성할 수 있다. 반응물인 1,3-다이포스포글리세르산은 고에너지 화합물로 ADP에 인산을 주어 ATP를 만드는 데 필요한 충분한 자유에너지를 방출한다. 이 반응은 해당과정에서 ATP를 생성하는 두 반응 중 첫 번째 반응으로, 글루코오스 1분자에 대해 2분자의 1,3-다이포스포글리세르산(글리세르알데하이드 3-인산)이 생성되므로 2분자의 ATP를 생성한다.

이처럼, 고에너지 화합물이 ADP를 인산화시켜 ATP를 생성하는 과정을 기질 수준 인산화(substrate level phosphorylation)라고 한다. 또 다른 형태의 인산화인 산화적 인산화(oxidative phosphorylation)는 전자전달계를 통해 일어나며, 이에 관해서는 11장에서 자세히 살펴볼 것이다.

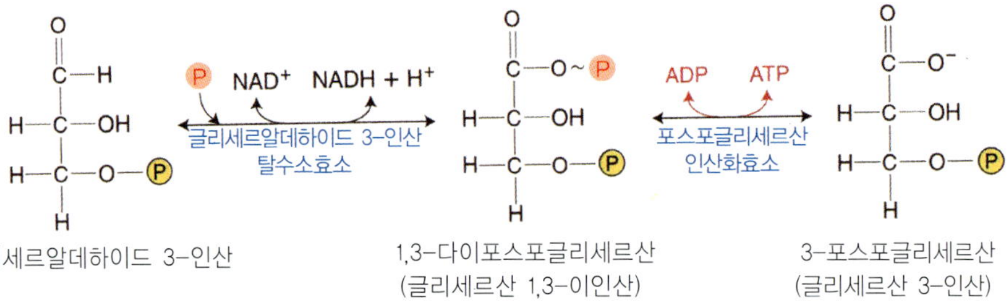

[그림 8-9] 해당과정의 6, 7단계 반응

(8) 포스포글리세르산 뮤테이스 단계: 인산기의 자리옮김

포스포글리세르산 뮤테이스(phosphoglyceromutase)는 3-포스포글리세르산의 3번 탄소에 있는 인산기를 2번 탄소에 전달하여 2-포스포글리세르산(2-phosphoglycerate) 형성을 촉매한다.

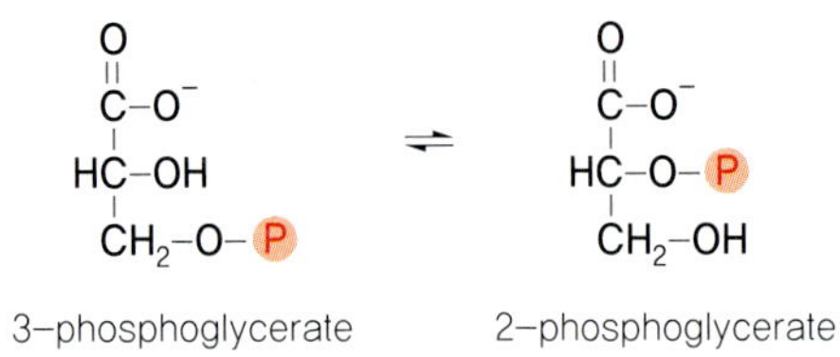

이 반응은 가역적으로 생성물인 2-포스포글리세르산은 다음 단계에서 생성되는 고에너지 화합물인 포스포엔올피루브산(phosphoenolpyruvate)의 전구체가 된다.

(9) 엔올레이스 단계: 탈수반응

이 반응은 엔올레이스(enolase)에 의한 2-포스포글리세르산의 물 분자 제거반응(dehydration reaction)으로 포스포엔올피루브산(phosphoenolpyruvate, PEP)을 생성한다.

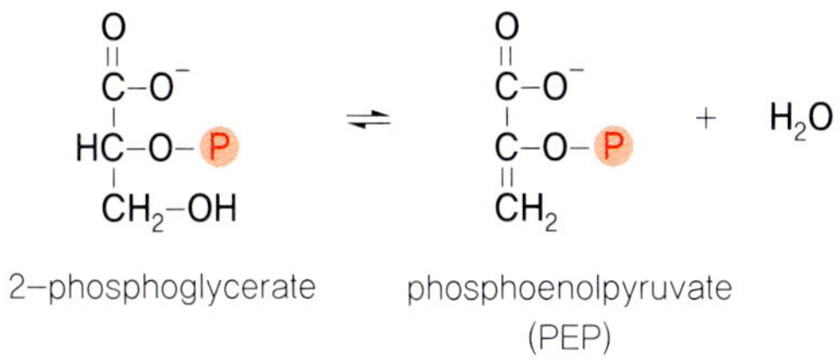

포스포엔올피루브산은 가수분해 시 매우 큰 자유에너지 감소를 가지고 있어 ADP로부터 ATP를 생성할 때 인산기를 줄 수 있는 고에너지 화합물이다.

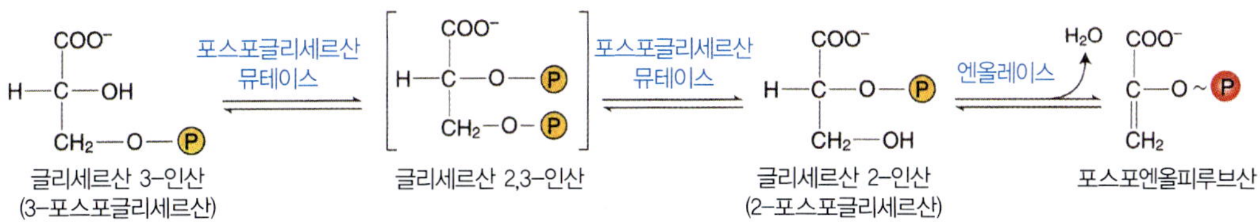

[그림 8-10] 해당과정의 8, 9단계 반응

(10) 피루브산 인산화효소 단계: 기질 수준 인산화(두 번째 ATP 생성)

마지막 반응인 피루브산 인산화효소(pyruvate kinase) 반응은 포스포엔올피루브산으로부터 ADP에 인산기를 전달하고 피루브산(pyruvate)과 ATP 생성을 촉매하는 반응이다.

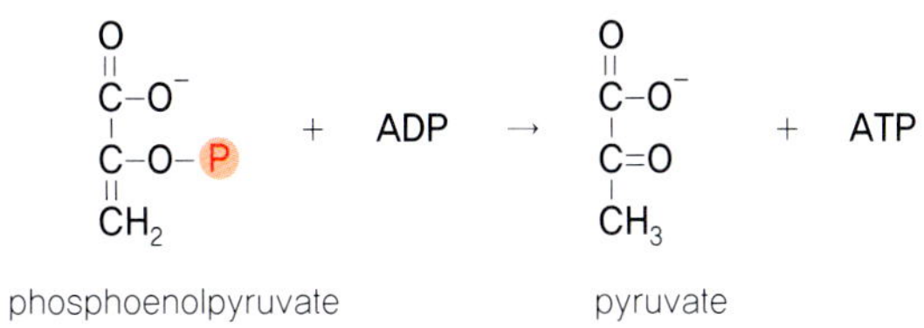

고에너지 화합물인 포스포엔올피루브산은 안정한 상태인 케토(keto)형 대신, 불안정한 엔올(enol)형이 분자 내에 존재하기 때문에 큰 표준 자유에너지를 가지고 있어 엔올

형(불안정)에서 케토형(안정)으로의 전환은 피루브산 인산화효소 전체 반응의 중요한 추진력으로 작용한다. 이 반응은 비가역적 반응으로 해당과정의 세 번째 조절자리이다. 이 효소는 ATP와 아세틸-CoA에 의해 저해되고 AMP 및 프럭토오스 1,6-이인산에 의해 촉진되는 다른자리 입체성 효소(allosteric enzyme)이다.

이 반응에서도 글루코오스 1분자당 2분자의 PEP가 형성되므로 2분자의 ATP가 생성되는 기질 수준 인산화반응이다.

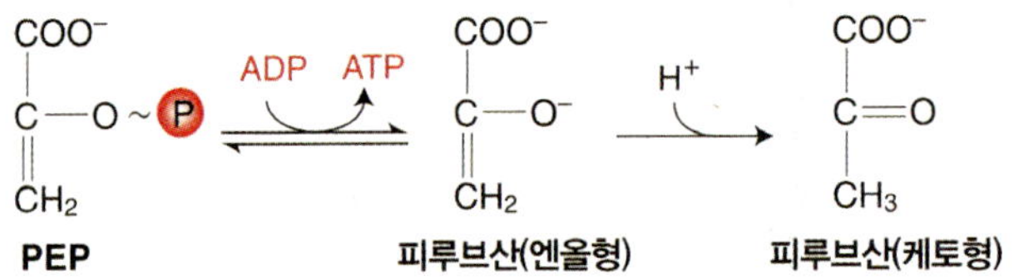

[그림 8-11] 10단계 반응 과정

(11) 젖산 탈수소효소 단계: NAD^+의 재산화

한편, 해당과정을 지속적으로 진행하기 위해서는 글리세르알데하이드 3-인산 탈수소효소에 의해 사용된 NAD^+ 공급이 필요하다. 이러한 NAD^+의 공급을 위해서 젖산 탈수소효소(lactate dehydrogenase, LDH) 반응을 통해 피루브산을 환원하여 젖산(L-lactate)으로 전환하면 NADH는 NAD^+로 재산화되어 얻을 수 있다(그림 8-12).

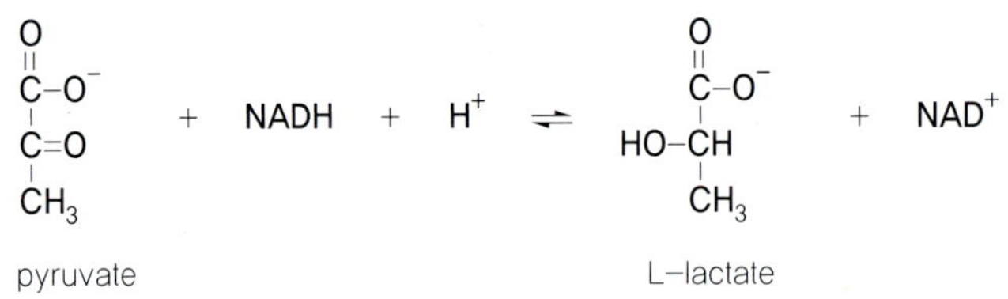

이 단계에서 생산된 젖산은 폐기물로서 세포 밖으로 확산되어 배출되며, 이 폐기 젖산은 심한 운동을 할 때 근육의 피로나 통증의 원인이 된다. 간세포와 같은 진핵세포에서는 당신생 과정(gluconeogenesis)을 통해 젖산이 글루코오스로 재합성되어 다시 사용할 수 있다.

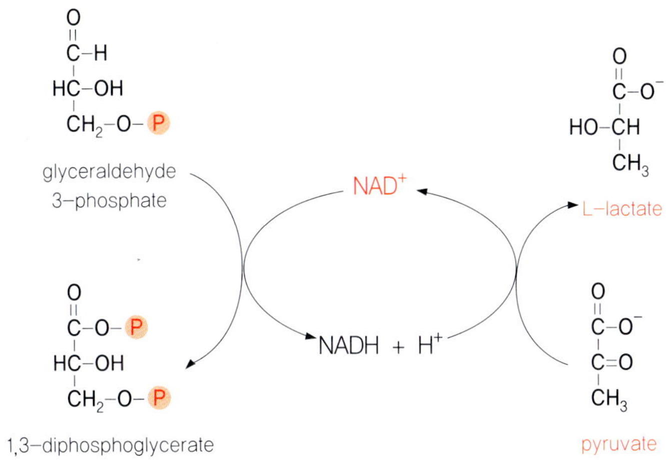

[그림 8-12] 혐기적 해당과정에서 NAD^+와 NADH의 재순환

4) 해당과정의 조절

해당과정의 역할은 크게 두 가지가 있다. 하나는 ATP를 생성하기 위해 글루코오스를 분해하는 것이고 다른 하나는 생합성에 쓰일 탄소골격을 공급하는 것이다. 이러한 목적을 위해 해당과정은 조절받으며, 따라서 해당과정의 속도는 세포의 ATP 수준과 생합성에 필요한 대사물질의 요구에 의존한다.

해당과정에서 조절자리는 비가역적 반응으로 해당과정은 (1) 육탄당인산화효소, (2) 포스포프럭토오스 인산화효소(PFK), (3) 피루브산 인산화효소 등 3개의 효소에 의해 조절된다(그림 8-13). 이들 세 효소는 조절효소들로 촉진적 또는 저해적 효과인자인 활성인자(activator)와 저해인자(inhibitor)들에 의해서 조절된다.

포스포프럭토오스 인산화효소와 피루브산 인산화효소는 다른자리 입체성 효소(allosteric enzyme)로 ATP는 이들 효소에 대해 저해적 효과인자로 작용한다. PFK는 ATP에 대한 두 개의 서로 다른 결합 부위를 가지고 있으며, 높은 수준의 ATP는 PFK의 프럭토오스 6-인산에 대한 친화도를 감소시켜 PFK를 저해시키고 반대로, 낮은 수준의 ATP, 높은 수준의 AMP와 ADP는 프럭토오스 6-인산에 대한 친화도를 증가시켜 PFK를 촉진시킨다. 프럭토오스 2,6-이인산(fructose 2,6-diphosphate)도 프럭토오스 6-인산에 대한 친화도를 증가시키는 촉진적 효과인자로 작용하여 PFK를 촉진시킨다(그림 8-14). 글루코오스 6-인산은 육탄당인산화효소의 저해인자로 작용하며, 피루브산 인산화효소는 다른자리 입체성 효소로 ATP와 아세틸-CoA는 저해적 효과인자, AMP, ADP 및 프럭토오스 1,6-이인산은 촉진적 효과인자로 작용한다.

해당과정에서 가장 중요한 속도 조절 단계(pace maker)는 포스포프럭토오스 인산화효소인 PFK이다. 해당과정의 첫 번째 비가역적 반응을 촉매하는 육탄당인산화효소의 생성물인 글루코오스 6-인산은 해당과정뿐만 아니라 당신생 과정, 오탄당인산 경로, 글리코젠 대사 등에서 사용하기 때문에 계속 생성 및 소비되어 축적될 양이 없다. 만일, PFK가 저해되면 기질인 프럭토오스 6-인산 수준이 증가하고 프럭토오스 6-인산과 서로 평형관계인 글루코오스 6-인산 수준도 증가하게 된다. 이때 높아진 글루코오스 6-인산은 육탄당인산화효소를 저해시켜 PFK 저해는 HK 저해를 유발한다. 이처럼, HK는 PFK에 종속되어 해당과정의 전체 속도는 특이하게 두 번째 비가역적 반응을 촉매하는 PFK가 결정한다.

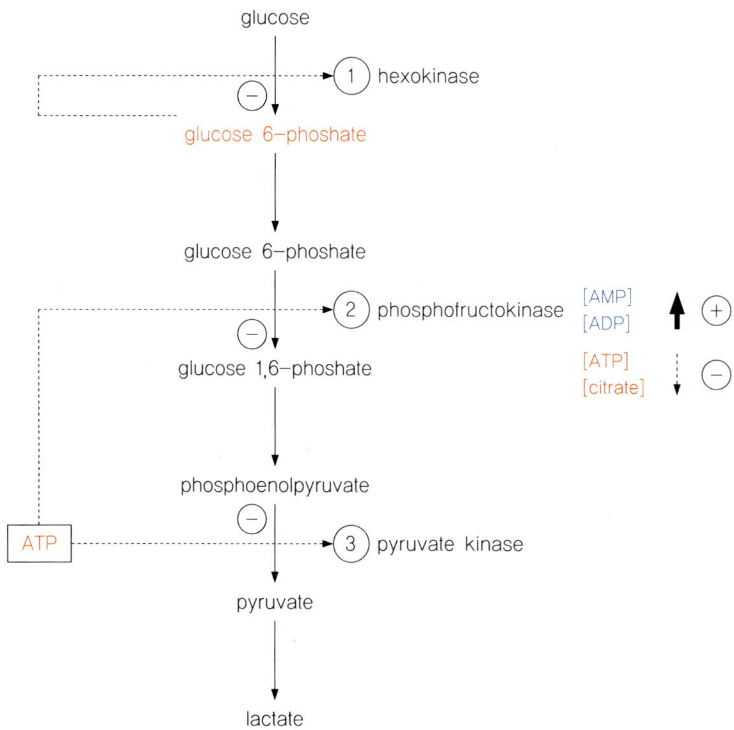

[그림 8-13] 해당과정의 조절

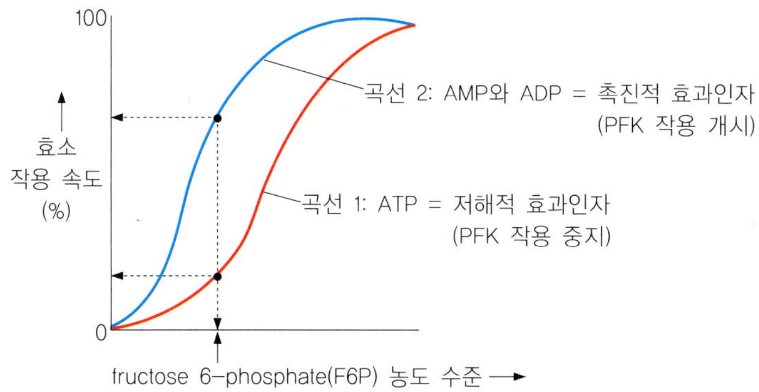

[그림 8-14] 포스포프럭토오스 인산화효소에 대한 AMP, ADP, ATP의 효과

5) 프럭토오스와 갈락토오스의 해당과정

이당류는 해당과정에 바로 들어갈 수 없다. 섭취한 이당류가 체내에서 이용되기 위해서는 먼저 소장 내벽의 세포에 있는 효소에 의해서 단당류 단위로 가수분해된 후 생성된 단당류가 혈액을 거친 후 간에서 인산화되어 해당과정의 중간체로 변환되어 해당과정으로 들어간다.

(1) 프럭토오스

척추동물에서 과일이나 수크로오스로부터 생성된 프럭토오스는 간에서 육탄당인산화효소(hexokinase, HK)에 의해 프럭토오스 6-인산으로 된 후, 해당과정으로 들어가거나, 프럭토카이네이스(fructokinase)에 의해 프럭토오스 1-인산으로 된 후 알돌레이스(aldolase)에 의해 글리세르알데하이드(glyceraldehyde)와 다이하이드록시아세톤 인산(DHAP)이 되어 해당과정으로 들어간다.

$$\text{fructose} \xrightarrow{\text{hexokinase}} \text{fructose 6-phosphate 또는}$$
$$\xrightarrow{\text{fructokinase}} \text{fructose 1-phosphate} \rightarrow \text{DHAP} + \text{glyceraldehyde}$$
$$\rightarrow \text{glyceraldehyde 3-phosphate} \rightarrow \text{해당과정}$$

(2) 갈락토오스

우유의 락토오스 등으로부터 생성된 갈락토오스는 먼저 갈락토카이네이스(galactokinase)에 의해 갈락토오스 1-인산(galactose 1-phosphate)으로 된 후, UTP와 반응하여 글루코오스 1-인산(glucose 1-phosphate)과 UDP-갈락토오스로 전환된다. 이 반응은 글루코오스와 갈락토오스의 운반체로서 UDP를 사용하며, 갈락토오스 1-인산 우리딜트랜스퍼레이스(galactose 1-phosphate uridyltransferase)와 UDP-글루코오스 4-에피머레이스(UDP-glucose 4-epimerase) 등이 작용하여 글루코오스 6-인산으로 된 후 해당과정으로 들어간다.

galactose $\xrightarrow{\text{galactokinase}}$ galactose 1–phosphate → glucose 1–phosphate → glucose 6–phosphate → 해당과정

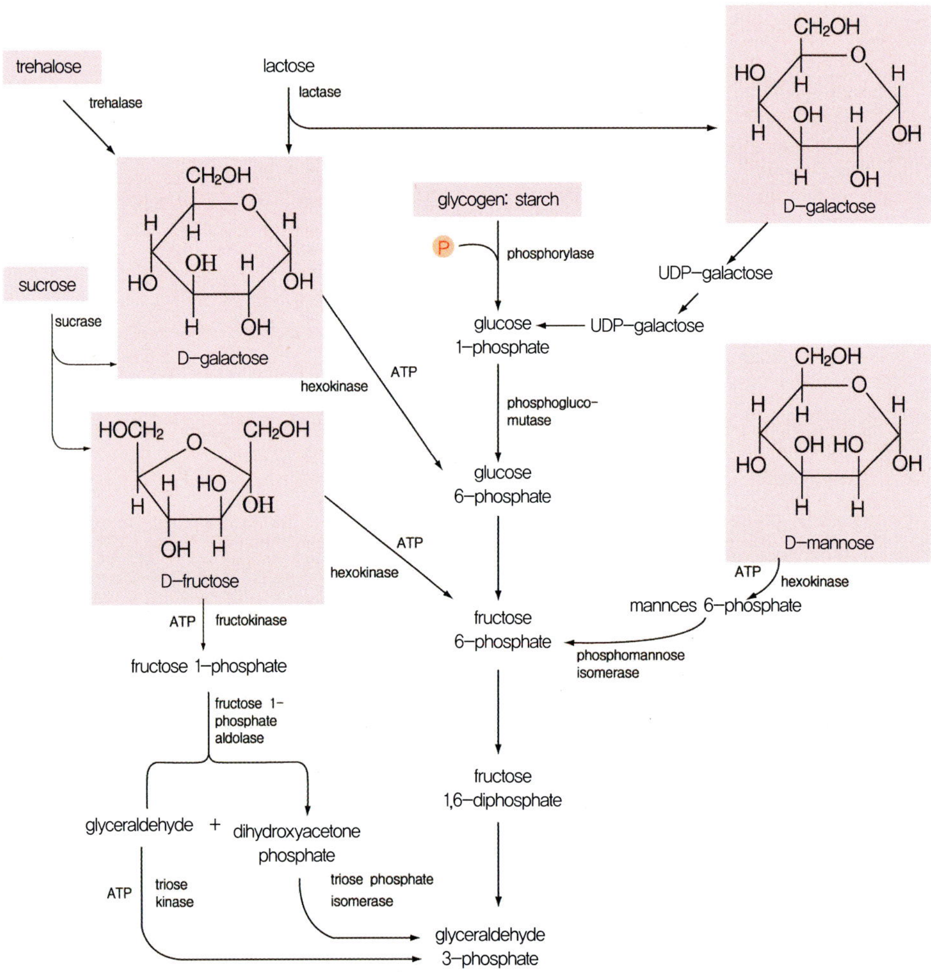

[그림 8-15] 단당류의 해당과정으로의 유입

6) 갈락토오스혈증

갈락토오스 대사에서 가장 일반적으로 나타나는 유전적 질환인 갈락토오스혈증(galactocemia)은 갈락토오스 1-인산 우리딜트랜스퍼레이스(galactose 1-phosphate uridyltransferase)가 유전적으로 결함되어 있어 전체적으로 갈락토오스가 글루코오스로 변환되는 것이 방해된다. 그 결과 갈락토오스와 갈락토오스 1-인산이 대사되지 않고 혈액이나 조직 중에 축적되어 간을 비롯한 장기는 비대되고, 백내장으로 인하여 시력은 떨어지고 지적장애를 가져오게 된다. 갈락토오스의 주된 공급원은 우유에 함유되어 있는 갈락토오스로 이 유전적 질환은 유아나 청소년에 나타난다. 또 다른 유형의 갈락토오스혈증은 갈락토오스 인산화효소 또는 UDP-글루코오스 4-에피머레이스가 유전적으로 결함이 있는 경우에도 나타난다.

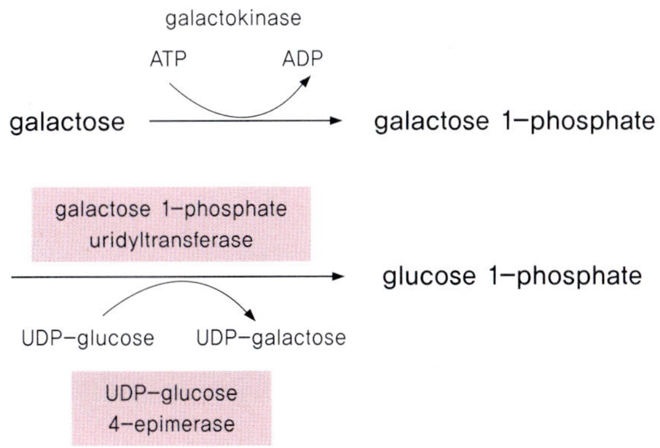

[그림 8-16] 갈락토오스 대사와 갈락토오스혈증의 원인 효소

3. 피루브산 대사

해당과정을 통해 생성된 피루브산은 최종 생성물이 아니고 다양한 대사 경로의 중간물질이다. 특히, 피루브산은 세포 대사의 중요한 교차물질로 산소(O_2)의 필요 여부에 따라 대사의 운명이 결정된다. 산소를 필요로 하는 호기적 조건에서는 피루브산은 아세틸(acetyl)-CoA로 전환된 후 TCA 회로(구연산 회로)로 진입하여 이산화탄소와 물로 완전산화되거나 지방산으로 합성된다. TCA 회로에서 생성된 NADH 등은 전자전달계(electron transport system)를 통해 전자를 최종 전자수용체인 산소에 전달하고 ATP 분자를 생성하는 산화적 인산화 과정을 수행한다. 또한, 피루브산은 아미노기 전달효소에 의해 알라닌(alanine)으로 합성된다. 한편, 산소가 필요하지 않은 혐기적 조건에서 피루브산은 산소를 이용하지 않고 유기화합물을 전자수용체로 이용하여 에너지를 얻는 과정인 발효(fermentation)를 수행한다.

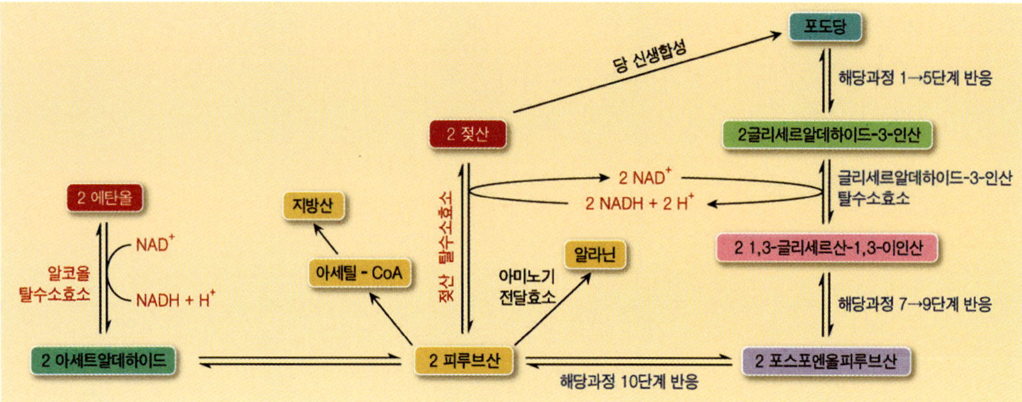

[그림 8-17] 피루브산 대사

1) 젖산 발효

젖산 발효(lactic fermentation)는 글루코오스가 혐기성 미생물에 의해 젖산으로 전환되는 혐기적 해당과정이다. 해당과정의 생성물인 피루브산의 젖산으로의 전환은 젖산 탈수소효소(lactate dehydrogenase, LDH)에 의해 촉매되는 산화-환원반응이며, NADH는 NAD^+로 산화된다.

$$\text{pyruvate} + \text{NADH} + \text{H} \rightleftharpoons \text{L-lactate} + \text{NAD}^+$$

젖산 발효는 젖산 간균인 락토바실러스(*Lactobacillus*) 등 다양한 세균이 젖산 발효를 수행한다. 대표적인 발효 식품으로는 치즈, 요구르트, 김치 등이 있다. 치즈는 *Rhizomucor miehei(pusillus)*로, 요구르트는 *Lactobacillus bulgaricus*로, 김치는 *Lactobacillus kimchii*로 발효시켜 만든 것이다.

한편, 우리 몸의 골격근에서도 젖산 발효가 일어날 수 있다. 산소 공급이 부족한 상태에서 격렬한 운동을 하면 근육조직의 세포에서 피루브산은 젖산으로 전환되며, 이때 생성된 젖산은 근육의 피로나 통증의 원인이 된다. 젖산 발효의 전체 반응은 다음과 같다.

$$\text{glucose} \rightarrow \text{L-lactate} + 2\ \text{ATP}$$

2) 알코올 발효

알코올 발효(alcholic fermentation)는 글루코오스가 효모나 세균에 의해 에탄올과 이산화탄소(CO_2)로 전환되는 혐기적 해당과정이다. 알코올 발효는 해당과정을 통해 생성된 피루브산이 두 단계를 거쳐 에탄올로 환원되는 반응이다. 이 두 단계 반응은 피루브산 탈탄산효소(pyruvate decarboxylase)와 알코올 탈수소효소(alcohol dehydrogenase)가 수행한다.

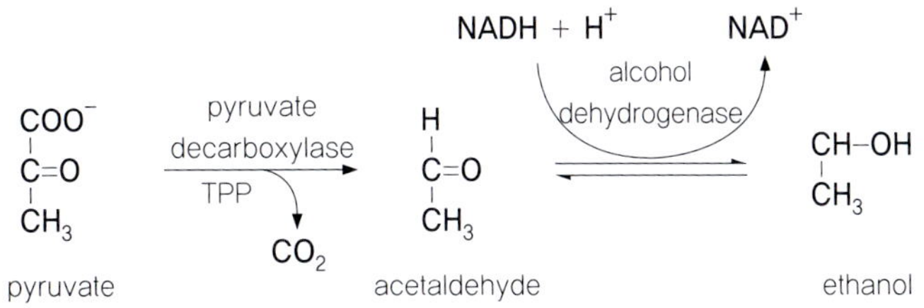

첫 번째 단계 반응에서 피루브산은 피루브산 탈탄산효소에 의해 탈탄산, 즉 CO_2가 제거되어 아세트알데하이드(acetaldehyde)로 전환된다. 이 효소는 촉매 활성을 위해 조효소인 TPP(thiamine pyrophosphate)와 Mg^{2+} 이온을 필요로 한다. 두 번째 단계 반응에서 아세트알데하이드는 알코올 탈수소효소에 의해 에탄올(ethanol)로 환원되고 NADH는 NAD^+로 산화된다. 알코올 발효의 전체 반응은 다음과 같다.

$$\text{glucose} \rightarrow 2\ \text{ethanol} + 2\ CO_2 + 2\ \text{ATP}$$

연습문제

1. 해당과정에서 전체 ATP 생성 순서로 옳은 것은?

① 1 ATP를 소모한 후 2 ATP를 생성한다.
② 1 ATP를 소모한 후 4 ATP를 생성한다.
③ 2 ATP를 소모한 후 2 ATP를 생성한다.
④ 2 ATP를 소모한 후 4 ATP를 생성한다.
⑤ 4 ATP를 소모한 후 4 ATP를 생성한다

2. 해당과정에 관한 설명 중 옳은 것은?

① 피루브산을 포도당으로 전환시킨다.
② ATP가 많을수록 해당과정이 잘 일어난다.
③ ADP가 많을수록 해당과정이 잘 일어난다.
④ NADH가 많을수록 해당과정이 잘 일어난다.
⑤ 산소가 잘 공급될수록 젖산의 축적이 많아진다.

3. 해당과정에서 ATP를 소모하는 반응에 관여하는 효소로 옳은 것은?

① aldolase ② enolase
③ pyruvate kinase ④ phosphofructokinase
⑤ glucose phosphate isomerase

4. 혐기적 해당과정에서 NAD를 재생성하는 효소 반응은?

① pyruvate kinase
② pyruvate carboxylase
③ glyceraldehyde-3-ⓟ dehydrogenase
④ pyruvate dehydrogenase
⑤ lactate dehydrogenase

5. 글루코오스(glucose)가 2분자의 젖산으로 전환될 때 생성되는 ATP 분자 수는?

① 1 ② 2 ③ 3
④ 4 ⑤ 6

6. 피루브산을 탈탄산하여 아세트알데하이드를 생성하는 효소는?

① alcohol carboxylase
② pyruvate carboxylase
③ pyruvate decarboxylase
④ alcohol decarboxylase
⑤ alcohol dehydrogenase

7. 다음 중 해당과정의 속도 조절 단계 효소는?

① hexokinase
② pyruvate kinase
③ phosphofructokinase
④ phosphoglycerate kinase
⑤ glucose-6-ⓟ kinase

8. 해당과정에서 NADH를 생성하는 효소 반응은?

① PGA kinase
② pyruvate kinase
③ lactate dehydrogenase
④ glyceraldehyde-3-ⓟ kinase
⑤ glyceraldehyde-3-ⓟ dehydrogenase

9. 해당과정에서 기질 수준 인산화는?

① diphydroxyacetone phosphate → glyceraldehyde 3-phosphate
② fructose 6-phosphate → fructose 1, 6-phosphate
③ 1,3-diphospoglycerate → 3-phosphoglyceratee
④ glucose → glucose 6-phosphate
⑤ pyruvate → lactate

10. 해당과정에 관한 설명 중 <u>틀린</u> 것은?

① 세포질에서 일어난다.
② 산소를 필요로 하지 않는다.
③ 10단계의 연속적인 효소 반응이다.
④ 산소가 있으면 젖산이 다량 축적된다.
⑤ 포도당에서 피루브산까지의 분해를 말한다.

정답: 1 ④ 2 ③ 3 ④ 4 ⑤ 5 ②
6 ③ 7 ③ 8 ⑤ 9 ③ 10 ④

chapter 09

기타 탄수화물 대사

Other carbohydrate metabolism

이 장에서는 해당과정 이외에 탄수화물 대사의 또 다른 중요한 경로들인 당신생합성(gluconeogenesis), 오탄당인산 경로(HMP), 글리코젠 대사 등에 대하여 설명한다.

1. 당신생합성

1) 당신생합성의 개요

당신생합성(gluconeogenesis)은 '새로운 글루코오스의 합성'이라는 의미로 주로 간과 일부 신장과 소장의 세포질(cytosol)과 미토콘드리아(mitochondria)에서 일어나며, 피루브산, 젖산, 글리세롤(glycerol) 및 포도당 생성 아미노산 등과 같은 비탄수화물 전구체로부터 글루코오스를 생성하는 과정이다. 당신생합성의 역할은 혈당을 높여 뇌, 적혈구, 근육 등에 필요한 만큼 글루코오스를 공급하는 것이다. 글루코오스는 사람을 비롯한 생명체의 보편적인 에너지원이며, 특히 사람의 뇌, 신경계 및 적혈구에서는 유일한 또는 주요 에너지원이다. 사람의 뇌는 매일 120g 정도의 글루코오스를 사용하는데 장기간 금식이나 아침 식전, 격렬한 운동 후에는 체내 저장된 글리코젠이 고갈되어 더 이상 글루코오스를 공급할 수 없을 때 혈당을 유지하기 위해서 이러한 당신생합성이 체내에서 사용된다.

2) 당신생합성의 반응

당신생합성은 해당과정의 단순한 역반응이 아니다. 반응물과 생성물만을 보면 당신생합성은 단순히 해당과정을 반대로 거슬러 올라가는 가역반응처럼 보이지만, 해당과정의 반응 중에서 육탄당인산화효소(hexokinase), 포스포프럭토오스 인산화효소(phosphofructokinase), 피루브산 인산화효소(pyruvate kinase) 등이 관여하는 세 가지 비가역적 반응이 존재한다. 해당과정의 가역적인 반응은 당신생합성의 반응과 공유할 수 있으나 3가지 비가역적 반응을 극복하기 위해서 우회적인 반응이 필요하다.

당신생합성의 일부는 해당과정의 반응이고 일부는 새로운 반응이며, 해당과정은 에너지를 방출하는 자발적 반응이지만, 당신생합성은 에너지를 흡수하는 비자발적 반응이다. 이처럼, 당신생합성은 해당과정의 비가역적 반응인 조절자리를 우회하는 우회 반응이 반드시 필요하다.

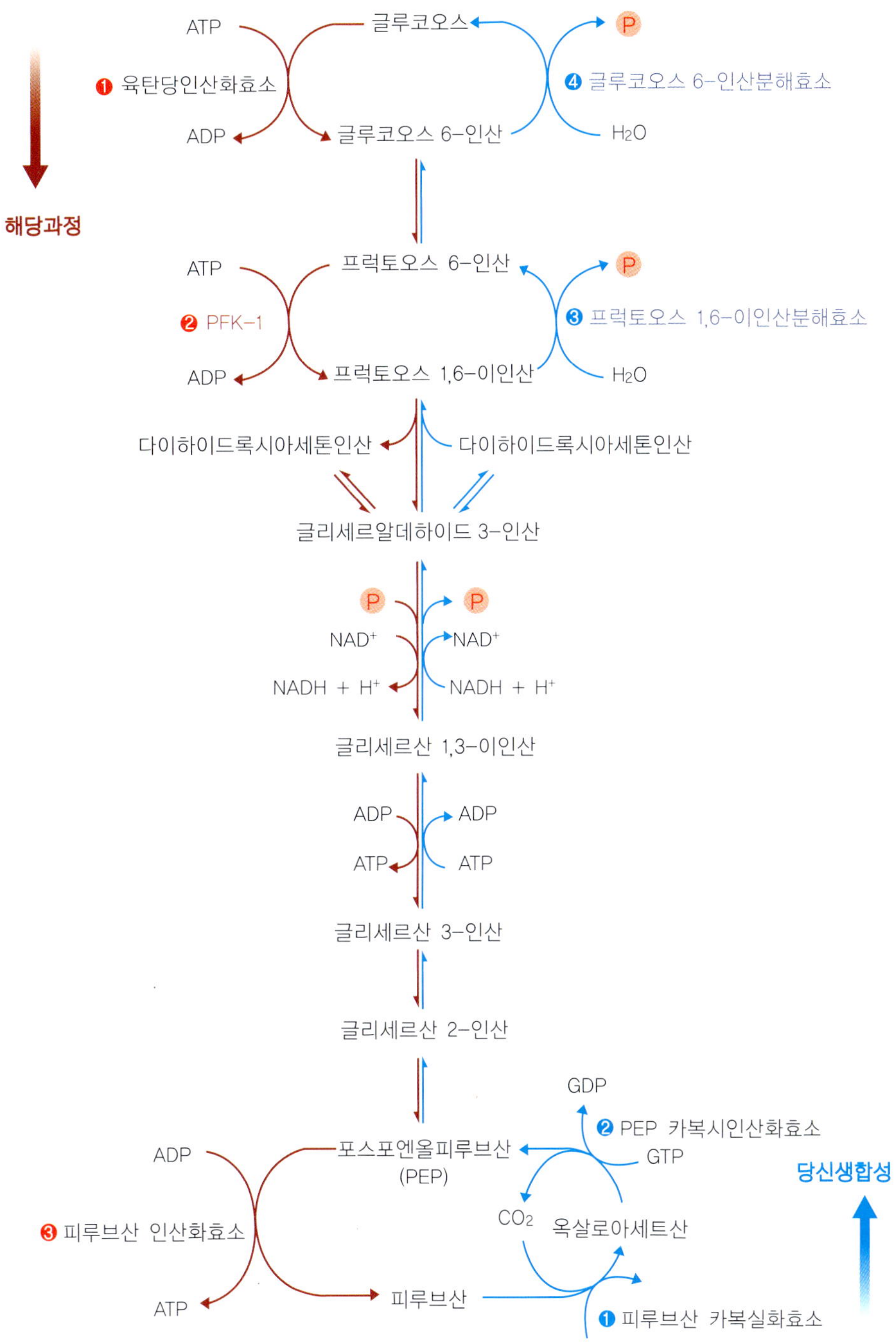

[그림 9-1] 당신생합성과 해당과정의 경로

(1) 당신생합성의 우회 반응

❶ 피루브산 인산화효소 우회 반응: 피루브산 → PEP

피루브산이 PEP로 전환되는 반응은 두 단계의 반응으로 일어난다. 먼저 피루브산이 피루브산 카복실레이스(pyruvate carboxylase)에 의해 옥살로아세트산(oxaloacetate)으로 된 후, 옥살로아세트산은 포스포엔올피루브산 카복시인산화효소(phosphoenolpyrurate carboxykinase)에 의해 포스포엔올피루브산(PEP)으로 전환된다.

(i) 피루브산 카복실레이스

피루브산은 미토콘드리아에서 피루브산 카복실레이스(카복실화효소, pyruvate carboxylase)에 의해 옥살로아세트산(oxaloacetate)으로 전환되는 피루브산 카복실레이스는 촉매 활성을 위해 바이오틴(biotin) 조효소를 필요로 한다. 이 효소는 HCO_3^-로부터 생성된 CO_2를 피루브산의 메틸기(CH_3-)에 부착해 주는 탄산화 반응(carboxylation)을 촉매한다. 이 반응을 진행하기 위해서는 ATP가 필요하며, ATP는 바이오틴이 CO_2와 결합하는 데 사용된다. CO_2는 바이오틴 효소(biotin enzyme)에 붙어 있으며, CO_2는 바이오틴 효소에서 피루브산으로 전이되어 옥살로아세트산을 형성한다. 피루브산 카복실레이스는 다른자리 입체성 효소로 아세틸-CoA(acetyl-CoA)에 의해 촉진된다.

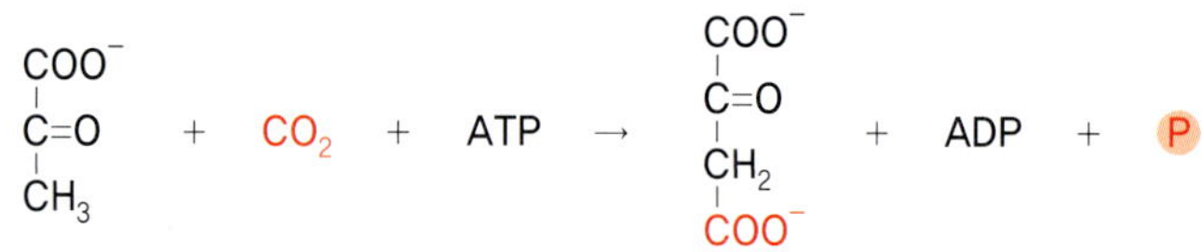

pyruvate　　　　oxaloacetate

(ii) 포스포엔올피루브산 카복시인산화효소

옥살로아세트산은 미토콘드리아의 내막을 통과하기 위하여 말산 탈수소효소(malate dehydrogenase)에 의해 말산으로 환원되어 미토콘드리아에서 나와 세포질 속으로 운반되며, 세포질에서 말산은 옥살로아세트산으로 다시 산화된다. 옥살로아세트산은 세포질에서 포스포엔올피루브산 카복시인산화효소(phosphoenolpyrurate carboxykinase)에 의해 포스포엔올피루브산(PEP)으로 전환된다. 이 효소는 옥살로아세트산을 인산화하기 위해 구아노신삼인산(guanosine triphosphate)인 GTP를 사용하며, 이 인산화반응은 옥살로아세트산의 카복실기 중 전 단계인 피루브산 카복실레이스에 의해 생성된 CO_2가 제거되는 탈탄산반응(decarboxylation)과 동시에 일어난다. 세포질과 미토콘드리아에서 일어나는 이 일련의 반응으로 해당과정의 고에너지 화합물이자 중간물질인 포스포엔올피루브산이 재생산되고 그리고 포스포엔올피루브산이 만들어지면 다른 해당과정 중간 물질을 생성하는 데 사용될 수 있다.

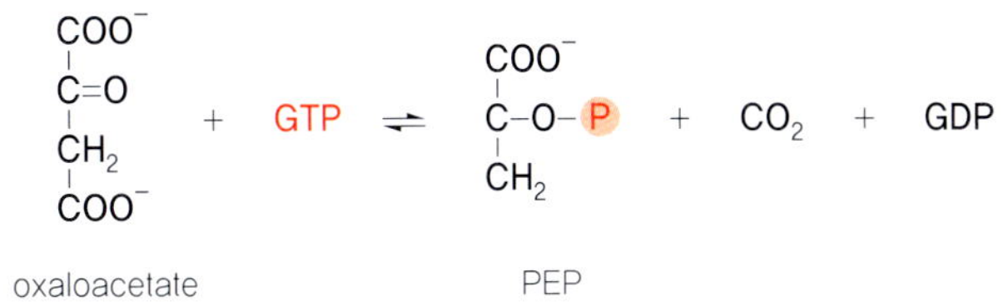

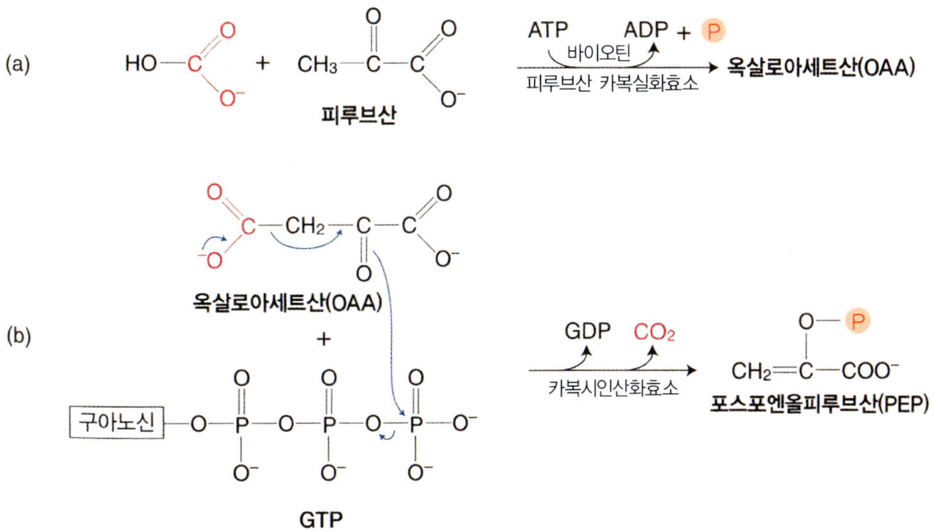

[그림 9-2] 피루브산 인산화효소 우회 반응

❷ 포스포프럭토오스 인산화효소 우회 반응: 프럭토오스 1,6-이인산 → 프럭토오스 6-인산

포스포엔올피루브산으로부터 프럭토오스 1,6-이인산(fructose 1,6-diphosphatase)까지의 반응은 해당과정의 역반응에 의해 일어난다. 프럭토오스 6-인산은 프럭토오스 1,6-이인산으로부터 포스포프럭토오스 인산화효소(PFK)의 역반응에 의해서 만들어질 수 없기 때문에 프럭토오스 1,6-다이포스파테이스에 의해서 프럭토오스 1,6-이인산으로부터 프럭토오스 6-인산이 만들어진다.

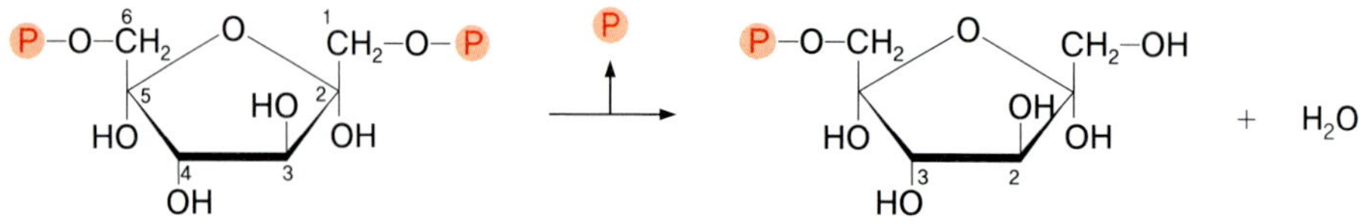

fructose 1,6-diphosphate　　　　fructose 6-phosphate

❸ 육탄당인산화효소 우회 반응: 글루코오스 6-인산 → 글루코오스

글루코오스 6-인산은 프럭토오스 6-인산으로부터 가역반응인 글루코오스 인산 이성질화효소의 역반응으로 생성된다. 마지막으로 글루코오스는 글루코오스 6-인산으로부터 글루코오스 6-포스파테이스(glucose 6-phosphatase)에 의해 해당과정 중 세 번째 비가역 단계를 우회하여 생성된다.

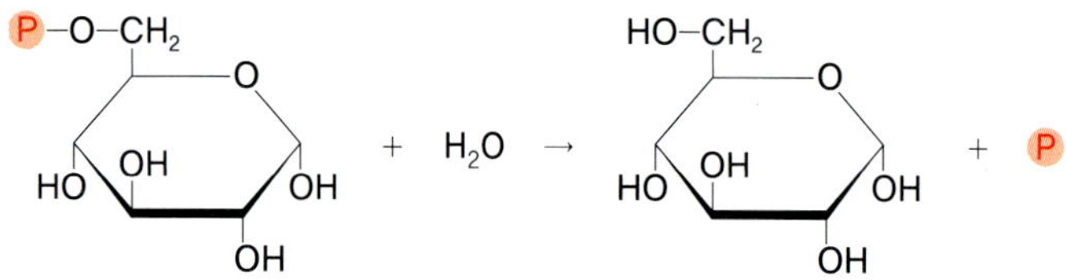

glucose 6-phosphate　　　　glucose

새로 형성된 글루코오스는 간세포에서 배출되어 저혈당 수준을 회복하거나 글리코젠으로 저장된다. 글루코오스 6-포스파테이스는 근육에는 존재하지 않고 간에만 존재하여 근육 글리코젠은 혈당을 공급하지 못한다.

(2) 당신생합성의 전체 반응

2분자의 피루브산으로부터 1분자의 글루코오스를 만드는 데 모두 6 ATP를 소모하며, 당신생합성의 전체 반응은 다음과 같다.

2 pyruvate + 4 ATP + 2 GTP → glucose + 4 ADP + 2 GDP + 6 Ⓟ

먼저, 피루브산이 PEP로 전환되는 반응인 피루브산 카복실레이스와 포스포엔올피루브산 카복시인산화효소 반응에서 각각 2 ATP와 2 GTP를 소모하며, 1,3-다이포스포글리세르산이 3-포스포글리세르산으로 전환되는 해당과정의 가역반응인 포스포글리세르산 인산화효소(phosphoglycerate kinase) 반응에서 2 ATP를 소모하여 모두 6 ATP를 소모한다.

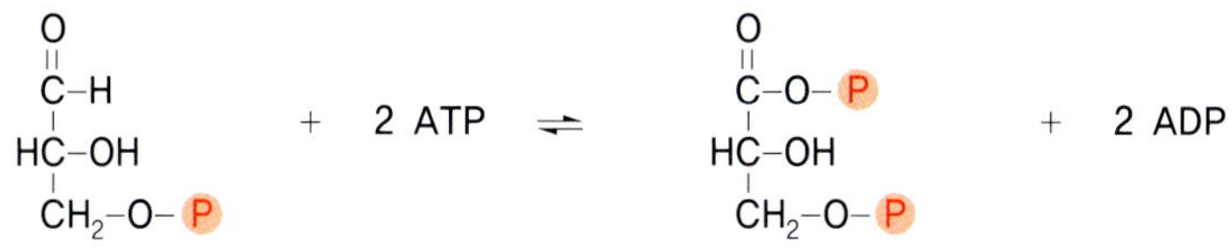

2 glyceraldehyde 3-phosphate(3-PG)　　2 1,3-diphosphoglycerate (1,3-DPG)

3) 코리 회로

대사에서 간의 중요한 기능 중 하나는 다른 조직에 에너지 대사를 위해 필요한 물질을 제공하는 것이다. 근육(골격근)이 심한 운동을 할 때 많은 양의 젖산을 생성하며, 생성된 젖산은 근육세포로부터 확산되어 혈액으로 들어간다. 이 과다한 젖산은 간세포에 의해 흡수되고 당신생합성을 거쳐 글루코오스로 합성된다. 해당과정과 당신생합성과의 관계

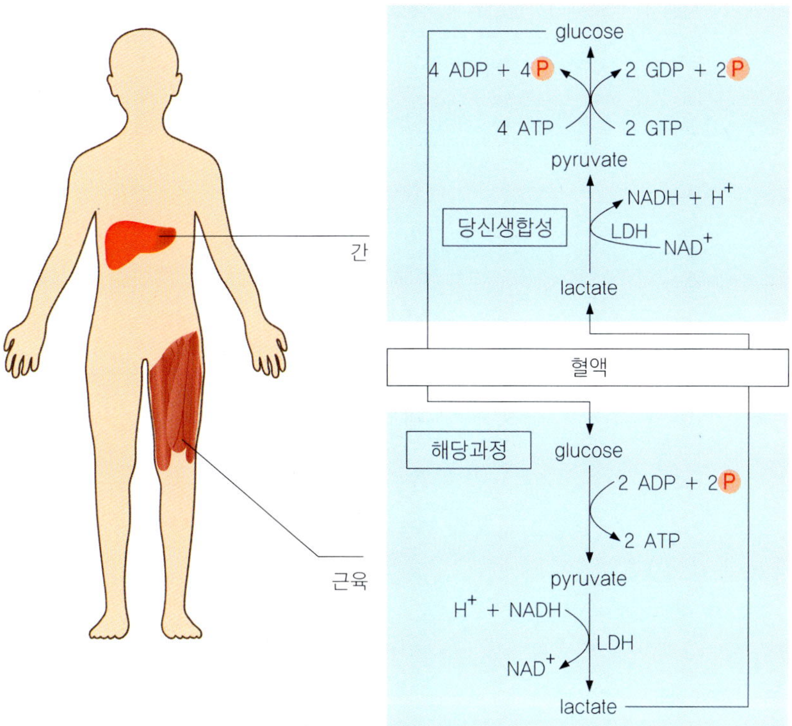

[그림 9-3] 코리 회로

근육(골격근)에서 해당과정으로 생성된 젖산은 혈액에 의해 간으로 운반되며, 간에서의 당신생합성은 젖산을 다시 글루코오스로 바꾸고, 이 글루코오스는 혈액에 의해 다시 근육으로 되돌아갈 수 있음

는 1930년대에 코리(C. Cori & G. Cori) 등에 의해 처음으로 발견되었기 때문에 이러한 관계를 코리 회로(Cori cycle)라고 한다. 이처럼, 코리 회로는 근육에서 생성된 젖산을 간에서 글루코오스로 재순환하는 것으로 근육의 해당과정과 간의 당신생합성을 연결하는 회로이다. 코리 회로는 젖산 회로(lactate cycle)라고도 불리며, 근육의 피로물질이자 노폐물인 젖산을 제거하는 이 회로는 사람에게 대단히 중요한 대사 경로이다.

4) 당신생합성의 조절

당신생합성과 해당과정의 주요 역할은 각각 혈당과 ATP를 공급하는 것이며, 따라서 서로 반대 방향으로 조절된다. 에너지가 충분한 상태인 높은 ATP 수준은 당신생합성을 촉진시키지만, 해당과정을 저해시킨다. 반면, 에너지가 부족한 상태인 낮은 ATP 수준은 당신생합성을 저해시키지만 해당과정을 촉진시킨다.

해당과정의 가장 중요한 조절자리는 PFK로 저해인자는 시트르산(citrate, 구연산), 촉진인자는 AMP, 프럭토오스 2,6-이인산(fructose 2,6-diphosphate)이다. 따라서 당신생합성의 가장 중요한 조절자리는 PFK를 우회하는 반응을 촉매하는 프럭토오스 1,6-다이포스파테이스(fructose 1,6-diphosphatase)로 저해인자는 AMP와 프럭토오스 2,6-이인산, 촉진인자는 시트르산이다.

한편, 아세틸-CoA는 당신생합성을 조절시키는데 공복 시 높은 수준의 아세틸-CoA는 세포의 에너지 수준이 증가한 것을 나타내며, 글루코오스 합성을 증가시킨다. 반면, 식후 낮은 수준의 아세틸-CoA는 세포의 에너지 수준이 감소된 것을 나타내어 TCA 회로를 촉진시키고 당신생합성을 저해시킨다. 높은 수준의 아세틸-CoA는 당신생합성의 피루브산 카복실레이스(pyruvate carboxylase)를 촉진시키며, 해당과정의 피루브산 인산화효소(pyruvate kinase) 그리고 피루브산으로부터 아세틸-CoA를 생성하는 피루브산 탈수소효소 복합체(pyruvate dehydroge-

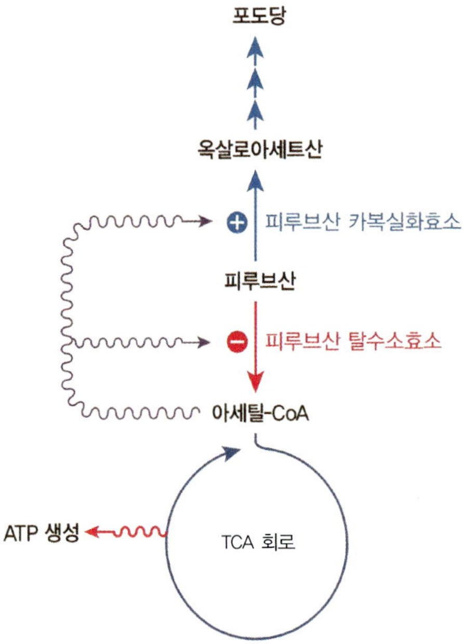

[그림 9-4] 아세틸-CoA에 의한 당신생합성의 조절

nase complex)를 저해시킨다(그림 9-4).

췌장호르몬인 글루카곤(glucagon)은 cAMP 농도를 증가시키며, 높아진 cAMP는 PFK와 프럭토오스 1,6-다이포스파테이스를 인산화시켜 프럭토오스 2,6-이인산 농도가 감소된다. 감소된 프럭토오스 2,6-이인산은 해당과정을 저해시키고 반대로 당신생합성을 촉진시킨다. 글루카곤과 길항 작용을 하는 인슐린(insulin)은 cAMP 농도를 감소시켜 PFK와 프럭토오스 1,6-다이포스파테이스의 탈인산화를 초래하여 PFK와 프럭토오스 1,6-다이포스파테이스를 각각 촉진과 저해, 즉 해당과정과 당신생합성을 촉진과 저해시킨다. 또한, 글루카곤은 cAMP-의존형 단백질 인산화효소(cAMP-dependent protein kinase) 활성의 증가로 피루브산 인산화효소를 인산화시켜 불활성화하여 해당과정을 저해시키고 포스포엔올피루브산 카복시인산화효소의 유전자 전사 증가에 따른 효소 단백질 증가로 당신생합성을 촉진시킨다.

2. 오탄당인산 경로

오탄당인산 경로(pentose phosphate pathway, hexose monophosphate shunt, HMP)는 주로 간의 세포질에서 일어나며, 특히 지방산 합성 등에 필요한 환원력 등을 제공하는 경로이다. 오탄당인산 경로는 간, 유선, 뇌, 부신피질 등의 조직에서 글루코오스 산화에 대한 대체 경로로 이러한 조직에서는 이 경로에 필요한 효소들이 함유되어 있으며, 대사되는 글루코오스의 절반 정도가 오탄당인산 경로에 의해 산화된다. 오탄당인산 경로의 주요 목적은 생합성에 사용할 NADPH와 뉴클레오타이드(nucleotide) 합성 등에 쓰일 라이보오스 5-인산(ribose 5-phosphate) 그리고 해당과정의 중간체 등을 생성하는 것이다.

오탄당인산 경로는 해당과정과 달리 ATP를 생성하지 않으며, 산화적 단계와 비산화적 단계로 구성되어 있다(그림 9-5). 오탄당인산 경로의 산화적 단계(반응 1~3)는 NADPH와 오탄당인산을 생성하는 연속된 산화반응이며, 비산화적 단계(반응 4~8)는 이 경로의 나머지 반응인 비산화적 반응으로 해당과정에서 중요한 역할을 하는 프럭토오스 6-인산과 글리세르알데하이드 3-인산을 생성한다.

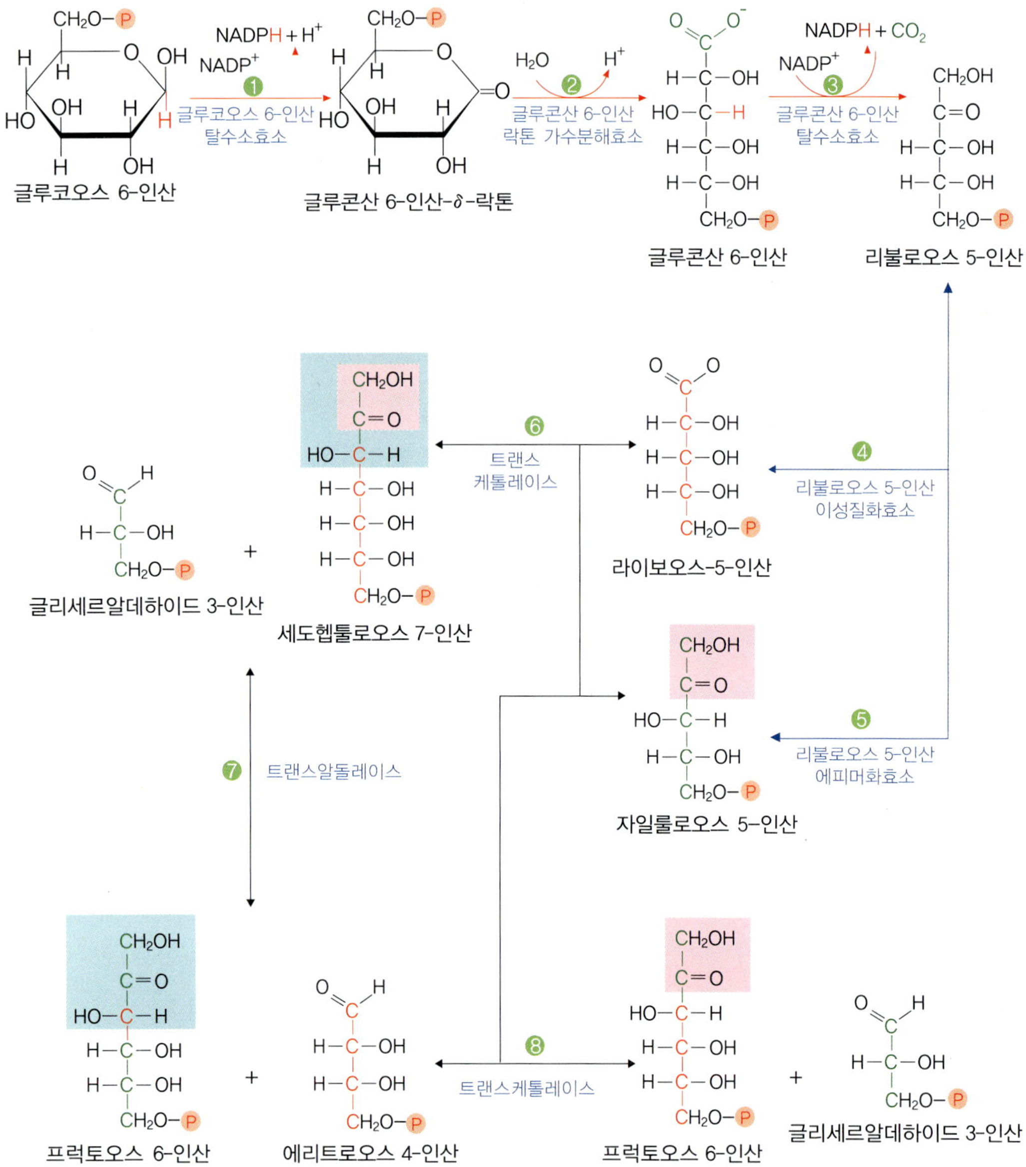

[그림 9-5] 오탄당인산 경로

1) 오탄당인산 경로의 반응

(1) 오탄당인산 경로의 산화적 단계

오탄당인산 경로의 첫 번째 반응은 글루코오스 6-인산이 글루코오스 6-인산 탈수소효소(glucose 6-phosphate dehydrogenase)에 의해 6-포스포글루코노-d-락톤(6-phosphoglucono-d-lactone)으로 산화되는 비가역적 반응이다. 이 반응에서는 조효소로 $NADP^+$가 참여하여 NADPH를 생성한다. 고리형 구조의 6-포스포글루코노-d-락톤은 6-포스포글루코노 락톤네이스(6-phosphogluconolactonase)에 의해 가수분해되어 사슬 구조의 6-포스포글루콘산(글루콘산-6-인산)(6-phosphogluconate)으로 전환된다.

$$\text{glucose 6-phosphate} + NADP^+ \xrightarrow{\text{glucose 6-phosphate dehydrogenase}} \text{6-phosphoglucono-d-lactone} + NADPH + H^+$$

$$\text{6-phosphoglucono-d-lactone} + H_2O \xrightarrow{\text{6-phosphogluconolactonase}} \text{6-phosphogluconate} + \text{P}$$

그리고 6-포스포글루콘산은 6-포스포글루콘산 탈수소효소(6-phosphogluconate dehydrogenase)에 의해 CO_2 형태로 카복실기(-COOH)를 잃어 케토펜토오스(ketopentose)인 리불로오스 5-인산(ribulose 5-phosphate)으로 산화되고 $NADP^+$는 NADPH로 환원된다. 이 반응은 산화적 탈탄산반응으로 두 번째 NADPH가 생성되는 반응이다.

$$\text{6-phosphogluconate} + NADP^+ \xrightarrow{\text{6-phosphogluconate dehydrogenase}} \text{ribulose 5-phosphate} + CO_2 + NADPH + H^+$$

오탄당인산 경로의 산화적 단계를 정리하면 1분자의 글루코오스 6-인산이 1분자의 리불로오스 5-인산과 2분자의 NADPH를 생성하는 반응이다.

$$\text{glucose 6-phosphate} + 2\ NADP^+ \rightarrow \text{ribulose 5-phosphate} + CO_2 + 2\ NADPH + 2\ H^+$$

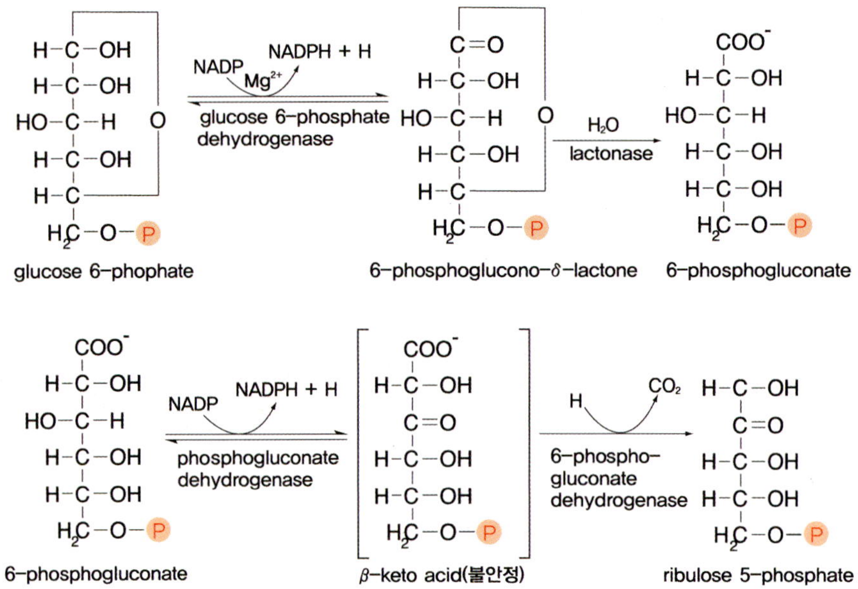

[그림 9-6] 오탄당인산 경로의 산화적 단계

(2) 오탄당인산 경로의 비산화적 단계

비산화적 단계에서 첫 번째 반응은 리불로오스 5-인산이 이성질화되는 반응으로 라이보오스 5-인산 이성질화효소(ribose 5-phosphate isomerase)에 의해 알데하이드기를 가진 라이보오스 5-인산(ribose 5-phosphate)으로 전환되는 반응과 리불로오스 5-인산 3-에피머레이스(ribulose 5-phosphate 3-epimerase)에 의해 3번 탄소 원자의 위치만 다른 케토오스 계열인 자일룰로오스 5-인산(xylulose 5-phosphate)이 생성되는 반응이다. 라이보오스 5-인산은 RNA와 NADH와 같은 물질의 전구체이자 골격 구조에 필수적인 구성 성분이다.

ribulose 5-phosphate(Ru-5-P) $\xrightleftharpoons{\text{ribose 5-phosphate isomerase}}$ ribose 5-phosphate(R-5-P)

ribulose 5-phosphate $\xrightleftharpoons{\text{ribulose 5-phosphate 3-epimerase}}$ ribulose 5-phosphate(Xu-5-P)

비산화적 단계의 나머지 반응에서는 2탄소(C_2)와 3탄소(C_3) 단위가 전달되는 3가지 반응이 일어난다. 이때 트랜스케톨레이스(transketolase, TK)는 C_2 단위를 전달하는 효소이고 트랜스알돌레이스(transaldolase, TA)는 C_3 단위를 전달하는 효소이다.

트랜스케톨레이스는 피루브산 탈탄산효소(pyruvate decarboxylase)와 유사하고 조효소로 TPP를 필요로 하며, 트랜스알돌레이스는 해당과정에서 살펴본 알돌레이스와 공통된 특징을 갖고 있다. 이러한 트랜스케톨레이스와 트랜스알돌레이스는 오탄당인산 경로와 해당과정을 연결해 주는 역할을 한다.

또한, 일반적으로 탄소 단위 전이반응에서 케토오스(ketose)는 공여체로 C_2 또는 C_3 단위를 주는 당이며, 알도오스(aldose)는 수용체로 C_2 또는 C_3 단위를 받는 당이다.

먼저, 트랜스케톨레이스에 의해 자일룰로오스 5-인산으로부터 2-탄소 단위가 라이보오스 5-인산으로 전달되어 세도헵툴로오스 7-인산(sedoheptulose 7-phosphate)과 글리세르알데하이드 3-인산이 생성된다. 다음은 트랜스알돌레이스에 의해 3-탄소 단위는 7-탄소 케토오스인 세도헵툴로오스 7-인산에서부터 3-탄소 알도오스인 글리세르알데하이드 3-인산으로 전달되어 프럭토오스 6-인산과 에리트로오스 4-인산(erythrose 4-phosphate)을 생성한다. 이 경로의 마지막 반응은 트랜스케톨레이스에 의해 공여체 케토오스인 자일룰로오스 5-인산의 2-탄소 단위가 수용체 알도오스인 에리트로오스 4-인산에 전달되어 프럭토오스 6-인산과 글리세르알데하이드 3-인산을 생성한다(그림 9-7).

$$\text{xylulose 5-phosphate} + \text{ribose 5-phosphate} \overset{\text{TK}}{\rightleftharpoons} \text{glyceraldehyde 3-phosphate} + \text{sedoheptulose 7-phosphate}$$

$$\text{sedoheptulose 7-phosphate} + \text{glyceraldehyde 3-phosphate} \overset{\text{TA}}{\rightleftharpoons} \text{erythrose 4-phosphate} + \text{fructose 6-phosphate}$$

$$\text{xylulose 5-phosphate} + \text{erythrose 4-phosphate} \overset{\text{TK}}{\rightleftharpoons} \text{glyceraldehyde 3-phosphate} + \text{fructose 6-phosphate}$$

오탄당인산 경로의 비산화적 단계를 요약하면 3분자의 리불로오스 5-인산이 이성질화되어 1분자의 라이보오스 5-인산과 2분자의 자일룰로오스 5-인산을 거쳐 2분자의 프럭토오스 6-인산과 1분자의 글리세르알데하이드 3-인산을 생성한다.

3 ribulose 5-phosphate ⇌ ribose 5-phosphate + 2 xylulose 5-phosphate

→ 2 fructose 6-phosphate + glyceraldehyde 3-phosphate

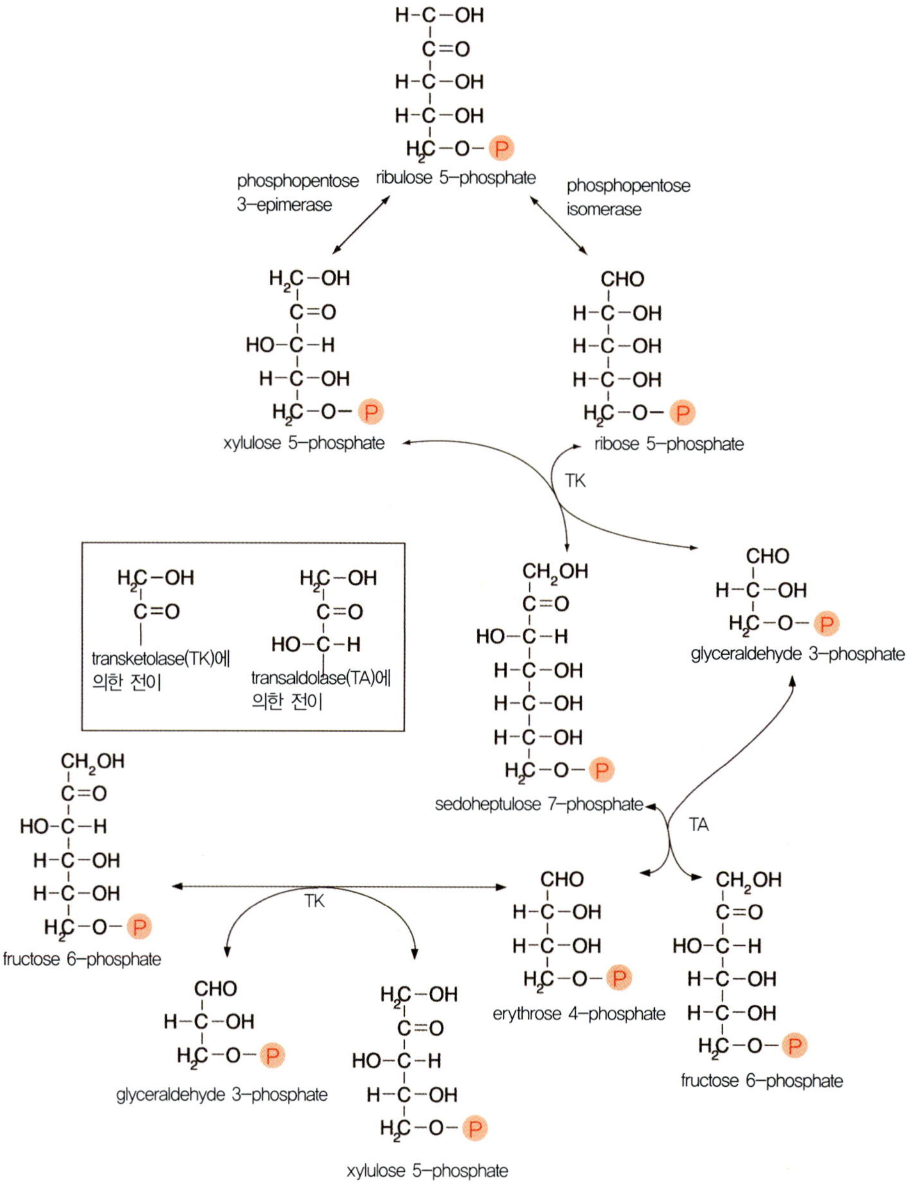

[그림 9-7] 오탄당인산 경로의 비산화적 단계

〈표 9-1〉 트랜스케톨레이스(TK)와 트랜스알돌레이스(TA)의 탄소 전이반응

	반응물	효소	생성물
	$C_5 + C_5$	transketolaes(2 탄소 전이)	$C_7 + C_3$
	$C_7 + C_3$	transketolaes(3 탄소 전이)	$C_6 + C_4$
	$C_5 + C_4$	transketolaes(2 탄소 전이)	$C_6 + C_3$
전체 반응	$3C_5$		$2C_6 + C_3$

글루코오스 6-인산으로부터 시작하는 오탄당인산 경로의 전체 반응은 다음과 같다.

$$\text{3 glucose 6-phosphate} + \text{6 NADP}^+ \rightarrow \text{2 fructose 6-phosphate} + \text{glyceraldehyde 3-phosphate} + \text{6 NADPH} + \text{6 H}^+ + \text{3 CO}_2$$

2) 오탄당인산 경로의 조절

오탄당인산 경로의 가장 중요한 조절자리인 속도-제한 효소 단계는 첫 번째 비가역적 반응을 촉매하는 글루코오스 6-인산 탈수소효소로 $NADP^+$의 농도 수준에 의해 다른자리 입체성 조절을 받는다. 글루코오스 6-인산 탈수소효소의 촉진인자는 $NADP^+$, 저해인

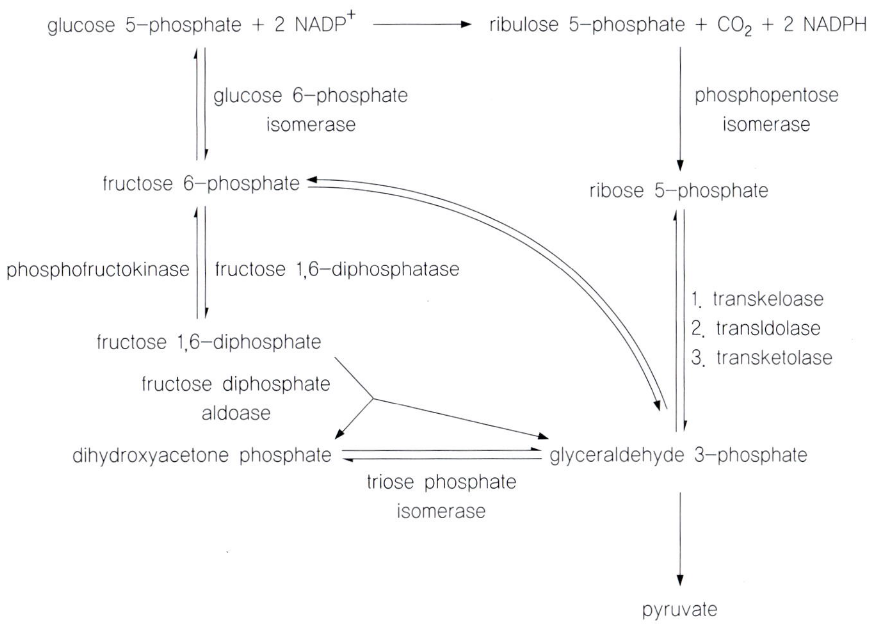

[그림 9-8] 오탄당인산 경로와 해당과정 사이의 관계

자는 NADPH로 작용하며, 세포가 NADPH를 소모하면 $NADP^+$ 농도가 증가하여 이 효소의 반응 속도를 증가시켜 NADPH 생성을 촉진시킨다.

오탄당인산 경로의 중요한 생성물질은 지방산, 콜레스테롤, 스테로이드(steroid) 등의 환원적 생합성 반응에서 수소공여체로 작용하는 NADPH, RNA와 FAD, NAD^+, CoA 등의 합성에 관여하는 라이보오스 5-인산, 그리고 해당과정의 중간물질로 사용하는 프럭토오스 6-인산과 글리세르알데하이드 3-인산이다.

한편, 오탄당인산 경로의 출발물질인 글루코오스 6-인산은 세포의 NADPH와 라이보오스 5-인산 중 어느 쪽을 더 필요로 하느냐에 따라 다른 반응을 경유한다. 만일, 세포가 라이보오스 5-인산보다 NADPH를 더 많이 요구하면 오탄당인산 경로의 비산화적 단계를 거쳐 생성된 프럭토오스 6-인산과 글리세르알데하이드 3-인산은 해당과정의 중간물질로 전환되어 해당과정에서 분해되거나 당신생합성을 통해 재순환되어 글루코오스 6-인산을 생성한다.

$$\text{4 fructose 6-phosphate} + \text{2 glyceraldehyde 3-phosphate} \rightleftharpoons \text{5 glucose 6-phosphate}$$

반대로 NADPH보다 라이보오스 5-인산을 더 많이 요구하면 프럭토오스 6-인산과 글리세르알데하이드 3-인산은 트랜스케톨레이스와 트랜스알돌레이스 반응의 역반응에 의해 라이보오스 5-인산으로 전환된다.

$$\text{2 fructose 6-phosphate} + \text{glyceraldehyde 3-phosphate} \rightleftharpoons \text{ribulose 5-phosphate} + \text{2 xylulose 5-phosphate} \rightleftharpoons \text{3 ribose 5-phosphate}$$

글루코오스 산화의 대체 경로인 오탄당인산 경로는 글루코오스 6-인산이 산화적 단계를 거치면 글루코오스 6-인산의 탄소 원자 하나가 CO_2로 산화되면서 2개의 NADPH를 생성하며, NADPH는 여러 생합성 반응에서 중간 생성물을 환원하는 데 사용된다. 만일 글루코오스 6-인산의 탄소 원자 모두가 CO_2로 완전 산화되면 글루코오스 6-인산으로부터 12분자의 NADPH가 생성된다.

$$\text{6 glucose 6-phosphate} + 12\ NADP^+ \rightarrow \text{6 ribose 5-phosphate} + 6\ CO_2 + 12\ NADPH + 12\ H^+$$

$$6\ \text{glucose 6-phosphate} + 12\ NADP^+ \rightarrow 6\ CO_2 + 12\ NADPH + 12\ H^+$$

NADPH는 트랜스하이드로제네이스(transhydrogenase) 반응을 통해서 NADH 분자로 전환될 수 있다. 만약, 글루코오스 6-인산의 완전 산화로부터 생성된 12분자의 NADPH가 트랜스하이드로제네이스 단계에 의해 12개의 NADH 분자를 생성하면 전자전달계를 거쳐 30 ATP 분자가 만들어진다.

3. 글리코젠 대사

사람은 탄수화물이 풍부한 정상적인 식사를 하면 체내는 즉시 필요한 양 이상의 글루코오스를 공급받게 된다. 이 글루코오스는 글리코젠 형태로 체내에 저장되는데 글리코젠은 사람 등 동물에서 주요한 글루코오스 중합체 및 저장원으로 아밀로펙틴과 유사한 구조를 가진 분지 사슬 다당류이다. 인체에서 글리코젠은 간세포에서는 간 무게의 약 8%, 근육세포에서는 근육 무게의 약 1.5% 정도 차지한다. 글리코젠의 구조는 빠르게 또 가장 오랫동안 에너지를 저장하고 공급할 수 있도록 최적화되어 있으며, 사슬의 평균 길이가 13 잔기이다. 글리코젠은 이러한 구조적 특징으로 가능한 한 빨리 많은 글루코오스의 공급을 증가시켜 단기간의 에너지 요구에 부응할 수 있다.

1) 글리코젠 분해

(1) 케스케이드 연속반응

글리코젠 분해(glycogenolysis)는 글리코젠이 글루코오스 1-인산으로 분해되는 과정으로 글리코젠 분해 경로는 한 효소가 다른 효소를 활성화시키고 활성화된 효소는 또 다른 효소를 활성화시켜 글리코젠이 글루코오스 1-인산으로 완전히 분해될 때까지 순차적으로 이루어지는 폭포식인 케스케이드 연속반응(cascade system)이다.

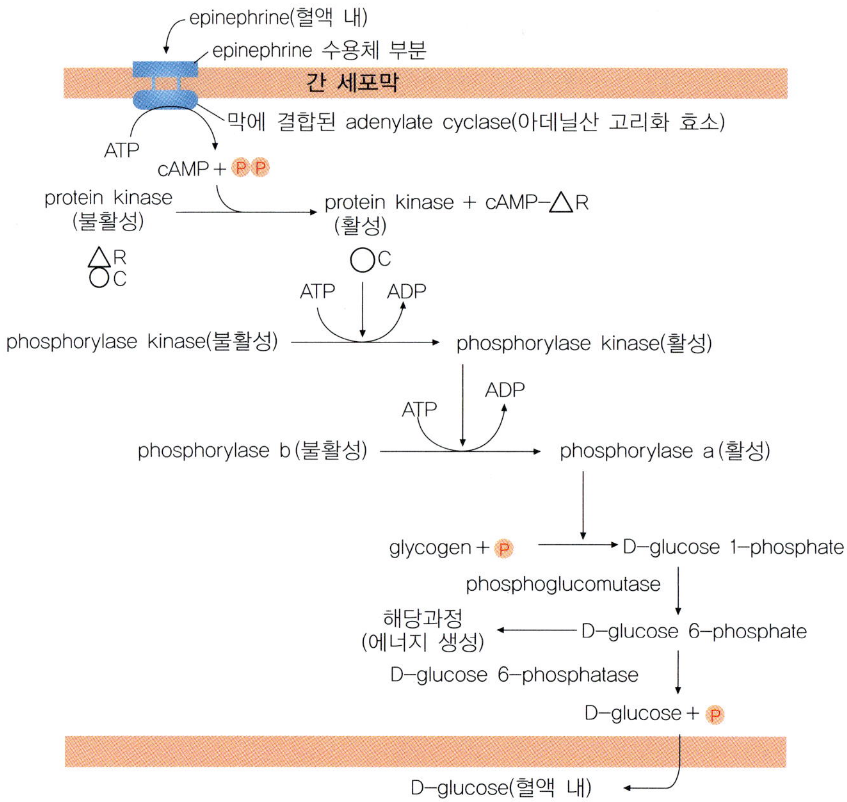

[그림 9-9] 글리코젠 분해의 케스케이드 연속반응

먼저, 부신피질(adrenal cortex)에서 에피네프린(epinephrine, adrenaline)을 분비하면 글리코젠 분해가 개시된다. 에피네프린은 부신피질에서 혈액을 통해서 간이나 근육세포로 운반되며, 세포의 외부 표면에 존재하는 에피네프린 수용체 단백질(epinephrine receptor protein)에 결합되어 세포막에 부착된 아데닐산 고리화효소(adenylate cyclase)를 즉시 활성화시킨다. 활성화된 아데닐산 고리화효소는 ATP로부터 고리형 AMP(cyclic AMP, cAMP)를 생성한다. 이때 에피네프린은 세포 밖에서부터 화학적 메시지를 전달해주는 '최초의 화학 전령(first messenger)'이며, cAMP는 두 번째 화학 전령(second messenger)으로 세포 내에서 화학적인 메시지를 전달한다.

세포막에 결합된 아데닐산 고리화효소에 의해 생성된 cAMP는 단백질 인산화효소(protein kinase)의 조절자리와 결합하여 다시 단백질 인산화효소를 활성화시킨다. 단백질 인산화효소는 포스포릴레이스 인산화효소(phosphorylase kinase)에 있는 세린 잔기를 인산화시켜 포스포릴레이스 인산화효소를 활성화한다. 포스포릴레이스 인산화효소가 활성화되면, 포스포릴레이스 인산화효소는 글리코젠을 실질적으로 분해하는 효소인 글리코젠 가인산분해효소(glycogen phosphorylase) 또는 포스포릴레이스(phosphorylase)를 인산화시켜 불활성형인 포스포릴레이스 b를 활성형인 포스포릴레이스 a로 전환시킨다.

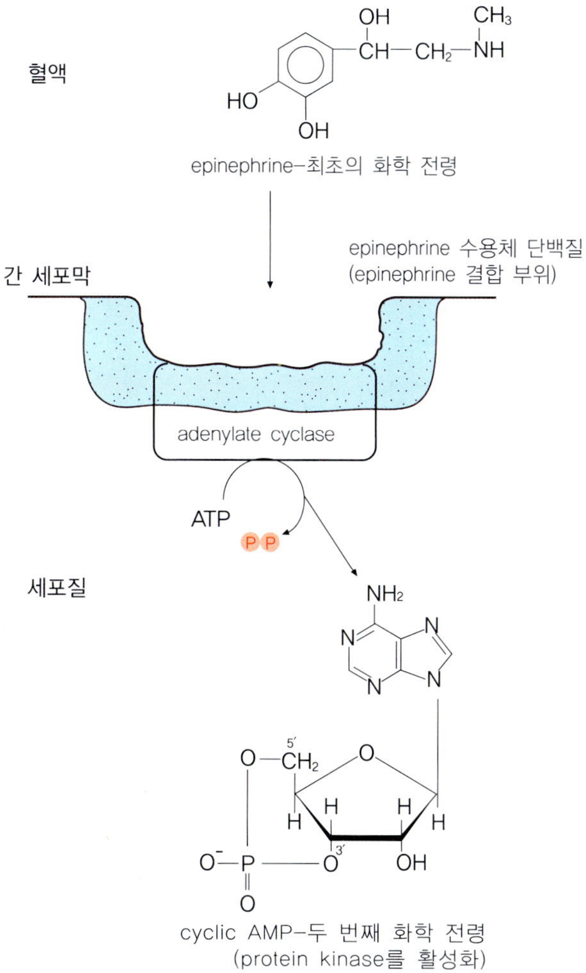

[그림 9-10] 아데닐산 고리화효소의 활성화와 cAMP의 생성

에피네프린이 에피네프린 수용체 단백질에 결합하면 곧장 아데닐산 고리화효소의 입체 구조가 변하여 활성화된다. 이 아데닐산 고리화효소는 ATP로부터 cAMP의 형성을 촉매한다. 그다음 cAMP는 단백질 인산화효소(protein kinase)를 활성화시킨다.

(2) 글리코젠 가인산분해효소

이렇게 생성된 포스포릴레이스 a 또는 글리코젠 가인산분해효소는 조효소로 비타민 B_6(pyridoxine) 유도체인 PLP(pyridoxal phosphate)를 필요로 하며, 글리코젠의 비환원성 말단의 (α 1→4) 결합을 무기인산(P_i)을 이용하여 분해함으로써 글루코오스 1-인산을 생성한다. 글리코젠 가인산분해효소는 (α 1→6) 결합의 분지점으로부터 4개의 잔기에 도달할 때까지 글리코젠의 비환원성 말단에 반복적으로 작용한다.

(3) 글리코젠 탈분지효소

글리코젠 가인산분해효소에 의해 글루코오스 잔기들이 제거된 후 (α 1→6) 분지점 주변의 글루코오스 잔기들은 글리코젠 탈분지효소(glycogen debranching enzyme)에 의해 두 단계 반응으로 제거된다. 첫 번째는 분지점에 결합된 4개의 글루코오스 잔기 중 바깥쪽 3개의 글루코오스 잔기를 다른 사슬의 비환원성 말단에 이동시키며, 두 번째는 분지점에 남은 글루코오스 잔기는 탈분지효소의 글루코시데이스(glucosidase) 활성에 의해 (α 1→6) 결합을 분해하여 방출된다(그림 9-11).

따라서 글리코젠 분해에는 글리코젠 가인산분해효소와 탈분지효소가 함께 작용해야 글루코오스 1-인산을 계속 생성할 수 있다.

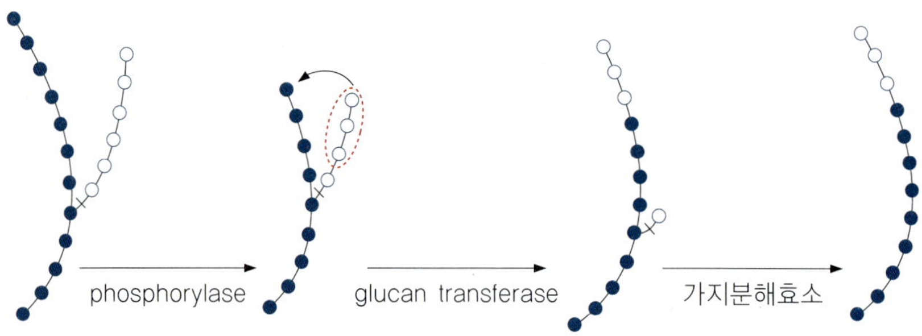

[그림 9-11] 글리코젠의 탈분지 과정

(4) 포스포글루코뮤테이스

글리코젠 가인산분해효소의 최종 생성물인 글루코오스 1-인산은 반드시 포스포글루코뮤테이스(phosphoglucomutase) 또는 글루코오스인산 자리옮김효소에 의해 글루코오스 6-인산으로 전환되어 해당과정으로 직접 들어가거나 글루코오스 6-포스파테이스에 의해 유리 글루코오스로 전환될 수 있다. 근육세포는 간세포와 달리, 글루코오스 6-포스파테이스(glucose 6-phosphatase)를 함유하고 있지 않기 때문에 글루코오스 6-인산을 유리 글루코오스, 즉 혈당으로 전환될 수 없다.

2) 글리코젠 합성

글루코오스로부터 글리코젠으로 되는 글리코젠 합성(glycogenesis)은 주로 간이나 골격근에서 글루코오스 농도가 높을 때 일어나며, 글리코젠 분해 과정의 역반응이 아니다. 글리코젠 합성은 글리코젠 분해와 달리 UTP와 같은 에너지 투입이 필요하다.

(1) 육탄당인산화효소 IV

글루코오스로부터 글리코젠 합성의 출발점은 육탄당인산화효소 IV(글루코오스 인산화효소, glucokinase)에 의해 글루코오스가 글루코오스 6-인산으로 인산화되는 것이다.

$$\text{glucose} + \text{ATP} \rightarrow \text{glucose 6-phosphate} + \text{ADP}$$

(2) 포스포글루코뮤테이스

다음 단계에서 글루코오스 6-인산은 포스포글루코뮤테이스(phosphoglucomutase)에 의해 글루코오스 1-인산으로 전환된다.

$$\text{glucose 6-phosphate} \rightleftharpoons \text{glucose 1-phosphate}$$

(3) 글루코오스 1-인산 유리딜트랜스퍼레이스

글루코오스 1-인산 유리딜트랜스퍼레이스(glucose 1-phosphate uridyltransferase)는 글루코오스 1-인산을 유리딘 삼인산(uridine triphosphate)인 UTP와 반응시켜 UDP-글루코오스를 생성한다. UDP-글루코오스는 글리코젠 합성에서 글루코오스 잔기를 직접 제공하는 공여체이다.

$$\text{UTP} + \text{glucose 1-phosphate} \rightarrow \text{UDP-glucose} + \text{PP}$$

이 반응은 파이로인산(PP_i)을 즉시 오르토인산(P_i)으로 가수분해하는 파이로인산 가수분해효소인 파이로포스파테이스(pyrophosphatase)의 작용으로 오른쪽으로 진행된다.

(4) 글리코젠 합성효소

글리코젠 합성효소(glycogen synthase)는 UDP-글루코오스로부터 글루코오스 잔기를 글리코젠의 비환원성 말단으로 전이하는 것을 촉매한다. 이 반응에서 새로 들어간 글루코오스 잔기의 C-1과 기존 글리코젠의 글루코오스 잔기 C-4 사이에 새로운 (α 1→4) 결합이 형성되어 n 잔기의 글리코젠은 n+1 잔기의 글리코젠으로 된다.

$$\text{UDP-glucose} + (\text{glycogen})_n \rightarrow \text{UDP} + (\text{glycogen})_{n+1}$$

(5) 글리코젠 분지효소

글리코젠 합성효소는 글리코젠의 분지점에 존재하는 (α 1→6) 결합을 형성할 수 없어 글리코젠 내 분지 사슬의 형성을 위해서 (α 1→6) 결합을 촉매하는 효소인 글리코젠 분지효소(glycogen branching enzyme)가 필요하다.

분지효소는 글리코젠 분지를 생성하는 효소인 아밀로-(1,4→1,6)-글루코오스전달효소(amylo-(1,4→1,6)-transglycosylase)이며, 11개 이상의 글루코오스 잔기를 가진 글리코젠의 비환원성 말단으로부터 6 또는 7개의 글루코오스 잔기를 같은 또는 다른 글리코젠 사슬의 C-6 OH기에 전이하여 새로운 사슬을 형성하는 효소이다. 이때 새로 형성하는 분지점은 다른 분지점으로부터 적어도 4개의 글루코오스 잔기 정도 떨어져 있어야 한다.

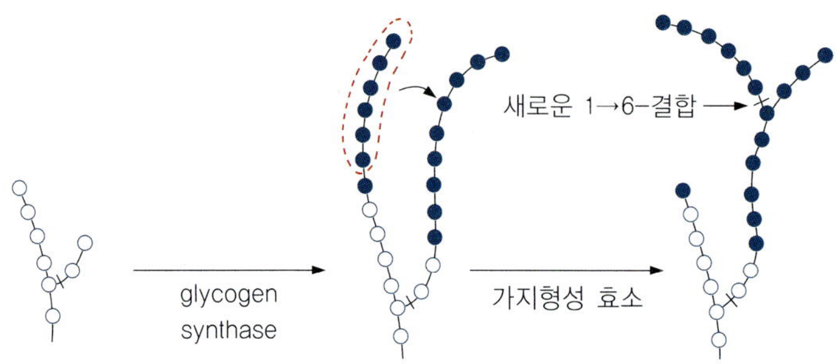

[그림 9-12] 글리코젠의 분지형성 과정

3) 글리코젠 대사의 조절

(1) 호르몬에 의한 조절

글리코젠의 분해와 합성은 글루카곤(glucagon), 에피네프린(ephinephrine), 인슐린(insulin) 등 호르몬에 의해 조절된다.

글루카곤과 에피네프린은 글리코젠 분해를 촉진시키고 글리코젠 합성을 저해시킨다. 운동 또는 공복이나 단식 시 글루카곤과 에피네프린은 수용체 단백질과 결합하여 아데닐산 고리화효소를 활성화시킨다. 활성화된 아데닐산 고리화효소는 ATP로부터 cAMP를 생성하며, 생성된 cAMP는 단백질 인산화효소를 활성화시킨다. 활성화된 단백질 인산화효소는 포스포릴레이스 인산화효소와 포스포릴레이스(가인산분해효소) β를 인산화시켜 글리코젠 가인산분해효소를 활성화시키지만 글리코젠 합성효소를 인산화시켜 불활성화시킨다.

특히, 글루카곤은 혈액 내 글루코오스인 혈당을 일정 수준 장기간 유지시키며, 프럭토오스 2,6-다이(비스)포스파테이스((fructose 2,6-bisphosphatase)를 촉진시켜 당신생합성을 촉진시킨다. 프럭토오스 2,6-이인산은 프럭토오스 1,6-다이포스파테이스(fructose 1,6-diphosphatase)의 저해인자로 감소된 프럭토오스 2,6-이인산은 당신생합성을 촉진시킨다.

인슐린은 글루카곤과 에피네프린과 반대로 글리코젠 합성을 촉진시키고 글리코젠 분해를 저해시킨다. 인슐린은 식후 수용체 단백질과 결합하여 인산단백질 탈인산화효소(phosphoprotein phosphatase)를 자극하여 글리코젠 합성효소를 활성화시켜 혈당 증가에 대응한다.

(2) 글리코젠 가인산분해효소와 글리코젠 합성효소의 조절

글리코젠 가인산분해효소인 포스포릴레이스는 효소 내 세린 잔기에 있는 -OH기의 인산화와 탈인산화에 따라 각각 활성형인 포스포릴레이스 a와 불활성형인 포스포릴레이스 b로 작용한다. 포스포릴레이스의 인산화는 Ca^{2+}에 의해 촉진된다. 또한, 포스포릴레이스는 AMP에 의한 다른자리 입체성 조절을 받는데 불활성형 포스포릴레이스 b는 효과인자인 AMP가 비공유결합으로 결합되면 촉진되므로 AMP-의존형, 활성형 포스포릴레이스 a는 AMP에 의해 영향을 받지 않기 때문에 AMP-비의존형이라 한다(그림 9-13).

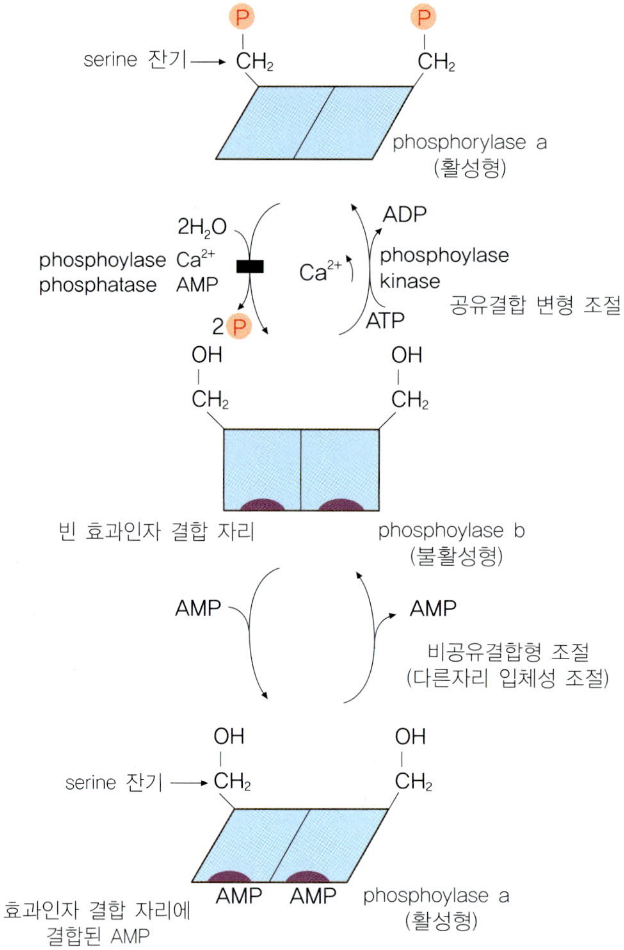

[그림 9-13] 글리코젠 가인산분해효소의 조절

가인산분해효소(포스포릴레이스)는 두 개의 서브유닛(subunit)을 가지고 있으며, 각각은 포스포릴레이스 인산화효소에 의해 세린의 하이드록실기(-OH)가 인산화되어 활성형인 포스포릴레이스 a로 되며, 이 반응은 Ca^{2+}에 의해 촉진된다. 한편, 포스포릴레이스 a의 탈인산화는 Ca^{2+}와 AMP에 의해서 저지된다. 포스포릴레이스 b는 그의 효과인자 결합자리에 AMP가 비공유결합을 통해서 결합됨으로써 활성화된다.

글리코젠 합성효소도 글리코젠 포스포릴레이스처럼 인산화형과 탈인산화형으로 존재하며, 포스포릴레이스와는 반대로 작용한다. 탈인산화된 a형은 활성형으로 글루코오스 6-인산 농도와 무관하고 인산화된 b형은 활성이 낮으며, 글루코오스 6-인산 농도에 의존한다. 글리코젠 합성효소 a형은 글루코오스 6-인산에 의해 영향받거나 의존하지 않기 때문에 글리코젠 합성효소 I이라 하고 글리코젠 합성효소 b는 글루코오스 6-인산에 의존하기 때문에 글리코젠 합성효소 D라고도 한다(그림 9-14).

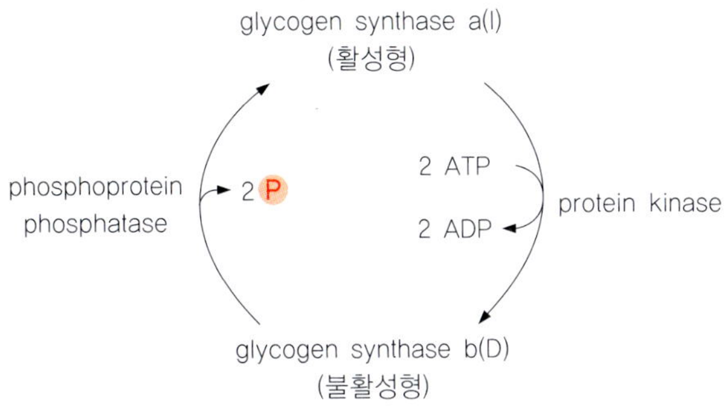

[그림 9-14] 글리코젠 합성효소의 조절

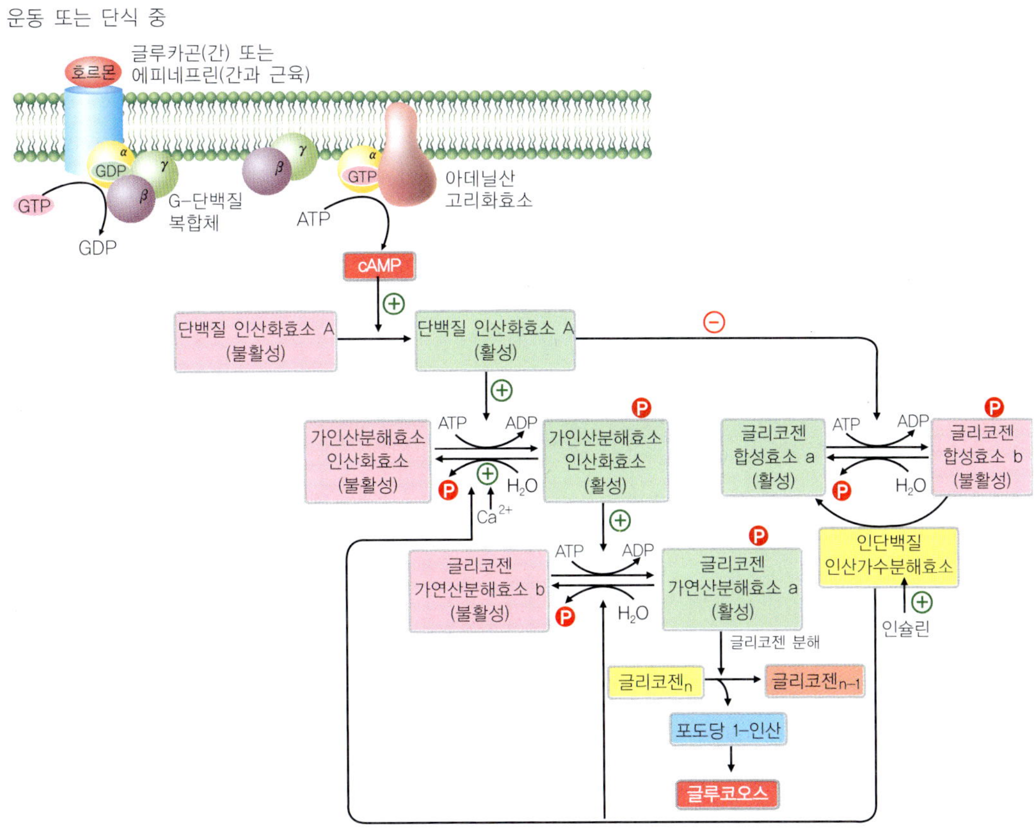

[그림 9-15] 글리코젠 대사의 조절

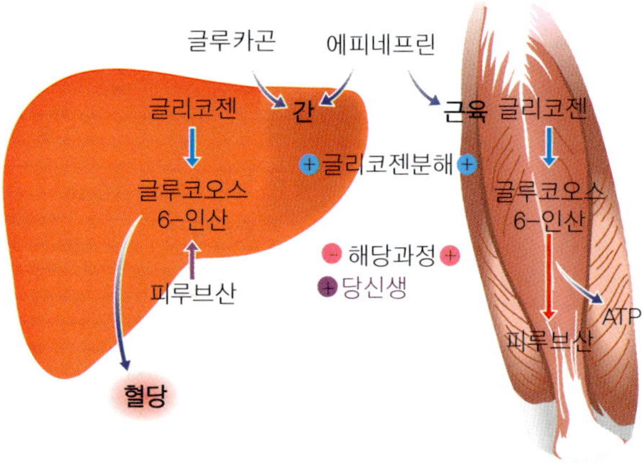

[그림 9-16] 간과 근육의 글리코젠 분해대사

4) 글리코젠 저장질환

폰 기에르케(Von Gierke)의 질환이라고도 하는 글리코젠 저장질환은 글리코젠 대사나 저장의 비정상으로 초래되는 질병이다. 글리코젠 저장질환은 간이 커지고 정신적 저능 등의 증상이 나타나며, 이외에도 저혈당, 높은 수준의 콜레스테롤, 지방산, 젖산 및 요산 등을 나타낸다. 간은 과다한 글리코젠 함량으로 커지며, 저혈당 증상은 글리코젠이 정상적으로 대사되지 못하여 간에 저장된 글리코젠으로부터 혈당을 생성하지 못하기 때문이다. 이러한 비정상적인 글리코젠 저장은 글루코오스 6-포스파테이스(인산분해효소, glucose 6-phosphatase)의 결핍 때문에 일어나며, 글루코오스 6-포스파테이스의 결핍으로 인하여 글루코오스 6-인산 수준이 높아져서 많은 양의 글리코젠이 합성되고 저장된다. 높은 글루코오스 6-인산 수준은 많은 양의 글루코오스 6-인산을 젖산으로 분해하여 혈액에 젖산의 함량을 높이고 심한 저혈당 증상을 유발한다. 저혈당으로 인하여 부신피질이 자극을 받아 에피네프린을 분비하면 혈액에는 중성지방과 유리지방산의 수준이 높아지며, 높은 글루코오스 6-인산 수준으로 글루코오스 6-인산은 오탄당인산 경로를 통해서 과다한 양의 라이보오스 5-인산을 생성한다. 라이보오스 5-인산은 퓨린(purine)의 합성을 촉진하고 퓨린의 분해로 요산(uric acid)의 생성이 증가한다. 많은 양의 요산이 혈액이나 관절 부분에 축적되면, 결정이 형성되어 통풍(gout)이라고 알려진 통증을 수반하는 질병이 생긴다. 이처럼, 글리코젠 저장질환은 대사 경로에서 효소 하나의 결핍으로 많은 대사 경로에 다양한 영향을 주는 것을 보여 준다.

4. 혈당 조절

1) 혈당 유지

혈당(blood glucose)은 문맥정맥을 제외한 동정맥의 포도당 농도, 즉 혈액의 포도당으로 혈청 농도(mg/dL)로 표시한다. 인체는 생명 유지와 정상적인 기능을 하기 위해 혈당이 항상 일정 범위의 농도 수준으로 유지되는, 혈당의 항상성이 반드시 필요하다. 혈당의 항상성은 인슐린, 글루카곤 등 여러 호르몬에 의해 유지되며, 포도당을 에너지원으로 쓰는, 특히 적혈구와 뇌세포의 중요한 에너지원이다. 식사 후에 섭취된 탄수화물은 대부분 체내에서 최종적으로 소장에서 포도당으로 소화 및 흡수되어 혈액으로 방출된다. 이때 혈당이 상승하면 인슐린이 분비되어 혈당을 말초조직으로 들어가게 하여 혈당을 낮추게 한다. 이렇게 체내에 공급된 혈당은 호기적 해당과정을 통해 완전 산화되어 혈액, 뇌, 신경계 등에 에너지를 공급한다. 그다음 혈당은 간, 근육에서 글리코젠으로 저장되며, 마지막으로 과잉 혈당은 지방조직에서 지방으로 저장된다. 이와 반대로, 공복상태가 되면 글루카곤이 분비되어 간에 저장된 글리코젠 분해를 촉진하고 혈액으로 포도당을 방출하여 혈당을 상승시킨다. 만일, 이러한 공복 상태가 지속되어 간글리코젠이 고갈되면 저혈당이 일어날 수 있는데, 저혈당은 중추신경계 장애뿐만 아니라 혼수상태와 사망을 초래할 수 있기 때문에 혈당 유지가 필수적이다. 이처럼, 지속적인 혈당 공급을 위해 젖산, 글리세롤, 아미노산 등 비탄수화물 전구체로부터 당신생합성을 통하여 포도당을 생성하여 혈당을 상승시킨다.

2) 혈당 조절 호르몬

(1) 인슐린

인슐린(insulin)은 51개의 아미노산으로 구성된 펩타이드로 혈중 포도당 농도가 증가하면 췌장(이자)의 랑게르한스(Langerhans)섬의 베타세포에서 분비 · 생성된다. 인슐린은 포도당을 간, 근육이나 지방세포로 신속하게 이동시켜 글리코젠이나 지방합성을 촉진시키며, 아미노산 흡수와 단백질 합성도 촉진시킨다. 인슐린은 포도당을 세포 내로 신속하게 들어가게 도와준다. 만일, 인슐린 분비가 제대로 되지 않거나 인슐린에 대한 말초조직의 저항이 일어나면 체내의 혈당을 감소시키지 못하여 당뇨병성 고혈당이 일어난다. 인슐린 저항성의 주요 원인으로는 체중 증가 및 비만, 운동 부족, 유전, 노화 등이 있다.

(2) 글루카곤

글루카곤(glucagon)은 29개의 아미노산으로 구성된 펩타이드로 혈중 포도당 농도가 감소하면 췌장의 랑게르한스섬의 알파세포에서 분비·생성된다. 글루카곤은 간에 저장된 글리코젠을 포도당으로 분해하여 혈중 포도당 농도를 증가시켜 혈당을 조절한다. 또한, 글루카곤은 단식 시 혈중 포도당 농도가 감소할 때 지방을 분해시켜 생성된 유리지방산을 혈액으로 방출시켜 β-산화와 케톤체 생성을 거쳐 에너지를 공급하게 한다. 이처럼, 글루카곤은 단식 상태에서 체내 항상성을 유지하는 데 중요한 호르몬이다.

(3) 기타 호르몬

에피네프린(epinephrine)과 코티솔(cortisol)은 혈중 포도당 농도가 감소하면 부신수질에서 분비, 생성된다. 특히, 에피네프린과 코티솔은 스트레스 상태에 분비되며, 혈중 포도당과 지방산 농도를 증가시켜 뇌에 포도당을 공급하고 에너지원으로 지방산을 제공한다. 뇌하수체 전엽에서 생성되는 성장호르몬(growth hormone)도 수면, 스트레스, 운동, 저혈당 시 분비되며, 공복 시 혈당 유지를 돕는다. 에피네프린, 코티솔, 성장호르몬은 글루카곤처럼 인슐린 분비를 억제하는 인슐린과 길항 작용을 한다.

1. 척추동물의 간에서 2분자 피루브산으로부터 포도당이 생성될 때 필요한 ATP 분자 수는?
   ① 2 ② 4 ③ 6
   ④ 8 ⑤ 10

2. 근육 글리코젠(glycogen)이 혈당의 직접적 공급원이 되지 <u>못하는</u> 이유는?
   ① 산소 부족 ② hexokinase 부족
   ③ pyruvate kinase 부족 ④ glycogen 부족
   ⑤ glucose-6-phosphatase 부족

3. 코리 회로를 설명한 것 중 옳은 것은?
   ① 글리코젠과 포도당 1-인산 사이의 상호 전환
   ② 말초조직에서 아미노산 분해와 간에서 요소 합성
   ③ 근육조직의 피루브산이 알라닌(alanine)으로 되는 상호 전환
   ④ 근육조직에서 혐기적 해당과정과 간에서의 당신생합성과의 관계
   ⑤ 근육조직에서 글리코젠 분해와 간에서의 글리코젠 합성과의 관계

4. 당신생합성에서 ATP가 필요한 반응으로 옳은 것은?
   ① phosphoglyceate kinase
   ② pyruvate kinase
   ③ phosphoenolpyruvate kinase
   ④ phosphoglyceate mutase
   ⑤ fructose-1,6-diphosphatase

5. 당질 공급이 충분하지 않을 때 당신생합성이 필수로 요구되는 기관은?
   ① 근육 ② 뇌 ③ 심장
   ④ 소장 ⑤ 지방조직

6. 다음 화합물 중 포도당으로 될 수 <u>없는</u> 것은?
   ① pyruvate ② lactate
   ③ glycerol ④ acetyl-CoA
   ⑤ amino acid

7. 오탄당인산 경로(HMP)에서 비산화 단계의 시작물질로 옳은 것은?
   ① glucose ② glucose-6-ⓟ
   ③ ribose-5-ⓟ ④ fructose-6-ⓟ
   ⑤ glyceraldehyde-3-ⓟ

8. NADPH의 주요 공급원은?
   ① 해당과정 ② 지방산 생합성
   ③ 당신생 과정 ④ 오탄당인산 경로
   ⑤ TCA 회로

9. 오탄당인산 경로의 산화 단계에 관여하는 효소는?
   ① transferase
   ② transketolase
   ③ transaldolase
   ④ glucose-6-ⓟ phosphatase
   ⑤ phosphogluconate dehydrogenase

10. 오탄당인산 경로와 관계<u>없는</u> 것은?
   ① glucose-1-ⓟ ② glucose-6-ⓟ
   ③ NADPH ④ ribose
   ⑤ xylulose-5-ⓟ

11. 오탄당인산 경로의 속도 조절 단계 효소로 옳은 것은?
   ① transketolase
   ② transaldolase
   ③ phosphopentose epimerase
   ④ glucose-6-ⓟ dehydrogenase
   ⑤ phosphogluconate dehydrogenase

12. 혈액으로 포도당을 공급하지 <u>못하는</u> 경로는?
   ① 글리세롤로부터 합성
   ② 근육에 저장된 글리코젠 분해
   ③ 간에 저장된 글리코젠 분해
   ④ 간에서 젖산으로부터 포도당 공급
   ⑤ 간에서 아미노산으로부터 포도당 공급

13. 인슐린에 의하여 활성이 증가되는 효소는?

① glycogen dehydrogenase
② phosphoglucomutase
③ glycogen kinase
④ glycogen synthetase
⑤ glycogen synthase

14. 글리코젠의 합성과 분해에 관여하는 효소에 관한 설명으로 틀린 것은?

① 포도당 6-인산은 glucose 6-phosphatase에 의해 포도당으로 된다.
② 포도당이 과잉으로 되면 glucokinase에 의해 포도당 6-인산으로 된다.
③ 세포 내에서 포도당의 수요가 높으면 글리코젠은 glucose 1-phosphatase에 의해 포도당 1-인산으로 된다.
④ 포도당 1-인산은 phosphoglucomutase에 의해 포도당 6-인산으로 된다.
⑤ 포도당 6-인산은 포도당 1-인산, UDP-포도당을 거쳐 glycogen synthase에 의해 글리코젠으로 된다.

15. 포도당이 글리코젠으로 변화되는 과정의 필수물질은?

① UTP ② GTP
③ guanosine ④ galactokinase
⑤ pyruvate kinase

정답: 1 ③ 2 ⑤ 3 ④ 4 ① 5 ②
6 ④ 7 ③ 8 ④ 9 ⑤ 10 ①
11 ④ 12 ② 13 ⑤ 14 ③ 15 ①

chapter 10

TCA 회로

TCA cycle

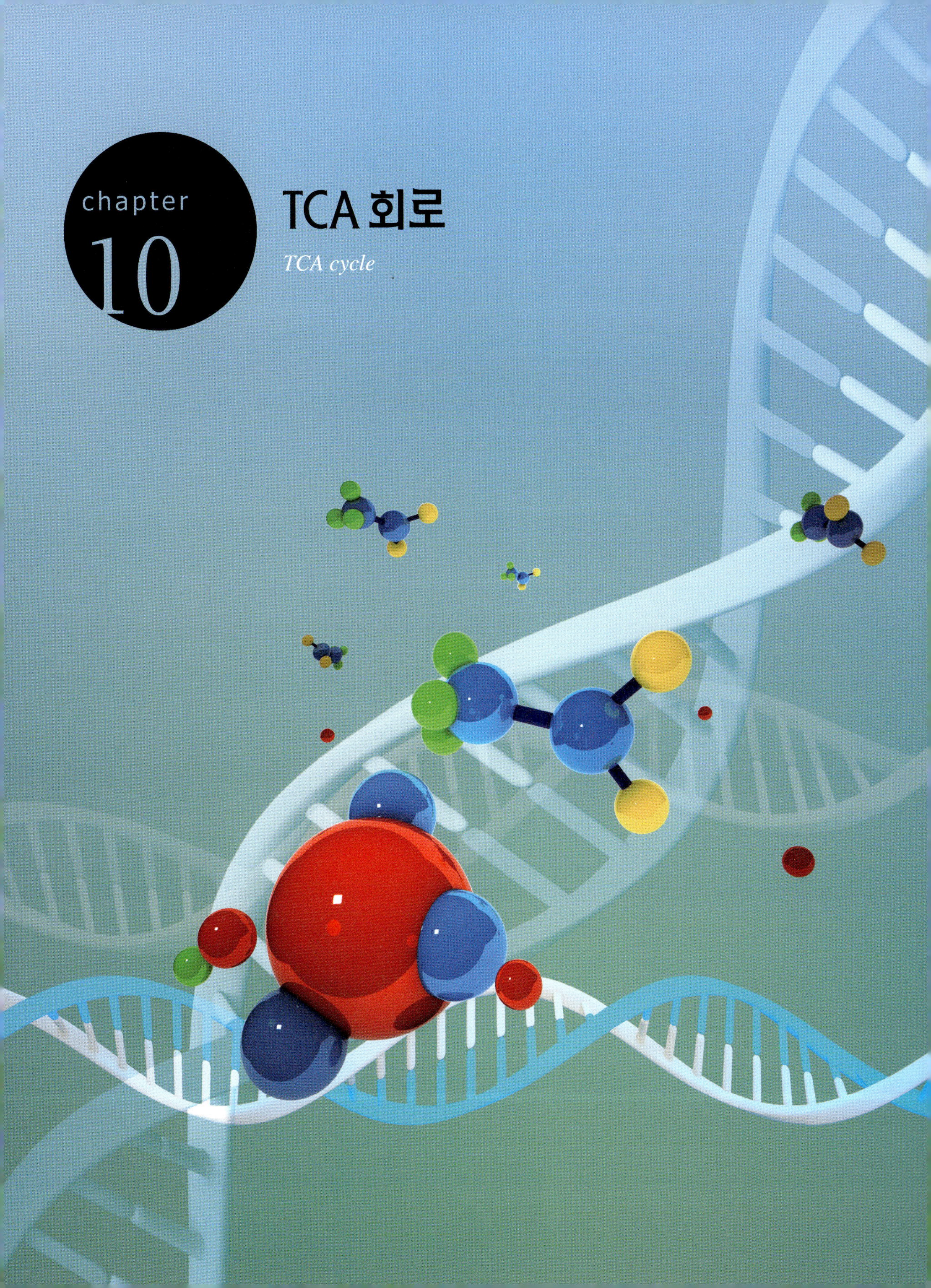

일반적으로 생명체가 탄수화물, 단백질, 지질 등을 체내에서 분해하여 에너지원으로 이용하는 과정은 크게 3단계로 나눈다. 먼저, 생체분자인 이 고분자물질들은 분해되어 단당류, 아미노산, 지방산 등의 구성 성분 및 구성단위로 된다. 두 번째 단계는 이들 구성단위는 각각 해당과정(glycolysis), 아미노기 전이반응(transamination), β-산화(β-oxidation) 등을 거쳐 공통물질인 아세틸-CoA로 된 후 마지막으로 아세틸-CoA가 공통 분해 대사 경로인 TCA 회로로 들어가서 완전히 산화 분해되는 것이다. 이처럼, 호기성 생명체는 호흡(respiration)을 통하여 해당과정의 최종 생성물인 피루브산을 TCA 회로, 전자전달계와 산화적 인산화 과정을 거쳐 CO_2로 완전 산화시키면서 ATP를 생성한다.

이 장에서는 TCA 회로가 일어나는 세포소기관인 미토콘드리아의 구조를 알아보고, 세포질에서 생성된 피루브산이 미토콘드리아에 운반되어 아세틸-CoA로 전환되는 과정을 살펴본다. 그리고 TCA 회로를 구성하는 각 단계 반응과 조절인자에 대해 학습하고, 중심 경로인 분해 대사 이외에 TCA 회로가 수행하는 생합성 대사 경로에 대해서도 알아본다. 또한, 1분자의 글루코오스가 호기적 해당과정을 거쳐 완전히 산화되었을 때 생성되는 ATP 분자의 수를 계산해 본다.

1. TCA 회로

1) TCA 회로의 개요

TCA 회로는 3개의 카복실기를 가진 트리카복실산(tricarboxylic acid)인 시트르산(citric acid, 구연산)이 회로의 중간체로 참여하기 때문에 시트르산(구연산) 회로(citric acid cycle)라고 한다. 그리고 이 회로를 처음으로 발견한 한스 크렙스(Hans Krebs)의 이름으로부터 온 크렙스 회로(Krebs cycle)라고도 한다. TCA 회로는 호기적 조건하에서 미토콘드리아 내부의 기질 또는 매트릭스(matrix)에서 일어나는 탄수화물, 단백질, 지질 등 생체분자를 산화시키는 공통 경로이다. 생명체에서 TCA 회로의 중요성은 첫째, 세포의 에너지 요구에 맞추어 전자전달계와 산화적 인산화와 연계하여 ATP를 생성할 수 있는 NADH와 $FADH_2$를 생산하는 것이다. 둘째, 생체고분자 생합성에 쓰일 전구물질이나 중간체를 생성하는 것이다. TCA 회로로 들어가는 탄수화물, 단백질, 지질 등의 모든 연료 분자는 반드시 아세틸-CoA 형태로 들어가며, TCA 회로로 들어간 아세틸-CoA는 완전히 산화되어 CO_2와 H_2O를 만들고 NADH나 $FADH_2$를 생성한다.

2) 미토콘드리아의 구조

TCA 회로가 일어나는 세포소기관인 미토콘드리아는 단백질과 지질로 된 외막과 내막이 있다. 외막은 분자량이 작은 분자나 이온은 자유롭게 통과할 수 있으나, 내막은 단백질과 지질의 비율이 4:1 정도로 단백질이 풍부하고 당, 이온, NAD^+, FAD, CoA 등의 고분자물질들은 통과하지 못한다. 외막과 내막의 막 사이 공간인 막사이 공간은 미토콘드리아의 내부 공간으로 여러 가지 물질의 이동은 특수한 운반 기전에 의해 이루어진다. 내막은 크리스타(cristae)라고 부르는 주름이 촘촘히 접혀져 있고 내막 안쪽에는 전자전달계와 ATP 합성에 관여하는 효소가 분포되어 있다. 미토콘드리아 내막으로 둘러싸인 안쪽 부분은 단백질, 효소 등이 용해되어 있는 용액 상태로 기질 또는 매트릭스(matrix)라고 부르며, 여기에 TCA 회로를 촉매하는 대부분의 효소가 함유되어 있고 ATP가 합성 동안에는 매트릭스 부분이 수축과 팽창 과정을 반복한다.

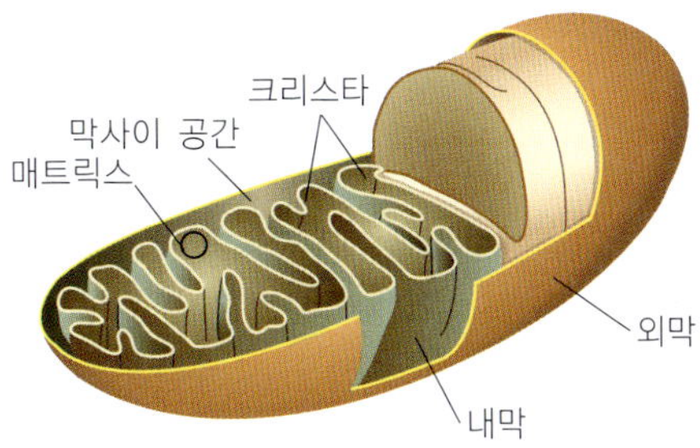

[그림 10-1] 미토콘드리아의 구조

3) 피루브산으로부터 아세틸-CoA의 생성

호기적 상태에서는 해당과정의 최종 생성물질인 피루브산은 세포질에서 포린(porin)에 의해 형성된 통로를 통해 미토콘드리아 외막을 통과한 다음, 미토콘드리아 내막에 존재하는 투과효소인 자리옮김효소(translocase)에 의해 미토콘드리아의 매트릭스 부분으로 운반된다. 미토콘드리아 매트릭스에 들어온 피루브산은 TCA 회로에 들어가기 위해 피루브산 탈수소효소 복합체(pyruvate dehydrogenase complex, PDC)에 의해서 아세틸-CoA로 전환되어야 한다.

(1) 피루브산 탈수소효소 복합체(E_1, E_2, E_3)

피루브산 탈수소효소 복합체는 분자량이 수백만 달톤(dalton)에 해당하는 세 종류의 효소(E_1, E_2, E_3)로 이루어진 다효소 복합체이다. 피루브산에서 아세틸-CoA로 전환되는 반응은 비타민 B 유도체들인 5개의 조효소를 필요로 하며, 5단계에 걸쳐 일어난다.

피루브산 탈수소효소 복합체의 전체적인 반응은 산화적 탈탄산반응(oxidative decarboxylation)으로 산화-환원반응과 동시에 CO_2가 제거반응이 일어난다. 피루브산의 카복실기에서 CO_2가 제거되고 피루브산 분자의 나머지 2개의 탄소를 조효소 A(coenzyme A, CoA)에 전달하여 아세틸-CoA를 형성한다.

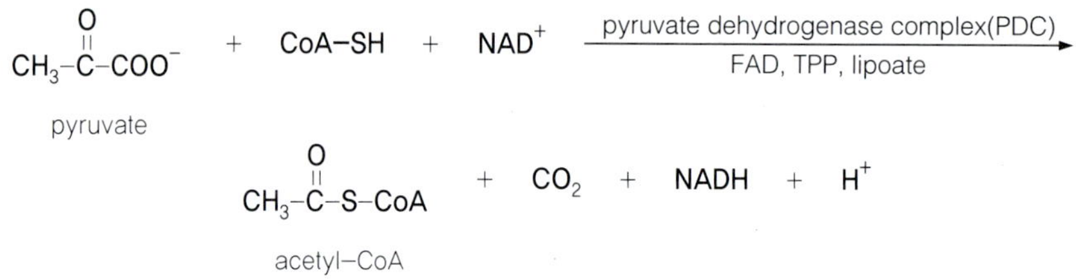

❶ 1단계: E_1 반응

첫 번째 단계는 E_1인 피루브산 탈수소효소(pyruvate dehydrogenase)에 의한 피루브산의 탈탈산반응으로 티아민 피로인산(thiamine pyrophosphate, TPP)이 조효소로 작용하여 CO_2의 방출과 함께 하이드록시에틸기(hydroxyethyl group)가 TPP에 결합되어 하이드록시에틸기-TPP-E_1을 형성한다(그림 10-2).

❷ 2단계: E_2 반응

하이드록시에틸기는 다이하이드로리포일 아세틸 전이효소(dihydrolipoyl transacetylase)(E_2)의 조효소이자 흔들팔(swinging arm)이라고도 하는 리포산(lipoic acid)에 전달된다. 리포산은 CoA처럼 산화-환원반응에 연관된 아실기 전이에 관여하며, 하이드록시에틸기를 전달받은 산화형 리포산은 환원되어 아세틸-리포산-E_2가 된다.

❸ 3단계: E_2 반응

리포산에 결합된 아세틸기는 CoA에 전달되어 아세틸-CoA를 형성한다. CoA는 비타민 E_5인 판토텐산(pantothenic acid)을 함유하고 있으며, 아세틸기 또는 아실기를 운반하는 역할을 하는데, 아세틸기 또는 아실기는 CoA의 SH와 티오에스터(thioester) 결합을 한다.

❹ 4단계: E_3 반응

산화형 이황화물(disulfide)과 조효소인 FAD가 단단하게 결합된 다이하이드로리포일 탈수소효소(dihydrolipoyl dehydrogenase)(E_3)는 E_2에 의해 결합되어 환원된 리포산을 재산화시키고 환원된다. 산화된 리포산은 다시 E_1의 하이드록시에틸기로부터 아세틸기를 전달할 수 있다.

❺ 5단계: E_3 반응

마지막으로, 환원된 E_3는 NAD^+에 의해 재산화되는데, 환원된 $FADH_2$로부터 NADH를 형성하고 다시 산화된다.

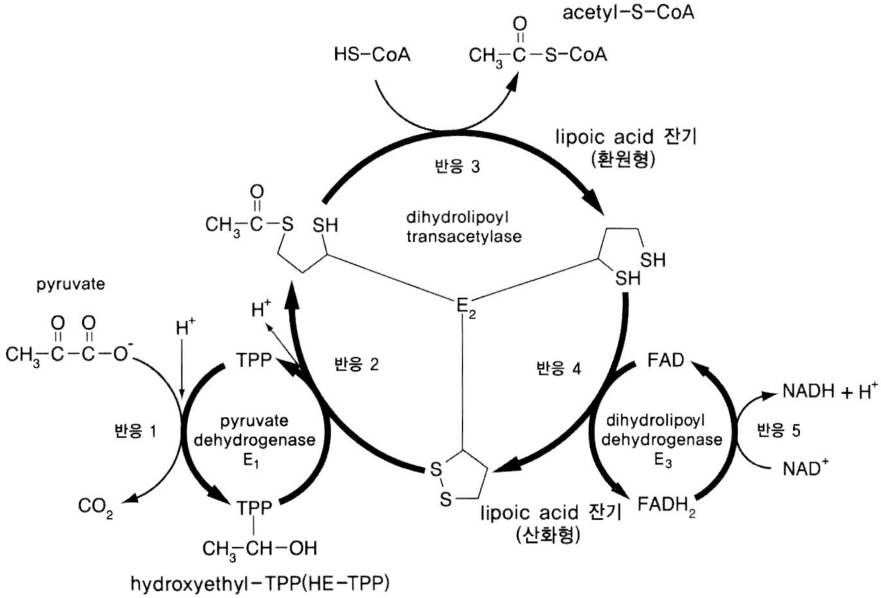

[그림 10-2] 피루브산 탈수소효소 복합체의 작용 기작

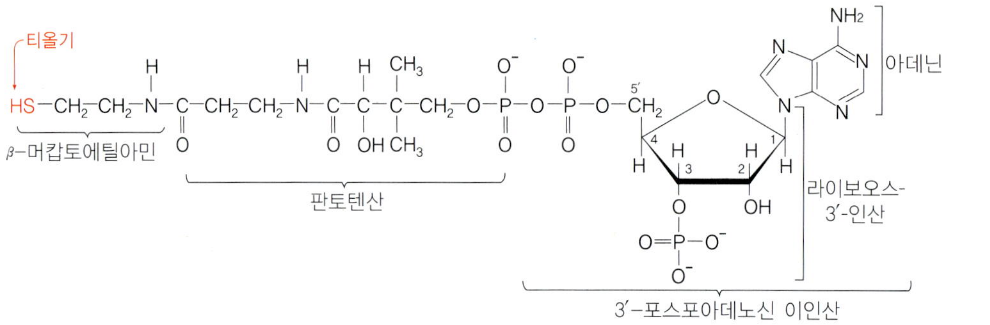

(a) CoA

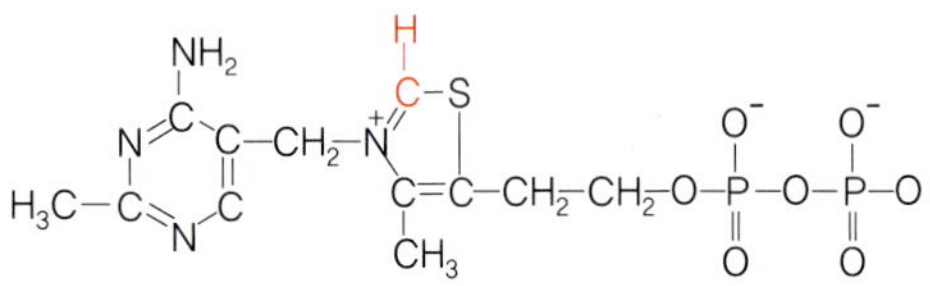

(b) 티아민 파이로인산(TPP)

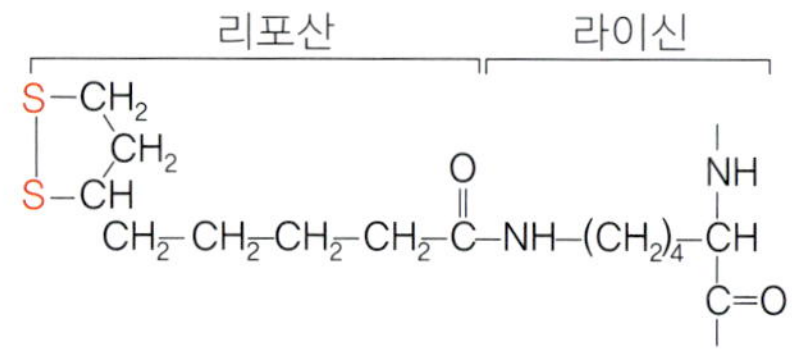

(c) 리포산

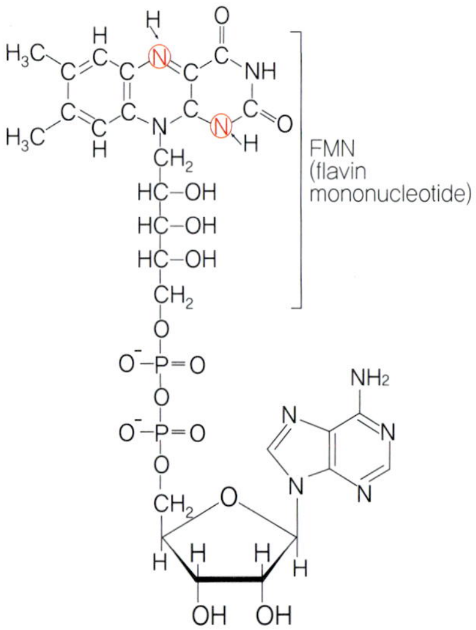

(d) FAD

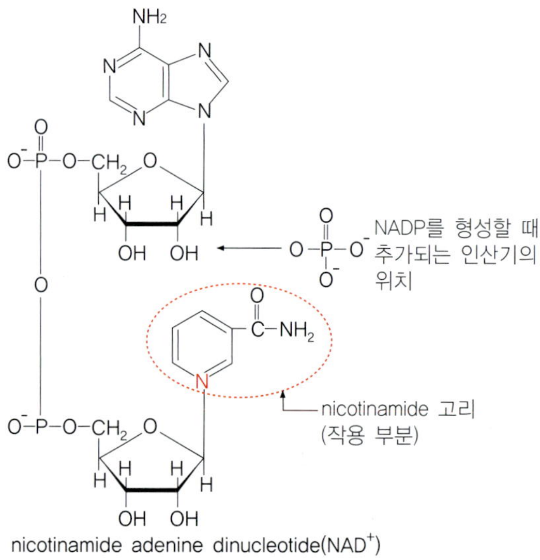

(e) NAD+

[그림 10-3] 피루브산 탈수소효소 복합체의 조효소

4) TCA 회로의 반응

TCA 회로는 호기성 생명체에서 8개의 효소로 촉매되는 반응으로 구성된 순환 경로로서 탄수화물뿐만 아니라, 지방이나 단백질이 분해되어 생성된 아세틸-CoA 1분자가 TCA 회로에서 2분자의 CO_2로 완전 산화되면 각각 3분자의 NADH, 1분자의 $FADH_2$ 그리고

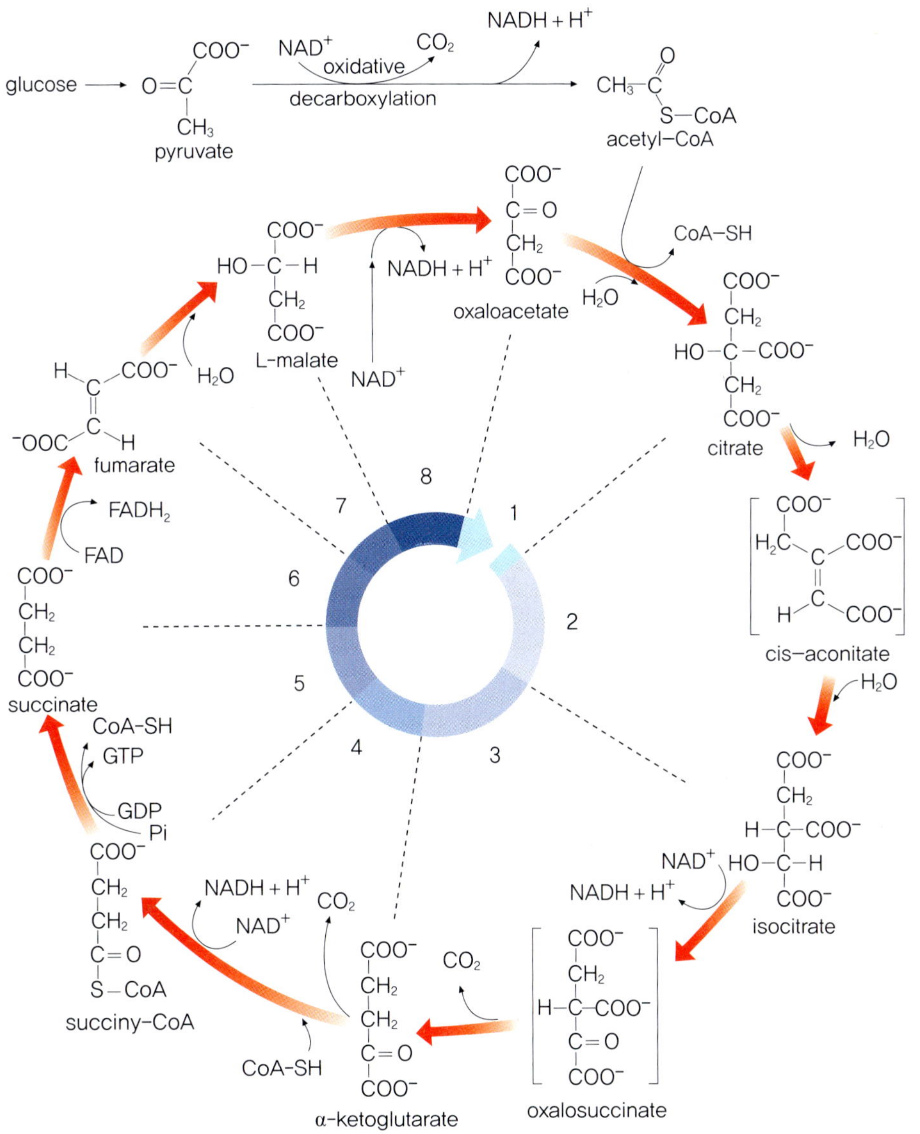

[그림 10-4] TCA 회로

1분자의 GTP(ATP)를 생성한다. NADH와 $FADH_2$는 전자전달계와 산화적 인산화를 거쳐 각각 2.5, 1.5개의 ATP를 생성할 수 있다.

(1) 시트르산 합성효소 단계: 축합반응

TCA 회로의 첫 반응은 축합반응으로 시트르산 생성(합성)효소(citrate synthase)에 의해 아세틸-CoA와 옥살로아세트산(oxaloacetate)을 축합하여 시트르산(구연산)을 합성한다.

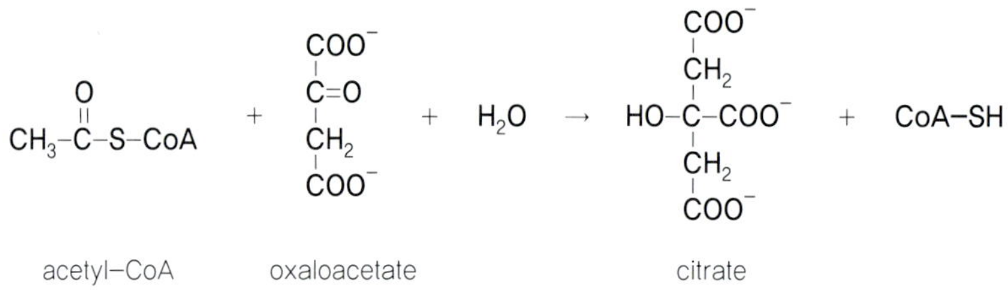

이 반응은 아세틸-CoA의 메틸기가 옥살로아세트산의 카보닐기에 결합하여 시트로일(citroyl)-CoA를 형성한 후 신속하게 가수분해하여 시트르산과 CoA를 생성하는 알돌(aldol) 축합반응이다.

고에너지 화합물인 티오에스터 결합이 가수분해 시 자유에너지 감소가 크게 증가하면서 시트르산이 쉽게 형성되는 비가역적 반응이자 조절자리이다. 시트르산 합성효소는 다른자리 입체성 효소로서, TCA 회로의 전체 속도를 조절하는 역할을 하며, NADH는 저해인자(inhibitor)로 작용한다.

(2) 아코니테이스 단계: 탈수 및 수화반응

아코니테이스(aconitase)는 시트르산 내의 물 분자를 제거하는 탈수반응으로 시스-아코니트산(cis-aconitate)을 생성한 후, 시스-아코니트산에 물 분자를 첨가하는 수화반응으로 아이소시트르산(isocitrate)을 생성시킨다. 아코니테이스에 의해 시트르산은 3번 탄소의 하이드록시기(OH기)의 위치가 4번 탄소로 이동하여 아이소시트르산으로 전환된다. 이 효소는 활성 부위에 독특한 철-황 구조(Fe-S cluster)를 함유하고 있으며, 독성물질인 플루오르아세트산(FCH_2COO^-)은 저해제로 작용하는데, 플루오르아세트산은 체내에 들어가면 플루오르아세틸-CoA가 된 후 플루오로시트르산이 되어 TCA 회로를 저해시킨다.

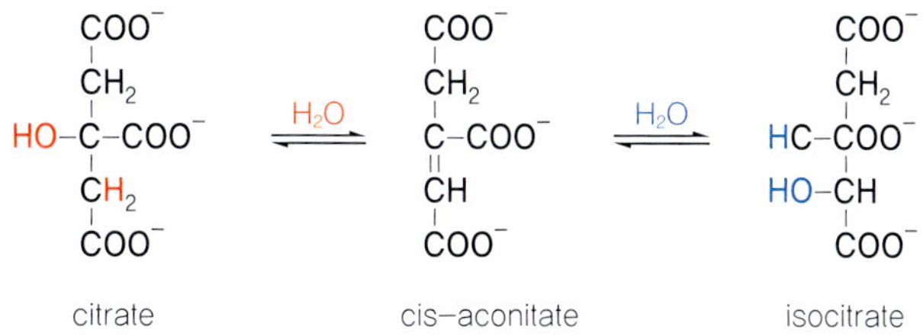

(3) 아이소시트르산 탈수소효소 단계: 산화적 탈탄산반응

아이소시트르산은 아이소시트르산 탈수소효소(isocitrate dehydrogenase)에 의해 카복실기(CO_2기)가 제거되어 α-케토글루타르산으로 전환되고 동시에 NADH를 생성하는 산화적 탈탄산반응이 일어난다. 이 반응은 TCA 회로의 두 가지 산화적 탈탈산반응 중 첫 번째 반응으로 2단계로 일어나는데, 먼저 아이소시트르산이 일시적 중간물질인 옥살로숙신산(oxalosuccinate)으로 산화되고 곧바로 탈탄산이 일어나 α-케토글루타르산이 생성된다. 또한, TCA 회로의 세 가지 비가역적 반응 중 두 번째 반응으로 조절자리이다.

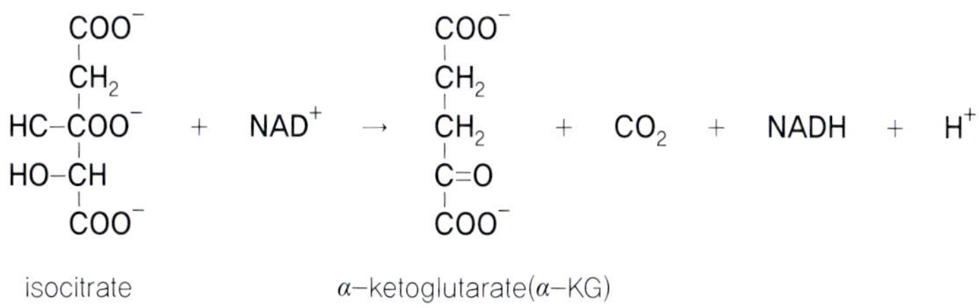

아이소시트르산 탈수소효소는 다른자리 입체성 효소로서 ATP와 NADH는 저해인자로 그리고 ADP와 NAD^+는 촉진인자로 작용한다. 세포 내의 NADH 농도가 높으면 TCA 회로가 활발하게 진행되고 있고, ATP의 생성이 충분한 상태를 나타내며, 반대로 NAD^+ 농도가 높으면 ATP의 합성이 필요한 상태를 나타낸다고 할 수 있다. 따라서 어떤 조절효소들은 NADH 또는 NAD^+ 농도를 세포 내의 에너지 상태를 표시하는 지시물질로 활용할 수 있다. NADH나 NAD^+에 의한 다른자리 입체성 조절은 ATP, ADP 및 AMP에 의한 조절과 마찬가지로 ATP의 생성을 조절할 수 있는 또 다른 방법이다.

아이소시트르산 탈수소효소는 미토콘드리아 기질에 존재하고 조효소로 NAD^+를 필요로 하는 효소와 세포질에 존재하고 조효소로 $NADP^+$를 필요로 하는 효소 등 두 종류의 동위효소(isoenzyme)가 있다. 세포질의 아이소시트르산 탈수소효소는 미토콘드리아 기질의 효소와 달리, 생합성에 필요한 NADPH 생성에 관여한다.

(4) α-케토글루타르산 탈수소효소 복합체 단계: 산화적 탈탄산반응

α-케토글루타르산 탈수소효소 복합체(α-ketoglutarate dehydrogenase complex)에 의해 촉매되는 α-케토글루타르산의 산화적 탈탈산반응은 피루브산 탈수소효소 복합체에 의해 촉매되는 반응과 유사하다. α-케토글루타르산 탈수소효소 복합체는 α-케토글루타르산을 산화적으로 탈탄산시켜 숙시닐-CoA(succinyl-CoA)를 생성한다. 산화에 의해 생성된 에너지는 고에너지 화합물인 숙시닐-CoA의 티오에스터 결합에 저장된다. 이 반응은 비가역적으로 조절자리이며, 두 번째 CO_2와 NADH가 이 단계에서 생성된다.

α-케토글루타르산 탈수소효소 복합체는 구조와 기능 면에서도 피루브산 탈수소효소 복합체와 비슷하다. α-케토글루타르산 탈수소효소 복합체는 피루브산 탈수소효소 복합체의 세 종류 효소(E_1, E_2, E_3)뿐만 아니라, TPP, 리포산, CoA, FAD 그리고 NAD^+ 등의 동일한 조효소를 가지고 있으며, 비슷한 단계 반응을 촉매한다.

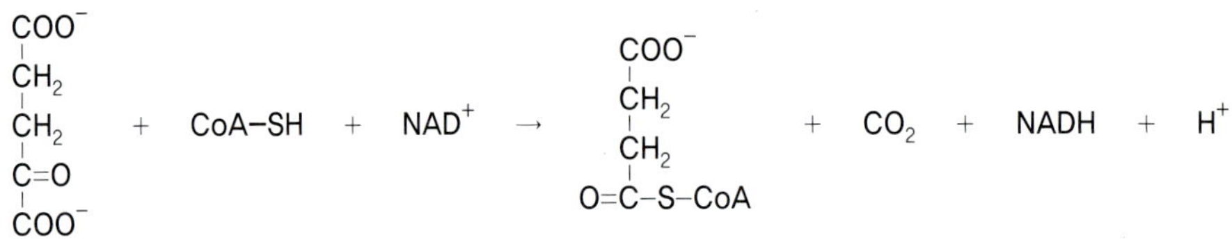

α-KG succinyl-CoA

(5) 숙시닐-CoA 합성효소 단계: 기질 수준 인산화반응

숙시닐-CoA 합성효소(succinyl-CoA synthetase)는 숙신산 티오인산화효소(succinate thiokinase)라고도 하며, 고에너지 화합물인 숙시닐-CoA로부터 숙신산과 GTP를 생성한다. 이처럼 고에너지 화합물인 기질이 가지고 있는 에너지를 이용하여 ATP나 GTP를 생성하는 반응을 기질 수준 인산화반응(substrate-level phosphorylation)이라 한다. 이 반응은 숙시닐-CoA의 고에너지 티오에스터 결합이 분해하면서 방출되는 자유에너지에 의해 GDP가 인산화되어 GTP를 생성한다.

숙시닐-CoA 합성효소에 의해 일어나는 이 반응은 가역적으로 고에너지 인산기를 투입하면($GTP \rightarrow GDP + P_i$) 숙신산과 CoA로부터 숙시닐-CoA를 만들 수 있어 숙시닐-CoA 합성효소로 사용할 수 있다.

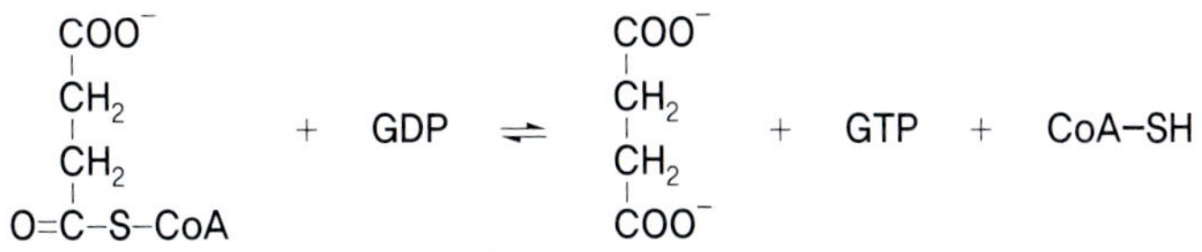

succinyl-CoA　　succinate

이때 생성된 GTP는 뉴클레오사이드 이인산 인산화효소(nucleoside diphosphate kinase, NDK)에 의해 ATP로 상호 전환된다.

$$GTP + ADP \rightleftharpoons GDP + ATP$$

(6) 숙신산 탈수소효소 단계: 탈수소반응

숙신산 탈수소효소(succinate dehydrogenase, SDH)는 숙신산을 산화시켜 푸마르산으로 만든다. 숙신산 탈수소효소는 다른 탈수소효소와 달리 조효소로 FAD를 사용하여 $FADH_2$를 생성한다. SDH는 FAD가 효소에 단단히 결합되어 있는 플라보단백질(flavoprotein)이다. 이때 생성된 $FADH_2$는 전자전달계에 들어가 1.5개의 ATP를 생성할 수 있다. 이 반응은 가역적이며, 말론산(malonate)은 숙신산과 구조가 비슷한 기질 구조 유사체로 SDH의 경쟁적 저해제로 작용하여 TCA 회로를 저해한다.

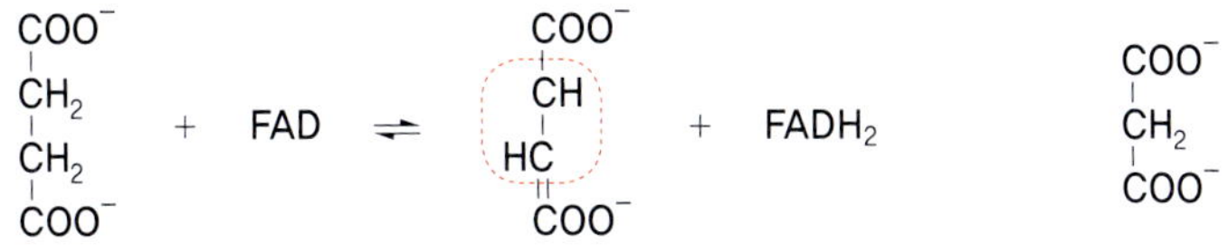

succinate　　fumarate　　malonate
(SDH의 경쟁적 저해제)

(7) 푸마레이스 단계: 수화반응

푸마레이스(fumarase)는 푸마르산에 물을 첨가하여 L-말산(L-malate)을 생성하는 수화반응을 촉매한다. 푸마레이스는 입체특이성이 있는 수화효소로 푸마르산의 트랜스 이중결합에 H_2O 첨가 시 OH기는 반드시 왼쪽에 위치한다.

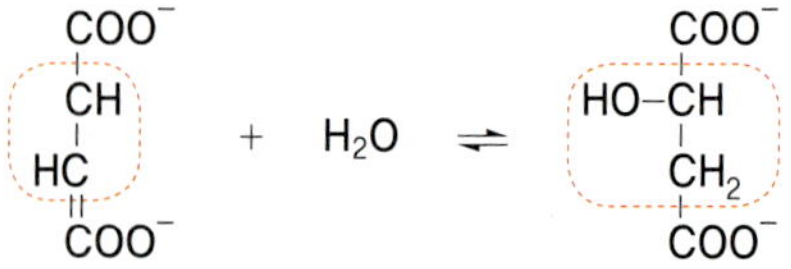

fumarate　　　　L-malate

(8) 말산 탈수소효소 단계: 탈수소반응

L-말산은 말산 탈수소효소(malate dehydrogenase, MDH)에 의해 옥살로아세트산(oxaloacetate, OAA)으로 산화된다. MDH는 조효소로 NAD^+를 필요로 하며, 이 단계에서도 1개의 NADH가 생성된다. 이 반응은 TCA 회로의 마지막 반응으로 첫 번째 반응의 기질인 옥살로아세트산을 재생성하게 된다.

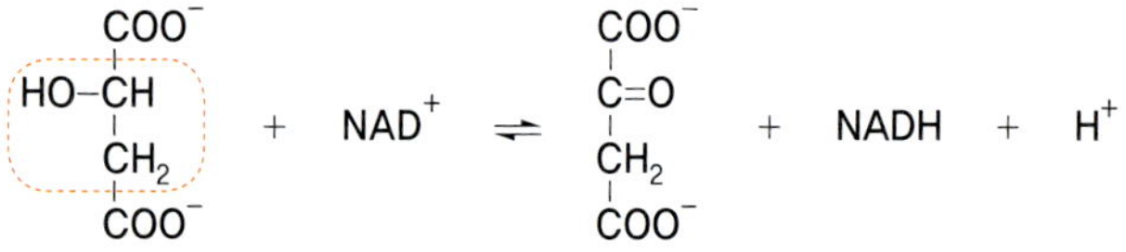

L-malate　　　　oxaloacetate (OAA)

이 반응은 열역학적으로 자유에너지가 증가하는, 즉 왼쪽 방향으로 기울어져 있지만 옥살로아세트산은 시트르산 합성효소에 의해 즉시 구연산을 생성하여 낮은 농도로 있기 때문에(10^{-6}M 이하), 옥살로아세트산을 형성하는 MDH 반응은 정반응 방향으로 향한다.

(9) TCA 회로의 요약

TCA 회로의 8단계 반응을 정리하면 다음과 같다.

$$\text{acetyl-CoA} + 3\ NAD^+ + FAD + GDP(ADP) + Ⓟ + 2\ H_2O$$
$$\rightarrow 2\ CO_2 + 3\ NADH + FADH_2 + GTP(ATP) + \text{CoA-SH}$$

아세틸-CoA에 들어 있는 두 개의 탄소는 TCA 회로로 들어가 탈탈산반응을 거쳐 2분자의 CO_2로 방출된다. 그러나, C^{14} 방사선 동위원소를 사용하여 아세틸-CoA의 탄소 원자의 행로를 추적한 결과, 아세틸-CoA(CH_3-CO-S-CoA)의 첫 번째 탄소(-CO^-)는 두 번째 회전에서 아이소시트르산 탈수소효소와 α-케토글루타르산 탈수소효소 복합체에 의해 각각 50%씩 제거되고 두 번째 탄소(CH_3-)는 세 번째 회전에서 두 효소에 의해 각각

50% 제거되는 것으로 밝혀졌다. 따라서, CO_2로 방출되는 탄소는 처음 회전부터 아세틸-CoA로부터 온 것이 아니라 적어도 두 번 이상 TCA 회로가 회전된 후에 방출되는 것으로 나타났다.

TCA 회로는 4단계의 탈수소효소 반응이 일어나는데 3단계는 조효소로 NAD^+를 필요로 하여 3분자의 NADH를 생성하고 1단계는 FAD를 필요로 하며, 1분자의 $FADH_2$를 생성한다. 또한, 고에너지 티오에스터 결합의 분해를 통하여 1분자의 GTP를 생성하여 ATP로 상호 전환한다.

5) TCA 회로의 조절

세포는 대사의 주요 효소를 효과적으로 조절하여 에너지나 대사물질이 안정한 상태를 유지하도록 적절하게 공급한다. TCA 회로는 탄수화물, 지방, 아미노산 등 모든 연료 분자들이 이용하여 에너지를 생산하기 때문에 엄격하게 통제되어 진행된다. 대사에서 조절 방식은 주로 다른자리 입체성 효과인자와 인산화에 의한 공유결합성 변형을 사용한다. 세포의 에너지 상태는 ATP/ADP, $NADH/NAD^+$, 아세틸-CoA/CoA 등의 비율로 나타낼 수 있으며, 에너지 상태와 관련된 이러한 물질들은 조절 효소의 활성에 크게 영향을 미친다.

TCA 회로의 속도는 세포의 ATP 수준과 아세틸-CoA의 생성 속도에 의존한다. TCA 회로의 조절효소는 모두 비가역적 반응을 촉매하는 효소들로 아세틸-CoA를 생성하는 효소인 피루브산 탈수소효소 복합체(pyruvate dehydrogenase complex), 그리고 회로의 구성효소들인 시트르산 합성효소(citrate synthase), 아이소시트르산 탈수소효소(isocitrate dehydrogenase), α-케토글루타르산 탈수소효소 복합체(α-ketoglutarate dehydrogenase) 등 4가지이다.

(1) 피루브산 탈수소효소 복합체

피루브산 탈수소효소 복합체는 TCA 회로의 직접적인 구성 효소는 아니지만 다른자리 입체성 효과인자와 공유결합성 변형에 의해 조절된다.

❶ 다른자리 입체성 효과인자에 의해 조절

피루브산 탈수소효소 복합체는 NADH, 아세틸-CoA, ATP 그리고 지방산에 의해 저해작용을 받는다. NADH와 아세틸-CoA는 이 반응의 생성물로 되먹임 억제(feedback inhibition)를 통하여 억제시키며, ATP는 세포 내 에너지 상태가 높은 것을 의미하여 억제시킨다. 지방산은 β-산화를 통하여 많은 아세틸-CoA를 생성하므로 아세틸-CoA가 풍부하면 탄수화물을 TCA 회로로 보낼 필요가 없게 되어 높은 농도의 아세틸-CoA는 피루브산 탈수소효소 복합체를 저해시킨다. 반면 NAD^+, CoA, AMP는 세포 내 에너지 상태가 낮은 것을 의미하여 에너지 생성을 위해 TCA 회로를 촉진시키는 활성인자로 작용한다. 근육 수축에 작용하는 Ca^{2+}도 TCA 회로의 촉진인자로 작용한다.

❷ 공유결합성 변형에 의해 조절

피루브산 탈수소효소 복합체는 다른자리 입체성 효과인자 외에도 인산화에 의한 공유결합성 변형에 의해 조절받는다. 피루브산 탈수소효소 복합체는 효소단백질의 세린(serine) 잔기가 인산화된 형태와 인산화되지 않은 형태 등 두 가지 형태로 존재한다. 피루브산 탈수소효소 복합체의 인산화와 탈인산화는 각각 피루브산 탈수소효소 인산화효소(pyruvate dehydrogenase kinase)와 피루브산 탈수소효소 인산가수분해효소(pyruvate dehydrogenase phophatase)에 의해 일어난다.

피루브산 탈수소효소 인산화효소는 ATP, NADH, 아세틸-CoA 등에 의해 활성화되며, 이들의 농도가 높으면 에너지 상태가 높은 것을 의미하여 피루브산 탈수소효소를 인산화시켜 피루브산 탈수소효소 복합체는 불활성화된다. 반면, Ca^{2+}과 인슐린은 피루브산 탈수소효소 인산가수분해효소를 활성화시켜 피루브산 탈수소효소를 탈인산화시켜 피루브산 탈수소효소 복합체를 활성화시킨다.

(2) 시트르산 합성효소

시트르산 합성효소는 특히 TCA 회로의 전체 속도를 결정하는 속도 조절효소(pacemaker)로 에너지 상태가 높은 ATP, NADH, 숙시닐-CoA 등에 의해 다른자리 입체성으로 저해된다. 또한, 이 반응의 생성물인 시트르산은 되먹임 억제를 통해 시트르산 합성효소를 저해한다.

(3) 아이소시트르산 탈수소효소

아이소시트르산 탈수소효소도 시트르산 합성효소처럼 다른자리 입체성 효과인자에 의해 조절되며, ATP와 NADH는 저해적 효과인자로, ADP, NAD^+는 촉진적 효과인자로 작용한다.

(4) α-케토글루타르산 탈수소효소 복합체

α-케토글루타르산 탈수소효소 복합체는 유사한 구조와 기능의 피루브산 탈수소효소 복합체와는 다르게 다른자리 입체성 효과인자에 의해서만 조절되며, 공유결합성 변형에 의해서는 조절되지 않는다. ATP와 NADH 그리고 숙시닐-CoA는 이 효소의 저해적 효과인자로 작용하며, Ca^{2+}은 촉진적 효과인자로 작용한다.

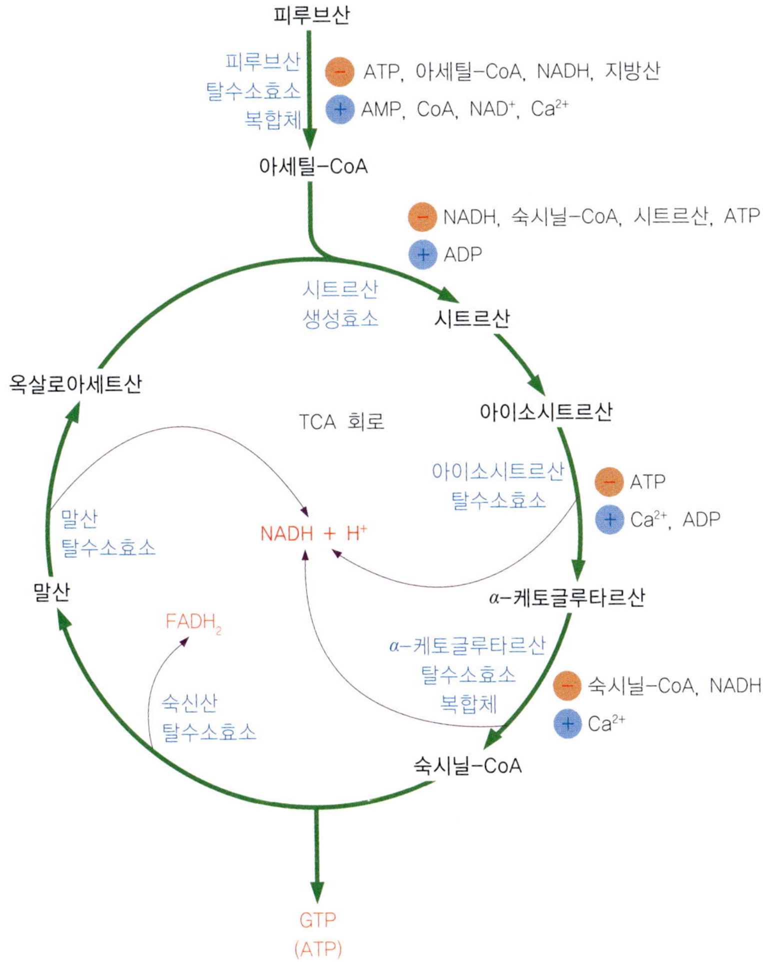

[그림 10-5] TCA 회로의 조절

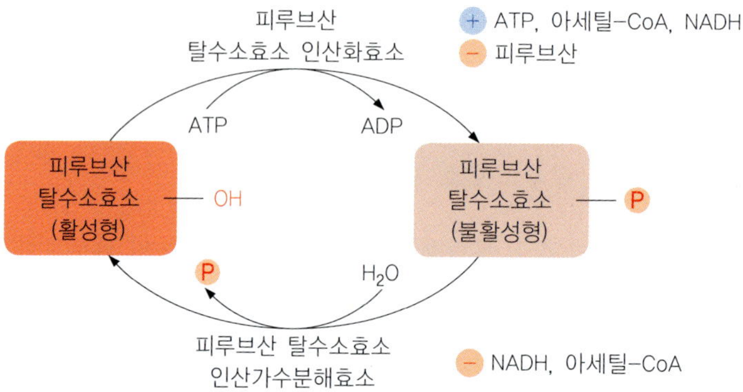

[그림 10-6] 피루브산 탈수소효소 복합체의 조절

6) TCA 회로의 양방향성

TCA 회로는 에너지 측면에서는 생체 연료 분자를 분해하여 에너지를 얻는 분해 대사이지만 물질 측면에서는 생합성에 필요한 중간물질을 공급할 수 있는 합성 대사로 작용할 수 있다. 이처럼, TCA 회로는 세포의 상태에 따라 분해 대사와 합성 대사를 수행할 수 있어 양방향성 대사 경로(amphibolic pathway)라고 부른다.

TCA 회로는 주로 분해 대사를 수행하는데 세포에서 에너지를 필요로 하면, 지방, 탄수화물, 아미노산 모두 TCA 회로의 원료물질인 아세틸-CoA로 분해된 후 아세틸-CoA는 TCA 회로로 들어가 NADH나 $FADH_2$를 생성한 후 이들이 전자전달계와 산화적 인산화 과정을 통해 ATP를 생산한다.

반면에 세포에 적절한 양의 ATP가 공급되면 TCA 회로는 합성 대사로 작용하여 TCA 회로를 구성하는 중간물질들이 생합성에 필요한 전구체 또는 대사물질을 제공한다. 이처럼, TCA 회로는 분해 대사뿐만 아니라 생합성에 대사물질을 공급하는 합성 대사 모두 수행하는 양면성을 가진 대사 경로이다(그림 10-7).

(1) 당신생합성

옥살로아세트산은 말산을 통해 미토콘드리아에서 세포질로 이동한 후 포스포엔올피루브산 카복시인산화효소(PEP carboxykinase)에 의해 포스포엔올피루브산(PEP)으로 전환된 후 당신생합성 경로로 들어가 글루코오스를 생성한다.

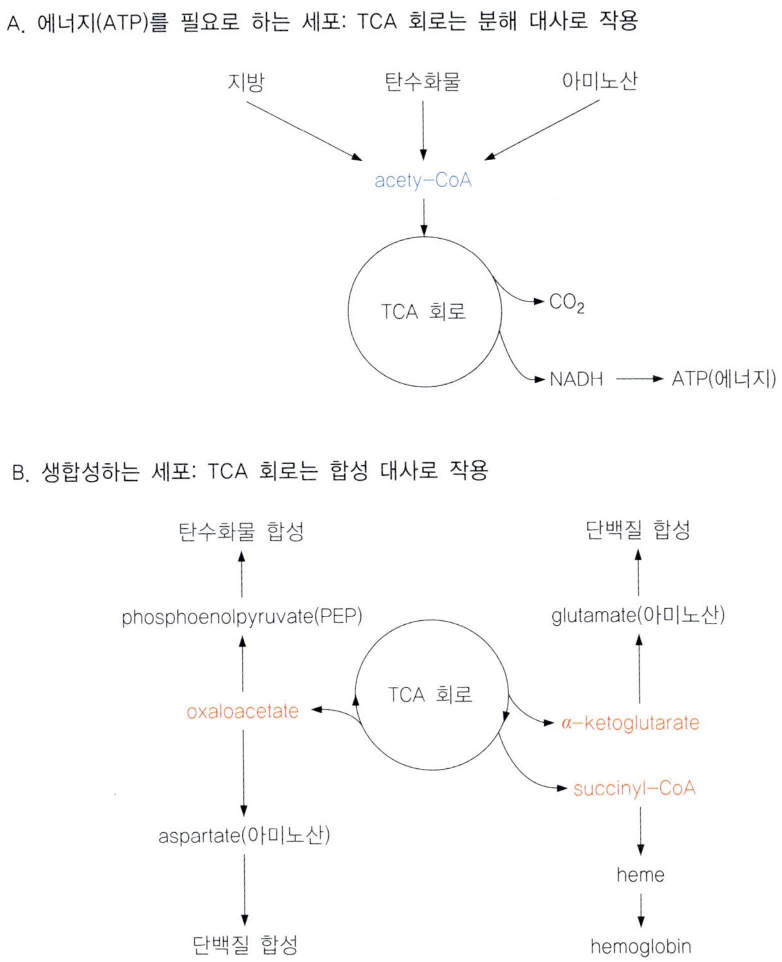

[그림 10-7] TCA 회로의 양방향성
TCA 회로는 세포의 요구에 따라 분해 대사 또는 합성 대사로 진행된다.

(2) 아미노산 생합성

옥살로아세트산과 α-케토글루타르산은 각각 아미노기전달효소(transaminase, aminotransferase)에 의해 바로 아스파트산(aspartate)과 글루탐산(glutamate)으로 전환되고 다른 아미노산의 합성 전구체로 작용한다. 옥살로아세트산은 포스포엔올피루브산(PEP)으로 전환되어 방향족 아미노산 합성의 전구체로 작용한다.

(3) 포르피린 생합성

숙시닐-CoA는 글라이신(glycine)과 반응하여 δ-아미노레블린산(δ-aminolevulinic acid)을 거쳐 헤모글로빈의 헴(heme)기에 필요한 포르피린을 생성할 수 있다.

(4) 보충반응

TCA 회로의 중간물질들이 다른 생합성에 소모되면 주로 분해 대사를 수행하는 TCA 회로의 원활한 진행을 위해서 소모된 중간물질들을 다시 회복시켜 주는 것이 필요하다. 이러한 TCA 회로에 필요한 중간물질을 재공급하는 반응을 보충반응(analplerotic reaction)이라고 한다. 보충반응은 에너지 생산과 생합성 등 주요 세포 대사의 항상성을 유지하는 역할을 한다.

❶ 피루브산 탄산화효소

피루브산 탄산화효소(pyruvate carboxylase)는 피루브산을 탄산화시켜 옥살로아세트산으로 전환하는 반응을 촉매한다. 이 반응은 포유동물의 간과 신장의 미토콘드리아에서 일어나는 가장 중요한 보충반응으로 ATP를 사용하며, 조효소로 바이오틴(biotin)과 Mg^{2+}을 필요로 한다. 이 효소는 당신생합성에서 중요한 역할을 하며 아세틸-CoA에 의해 활성화된다. 높은 농도의 아세틸-CoA는 피루브산 탄산화효소를 활성화시켜 더 많은 옥살로아세트산을 생성하며, 시트르산의 농도가 증가하여 TCA 회로의 속도를 촉진시킨다.

$$\text{pyruvate} + CO_2 + \text{ATP} \rightarrow \text{oxaloacetate} + \text{ADP} + \text{Ⓟ}$$

❷ 포스포엔올피루브산 카복시인산화효소

포스포엔올피루브산 카복시인산화효소(PEP carboxykinase)는 당신생합성에서 중요한 역할을 하며, PEP로부터 옥살로아세트산을 생성시키는 반응을 촉매한다.

$$\text{PEP} + CO_2 + \text{GDP} \rightleftharpoons \text{oxaloacetate} + \text{GTP}$$

❸ 포스포엔올피루브산 탄산화효소

포스포엔올피루브산 탄산화효소(PEP carboxylase)는 식물의 광합성에서 중요한 역할을 하며, PEP을 옥살로아세트산을 탄산화시키는 반응을 촉매한다.

$$\text{PEP} + CO_2 \rightleftharpoons \text{oxaloacetate} + \text{Ⓟ}$$

❹ 말산효소

말산효소(malic enzyme)는 피루브산을 탄산화시켜 말산으로 전환하는 반응을 촉매한다. 말산효소는 세포질과 미토콘드리아에 각각 존재하는 동위효소로 세포질의 말산효소는 조효소로 $NADP^+$를 사용하여 생합성에 필요한 NADPH를 공급한다.

$$\text{pyruvate} + CO_2 + \text{NADPH(NADH)} + H^+ \rightleftharpoons \text{L-malate} + NADP^+(NAD^+)$$

〈표 10-1〉 TCA 회로 중간물질의 보충반응

효소	효소 반응	작용
피루브산 탄산화효소	피루브산 + CO_2 + ATP + H_2O → 옥살로아세트산 + ADP + Ⓟ	당신생합성
포스포엔올피루브산 카복시인산화효소	포스포엔올피루브산 + CO_2 + GDP ⇌ 옥살로아세트산 + GTP	당신생합성
포스포엔올피루브산 탄산화효소	포스포엔올피루브산 + HCO_3^- ⇌ 옥살로아세트산 + Ⓟ	식물의 광합성
아스파트산 아미노기 전달효소	아스파트산 + α-케토글루타르산 ⇌ 옥살로아세트산 + 글루탐산	아미노기 교환반응
말산효소	피루브산 + CO_2 + NADH + H^+ ⇌ 말산 + NAD^+	피루브산 대사와 탄소 고정반응
글루탐산 탈수소효소	글루탐산 + $NAD(P)^+$ + H_2O ⇌ α-케토글루타르산 + NH_3 + NAD(P)H + H^+	NH_3 고정과 아미노산 탈아미노화 반응
아스파트산 암모니아-분해효소	아스파트산 ⇌ 푸마르산 + NH_3	알라닌과 아스파트산 대사
	아이소류신, 발린과 메티오닌 ⇢ 프로피오닐-CoA ⇢ 숙시닐-CoA	아미노산의 분해
	홀수-사슬 지방산의 β-산화 ⇢ 프로피오닐-CoA → 메틸말로닐-CoA → 숙시닐-CoA	홀수 탄소 원자 사슬 지방산의 β-산화

2. ATP 계산

TCA 회로로 들어간 1분자의 아세틸-CoA로부터 생성되는 ATP 분자 수를 계산하면 아세틸-CoA 1분자는 TCA 회로에서 2분자의 CO_2로 완전 산화되면서 각각 3분자의 NADH, 1분자의 $FADH_2$, 그리고 1분자의 GTP를 생성한다. NADH와 $FADH_2$는 전자전달계와 산화적 인산화를 거쳐 각각 2.5, 1.5개의 ATP를 생성하고 GTP는 ATP로 전환할 수 있어 모두 10분자의 ATP를 생성한다.

$$\text{acetyl-CoA} \rightarrow 2\ CO_2 + 2\ H_2O + 3\ NADH + FADH_2 + GTP(ATP)$$
$$= 3 \times 2.5 + 1.5 + 1 = 10\ ATP$$

1분자의 피루브산이 완전 산화되면 피루브산은 피루브산 탈수소효소 복합체에 의해 생성된 NADH와 아세틸-CoA로부터 12.5분자의 ATP를 생성한다.

$$\text{pyruvate} \rightarrow \text{acetyl-CoA} + NADH \rightarrow$$
$$3\ CO_2 + 3\ H_2O + 4\ NADH + FADH_2 + GTP(ATP)$$
$$= 4 \times 2.5 + 1.5 + 1 = 12.5\ ATP$$

〈표 10-2〉 피루브산 1분자의 완전 산화 시 생성되는 ATP 분자: pyruvate → 3 CO_2 + 3 H_2O

반응	중간 생성물	ATP 분자 수
1. pyruvate dehydrogenase complex	1NADH	2.5
2. isocitrate dehydrogenase	1NADH	2.5
3. α-ketoglutarate dehydrogenase	1NADH	2.5
4. succinyl-CoA synthetase	–	1*
5. succinate dehydrogenase	1$FADH_2$	1.5
6. malate dehydrogenase	1NADH	2.5
합계		12.5

* 1 GTP = 1 ATP

한편, 1분자의 글루코오스가 해당과정을 거쳐 TCA 회로를 이용하는 호기적 해당과정, 즉 완전 산화 시 생성되는 ATP 분자 수를 계산해 보면 먼저, 글루코오스는 해당과정에서 2분자의 피루브산으로 전환되면서 각각 2분자의 ATP와 NADH를 생성한다. 해당과정에서 글리세르 알데하이드 3-인산 탈수소효소 단계에서 생성된 세포질의 NADH는 직접 미토콘드리아의 막을 통과할 수 없어 세포질의 NADH는 NADH 이동 경로(NADH shuttle)를 통하여 미토콘드리아의 기질(매트릭스)로 이동된다.

1) NADH 이동 경로

NADH 이동 경로(NADH shuttle)는 글리세롤인산 이동 경로(glycerol phosphate shuttle, 그림 10-8)와 말산 이동 경로(malate shuttle, 그림 10-9) 등 두 가지 종류가 있다. 글리세롤인산 이동 경로는 근육세포에서 작용하며, 세포질 내의 NADH는 미토콘드리아 내막에서 글리세롤 인산 탈수소효소(glycerol phosphate dehydrogenase)의 조효소이자 전자수용체가 FAD로 $FADH_2$를 형성하여 전자전달계에서 분자당 1.5분자의 ATP가 생성된다. 말산 이동 경로는 간세포에서 작용하며, 세포질 내의 NADH는 미토콘드리아 내막에서 말산 탈수소효소(malate dehydrogenase)의 조효소 및 전자수용체가 NAD로 NADH를 형성하여 전자전달계에서 분자당 2.5분자의 ATP가 생성된다.

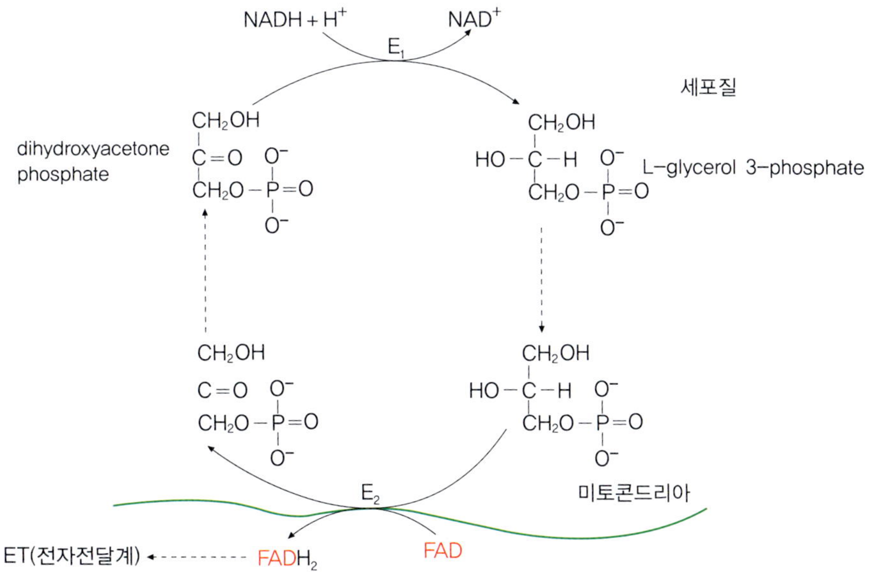

[그림 10-8] 글리세롤인산 이동 경로

E_1은 세포질의 글리세롤인산 탈수소효소(glycerol phosphate dehydrogenase)이고 E_2는 미토콘드리아의 글리세롤인산 탈수소효소이며, ET는 전자전달사슬(electron transport chain)을 나타낸다.

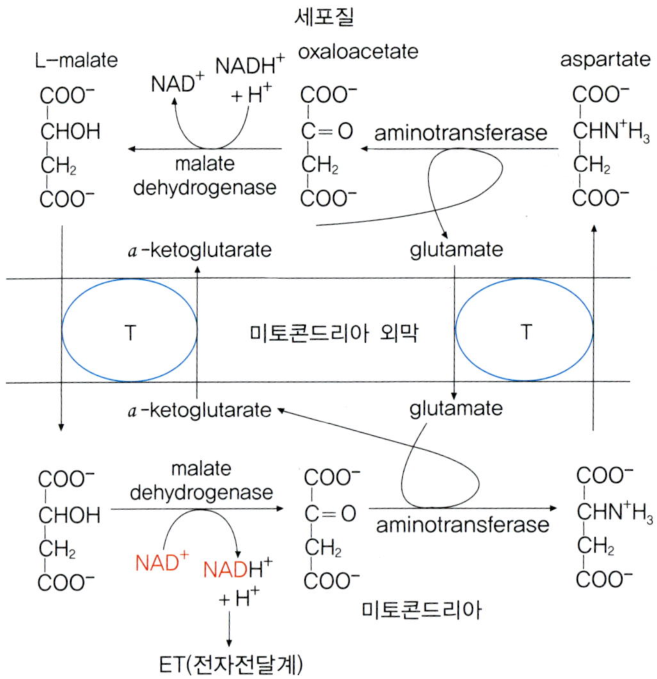

[그림 10-9] 말산 이동 경로

T는 막-결합 운반체(membrane-bound transporter)를 나타낸다.

그러므로 해당과정을 통해 글루코오스 1분자당 형성된 세포질의 NADH 2분자는 글리세롤인산 이동 경로와 말산 이동 경로에 따라 각각 3, 5분자의 ATP가 생성된다. 또한, 글루코오스 1분자의 해당과정을 통해서 생성되는 피루브산 2분자는 아세틸-CoA를 거쳐 완전 산화되면 모두 25분자의 ATP가 생성된다. 따라서, 글루코오스 한 분자가 완전 산화되면 글리세롤인산 이동 경로와 말산 이동 경로에 따라 각각 30, 32개의 ATP 분자를 생성한다. 이를 통해 ATP 생산 능력 면에서 호기적 해당과정은 혐기적 해당과정에 비해 훨씬 효율적인 것을 알 수 있다.

glucose → 2 pyruvate + 2 ATP + 2 NADH

= 6 CO_2 + 6 H_2O + 2 × 12.5 + 2 + 3 또는 5

= 30(글리세롤인산 이동 경로) 또는 32(말산 이동 경로) ATP

〈표 10-3〉 글루코오스 1분자의 완전 산화 시 생성되는 ATP 분자: glucose → 6 CO_2 + 6 H_2O

반응	중간 생성물	ATP 분자 수
1. hexokinase	−	−1*
2. phosphofructokinase	−	−1*
3. glyceraldehyde 3-phosphate dehydrogenase	2 NADH	3**
4. phosphoglycerate kinase	−	2
5. pyruvate kinase	−	2
6. TCA 회로	2 pyruvate	25
합계		30

* 준비 단계
** 이것은 세포질의 글리세롤 이동 경로가 작동한 것으로 계산. 만일, 말산 이동 경로가 수행된다면, 세포질의 각 NADH 쌍으로부터 5 ATP가 생성, 전체 ATP 수는 30개 대신 32개가 얻어질 것

3. 글리옥실산 회로

사람을 포함한 척추동물은 탄수화물을 지방으로 전환시킬 수 있으나, 지방을 탄수화물로 전환시키지 못한다. 이는 척추동물의 경우 피루브산이 아세틸-CoA를 형성하는 피루브산 탈수소효소 복합체 반응이 비가역적 반응이기 때문에 지방산 분해로 생성된 아세틸-CoA가 피루브산로 전환될 수 없어 PEP를 거쳐 당신생합성 경로로 들어갈 수 없기 때문이다. 반면, 척추동물과 달리, 식물, 세균, 진균 등에서는 아세틸-CoA 또는 아세트산(acetate)을 탄수화물 생합성의 전구물질로 이용하여 지방을 탄수화물로 전환시킬 수 있다. 이처럼, 아세틸-CoA 또는 아세트산(acetate)을 탄수화물 생합성의 전구물질로 이용하는 회로를 글리옥실산 회로(glyoxylate cycle)라고 하며, 식물과 세균에서는 각각 글리옥시좀(glyoxysome), 세포질(cytosol)에서 일어난다.

1) 글리옥실산 회로의 반응

글리옥실산 회로는 TCA 회로가 일부 변형된 회로로 아세틸-CoA로부터 글루코오스를 합성하는 생합성 대사 경로이다. 글리옥실산 회로는 모두 5단계의 반응으로 구성되어 있으며, 처음 2단계 그리고 마지막 단계 반응은 TCA 회로의 반응과 동일하다.

(1) 시트르산 합성효소

시트르산 합성효소(citrate synthase)는 아세틸-CoA와 옥살로아세트산을 축합하여 시트르산(citrate)을 합성한다.

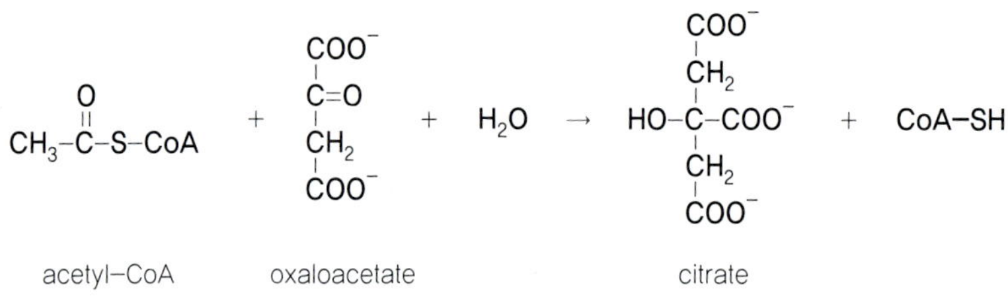

(2) 아코니테이스

아코니테이스(aconitase)는 시트르산으로부터 탈수반응과 수화반응을 통해 아이소시트르산(isocitrate)을 생성한다.

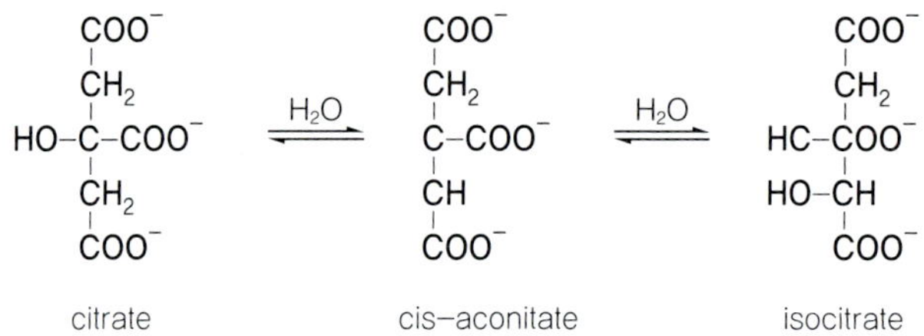

(3) 아이소시트르산 분해효소

아이소시트르산 분해효소(isocitrate lyase)는 탄소 6개(C6)의 아이소시트르산을 알돌절단(aldol cleavage) 반응으로 분해하여 탄소 2개(C2)의 글리옥실산(glyoxylate)과 탄소 4개(C4)의 숙신산(succinate)을 생성한다.

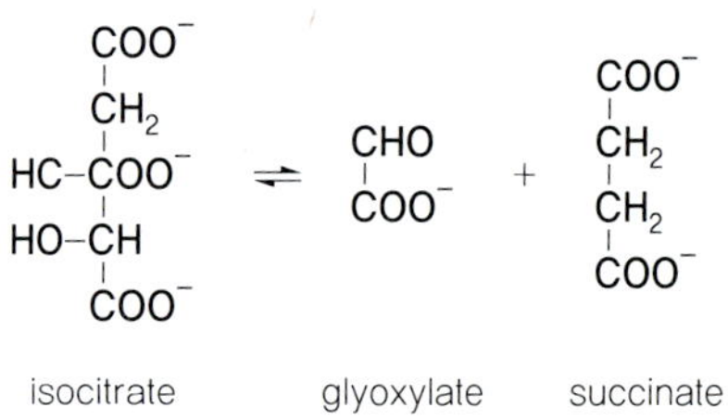

(4) 말산 생성효소

말산 생성효소(malate synthase)는 글리옥실산과 아세틸-CoA의 축합반응으로 말산(malate)을 생성한다.

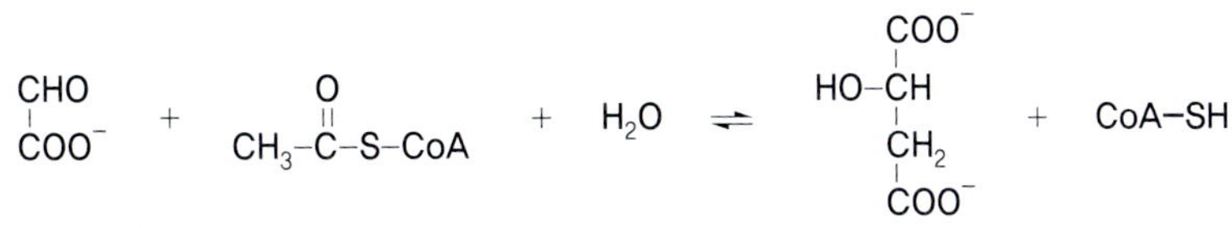

glyoxylate acetyl–CoA malate

(5) 말산 탈수소효소

마지막 단계인 말산 탈수소효소(malate dehydrogenase)는 말산을 옥살로아세트산(oxaloacetate)으로 재생성시킨다. 생성된 옥살로아세트산은 당신생합성 경로로 들어가 글루코오스를 생성할 수 있다.

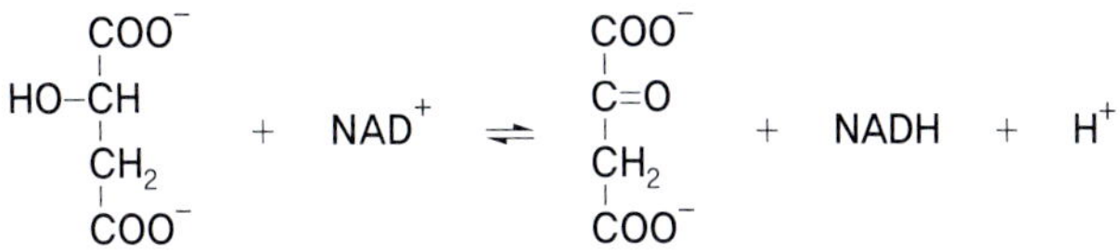

malate oxaloacetate (OAA)

글리옥실산 회로의 전체 반응을 정리하면 2분자의 아세틸-CoA(C2)로부터 1분자의 숙신산(C4)을 생성하는 반응이다.

$$2\ \text{acetyl–CoA} + NAD^+ + 2\ H_2O \rightarrow \text{succinate} + 2\ \text{CoA–SH} + NADH + H^+$$

에너지 생성 면에서 TCA 회로와 글리옥실산 회로를 비교해 보면 TCA 회로는 3분자의 NADH, 1분자의 $FADH_2$, 1분자의 GTP(ATP)를 생성하는 반면, 글리옥실산 회로는 1분자의 NADH만을 생성한다. 이처럼, 글리옥실산 회로는 TCA 회로와 비교할 때 에너지 생성 측면에서 대단히 비효율적으로 에너지 생성보다 탄수화물 생합성에 주로 이용되는 것을 알 수 있다.

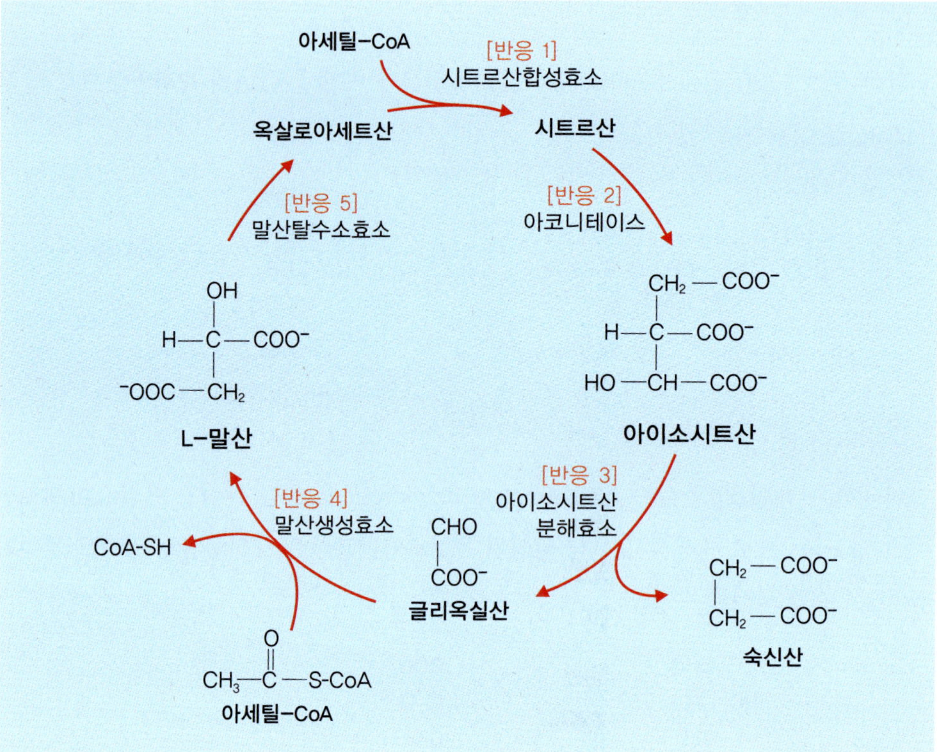

[그림 10-10] 글리옥실산 회로

1. TCA 회로의 중간체인 옥살로아세트산(oxaloacetate)을 생성하는 아미노산은?
① glutamic acid ② aspartic acid
③ glutamine ④ arginine
⑤ alanine

2. 피루브산(pyruvate) 1분자가 완전 산화 시 생성되는 물질은?
① 4 NADH, 3 $FADH_2$, GTP
② 4 NADH, 2 $FADH_2$, GTP
③ 4 NADH, $FADH_2$, GTP
④ 3 NADH, 2 $FADH_2$, GTP
⑤ 3 NADH, $FADH_2$, GTP

3. pyruvate dehydrogenase complex(PDC) 반응과 관련 없는 비타민은?
① niacin ② pantothenic acid
③ thiamine ④ folic acid
⑤ lipoic acid

4. nucleoside diphosphate kinase가 촉매하는 반응은?
① ATP + GDP $\rightleftharpoons$ ADP + GTP
② ATP + GMP $\rightleftharpoons$ AMP + GTP
③ ATP + GMP $\rightleftharpoons$ ADP + GDP
④ ADP + CDP $\rightleftharpoons$ CTP + AMP
⑤ AMP + AMP $\rightleftharpoons$ ADP + adenosine

5. TCA 회로에서 조효소로 FAD 보결분자단이 필요한 효소는?
① α-ketoglutarate dehydrogenase
② isocitrate dehydrogenase
③ malate dehydrogenase
④ pyruvate dehydrogenase complex
⑤ succinate dehydrogenase

6. TCA 회로에서 기질 수준 인산화반응 단계는?
① citrate synthase
② succinyl-CoA synthetase
③ isocitrate dehydrogenase
④ α-ketoglutarate dehydrogenase
⑤ succinate dehydrogenase

7. pyruvate dehydrogenase complex와 유사한 산화적 탈탄산반응을 촉매하는 효소는?
① α-ketoglutarate dehydrogenase
② isocitrate dehydrogenase
③ malate dehydrogenase
④ pyruvate carboxylase
⑤ succinate dehydrogenase

8. TCA 회로에 대한 설명으로 옳은 것은?
① 세포질에서 일어난다.
② 탄수화물과 지방만이 이 대사 경로를 거친다.
③ NAD가 많으면 TCA 회로가 억제된다.
④ ADP가 많으면 TCA 회로가 촉진한다.
⑤ 최초 생성물은 옥살로아세트산(oxaloacetate)이다.

9. 식사 후 인슐린 분비의 증가와 수반하여 증가하는 대사과정은?
① 지방 분해 ② 단백질 분해
③ 당신생합성 ④ 케톤체 생성
⑤ 글리코젠 합성

10. 다음 중 포도당 6-인산(glucose 6-phosphate)의 대사 경로와 관계없는 것은?
① 해당과정 ② 혈당 공급
③ 요 중 직접배설 ④ 지방산 합성
⑤ 오탄당인산 경로

11. 피루브산의 운명으로 옳은 것은?

① 적혈구는 혐기적 해당 시 젖산을 만든다.
② 근육조직은 호기적 해당 시 젖산을 만든다.
③ 근육조직은 혐기적 해당 시 acetyl-CoA를 만든다.
④ 에틸알코올 발효도 일종의 피루브산 운명으로 근육에서 생성된다.
⑤ 피루브산의 운명은 오로지 젖산, 알코올 및 acetyl-CoA의 이 3가지만 존재한다.

12. 근육에 있어서 탄수화물의 호기적 산화는 말론산(malonate)에 의하여 저해되는데, 말론산의 효과는 무엇인가?

① 축합효소의 저해
② 해당과정의 저해
③ succinate dehydrogenase의 저해
④ pyruvate dehydrogenase의 저해
⑤ 사이토크롬(cytochrome)에 의한 전자이동의 차단

13. 글리옥실산 회로(glyoxylate cycle)의 특징이 아닌 것은?

① CO_2가 생성되지 않는다.
② TCA 회로와 효소가 전부 다르다.
③ 2몰의 acetyl-CoA가 필요하다.
④ 글리옥실산은 acetyl-CoA와 반응하여 말산(malate)을 생성한다.
⑤ 아이소시트르산(isocitrate)은 isocitrate lyase에 의해 글리옥실산이 된다.

14. TCA 회로의 속도 조절인자(rate limiting factor)는?

① succinate dehydrogenase
② malate dehydrogenase
③ fumarase
④ citrate synthase
⑤ aconitase

15. 피루브산이 TCA 회로를 거쳐 이산화탄소와 물로 산화될 때 생성되는 ATP 분자 수는?

① 8.5 ② 10
③ 10.5 ④ 12
⑤ 12.5

정답: 1 ② 2 ③ 3 ④ 4 ① 5 ⑤
6 ② 7 ① 8 ④ 9 ⑤ 10 ③
11 ① 12 ③ 13 ② 14 ④ 15 ⑤

chapter 11

전자전달계와 산화적 인산화

Electron tansport system and oxidative poshphorylation

탄수화물, 지방 그리고 단백질 등 영양소는 해당과정, TCA 회로, 지방산 산화를 통해 NADH와 $FADH_2$를 생성하고 이때 생성된 NADH와 $FADH_2$의 전자는 미토콘드리아의 전자전달계로 전달된다. 이들 전자는 미토콘드리아 내막에서 여러 전자운반체를 거쳐 최종 전자수용체인 산소에 전달하면서 물로 환원된다. 이러한 전자전달 과정에서 ADP와 무기인산(P_i)이 ATP를 합성하는 과정을 산화적 인산화(oxidative phosphorylation)라고 한다.

이 장에서는 전자전달계의 각 구성 성분을 알아보고 전자전달계를 통하여 어떻게 전자들이 전달되는지 그리고 어떻게 ATP가 합성되는지를 설명하고자 한다.

1. 미토콘드리아의 구조

미토콘드리아는 대부분 진핵세포에서 발견되는 세포소기관으로 대부분의 ATP를 공급하기 때문에 세포의 발전소라고도 하며, 에너지 공급뿐만 아니라 세포 신호, 세포 분화 및 성장 등 다양한 대사과정에 관여한다. 미토콘드리아의 구조는 크게 외막, 내막, 외막과 내막 사이의 막사이 공간, 크리스타, 기질 등 5개의 구획으로 나눈다.

1) 외막

외막은 단백질과 인지질의 무게 비율이 1:1로 분자량이 5,000달톤 이하의 작은 분자나 이온은 포린(porin)이라는 내재 막단백질에 의해 형성된 막 횡단 통로를 자유롭게 통과할 수 있다.

2) 내막

내막은 단백질과 인지질의 무게 비율이 4:1 정도로 단백질이 풍부하고 외막과 달리 포린이 없어 모든 이온과 물질들이 통과하지 못한다. 따라서 이온과 물질들이 내막을 통과하기 위해서는 특별한 막 운반체나 특정 수송 단백질을 이용하여야 한다. 내막에는 막 운반체와 특정 수송 단백질 이외에도 산화적 인산화를 수행하는 전자운반체와 복합체, ATP 생성효소, 숙신산 탈수소효소, 카르니틴-아실 전달효소, 자리옮김효소 등이 존재한다.

3) 기질

기질 또는 매트릭스(matrix)는 미토콘드리아 내막에 둘러싸인 용액 상태의 공간으로 미토콘드리아 전체 단백질의 약 $\frac{2}{3}$ 정도를 포함하고 있다. 기질에는 피루브산 탈수소효소 복합체, 숙신산 탈수소효소를 제외한 TCA 회로의 효소, 지방산 산화의 효소, 아미노산 산화의 효소 등이 함유되어 있으며, 이외에도 DNA, RNA와 리보좀 등도 들어 있다.

4) 크리스타

크리스타(cristae)는 주름이 촘촘히 접혀져 있는 내막이 구획화된 부분으로 내막의 표면적을 확장시켜 ATP 합성을 증가시킨다. 크리스타는 전자전달과 산화적 인산화에 관여하는 단백질들이 내막에 결합되어 있기 때문에 세포의 호흡 활동에 직접적으로 영향을 받는다.

5) 막사이 공간

외막과 내막 사이의 공간인 막사이 공간은 미토콘드리아의 내부 공간으로 주로 산화적 인산화반응과 밀접한 연관이 있다. 기질에서 작용하는 효소들은 자리옮김효소 등에 의해 막사이 공간을 통과할 수 있으며, 전자전달 동안에는 기질로부터 막사이 공간으로 양성자가 펌프되어 낮은 pH를 갖게 된다.

2. 전자전달계

1) 환원전위

산화-환원반응(oxidation-reduction reaction)은 전자의 이동으로 일어나며, 환원제(reducing agent)는 전자공여체, 산화제(oxidizing agent)는 전자수용체로 정의할 수 있다. 환원제가 전자를 제공하는 과정을 환원이라고 하며, 환원제는 자신의 전자를 잃었기 때문에 산화되었다고 한다. 반면, 산화제가 전자를 수용하였을 때는 환원되었다고 한다. 세포 내 에너지 대사와 관련된 대부분의 효소 반응에서는 한 물질이 산화되면 다른 물질은 환원되는 산화-환원반응이며, 이러한 산화-환원반응을 수행하는 능력은 환원전위에 달려 있다. 환원전위(reduction potential, E)란 한 물질이 전자를 얻어 환원되는 경향을 측정한 것으로 볼트(volt, V)로 나타낸 환원력의 척도이다. 환원전위가 양수값을 가질수록 환원될 경향이 증가하는, 환원력이 커진다는 것을 의미한다.

한편, 물질들의 환원전위를 정확히 측정하는 것이 어렵고 환원 능력이 서로 상대적이기 때문에 수소전극을 기준전극으로 정하는 표준환원전위를 사용한다. 표준환원전위(standard reduction potential, $E^{o'}$)는 1기압, 25℃(298K)와 pH 7.0의 표준상태에서 수소이온이 환원되는 전위를 0.00V로 정한다.

$$H^+ + e^- \rightarrow \frac{1}{2}H_2,\ E^{o'} = 0.00V$$

생체 내 산화-환원반응에서는 각각 산화반응과 환원반응인 두 반응의 환원전위차이로부터 자유에너지 변화를 계산할 수 있는데, 산화-환원반응은 전자의 흐름이므로 열역학적으로 에너지 변화를 전위차로 나타낼 수 있기 때문이다. 표준자유에너지 변화($\Delta G^{o'}$)와 표준환원전위차($\Delta E^{o'}$)의 관계식은 다음과 같다.

$$\Delta G^{o'} = -nF\Delta E^{o'}$$

n은 이동된 전자 수, F는 패러데이(Faraday) 상수(96.485kJ/V · mol = 23.063kcal/V · mol), $\Delta E^{o'}$는 환원반응의 표준환원전위에서 산화반응의 표준환원전위를 뺀 표준환원전위차이다. 주요 환원 반쪽반응의 표준환원전위는 〈표 11-1〉과 같다.

〈표 11-1〉 환원 반쪽반응의 표준환원전위

환원 반쪽반응	$E^{o'}$(v)
$\frac{1}{2}O_2 + 2H^+ + 2e^- \rightarrow H_2O$	0.816
$Fe^{3+} + e^- \rightarrow Fe^{2+}$	0.771
사이토크롬 $a_3(Fe^{3+}) + e^- \rightarrow$ 사이토크롬 $a_3(Fe^{2+})$	0.350
사이토크롬 $a(Fe^{3+}) + e^- \rightarrow$ 사이토크롬 $a(Fe^{2+})$	0.290
사이토크롬 $c(Fe^{3+}) + e^- \rightarrow$ 사이토크롬 $c(Fe^{2+})$	0.254
사이토크롬 $c_1(Fe^{3+}) + e^- \rightarrow$ 사이토크롬 $c_1(Fe^{2+})$	0.220
사이토크롬 $b_H(Fe^{3+}) + e^- \rightarrow$ 사이토크롬 $b_H(Fe^{2+})$	0.50
푸마르산 + $2H^+ + 2e^- \rightarrow$ 숙신산	0.031
$[FAD] + 2H^+ + 2e^- \rightarrow [FADH_2]$	0.003~0.091*

환원 반쪽반응	$E^{o'}$(v)
사이토크롬 $b_L(Fe^{3+}) + e^- \rightarrow$ 사이토크롬 $b_L(Fe^{2+})$	−0.100
옥살로아세트산 + $2H^+ + 2e^- \rightarrow$ 말산	−0.166
피루브산 + $2H^+ + 2e^- \rightarrow$ 젖산	−0.185
아세트알데하이드 + $2H^+ + 2e^- \rightarrow$ 에탄올	−0.197
$FMN + 2H^+ + 2e^- \rightarrow FMNH_2$	−0.219
$FAD + 2H^+ + 2e^- \rightarrow FADH_2$	−0.219
1,3−다이포스포글리세르산 + $2H^+ + 2e^- \rightarrow$ 글리세르알데하이드−3−인산 + P	−0.290
$NAD^+ + 2H^+ + 2e^- \rightarrow NADH + H^+$	−0.320
$NADP^+ + 2H^+ + 2e^- \rightarrow NADPH + H^+$	−0.320
α−케토글루타르산 + $CO_2 + 2H^+ + 2e^- \rightarrow$ 아이소시트르산	−0.380
숙신산 + $CO_2 + 2H^+ + 2e^- \rightarrow \alpha$−케토글루타르산 + H_2O	−0.670

* 숙신산 탈수소효소에 결합된 FAD의 환원전위 값

세포의 대사과정에서 생성된 NADH는 자신의 전자를 전자전달계의 여러 전자운반체를 거쳐 최종 수용체인 산소(O_2)에 전달하고 산소는 전자와 함께 양성자를 받아들여서 물(H_2O)로 환원된다. 한편, NADH 반쪽반응과 O_2 반쪽반응의 표준환원전위($E^{o'}$)를 비교해 보면 각각 -0.32, +0.82V로 NADH 반쪽반응이 O_2 반쪽반응보다 음수값을 가지고 있어 NADH는 산화되고 O_2는 환원된다. NADH가 산화되기 때문에 표준환원전위의 부호를 바꾸면 NADH 반쪽반응의 표준환원전위는 -에서 +로 된다. 전자전달계에서 이러한 산화-환원반응의 자유에너지 변화를 계산해 보면 다음과 같다.

$$NAD^+ + 2H^+ + 2e^- \rightarrow NADH + H^+,\ E^{o'} = -0.32V$$

$$NADH + H^+ \rightarrow NAD^+ + 2H^+ + 2e^-,\ E^{o'} = +0.32V$$

$$\frac{1}{2}O_2 + 2H^+ + 2e^- \rightarrow H_2O,\ E^{o'} = +0.82V$$

전체 반응은 두 반쪽반응의 합으로 다음과 같다.

$$NADH + H^+ + \frac{1}{2}O_2 \rightarrow NAD^+ + H_2O,\ \Delta E^{o'} = +1.14V$$

pH 7에서 자유에너지 변화는 $\Delta G^{o'} = -nF\Delta E^{o'}$이므로 여기에 대입하면

$$\Delta G^{o'} = -2 \times (96.485kJ/V \cdot mol) \times (+1.14V)$$
$$= -219kJ/mol = -54.7kcal/mol$$

$\Delta G^{o'} < 0$ 이므로 이 반응은 자발적으로 진행한다는 것을 알 수 있다. 또한, NADH 산화로 방출된 에너지는 ADP와 인산으로부터 ATP를 합성하는 데 충분하다는 것도 알 수 있다.

2) 전자운반체

전자운반체(electron carrier)는 전자전달계(electron tansport system) 또는 전자전달사슬(electron tansport chain)에서 전자 또는 전자를 포함한 양성자의 공여체와 수용체로 작용하는 물질이다. 고등생물의 전자운반체는 NAD^+, FAD 또는 FMN, 조효소 Q(coenzyme Q, CoQ) 또는 퀴논(quinone), 사이토크롬(cytochrome: b, c, a, a_3), 철-황 플라보단백질 등이 있으며, 전자운반체는 전자에 대한 친화력의 차이로 인해서 전자를 받아 다음 전자운반체에 전달할 수 있다. 전자전달 과정은 환원된 기질의 전자가 NAD^+, FAD, CoQ, 사이토크롬 등의 순서를 거쳐 최종 수용체인 산소(O_2)에 전달된다. 이러한 전자운반체는 여러 효소, 단백질과 보조인자들과 함께 4가지의 복합체(complex I, II, III, IV)를 구성한다.

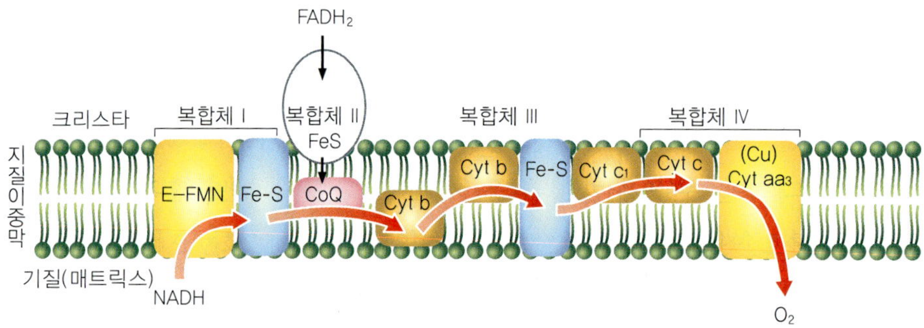

[그림 11-1] 전자전달계의 구성 성분

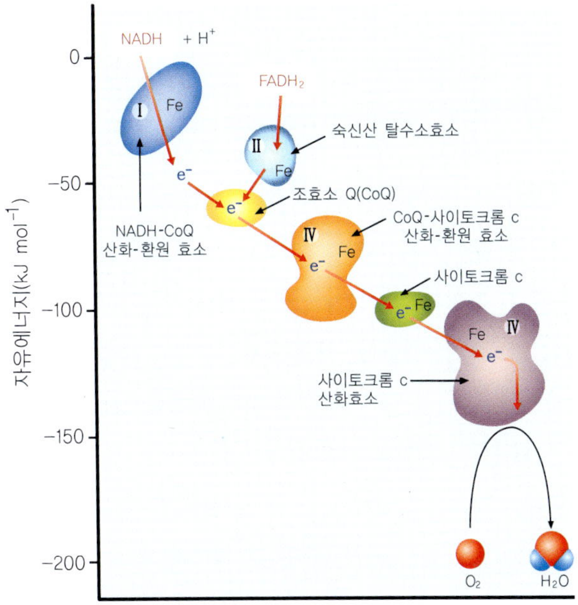

[그림 11-2] 전자전달계에서 전자의 흐름

전자는 에너지 기울기에 따라 환원형 조효소 NACH와 $FADH_2$로부터 O_2에 전달된다. 전자의 흐름은 4개의 단백질 복합체에 의해 촉매된다. 철(Fe)은 복합체 Ⅰ, Ⅲ, Ⅳ와 사이토크롬 C의 구성 성분이다.

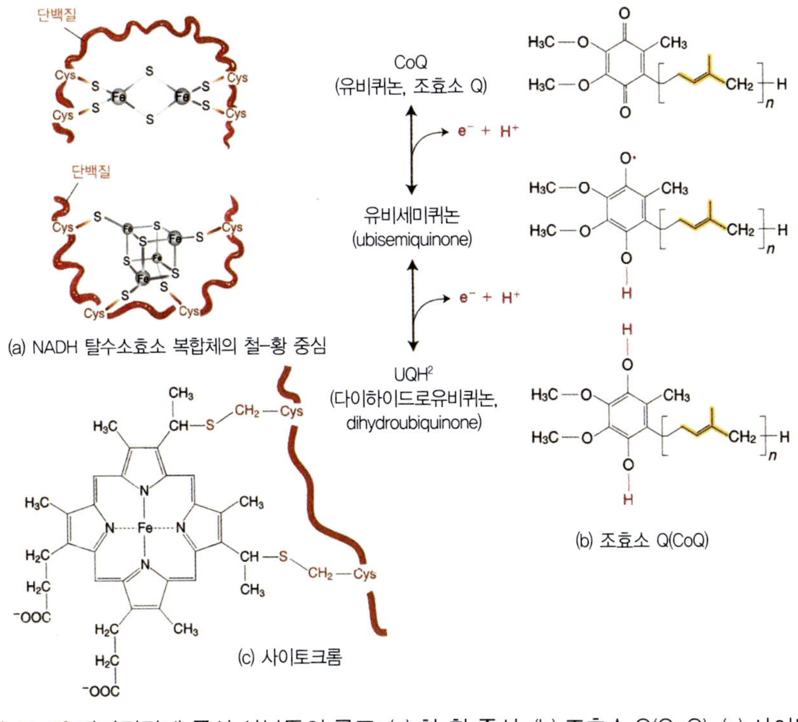

[그림 11-3] 전자전달계 구성 성분들의 구조: (a) 철-황 중심, (b) 조효소 Q(CoQ), (c) 사이토크롬

3) 복합체

(1) 복합체 Ⅰ

복합체 I은 NADH-CoQ 산화-환원효소(NADH-CoQ oxidoreductase)로 조효소인 플라빈 모노뉴클레오타이드(FMN)를 갖고 있는 플라보단백질과 보조인자인 철-황 중심(Fe-S center)(철-황 클러스터, Fe-S cluster)을 포함한 미토콘드리아 내막에서 가장 큰 단백질 성분이다. 복합체 I은 전자전달의 첫 단계인 NADH로부터 전자를 조효소 Q(CoQ)에 전달하는 반응을 촉매한다. 복합체 I에서 전자전달 순서는 먼저, NADH의 전자를 FMN에 전달하여 $FMNH_2$를 생성하고 뒤이어 전자를 CoQ에 전달하여 $CoQH_2$를 형성하면 끝이 난다. NADH는 CoQ에 앞서 전자만을 운반할 수 있는 철-황 단백질에 자신의 전자는 전달하지만, 자신의 수소 이온(H^+)은 전달하지 않으며, H^+은 미토콘드리아 내막의 구조와 전자운반체에 의해 막의 반대편으로 통과할 수 있다. CoQ는 생물체의 여러 곳에 존재하여 유비퀴논(ubiquinone)이라고도 불리며, 아이소프레노이드(isoprenoid) 구조를 갖고 있어 전자운반체들 중에서 가장 작고 소수성인 분자이다. CoQ는 미토콘드리아 내막의 소수성 이중층에서 쉽게 녹으며, 막 안에서 높은 운동성을 가져 막에서 자유롭게 이동할 수 있어서 가지고 있던 전자를 복합체 III로 전달하여 결국 산소까지 전달되게 한다.

NADH로부터 한 쌍의 전자를 CoQ로 운반하는 과정에서 복합체 I은 미토콘드리아 기질로부터 4개의 H^+을 막사이 공간으로 펌프하며, 이러한 양성자 펌프 작용으로 ATP가 생성된다.

복합체 I에 의해 촉매되는 전체 반응은 다음과 같다.

$$NADH + H^+ + CoQ \rightleftharpoons NAD^+ + CoQH_2$$

(2) 복합체 Ⅱ

복합체 II는 숙신산-CoQ 산화-환원효소(succinate-CoQ oxidoreductase) 또는 숙신산 탈수소효소(succinate dehydrogenase)라고도 불리며, 효소에 단단하게 결합되어 있는 조효소인 FAD와 보조인자인 Fe-S 중심을 갖고 있다. 복합체 II는 숙신산의 전자를 CoQ에 전달하는 반응을 촉매한다. 한편, 아실-CoA(fatty acyl-CoA)와 글리세롤-3-인산(glycerol-3-phosphate)은 숙신산처럼 복합체 II를 통하지 않고 또 다른 플라보단백질인 아실-CoA 탈수소효소(acyl-CoA dehydrogenase)와 글리세롤-3-인산 탈수소효소(glycerol-3-phosphatede hydrogenase)에 의해 각각 CoQ에 전자를 전달하는 기질이다. 복합체 II에 의해 촉매되는 전체 반응은 다음과 같다.

$$\text{succinate} + \text{CoQ} \rightleftharpoons \text{fumarate} + \text{CoQH}_2$$

(3) 복합체 Ⅲ

세 번째 복합체인 복합체 III는 CoQ-사이토크롬 c 산화-환원효소(CoQ-cytochrome c oxidoreductase) 또는 사이토크롬 bc 복합체(cytochrome bc complex)라고도 부르며, 내재막 단백질인 사이토크롬 b와 c 그리고 Fe-S 중심을 갖고 있다. 복합체 III는 환원된 조효소인 $CoQH_2$로부터 전자를 사이토크롬 c에 전달하는 반응을 촉매한다. 사이토크롬은 헤모글로빈과 미오글로빈처럼 헴(heme)기와 단백질이 티오에스터(thioether) 결합을 하고 있으며, 이들은 구조와 산화-환원반응에 참가하는 경향도 서로 달라 몇 가지 유형으로 나누어 소문자 a, b, c를 붙여서 구분한다. 사이토크롬은 전자를 운반할 수는 있지만, 수소 이온을 운반하지 못하며, 산화-환원 주기당 1개의 전자만을 주고받아 사이토크롬 분자 내 헴기의 철(Fe) 원자는 환원된 Fe^{2+}(II)과 산화된 Fe^{3+}(III) 상태 사이를 순환한다. 사이토크롬은 미토콘드리아 내막의 바깥쪽 표면에 약하게 결합되어 있어 CoQ처럼 막 안에서 자유롭게 움직일 수 있다.

$$Fe^{2+}(\text{환원}) \rightleftharpoons Fe^{3+} + e^-(\text{산화})$$

복합체 III에 의해 촉매되는 전체 반응은 다음과 같다.

$$\text{CoQH}_2 + 2\ \text{cytochrome c}(Fe^{2+}) \rightleftharpoons \text{CoQ} + 2\ \text{cytochrome c}(Fe^{3+})$$

(4) 복합체 Ⅳ

복합체 IV는 사이토크롬 c 산화효소(cytochrome c oxidase) 또는 사이토크롬 aa_3 복합체(cytochrome aa_3 complex)로 전자전달의 마지막 단계에 참여하며, 보조인자로 구리(Cu)가 필요하고 미토콘드리아 내막에 위치하고 있다. 복합체 IV는 사이토크롬 c에서 전자를 산소(O_2)에 전달하여 물(H_2O)을 형성하는 반응을 촉매한다. O_2를 H_2O로 환원하기 위해서는 사이토크롬 c로부터 전달된 4개의 전자와 미토콘드리아 기질로부터 온 4개의 H^+이 사용된다. 복합체 IV에서 전자 흐름의 순서를 보면 다음과 같다.

$$\text{cytochrome c(Cyt c)} \rightarrow \text{Cyt a} \rightarrow \text{Cu} \rightarrow \text{Cyt } a_3 \rightarrow O_2$$

복합체 IV에 의해 촉매되는 전체 반응은 다음과 같다.

$$4\ \text{Cyt c}(Fe^{2+}) + 4\ H^+ + O_2 \rightleftharpoons 4\ \text{Cyt c}(Fe^{3+}) + 2\ H_2O$$

이렇게 전자전달계에서 4가지 복합체에 의해 전자전달이 끝나면 동반되어 복합체 I, 복합체 III, 그리고 복합체 IV 등 세 곳에서 양성자 펌프에 의한 ATP 생산이 일어난다.

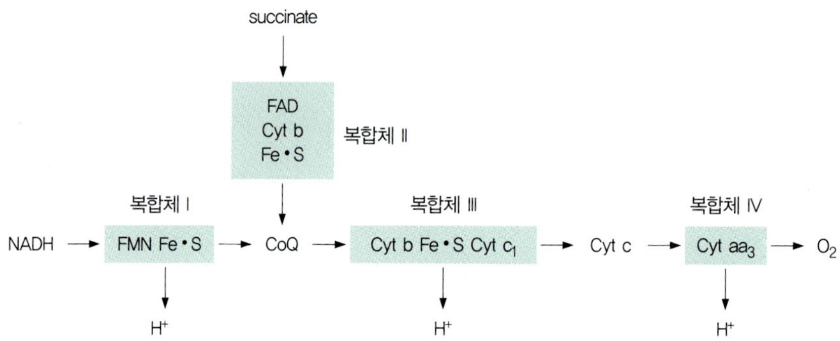

[그림 11-4] NADH와 $FADH_2$로부터 산소 분자로의 전자전달 과정

3. 산화적 인산화

1) ATP 합성 장소

미토콘드리아에서 전자전달과 ATP 합성의 두 과정은 서로 밀접하게 짝지어져 있고 각 과정은 상호의존적인 관계를 가진다. 전자가 전자전달계를 통해 전달될 때, 많은 양의 자유에너지가 방출되며, 이러한 자유에너지는 ADP와 P_i로부터 ATP를 합성하는 데 이용된다. 전자전달계에서는 전자전달과 ATP 합성이 짝지어진 특정 장소 또는 부위(site)가 있다. 전자전달계에서 NADH로부터 O_2에 전자를 전달할 때 ATP가 합성되는 3개의 특정 부위 중 첫 번째 부위는 복합체 I이 관여하는 NADH-CoQ 산화-환원효소, 두 번째 부위는 복합체 III가 관여하는 사이토크롬 c 산화-환원효소, 그리고 마지막 부위는 복합체 IV가 관여하는 사이토크롬 산화효소 속에 있다. 1몰(mole)의 ATP를 합성하는 데

7.3kcal/mol(30.7kJ/mol)의 자유에너지가 필요한데, 전자전달계의 각 복합체는 표준환원전위가 서로 상당한 차이가 있어 자유에너지 변화가 큰 값을 가지므로 ATP를 합성할 수 있다. NADH와 $FADH_2$의 전자쌍이 산소에 전달될 때 방출되는 자유에너지 변화는 각각 -54.7, -35.8kcal/mol로 ATP를 합성하는 데 충분한 에너지를 방출한다.

$$NADH + H^+ + \frac{1}{2}O_2 \rightarrow NAD^+ + H_2O$$

$$\Delta G^{\circ\prime} = -nF\Delta E^{\circ\prime} = -219kJ/mol = -54.7kcal/mol$$

$$FADH_2 + \frac{1}{2}O_2 \rightarrow FAD + H_2O$$

$$\Delta G^{\circ\prime} = -nF\Delta E^{\circ\prime} = -150kJ/mol = -35.8kcal/mol$$

NADH 1분자로부터 전자전달계의 복합체를 통해 전자쌍이 전달될 때 부위 1과 3에서 1분자씩, 부위 2에서 0.5분자, 모두 2.5분자의 ATP가 만들어진다. 반면, $FADH_2$는 1.5분자의 ATP를 생성할 수 있는데 $FADH_2$는 TCA 회로의 숙신산 탈수소효소(succinate dehydrogenase) 단계에서 생성되며, 숙신산 탈수소효소는 전자전달계의 부위 2와 연결되어 있어 전자들은 부위 1의 NADH-CoQ 산화-환원효소 복합체를 지나간 다음 전자전달계의 플라보단백질을 통하여 사이토크롬 b/c 영역으로 전달된다.

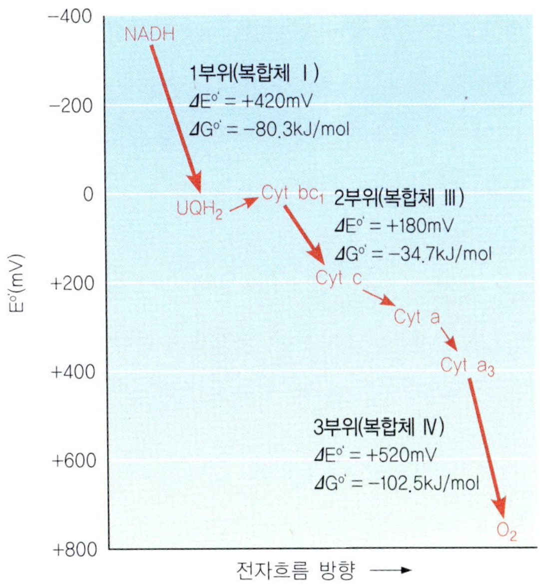

[그림 11-5] 전자전달계 반응의 표준환원전위

2) 산화적 인산화

ATP는 고에너지 화합물로 가수분해 시 많은 양의 자유에너지를 방출하기 때문에 세포 내 다양한 대사 반응을 수행하는 데 광범위하게 사용된다. 이처럼, 세포 내에서 유용한 에너지 수단인 ATP는 주로 기질 수준 인산화(substrate-level phosphorylation)와 산화적 인산화(oxidative phosphorylation)에 의하여 ADP와 P_i로부터 합성될 수 있다. 기질 수준 인산화는 포스포엔올피루브산(phosphoenol pyruvate)과 같은 고에너지 인산화합물이 ADP에 인산기를 제공하여 ATP를 합성하는 과정이다. 한편, 산화적 인산화는 전자전달계의 전자전달 과정에서 산화-환원반응에 의하여 방출되는 에너지에 의해 ADP와 P_i로부터 ATP를 합성하는 과정이다. 세포 내 ATP 합성의 대부분은 산화적 인산화에 의해 일어난다.

(1) 화학삼투 동반설

전자전달 과정에서 방출된 에너지가 ATP를 합성하는 과정에 대한 가장 대표적인 메커니즘이 1961년 피터 미첼(Peter Mitchell)이 제안한 화학삼투 동반설(chemiosmotic coupling hypothesis)이다. 화학삼투 동반설은 전자전달이 미토콘드리아 내막에 걸쳐 양성자(H^+) 기울기(proton gradient)를 형성하고 이 기울기와 연관된 양성자 동력(proton motive force)이 ADP를 ATP로 합성한다는 것이다. 화학삼투 동반설은 산화적 인산화는 전자전달과 화학적 삼투로 구성되며, 전자전달과 양성자의 이동은 연동되어 있다는 것이다. 즉, 전자들이 전자전달계의 짝지어진 부위를 통과할 때 양성자(H^+)들이 기질로부터 내막을 통해 펌프질되어 내막과 외막 사이의 막사이 공간으로 들어간다. 이때 막사이 공간의 H^+ 농도가 기질보다 상대적으로 높아져 미토콘드리아 내부에 양성자 기울기(pH 기울기)가 생기고 양성자 기울기에 의한 양성자 동력인 전위차(electrical potential difference)가 필연적으로 발생된다. 이러한 양성자 동력이 ADP로부터 ATP 합성을 일으키는 원동력이 된다는 것이다(그림 11-6).

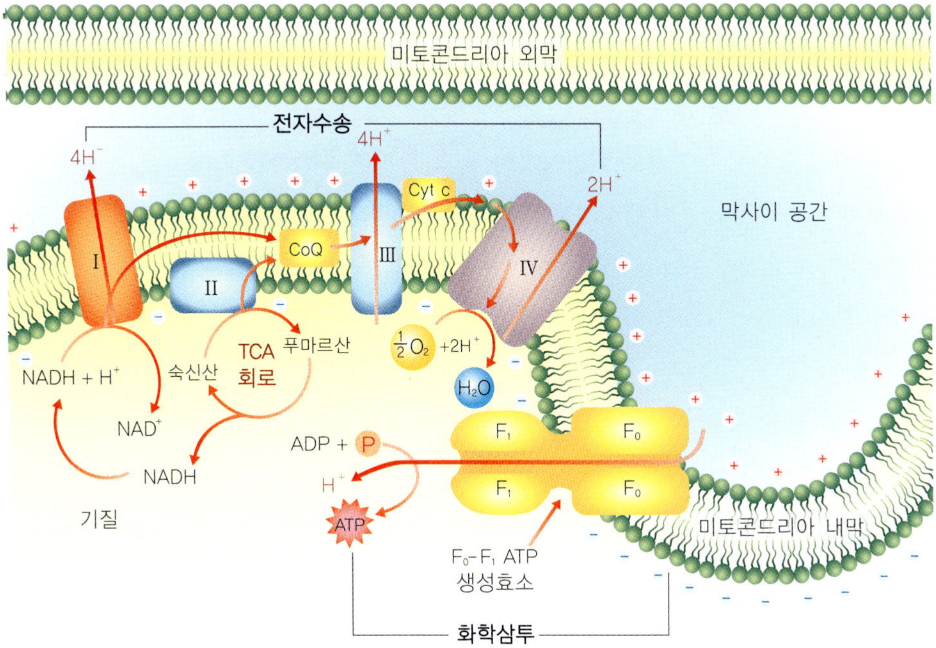

[그림 11-6] 화학삼투 동반설

산화적 인산화는 전자수송사슬과 화학삼투로 구성된다. 전자들이 3개의 짝지은 부위들을 통과할 때 H^+(양성자)들이 내막을 통해 펌프된다. 이때 H^+ 농도가 기질보다 상대적으로 막사이 공간에서 더 높아지기 때문에 양성자 기울기가 형성된다. 이 양성자 기울기의 붕괴가 일어날 때 발생하는 양성자 동력(Δp)이 ATP 합성의 원동력이 된다. F_0–F_1 ATP 생성효소는 내막과 연합되어 있다. Ⅰ, Ⅱ, Ⅲ, Ⅳ는 4개의 전자수송 복합체들이다.

(2) ATP 생성효소

ATP 생성효소(ATP synthase)는 전자전달계에서 전자전달로 인해 생성된 양성자 동력을 이용하여 ATP를 합성한다. 즉, 전자전달이 기질로부터 양성자를 미토콘드리아 막사이 공간으로 퍼내어, pH 기울기가 형성되고 이러한 pH 기울기에 의해 양성자 동력인 막전위차가 발생하면 ATP 생성효소는 ATP를 합성한다. ATP 생성효소는 F_0-F_1 ATP 생성효소라고도 하며, 미토콘드리아 내막에 묻혀 있는 F_0 부분과 기질로 돌출되어 있

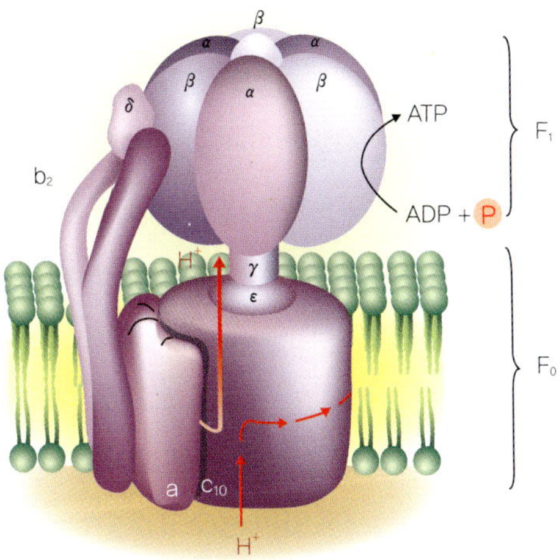

[그림 11-7] ATP 생성효소의 구조

는 F_1 부분 등 두 개의 소단위(subunit) 성분으로 구성되어 있다. F_0-F_1 ATP 생성효소의 F_0 부분은 양성자 통로 역할을 하며, F_1 부분은 ATP를 합성하는 촉매 기능을 한다. F_0-F_1 ATP 생성효소의 작용 메커니즘은 기질에서 막사이 공간으로 이동된 양성자는 F_0를 통해 다시 막사이 공간에서 기질로 되돌아가며, F_0의 회전을 수반하여 F_1의 구조 변화를 초래함으로써 F_1의 촉매 기능이 활성화되어 ADP와 P_i로부터 ATP를 합성하게 된다는 것이다. 한편, F_0-F_1 ATP 생성효소는 ATP를 ADP와 P_i으로 가수분해하는 ATP 분해효소(ATPase) 활성도 가지고 있어 ATP를 합성하는 인산화반응의 역반응을 촉매할 수 있다.

(3) ATP 수송

산화적 인산화로 만들어진 ATP는 기질에 산재해 있어 내막을 통과하여 세포질로 이동되어야 하고 ATP의 생성 과정에서 소모된 ADP와 Ⓟ는 보충하기 위하여 기질에 들어가야 한다. 이때 ATP, ADP와 P_i는 생리적 pH에서 음전하를 가지므로 미토콘드리아 내막을 통과하기 위해서는 수송 체계가 필요하다. ATP와 ADP 그리고 Ⓟ는 각각 서로 다른 수송 체계를 사용한다.

❶ 아데닌 뉴클레오타이드 전위효소

아데닌 뉴클레오타이드 전위효소(adenine nucleotide translocase)는 내막을 관통하는 단백질로 기질에서 ATP와 결합하여 막사이 공간으로 운반할 때마다 막사이 공간에서 ADP와 결합하여 기질로 운반하는 역수송(antiport)을 한다. 효소에 의해 기질을 가로질러 막사이 공간으로 운반된 ATP는 외막을 통과하여 미토콘드리아로부터 세포질로 쉽게 확산될 수 있고 기질에서는 ATP가 차지한 자리에는 ADP 분자가 채워진다.

❷ 인산전위효소

Ⓟ는 인산전위효소(phosphate translocase)에 의해 H^+와 함께 기질로 이동되는 동반수송(symport)을 하며, 기질보다 막사이 공간에 H^+ 농도가 더 높은 양성자 기울기를 이용한다.

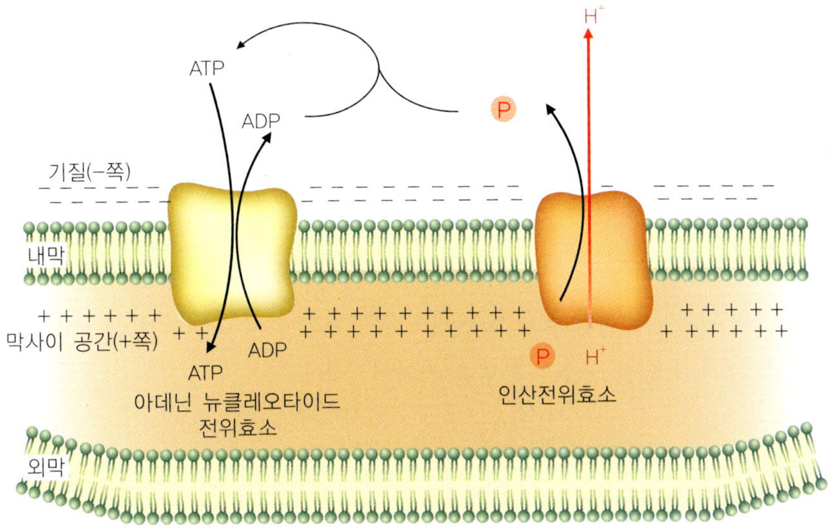

[그림 11-8] 아데닌 뉴클레오타이드 전위효소와 인산전위효소에 의한 ATP 수송

(4) P/O비

이러한 전자전달과 ATP 생성의 동반작용을 나타내는 데 사용하는 값을 P/O비(P/O ratio)라 한다. P/O비는 1몰(mole)의 산소(O)에 대해 ATP 합성에 소모되는 인산(P)의 몰 수, 즉 한 쌍의 전자가 산소까지 전달될 때 생성되는 ATP 분자 수를 나타낸다. 이때 한 쌍의 전자가 산소에 전달되는 동안 막사이 공간으로 펌프되는 양성자(H^+) 수는 NADH로부터는 10, 숙신산으로부터 온 $FADH_2$는 6이며, 1분자의 ATP를 생성하기 위해서 기질에서 막사이 공간으로 이동하는 데 필요한 양성자의 수는 4로 NADH와 $FADH_2$의 P/O비는 각각 10/4 = 2.5, 6/4 = 1.5 이다.

3) 산화적 인산화의 저해제

산화적 인산화의 저해제는 크게 전자전달계의 저해제, ATP 생성과 수송효소의 저해제 그리고 짝풀림물질로 구분한다.

(1) 전자전달계의 저해제

전자전달계의 특정 부위에 특이적으로 작용하는 저해제는 전자전달을 저지하는 저해제와 전자전달은 하지만 산화적 인산화를 방해하는 저해제가 있다.

아미탈(amytal)은 진통제로 쓰이는 바르비투르산제 약물이며, 로테논(rotenone)은 맹독성 식물 성분의 살충제로 복합체 I에서 NADH로부터 CoQ로 전자가 전달되는 것을 방해하여 산화적 인산화의 전체 과정을 차단한다.

안티마이신 A(antimycin A)는 복합체 III에서 사이토크롬 b에서 사이토크롬 c로의 전자전달을 방해하여 양성자 기울기의 형성을 파괴시켜 ATP 합성을 억제시킨다.

시아나이드(cyanide, CN^-), 아지드(N_3^-) 그리고 일산화탄소(CO)는 복합체 IV에서 사이토크롬 산화효소의 구리와 복합체를 형성하여 산소와 복합체 IV의 결합을 방해시켜 사이토크롬 a와 a_3에 의한 산소의 환원을 저지시킨다.

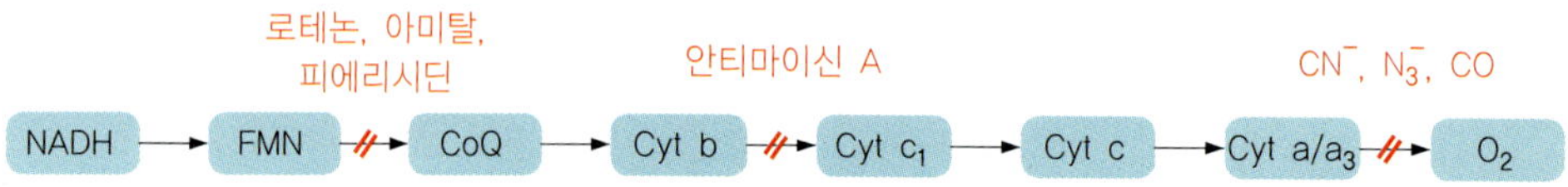

[그림 11-9] 전자전달계 저해제의 저해 부위

(2) ATP 생성과 수송효소의 저해제

다이사이클로헥실카르보다이이미드(dicyclohexylcarbodiimide, DCCD)와 올리고마이신(oligomycin)은 ATP 생성효소의 저해제로 ATP 생성효소의 F_0 부분을 통해 양성자(H^+)가 흐르는 것을 차단시키며, 아트락틸로사이드(atractyloside)는 아데닌 뉴클레오타이드 전위효소의 저해제이다.

(3) 짝풀림물질

짝풀림물질은 동물의 갈색 지방 조직에 있는 짝풀림 단백질 그리고 화학물질로 구분한다. 짝풀림 화학물질은 2,4-다이나이트로페놀(2,4-dinitrophenol), 다이쿠마롤(dicumarol), 카보닐 시아니드-4-트라이플루오로메톡시 페닐하이드라존(carbonyl cyanide-4-trifluoromethoxy phenylhydrazone, FCCP) 등이 있으며, 이들은 미토콘드리아에서 전자전달을 통해 막사이 공간으로 내보낸 양성자(H^+)를 다시 기질로 돌려보내 H^+를 ATP 생성에 쓰이지 못하게 한다(그림 11-10).

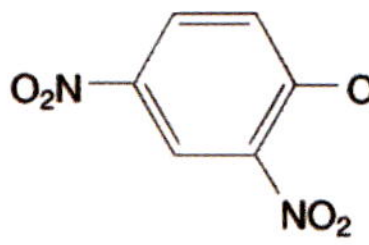

다이나이트로페놀

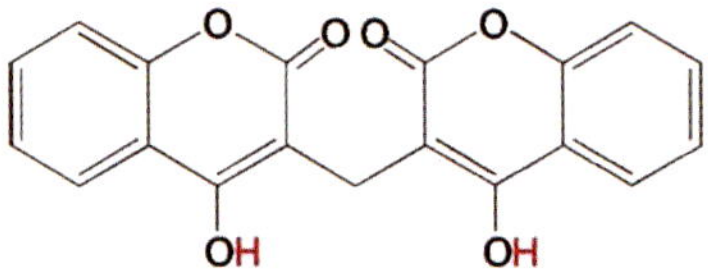

다이쿠마롤

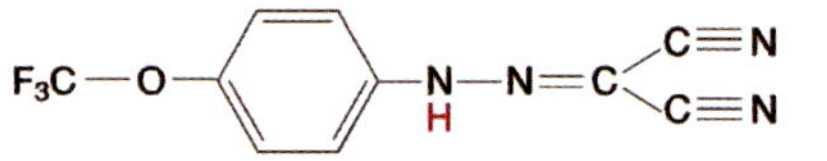

카보닐 시아니드-4-트라이플루오로메톡시 페닐하이드라존(FCCP)

[그림 11-10] 짝풀림 화학물질의 종류

❶ 짝풀림단백질

동물의 미토콘드리아 함량이 높은 갈색 지방 조직의 미토콘드리아 내막에 있는 짝풀림 단백질(uncoupling protein, UCP)은 전자전달계를 통해 막사이 공간으로 내보내진 양성자가 다시 기질로 되돌아올 때 발생하는 에너지를 ATP 생성에 사용하지 않고 열로 발산하게 하여 산화적 인산화를 저해시킨다.

❷ 2,4-다이나이트로페놀

2,4-다이나이트로페놀은 대표적인 짝풀림 화학물질로 미토콘드리아에서 전자전달은 막지 않지만, 전자전달과 ATP 합성 사이에 필요한 동반 작용을 못하게 함으로써 ADP가 ATP로 되는 인산화를 저지한다. 2,4-다이나이트로페놀은 소수성 구조를 가진 약산으로 H^+ 농도가 높은 막사이 공간 쪽에서 H^+와 결합하여 소수성 성질에 의해 내막에 확산되어 기질로 이동한 후, H^+ 농도가 낮은 기질에 H^+를 해리함으로써 양성자 기울기를 파괴시켜 H^+를 ATP 생성에 쓰이지 못하게 한다. 2,4-다이나이트로페놀은 이러한 짝풀림을 이용하여 비만 치료제로 연구 개발되고 있다.

4. 산화적 스트레스와 항산화체계

1) 활성산소

호흡을 통하여 체내로 들어온 산소는 미토콘드리아의 에너지(ATP) 생성 대사 과정에서 사용되는데, 이때 흡입한 산소 중 일부는 자연적으로 활성산소(reactive oxygen species, ROS)로 전환된다. 활성산소는 활성산소종, 유해산소, 유리라디칼(free radical)이라고도 하며, 이러한 활성산소는 대단히 불안정하여 주변의 세포를 공격하고 손상을 줄 수 있다. 과도한 활성산소의 원인은 일반적으로 과식, 과도한 운동, 자외선, 과도한 음주 및 흡연, 스트레스, 환경오염 등이며, 나이가 들어감에 따라 활성산소를 제거하는 능력도 감소되는 것도 관계가 있다.

이러한 활성산소에 의해 공격받는 세포는 정상적인 기능을 발휘하지 못하게 되어 주요 질환의 원인이 된다. 즉, 활성산소가 체내 방어 체계에 의해 제거되지 못하면 생체분자들과 반응하여 단백질의 변성, 생체막의 지질과산화, DNA 손상 등을 일으켜 각종 만성질환과 노화를 유발시킨다. 항산화는 생체 내에서 형성되는 유해한 활성산소를 억제하여 활성산소로 초래될 수 있는 신체 손상을 억제하는 기능을 항산화라고 한다.

활성산소의 종류로는 슈퍼옥사이드(초과산화물) 라디칼($O_2^- \cdot$), 과산화수소(H_2O_2), 하이드록시 라디칼($OH\cdot$), 일중항산소($^1O_2$), 퍼옥실 라디칼($ROO\cdot$) 등이 있다.

〈표 11-2〉 활성산소의 종류

라디칼형		비라디칼형		
수퍼옥사이드 라디칼 (superoxide radical)	• O2–	오존 (ozone)	O_3	
하이드록시 라디칼 (hydroxyl radical)	• OH	일중항산소 (singlet oxygen)	$^1O_2$	삼중항산소
하이드로퍼옥시 라디칼 (hydroperoxy radical)	$HO_2\cdot$	차아염소산 (hypochlorous acid)	HOCl	일중항산소
알콕시 라디칼 (alkoxyl radical)	$RO\cdot$	과산화수소 (hydrogen peroxide)	H_2O_2	
퍼옥시 라디칼 (peroxyl radical)	$RO_2\cdot$			

2) 항산화체계

인체는 불가피하게 생성되는 활성산소에 의해 세포가 손상되는 것을 차단 또는 억제할 수 있는 항산화체계를 갖추고 있다. 생성된 활성산소는 이러한 항산화체계에 의해 제거되어 체내의 산화적 손상을 방지하지만, 활성산소가 증가하게 되어 활성산소의 생성 속도와 제거 속도의 균형이 깨지면 산화 스트레스가 발생한다. 인체의 항산화체계는 효소가 관여하는 효소적 항산화체계와 항산화물질이 작용하는 비효소적 항산화체계로 구분할 수 있다.

(1) 효소적 항산화체계

효소적 항산화체계의 효소는 슈퍼옥사이드 디스뮤테이스(superoxide dismutase, SOD), 카탈레이스(catalase), 글루타치온 퍼옥시데이스(glutathione peroxidase, GPx, GPOD), 글루타치온 환원효소(glutathione reductase, GR), 글루타치온 S-전이효소(glutathione S-transferase, GST) 등이 있다.

❶ 슈퍼옥사이드 디스뮤테이스

슈퍼옥사이드 디스뮤테이스(SOD)는 활성산소인 슈퍼옥사이드(superoxide) 제거 효소로 슈퍼옥사이드 라디칼(O_2^- •)로부터 과산화수소와 산소를 생성하는 반응을 촉매하는 효소이다. SOD는 구리와 아연을 함유한 Cu • Zn-SOD, 망간을 함유한 Mn-SOD, 세포 외부에 있는 EC-SOD(extracelluar-SOD) 등 세 종류가 존재하며, SOD 활성이 증가할수록 활성산소 제거 능력이 증가하는 것을 의미한다.

$$O_2^- \bullet \quad + \quad H^+ \quad \rightarrow \quad H_2O_2 \quad + \quad O_2$$

❷ 카탈레이스

카탈레이스는 SOD가 생성한 과산화수소를 물과 산소로 분해하는 반응을 촉매하는 효소로 헴(heme)을 함유하고 있다. 카탈레이스는 퍼옥시좀에 존재하며, 과산화수소로부터 세포를 보호하고 세포 내에 과산화수소가 축적되는 것을 방지한다.

$$H_2O_2 \quad \rightarrow \quad H_2O \quad + \quad \frac{1}{2}O_2$$

❸ 글루타치온 퍼옥시데이스

글루타치온 퍼옥시데이스(GPx)는 셀레늄(Se)을 함유한 효소로 과산화수소나 과산화 유기물을 물 또는 알코올로 환원시키며, 이때 환원형 글루타치온(GSH)은 산화형 글루타치온(GSSG)으로 전환된다.

$$H_2O_2 + 2\ GSH \rightarrow 2\ H_2O + GSSG$$
$$ROOH + 2\ GSH \rightarrow ROH + H_2O + GSSG$$

❹ 글루타치온 환원효소

글루타치온 환원효소(GR)는 조효소인 NADPH를 소모하여 산화형 글루타치온을 환원형 글루타치온으로 전환시켜 항산화물질인 글루타치온을 재생시킨다.

$$GSSG + NADPH + H^+ \rightarrow 2\ GSH + NADP$$

❺ 글루타치온 S-전이효소

글루타치온 S-전이효소(GST)는 글루타치온이 수소 공여체로 작용하여 전자친화성 기질을 환원시킨다.

$$RX + GSH \rightarrow HX + RSG$$

(2) 비효소적 항산화체계

비효소적 항산화체계를 구성하는 항산화물질은 글루타치온(GSH), 비타민 E (α-tocopherol), 비타민 C, β-카로틴(β-carotene) 등이 있다.

❶ 글루타치온

글루타치온(GSH)은 γ-glutamylcysteinylglycine(Glu-Cys-Gly)의 트라이펩타이드로 수용성의 항산화물질이다. 정상 세포의 적혈구 내 환원형 글루타치온(GSH)/산화형 글루타치온(GSSG) 수준은 증가한다. 글루타치온은 슈퍼옥사이드 라디칼(O_2^-•), 하이드록시 라디칼(OH•) 등과 반응하여 무독화시키며, 글루타치온 퍼옥시데이스(GPx)와 글루타치온 S-전이효소(GST) 반응에도 관여한다.

$$O_2^-\cdot + H^+ + 2\ GSH \rightarrow GSSG + H_2O_2$$

$$OH\cdot + GSH \rightarrow GS\cdot + H_2O$$

❷ 비타민 E

비타민 E는 지용성의 항산화물질로 세포막에서 활성산소가 유발시키는 지질과산화를 방지한다. 비타민 E는 각각 4종류의 토코페롤(tocopherol)과 토코트리에놀(tocotrienol)이 존재하고 가장 활성이 높은 것은 α-토코페롤이다. 비타민 E 라디칼(vitamin E •)은 비타민 C에 의해 환원형의 비타민 E로 재생된다(그림 11-11).

$$\text{vitamin E} + LOO\cdot \rightarrow \text{vitamin E}\cdot + LOOH$$

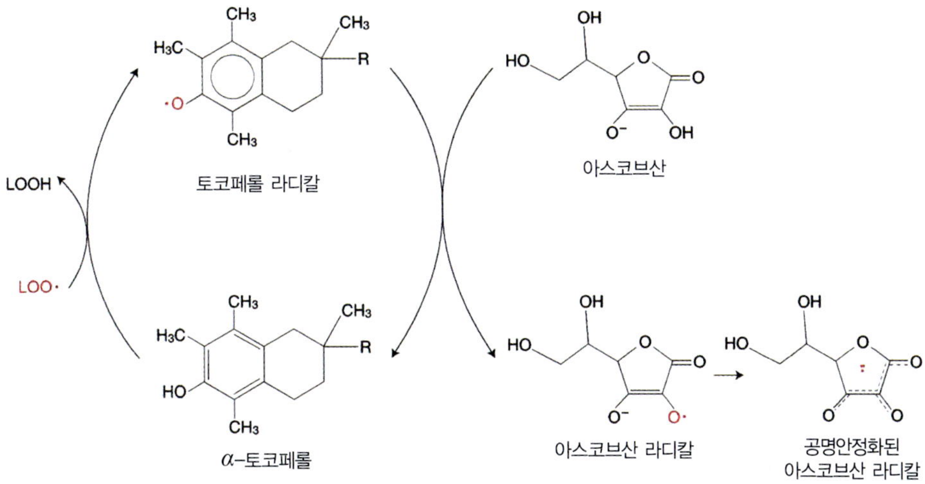

[그림 11-11] α-토코페롤의 항산화 작용과 아스코브산의 α-토코페롤 재생 작용

❸ 비타민 C

아스코브산(ascorbate)인 비타민 C(AH^-)는 수용성의 항산화물질로 슈퍼옥사이드 라디칼(O_2^- •), 하이드록시 라디칼(OH •) 등을 무독화시키며, 비타민 E 라디칼을 환원형의 비타민 E로 재생시킨다. 또한, 비타민 C는 직접 라디칼과 반응, 라디칼을 소거하여 세포막의 과산화지질 생성을 막는다.

$$AH^- + R\cdot \rightarrow AH\cdot + R^-$$

$$AH\cdot + AH\cdot \rightarrow AH^-\ (\text{ascorbate}) + A(\text{dehydroascorbate}) + H^+$$

❹ β-카로틴

β-카로틴은 비타민 A 전구체 활성이 가장 높은 지용성의 카로티노이드(50% retinol)로 유리라디칼을 직접 소거하여 활성산소가 체내에서 유발시키는 세포막의 지질과산화를 방지한다.

$$\beta\text{-carotene} + \text{ROO}\cdot \rightarrow \text{ROO-}\beta\text{-carotene}$$

3) 항산화 관련 바이오마커

식품의약안전처 기준 항산화 관련 주요 바이오마커(지표물질)는 조직과 혈액의 글루타치온(GSH) 및 글루타치온(GSH) 전구체인 시스테인(cysteine) 농도, 그리고 항산화효소인 슈퍼옥사이드 디스뮤테이스(SOD), 카탈레이스, 글루타치온 퍼옥시데이스(GPx), 글루타치온 환원효소(GR) 등이 있다.

1. NADH와 $FADH_2$가 전자전달계를 통해 각각 생성되는 ATP 수는?
   ① 3, 2　② 2, 3
   ③ 2.5, 1.5　④ 1.5, 2.5
   ⑤ 2.5, 2.5

2. 미토콘드리아 내막을 가로질러 기질로부터 외부의 수성매질로 H^+(양성자)를 내보내며, 내막을 경계로 H^+ 농도 기울기가 생겨나 이 기울기에 따른 삼투압 에너지에 의해서 산화적 인산화가 일어난다는 설은?
   ① 화학적 짝지음설　② 형태적 짝지음설
   ③ 락오페론 가설　④ 삼투가설
   ⑤ 화학삼투 동반설

3. 미토콘드리아에서 ATP 합성 부위는?
   ① 외막　② 내막
   ③ 크리스타　④ 기질
   ⑤ 막사이 공간

4. 세포 내에서 전자전달계 효소가 있는 장소는?
   ① 세포질　② 미토콘드리아 내막
   ③ 미토콘드리아 외막　④ 미토콘드리아 기질
   ⑤ 소포체

5. 사이토크롬(cytochrome)에 함유되어 있는 금속 원소는?
   ① Mg　② Co
   ③ Cu　④ Fe
   ⑤ Ca

6. 미토콘드리아 내막을 직접 들어갈 수 <u>없는</u> 것은?
   ① 무기인산　② 말산
   ③ 구연산　④ 피루브산
   ⑤ NADH

7. NADH의 전자가 전자전달계에서 전달되는 순서로 옳은 것은?
   ① NAD → FMN → Fe-S → CoQ → Cyt b → Fe-S → Cyt c_1 → Cyt c → Cyt aa_3 → O_2
   ② FMN → NAD → Fe-S → CoQ → Cyt b → Fe-S → Cyt c_1 → Cyt c → Cyt aa_3 → O_2
   ③ FMN → NAD → Fe-S → CoQ → Cyt c_1 → Fe-S → Cyt b → Cyt c → Cyt aa_3 → O_2
   ④ NAD → FMN → Fe-S → CoQ → Cyt c_1 → Fe-S → Cyt b_1 → Cyt c → Cyt aa_3 → O_2
   ⑤ NAD → FMN → Fe-S → CoQ → Cyt c_1 → Fe-S → Cyt b_1 → Cyt aa_3 → Cyt c → O_2

8. 전자전달계에서 동반 작용 억제제(uncouplinga-gents)로 옳은 것은?
   ① 로테논(rotenone)　② 안티마이신 A
   ③ DNP(2,4-dinitrophenol)　④ CO
   ⑤ CN^-

9. 전자전달사슬에 관여하지 <u>않는</u> 것은?
   ① NAD　② TPP
   ③ CoQ　④ Cyt
   ⑤ Fe-S protein

10. 미토콘드리아에서 일어나는 ATP 생성 반응은?
   ① 산화적 탈탄산　② 산화적 인산화
   ③ 환원적 산화　④ 환원적 수화
   ⑤ 호기적 탈수소

정답: 1 ③　2 ⑤　3 ④　4 ②　5 ④
6 ⑤　7 ①　8 ③　9 ②　10 ②

chapter 12

지질 대사

Lipid metabolism

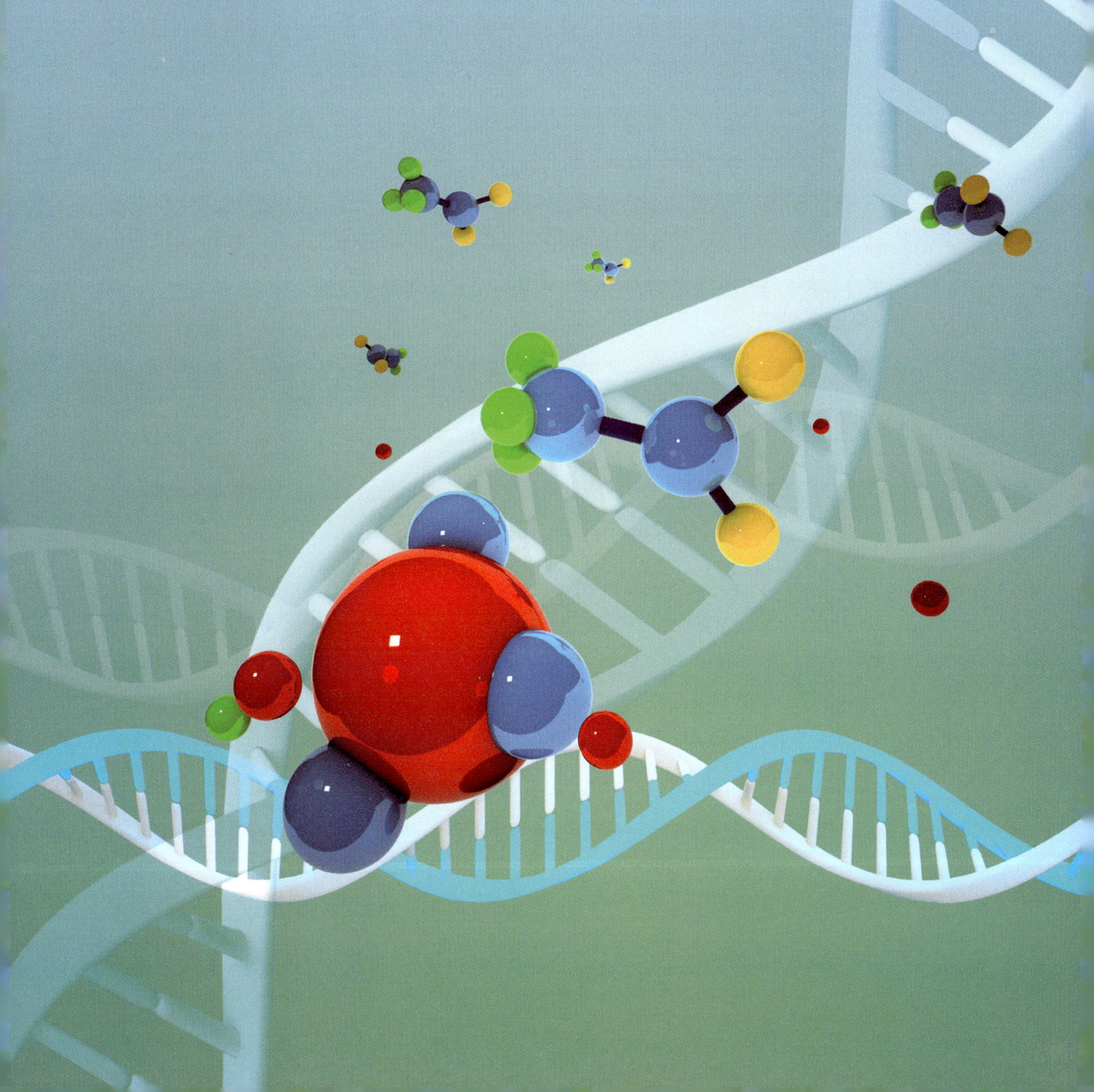

우리가 식사를 통해 섭취하거나 체내에서 합성되는 지질은 체내에 다량으로 장기간 저장할 수 있는 에너지가 풍부한 연료물질일 뿐만 아니라 세포막 구성 성분, 그리고 지용성 비타민, 호르몬 등 생체 기능을 조절하는 물질들의 생성에 이용되어 생체에서 대단히 중요한 역할을 한다. 중성지방인 트리아실글리세롤(triacylglycerol)은 사람이나 동물에서는 지방조직에 저장되며 가수분해되어 지방산과 글리세롤로 된 후, 지방산은 미토콘드리아 내에서 β-산화와 TCA 회로를 통해 다량의 아세틸-CoA와 ATP를 생성하여 열량 영양소 중에서 탄수화물이나 단백질에 비해 2.5배 정도 많은 화학에너지를 생산하는 최대 에너지원이다. 콜레스테롤은 동물 세포막의 구성 성분이고 스테로이드 호르몬과 담즙산 그리고 비타민 D 합성의 전구체이며 체내에서 합성되는 인지질과 스핑고지질은 주요 세포막 성분이 된다.

이 장에서는 우리가 섭취한 지질이 어떻게 소화, 흡수, 수송 및 저장되는지를 살펴본 다음 체내에서의 지단백질 대사, 지방산 대사, 인지질과 스핑고지질 등 복합지질 대사, 콜레스테롤 대사, 케톤체 대사 그리고 아이코사이드 대사에 대해서 알아본다.

1. 지질의 소화 및 흡수

식사를 통해 섭취된 지방이 위를 거쳐 췌장으로 들어오면 췌장 지질분해효소(pancreatic lipase)는 트리아실글리세롤의 1번 또는 3번 위치에 결합된 지방산을 가수분해하여 모노아실글리세롤(2-monoacylglycerol)과 다이아실글리세롤(1,2-diacylglycerol) 그리고 유리지방산을 생성한다. 부분적으로 가수분해된 지방은 소장의 십이지장으로 들어와 담낭에서 분비된 담즙의 담즙산염(bile salt)과 인지질의 계면활성 작용에 의해 마이셀(micelle) 상태로 되어 흡수된다. 글리코콜산(glycocholate)과 타우로콜산(taurocholate) 등 담즙산염은 양친매성 화합물(amphipathic compound)로 지방의 용해를 돕는 계면활성제로 쓰이며, 이러한 유화액(에멀전)의 형성은 마이셀 상태로 안정화될 수 있도록 하여 표면적을 증가시켜 지방이 췌장 지질분해효소의 작용을 잘 받을 수 있게 한다. 소화된 지방의 흡수는 마이셀이 소장 점막 표면에서 파괴되어 소화된 생성물이 소장의 세포 내로 들어가게 되면 이루어지며, 이때 담즙산염은 소장 내에 남아 있다가 소장의 하부에서 재흡수되어 순환한다. 소장 세포의 소포체는 모노아실글리세롤 경로를 통해 흡수된 지질의 소화 생성물로부터 지질분해효소에 의해 트리아실글리세롤을 재합성한다. 한편, 중간사슬 트리아실글리세롤(medium chain triacylglycerol, MCT, C_6~C_{10})은 마이셀의 도움 없이 가수분해되고 흡수되어 간으로 직접 수송된다. 지질은 당질이나 단백질의 소화 및 흡수 과정과는 다른 특징을 갖고 있으며, 인체에서 지질의 소화 및 흡수 과정을 [그림 12-1]에 나타내었다.

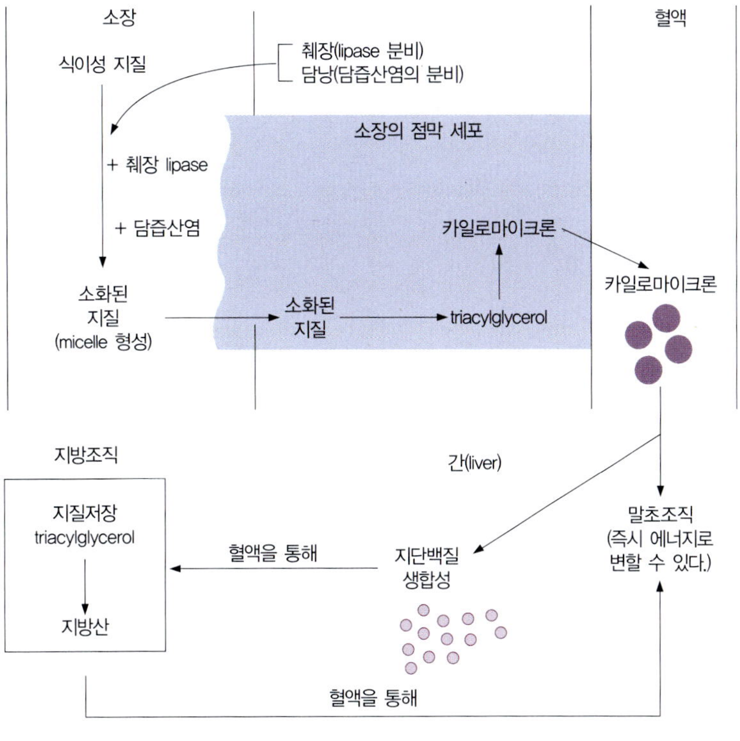

[그림 12-1] 식이성 지질의 흡수, 수송 및 운반

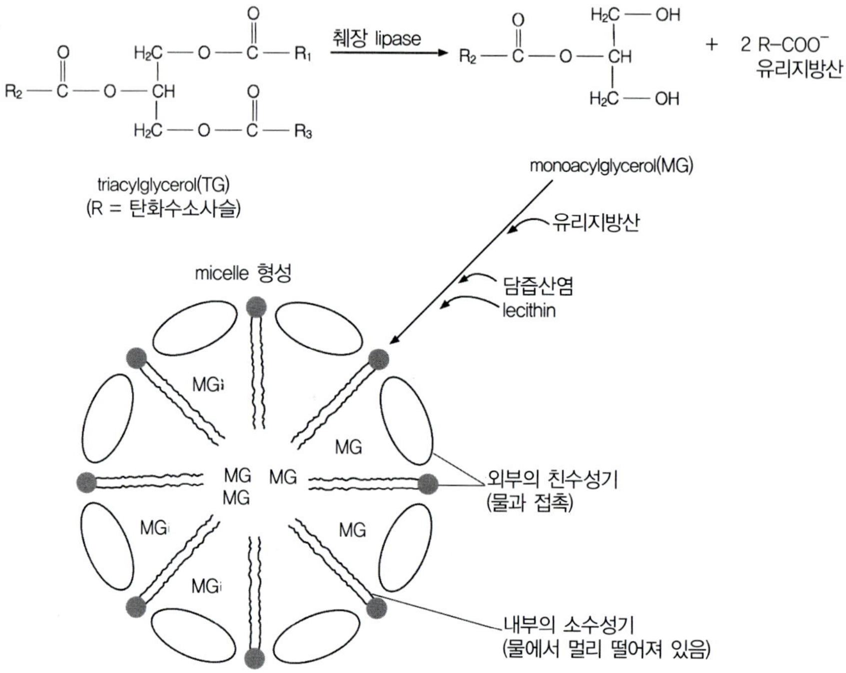

[그림 12-2] 지방의 분해와 유화

2. 지단백질 대사

1) 지단백질

지단백질(lipoprotein)은 혈액에서 소수성인 지방, 인지질, 콜레스테롤 등 지질 운반에 필요한 단백질(lipid-binding protein)로 지질과 단백질의 복합체이다. 일반적으로 지단백질은 소수성인 지방과 콜레스테롤 에스터가 내부 중심에 있고 외부 표면은 친수성인 인지질, 유리 콜레스테롤 그리고 단백질 부분인 아포지단백질(apolipoprotein, 결손 지단백질)로 이루어져 수용성 상태에서도 안정적이다. 아포지단백질은 지방, 인지질, 콜레스테롤과 결합하여 지단백질을 구성하는 단백질로 지방, 인지질, 콜레스테롤의 운반을 돕는 단백질이며, 지단백질은 보통 한 가지 이상의 아포지단백질을 가지고 있다. 아포지단백질은 지질대사효소의 활성을 조절하며, 지단백질의 수용체 인식 역할을 한다. 아포지단백질 중 apoCII는 지단백질 지질분해효소(lipoprotein lipase, LPL)를 활성화시키며, apoAI, apoAIV, apoCI, apoE는 레시틴 콜레스테롤 아실전이효소(lecithin cholesterol acyltransferase, LCAT)를 활성화시킨다. apoB100, apoE는 LDL 수용체를, apoAI, apoAII, apoB100, apoE는 HDL 수용체를 인식한다.

지단백질은 지질의 함량과 단백질 밀도에 따라 분류하며, 지질의 함량과 단백질 밀도는 서로 반비례한다. 지단백질의 종류에는 카일로마이크론(chylomicron, 유미입자), 초저밀도 지단백질(very low density lipoprotein, VLDL), 중간밀도 지단백질(intermediate density lipoprotein, IDL), 저밀도 지단백질(low density lipoprotein, LDL), 고밀도 지단백질(high density lipoprotein, HDL)이 있다.

카일로마이크론은 지단백질 중 밀도가 가장 낮은 지단백질로 대부분 음식으로 섭취한 중성지방을 지방조직이나 말초조직으로 운반하며, VLDL은 체내에서 합성된 중성지방을 조직으로 수송을 담당하며 LDL로 전환된다. LDL은 혈액에서 콜레스테롤의 주요 운반체로 콜레스테롤과 콜레스테롤 에스터를 주변 조직으로 수송하며, HDL은 LDL처럼 콜레스테롤과 콜레스테롤 에스터를 운반하지만, LDL과 달리, 반대 방향인 주변 조직으로부터 간으로 운반한다. HDL은 혈장 콜레스테롤을 낮추는 역할을 하기 때문에 '좋은 콜레스테롤(good cholesterol)'이라 하며, VLDL 상승과 HDL 강하는 동맥경화의 지표로 사용한다.

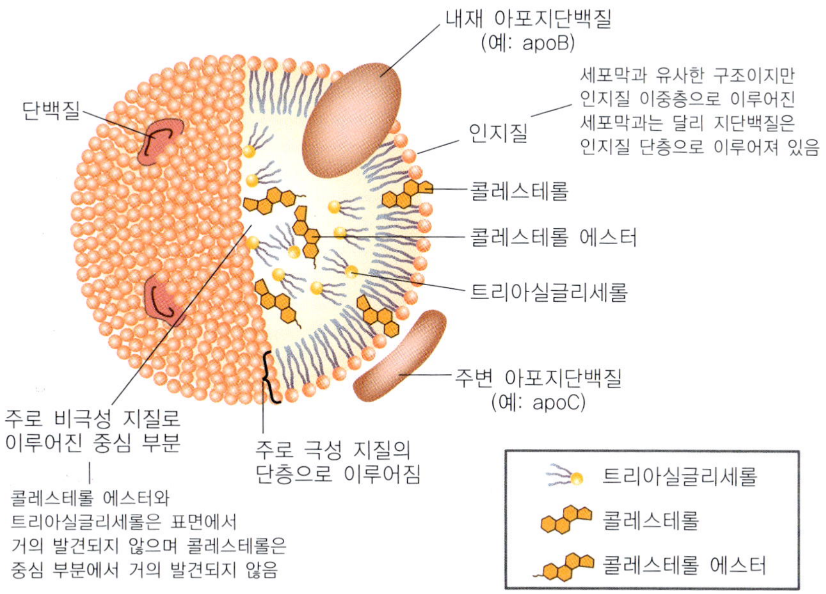

[그림 12-3] 지단백질의 구조

〈표 12-1〉 지단백질의 종류

혈장 단백질	밀도(gml^{-1})	생리적 역할	성분(%)				
			TAG	CE	C	PL	P
카일로마이크론	< 0.95	식이성 지방 수송	86	3	1	8	2
초저밀도 지질 단백질	0.95~1.006	내인성 지방 수송	52	14	7	18	8
중간밀도 지질 단백질	1.006~1.019	LDL 전구물질	38	30	8	23	11
저밀도 지질 단백질	1.019~1.063	콜레스테롤 수송	10	38	8	22	21
고밀도 지질 단백질	1.063~1.21	콜레스테롤 역수송	5~10	14~21	3~7	19~29	33~57

TAG(트리아실글리세롤), CE(콜레스테롤 에스터), C(유리 콜레스테롤), PL(인지질), P(단백질)

2) 카일로마이크론과 VLDL의 대사

흡수된 지질과 아포지단백질로 구성된 카일로마이크론은 직경이 약 100~500nm이며, 내부에는 무게의 약 80%를 차지하는 트리아실글리세롤이 있다. 표면은 인지질로 덮여 있는 구조로 혈액으로 들어가 혈액의 카일로마이크론의 함량은 지방 섭취 후 현저하게 증가한다. 중간사슬 트리아실글리세롤(MCT)은 마이셀이나 카일로마이크론 형성과 관계없이 가수분해되고 흡수되어 알부민-지방산 복합체의 형태로 문맥혈관을 거쳐 간으로 직접 수송된다. 혈액을 통해 순환하던 카일로마이크론은 근육과 지방조직의 모세혈관 내피세포에 있는 지단백질 가수분해 효소(lipoprotein lipase, LPL)에 의해 지방산과 다이아실글리세롤을 생성하고 이들은 근육과 지방조직으로 들어가 에너지원으로 소비되거나 다시 트리아실글리세롤로 되어 지방조직의 세포에 축적된다. 지방조직은 피하, 혈관의 주변, 복강의 장기 주변 및 골격근 등에 있으며, 일반 성인의 경우, 지방조직은 약 15kg의 트리아실글리세롤을 함유하고 있으며, 중요한 모든 인체 기관에 들어 있다. 지방조직의 세포에는 트리아실글리세롤을 내포한 아주 큰 지방액포가 있으며, 액포는 세포질의 상당한 부분을 차지한다. 인체가 에너지를 필요로 할 때 트리아실글리세롤로부터 분해된 유리지방산은 에너지 생성을 위해 지방조직에서 근육조직으로 이동하며, 유리지방산은 정상적으로 혈액으로 운반되기 위하여 단백질인 혈청 알부민에 결합된다.

간에서 생성된 초저밀도 지단백질인 VLDL은 체내에서 합성된 중성지방을 운반하며, 지단백질 가수분해 효소(LPL)에 의해 내부의 중성지방이 분해되어 근육과 지방조직에 지방산과 다이아실글리세롤을 공급해 준다. 중성지방이 감소된 VLDL의 일부는 간에서

LDL 수용체에 의해 제거되고 LPL에 의해 중성지방이 더 감소되어 VLDL의 콜레스테롤과 콜레스테롤 에스터는 LDL로 전환된다.

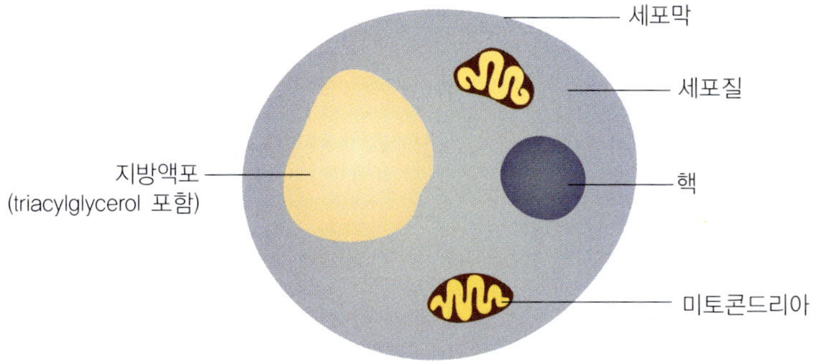

[그림 12-4] 지방세포

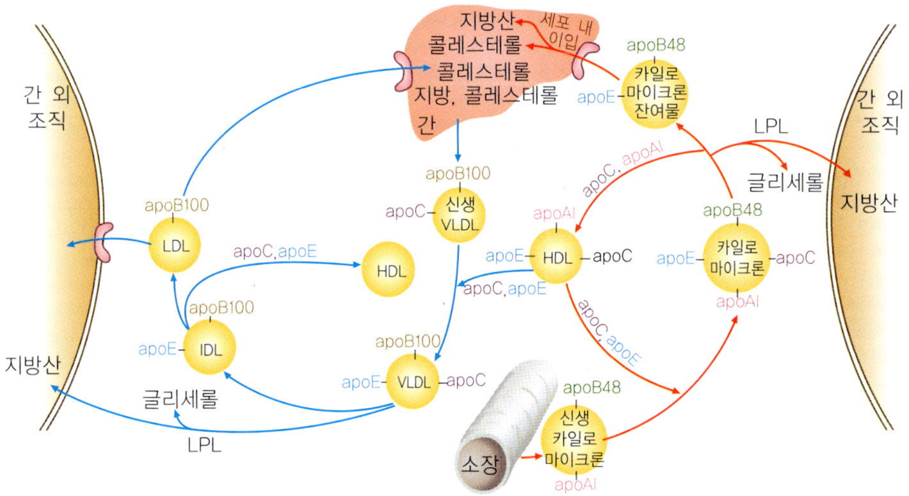

[그림 12-5] 카일로마이크론과 VLDL의 대사

3) LDL과 HDL의 대사

LDL은 간에서 만들어진 VLDL이 말초조직에서 지단백질 지질분해효소(LPL)에 의해 주요 성분인 중성지방이 제거된 후 전환된 것이다. LDL의 주요 성분은 콜레스테롤과 콜레스테롤 에스터이고 주요 아포지단백질로 apoB100으로 apoB100을 인식하는 LDL 수용체가 있는 간 외 조직으로 콜레스테롤을 운반한다. LDL과 LDL 수용체가 결합되면 세포 내로 들어오면서 엔도좀(endosome)을 만든 다음 리소좀(lysome)과 융합되어 콜레스테롤, 인지질, 지방산 및 아미노산으로 분해되고 LDL 수용체는 세포 표면으로 돌아가 LDL 흡수에 다시 이용된다. 세포 내로 들어온 콜레스테롤은 세포막의 구성 성분이나 담즙산, 스테로이드 호르몬 및 비타민 D의 전구물질로 사용되거나 아실 콜레스테롤 아실전이효소(acyl cholesterol acyltransferase, ACAT)에 의해 콜레스테롤 에스터로 전환되어 세포 내에 저장된다. 충분한 양의 콜레스테롤이 세포 내로 들어오면 콜레스테롤의 생합성 속도를 낮추고 LDL 수용체 합성을 억제하여 세포 내로 더 이상 콜레스테롤이 들어오지 못하도록 조절한다.

HDL은 콜레스테롤을 조직으로 운반하는 LDL과는 다르게, 조직에서 간으로 콜레스테롤을 운반하여 담즙산 등으로 전환시켜 조직 내의 과다한 콜레스테롤 축적을 막는다. HDL은 신생(nascent) HDL로부터 생성되는데 신생 HDL은 apoAI, apoCI, apoCII 및 apoE 등의 아포지단백질을 갖고 있으며, 인지질 함량이 높아 세포막이나 다른 지단백질로부터 쉽게 콜레스테롤을 받아들일 수 있고 apoAI은 레시틴 콜레스테롤 아실전이효소(lecithin cholesterol acyltransferase, LCAT)를 활성화시킨다. LCAT는 레시틴에 결합된 지방산을 콜레스테롤로 전이시켜 콜레스테롤 에스터를 생성하는 효소이다. 소수성인 콜레스테롤 에스터는 신생 HDL 중심부에 축적되어 성숙한 형태의 HDL_3를 거쳐 최종적으로 HDL_2로 전환된다.

3. 지방산 대사

1) 지방산 분해(β-산화)

지방을 에너지로 사용하려면 몇 가지 단계를 거쳐야 한다. 먼저, 지방조직에 저장되어 있는 트리아실글리세롤이 호르몬 감수성 리페이스(hormone sensitive lipase, HSL)에 의해 유리지방산의 형태로 가수분해된 다음, 유리지방산이 혈액 내 혈청 알부민과 결합하여 지방산을 에너지원으로 사용하는 조직으로 이동하게 된다. 지방산이 세포 내로 들어와 세포질에서 활성화된 지방산 형태인 지방 아실-CoA(fatty acyl-CoA)로 된 후 카르니틴(carnitine)에 의해 미토콘드리아 내막을 통과하여 기질(매트릭스)로 운반된다. 미토콘드리아 기질에서 지방 아실-CoA는 연속적인 4단계의 효소 반응인 β-산화(β-oxidation) 과정을 거쳐 $FADH_2$와 NADH 그리고 아세틸-CoA를 생성한다. 여기서 생

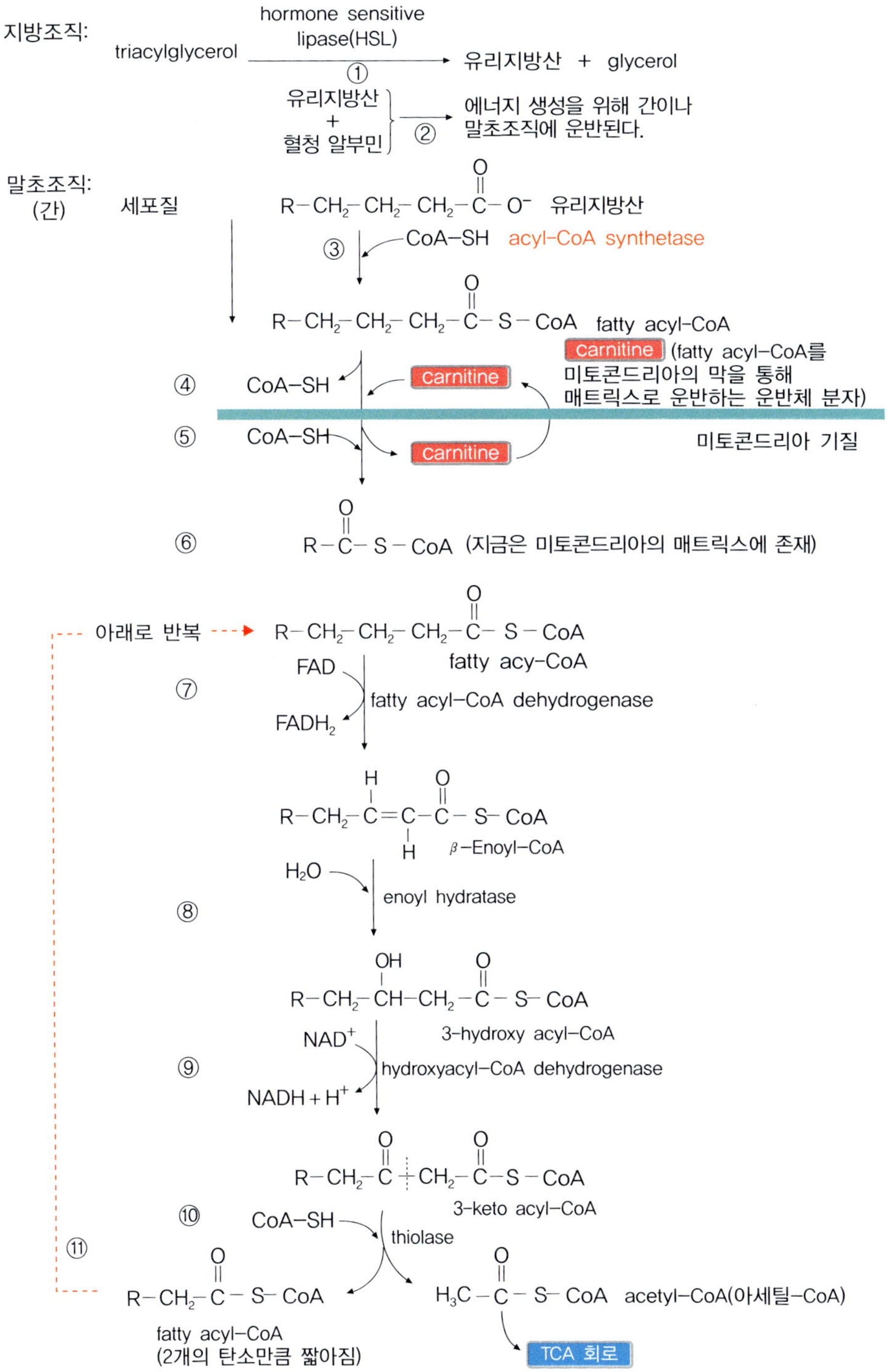
지방조직:
triacylglycerol
hormone sensitive lipase(HSL)
①
유리지방산 + glycerol
유리지방산 + 혈청 알부민
②
에너지 생성을 위해 간이나 말초조직에 운반된다.
말초조직: (간)
세포질
유리지방산
③
CoA-SH
acyl-CoA synthetase
fatty acyl-CoA
carnitine (fatty acyl-CoA를 미토콘드리아의 막을 통해 매트릭스로 운반하는 운반체 분자)
④
CoA-SH
carnitine
⑤
CoA-SH
carnitine
미토콘드리아 기질
⑥
(지금은 미토콘드리아의 매트릭스에 존재)
아래로 반복
fatty acy-CoA
⑦
FAD
FADH2
fatty acyl-CoA dehydrogenase
β-Enoyl-CoA
⑧
H2O
enoyl hydratase
3-hydroxy acyl-CoA
⑨
NAD+
NADH + H+
hydroxyacyl-CoA dehydrogenase
3-keto acyl-CoA
⑩
CoA-SH
thiolase
⑪
fatty acyl-CoA (2개의 탄소만큼 짧아짐)
acetyl-CoA(아세틸-CoA)
TCA 회로

[그림 12-6] β-산화

성된 $FADH_2$와 NADH는 전자전달계로 들어가 ATP를 생성하고 아세틸-CoA는 TCA 회로로 들어가 ATP 생성을 위한 NADH나 $FADH_2$를 생성한다.

(1) 지방조직으로부터 지방산의 이동과 수송

지방조직에 저장되어 있는 지방이 ATP를 생성하기 위해서는 먼저 부신수질 호르몬인 에피네프린(epinephrine, 아드레날린)의 분비로 시작한다. 에피네프린은 지방세포에서 수용체(β-adrenergic receptor)와 결합하여 아데닐산 고리화효소(adenylate cyclase)를 활성화시키며, 아데닐산 고리화효소는 ATP로부터 2차 전령(second messenger) 역할을 하는 cAMP를 생성한다. cAMP는 cAMP-의존 단백질 인산화효소(cAMP-dependent protein kinase A, PKA)를 활성화하고 PKA는 호르몬 감수성 리페이스(hormone sensitive lipase, HSL)를 인산화시켜 활성화하며, HSL은 트리아실글리세롤을 글리세롤과 유리지방산으로 분해한다. HSL에 의해 트리아실글리세롤로부터 방출된 유리지방산은 혈장에 녹지 않기 때문에 지방산 운반체인 혈청 알부민에 결합되어 혈액 내에서 이동하다가 세포막을 통과하여 세포 내로 들어오게 된다.

(2) 지방산의 활성화

세포의 세포질 속으로 운반된 지방산은 아실-CoA 합성효소(acyl-CoA synthetase)에 의해 지방산의 카복실기(-COOH)와 CoA의 티올(thiol)기(-SH)가 티오에스터(thioester) 결합을 형성하여 활성화된 지방산 형태인 지방 아실-CoA(fatty acyl-CoA)를 생성한다. 지방 아실-CoA는 고에너지 화합물로 '아실'이란 지방산의 긴 탄화수소 사슬을 의미하며, 이 반응은 ATP가 사용되어 AMP와 파이로인산(PP_i, Ⓟ Ⓟ)으로 전환되고 Ⓟ Ⓟ는 무기파이로인산분해효소(inorganic pyrophosphatase)에 의해 2개의 무기인산(P_i, Ⓟ)으로 분해된다. 파이로인산의 분해는 반응을 아실-CoA 생성 방향 쪽으로만 진행시키므로 이 반응은 비가역적이다. 따라서, 한 분자의 지방산 분자를 활성화하기 위해서는 2개의 ATP를 소모한다. 아실-CoA 합성효소는 짧은 사슬을 위한 아실-CoA 합성효소 또는 중간 및 긴 사슬을 위한 아실-CoA 합성효소가 있으며, 이 효소는 어떤 범위사슬을 가진 지방산에 대해 특이적으로 작용한다.

$$\underset{\text{fatty acid}}{R-\overset{O}{\overset{\|}{C}}-OH} + CoA-SH + ATP \rightarrow \underset{\text{acyl-CoA}}{R-CH_2-CH_2-CH_2-\overset{O}{\overset{\|}{C}}-S-CoA} + AMP + PP$$

$$PP + H_2O \rightarrow 2P$$

(3) 미토콘드리아 안으로의 이동

세포질에서 활성화된 지방산이 β-산화 과정에서 대사되기 위해서는 미토콘드리아 안으로 들어가야 하는데 긴 사슬을 가진 아실-CoA는 미토콘드리아 내막을 쉽게 통과할 수 없으므로, 막을 통과하여 미토콘드리아의 기질 내로 운반되기 위해 카르니틴(carnitine)이라는 운반체가 필요하다.

미토콘드리아로 운반될 아실-CoA는 카르니틴과 결합하여 미토콘드리아 외막에 있는 카르니틴 아실 전달효소 I(carnitine acyl transferase I)에 의해 아실 카르니틴(acyl carnitine)으로 전환되어 미토콘드리아 기질 안으로 운반된다. 미토콘드리아 기질 안으로 들어온 아실 카르니틴은 기질에 있는 카르니틴 아실 전달효소 II(carnitine acyl transferase II)에 의해 다시 아실-CoA와 카르니틴으로 전환된다. 카르니틴은 재사용을 위해 내막에 있는 카르니틴 전위효소(carnitine translocase)에 의해 세포질 내로 다시 확산되어 되돌아가고 아실-CoA는 기질에서 β-산화에 이용되어 아세틸-CoA, $FADH_2$ 및 NADH 등을 생성한다.

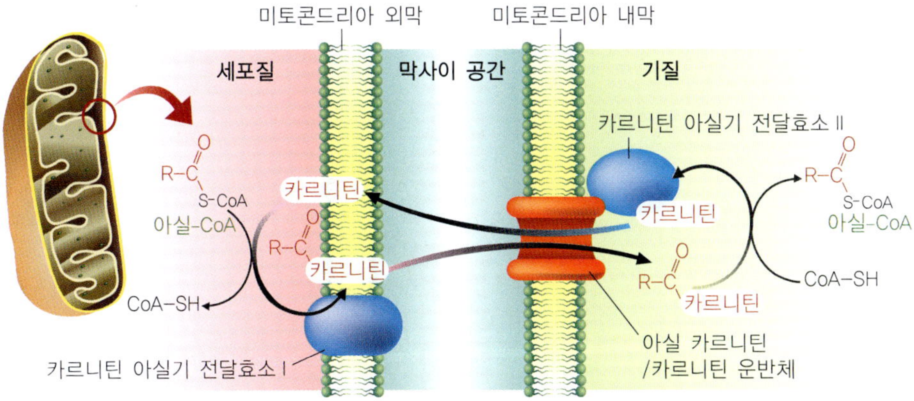

[그림 12-7] 카르니틴에 의한 아실-CoA 운반

(4) β-산화

β-산화(β-oxidation)는 지방산의 β-탄소(카복실기 탄소로부터 세 번째 위치)에서 탄소가 산화되는 대사과정으로 미토콘드리아 기질 내에서 일어나는 4가지의 연속적인 효소 반응에 의해 지방산의 아실 사슬(acyl chain)이 탄소가 2개씩 짧아지면서 $FADH_2$, NADH, 아세틸(acetyl)-CoA를 생성하는 과정이다. β-산화의 4가지 효소 반응은 산화반응, 수화반응, 산화반응, 분해반응으로 지방산이 탄소가 2개씩 짧아지는 반응이다. β-산화를 반복하면 연속적으로 아세틸-CoA를 생성하며, 짝수 포화지방산의 최종산물은 아세틸-CoA(C_2), 홀수 포화지방산의 최종산물은 프로피오닐(propionyl-CoA)(C_3)이다.

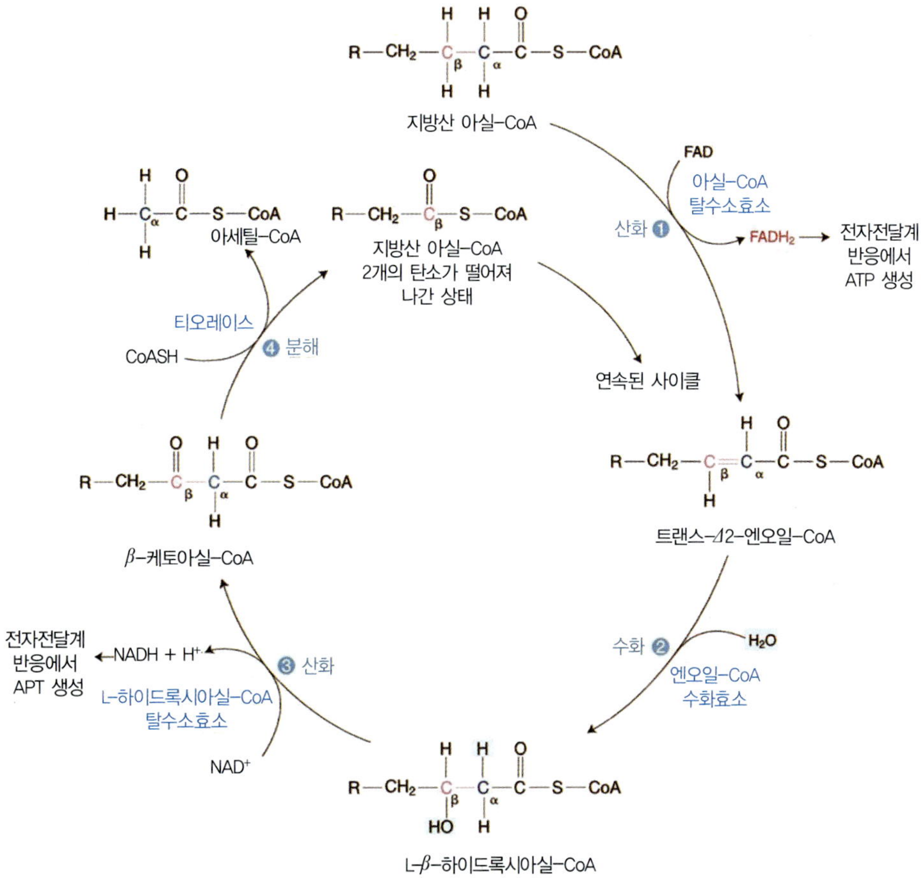

[그림 12-8] β-산화의 4가지 반응

❶ FAD에 의한 산화반응

첫 번째 반응은 산화반응인 탈수소반응으로 아실-CoA는 아실-CoA 탈수소효소(acyl-CoA dehydrogenase)에 의해 2개의 수소가 제거되어 트랜스(trans) 이중결합을 갖는 트랜스-Δ^2-엔오일-CoA(trans-Δ^2-enoyl-CoA)가 생성되며, 이때 지방산의 β 탄소가 산화되기 때문에 이 과정을 지방산의 β-산화라고도 한다. 아실-CoA 탈수소효소는 플라보단백질(flavoprotein)로 조효소인 FAD는 $FADH_2$로 환원된다. $FADH_2$의 전자는 전자전달계로 들어가 ATP를 생성한다.

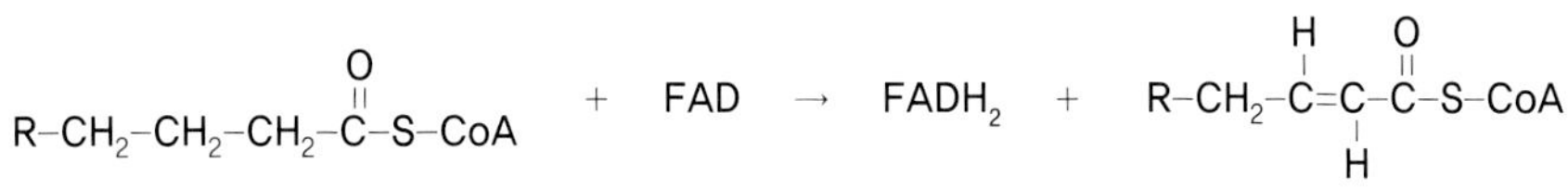

acyl-CoA(C_n) trans-Δ^2-enoyl-CoA

❷ 수화반응

트랜스-Δ^2-엔오일-CoA는 엔오일-CoA 수화효소(enoyl-CoA hydratase)에 의해 탄소-탄소 이중결합에 물 분자가 첨가되면서 왼쪽에 하이드록시기(OH)가 있는 L-β-하이드록시아실-CoA(L-β-hydroxyacyl-CoA)가 된다.

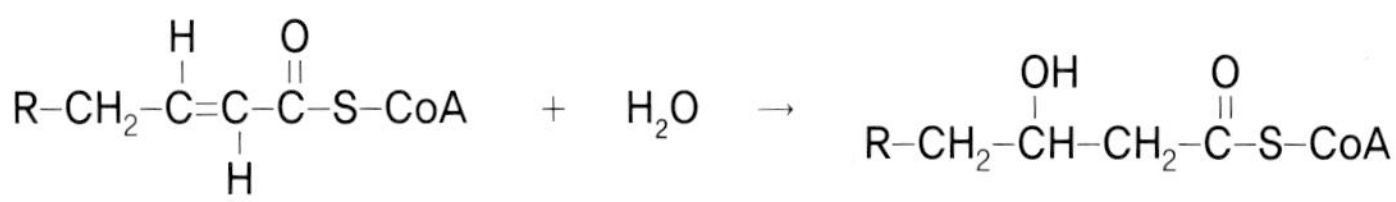

trans-Δ^2-enoyl-CoA L-β-hydroxyacyl-CoA

❸ NAD^+에 의한 산화반응

β-하이드록시아실-CoA는 β-하이드록시아실-CoA 탈수소효소(β-hydroxyacyl-CoA dehydrogenase)에 의해 탈수소반응이 일어나 β-케토아실-CoA(β-ketoacyl-CoA)로 되며, NAD^+는 NADH로 환원된다. 이 반응에서 생성된 NADH는 ATP 생성을 위해 전자전달계로 운반된다.

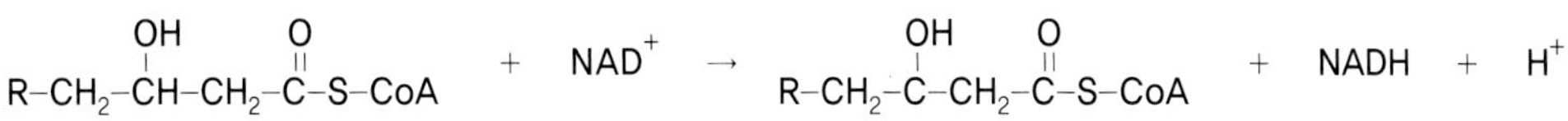

L-β-hydroxyacyl-CoA β-ketoacyl-CoA

❹ CoA에 의한 분해반응

β-케토아실-CoA(β-ketoacyl-CoA)는 티올분해효소인 티오레이스(thiolase)에 의해 분해가 일어난다. 즉, 티오레이스의 티올기(SH)가 β-케토아실-CoA의 β-탄소 케토기에 결합하여 아세틸-CoA 분자가 떨어져 나가고 새로 들어간 CoA의 티올기가 티오레이스의 티올기로 치환되면서 2개의 탄소 수만큼 짧아진 아실-CoA를 형성한다. 생성된 아세틸-CoA는 ATP 생성을 위해 TCA 회로로 들어간다.

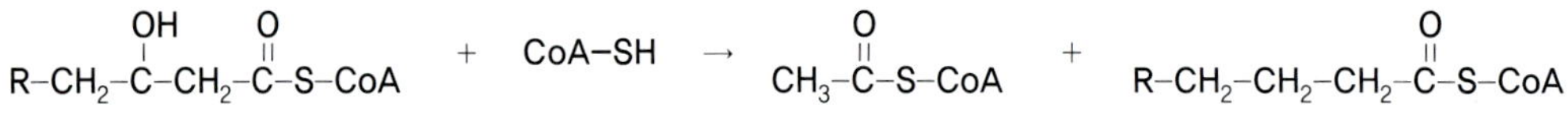

β-ketoacyl-CoA　　acetyl-CoA(C_2)　　acyl-CoA(C_{n-2})

(5) 포화지방산의 β-산화

포화지방산이 β-산화를 하기 위해서는 먼저 활성화되어 지방 아실-CoA 분자가 된 후 카르니틴을 통해 세포질에서 미토콘드리아 안으로 이동하여야 한다. 지방 아실-CoA 분자는 미토콘드리아 기질에서 β-산화를 통해 탈수소, 수화, 탈수소, 분해 단계를 거쳐 탄소가 2개만큼 짧아진 아실-CoA 분자가 되면서 1분자의 $FADH_2$, NADH, 아세틸-CoA를 생성한다. 포화지방산으로부터 생산된 1분자의 아세틸-CoA 역시 미토콘드리아 기질에 있는 TCA 회로로 들어가 CO_2와 H_2O로 완전 산화되면서 3분자의 NADH, 1분자의 $FADH_2$, 1분자의 GTP를 생성하고 1분자의 NADH와 $FADH_2$는 미토콘드리아 내막의 전자전달계를 통해 각각 2.5, 1.5분자의 ATP를 합성한다. 16개의 탄소를 가진 팔미트산(palmitic acid, 16:0) 1분자는 β-산화 과정을 7회 하므로 모두 7분자의 $FADH_2$, NADH와 8분자의 아세틸-CoA를 생성하여 모두 108 ATP를 생성하지만 팔미트산이 팔미토일-CoA(palmitoyl-CoA)로 활성화되는 데 사용한 2분자의 ATP를 빼면 실제 1분자의 팔미트산이 완전 산화되었을 때 생산되는 ATP 분자 수는 106개이다. 마찬가지로 탄소 18개의 스테아르산(stearic acid, 18:0) 1분자는 β-산화 과정을 8회 하므로 모두 8분자의 $FADH_2$, NADH와 9분자의 아세틸-CoA를 생성하고 스테아르산이 스테아로일-CoA(stearoyl-CoA)로 활성화되는 데 사용한 2분자의 ATP를 빼면 스테아르산이 완전 산화되었을 때 생산되는 ATP 분자 수는 120개이다. 한편, 철새는 지방산 산화로 얻은 에너지로 장거리를 이동하며, 낙타와 범고래는 지방산 산화가 대사수분의 중요한 원천으로 팔미트산 1분자가 완전 산화되면 123분자의 물이 생성된다.

〈표 12-2〉 스테아르산(18:0) 1분자의 완전 산화 시 생성되는 ATP 분자

스테아르산이 활성화되는 과정	ATP → AMP	−2 ATP
활성화된 스테아르산이 8회의 β-산화 과정을 거침	8개의 $FADH_2$ 생성(8 × 1.5 ATP) 8개의 NADH 생성(8 × 2.5 ATP) 9개의 아세틸-CoA 생성	12 ATP 20 ATP
9개의 아세틸-CoA가 TCA 회로를 통해 대사됨	9 × 1개의 $FADH_2$ 생성(9 × 1.5 ATP) 9 × 3개의 NADH 생성(27 × 2.5 ATP) 9 × 1개의 GTP 생성	13.5 ATP 67.5 ATP 9 ATP
총 생성되는 에너지		120 ATP

(6) 불포화지방산의 β-산화

불포화지방산의 β-산화에서는 포화지방산에서 일어나지 않는 이성질화효소(isomerase)에 의한 시스-트랜스 이성질화반응(cis-trans isomerization)과 에피머효소(epimerase)에 의한 에피머화 반응(epimerization)이 필요하다. 불포화지방산은 시스 형태의 이중결합과 이중결합의 위치 때문에 β-산화 과정에서 작용하는 엔오일-CoA 수화효소(enoyl-CoA hydratase)의 작용을 받지 못하므로 엔오일-CoA 이성질화효소(enoyl-CoA isomerase)와 3-하이드록시아실-CoA 에피머효소(3-hydoxyacyl-CoA epimerase)의 작용을 받아 β-산화 과정을 진행한다. 2개의 시스-이중결합($\Delta^{9,12}$)을 가진 탄소 18개의 리놀레산(linoleic acid, 18:2)은 리놀레오일-CoA(linoleoyl-CoA)로 활성화된 후 3회의 β-산화 과정을 거쳐 3분자의 아세틸-CoA와 12개 탄소의 불포화지방산의 CoA 에스터를 생성하는데 이 생성물은 엔오일-CoA 수화효소의 기질로 작용할 수 없어 시스-이중결합은 엔오일-CoA 이성질화효소에 의해 트랜스-엔오일-CoA로 전환된 다음, β-산화 과정을 거쳐 2분자의 아세틸-CoA와 시스-이중결합을 갖는 8개 탄소의 불포화지방산 아실-CoA를 생성한다. 이 생성물은 다시 엔오일-CoA 수화효소의 작용을 받지만, L-형이 아닌 D-형의 D-3-하이드록시아실-CoA(D-3-hydroxyacyl-CoA)를 생성하기 때문에 3-하이드록시아실-CoA 에피머효소가 작용하여 L-3-하이드록시아실-CoA(L-3-hydroxyacyl-CoA)로 전환한다. 2개의 이중결합을 가진 리놀레산 1분자는 β-산화 과정을 8회 하므로 6분자의 $FADH_2$, 8분자의 NADH와 9분자의 아세틸-CoA를 생성하고 리놀레산이 리놀레오일-CoA로 활성화되는 데 사용한 2분자의 ATP를 빼면 리놀레산이 완전 산화되었을 때 생산되는 ATP 분자 수는 117개이다. 불포화지방산이 β-산화를 하면 원래

가지고 있던 이중결합 때문에 아실-CoA 탈수소효소 단계를 거치지 않으므로 $FADH_2$가 생성되지 않는다. 즉, 이중결합 1개당 1개의 $FADH_2$가 감소되어 포화지방산에 비해 ATP도 1.5분자가 감소된다. 마찬가지로, 올레산(oleic acid, 18:1) 1분자는 β-산화 과정을 8회 하므로 7분자의 $FADH_2$, 8분자의 NADH와 9분자의 아세틸-CoA를 생성하여 118.5분자의 ATP를 생산하고 리놀렌산(linolenic acid, 18:3) 1분자도 β-산화 과정을 8회 하므로 5분자의 $FADH_2$, 8분자의 NADH와 9분자의 아세틸-CoA를 생성하여 115.5분자의 ATP를 생산한다.

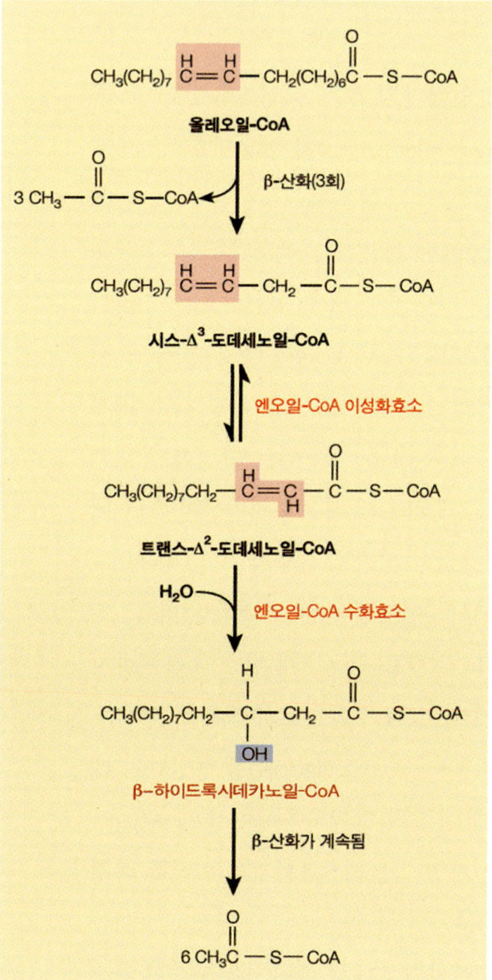

[그림 12-9] 올레산(18:1)의 β-산화

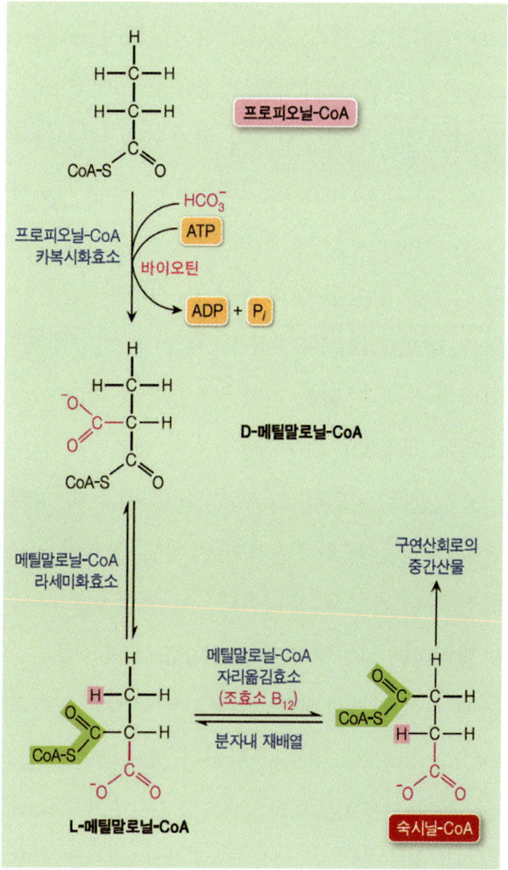

[그림 12-10] 프로피오닐-CoA의 숙시닐-CoA로의 전환

(7) 홀수 지방산의 β-산화

인체나 동물을 포함하여 천연에 존재하는 대부분의 지방산은 짝수 개의 탄소를 갖는 지방산을 함유하고 있지만, 많은 식물이나 해양 생물 그리고 일부 반추동물에서는 홀수 개의 탄소를 갖는 지방산이 존재한다. 홀수 지방산의 β-산화는 포화지방산처럼 정상적으로 수행하다가 최종 생성물은 아세틸-CoA와 프로피오닐-CoA(propionyl-CoA)이다. 아세틸-CoA는 TCA 회로를 거쳐 산화되지만, 함께 생성된 프로피오닐-CoA는 TCA 회로로 들어갈 수 없기 때문에 3단계의 효소 반응을 거쳐 숙시닐-CoA(succinyl-CoA)로 전환되어 TCA 회로로 들어간다. 먼저, 프로피오닐-CoA는 바이오틴(biotin) 함유효소인 프로피오닐-CoA 카복실화효소(propionyl-CoA carboxylase)에 의해서 D-메틸말로닐-CoA(D-methylmalonyl-CoA)로 카르복시화되고 D-메틸말로닐-CoA는 메틸말로닐-CoA 라세미화효소(D-methylmalonyl-CoA racemase)에 의해서 L-메틸말로닐-CoA로 되며, L-메틸말로닐-CoA는 메틸말로닐-CoA 자리옮김효소(D-methylmalonyl-CoA mutase)에 의해 최종적으로 숙시닐-CoA로 전환된다. 메틸말로닐-CoA 자리옮김효소는 조효소로 비타민 B_{12} 유도체인 디옥시아데노실코발라민(5′-deoxyadenosylcobalamin)

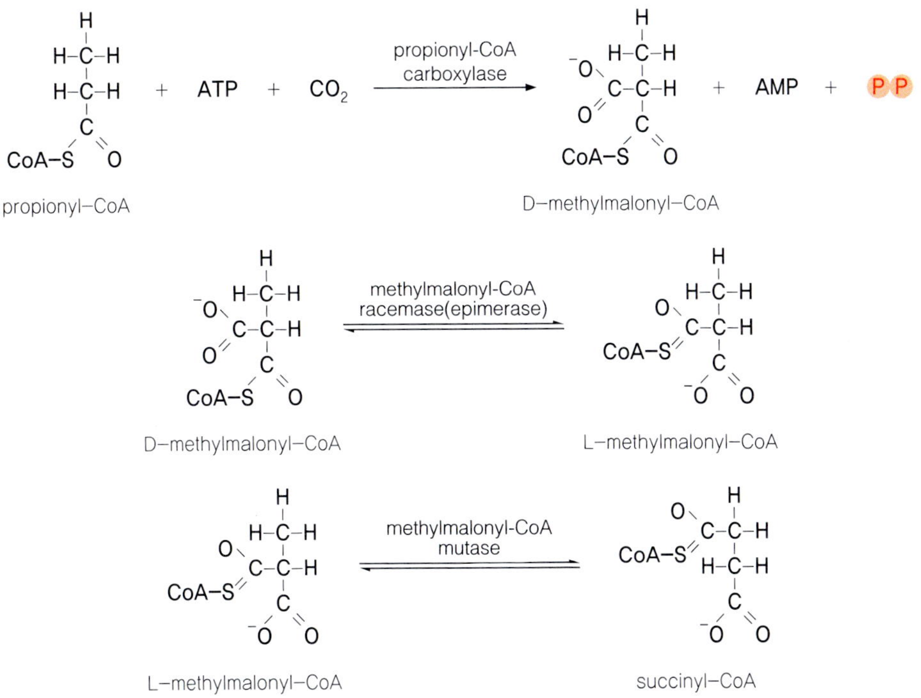

을 사용한다. 프로피오닐-CoA로부터 전환된 숙시닐-CoA는 TCA 회로의 중간물질로 들어가 산화된다.

(8) 고급 지방산과 곁가지 지방산의 β-산화

탄소 22개 이상의 고급 지방산은 먼저 퍼옥시좀(peroxisome)으로 들어가 퍼옥시좀 내의 초고급 지방산 아실-CoA 합성효소(peroxisomal very long acyl-CoA synthetase)에 의해 활성화되고 산화된 후, 탄소 수가 적어진 지방산이 미토콘드리아로 이동하여 β-산화가 일어난다. 퍼옥시좀의 β-산화는 미토콘드리아와는 다르게 아실-CoA가 아실-CoA 탈수소효소(acyl-CoA dehydrogenase)가 아닌 아실-CoA 산화효소(acyl-CoA oxidase)의 작용을 받으며, 수소/전자도 전자전달계로 전달되지 않고 바로 산소에 전달되어 과산화수소가 생성된 후 과산화수소는 카탈레이스(peroxisomal catalase)에 의해 물과 산소로 전환된다.

곁가지 지방산은 퍼옥시좀에서 β-산화와 함께 α-산화가 일어나며, 대표적인 곁가지 지방산인 피탄산(phytanic acid)은 클로로필(chlorophyll)의 대사과정에서 생성되는 물질로 산화되면 2-메틸 프로피오닐-CoA(2-methyl propionyl-CoA, iso-butyryl-CoA), 프로피오닐-CoA, 아세틸-CoA가 생성된다.

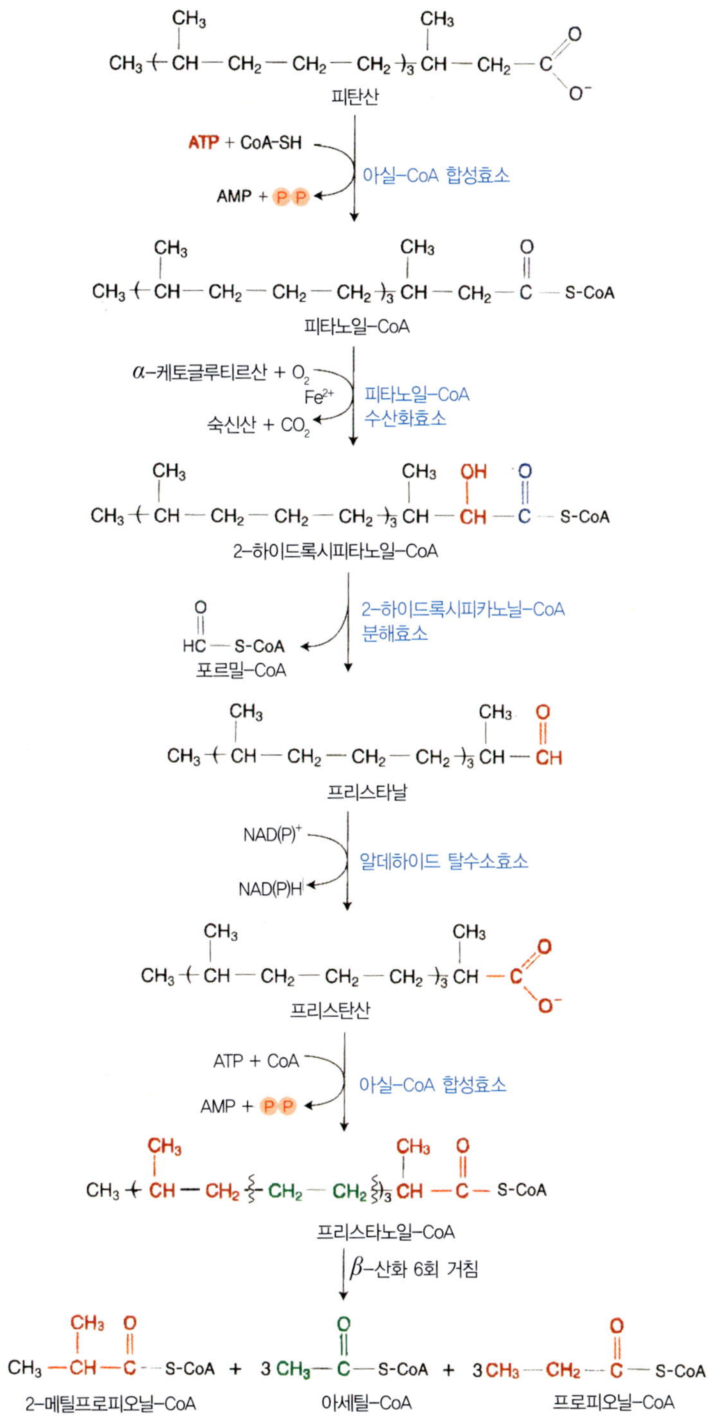

[그림 12-11] 피탄산의 β-산화

(9) β-산화의 조절

β-산화는 혈중 유리지방산의 농도에 의해 조절되며, 혈중 유리지방산의 농도는 호르몬 감수성 리페이스(HSL)의 작용에 의해 생성된 유리지방산의 영향을 받는다. 글루카곤과 에피네프린은 지방조직의 cAMP 농도를 증가시키며, cAMP는 단백질 인산화효소(protein kinase A, PKA)를 활성화하고 PKA는 HSL를 활성화한다. HSL은 지방조직의 지방분해를 촉진시켜 혈중 유리지방산을 증가시켜 간과 근육에서 β-산화를 활성화한다.

지방산 생합성에서 아세틸-CoA 카복실화효소(acetyl-CoA carboxylase, ACC)의 생성물인 말로닐-CoA(malonyl-CoA)는 세포질 내의 농도가 증가하면 미토콘드리아 외막의 카르니틴 아실(팔미토일) 전달효소 I[carnitine acyl(palmitoyl) transferase I, CA(P)T I]을 억제시켜 활성화된 지방산이 세포질에서 미토콘드리아 기질로 들어가는 것을 억제하여 지방산의 β-산화가 감소하게 된다.

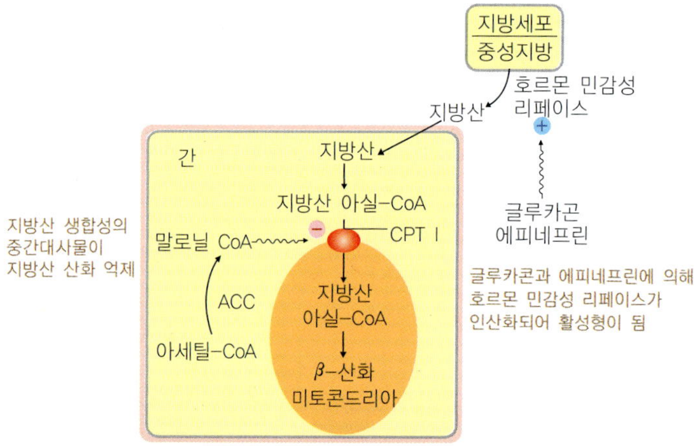

[그림 12-12] β-산화의 조절

2) 지방산 생합성

인체의 지방산 생합성(fatty acid biosynthesis)은 간과 지방조직에서 주로 탄수화물을 과잉 섭취할 때 일어난다. ATP 생성에 사용될 필요가 없는 과잉의 포도당은 처음에는 글리코젠으로 저장되지만 간과 근육에서는 제한된 양의 글리코젠만 저장할 수 있어 저장이 한계에 이르면 포도당은 해당과정과 피루브산 탈수소효소 복합체(PDC)에 의해 아세틸-CoA로 분해된다. 이때 생성된 과다한 아세틸-CoA는 지방산 생합성에 이용하게 된다. 지방산 생합성은 단순히 β-산화의 역반응이 아니며, β-산화와는 장소도 다르고 다른 효소계와 보조인자가 사용된다. β-산화는 미토콘드리아 기질에서 일어나지만 생합성은 세포질 내에서 일어나며, β-산화는 조효소로 FAD와 NAD^+를 사용하지만 생합성은 $NADP^+$를 사용하고 아실기 운반체도 β-산화는 CoA이지만, 생합성은 아실기 운반 단백질(acyl carrier protein)인 ACP이다. 〈표 12-3〉에 지방산 합성과 분해의 차이점을 정리하였다.

지방산 생합성은 아세틸-CoA로부터 유래되며, 이러한 아세틸-CoA는 정상적으로 탄수화물이나 지방산이 분해될 때 미토콘드리아에서 형성된다. ATP를 생성할 필요성이 없을 때 아세틸-CoA는 미토콘드리아에서 세포질로 빠져나가지 못하기 때문에, 먼저 시트르산으로 전환된 후에 미토콘드리아에서 빠져나가 세포질로 운반될 수 있으며, 세포질로 나온 시트르산은 시트르산 분해효소(citrate lyase)에 의해 아세틸-CoA와 옥살로아세트산으로 분해된다. 요약하면, 지방산 생합성은 간과 지방 조직의 세포질에서 일어나며, 탄소 2개 단위인 아세틸-CoA로부터 ATP를 소모하여 생성된 탄소 3개의 말로닐-CoA를 통해 연속적인 반응에 의해 지방산 사슬이 탄소 2개씩 연장되는 과정이다.

〈표 12-3〉 β-산화와 지방산 생합성의 비교

특징	β-산화	합성
세포 내 위치	미토콘드리아 기질	세포질
전구물질	지방 아실-CoA	아세틸-CoA와 말로닐-CoA
생성물	아세틸-CoA 단위	팔미트산(C_{16})과 다른 지방산
반복되는 4개의 반응	산화, 수화, 산화, 분해	축합, 환원, 탈수, 환원
기능	2개의 탄소로 된 아실기를 절단	2개의 탄소로 된 아실기를 첨가
효소 구성	지방산의 활성화와 수송에 관련된 4개의 효소	다효소 복합체인 지방산 생성효소
아실 운반체	조효소 A(CoA-SH)	아실-운반단백질(ACP)
조효소	NAD^+, FAD^+	NADPH
활성인자	글루카곤, 저혈당	인슐린, 고혈당
억제인자	말로닐-CoA	긴 사슬 지방 아실-CoA
β-하이드록시아실 형태	L 배열	D 배열
중간물질 제어	기질 가용성	아세틸-CoA 카복시화효소의 다른자리 입체성 제어, 지방산 생성효소의 합성률

β-하이드록시아실 중간물질(β-hydroxyacyl intermediate)

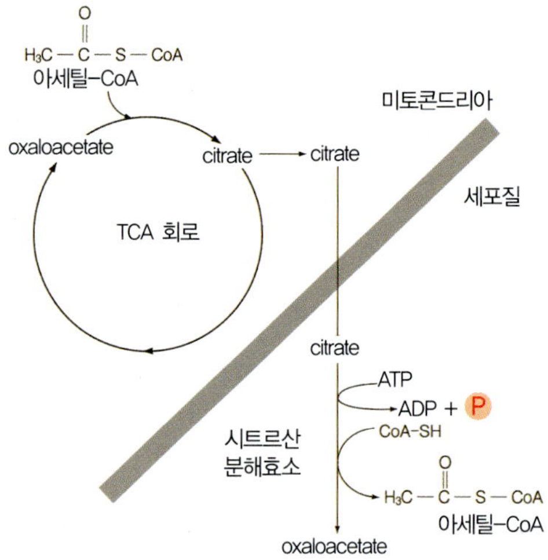

[그림 12-13] 시트르산에 의한 아세틸-CoA의 운반

(1) 말로닐-CoA 합성

지방산 생합성의 첫 번째 단계는 세포질에 있는 아세틸-CoA 카복실화효소(acetyl-CoA carboxylase, ACC)에 의해 아세틸-CoA로부터 말로닐-CoA(malonyl-CoA)를 형성하는 반응이다. 아세틸-CoA 카복실화효소는 바이오틴(biotin)을 필요로 하며, CO_2기가 아세틸-CoA의 메틸기에 첨가되는 탄산화 반응을 촉매한다. 이 반응은 ATP를 소모하고 비가역적이며, 지방산 생합성의 속도 조절 단계로 아세틸-CoA 카복실화효소는 다른자리 입체성 효소로서 시트르산은 촉진적 효과인자이고 지방 아실-CoA는 저해적 효과인자이다.

$$\underset{\text{acetyl-CoA}}{CH_3\text{-}\overset{\overset{\displaystyle O}{\|}}{C}\text{-}S\text{-}CoA} + ATP + CO_2(HCO_3^-) \rightarrow \underset{\text{malonyl-CoA}}{^-OOC\text{-}CH_2\text{-}\overset{\overset{\displaystyle O}{\|}}{C}\text{-}S\text{-}CoA} + \text{Ⓟ}$$

(2) 지방산 합성효소

지방산 생합성의 대부분을 담당하는 지방산 합성효소(fatty acid synthase, FAS)는 세포질 내에 있으며, 두 개의 동일한 폴리펩타이드로 구성된 다중효소 복합체(multienzyme complex)이다. 지방산 합성효소 중심에는 아실 운반 단백질(acyl carrier prorein, ACP)이 있으며, ACP는 지방산 생합성 동안 말로닐기와 다른 지방산 중간체를 운반하는 역할을 한다. 먼저, 아세틸-CoA의 아세틸기는 FAS 내 아세틸-CoA-ACP 아실기 전이효소(아세틸-CoA-ACP transacylase, AT)에 의해 ACP에 전달되어 아세틸-ACP(acetyl-ACP)를 형성한다. 말로닐-CoA의 말로닐기도 말로닐-CoA-ACP 아실기 전이효소(malonyl-CoA-ACP transacylase, MT)에 의해 ACP에 전달되어 말로닐-ACP(malonyl-ACP)를 형성한다. 아세틸-CoA와 말로닐-CoA의 아세틸기와 말로닐기가 ACP에 결합하면 CoA는 세포질 속으로 방출된다.

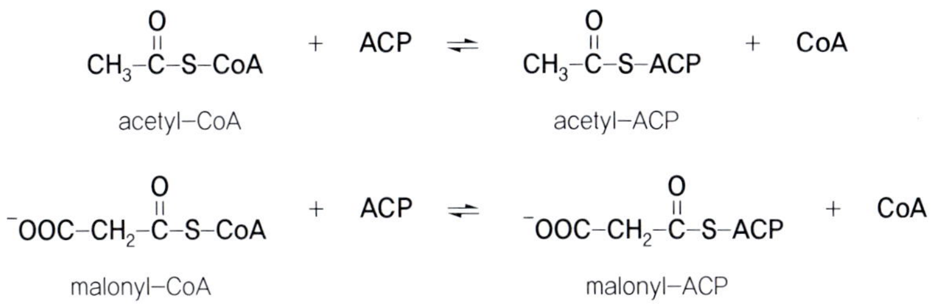

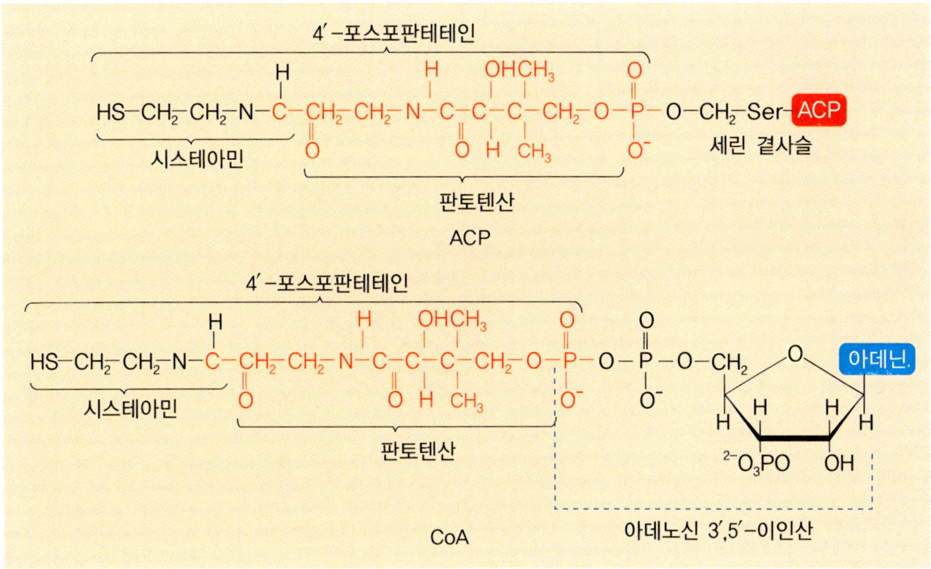

[그림 12-14] ACP와 CoA의 구조

(3) 축합반응과 수소첨가(환원) 반응

일단 지방산 합성효소 복합체에 말로닐과 아세틸기가 결합되면, 아세틸-ACP의 아세틸기가 말로닐-ACP에 전달되는 축합반응이 일어난다. 아세틸-ACP의 아세틸기는 ACP

로부터 β-케토 아실-ACP 합성효소(β-ketoacyl-ACP synthase, KS)의 -SH기에 전달되고 β-케토 아실-ACP 합성효소에 의해 아세틸기는 말로닐-ACP에 전달되어 탄소 4개의 아세토아세틸-ACP(acetoacetyl-ACP)를 생성한다. 이 축합반응에서 방출되는 유리 카복실기는 아세틸-CoA 카복실화효소에 의해 아세틸-CoA와 HCO_3^-로부터 생성된 말로닐-CoA의 CO_2로 지방산 생합성 동안 2개의 탄소 단위가 첨가될 때마다 방출된다. 이러한 탈탄산반응(decarboxylation reaction)은 축합반응을 유도함으로써 사슬연장이 된다.

축합반응에서 형성된 아세토아세틸-ACP는 β-케토 아실-ACP 환원효소(β-ketoacyl-ACP reductase, KR)에 의해 β-하이드록시부티릴-ACP(β-hydroxybutyryl-ACP)로 환원되며, 이 환원반응에서 수소/전자 공여체는 조효소로 NADPH(nicotinamide adenine dinucleotide phosphate)를 사용한다. β-하이드록시부티릴-ACP는 β-하이드록시아실-ACP 탈수효소(β-hydroxyacyl-ACP dehydrase)에 의해 탈수되어 트랜스 이중결합 형태의 부텐오일-ACP(trans-butenoyl-ACP)를 형성한다. 트랜스-부텐오일-ACP는 엔오일-ACP 환원효소(enoyl-ACP reductase, ER)에 의해 부티릴-ACP(butyryl-ACP)로 환원되며, 이 반응에서도 조효소로 NADPH를 사용한다.

acetyl-ACP malonyl-ACP acetoacetyl-ACP

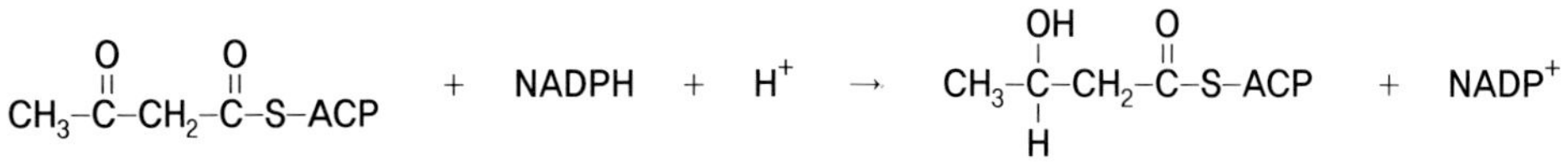

acetoacetyl-ACP β-hydroxybutyryl-ACP

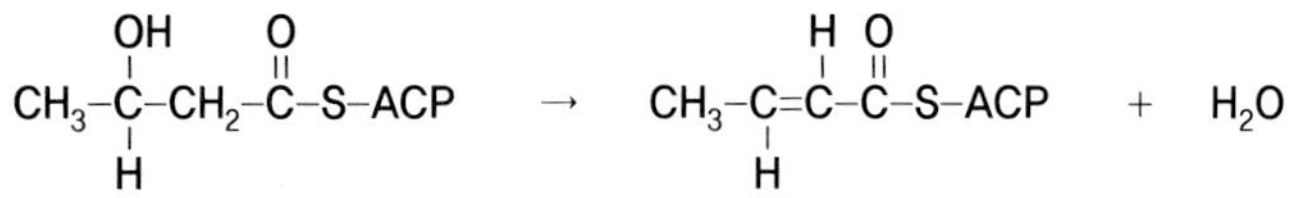

β-hydroxybutyryl-ACP trans-butenoyl-ACP

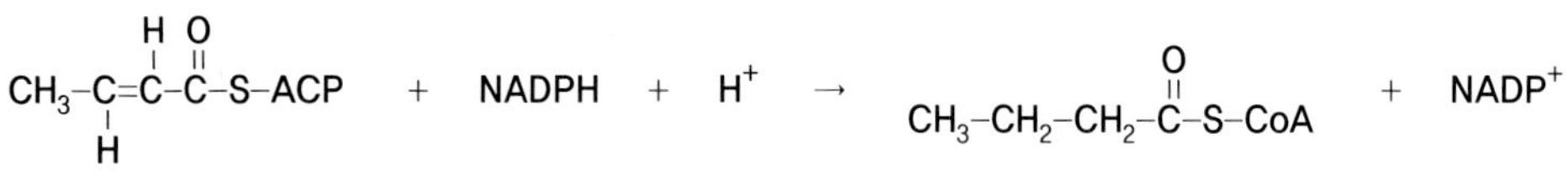

trans-butenoyl-ACP butyryl-ACP

(4) 사슬의 연장

아세틸-CoA로 시작했던 지방산 생합성은 1회 후 탄소 4개의 부티릴-ACP를 형성하여 탄소 2개 단위가 연장되었으며, 다시 아세틸-CoA로부터 축합, 환원, 탈수, 환원반응이 일어나면 탄소 6개의 아실-ACP를 형성하여 탄소 4개 단위가 연장된다. 이러한 지방산 생합성은 지방산 사슬이 16개의 탄소 수가 될 때까지 연장되며, 16개의 탄소사슬이 형성되면, 지방산은 복합체에서 떨어져나와 팔미트산(palmitate)이 되며, 더 긴 사슬이나 불포화지방산의 형성은 추가적인 반응 단계가 필요하다. 아세틸-CoA로부터 팔미트산을 생합성하기 위해서는 지방산 생합성이 7회가 일어나야 하고 지방산 생합성 1회마다 1분자의 ATP와 2분자의 NADPH를 사용하므로 8분자의 아세틸-CoA, 7분자의 ATP와 14분자의 NADPH가 필요하다. 아세틸-CoA로부터 말로닐-ACP를 통해 팔미트산을 생합성하는 전체 반응식은 다음과 같다.

$$\text{8 acetyl-CoA} + \text{7 ATP} + \text{14 NADPH} + H^+$$
$$\rightarrow \text{palimitate} + \text{14 NADP}^+ + \text{8 CoA} + 6\ H_2O + \text{7 ADP} + 7\ \text{P}$$

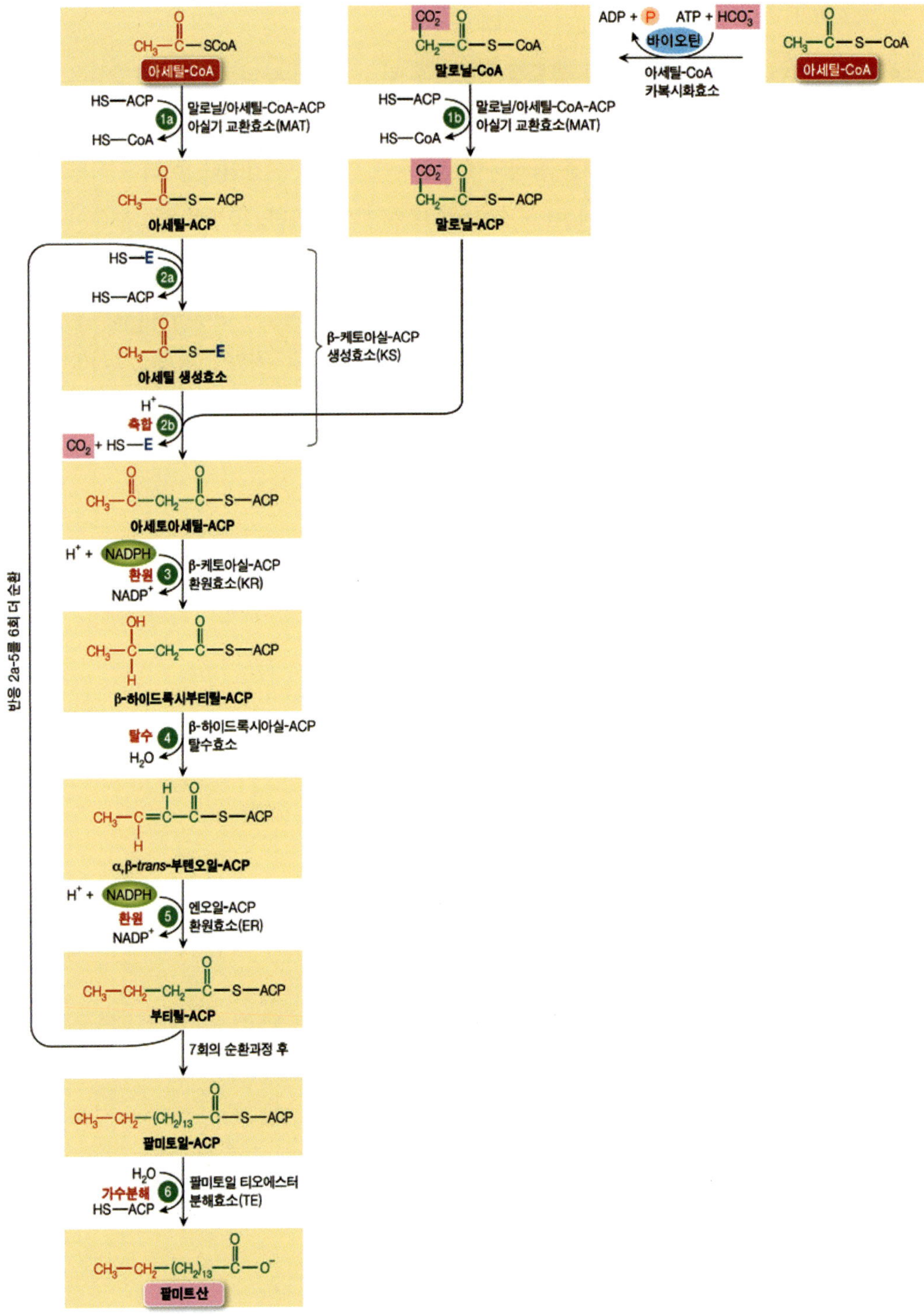

[그림 12-15] 지방산 생합성의 반응

(5) 지방산 사슬의 연장과 불포화지방산의 합성

❶ 지방산 사슬의 연장

세포질에서 지방산 합성효소(FAS)에 의한 합성은 탄소 16개의 팔미트산(16:0)까지이며, 팔미트산보다 길이가 더 긴 지방산은 소포체와 미토콘드리아에서 지방산 연장계(fatty acid elongation system)의 장쇄화효소(elongase) 작용을 통해 합성된다. 이 반응은 아실-CoA의 카복실기에 2개의 탄소 단위를 첨가하여 일어나는데, 소포체에서는 말로닐-CoA로부터 탄소를 공급하여 지방산 생합성과 유사하지만, 미토콘드리아에서는 아세틸-CoA로부터 직접 탄소를 공급하여 지방산의 β-산화 반대 과정과 비슷하다.

❷ 불포화지방산의 합성

팔미트산은 탄소 18개의 포화지방산인 스테아르산(stearic acid, 18:0)뿐만 아니라 탄소 18개의 불포화지방산인 올레산(oleic acid, 18:1)의 전구물질이다. 불포화지방산은 소포체에서 지방산 아실-CoA 불포화효소(fatty acyl-CoA desaturase)에 의해 포화지방산에 이중결합을 도입하여 생성된다. 지방산 아실-CoA 불포화효소는 비헴철(non-heme iron)을 가진 막효소로 전자전달계와 관련 있다. 올레산은 스테아르산에 특이적으로 Δ^9 위치에 이중결합을 도입하는 Δ^9-지방산 아실-CoA 불포화효소(Δ^9-fatty acyl-CoA desaturase)에 의해 스테아로일-CoA(stearoyl-CoA)가 올레오일-CoA(oleoyl-CoA)로 전환되어 생성된다. 이 불포화 반응에는 O_2와 NADH 그리고 산화적 인산화와는 무관한 사이토크롬 b_5(cytochrome b_5) 및 사이토크롬 b_5 환원효소(cytochrome b_5 redutase)가 필요하다.

인체를 포함한 모든 포유동물은 Δ^9(지방산의 카복실기부터 C9) 위치 이후에는 이중결합을 도입할 수 없어 사슬의 연장과 불포화 과정을 통해 ω-9(oleic acid) 계열의 불포화지방산은 합성할 수 있지만 리놀레산($\Delta^{9,12}$) 및 아라키돈산(arachidonic acid, 20:4, $\Delta^{5,8,11,14}$)과 같은 ω-6 계열이나 리놀렌산($\Delta^{9,12,15}$)과 같은 ω-3 계열의 지방산은 합성할 수 없다. 따라서, 포유동물은 ω-6 및 ω-3 계열의 리놀레산 및 리놀렌산을 합성할 수 없으므로 이들을 섭취하거나 식이로부터 공급하는 지방산을 필수 지방산(essential fatty acid)이라 한다.

리놀레산은 γ-리놀렌산을 거쳐 아라키돈산으로 변환될 수 있으며, 아라키돈산은 다양한 생리적 기능을 수행하는 프로스타글란딘(prostagladin, PG), 트롬복산(thromboxane, TX), 류코트리엔(leukotriene, LK) 등 아이코사노이드(eicosanoid)의 전구물질이다.

(6) 지방산 생합성의 조절

아세틸-CoA 카복실화효소(ACC)는 지방산 생합성에서 속도 조절 단계로 다른자리 입체성 효소이다. 시트르산(구연산)은 ACC의 촉진인자로 ACC의 최대 반응 속도를 증가시키고 ACC의 중합체 형성을 촉진하며, 미토콘드리아 내의 아세틸-CoA가 증가하면 세포질 내의 시트르산도 증가하여 지방산 생합성이 증가한다. 지방 아실-CoA는 지방산 생합성의 생성물로 ACC의 활성을 억제하는 저해인자이다.

ACC는 인산화에 의해 억제되고 탈인산화에 의해 활성화된다. ACC의 인산화는 글루카곤과 에피네프린에 의해 일어나며, 글루카곤과 에피네프린은 단백질 인산화효소(PKA)를 활성화하여 ACC를 불활성화시킨다. 반면, ACC의 탈인산화는 인슐린에 의해 일어나며, 인슐린은 단백질 인산화효소(PKA)를 불활성화하여 ACC를 활성화시킨다.

(7) 트리아실글리세롤 생합성

체내에서 합성된 지방산은 저장을 위해 트리아실글리세롤(triacylglycerol)의 구성 성분으로 전환되며, 트리아실글리세롤은 저장 에너지원 중에서 가장 높은 에너지양을 가지고 있으며, 지방조직에 저장된다. 트리아실글리세롤은 지방산 아실-CoA와 글리세롤-3-인산(glycerol-3-phosphate)으로부터 합성된다. 글리세롤-3-인산은 글리세롤-3-인산 탈수소효소(glycerol-3-phosphate dehydrogenase)에 의해 해당과정 중간체인 다이하이드록시아세톤인산(dihydroxyacetone phosphate, DHAP)으로부터 생성되거나 글리세롤 인산화효소(glycerol kinase)에 의해 글리세롤이 인산화되어 생성된다. 아실-CoA 합성효소(acyl-CoA synthetase)에 의해 지방산으로부터 형성된 2분자의 지방산 아실-CoA는 글리세롤-3-인산 아실기 전달효소(glycerol-3-phosphate acyltransferase)에 의해 아실기 2분자를 글리세롤-3-인산에 전달하여 다이아실글리세롤-3-인산(diacylglycerol-3-phosphate)인 포스파티드산(phosphatic acid)을 합성한다. 인지질의 전구물질인 포스파티드산은 포스파티드산 인산분해효소(phosphatic acid phosphatase)에 의해 가수분해되어 다이아실글리세롤(1,2-diacylglycerol)로 되고, 다이아실글리세롤은 다이아실글리세롤 아실기 전달효소(diacylglycerol acyltransferase)에 의해 트리아실글리세롤로 전환된다.

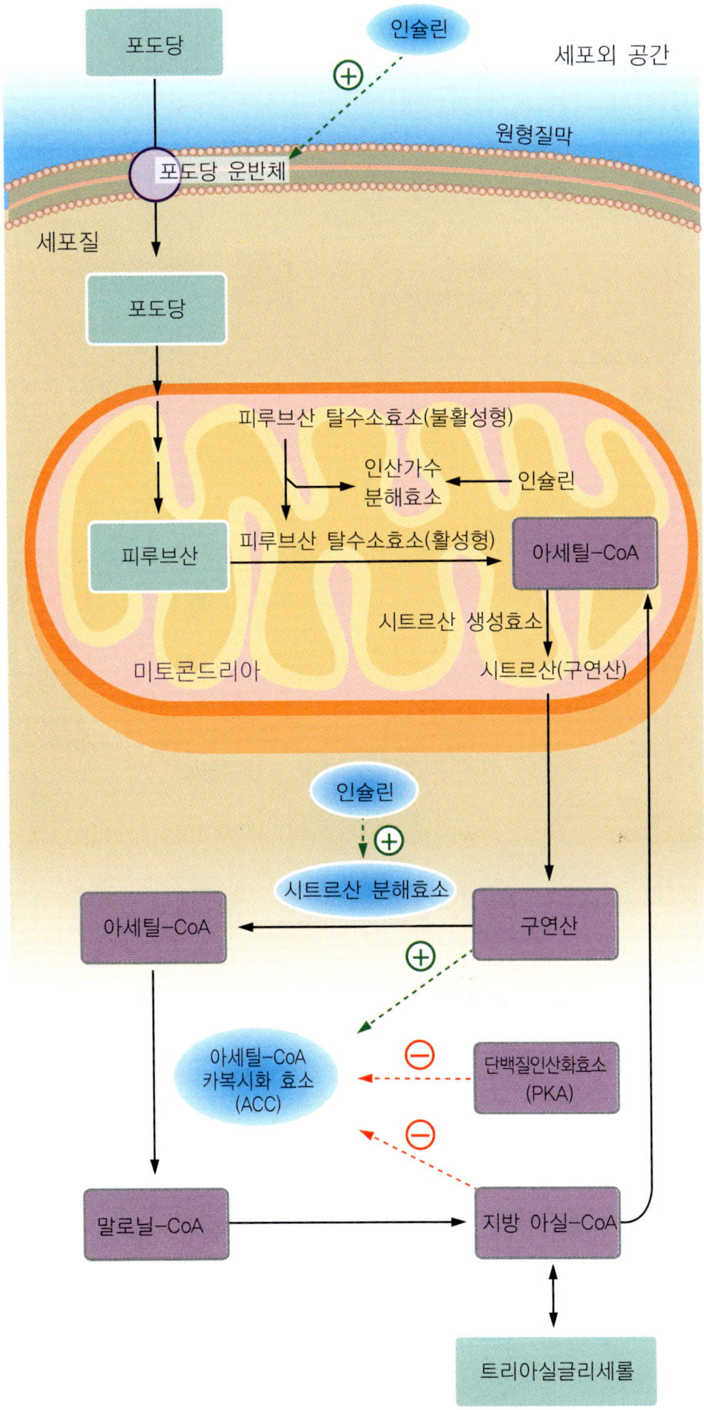

[그림 12-16] 지방산 대사의 조절

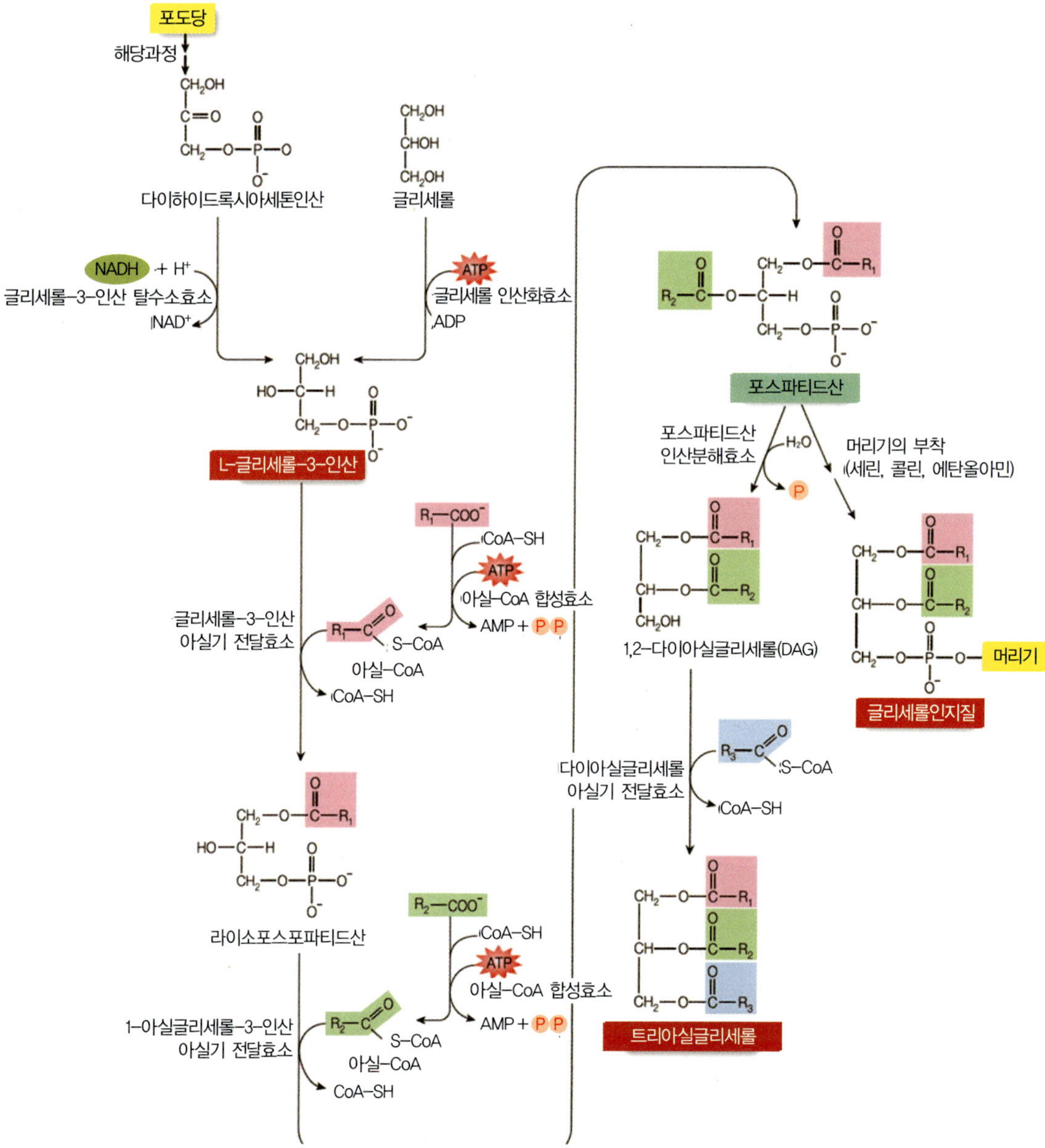

[그림 12-17] 트리아실글리세롤의 생합성

4. 복합지질 대사

1) 인지질 대사

인지질(phospholipid)인 글리세롤인지질(glycerophospholipid)은 글리세롤 인산(glycerol phosphate)의 지방산 에스터(ester) 구조로 글리세롤이 인산화 및 아실화되어 합성된다. 글리세롤인지질은 포스파티드산을 모체로 하는 양친매성(amphipathic) 구조로 가장 풍부한 막지질이다. 글리세롤인지질의 종류로는 포스파티딜 콜린(phosphatidyl choline, lecithin), 포스파티딜 에탄올아민(phosphatidyl ethanolamine, cephalin), 포스파티딜 세린(phosphatidyl serine), 포스파티딜 이노시톨(phosphatidyl inositol), 카르디오리핀(cardiolipin) 등이 있다.

(1) 인지질 생합성

포스파티딜 에탄올아민의 생합성은 에탄올아민 인산화효소(ethanolamine kinase)에 의해 에탄올아민이 인산화된 포스포에탄올아민(phosphoethanolamine)의 형성으로부터 시작한다. 그다음 포스포에탄올아민은 포스포에탄올아민 시티딜기 전달효소(phosphoethanolamine cytidyltransferase, CTP)에 의해 CDP-에탄올아민과 파이로인산(PP_i)을 형성한 후 마지막으로, CDP-에탄올아민의 포스포에탄올아민 단위가 포스포에탄올아민 전달효소(phosphoethanolamine transferase)에 의해 다이아실글리세롤에 전달되어 포스파티딜 에탄올아민을 생성한다.

포스파티딜 콜린의 생합성은 포스파티딜 에탄올아민의 생합성 과정과 유사하다. 포스파티딜 콜린은 포스파티딜 에탄올아민 메틸기 전달효소(phosphatidyl ethanolamine methyltransferase)에 의해 포스파티딜 에탄올아민으로부터 합성되며, 이 효소는 메틸기 공여체로 S-아데노실메티오닌(S-adenosylmethionine, SAM)을 사용한다.

포스파티딜 세린은 포스파티딜 세린 생성효소(phosphatidyl serine syhthase, PSS)에 의해 포스파티딜 에탄올아민 또는 포스파티딜 콜린으로부터 합성되며, 이 반응에서 세린은 에탄올아민 또는 콜린을 대체한다.

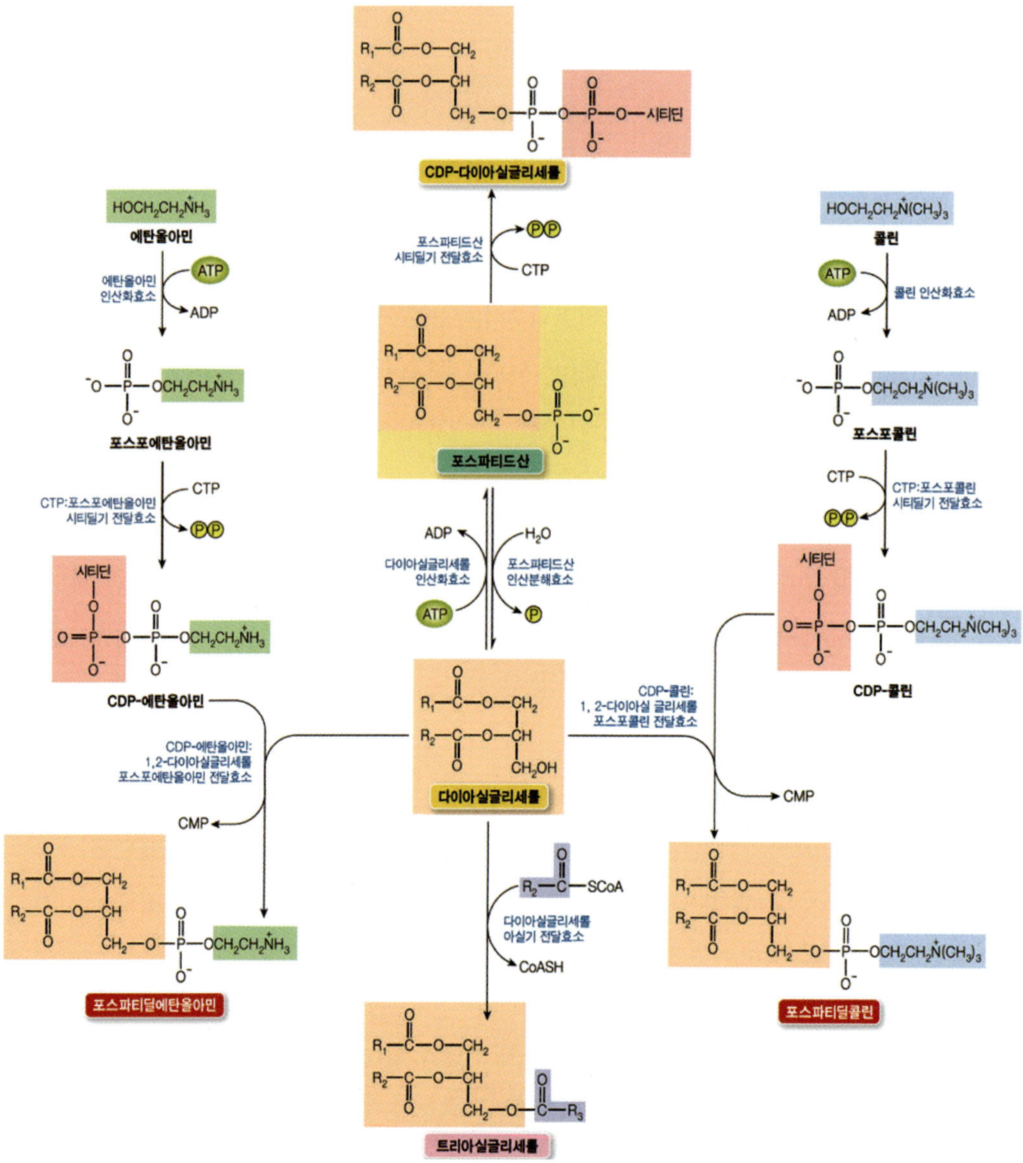

[그림 12-18] 포스파티딜 에탄올아민과 포스파티딜 콜린의 생합성

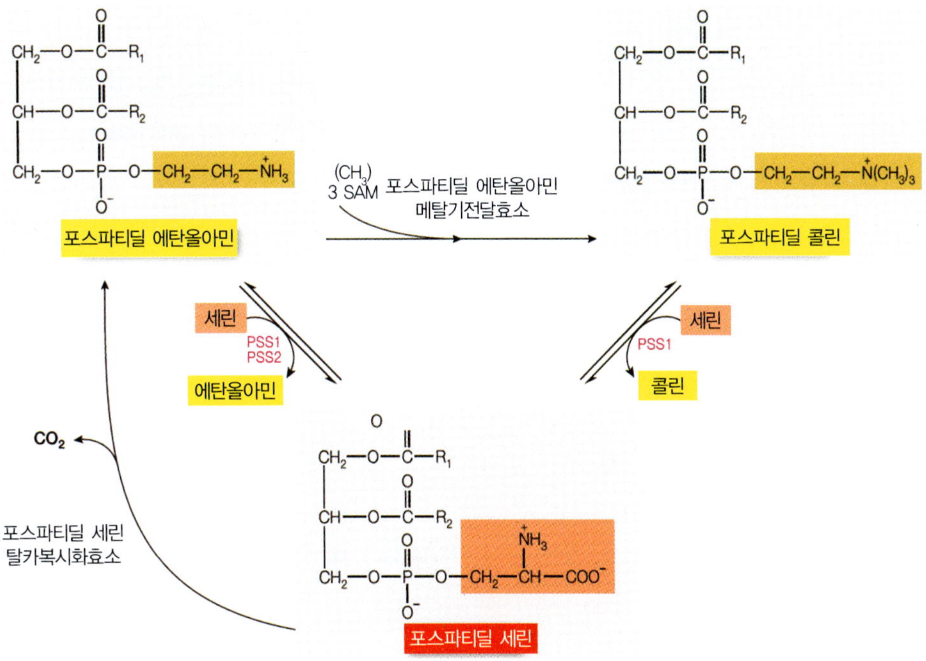

[그림 12-19] 포스파티딜 세린, 포스파티딜 에탄올아민 및 포스파티딜 콜린의 상호 전환

(2) 인지질 분해

인지질은 거의 모든 조직에서 발견되는 포스포라이페이스(phospholipase)에 의해 글리세롤인지질의 포스포다이에스터 결합(phosphodiester bond)을 가수분해하면 분해된다. 포스포라이페이스는 인지질 내에서 가수분해되는 작용 부위에 따라 여러 종류로 나누며, 주요 효소로는 포스포라이페이스 A_1, A_2, C, D 등이 있다. 체내에서는 포스포라이페이스의 작용으로 전령 역할을 하는 다이아실글리세롤, 이노시톨 1,4,5-삼인산(inositol 1,4,5-triphosphate)을 방출한다.

2) 스핑고지질 대사

스핑고지질(sphingolipid)은 대부분 당지질로 글리세롤을 포함하지 않는 지질이고 긴 사슬의 불포화 아미노 알코올인 스핑고신(sphingosine)의 유도체인 세라마이드(ceramide)를 모체로 하며, 막의 주요 성분이다. 스핑고 지질의 종류는 스핑고마이엘린(sphingomyelin), 당지질인 세레브로사이드(cerebroside), 강글리오사이드(ganglioside) 등이 있다.

(1) 스핑고지질 생합성

스핑고지질 생합성은 세린(serine)과 팔미토일-CoA(palmitoyl-CoA)의 축합반응으로 시작한다. 세린과 팔미토일-CoA는 세린팔미토일 전달효소(serine palmitoyltransferase)에 의해 축합되어 3-케토스핑가닌(3-ketosphinganine)을 생성하며, 3-케토스핑가닌은 3-케토스핑가닌 환원효소(3-ketosphinganine reductase)에 의해 스핑가닌(sphinganine)으로 환원된다. 스핑가닌은 아실-CoA 전달효소(acyl-CoA transferase)에 의해 아실기를 전달받아 N-아실스핑가닌(N-acylsphinganine)으로 전환되고 N-아실스핑가닌은 산

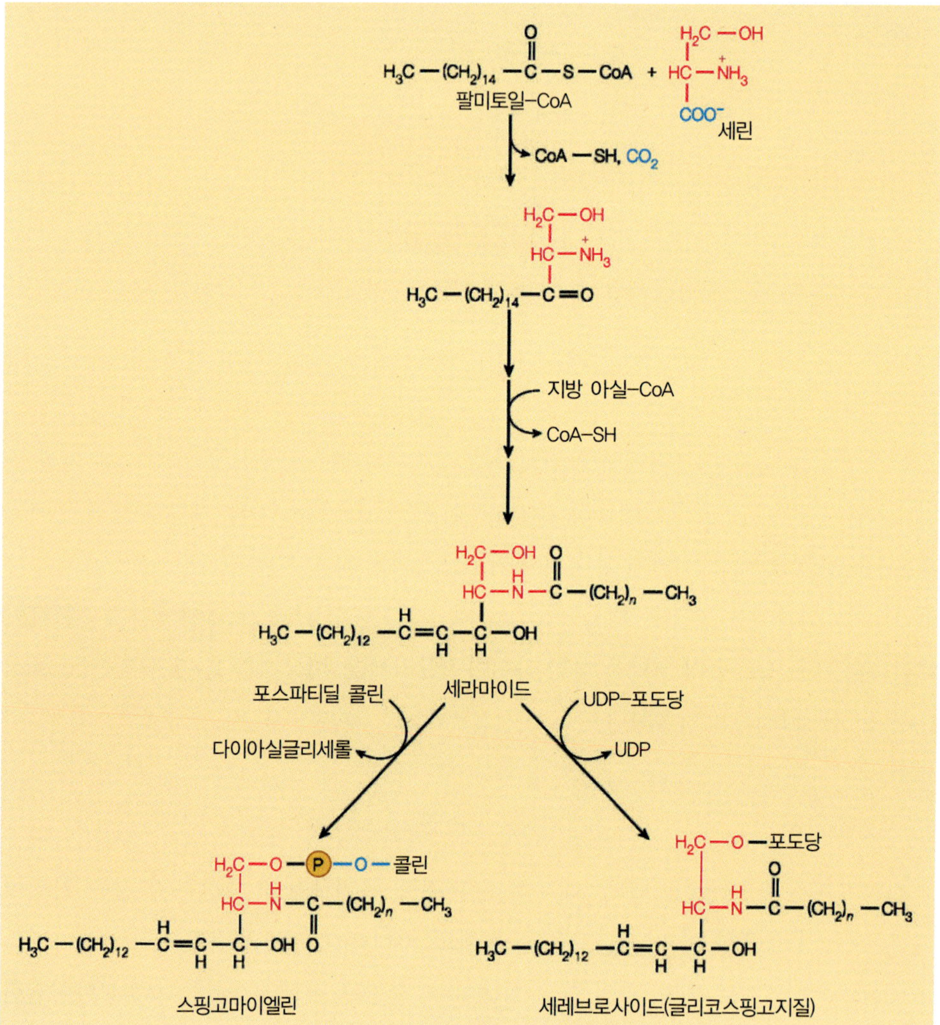

[그림 12-20] 스핑고지질의 생합성

화효소에 의해 N-아실스핑고신인 세라마이드(ceramide)로 전환된다. 세라마이드는 모든 스핑고지질의 기본 골격으로 스핑고마이엘린은 스핑고마이엘린 생성효소(sphingomyelin synthase)에 의해 포스파티딜 콜린의 포스포콜린이 세라마이드로 치환되어 생성된다. 세레브로사이드는 세라마이드 글루코실전달효소(ceramide glucosyltransferase)에 의해 세라마이드에 UDP-포도당과 같은 당뉴클레오타이드(sugar nucleotide)로부터 당 잔기가 전달되어 생성된다.

(2) 스핑고지질 분해

스핑고마이엘린은 스핑고마이엘리네이스(sphingomyelinase)에 의해 포스포콜린이 제거되어 세라마이드로 전환된다. 세라마이드는 세라마이드 분해효소(ceramidase)에 의해 스핑고신과 유리지방산으로 분해된다. 세라마이드와 스핑고신 모두 세포 내 전령으로서 중요한 역할을 하는데, 세라마이드는 스트레스 반응에 관여하며, 스핑고신은 단백질 인산화효소 C(protein kinase C)의 활성을 억제한다.

5. 콜레스테롤 대사

콜레스테롤(cholesterol)은 지방산이 없어 비누화되지 않는 지질(non-saponifiable lipid)로 탄소 27개의 동물조직 스테롤이며, 극성인 세 번째 탄소의 OH기와 나머지는 비극성인 양쪽성물질이다. 콜레스테롤은 모든 동물세포의 세포막 성분이며, 스테로이드 호르몬, 담즙산, 비타민 D 등의 전구물질이다. 인체에서는 정상적으로 하루 1.0~1.5g 정도의 콜레스테롤이 간에서 아세틸-CoA로부터 합성되며, 체내 콜레스테롤의 85%는 세포막을 구성하고 있다. 콜레스테롤은 인지질과 함께 세포막을 형성하는 데 이용되는데 과잉의 콜레스테롤은 오히려 세포막에 이상이 생겨서 동맥경화의 원인이 된다.

1) 콜레스테롤 생합성

콜레스테롤은 주로 간에서 아세틸-CoA를 원료로 하여 생합성되며, 간 이외에도 장점막, 부신, 신장, 난소, 고환 등에서도 합성된다. 콜레스테롤 생합성 경로는 크게 아세틸-CoA로부터 메발론산(mevalonic acid) 합성, 메발론산으로부터 아이소프렌(isoprene) 합성, 아이소프렌으로부터 스쿠알렌(squalene) 합성, 스쿠알렌의 고리화를 통한 콜레스테롤 합성 등 4단계로 구성한다.

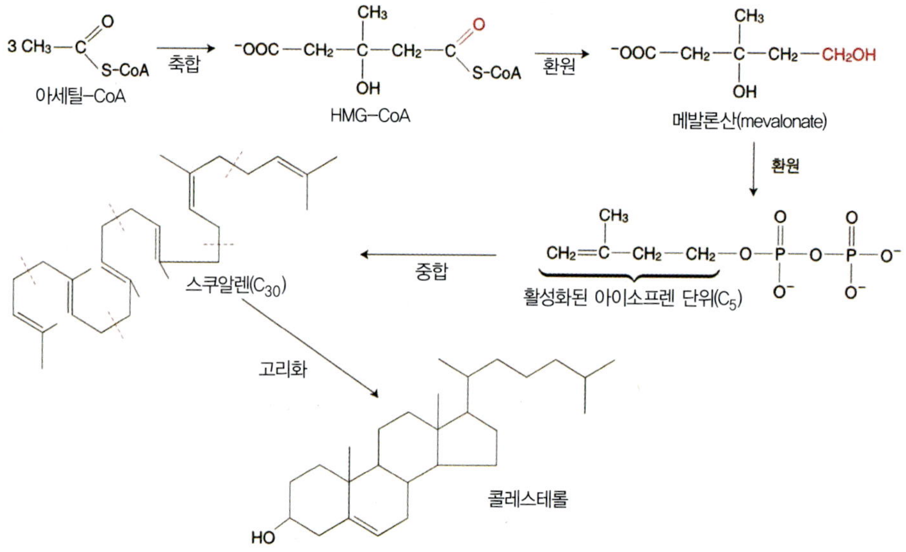

[그림 12-21] 콜레스테롤의 생합성 경로

(1) 아세틸-CoA로부터 메발론산 합성

콜레스테롤 생합성은 2분자의 아세틸-CoA가 축합하여 티올분해효소(thiolase)에 의해 아세토아세틸-CoA(acetoacetyl-CoA)를 형성하는 것으로 시작하며, 아세토아세틸-CoA는 다시 아세틸-CoA와 축합하여 β-하이드록시-β-메틸글루타릴-CoA 합성효소(β-hydroxy-β-methylglutaryl-CoA synthase, HMG-CoA synthase)에 의해 HMG-CoA를 형성한다. HMG-CoA는 HMG-CoA 환원효소(HMG-CoA reductase)에 의해 탄소 6개의 메발론산(mevalonic acid)으로 환원되는데, 이 반응은 NADPH를 조효소로 사용하고 콜레스테롤 생합성의 속도 결정 단계이다. HMG-CoA 환원효소는 콜레스테롤, 담즙산, 메발론산 등에 의해 활성이 조절되며, 체내의 콜레스테롤량이 언제나 일정하게 유지되지만, 콜레스테롤을 과다하게 섭취하여 조절 가능 한계를 넘어서면 혈중 콜레스테롤 농도가 증가하게 된다. 스타딘(stadin)은 HMG-CoA 환원효소의 저해인자로서 고콜레스테롤혈증 치료제로 사용한다.

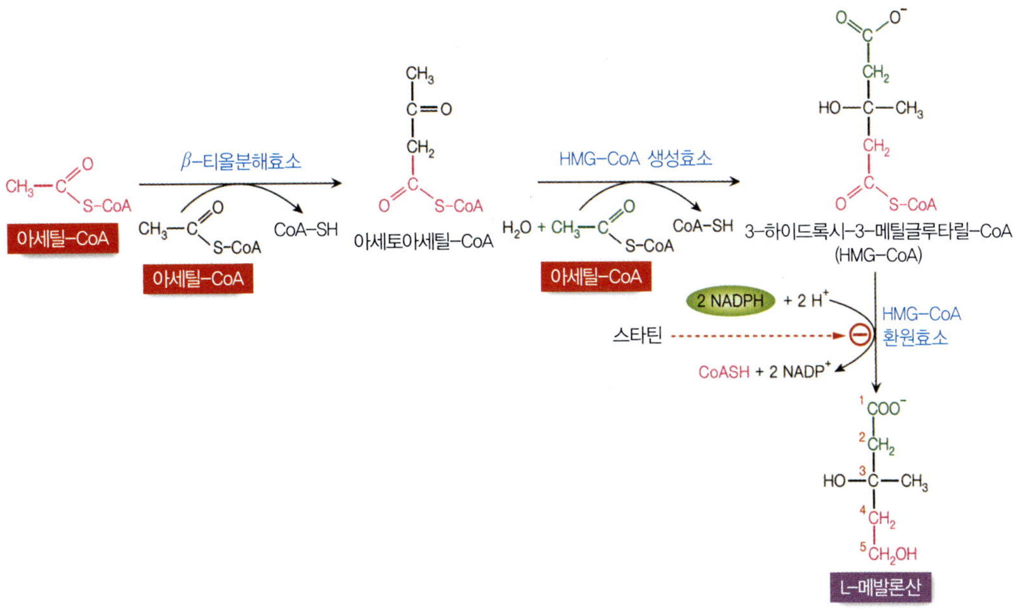

[그림 12-22] 아세틸-CoA로부터 메발론산 합성

(2) 메발론산으로부터 아이소프렌 단위 합성

메발론산은 3개의 ATP를 투입하여 탄소 5개의 아이소프렌(isoprene) 단위로 전환된다. 먼저, 메발론산은 메발론산 인산화효소(mevalonic acid kinase)에 의해 5-포스포메발론산(5-phosphomevalonic acid)으로 인산화되고 5-포스포메발론산은 포스포메발론산 인산화효소(phosphomevalonic acid kinase)에 의해 5-파이로포스포메발론산(5-pyrophosphomevalonic acid)으로 다시 인산화된다. 5-파이로포스포메발론산은 파이로포스포메발론산 탈카복실화효소(pyrophosphomevalonic acid decarboxylase)에 의해 3-아이소펜테닐파이로인산(3-isopentenyl pyrophosphate, IPP)으로 탈카복실화된 후 아이소펜테닐파이로인산 이성질화효소(isopentenyl pyrophosphate isomerase)에 의해 다이메틸알릴파이로인산(dimethylallyl pyrophosphate, DPP)으로 전환된다.

(3) 아이소프렌 단위로부터 스쿠알렌 합성

3-아이소펜테닐파이로인산(IPP)과 다이메틸알릴파이로인산(DPP)은 프레닐기 전달효소(prenyltransferase)에 의해 탄소 10개의 게라닐파이로인산(geranyl pyrophosphate,

GPP)을 합성하고 게라닐파이로인산(GPP)은 다시 프레닐기 전달효소에 의해 3-아이소펜테닐파이로인산(IPP)과 축합하여 탄소 15개의 파네실파이로인산(farnesyl pyrophosphate, FPP)을 합성하고 2분자의 파네실파이로인산(FPP)은 스쿠알렌 합성효소(squalene synthase)에 의해 탄소 30개의 스쿠알렌(squalene)을 합성한다.

(4) 스쿠알렌으로부터 콜레스테롤 합성

스쿠알렌은 산소(O_2)와 NADPH가 참여하여 스쿠알렌 일산화효소(squalene monooxygenase)에 의해 스쿠알렌 2,3-에폭사이드(squalene 2,3-epoxide)로 전환되고 스쿠

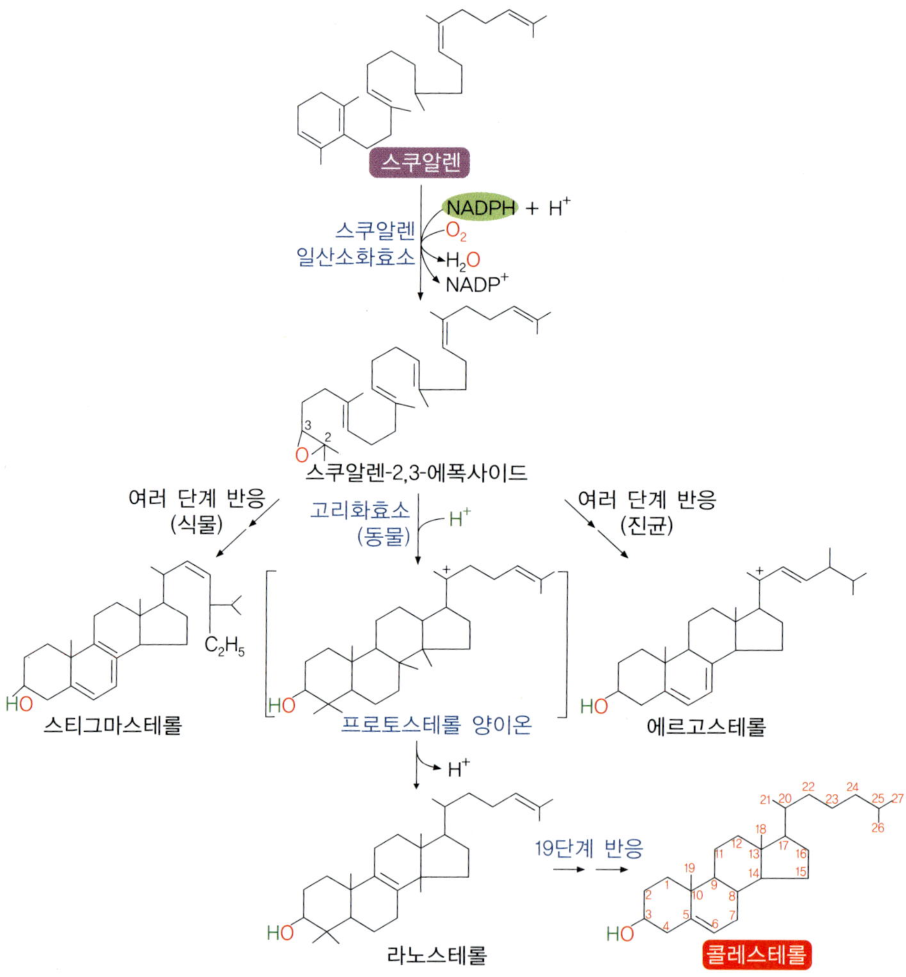

[그림 12-23] 스쿠알렌으로부터 콜레스테롤 합성

알렌 2,3-에폭사이드는 고리화효소(cyclase)에 의해 라노스테롤(lanosterol)로 고리화된다. 라노스테롤은 여러 단계 반응을 거친 후 탄소 27개의 콜레스테롤로 전환된다.

2) 콜레스테롤의 분해

콜레스테롤은 다른 물질과 달리 더 작은 분자로 분해되지 않으며, 콜레스테롤은 대부분 간에서 분해되어 담즙산(cholic acid, bile acid)으로 되고 담즙산은 글라이신(glycine)과 타우린(taurine)과 결합하여 담즙산염인 글라이코 콜산(glycocholic acid)과 타우로콜산(taurocholic acid)으로 각각 전환된다. 담즙산염은 분자 구조 내 극성과 비극성기를 모두 가진 양친매성의 특성으로 지질을 유화시켜 소화와 흡수를 돕는다. 이처럼, 담즙산염을 함유한 담즙은 간에서 생성되어 담관을 통해 담낭에 저장되어 있다가 지질의 소화

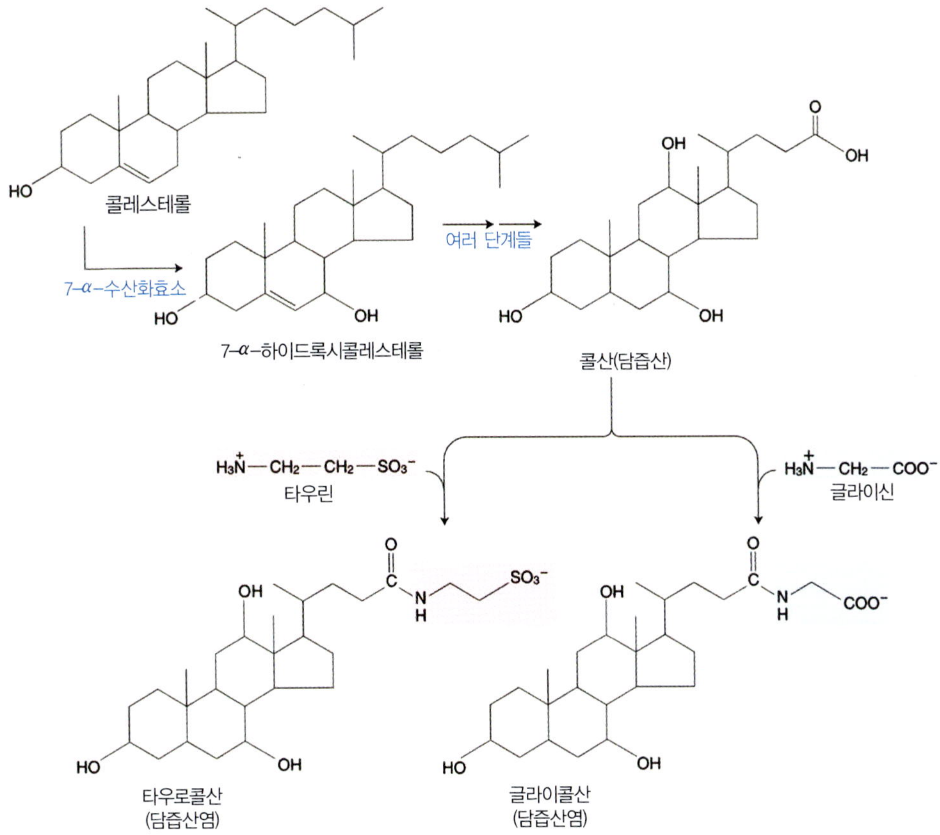

[그림 12-24] 콜레스테롤으로부터 담즙산과 담즙산염의 합성

를 위해 십이지장으로 분비되어 지질을 분산시켜 유지하는 유화제로 작용한다.

콜레스테롤은 스테로이드 호르몬의 전구물질로도 작용하는데 스테로이드 호르몬의 생합성은 콜레스테롤로부터 데스몰레이스(desmolase)와 사이토크롬 P450에 의해 프레그네놀론(pregnenolone)으로 전환된 후 시작된다. 프레그네놀론은 실질적인 모든 스테로이드 호르몬의 전구물질로서 소포체로 운반되어 산화 및 이성질화된 후 프로제스테론(progesterone)으로 전환된다. 프로제스테론은 테스토스테론(testosterone), 에스트라디올(estradiol), 코티솔(cortisol), 알도스테론(aldosterone) 등의 전구물질로 작용한다.

또한, 콜레스테롤은 칼슘과 인대사에 중요한 역할을 하는 비타민 D_3의 전구물질로도 쓰인다. 비타민 D_3의 합성은 먼저, 콜레스테롤이 7-디하이드로콜레스테롤(7-dehydrocholesterol)로 전환되고 7-디하이드로콜레스테롤이 자외선(UV)에 의해 프리비타민 D_3(previtamin D_3)로 광분해된 다음, 비타민 D_3(cholecalciferol)로 이성질화된다.

6. 케톤체 대사

균형 있는 식사를 하는 정상인은 지질과 탄수화물 대사 간 균형을 잘 이루고 있으며, 모든 기관에서 항상 일정한 조절을 받고 있다. 지질과 탄수화물 대사는 밀접한 연관이 있으며, 지질 분해와 탄수화물 분해가 균형을 이루면 아세틸-CoA는 TCA 회로로 들어가지만 지질 분해가 탄수화물 분해보다 우세하면 아세틸-CoA는 케톤체(ketone body)를 생성한다. 케톤체는 기아 또는 단식을 하거나 당뇨병 증상이 있는 경우 간의 미토콘드리아 기질에서 생성된다. 단식 동안에는 탄수화물 섭취가 일어나지 않아, 저장된 글리코겐이 낮아지며 동시에 지질의 분해가 높아진다. 체내에 부족한 포도당 공급을 위해 당신생합성(gluconeogenesis)에 들어간 옥살로아세트산(oxaloacetate, OAA)이 감소되고, 과다한 아세틸-CoA는 TCA 회로에 들어가지 못해 분해할 수 없게 되어, 간에서 과다한 양의 아세틸-CoA는 케톤체를 생성한다. 간에서 생성된 케톤체는 에너지 공급을 위해 분해되어 심장과 근육의 주요 에너지원으로 사용되며, 포도당이 부족할 때는 뇌의 중요한 에너지원 역할도 한다.

1) 케톤체 생성

인체는 단식 또는 당뇨병 증상이 있을 때 뇌의 주요 에너지원인 포도당이 소비되어 옥살로아세트산이 당신생합성에서 사용되면 아세틸-CoA는 TCA 회로에 들어갈 수 없어 아세틸-CoA는 혈액(blood)이나 요(urine)에 축적된다. 이때 축적된 아세틸-CoA를 통해 생성된 아세토아세트산(acetoacetate), *β*-하이드록시부티르산(*β*-hydroxybutyrate), 아세톤(acetone)을 케톤체(ketone bodies)라고 한다.

케톤체 생성(ketogenesis)의 처음 반응은 콜레스테롤 생합성의 반응과 동일하다. 2분자의 아세틸-CoA가 축합하여 티올분해효소(thiolase)에 의해 아세토아세틸-CoA(acetoacetyl-CoA)를 형성하고 아세토아세틸-CoA는 다시 아세틸-CoA와 축합하여 *β*-하이드록시-*β*-메틸글루타릴-CoA 합성효소(*β*-hydroxy-*β*-methylglutaryl-CoA synthase, HMG-CoA synthase)에 의해 HMG-CoA를 형성한다. HMG-CoA는 콜레스테롤 생합성과 케톤체 생성의 중간물질로 작용한다. HMG-CoA는 HMG-CoA 분해효소(HMG-CoA lyase)에 의해 아세토아세트산(acetoacetate)과 아세틸-CoA로 분해된다. 이때 생성된 아세토아세트산은 *β*-하이드록시부티르산 탈수소효소(*β*-hydroxybutyrate dehydrogenase)와 아세토아세트산 탈카복실화효소(acetoacetate decarboxylase)에 의해 각각 *β*-하이드록시부티르산(*β*-hydroxybutyrate)과 아세톤(acetone)으로 전환된다.

2) 케톤체 이용

기아나 단식 등의 비정상적인 상태에서 아세토아세트산과 *β*-하이드록시부티르산은 혈액을 통해 간 이외에 근육, 심장, 뇌 등 다른 조직으로 이동하여 미토콘드리아에서 아세틸-CoA로 분해되어 에너지원으로 작용한다. *β*-하이드록시부티르산은 *β*-하이드록시부티르산 탈수소효소에 의해 아세토아세트산으로 산화되고 아세토아세트산은 *β*-케토아실-CoA 전달효소(*β*-ketoacyl-CoA transferase)에 의해 숙시닐-CoA로부터 온 CoA를 받아 아세토아세틸-CoA로 전환된다. 마지막으로 아세토아세틸-CoA는 티올분해효소에 의해 2분자의 아세틸-CoA로 분해되어 TCA 회로로 들어가 ATP를 생성한다. 특히, 간은 다른 조직과 달리 *β*-케토아실-CoA 전달효소가 없어 케톤체를 에너지원으로 이용하지 못한다.

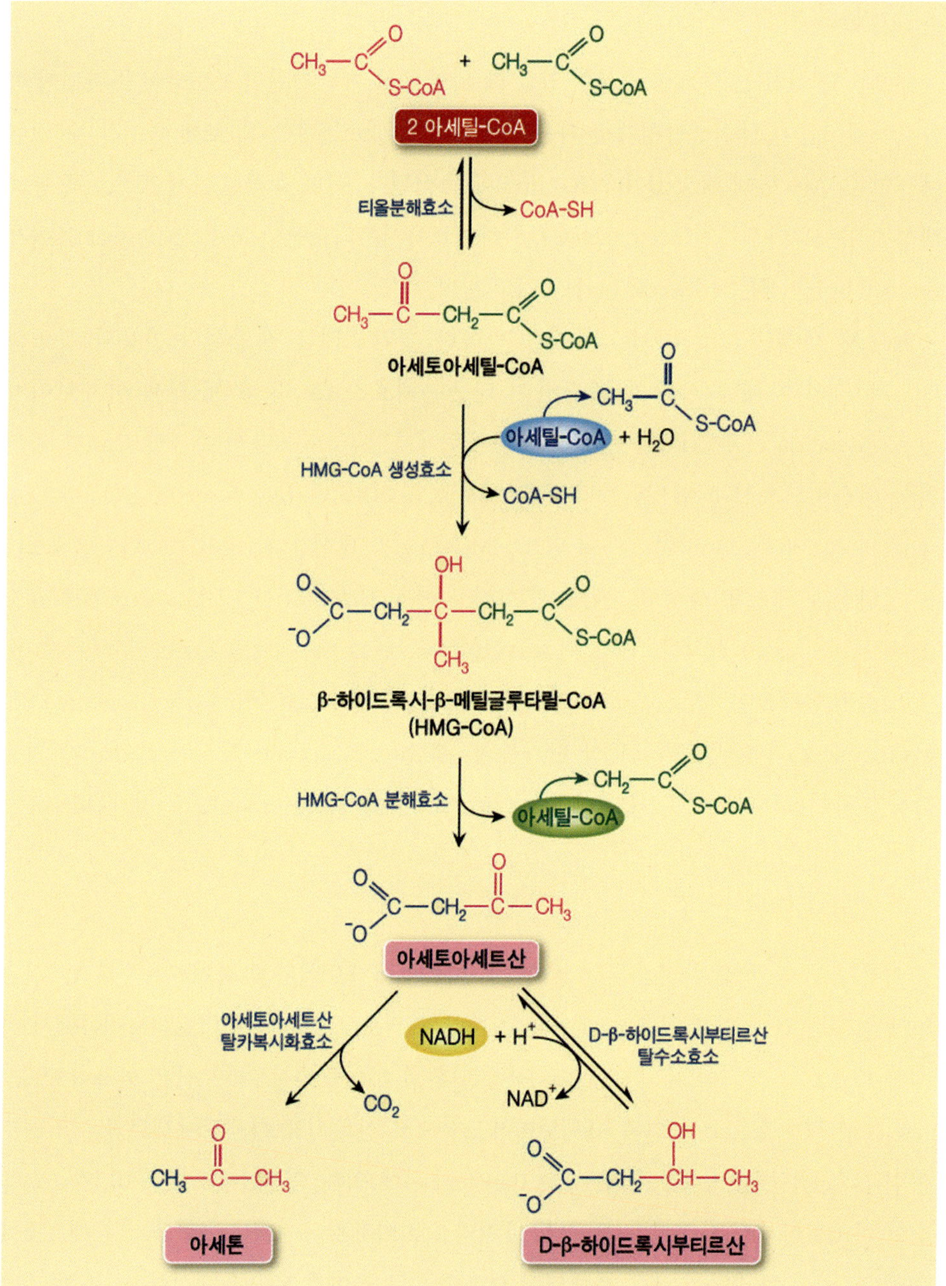

[그림 12-25] 케톤체의 생성 경로

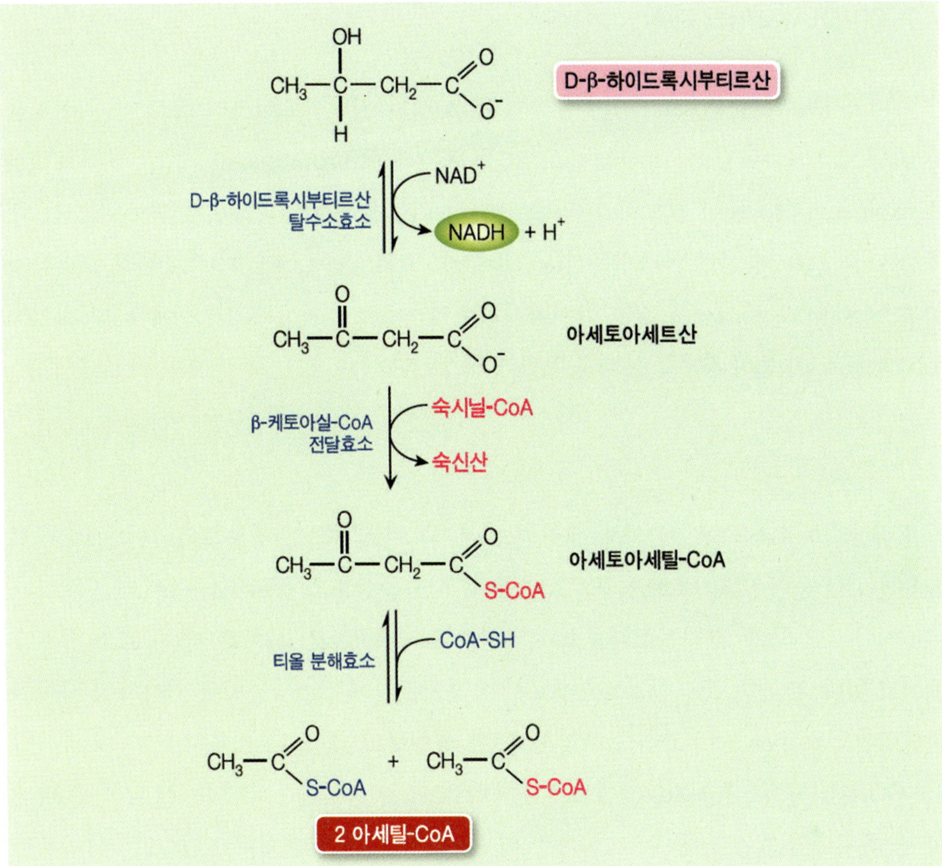

[그림 12-26] 케톤체의 분해

케톤체가 체내 과잉으로 축적되는 상태를 케톤증(ketosis)이라 하며, 과잉의 케톤체 생성으로 혈액 중의 아세토아세트산과 *β*-하이드록시부티르산의 수준이 지나치게 증가되면 혈액의 pH가 낮아지는 산증(acidosis)이 일어난다. 과잉의 케톤체는 소변으로 배설되거나 아세톤으로 분해되어 아세톤 호흡취를 생성하기 때문에 케톤증은 혈액이나 소변 속의 케톤체량을 측정하여 진단한다.

7. 아이코사노이드 대사

아이코사노이드(eicosanoid)는 탄소 수가 20개인 지방산으로부터 유도 생성되는 물질로 프로스타글란딘(prostaglandin, PG), 트롬복산(thromboxane, TX), 류코트리엔(leukotriene, LK) 등이 있으며, 다양한 생리적 기능을 수행한다. 아이코사노이드는 대부분 다불포화지방산인 아라키돈산(arachidonic acid, 20 : 4, $\Delta^{5,8,11,14}$)으로부터 고리산소화효소(cyclooxygenase, COX), 라이폭시지네이스(lipoxygenase, LO), 에폭시지네이스(epoxygenase) 등의 경로를 통해 다양하게 생성된다.

1) 고리산소화효소 경로

고리산소화효소(COX)에 의해 생성되는 아이코사노이드는 프로스타글란딘(PG), 트롬복산(TX) 등이 있고 COX는 프로스타글란딘 H 합성효소(prostaglandin H synthase, PGHS)라고도 하며, 고리산소화효소와 과산화효소(peroxidase)의 두 가지 효소 활성을 가지고 있다. COX는 고리산소화효소로서 아라키돈산에 산소 2분자를 첨가하여 사이클로펜테인(cyclopentane) 고리 구조의 PGG_2를 생성하고 과산화효소로서 PGG_2의 과산화기(-OOH)를 하이드록시기(-OH)로 전환하여 PGH_2를 생성한다. COX는 COX-1, COX-2의 두 가지 동위효소가 있다. COX-1은 대부분 조직에서 발현되며, COX-2는 사이토카인(cytokine), 성장인자(growth factor) 등에 의해 발현된다. COX-1에 의해 생성되는 프로스타글란딘은 위궤양 및 천식 완화, 혈소판 응집, 신장 기능 유지에 필요하며, COX-2에 의해 생성되는 프로스타글란딘은 통증, 발열, 염증 및 혈압 조절에 관여한다. 아스피린(aspirin), 이부프로펜(ibuprofen) 등의 소염제는 COX 작용을 억제시킴으로써 아라키돈산으로부터의 프로스타글란딘의 형성을 억제하여 염증반응을 완화시키고 통증이나 열을 낮춘다.

2) 라이폭시지네이스 경로

라이폭시지네이스(LO)에 의해 생성되는 아이코사노이드는 류코트리엔(LK), 라이폭신(lipoxin) 등이 있으며, LO는 고리 구조가 아닌 이중결합 3개의 직선 구조 아이코사노이드를 생성하고 류코트리엔과 라이폭신은 각각 폐근육 수축 작용과 항염 작용을 한다.

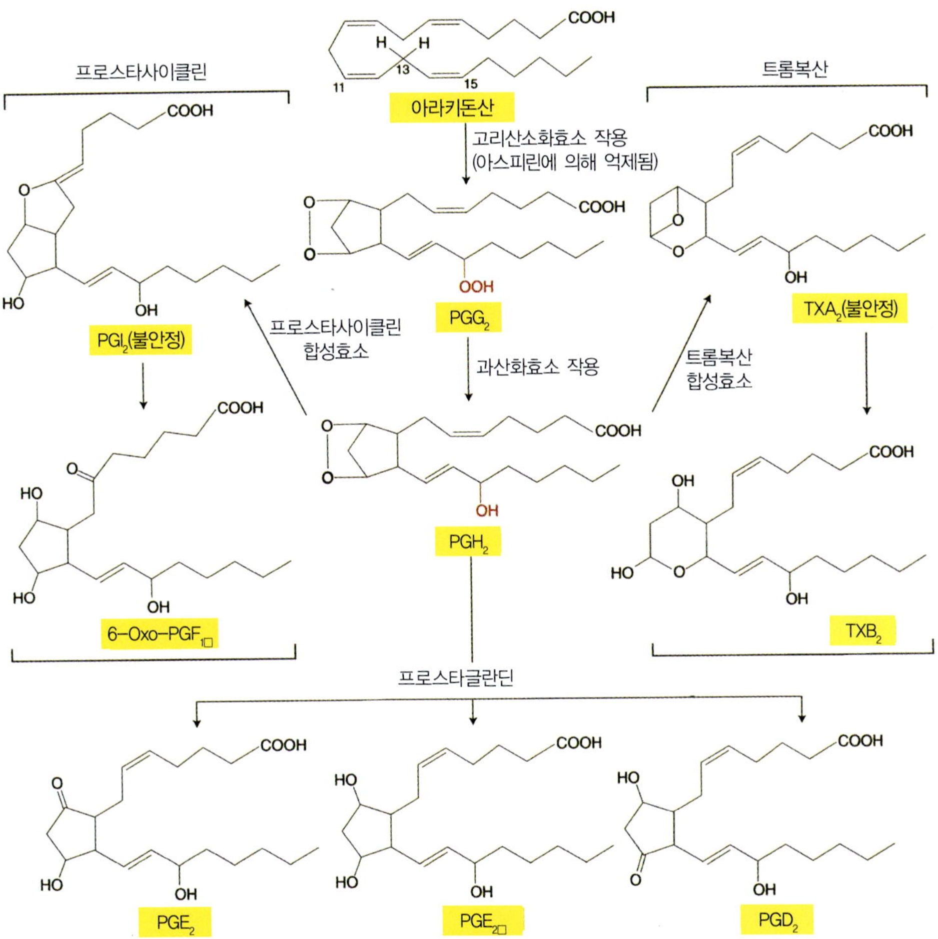

[그림 12-27] 고리산소화효소(COX) 경로에 의한 아이코사노이드의 생성

8. 체지방감소 바이오마커

1) 체지방

체지방(body fat)은 체내에 존재하는 지방으로 크게 피하지방과 내장지방으로 구분한다. 피하지방은 피하조직에 저장되어 있는 지방이고 내장지방은 복강 안쪽의 내장 사이에 저장되어 있는 지방이며, 복부지방은 복부의 내장지방과 피하지방의 총칭이다. 키와 체중을 이용해 비만 정도를 평가하는 체질량지수(Body Mass Index, BMI)는 체중(kg)

을 신장제곱(m^2)으로 나눈 값(kg/m^2)으로 25 이상을 과체중, 30 이상을 비만으로 정의한다. 체지방률은 전체 체중에서 지방 무게가 차지하는 것을 백분율(%)로 표시한 것이며, 남성의 경우 25% 이상, 여성의 경우 30% 이상이면 비만으로 판정한다.

체지방의 과도한 축적 요인으로는 과식, 운동 부족 등의 환경적 요인, 비만 유전자 등의 유전적 요인, 섭식중추와 포만중추 장애나 부신피질 호르몬 과잉 분비 등의 내분비성 요인, 불안과 스트레스에 의한 폭식 등의 정신적 요인 등이 있으며, 이들 요인의 복합적인 작용에 의해서도 일어난다. 비만은 결국 섭취열량과 소모열량의 에너지 불균형으로 발생하는 대사성 질환으로 단순한 체중 증가가 아닌 지방조직의 증가로 정의한다. 과도하게 축적된 체지방을 감소시키면 혈압이 낮아지고 인슐린 저항성이 감소되며, 혈중 지질이 개선된다. 또한, 혈전 생성이 감소되고 각종 염증 지표도 낮아지게 되어 건강에 도움을 주며, 결국 사망률을 낮추는 효과가 있다.

2) 체지방 감소 바이오마커

체지방의 축적을 감소시키는 기전은 지방분해(산화)를 촉진시키거나 지방합성을 저해시키는 기전이다. 체지방 감소 주요 바이오마커는 체지방 축적 지표인 지방합성 관련 효소와 에너지소비 지표인 지방분해 관련 효소, 그리고 에너지 대사 조절 지표인 분비 호르몬 등이 있으며, 주요 호르몬으로는 렙틴, 아디포넥틴, 그렐린 등이 있다.

(1) 지방분해 관련 효소

지방분해 촉진 기전은 지방분해 및 β-산화에 관여하는 관련 효소의 활성을 촉진시켜 체지방을 감소시키는 것이다(그림 12-28).

❶ 아데닐산 고리화효소

아데닐산 고리화효소(adeylate cyclase)는 ATP로부터 cAMP를 합성하는 효소로 지방분해를 촉진하는 효소이다.

❷ cAMP 포스포다이에스터레이스

cAMP 포스포다이에스터레이스(cAMP phosphodiesterase)는 cAMP를 AMP로 분해하는 효소로 이 효소의 활성이 높을수록 지방분해를 저해한다.

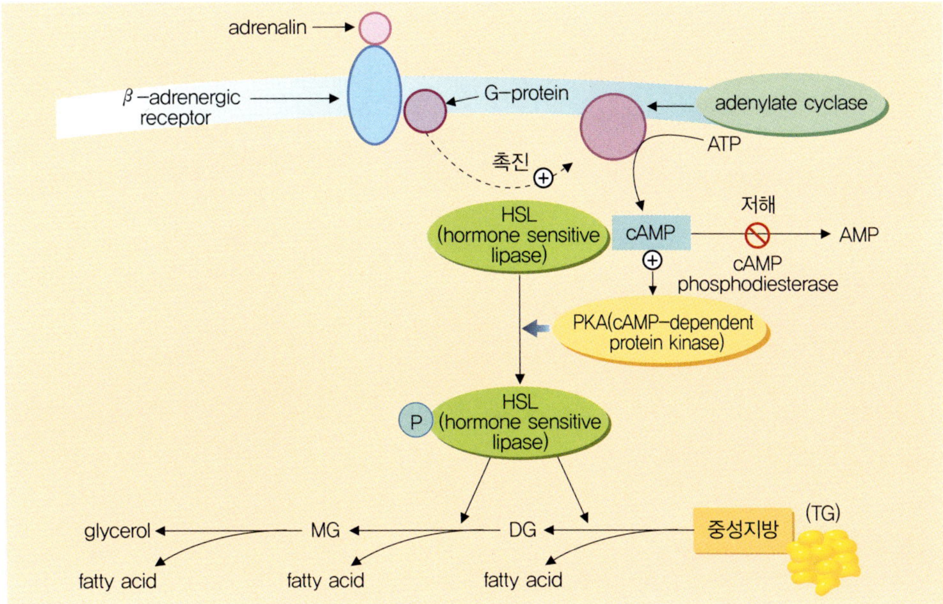

[그림 12-28] 지방분해 촉진 기전

❸ 호르몬 감수성 라이페이스

호르몬 감수성 라이페이스(hormone-sensitive lipase, HSL)는 지방을 최종적으로 지방산과 글리세롤로 분해하는 효소이다.

❹ 아실-CoA 합성효소

아실-CoA 합성효소(acyl-CoA synthetase, ACL)는 지방산을 활성화하기 위하여 지방산으로부터 아실-CoA를 형성하는 효소이다.

❺ 카르니틴 아실트랜스퍼레이스

카르니틴 아실트랜스퍼레이스(carntine acyltransferase, CAL)는 활성화된 지방산인 아실-CoA를 세포질에서 미토콘드리아로 운반하는 효소이다.

(2) 지방합성 관련 효소

지방합성 저해 기전은 지방합성 및 지방산 생합성에 관여하는 관련 효소의 활성을 저해시켜 체지방을 감소시키는 것이다(그림 12-29).

❶ 포도당 6-인산 탈수소효소

포도당 6-인산 탈수소효소(glucose 6-ⓟ dehydrogenase, Glc 6-ⓟ DH)는 오탄당인산 경로의 첫 단계 효소로 지방산 생합성에 필요한 NADPH를 생성하는 효소이다.

❷ 아세틸-CoA 탄산화효소

아세틸-CoA 탄산화효소(acetyl-CoA carboxylase, ACC)는 지방산 생합성의 첫 단계 효소로 아세틸-CoA로부터 말로닐(malonyl)-CoA를 형성하는 효소이다.

❸ 지방산 합성효소

지방산 합성효소(fatty acid synthetase, FAS)는 다중 효소 복합체로 아세틸-CoA와 말로닐-CoA로부터 지방산을 생성하는 효소이다.

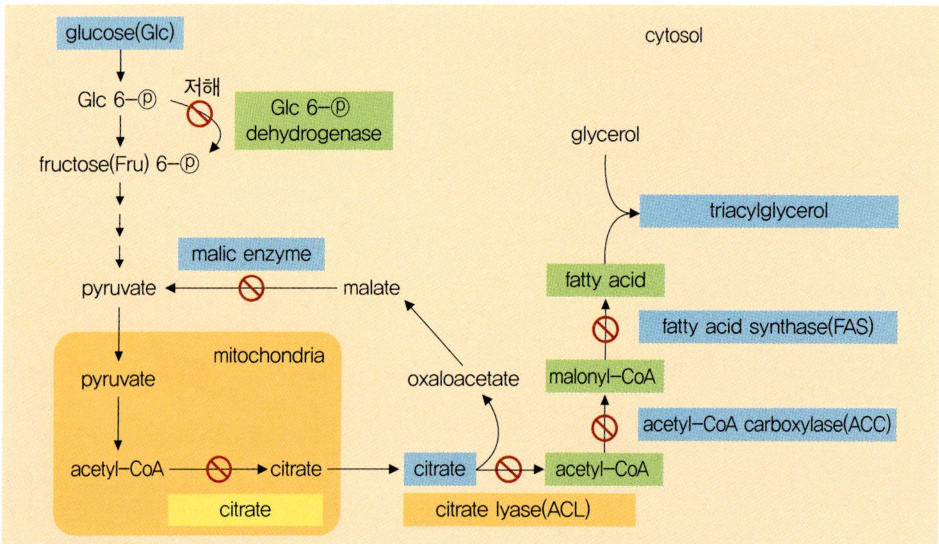

[그림 12-29] 지방합성 저해 기전

(3) 체지방 감소 관련 주요 호르몬

❶ 렙틴

렙틴(leptin)은 지방세포의 비만 유전자에서 발현되는 단백질로 지방조직에 지방이 축적되어 지방세포의 크기가 증가하면 렙틴 합성이 촉진된다. 렙틴은 음식 섭취를 촉진시키는 뉴로펩타이드 Y(neropeptide Y, NPY)를 저해하여 식욕을 조절하는 뇌하수체에 영향을 미쳐 식욕을 억제시킨다. 즉, 렙틴은 체내 지방 축적이 증가하면 지방세포에서 분비되어 식욕을 감소시킨다. 혈중 렙틴 농도가 감소할수록 체지방 축적은 증가한다.

❷ 아디포넥틴

아디포넥틴(adiponectin)은 지방조직에서 발현되는 혈액순환 단백질로 근육에서는 지방산 분해와 포도당 유입을 촉진하고 지방조직에서는 지방합성을 억제한다. 아디포넥틴도 렙틴처럼 혈중 농도가 감소하면 체지방이 과도하게 축적한다.

❸ 세로토닌

세로토닌(serotonin)은 아미노산인 트립토판(tryptophan)으로부터 대뇌에서 전환되는 호르몬으로 수면 조절과 혈관 이완 등에 관여한다. 행복 호르몬이라고도 알려진 세로토닌은 숙면이나 심리적 안정에 중요한 역할을 할 뿐만 아니라 포만감을 느끼게 하고 식욕을 감소시켜 체지방 축적을 감소시키는 역할을 한다. 이러한 세로토닌이 체내에서 부족하면 우울증이나 공황장애 등 불안장애와 함께 섭식장애가 일어나 체지방이 과도하게 축적될 수가 있다.

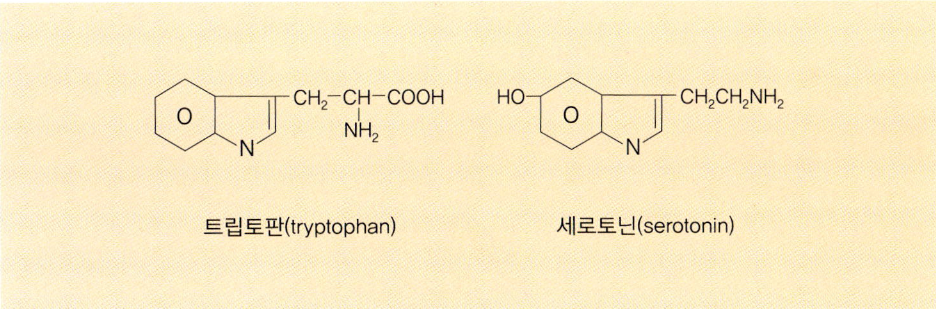

[그림 12-30] 트립토판과 세로토닌의 구조

연습문제

1. 간에서 생합성된 지방을 수송하는 주요 지단백질은?

① HDL ② IDL ③ LDL
④ VLDL ⑤ chylomicron

2. 지방산의 β-산화에 관한 설명 중 옳은 것은?

① carnitine에 의해 억제된다.
② acetyl-CoA carboxylase에 의하여 활성화된다.
③ 짝수 포화지방산의 최종 생성물은 acetyl-CoA이다.
④ 지방산사슬이 3탄소 단위씩 연속적으로 짧아진다.
⑤ glucagon이나 epinephrine에 의해 억제된다.

3. 콜레스테롤 생합성 경로를 순서대로 나열한 것은?

① mevalonic acid → HMG-CoA → lanosterol → squalene
② mevalonic acid → HMG-CoA → squalene → lanosterol
③ HMG-CoA → mevalonic acid → lanosterol → squalene
④ HMG-CoA → squalene → mevalonic acid → lanosterol
⑤ HMG-CoA → mevalonic acid → squalene → lanosterol

4. 콜레스테롤로부터 유도되는 물질로 옳지 <u>않은</u> 것은?

① 7-dehydrocholesterol ② mevalonic acid
③ glycocholic acid ④ testosterone
⑤ taurocholic acid

5. 지방산의 β-산화에 관한 설명이다. 옳은 것은?

① 세포질에서 일어난다.
② 말로닐(malonyl)-CoA를 생성한다.
③ β-산화 시 지방산은 탄소 수가 2개 많은 acyl-CoA가 된다.
④ β-산화의 주 생성물은 아세토아세트산(acetoacetic acid)이다.
⑤ 불포화지방산은 시스형이 트랜스형으로 바뀐 후 β-산화가 일어난다.

6. 케톤체에 관한 설명 중 <u>틀린</u> 것은?

① 케톤체는 주로 근육에서 만들어진다.
② 케톤체는 단식이나 당뇨병 환자에게서 많이 생성된다.
③ acetyl-CoA의 이용이 잘 안 되면 축합하여 만들어지기도 한다.
④ 케톤체는 기아 상태의 뇌에서 포도당이 부족 시 에너지원으로 사용된다.
⑤ acetoacetate, acetone,-hydroxybutyric acid를 케톤체라 한다.

7. 지방산 생합성에 관한 설명이다. 옳은 것은?

① malonyl-CoA를 필요로 한다.
② cofactor로 NAD를 이용한다.
③ 미토콘드리아에서 일어난다.
④ acetyl-CoA를 이용하지 않는다.
⑤ 탄소 수 10개 이하의 지방산만을 생성한다.

8. 지질 생합성에 관한 설명 중 옳은 것은?

① 지방산의 생합성에는 NADH가 필요하다.
② 지방산의 생합성은 malonyl-CoA로부터 시작한다.
③ 콜레스테롤 생합성의 출발물질은 acetoacetyl-CoA이다.
④ 체내에서 불포화지방산의 생합성은 올레산까지만 가능하다.
⑤ 지방산의 생합성은 malonyl-CoA가 첨가되면서 탄소가 3개씩 증가한다.

9. acetyl-CoA로부터 스테아르산(stearic acid) 1분자를 합성 시 필요한 malonyl-CoA몰 수는?

① 7 ② 8 ③ 9
④ 14 ⑤ 16

10. 다음 아래 표는 지방산의 분해와 합성의 차이를 비교하였다. 옳은 것은?

	분해	합성
①	세포질	미토콘드리아
②	ACP 관여	CoA 관여
③	NADPH 필요	NAD 필요
④	D형의 OH 중간체	L형의 OH 중간체
⑤	acetyl-CoA 생성	malonyl-CoA 필요

정답: 1 ④ 2 ③ 3 ⑤ 4 ② 5 ⑤
6 ① 7 ① 8 ④ 9 ② 10 ⑤

chapter 13

아미노산 대사

Amino acid metabolism

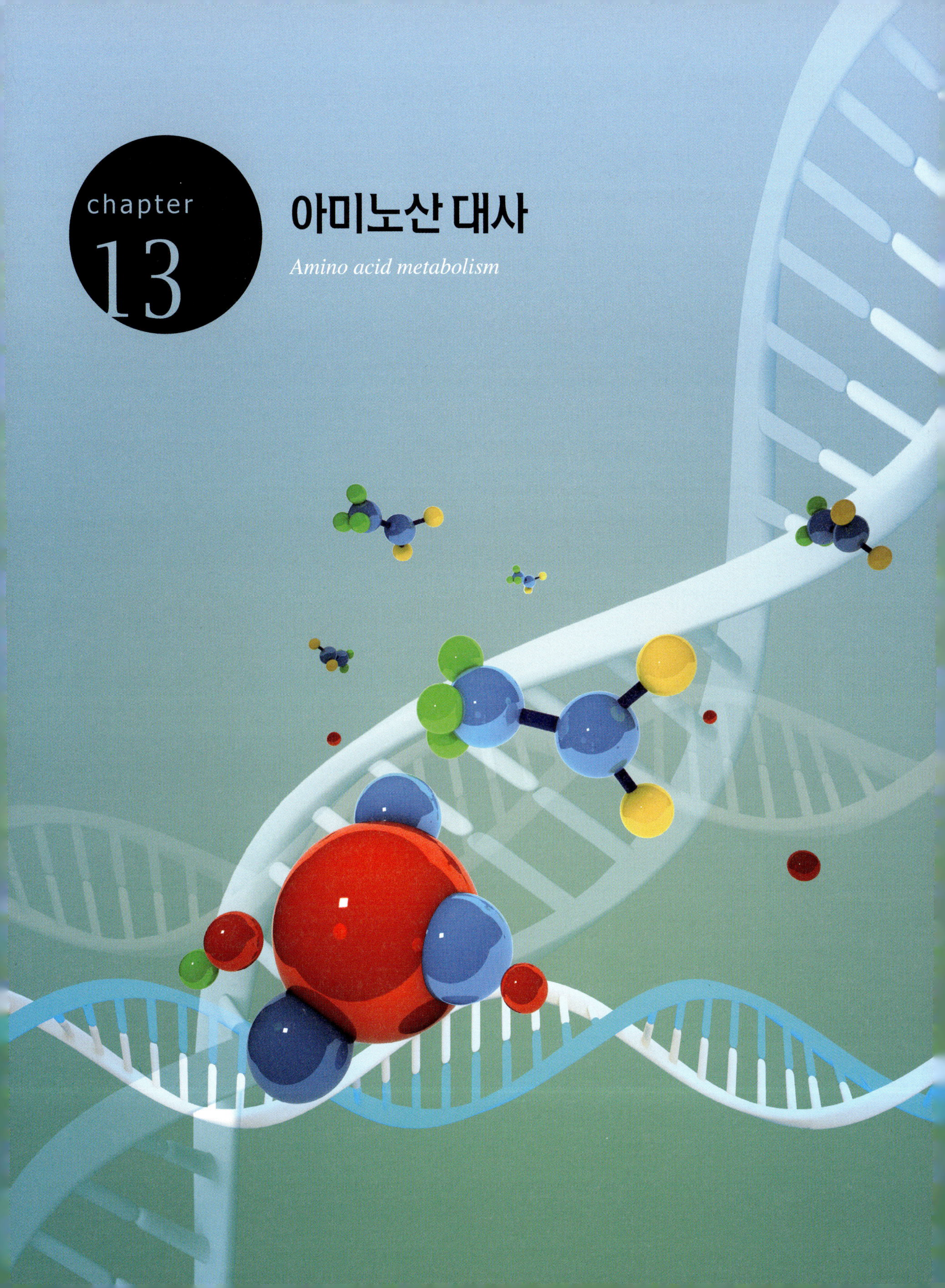

식이 단백질은 위와 소장에서 가수분해되어 아미노산으로 된 다음 체내에 흡수된다. 흡수된 아미노산은 조직단백질이나 뉴클레오타이드 및 헴 등의 합성에 이용되거나 분해되면 간에서 아미노산의 아미노기는 아미노기 전이반응으로 α-케토산에 전이되어 새로운 아미노산을 만들거나 요소로 되어 배설된다. 아미노산의 카복실기는 탈탄산반응으로 아민화합물을 생성하여 신경전달물질 등의 역할을 한다. 아미노산의 탄소골격 부분은 포도당, 케톤체 생성에 이용되거나 TCA 회로의 중간 대사물질로 되어 ATP 생성 등 에너지 대사에 이용된다.

이 장에서는 단백질이 소화되어 유리아미노산으로 분해되고 아미노산의 α-아미노기를 요소 회로에 의하여 배설되는 과정에 대하여 설명하며, 아미노산의 분해와 합성 대사에 관해 기술한다.

1. 단백질 소화 및 아미노산의 이용

1) 단백질 소화

인체가 단백질을 섭취하면 위는 위액 분비를 시작한다. 위액 분비로 산도가 증가하여 위액 중의 불활성형(zymogen)인 펩시노젠(pepsinogen)이 위산(H^+)에 의해 분해되어 활성형의 펩신이 되면 pH 1~2에서 단백질이 소화되기 시작한다. 펩신은 케라틴(keratin), 뮤신(mucin), 오브알부민(ovalbumin) 등을 제외한 대부분의 단백질을 소화하며, 소화된 단백질이 십이지장으로 운반되면 pH 7~8로 중화되며, 췌장액의 분비를 자극한다.

췌장액 중의 트립시노젠(trypsinogen)은 소장에서 분비된 엔테로키네이스(enterokinase)에 의해 활성형의 트립신(trypsin)이 되고 트립신은 불활성형의 카이모트립시노젠(chymotrypsinogen), 프로카복시펩티데이스(procarboxypeptidase) 등을 각각 활성형의 카이모트립신(chymotrypsin), 카복시펩티데이스(carboxypeptidase)로 전환시켜 단백질을 소화한다. 이들 단백질 소화효소는 단백질 내의 특정 부위의 펩타이드 결합을 가수분해한다(표 13-1). 펩신, 트립신, 카이모트립신 등은 단백질을 펩타이드(peptide)로 가수분해하는 엔도펩티데이스(endopeptidase)이고 아미노펩티데이스(aminopeptidase), 카복시펩티데이스(carboxypeptidase)는 펩타이드를 아미노산으로 가수분해하는 엑소펩티데이스(exopeptidase)이다. 단백질이 아미노산으로 가수분해되면 소장에서 흡수되어 혈관으로 들어가고 문맥을 거쳐 간으로 들어간다. 간으로 운반된 아미노산은 아미노산 풀(pool)을 형성하여 단백질 재합성, 당신생합성, 지방성 그리고 에너지 생성 등 다양한 용도로 아미노산을 재사용할 수 있다.

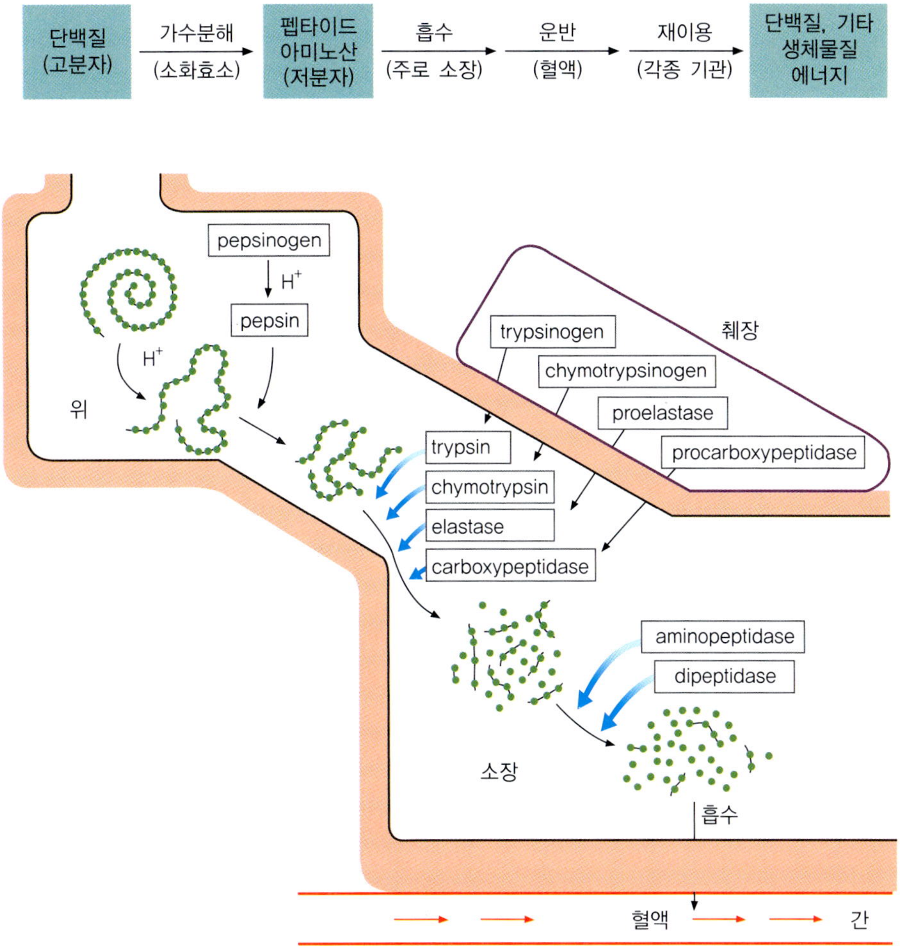

[그림 13-1] 단백질의 소화

〈표 13-1〉 단백질 소화효소의 종류

효소	단백질 내의 펩타이드 결합의 분해 지점
trypsin	• R_1 = Arg 혹은 Lys • R_2 = 어떤 아미노산 잔기라도 가능
chymotrypsin	• R_1 = 방향족 아미노산(Phe, Tyr, Trp) • R_2 = 어떤 아미노산 잔기라도 가능
carboxypeptidase A	• R_1 = 어떤 아미노산 잔기라도 가능 • R_2 = Arg, Lys, 혹은 Pro 제외한 어떤 C-말단 잔기라도 가능
elastase	• R_1 = 하전하지 않은 잔기(중기 잔기) • R_2 = 어떤 아미노산 잔기라도 가능
aminopeptidase	• R_1 = Polypeptide 사슬 대부분의 N-말단 잔기 • R_2 = Pro를 제외한 어떤 잔기라도 가능
pepsin	• R_1 = Trp, Phe, Tyr, Met, Leu • R_2 = 어떤 아미노산 잔기라도 가능

2) 아미노산의 이용

(1) 단백질 재합성

아미노산은 간에서 단백질로 재합성되어 효소, 호르몬, 혈액 응고인자 등의 보급과 유지에 이용된다.

(2) 당신생합성과 지방합성

아미노산은 간에서 암모니아와 탄소골격으로 분해된 다음 암모니아는 요소로 합성되어 요를 통해 배설되고, 탄소골격 부분은 포도당을 거쳐 글리코젠으로 합성되거나 지방산을 거쳐 지방 등으로 전환된다.

(3) 아미노기 운반 및 제거

일부 아미노산은 간을 통과하여 뇌와 근육으로 들어가 분해되는데 이때 생성된 암모니아는 각각 글루탐산, 피루브산과 결합하여 글루타민, 알라닌으로 되어 신장으로 운반되면 요소로 배설된다.

2. 아미노산 분해 대사

아미노산은 산화적 분해를 통해 상당량의 대사 에너지를 세포에 제공하며, 아미노산은 탄수화물과 지방의 분해와 다르게 분해에 앞서 아미노기를 제거해야 한다. 아미노산은 척추동물에서 아미노기가 제거된 후 요소 회로에서 요소를 합성하여 체외 배설하고 아미노산의 탄소골격인 α-케토산은 TCA 회로로 들어가 대사되거나 포도당 또는 케톤체를 생성한다.

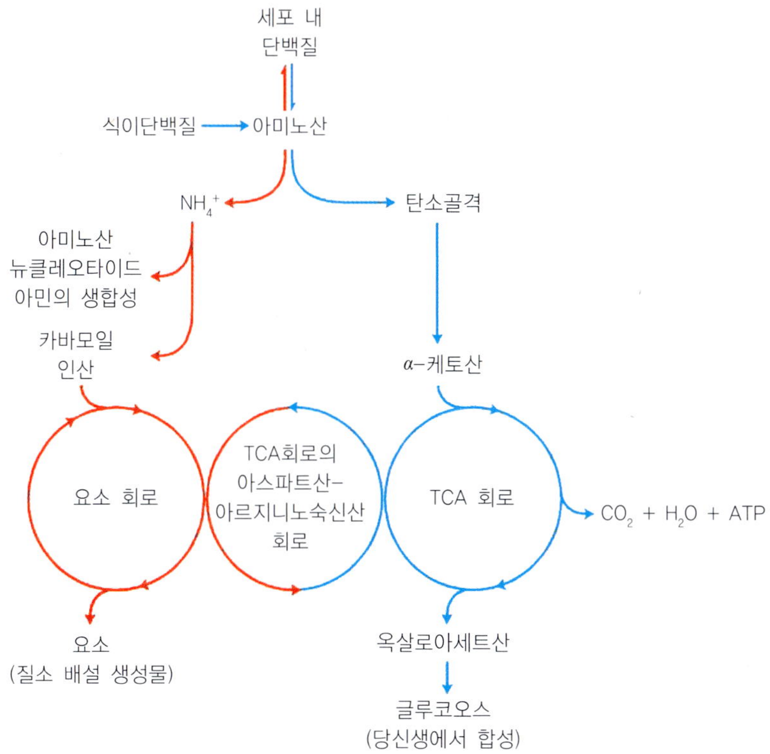

[그림 13-2] 아미노산 분해 대사의 개요

1) 아미노기의 대사

대부분의 아미노산 분해는 간에서 아미노산의 아미노기를 제거로 시작하는데 주로 아미노기 전이반응(transamination)과 산화적 탈아미노반응(oxidative deamination)이 관여한다. 아미노기 전달반응은 대부분의 아미노산에서 일어나며, 아미노기 전달효소

(aminotransferase, transaminase)에 의해 촉매되어 아미노산의 아미노기를 α-케토산에 전달하여 새로운 아미노산과 원래의 아미노산으로부터 α-케토산을 합성하는 반응이다. 이때 아미노기 수용체는 α-케토글루타르산이고 새로운 아미노산으로 글루탐산을 합성한다.

산화적 탈아미노반응은 글루탐산 탈수소효소(glutamate dehydrogenase)에 의해 글루탐산을 α-케토글루타르산으로 전환되는 반응으로 조효소로 NAD^+와 $NADP^+$를 사용한다.

(1) 아미노기 전이반응

탈아미노반응 중 가장 중요한 반응인 아미노기 전이반응(transamination)은 아미노기 전이효소(transaminase)에 의해 일어나는 가역적 반응으로 아미노기 전이효소는 아미노산의 α-아미노기를 α-케토산에 전달하여 새로운 아미노산을 생성하는 탈아미노반응과 아미노화 반응을 동시에 촉매한다.

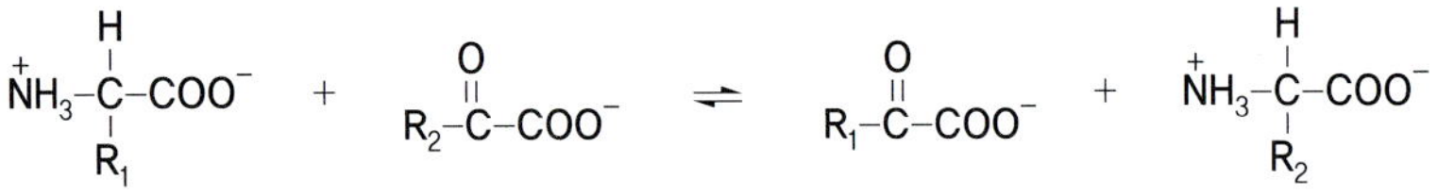

amino $acid_1$ α-keto $acid_2$ α-keto $acid_1$ amino $acid_2$

아스파트산 아미노기 전이효소(aspartate aminotransferase, glutamate-oxaloacetate transaminase)(AST, GOT)는 아스파트산의 α-아미노기를 α-케토글루타르산에 전달하여 글루탐산을, 탈아미노된 아스파트산은 옥살로아세트산(OAA)을 생성한다(그림 13-3).

알라닌 아미노기 전이효소(alanine aminotransferase, glutamate-pyruvate transaminase)(ALT, GPT)는 알라닌의 α-아미노기를 α-케토굴루타르산에 전달하여 글루탐산을, 탈아미노된 알라닌은 피루브산을 생성한다.

aspartate aminotransferase(AST, GOT) : L-aspartate + α-ketoglutarate
⇌ oxaloacetate + L-glutamate

alanine aminotransferase(ALT, GPT) : L-alanine + α-ketoglutarate
⇌ pyruvate + L-glutamate

leucine aminotransferase : L-leucine + α-ketoglutarate

⇌ a−ketoisocaproate + L−glutamate

tyrosine aminotransferase : L−tyrosine + α−ketoglutarate

⇌ p−hydroxyphenylpyruvate + L−glutamate

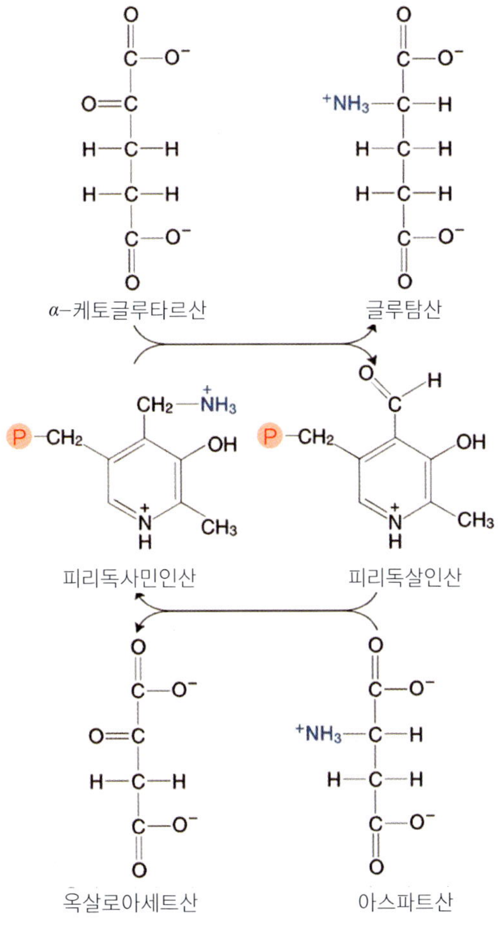

[그림 13-3] 아스파트산 아미노기 전이효소에 의한 아미노기 전이반응

모든 아미노기 전이효소는 조효소로 피리독신(pyridoxine, 비타민 B_6)의 유도체인 피리독살인산(pyridoxal-5′-phosphate, PLP, PALP)이 필요하다(그림 13-4). PLP는 아미노기 전이효소의 활성 부위에 결합하여 아미노산의 아미노기를 받아 α-케토산에 전달하는 중간 운반체로 작용한다.

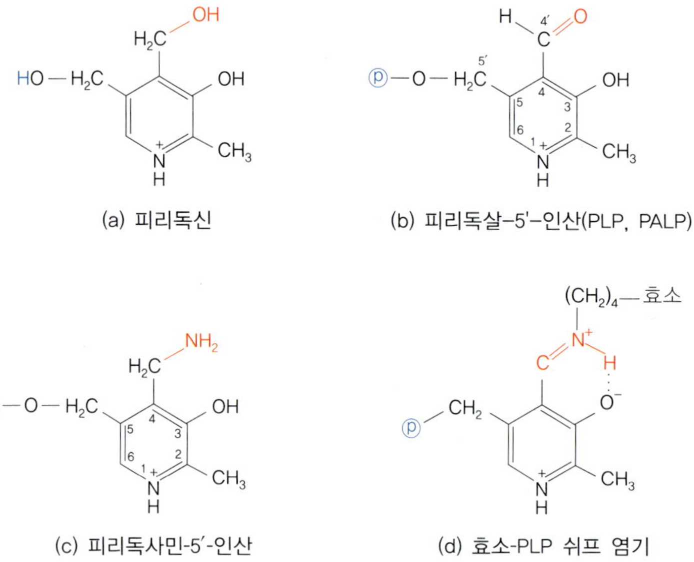

[그림 13-4] 피리독신의 유도체

(2) 산화적 탈아미노반응

간세포에서 아미노기 전이반응에 의해 생성된 글루탐산은 세포질로부터 미토콘드리아로 수송되어 미토콘드리아 기질에서 글루탐산 탈수소효소(glutamate dehydrogenase)에 의한 산화적 탈아미노반응(oxidative deamination)을 한다. 글루탐산 탈수소효소는 조효소로 NAD^+와 $NADP^+$를 사용하며, 이 반응은 먼저 글루탐산이 산화되어 α-이미노글루타르산(α-iminoglutarate)을 형성한 후 α-이미노글루타르산은 α-케토글루타르산과 NH_4^+로 가수분해된다(그림 13-5). 글루탐산 탈수소효소는 다른자리 입체성 효소로 GTP, $NADP^+$, 팔미토일-CoA와 스테로이드 호르몬에 의해 억제되고 ADP, NAD^+와 류신에 의해 활성화된다. 따라서, 세포 내에서 에너지 수준이 낮을 때는 글루탐산 탈수소효소에 의한 아미노산의 분해가 증가되어 아미노산의 탄소골격으로부터 에너지 생성이 촉진된다.

$$\text{glutamate dehydrogenase: L-glutamate} + NAD^+(NADP^+)$$
$$\rightleftharpoons \alpha\text{-iminoglutarate} + NADH(NADPH)$$
$$+ H^+ + H_2O \rightleftharpoons \alpha\text{-ketoglutarate} + NH_4^+$$

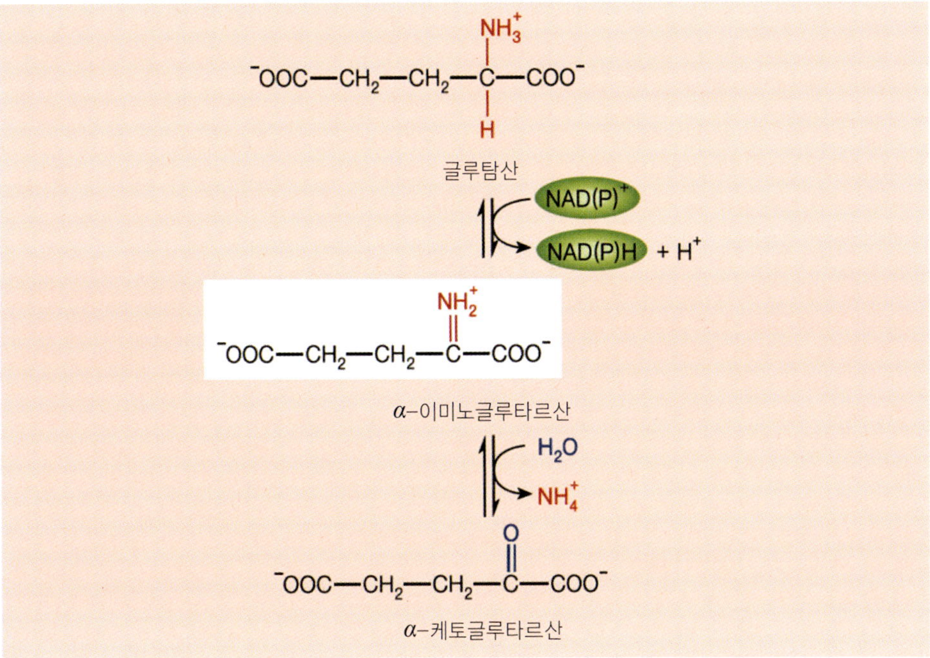

[그림 13-5] 글루탐산 탈수소효소에 의한 산화적 탈아미노반응

(3) 아미노기 운반반응

아미노산의 α-아미노기는 아미노기 전이반응에 의하여 α-케토산에 전달되거나 탈아미노반응에 의하여 유리 암모니아(NH_3, NH_4^+)로 떨어져 나온다. 암모니아는 세포에 독성을 나타내기 때문에 체외로 배설되기 전에 반드시 독성이 없는 물질로 전환되어야 한다. 각 조직에서 간으로 암모니아를 운반하는 방식은 주로 암모니아를 글루타민과 알라닌에 결합하여 혈액을 통하여 간으로 운반한다.

❶ 글루타민

대부분 조직에서 암모니아는 글루탐산과 결합하여 글루타민 합성효소(glutamine synthetase)에 의해 글루타민을 형성한다. 글루타민은 혈액을 통해 간으로 운반되어 글루타민 분해효소(glutaminase)에 의해 암모니아와 글루탐산으로 전환된다. 유리 암모니아는 간에서 요소로 합성되고 요소는 간에서 신장으로 운반되어 소변으로 배설된다(그림 13-6).

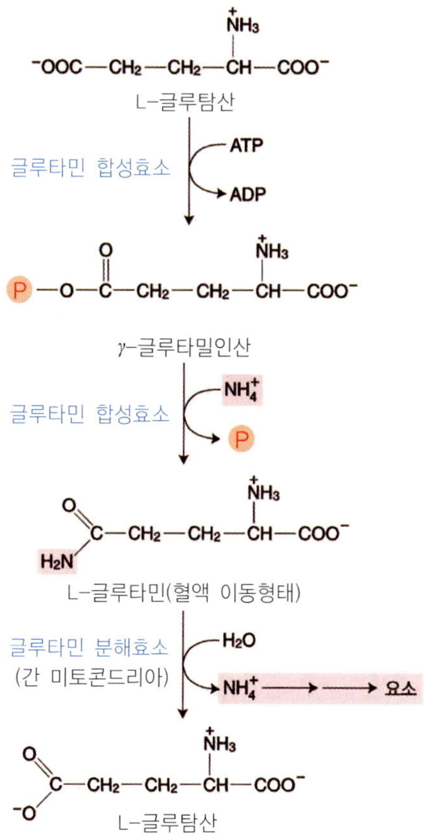

[그림 13-6] 글루타민의 암모니아 운반

❷ 알라닌

근육에서 알라닌은 아미노산의 분해 과정에서 생성된 암모니아를 독성이 없는 형태로 간으로 수송하는 역할을 한다. 암모니아는 알라닌에 의해서 간으로 운반되며, 여기에는 글루코오스-알라닌(glucose-alanine) 회로가 관여한다(그림 13-7).

이 회로에서 암모니아는 먼저 글루탐산 탈수소효소에 의하여 글루탐산의 아미노기로 전환된다.

$$NH_4^+ + \alpha\text{-ketoglutarate} + NADPH + H^+ \rightarrow \text{glutamate} + NADP^+ + H_2O$$

이렇게 해서 생성된 글루탐산은 알라닌 아미노기 전이효소의 작용으로 α-아미노기를 피루브산에 전달한다.

glutamate + pyruvate → α−ketoglutarate + alanine

알라닌은 혈액을 통해 간으로 운반되어 간에서 알라닌 아미노기 전이효소에 의해서 아미노기를 α-케토글루타르산으로 전달하여 글루탐산과 피루브산으로 전환된다. 글루탐산은 글루탐산 탈수소효소에 의해 α-케토글루타르산과 암모니아를 생성하고 생성된 암모니아는 간에서 요소로 전환된다. 피루브산은 간에서 당신생합성 과정을 통해 포도당으로 합성된 후, 포도당은 근육으로 이동하여 해당과정을 거쳐 에너지원으로 이용된다.

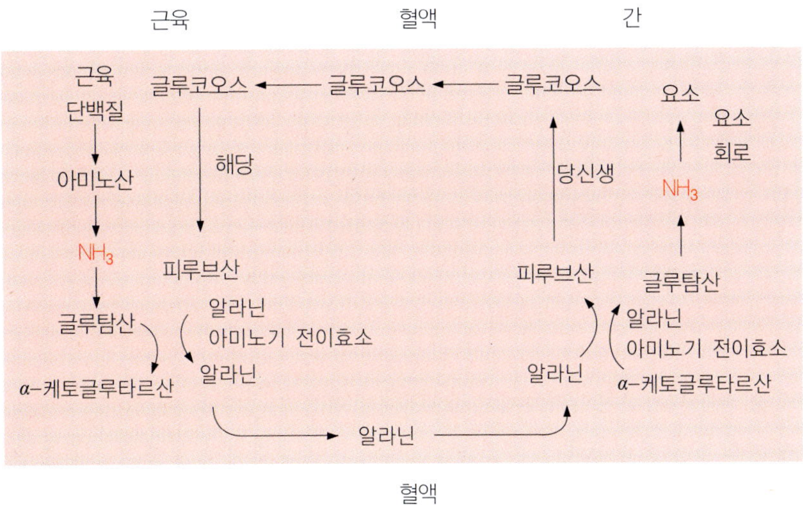

[그림 13-7] 글루코오스-알라닌 회로

글루코오스-알라닌 회로는 아미노기를 골격근에서 간으로 운반하여, 요소로 전환시키고, 간에서 알라닌의 탄소골격으로부터 생성된 혈당(glucose)을 활동하고 있는 근육에 제공한다.

2) 요소 회로

동물의 아미노산의 분해로 생기는 아미노질소의 배출 형태는 크게 세 가지로 나눈다. 수생 척추동물이나 경골어류처럼 아미노질소를 암모니아 형태로 배출하는 암모니아배출형(ammonotelic), 지상 척추동물이나 상어처럼 아미노질소를 요소 형태로 배출하는 요소배출형(urotelic), 조류, 파충류, 양서류처럼 아미노질소를 요산 형태로 배출하는 요산배출형(uricotelic)이다.

요소배출형 동물의 간에 축적된 암모니아는 요소 회로를 통해 요소로 전환된다. 요소 회로(urea cycle, Krebs-Henseleit cycle)는 1932년 크렙스(Hans Krebs)와 헨셀라이트

(Kurt Henseleit)에 의해 발견되었다. 척추동물의 경우, 간에서 아미노산의 분해로부터 생긴 암모니아를 ATP를 사용해서 해독 작용하여 요소로 배설하는 일련의 순환 과정이다. 요소 회로는 모두 5단계의 효소 반응으로 구성되었으며, 처음 2단계는 간의 미토콘드리아에서 나머지 3단계는 세포질에서 일어난다.

(1) 카바모일인산 합성효소 단계

요소 회로의 첫 반응은 미토콘드리아의 기질에서 카바모일인산 합성효소(carbamoyl phosphate synthetase)에 의하여 암모니아와 이산화탄소를 축합하여 카바모일인산을 형성하는 비가역적 반응으로 2분자의 ATP를 소비한다. 암모니아는 주로 글루탐산 탈수소효소에 의한 글루탐산의 산화적 탈아미노반응으로부터 제공된 것이다.

NH_3 + CO_2 + 2 ATP → $NH_2\text{–}\overset{\large O}{\overset{\|}{C}}\text{–}O\text{–}$Ⓟ + 2 ADP + Ⓟ

carbamoyl phosphate

(2) 오르니틴카바모일 전이효소 단계

카바모일인산은 미토콘드리아에서 오르니틴카바모일 전이효소(ornithine carbamoyl transferase)에 의하여 카바모일기를 오르니틴(ornithine)에 전달하여 시트룰린(citrulline)을 생성한다. 생성된 시트룰린은 미토콘드리아로부터 즉시 세포질로 이동한다.

carbamoyl phosphate + ornithine → citrulline + Ⓟ

(3) 아르지니노숙신산 합성효소 단계

시트룰린은 아르지니노숙신산 합성효소(argininosuccinate synthetase)에 의하여 아스파트산(aspartate)과 축합하여 아르지니노숙신산(argininosuccinate)을 생성한다. 이 반응은 ATP를 사용하며, ATP가 AMP와 파이로인산(PP_i)으로 가수분해된다. 이 단계에서 사용되는 아스파트산은 요소의 두 번째 아미노기 질소를 제공하는데, 이 질소는 아스파트산 아미노기 전이효소(aspartate aminotransferase)에 의하여 글루탐산으로부터 아스파트산으로 운반된다.

citrulline + aspartate + ATP → argininosuccinate + AMP + ⓅⓅ

(4) 아르지니노숙신산 분해효소 단계

아르지니노숙신산은 아르지니노숙신산 분해효소(argininosuccinase)에 의해 분해되어 아르지닌(arginine)과 푸마르산(fumarate)으로 분해된다. 푸마르산은 TCA 회로로 들어가 TCA 회로의 중간물질로 쓰인다. 아르지닌은 유리 암모니아의 아미노기와 아스파트산의 아미노기 모두 두 개의 아미노기를 운반한다.

$$\text{argininosuccinate} \rightarrow \text{arginine} + \text{fumarate}$$

(5) 아르지닌 분해효소 단계

요소 회로의 마지막 반응에서 아르지닌은 아르지닌 분해효소(arginase)에 의해 분해되어 요소(urea)와 오르니틴을 생성한다. 요소는 간에서 나와 혈액을 통하여 신장에 운반되며 소변으로 배설된다. 오르니틴은 세포질로부터 미토콘드리아로 운반되어 카바모일인산과 반응한다.

$$\text{arginine} + H_2O \rightarrow \underset{\text{urea}}{NH_2-\overset{\overset{O}{\|}}{C}-NH_2} + \text{ornithine}$$

1분자의 요소를 합성하는 데는 4분자의 ATP가 필요하며, 2분자의 ATP는 카바모일인산의 합성반응에 필요하고 2분자의 ATP는 아르지니노숙신산의 합성반응에 필요하다. 요소 회로의 반응을 촉매하는 효소는 미토콘드리아와 세포질 사이에 대사적인 협력 관계를 이루면서 분포되어 있다. 요소 한 분자에 들어 있는 두 개의 아미노기 중 한 개는 미토콘드리아 내에서 유리 암모니아에 의해, 다른 한 개는 세포질에서 아스파트산에 의해 제공된다. 글루탐산은 글루탐산 탈수소효소에 의한 글루탐산의 산화적 탈아미노반응으로부터 암모니아를 제공하고 아스파트산 아미노기 전이효소에 의하여 아스파트산의 아미노기를 제공하는 직접적인 아미노기 전구물질이다. 요소 회로는 아르지니노숙신산 분해효소 단계에서 푸마르산을 생성하기 때문에 TCA 회로와 직접적으로 연결되어 있다. 이 단계에서 만들어진 푸마르산은 말산, 옥살로아세트산으로 전환되고 옥살로아세트산은 다시 아스파트산으로 전환될 수 있어 TCA 회로의 중간물질로 이용될 수 있다. 요소 회로의 전체 반응을 정리하면 다음과 같다.

$$NH_4^+ + CO_2 + \text{aspartate} + 3\ \text{ATP}$$
$$\rightarrow \text{urea} + \text{fumarate} + 2\ \text{ADP} + \text{AMP} + 2\ Ⓟ + ⓅⓅ + 3\ H_2O$$

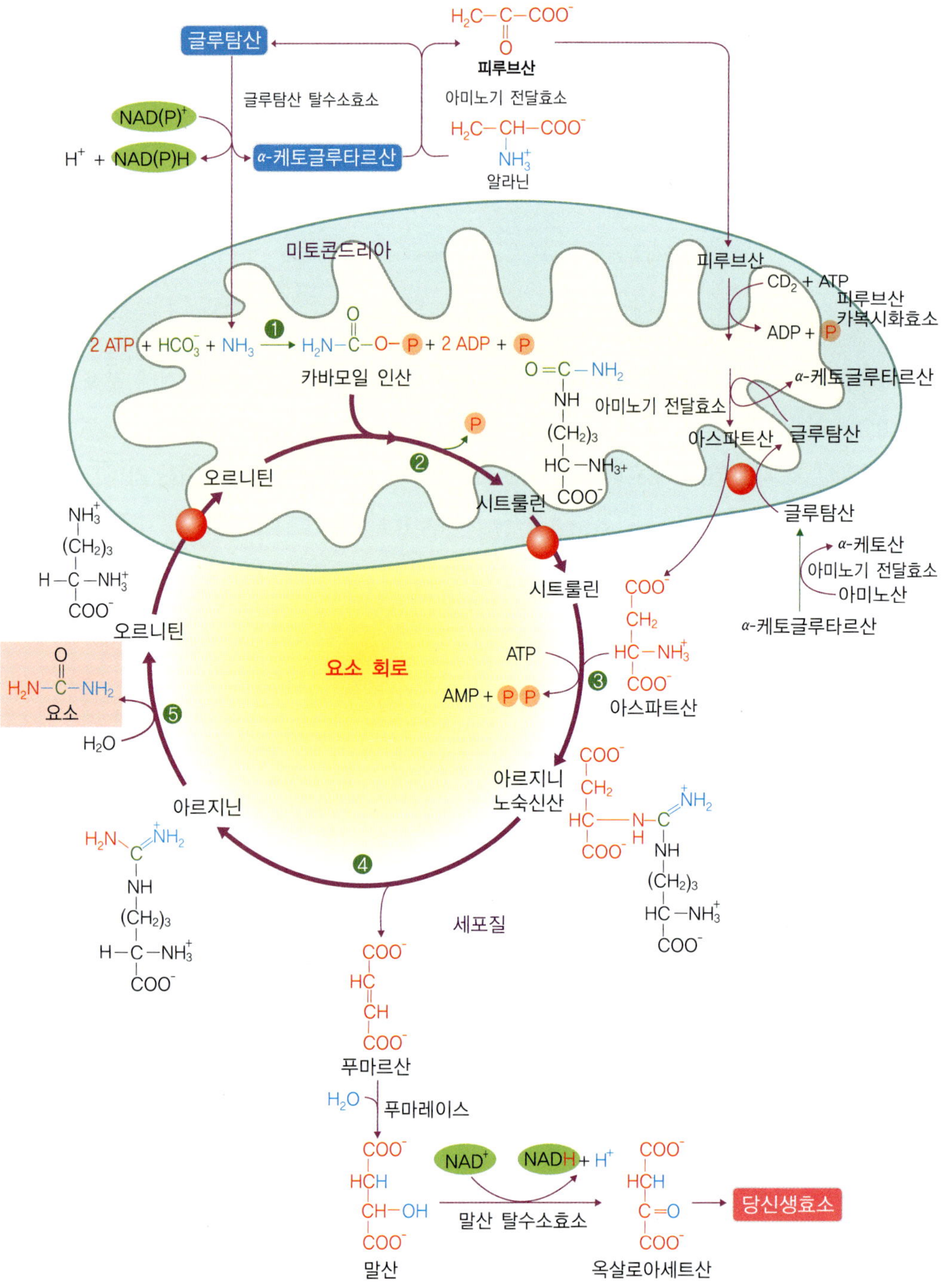
글루탐산
글루탐산 탈수소효소
NAD(P)+
H+ + NAD(P)H
α-케토글루타르산
피루브산
아미노기 전달효소
알라닌
미토콘드리아
2 ATP + HCO3- + NH3
카바모일 인산
2 ADP + P
피루브산
CO2 + ATP
피루브산 카복시화효소
ADP + P
α-케토글루타르산
아미노기 전달효소
아스파트산
글루탐산
오르니틴
시트룰린
시트룰린
글루탐산
α-케토산
아미노기 전달효소
아미노산
α-케토글루타르산
오르니틴
요소
H2O
요소 회로
ATP
AMP + P P
아스파트산
아르지니노숙신산
아르지닌
세포질
푸마르산
H2O
푸마레이스
NAD+
NADH + H+
말산 탈수소효소
말산
옥살로아세트산
당신생효소

[그림 13-8] 요소 회로

(6) 요소 회로의 조절

요소 회로는 대부분 단백질 식사에 영향을 받는다. 과다한 단백질 섭취는 많은 양의 요소를 생성하지만, 장기간 기아 상태에서도 근육 단백질 분해로 인한 요소 생성도 증가한다. 요소 회로에서 속도 조절 단계는 첫 반응 단계에 관여하는 카바모일인산 합성효소이다. 카바모일인산 합성효소는 다른자리 입체성 효소로 N-아세틸 글루탐산(N-acetyl glutamate)에 의해 활성화된다. N-아세틸 글루탐산은 N-아세틸 글루탐산 합성효소(N-acetyl glutamate synthase)에 의해 아세틸-CoA와 글루탐산으로부터 합성되며, N-아세틸 글루탐산 합성효소는 아르지닌에 의해 활성화된다. 단백질 식사 후 아미노산 분해가 증가하여 글루탐산과 아르지닌 농도가 증가하면 N-아세틸 글루탐산 합성이 증가되어 카바모일인산 합성효소의 활성을 촉진시켜 결국 요소 회로를 촉진시킨다.

암모니아는 세포의 독성물질로 글루탐산 탈수소효소에 의해 α-케토글루타르산이 글루탐산을 생성하게 되면 α-케토글루타르산이 고갈되어 TCA 회로가 심한 저해를 받게 되고, NADH와 ATP의 생성도 현저히 감소된다. 특히, 뇌세포는 세포적 호흡 저해에 민감하여 혈액 내의 과다한 암모니아로 생긴 고암모니아 혈증(hyperammonemia)은 중추신경계에 영향을 미친다. 이러한 암모니아 독성으로 시각이 흐려지고, 언어 장애, 기력 쇠약, 경련, 간질 발작, 혼수 등이 일어나며, 결국 사망한다.

3) 카복실기 및 R기 대사

아미노산은 탈탈산반응(decarboxylation)을 통해 카복실기(-CO_2)가 방출되어 생리적으로 중요한 기능을 하는 물질들을 생성한다. 아미노산은 아미노산 탈탄산효소(amino acid decarboxylase)에 의해 -CO_2가 방출되어 아민(amine)을 생성하며, 이때 조효소로 피리독살인산(PLP)이 필요하다. 생성된 아민은 여러 가지 신경전달물질이나 호르몬의 전구물질과 또 다른 생리적으로 중요한 물질로서의 역할도 한다(표 13-2).

히스티딘(histidine)은 히스티딘 탈탄산효소(histidine decarboxylase)에 의한 탈탈산반응으로 히스타민(histamine)을 생성한다. 히스타민은 알레르기 반응 시 방출되는 물질로 혈관 확장과 위산 분비를 촉진한다. 글루탐산(glutamate)은 글루탐산 탈탄산효소(glutamate decarboxylase)에 의한 탈탈산반응으로 γ-아미노부티르산(γ-aminobutyrate, GABA)을 생성한다. GABA는 중추신경계에서 주간의 신경전달물질인 글루탐산과는 반대로, 야간의 신경전달 물질이다. 트립토판(tryptophan)은 트립토판 하이드록시화효소(tryptophan hydroxylase)와 방향족 아미노산 탈탄산효소(aromatic amino acid decarboxylase)에 의해 세로토닌(serotonin)으로 전환되고 세로토닌은 아세틸화 반응과 메틸화 반응의 두 단계를 거쳐 멜라토닌(melatonin)을 생성한다. 세로토닌은 수면 조절과 혈관 이완 등에 관여하고 멜라토닌은 생체 주기와 항산화 작용 등에 관여한다. 페닐알라닌 하이드록시화효소(phenylalanine hydroxylase)에 의해 페닐알라닌(phenylalanine)으로부터 전환된 타이로신(tyrosine)은 타이로시네이스(tyrosinase)에 의해 다이하이드록시페닐알라닌(dihydroxylphenylalanine, DOPA)으로 전환된다. DOPA는 방향족 아미노산 탈탄산효소에 의해 도파민(dopamine)으로 전환한 다음, 각각 하이드록시화반응과 메틸화 반응을 통해 호르몬인 노르에피네프린(norepinephrine)과 에피네프린(epinephrine)을 생성한다. 타이로신의 탄소골격은 갑상선호르몬인 타이록신(thyroxine)의 전구물질로 작용한다. 한편, 아르지닌(arginine)은 산화질소 생성효소(nitric oxide synthase)에 의해 NADPH를 조효소로 사용하여 산화질소(nitric oxide, NO)를 합성한다. NO는 인체에서 다양한 생리적 기능을 하는데 혈관 확장과 대식세포에서 살균 작용을 하며, 말초 및 중추신경계에서 신경전달물질로 작용하고 학습과 기억 과정에도 관여한다.

〈표 13-2〉 아미노산의 탈탄산반응 생성물질

아미노산	탈탄산 생성물(아민)	작용
histidine	histamine	혈관 투과성 증대물질
tyrosine	tyramine	혈압 상승(동물조직)
glutamic acid	γ-aminobutyric acid	억제성 신경전달물질
aspartic acid	β-alanine	coenzyme A의 구성 성분
tryptophan	tryptamine	–
5-hydroxytryptophan	serotonin melatonin	평활근 수축 송과체 호르몬
serine	ethanolamine	Phosphatidic acid 구성 성분
lysine	cadaverine	세균(어류 및 육류의 부패독)
ornithine	putrescine	세균(어류 및 육류의 부패독)
DOPA	dopamine	adrenaline의 전구물질

4) 아미노산 탄소골격의 분해 대사

아미노산의 분해로 아미노기가 제거되고 나서 생성된 20종류 아미노산의 '탄소골격'은 분해되어 피루브산, α-케토글루타르산, 숙시닐-CoA, 푸마르산, 옥살로아세트산, 아세틸-CoA 및 아세토아세틸-CoA(아세토아세트산) 등 7가지 계열의 중간물질을 생성한다. 이들 중간물질은 당신생합성에 사용되거나 TCA 회로의 중간물질로 전환되어 TCA 회로에 직접 들어가 에너지원으로 쓰인다.

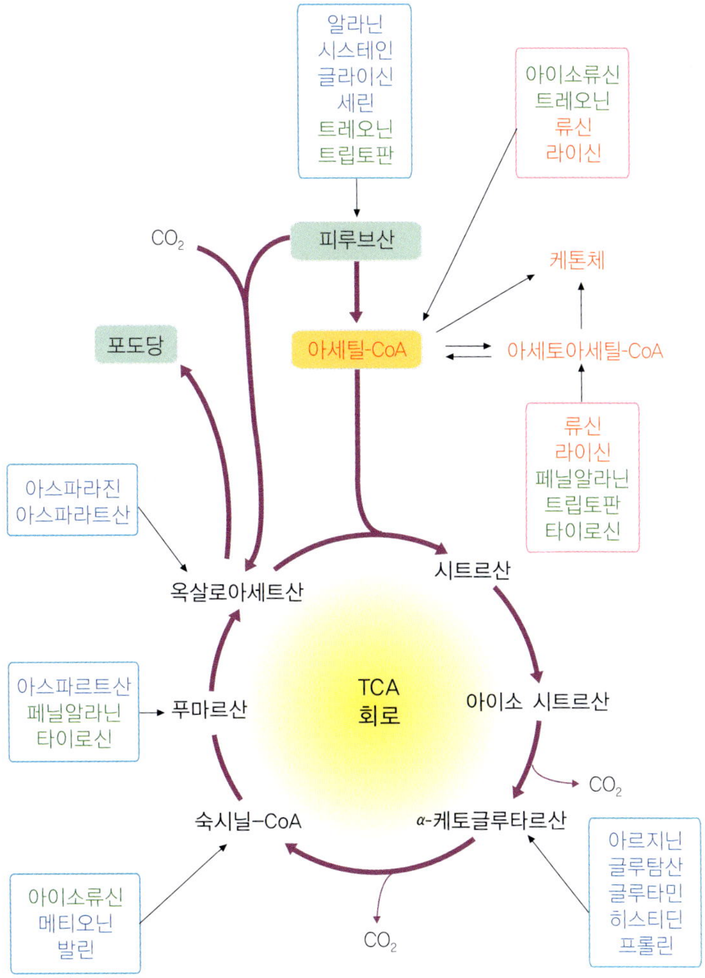

[그림 13-9] 아미노산 탄소골격의 분해 대사

포도당 생성 아미노산은 푸른색, 케톤 생성 아미노산은 붉은색, 포도상 생성과 케톤 생성을 모두 하는 아미노산은 초록색으로 표시하였다.

피루브산이나 TCA 회로의 중간물질로 분해되는 아미노산의 탄소골격이 글루코오스를 합성하는 데 사용되는 아미노산을 글루코오스 생성형 아미노산(glucogenic amino acid)이라 한다. 아세틸-CoA나 아세토아세트산으로 분해된 아미노산의 탄소골격이 케톤체 또는 지방산으로 전환되는 아미노산을 케톤 생성형 아미노산(ketogenic amino acid)이라 한다. 글루코오스와 케톤체 생성이 모두 가능한 아미노산은 글루코오스와 케톤체 생성형 아미노산(glucogenic ketogenic amino acid)이라 하며, 페닐알라닌, 타이로신, 트립토판, 아이소류신, 트레오닌 등은 글루코오스와 케톤체 생성형 아미노산이다. 피루브산과 TCA 회로의 중간물질인 α-케토글루타르산, 숙시닐-CoA, 푸마르산, 옥살로아세트산으로 분해되는 아미노산은 글루코오스 생성형 아미노산이다. 류신은 유일한 케톤 생성형 아미노산으로 기아 상태에서 케톤증을 일으킨다.

(1) 피루브산 생성 아미노산

알라닌, 트립토판, 시스테인, 세린, 글라이신과 트레오닌의 분해로부터 형성되는 탄소골격은 피루브산으로 전환된다.

알라닌은 α-케토글루타르산과 아미노기 전이반응에 의해 피루브산을 생성한다. 트립토판은 곁사슬기인 인돌(indole)기가 분해되어 알라닌을 생성한 후 피루브산으로 전환된다. 시스테인은 -SH기가 제거된 후, 아미노기 전이반응에 의해 피루브산으로 전환된다. 세린은 세린 탈수소효소(serine dehydratase)에 의해 피루브산으로 전환되며, 글라이신은 세린 하이드록시메틸기 전달효소(serine hydroxymethyl transferase)에 의해 세린으로 전환된 후 피루브산으로 전환된다. 트레오닌은 글라이신을 생성한 다음, 피루브산으로 전환된다.

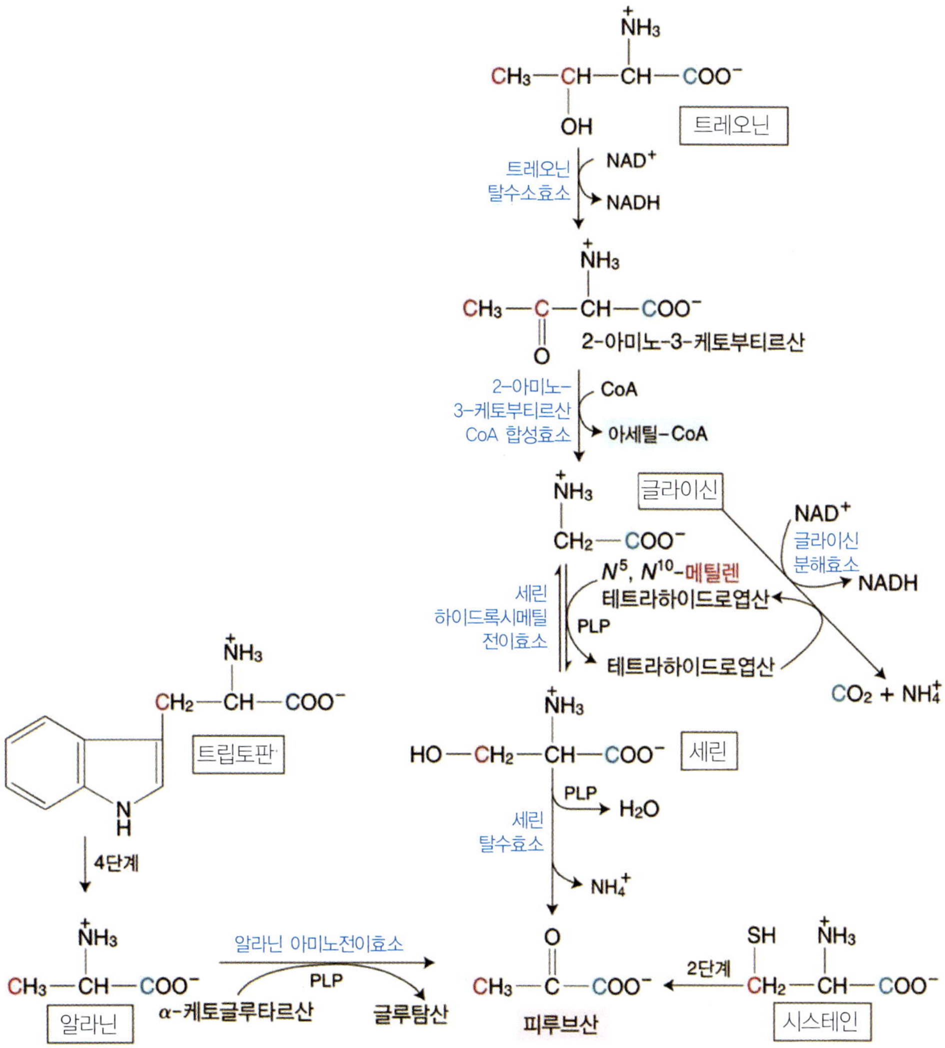

[그림 13-10] 피루브산 생성 아미노산 경로

(2) α-케토글루타르산 생성 아미노산

글루타민, 글루탐산, 프롤린, 아르지닌과 히스티딘의 탄소골격은 α-케토글루타르산으로 전환되어 TCA 회로로 들어간다.

글루타민은 글루타민 분해효소(glutaminase)에 의해 글루탐산과 암모니아로 분해되고 글루탐산은 아미노기 전이반응이나 산화적 탈아미노반응에 의해 α-케토글루타르산으로 전환된다. 프롤린은 산화, 가수분해 및 탈아미노반응 등을 거쳐 α-케토글루타르산으로 전환된다. 아르지닌은 아르지닌 분해효소(argininase)에 의해 오르니틴으로 분해된 후 글루탐산을 거쳐 α-케토글루타르산으로 전환된다. 히스티딘도 탈아미노 및 수화반응을 통해 글루탐산을 거쳐 α-케토글루타르산으로 전환된다. 프롤린과 아르지닌은 글루탐산-5-세미알데하이드(glutamate-5-semialdehyde)의 중간물질을 거쳐 글루탐산으로 전환된다.

(3) 숙시닐-CoA 생성 아미노산

메티오닌, 아이소류신, 발린과 트레오닌의 탄소골격은 프로피오닐-CoA로 전환된 다음, 숙시닐-CoA로 전환되어 TCA 회로로 들어간다.

메티오닌은 메틸기 공여 및 산화적 탈탈산반응 등 여러 단계를 거친 후, 프로피오닐-CoA로 전환된다. 아이소류신과 발린은 지방산 분해 단계와 유사한 아미노기 전이 및 산화적 탈탈산반응과 산화반응 등을 통해 프로피오닐-CoA로 전환된다. 트레오닌은 탈수와 탈수소효소 반응의 두 단계를 거친 후, 프로피오닐-CoA로 전환된다. 생성된 프로피오닐-CoA는 카복실화, 에피머화, 이성질화반응을 통해 숙시닐-CoA로 전환된다.

(4) 옥살로아세트산 생성 아미노산

아스파라진과 아스파트산의 탄소골격은 옥살로아세트산으로 전환되어 TCA 회로로 들어간다.

아스파라진은 아스파라진 분해효소(asparaginase)에 의해 아스파트산과 암모니아로 분해되고 아스파트산은 아스파트산 아미노기 전이효소(AST)에 의해 옥살로아세트산으로 전환된다.

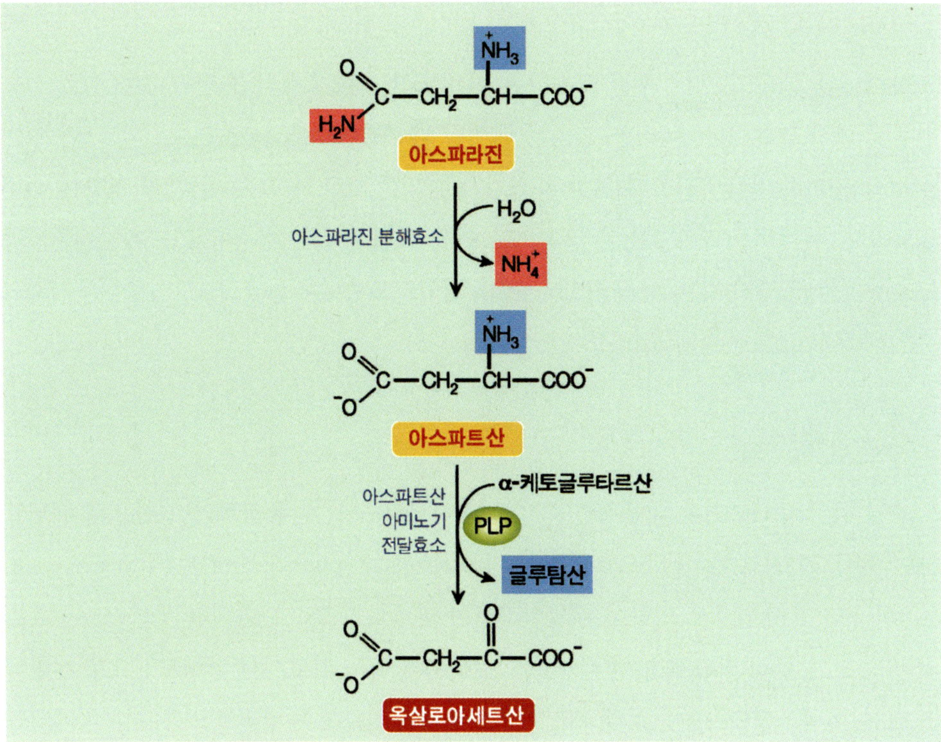

[그림 13-11] 옥살로아세트산 생성 아미노산 경로

(5) 푸마르산, 아세틸-CoA 및 아세토아세트산 생성 아미노산

트립토판, 라이신, 페닐알라닌, 타이로신, 아이소류신과 류신의 탄소골격은 아세틸-CoA 또는 아세토아세틸-CoA 그리고 아세토아세트산으로 전환되며, 아세토아세틸-CoA는 아세틸-CoA로 전환될 수 있다. 방향족 아미노산인 페닐알라닌과 타이로신은 푸마르산과 아세토아세트산으로 분해된다.

트립토판과 라이신은 여러 단계의 효소 반응을 통해 아세토아세틸-CoA를 거쳐 아세틸-CoA로 전환된다. 페닐알라닌과 페닐알라닌 하이드록시화효소(phenylalanine-4-hydroxylase)에 의해 생성된 타이로신은 푸마르산과 아세토아세트산으로 분해되며, 아세토아세트산은 아세토아세틸-CoA를 거쳐 아세틸-CoA로 전환된다. 아이소류신은 아세틸-CoA와 프로피오닐-CoA로 분해되며, 프로피오닐-CoA는 3단계 반응을 통해 숙시닐-CoA로 전환된다. 케톤 생성형 아미노산인 류신은 여러 단계를 거쳐 아세틸-CoA로 분해된다.

5) 아미노산 분해 대사의 유전적 질환

아미노산 분해 대사의 유전적 질환은 아미노산 분해효소의 유전적 결손으로 인한 선천성 대사 질환이다. 이러한 질환은 태어날 때부터 아미노산 분해효소와 관련 있는 DNA의 돌연변이나 비정상에 의한 효소가 생성되어 효소의 결손 및 활성 저하에 의한 질환이다. 아미노산 분해효소의 결손으로 인한 유전적 질환의 종류로는 페닐케톤뇨증(phenylketonuria, PKU), 백색증(albinism), 알캅토뇨증(alkaptonuria), 단풍나무시럽뇨증(maple syrup urine disease) 등이 있다(표 13-3).

(1) 페닐케톤뇨증

페닐케톤뇨증(PKU)은 대표적인 아미노산 대사와 연관된 유전적인 질환으로 페닐알라닌 하이드록시화효소(phenylalanine-4-hydroxylase, phenylalanine-4-monooxygenase)의 유전적 결핍으로 인하여 페닐알라닌이 타이로신으로 전환되지 못한다. 이 효소의 결손 또는 활성 저하에 의해 페닐알라닌은 분해 대사 경로에서 타이로신으로 전환되는 대신, 아미노전이반응을 통해 페닐피루브산을 생성하고 페닐피루브산은 다시 페닐아세트산과 페닐젖산으로 분해된다. 페닐케톤뇨증 환자는 혈액이나 소변에 페닐알라닌과 페닐알라닌 대사물질들이 과다하게 축적되며, 높은 수준의 페닐알라닌과 페닐알라닌 대사물질은 뇌세포의 발달을 저해하여 지적 장애의 원인이 되며, 신생아의 구토를 일으킨다. PKU의 발생 확률은 20,000명 중 1명 정도로 추정되며, 페닐케톤뇨증을 앓는 사람의 수명은 정상인에 비해 훨씬 짧아 20세까지 50%가 죽고 30세까지 75%가 사망한다.

(2) 알켑톤뇨증

알켑톤뇨증은 호모젠티스산 산화효소(homogentisate-1,2-dioxygenase)의 결핍으로 호모젠티스산이 4-말레일 아세토아세트산으로 전환되지 못하여 소변에 호모젠티스산이 축적되고 호모젠티스산의 분해산물이 중합체로 되어 소변이 공기에 노출되면 검은색으로 변하며, 후발성 관절염의 원인이 된다.

(3) 백색증

백색증은 타이로신 일산화효소(tyrosine-3-monooxygenase, tyrosinase)의 결핍으로

타이로신이 다이하이드록시페닐알라닌(DOPA)으로 전환되지 못하여 멜라닌 색소의 생성을 저해한다. 멜라닌 색소의 부족으로 피부, 머리카락, 눈 등의 색소 부족이 일어난다.

(4) 단풍나무시럽뇨증

단풍나무시럽뇨증은 분지 사슬 α-케토산 탈수소효소(branched chain α-keto acid dehydrogenase)의 결핍으로 분지 사슬 α-케토산이 아세틸-CoA로 전환되지 못하여 분지 사슬 아미노산이 축적되어 구토, 경련, 지적장애와 조기 사망의 원인이 된다.

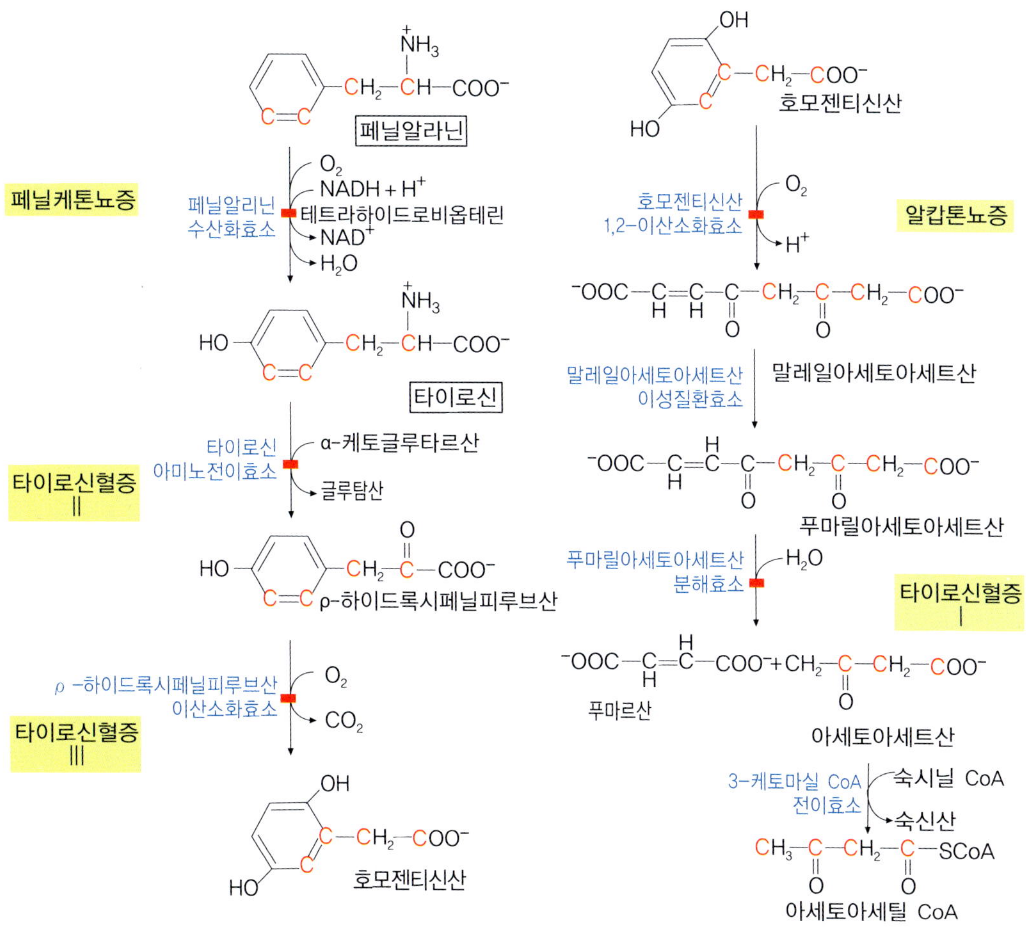

[그림 13-12] 페닐알라닌과 타이로신의 분해 경로와 유전적 질환

〈표 13-3〉 아미노산 분해 대사의 유전적 질환

질환	이환율*	결손 과정	결손효소	증상 및 증후군
페닐케톤뇨증 (phenylketonuria)	< 8	페닐알라닌 분해	페닐알라닌 수산화효소 (phenylalanine hydroxylase) 페닐알라닌 ↛ 타이로신	페닐알라닌, 페닐피루브산 및 그 대사산물 축적, 소변으로 페닐케논 배설, 신생아의 구토, 지적장애
백색증 (albinism)	< 3	타이로산에서 멜라닌 합성	타이로신 3-일산화효소 (tyrosine 3-monooxygenase, tyrosinase) 타이로신 ↛ 다이하이드록시페닐알라닌	멜라닌 색소 부족, 시력 결함(광선공포, 안구진탕증), 피부 · 머리카락 · 눈의 색소 부족
아르지니노숙신산혈증 (argininosuccinic acidemia)	< 1.5	요소 합성	아르지니노숙신산 분해효소 (argininosuccinase) 아르지니노숙신산 ↛ 아르지닌 + 푸마르신	아르지니노숙신산의 축적, 구토, 경련
호모시스틴뇨증 (homocystinuria)	< 0.5	메티오닌 분해	시스타치오닌 β -합성효소 (cystathionine β -synthase) 호모시스테인 ↛ 시스타치오닌	호모시스테인 축적, 지적장애
메틸말론산혈증 (methylmalonic acidemia)	< 0.5	메티오닌, 아이소류신, 발린, 트레오닌의 분해	메틸말로닐 CoA 뮤테이스 (methylmalonyl CoA mutase) 메틸말로닐 CoA ↛ 숙시닐 CoA	프로피오닐 CoA의 축적, 구토, 경련, 지적장애, 조기 사망
아르지닌혈증 (argininemia)	< 0.5	요소 합성	아르지닌 분해효소 (arginase) 아르지닌 + H_2O ↛ 오르니틴 + 요소	아르지닌과 암모니아의 축적, 지적장애
카바모일인산 합성효소 Ⅰ 결핍증 (carbamoyl phosphate synthetase Ⅰ deficiency)	< 0.5	요소 합성	카바모일인산 합성효소 (carbamoyl phosphate synthetase Ⅰ) NH_4^+ + HCO_3^- + 2 ATP ↛ 카바모일인산 + 2 ADP + 2 Ⓟ	암모니아의 축적, 혼수, 경련, 조기 사망
단풍나무시럽뇨증 (maple syrup urine disease)	< 0.4	곁가지 아미노산 (루신, 아이소류신, 발린)의 분해	곁가지 α-케토산 탈수소효소 복합체 (branched chain α-keto acid dehydrogenase complex) 곁가지 α-케토산 ↛ 아세틸 CoA 유도체	곁가지 아미노산 축적, 구토, 경련, 지적장애, 조기 사망
알켑톤뇨증 (alkaptonuria)	< 0.4	타이로신 분해	호모젠티스산 1,2-이산소화효소 (homogentisate 1,2-dioxygenase) 호모젠티스산 ↛ 4-말레일아세토아세트산	호모젠티스산 축적, 검은색 소변, 후발성 관절염

* 100,000명 출생당 발생 빈도

3. 아미노산 생합성

인체는 20종류의 아미노산 중 일부 아미노산은 복잡하고 다양한 대사 경로를 거쳐 합성된다. 이러한 아미노산을 비필수 아미노산(nonessential amino acid)이라 하며, 해당과정, TCA 회로, 오탄당인산 경로의 중간물질로부터 합성된다. 나머지 아미노산은 체내에서 합성할 수 없어 반드시 외부 또는 음식물로 섭취해야 하는 아미노산으로 필수 아미노산(essential amino acid)이라 하고 성인의 경우 발린(Val), 류신(Leu), 아이소류신(Ile),

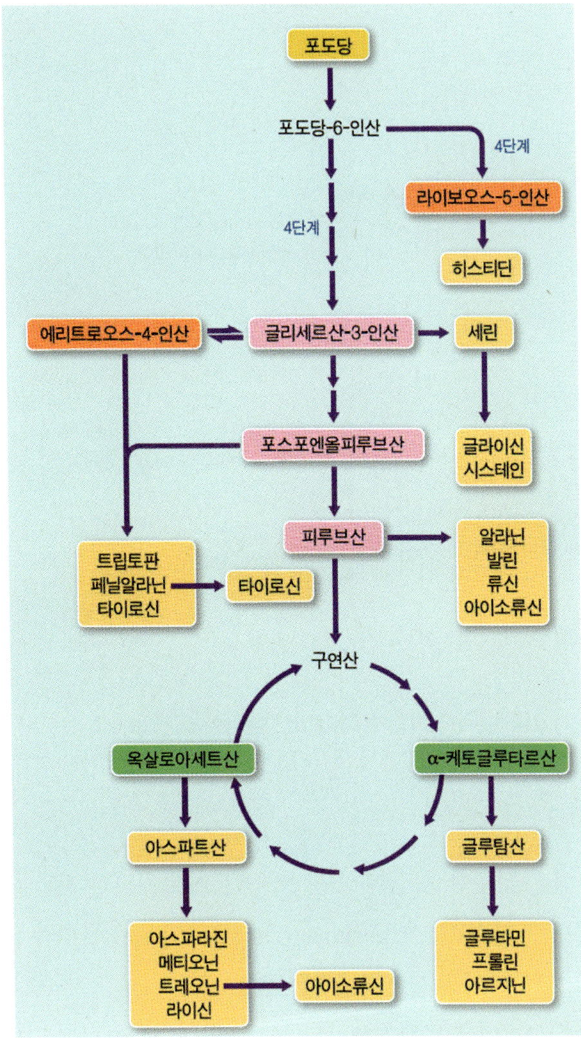

[그림 13-13] 아미노산 생합성의 개요

트레오닌(Thr), 메티오닌(Met), 라이신(Lys), 페닐알라닌(Phe), 트립토판(Trp) 등 8가지이며, 유아의 경우에는 아르지닌(Arg), 히스티딘(His)이 추가되어 모두 10가지이다.

아미노산의 생합성 경로는 대사 중간물질에 따라 α-케토글루타르산, 글리세르산-3-인산(글리세르산-3-인산), 피루브산, 옥살로아세트산, 포스포엔올피루브산과 에리트로오스-4-인산, 라이보오스-5-인산 등 6가지 계열로 구분한다.

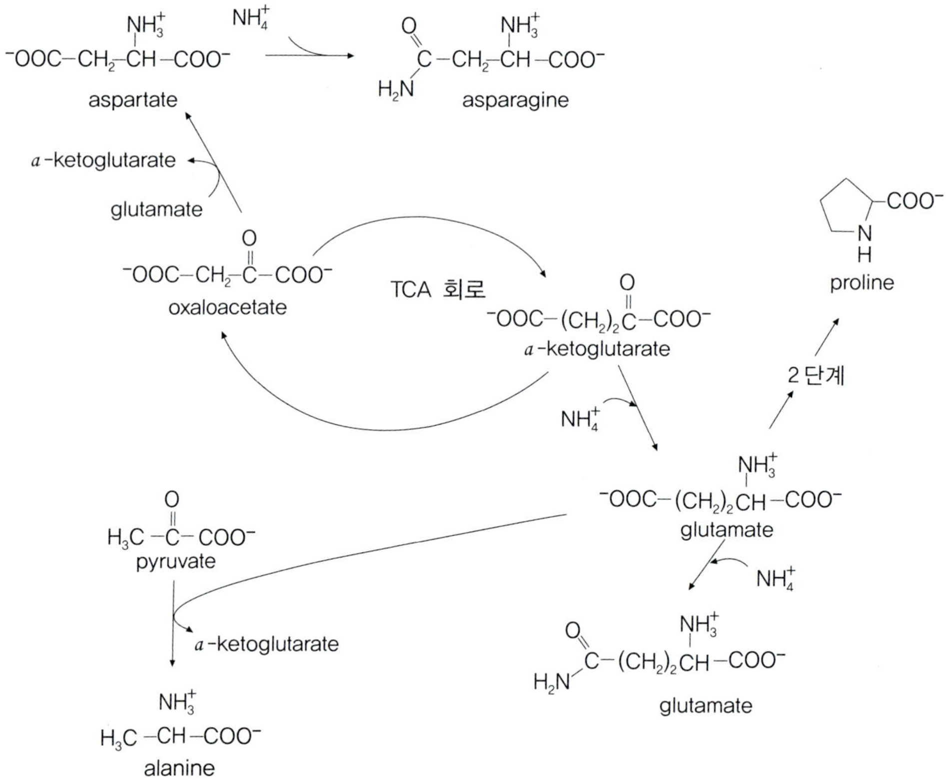

[그림 13-14] 비필수 아미노산 생합성의 개요

1) α-케토글루타르산 계열

α-케토글루타르산은 글루탐산, 글루타민, 프롤린, 아르지닌의 전구물질이다.

글루탐산은 글루탐산 탈수소효소(glutamate dehydrogenase)에 의해 α-케토글루타르산으로부터 합성되며, 글루타민은 글루타민 합성효소(glutamine synthetase)에 의해 ATP를 사용하여 글루탐산과 암모니아로부터 합성된다. 프롤린은 글루탐산의 고리화 유도체로 글루탐산의 고리화 반응과 환원반응을 통해 합성된다. 아르지닌은 글루탐산으로부터 N-아세틸글루탐산과 요소 회로의 오르니틴, 시트룰린, 아르지니노숙신산 등을 거쳐 합성된다.

2) 3-포스포글리세르산 계열

3-포스포글리세르산은 세린, 글라이신과 시스테인의 전구물질이다.

해당과정의 중간물질인 3-포스포글리세르산은 포스포글리세르산 탈수소효소(phosphoglycerate dehydrogenase)에 의해 3-포스포하이드록시피루브산(3-phosphohydroxypyruvate)으로 전환되고 다시 포스포세린 아미노기 전이효소(phosphoserine aminotransferase)에 의해 3-포스포세린(3-phosphoserine)으로 형성된 다음, 포스포세린 탈인산화효소(phosphoserine phosphatase)에 의해 가수분해되어 세린을 생성한다.

세린은 글라이신과 시스테인의 전구물질이다. 글라이신은 조효소로 PLP를 사용하여 세린 하이드록시메틸기 전이효소(serine hydroxymethyltransferase)에 의해 세린으로부터 하이드록시메틸기가 제거되어 형성된다. 시스테인은 조효소로 PLP를 사용하여 세린과 호모시스테인(homocysteine)으로부터 합성된다.

3) 피루브산 계열

피루브산은 알라닌과 필수 아미노산인 발린, 류신과 아이소류신의 전구물질이다.

알라닌은 알라닌 아미노전이효소(alanine aminotransferase, ALT)에 의해 피루브산과 글루탐산으로부터 합성된다.

4) 옥살로아세트산 계열

옥살로아세트산은 아스파트산, 아스파라진 그리고 필수 아미노산인 라이신, 메티오닌과 트레오닌의 전구물질이다.

아스파트산은 아스파트산 아미노전이효소(aspartate aminotransferase, AST)에 의해 아스파트산과 글루탐산으로부터 합성된다. 아스파라진은 아스파라진 합성효소(asparagine synthetase)에 의해 ATP가 AMP와 파이로인산으로 분해되면서 아스파트산이 글루타민으로부터 암모니아를 제공받아 합성된다.

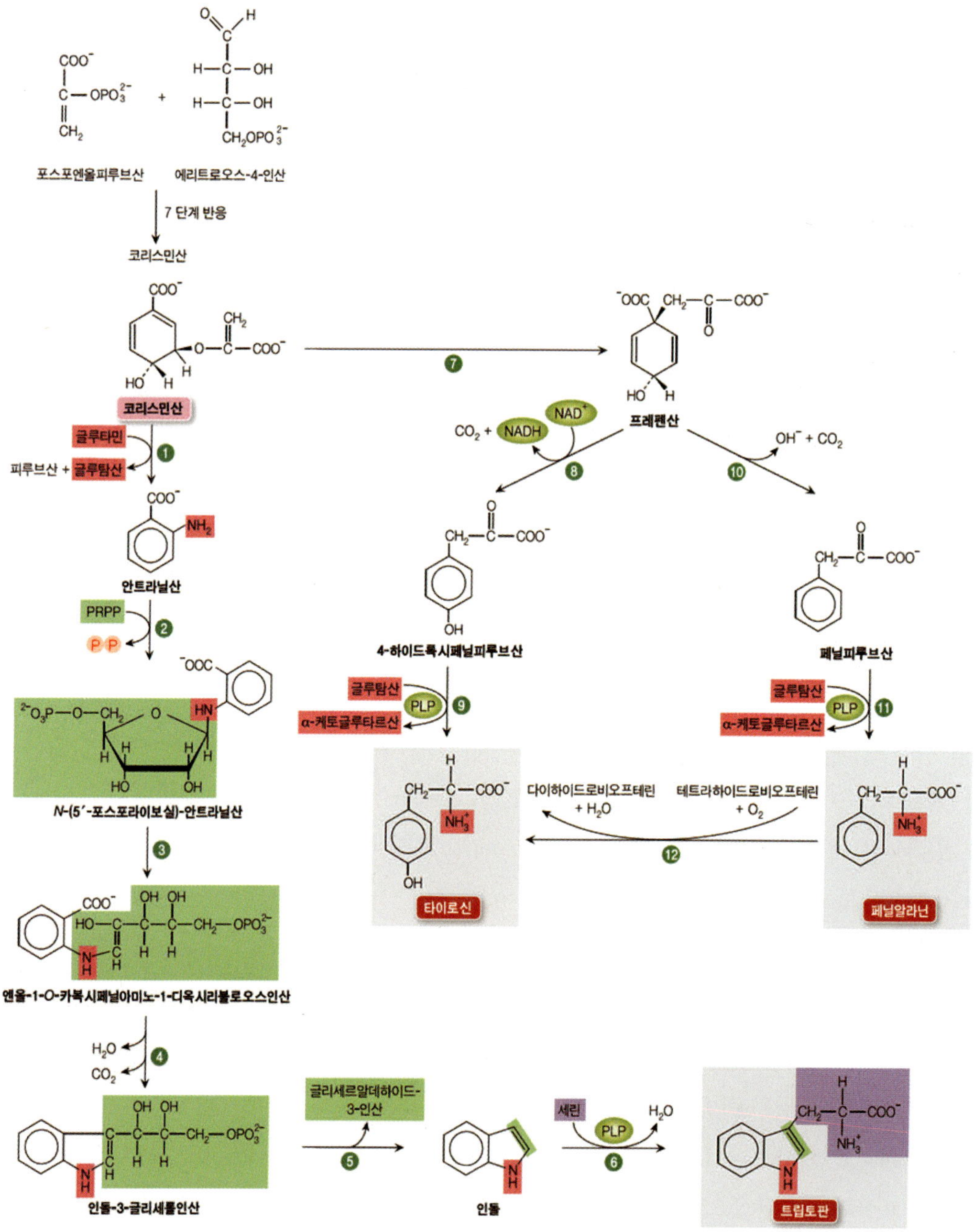

[그림 13-15] 페닐알라닌, 타이로신과 트립토판의 생합성

5) 포스포엔올피루브산과 에리트로오스-4-인산 계열

포스포엔올피루브산과 에리트로오스-4-인산은 방향족 아미노산인 페닐알라닌, 타이로신과 트립토판의 전구물질이다.

해당과정의 중간물질인 포스포엔올피루브산과 오탄당인산 경로의 중간물질인 에리트로오스-4-인산은 축합반응을 시작으로 여러 단계를 거쳐 방향족 아미노산 합성 경로의 분기점인 코리슴산(chorismate)을 합성한 다음, 프레펜산(prephenate)을 통해 2단계를 거쳐 각각 페닐알라닌과 타이로신을 합성하고 안트라닐산(anthranilate)을 통해 여러 단계를 거쳐 트립토판을 합성한다.

6) 라이보오스-5-인산 계열

라이보오스-5-인산은 준필수 아미노산인 히스티딘의 전구물질이다.

히스티딘은 5′-포스포리보실-1′-파이로인산(5′-phosphoribosyl-1′-pyrophosphate, PRPP), ATP의 퓨린(purine) 고리, 글루타민으로부터 속도 조절 단계인 ATP 포스포리보실 전이효소(ATP phosphoribosyl transferase)에 의한 PRPP와 ATP의 축합반응을 시작으로 여러 단계를 거쳐 합성된다. PRPP는 트립토판, 퓨린 및 피리미딘 뉴클레오타이드 생합성에도 관여한다.

4. 헴 대사

헴(heme)은 철을 함유한 포르피린(porphyrin)으로 포르피린은 4개의 피롤(pyrrole) 고리가 연결된 고리화합물이다. 헴은 헤모글로빈, 마이오글로빈, 사이토크롬, 카탈레이스 등의 헴단백질에 단단하게 결합되어 있는 구성 성분이다.

1) 헴 분해

헴단백질의 헴은 대식세포에서 헴 산화효소계(heme oxygenase system)에 의해 분해된다. 헴 분해의 첫 번째 단계는 헴 산화효소계(heme oxygenase system)에 의해 조효소로 NADPH를 사용하고 O_2의 존재하에 OH기가 첨가되고 Fe^{2+}는 Fe^{3+}로 산화된다. 다시 헴 산화효소계(heme oxygenase system)에 의한 두 번째 산화로 포르피린 고리가 분해되고 Fe^{3+}와 CO가 떨어져 나오면서 초록색의 빌리버딘(biliverdin)을 생성한다. 빌리버딘은 빌리버딘 환원효소(biliverdin reductase)에 의해 NADPH를 사용하여 적황색의 빌리루빈(bilirubin)으로 환원된다. 빌리루빈은 운반체인 알부민과 결합, 빌리루빈-알부민 복합체를 형성하여 혈액을 통해 간으로 운반된다. 간으로 들어간 빌리루빈은 빌리루빈 글루쿠로닐 전이효소(bilirubin glucuronyl transferase)에 의해 2분자의 글루쿠론산(glucuronate)이 빌리루빈에 첨가되어 담즙 색소인 빌리루빈 다이글루쿠로나이드(bilirubin diglucuronide)를 생성한다.

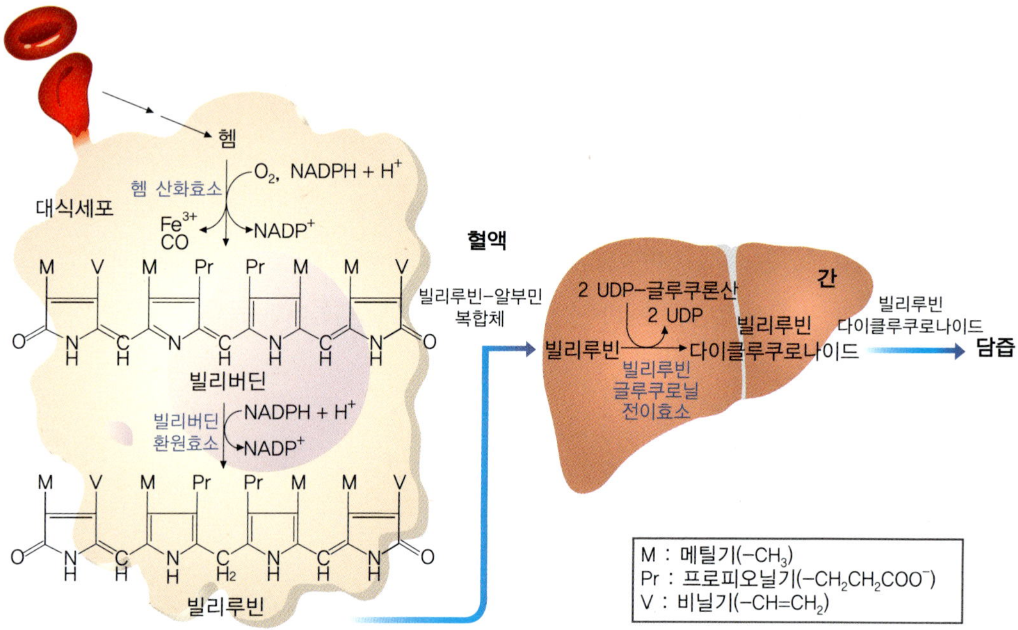

[그림 13-16] 헴의 분해

2) 헴 생합성

간은 헴의 주요 생합성 장소로서 많은 헴 단백질을 합성한다. 골수에서 적혈구세포는 헤모글로빈 합성을 활성화하며, 헴의 합성 속도는 단백질인 글로빈 합성 속도에 맞추어 진행된다. 헴은 간에서 포르피린 생합성으로부터 시작한다.

포르피린 생합성의 첫 번째 단계는 미토콘드리아에서 δ-아미노레불린산 합성효소(d-

[그림 13-17] 헴의 생합성

aminolevulinic acid synthase)에 의한 숙시닐-CoA와 글라이신의 축합반응으로 δ-아미노레불린산(δ-aminolevulinic acid, ALA)을 형성한다. 이 반응은 조효소로 PLP를 필요로 하며 포르피린 생합성의 속도 조절 단계이다. 헴의 Fe^{2+}가 Fe^{3+}로 산화된 헤민(hemin)은 ALA 합성효소의 저해인자이다.

생성된 ALA는 미토콘드리아로부터 세포질로 이동한 후 세포질에서 2분자의 ALA는 ALA 탈수효소(ALA dehydratase)에 의해 포르포빌리노젠(porphobilinogen)으로 전환된다. 4분자의 포르포빌리노젠은 포르포빌리노젠 탈아미노효소(porphobilinogen deaminase)에 의해 하이드록시메틸 빌란(hydroxymethyl bilane)으로 전환된 다음 우로포르피리노젠 III 합성효소(uroporphyrinogen III synthase)에 의한 이성질화 및 고리화 반응으로 우로포르피리노젠 III(uroporphyrinogen III)를 생성한다. 우로포르피리노젠 III는 우로포르피리노젠 III 탈카복실화효소(uroporphyrinogen III decarboxylase)에 의한 탈카복실화 반응으로 코프로포르피리노젠 III(coproporphyrinogen III)를 생성한다. 코프로포르피리노젠 III는 세포질로부터 미토콘드리아로 들어가서 코프로포르피리노젠 III 산화효소(coproporphyrinogen III oxidase)에 의해 프로토포르피리노젠 IX(protoporphyrinogen IX)를 생성한 다음, 프로토포르피리노젠 IX 산화효소(protoporphyrinogen IX oxidase)에 의해 프로토포르피린 IX(protoporphyrin IX)를 생성한다. 프로토포르피린 IX은 페로킬로테이스(ferrochelatase)에 의해 Fe^{2+}가 첨가되어 최종적으로 헴을 생성한다.

포르피린증(porphyria)은 체내에서 포르핀 생합성 경로 효소들이 유전적 결손으로 인한 결함 및 부족으로 헴 합성 관련 중간물질들이 간이나 적혈구에 축적되어 생기는 질환으로 빈혈, 신경 또는 피부 합병증을 나타낸다.

연습문제

1. 다음과 같은 반응을 촉매하는 효소와 조효소는?

아미노산$_1$ + α-케토산$_2$ ⇌ α-케토산$_1$ + 아미노산$_2$

① amino acid dehydrogenase, NAD
② amino acid decarboxylase, PLP
③ glutaminase, biotin
④ amino acid oxidase, PLP
⑤ aminotransferase, PLP

2. 인체에서 단백질 분해 대사의 최종 생성물질은?

① ammonia ② amino acid
③ uric acid ④ urea
⑤ ammonium ion

3. 아미노기 전달반응(transamination)에서 피루브산(pyruvate)을 생성하는 아미노산은?

① aspartate ② arginine
③ glutamate ④ alanine
⑤ asparagine

4. 요소(urea)의 두 번째 질소 공급원으로 옳은 것은?

① arginine ② aspartate
③ ammonia ④ fumarate
⑤ carbamoyl-ⓟ

5. 케톤생성형(ketogenic) 아미노산으로 당신생의 기질이 될 수 없는 아미노산은?

① alanine ② arginine
③ aspartate ④ leucine
⑤ glutamate

6. 요소 회로에 관한 설명 중 옳은 것은?

① histidine이 중간체로 작용한다.
② 미토콘드리아 내에서만 일어난다.
③ 암모니아는 배설을 위해 요소로 전환된다.
④ 요소를 분해하여 에너지로 이용한다.
⑤ 요소 회로는 척추동물, 조류, 양서류 등 모든 동물에서 일어난다.

7. 요소 회로에서 요소 1분자 합성에 필요한 암모니아와 ATP 분자 수로 각각 옳은 것은?

① 1, 1 ② 1, 2 ③ 1, 3
④ 2, 3 ⑤ 2, 4

8. 아미노산의 탈탄산반응 생성물은?

① 암모니아 ② 아민
③ α-케토산 ④ 아미노기
⑤ 요소

9. 요소 회로 중에 미토콘드리아에서 일어나는 반응으로 옳은 것은?

① arginine → ornithine + urea
② fumarate → malate
③ citrulline + aspartate → argininosuccinate
④ oxaloacetate + glutamate → aspartate + α-ketoglutarate
⑤ carbamoyl phosphate + ornithine → citrulline

10. 생체 내에서 페닐알라닌(phenylalanine)으로부터 합성되는 물질이 아닌 것은?

① epiephrine ② norepiephrine
③ serotonin ④ thyroxine
⑤ melanin

11. 메티오닌(methionine)의 분해 생성물이 아닌 것은?

① S-adenosyl methionine ② homocysteine
③ cystathionine ④ cysteine
⑤ tyrosine

12. 세린(serine)의 전구체로 만들어지는 아미노산은?

① aspartate ② glutamate
③ glycine ④ alanine
⑤ proline

13. 체내 대사과정에서 메틸기($-CH_3$)를 공급하는 활성화된 중간물질은?

① S-adenosylmethionine ② glutathione
③ glycine ④ choline
⑤ hemoglobin

14. 근육에서 탈아미노반응(deamination)으로 생성된 암모니아를 간으로 운반하는 데 이용되는 대사 경로는?

① 해당과정 ② TCA 회로
③ 코리 회로 ④ 오탄당 경로
⑤ 포도당-알라닌 회로

15. 시스테인(cysteine) 합성에 탄소골격을 공급하는 아미노산은?

① aspartate ② serine
③ valine ④ tyrosine
⑤ phenylalanine

정답: 1 ⑤ 2 ④ 3 ④ 4 ② 5 ④
6 ③ 7 ⑤ 8 ② 9 ⑤ 10 ③
11 ⑤ 12 ③ 13 ① 14 ⑤ 15 ②

chapter 14

뉴클레오타이드 대사와 핵산

Nucleotide metabolism and nucleic acid

1869년 스웨덴의 미세르(Friedrick Miescher)는 백혈구세포의 핵으로부터 추출한 산성물질(nuclein)을 핵산(nucleic acid)이라 명명하였다. 핵산은 생물체의 모든 유전 정보를 가지고 있는 고분자물질로 기본 단위체인 뉴클레오타이드(nucleotide)로 구성된 중합체 화합물이다. 뉴클레오타이드는 핵산인 DNA(deoxyribonucleic acid)와 RNA(ribonucleic acid)의 기본 단위 이외에도 세포 내에서 호르몬이나 외부 자극에 대한 신호 반응, 에너지 운반체, 조효소와 대사 중간체의 구성 성분 등 다양한 대사 반응에 관여한다.

이 장에서는 핵산과 뉴클레오타이드의 구조, 생합성과 분해 등 대사뿐만 아니라 DNA와 RNA의 화학과 구조도 함께 설명하고자 한다.

1. 뉴클레오타이드의 구조

뉴클레오타이드는 DNA와 RNA의 기본 골격을 구성하는 단위체로 DNA와 RNA는 뉴클레오타이드가 연속적으로 결합한 고분자의 중합체(polymer)이다. 또한, 뉴클레오타이드는 핵산의 구조 성분 이외에도 NAD^+, FAD 및 CoA 등 많은 조효소의 구성 성분이며, 에너지를 저장하고 전달하는 에너지 운반체인 ATP(adenosine triphosphate), 호르몬 또는 세포의 신호 분자로 작용하는 화학 신호 전달물질인 cAMP와 cGMP도 뉴클레오타이드이다. 뉴클레오타이드는 질소염기, 오탄당 그리고 인산으로 구성되어 있다.

1) 염기

뉴클레오타이드는 질소를 함유한 염기를 가지고 있으며, 질소 염기는 구조적으로 퓨린(purine) 염기와 피리미딘(pyrimidine) 염기로 구분된다. 퓨린 염기에는 아데닌(adenine, A)과 구아닌(guanine, G)이 있고, 피리미딘 염기에는 시토신(cytosine, C), 티민(thymine, T) 및 유라실(uracil, U)이 있다(그림 14-1).

DNA는 퓨린 염기로 아데닌과 구아닌을, 피리미딘 염기로는 티민 및 시토신을 가지고 있다. RNA는 퓨린 염기로 아데닌과 구아닌, 피리미딘 염기로는 시토신 및 유라실을 가지고 있다. 티민은 오직 DNA, 유라실은 RNA에만 있다.

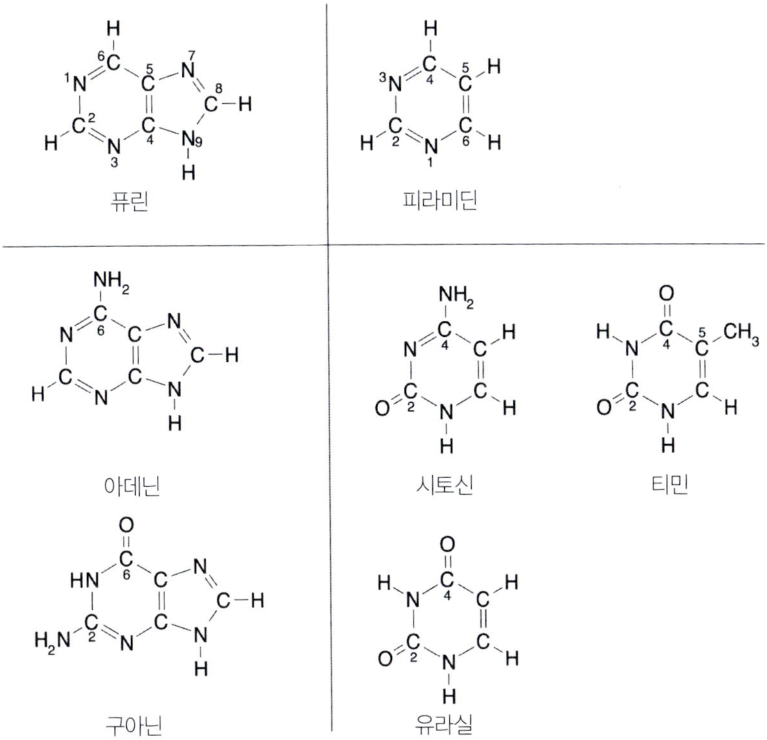

[그림 14-1] 퓨린과 피리미딘 염기

2) 오탄당

뉴클레오타이드에서 오탄당은 D-라이보오스(D-ribose)와 D-2-디옥시라이보오스(D-2-deoxyribose) 등 2종류가 있으며, RNA는 D-라이보오스를, DNA는 D-2-디옥시라이보오스를 가진다. D-2-디옥시라이보오스는 D-라이보오스의 두 번째 탄소(C-2) 위치의 OH기 대신에 수소(H)가 들어간 구조이다.

[그림 14-2] RNA와 DNA의 오탄당

3) 뉴클레오사이드

뉴클레오사이드(nucleoside)는 오탄당, 즉 라이보오스나 디옥시라이보오스에 염기가 연결된 화합물로 뉴클레오타이드의 구성 성분 중 인산기가 없는 화합물이다. 뉴클레오사이드는 오탄당의 1번 탄소에 염기의 질소가 N-글라이코사이드 결합(N-glycosidic bond)으로 연결된 구조이다. 퓨린 뉴클레오사이드와 피리미딘 뉴클레오사이드는 접미사를 각각 -오신(-osine)과 -이딘(-idine)을 사용하여 명명한다.

RNA를 구성하는 뉴클레오사이드인 라이보뉴클레오사이드(ribonucleoside)에는 퓨린 뉴클레오사이드인 아데노신(adenosine), 구아노신(guanosine)이 있고 피리미딘 뉴클레오사이드로에는 시티딘(cytidine) 및 유리딘(uridine)이 있다(그림 14-3).

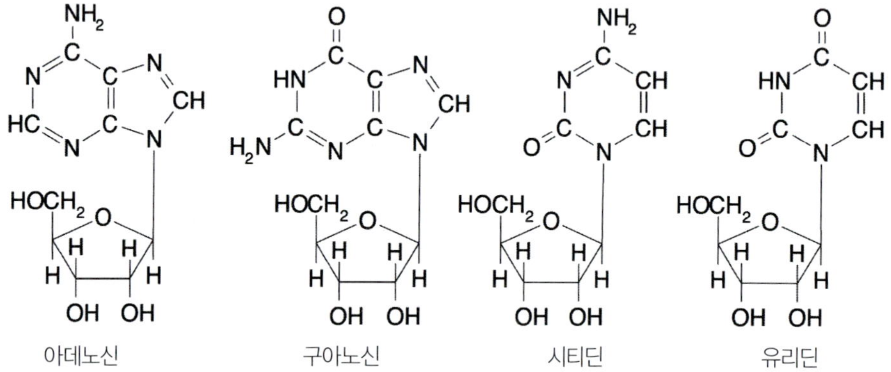

[그림 14-3] 라이보뉴클레오사이드의 종류

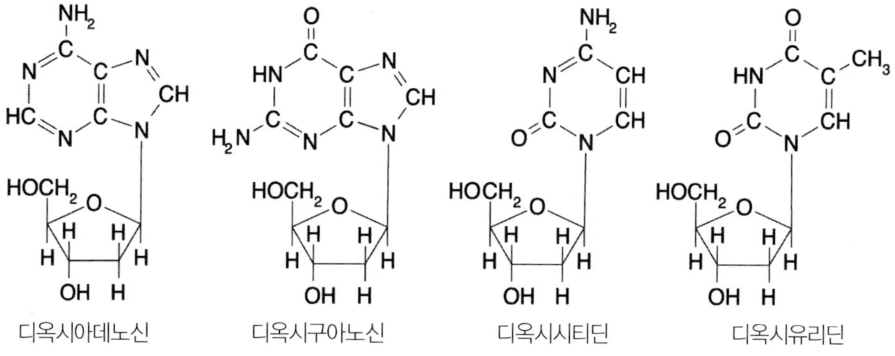

[그림 14-4] 디옥시라이보뉴클레오사이드의 종류

DNA를 구성하는 뉴클레오사이드인 디옥시라이보뉴클레오사이드(deoxyribonucleoside)에는 퓨린 뉴클레오사이드인 디옥시아데노신(deoxyadenosine), 디옥시구아노신(deoxyguanosine) 그리고 피리미딘 뉴클레오사이드에는 디옥시시티딘(deoxycytidine) 및 디옥시타이미딘(deoxythymidine)이 있다(그림 14-4).

디옥시유리딘(deoxyuridine)은 유라실이 보통 라이보오스에 결합되어 유리딘을 형성하기 때문에 DNA에서는 발견되지 않는다.

4) 뉴클레오타이드

뉴클레오타이드(nucleotide)는 뉴클레오사이드 오탄당의 5′-OH기와 인산기가 에스터 결합으로 형성된 뉴클레오사이드 인산 에스터 화합물이다. 인산기는 뉴클레오사이드에 탈수되면서 1개에서 3개까지 결합할 수 있다.

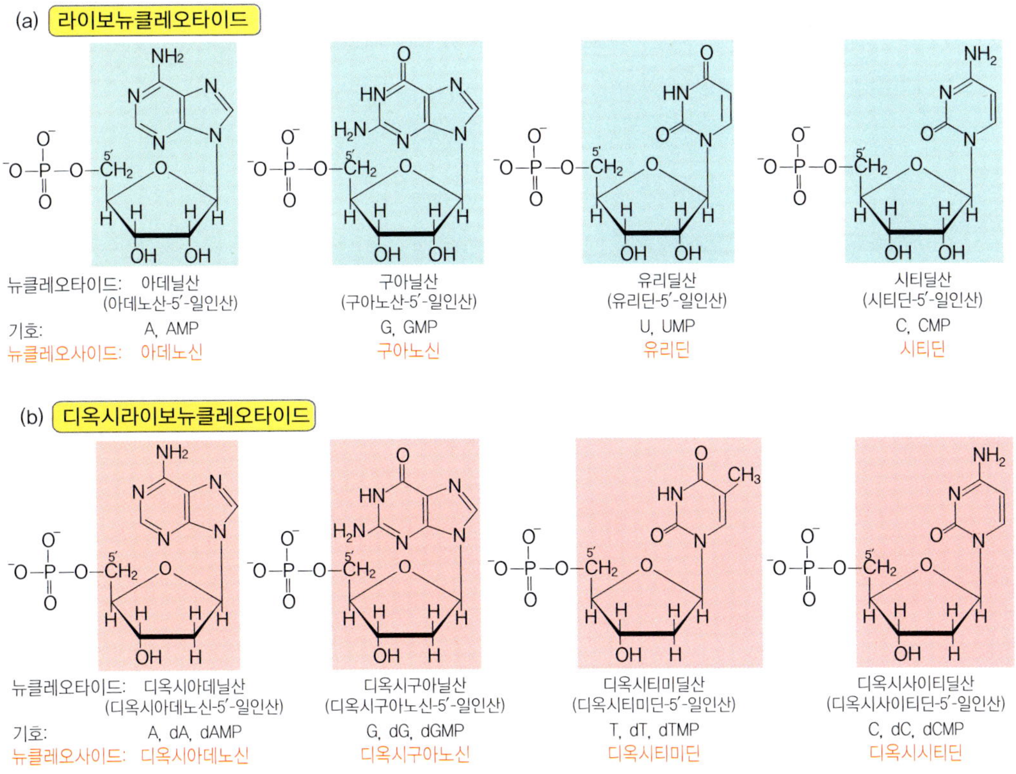

[그림 14-5] 뉴클레오타이드의 구조

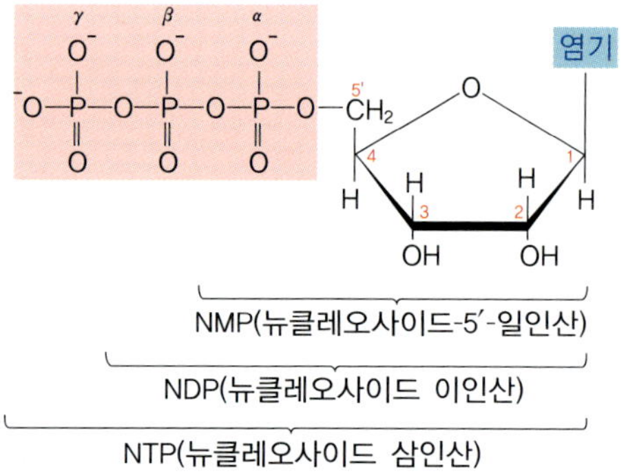

[그림 14-6] 뉴클레오사이드 인산의 구조

퓨린 뉴클레오타이드는 RNA의 아데닐산(adenylate, adenosine-5′-monophosphate, AMP), 구아닐산(guanylate, guanosine-5′-monophosphate, GMP) 그리고 DNA의 디옥시아데닐산(deoxyadenylate, deoxyadenosine-5′-monophosphate, dAMP), 디옥시구아닐산(deoxyguanylate, deoxyguanosine-5′-monophosphate, dGMP)이 있다. 피리미딘 뉴클레오타이드는 RNA의 시티딜산(cytidylate, cytidine-5′-monophosphate, CMP), 유리딜산(uridylate, uridine-5′-monophosphate, UMP) 그리고 DNA의 디옥시시티딜산(deoxycytidylate, deoxycytidine-5′-monophosphate, dCMP), 디옥시티미딜산(deoxythymidylate, deoxythymidine-5′-monophosphate, dTMP)이 있다.

인산기 3개의 뉴클레오사이드-5′-삼인산(nucleoside-5′-triphosphate, NTP)은 에너지 대사나 저장에서 에너지 공급원 및 운반체 역할을 한다.

〈표 14-1〉 뉴클레오사이드와 뉴클레오타이드의 종류

염기		뉴클레오사이드	뉴클레오타이드	핵산
퓨린	아데닌	아데노신	AMP, ADP, ATP	RNA
		디옥시아데노신	dAMP, dADP, dATP	DNA
	구아닌	구아노신	GMP, GDP, GTP	RNA
		디옥시구아노신	dGMP, dGDP, dGTP	DNA
피리미딘	시토신	시티딘	CMP, CDP, CTP	RNA
		디옥시시티딘	dCMP, dCDP, dCTP	DNA
	티민	디옥시티미딘	dTMP, dTDP, dTTP	DNA
	유라실	유리딘	UMP, UDP, UTP	RNA
		디옥시유리딘	dUMP, dUDP, dUTP	DNA

5) 인산다이에스터 결합

뉴클레오타이드는 오탄당의 5′-OH기에 인산기가 결합한 에스터(ester) 결합인데 인산다이에스터(phophodiester) 결합은 인산기가 두 개의 오탄당과 결합한 것으로 첫 번째 에스터는 한 오탄당의 3′-탄소에, 두 번째 에스터는 다른 오탄당의 5′-탄소에 결합된 것이다. DNA와 RNA의 뉴클레오타이드 잔기들은 한 뉴클레오타이드 단위의 5′-인산기가 다음 뉴클레오타이드 단위의 3′-OH기에 연결된 3′,5′-인산다이에스터 결합으로 연결되어 있다.

DNA와 RNA의 염기는 왼쪽의 5′-말단으로부터 시작하여 오른쪽의 3′-말단으로 배열되어 있어 인산다이에스터 결합은 5′→ 3′ 방향으로 연결되는 방향성을 나타낸다.

알칼리 조건에서 RNA는 오탄당의 2′-OH기가 알칼리와 반응하여 신속하게 분해되지만 DNA는 2′-OH기가 없어 비교적 안정하다.

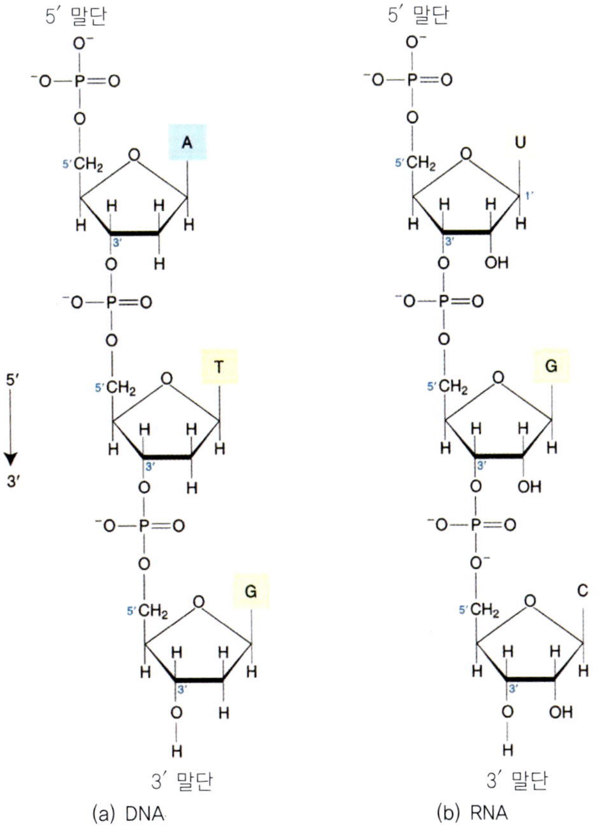

[그림 14-7] DNA(a)와 RNA(b)의 인산다이에스터 결합

2. 뉴클레오타이드 대사

1) 뉴클레오타이드 생합성

뉴클레오타이드는 모든 세포에서 DNA와 RNA의 기본 단위체, 에너지원(ATP, GTP), 2차 전령(cAMP, cGMP), 조효소의 구성 성분(NAD^+, FAD, CoA) 그리고 대사 중간물질(SAM, UDP-glucose, CDP-diacylglycerol) 등 다양한 생화학적 작용을 한다.

세포에서 뉴클레오타이드의 생합성 경로는 신생 경로(de novo pathway)와 구제 경로(salvage pathway)의 두 가지가 있다. 신생 경로는 아미노산, 라이보오스-5-인산, CO_2와 NH_3 등의 대사 전구물질들로부터 시작하는 경로이다. 구제 경로는 DNA와 RNA의 분해로부터 방출된 유리 염기와 뉴클레오사이드를 재사용하는 경로이다.

(1) 퓨린 뉴클레오타이드 생합성

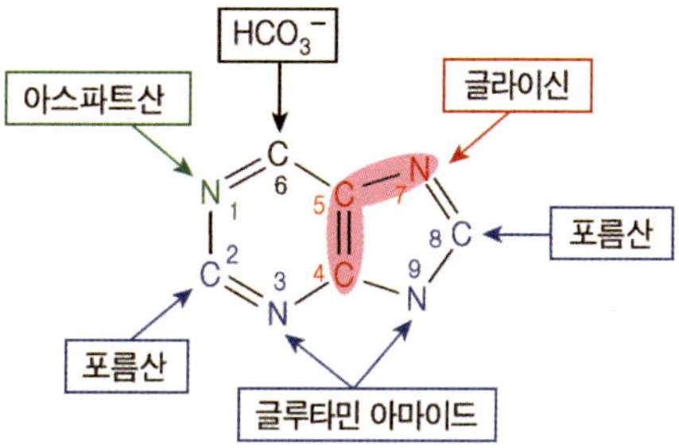

[그림 14-8] 퓨린 고리 원자의 기원

퓨린 고리는 신생 경로를 통해 아스파트산, 포름산(N_{10}-formyl THF), 글라이신, 글루타민 그리고 CO_2(HCO_3^-)로부터 합성되며, 퓨린 고리의 N-1은 아스파트산, C-2와 C-8은 포름산, C-4, C-5와 N-7은 글라이신, N-3과 N-9는 글루타민 아마이드 그리고 C-6은 CO_2로부터 유래한다.

❶ 이노신 일인산(IMP) 생합성

이노신 일인산(inosine monophosphate, IMP)의 생합성은 신생 경로의 여러 단계의 효소 반응을 통해 일어나며, 라이보오스-5-인산의 활성화로부터 시작한다. 첫 단계는 라이보오스 5-인산은 라이보오스 5-인산 파이로인산 인산화효소(ribose 5-phosphate pyrophosphokinase)에 의해 인산화되어 5′-인산라이보실 1′-피로인산(5-phosphoribosyl-1-pyrophosphate, PRPP)을 생성한다. PRPP는 퓨린 이외에도 피리미딘 그리고 히스티딘과 트립토판의 생합성에서도 전구물질로 사용된다.

여러 퓨린 고리의 C-4, C-5, N-7, C-8, N-3 형성반응 중간 단계를 거친 후, IMP 생합성 경로의 마지막 반응은 IMP 고리화 가수분해효소(IMP cyclohydrolase)에 의해 고리가 닫히면서 IMP를 형성한다.

❷ 아데닐산(AMP)과 구아닐산(GMP) 생합성

아데닐산(AMP)은 IMP로부터 두 단계의 효소 반응을 통해 전환된다. 먼저, 아데닐로숙신산 합성효소(adenylosuccinate synthase)에 의해 IMP는 아스파트산과 축합하여 아데닐로숙신산을 합성한 다음, 아데닐로숙신산 분해효소(adenylosuccinate lyase)에 의해 아데닐로숙신산을 분해하여 푸마르산을 제거하여 AMP를 생성한다.

구아닐산(GMP)도 AMP처럼, IMP로부터 두 단계의 효소 반응을 통해 전환된다. IMP는 IMP 탈수소효소(IMP dehydrogenase)에 의해 산화되어 잔토신 일인산(xanthosine monophosphate, XMP)을 생성한 다음, XMP는 XMP 글루타민 아미도전이효소(XMP glutamine amidotransferase)에 의해 GMP로 전환된다.

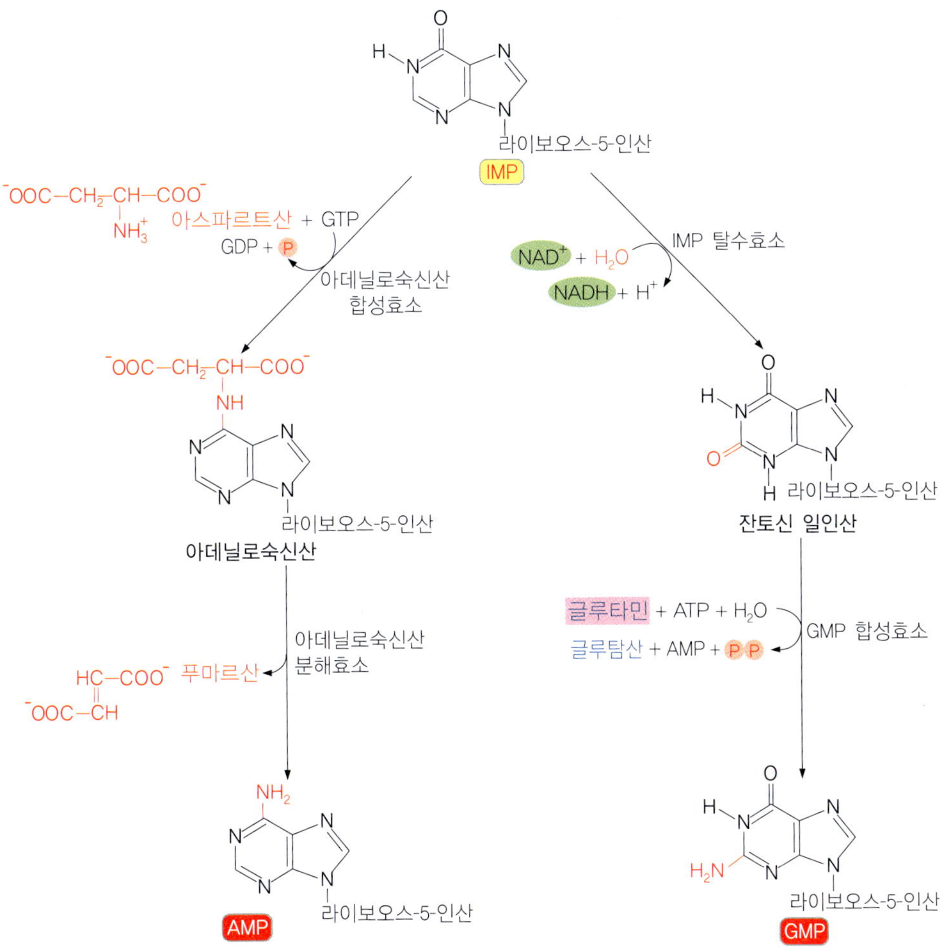

[그림 14-9] IMP로부터 AMP와 GMP의 생합성

❸ 퓨린 뉴클레오타이드 생합성의 구제 경로

DNA와 RNA의 분해로부터 생성된 유리 퓨린 염기는 구제 경로를 통해 뉴클레오타이드로 다시 전환된다.

퓨린 염기의 뉴클레오타이드 전환에서는 아데닌 포스포라이보실 전달효소(adenine phosphoribosyl transferase, APRT)와 하이포잔틴-구아닌 포스포라이보실 전달효소(hypoxanthine-guanine phosphoribosyl transferase, HGPRT)가 관여한다.

APRT는 아데닌을 PRPP에 전달하여 AMP를 합성한다. HGPRT는 각각 하이포잔틴과 구아닌을 PRPP에 전달하여 IMP와 GMP를 합성하며, 이들 반응에서 생성된 파이로인산(PP_i, P P)의 가수분해는 반응을 비가역적으로 진행시킨다.

$$\text{adenine} + \text{PRPP} \xrightarrow{\text{APRT}} \text{AMP} + \text{P P}$$

$$\text{hypoxanthine} + \text{PRPP} \xrightarrow{\text{HGPRT}} \text{IMP} + \text{P P}$$

$$\text{guanine} + \text{PRPP} \xrightarrow{\text{HGPRT}} \text{GMP} + \text{P P}$$

❹ 퓨린 뉴클레오타이드 생합성의 조절

퓨린 뉴클레오타이드 생합성 경로에서 라이보오스-5-인산을 활성화시키는 PRPP 합성효소(PRPP synthetase)는 ADP와 GDP에 의해 억제된다. IMP 경로의 첫 번째 비가역 반응을 촉매하는 글루타민 PRPP 아미도전이효소(glutamine PRPP amidotransferase)는 속도 조절 단계를 촉매하는 효소로 최종 생성물인 IMP, AMP, GMP에 의해 되먹임 저해된다.

또 다른 조절 기전은 IMP로부터 AMP와 GMP로의 경로에서 과량의 GMP는 AMP 생합성에는 영향을 주지 않고 IMP 탈수소효소를 억제시켜 IMP로부터 XMP의 합성을 억제한다. 반대로, 과량의 AMP는 GMP 생합성에는 영향을 주지 않고 아데닐로숙신산 합성효소를 억제시켜 IMP로부터 아데닐로숙신산의 합성을 억제한다. 또한, GTP는 IMP로부터 AMP 합성을 촉진하며, ATP는 IMP로부터 GMP 합성을 촉진한다. 따라서, 각각 GTP와 ATP 농도에 따라 증가하는 AMP와 GMP의 합성 속도는 상호의존적 관계이다.

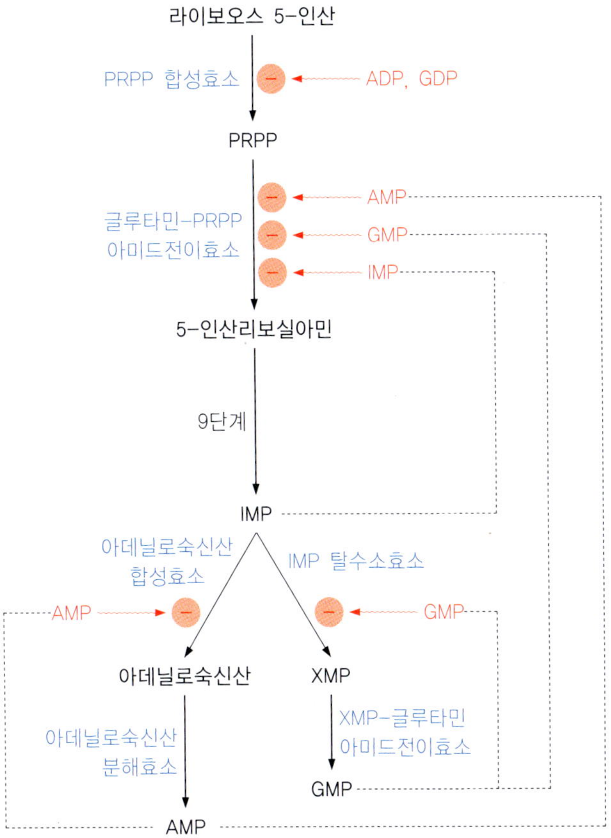

[그림 14-10] 퓨린 뉴클레오타이드 생합성의 조절

(2) 피리미딘 뉴클레오타이드 생합성

피리미딘 뉴클레오타이드 생합성은 퓨린 뉴클레오타이드와는 다르게, 피리미딘 고리가 먼저 합성된 다음 고리에 라이보오스 인산이 결합하여 피리미딘 뉴클레오타이드가 합성된다. 피리미딘 고리는 N-1, C-4, C-5와 C-6는 아스파트산으로부터, C-2는 CO_2로부터, N-3은 글루타민 아마이드로부터 형성된다.

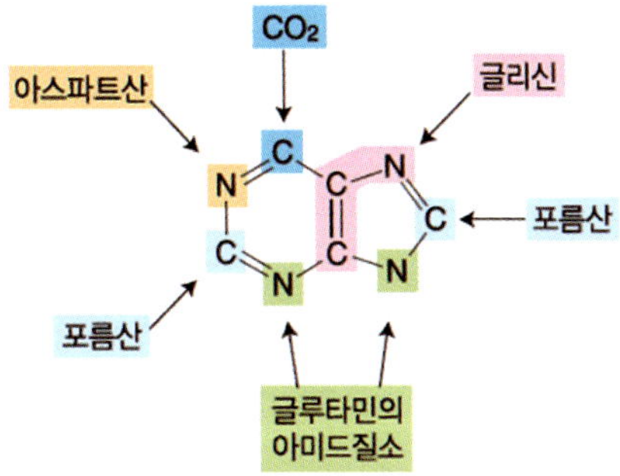

[그림 14-11] 피리미딘 고리 원자의 기원

❶ 유리딘 일인산(UMP) 생합성

(i) 카바모일인산의 합성반응

피리미딘 뉴클레오타이드 생합성의 첫 반응은 글루타민과 CO_2(HCO_3^-)로부터 세포질의 카바모일인산 합성효소 II(carbamoyl phosphate synthetase II, CPS II)에 의하여 카바모일인산을 합성하는 반응이다. 요소 회로에서도 사용되는 카바모일인산은 미토콘드리아의 카바모일인산 합성효소 I(carbamoyl phosphate synthetase I, CPS I)에 의하여 합성된다. 카바모일인산 합성효소 II(CPS II)는 피리미딘 뉴클레오타이드 생합성의 조절효소로 최종 생성물인 UTP에 의해 억제되고 ATP와 PRPP에 의해서는 촉진된다.

이어 오로트산은 PRPP와 반응하여 오로트산 포스포라이보실 전달효소(orotate phosphoribosyl transferase)에 의해 오로티딘-5′-인산(orotidine-5′-monophosphate, OMP)으로 되고 OMP는 OMP 탈카복실화효소(OMP decarboxylase)에 의해 탈카복실화되어 유리딘 일인산(UMP) 또는 유리딜산(uridylate)으로 된다.

❷ UTP와 CTP 생합성

다른 종류의 피리미딘 뉴클레오타이드는 다음 반응을 통해 유리딜산으로부터 만들어진다. 시티딘뉴클레오타이드는 유리딜산에서부터 만들어지지 않고 UTP에서 만들어진다.

UTP는 UMP로부터 뉴클레오사이드 일인산 인산화효소(nucleoside monophosphate kinase)와 뉴클레오사이드 이인산 인산화효소(nucleoside diphosphate kinase)의 순차적인 인산화로 합성된다.

$$\text{UMP} + \text{ATP} \xrightarrow{\text{nucleoside monophosphate kinase}} \text{UDP} + \text{ADP}$$

$$\text{UDP} + \text{ATP} \xrightarrow{\text{nucleoside diphosphate kinase}} \text{UTP} + \text{ADP}$$

CTP는 글루타민과 ATP를 사용하여 CTP 합성효소(CTP synthetase)에 의한 UTP의 아미노화 반응으로 생성된다.

$$\text{UTP} + \text{glutamine} + \text{ATP} + H_2O \xrightarrow{\text{CTP synthetase}} \text{CTP} + \text{glutamate} + \text{ADP} + \text{P}$$

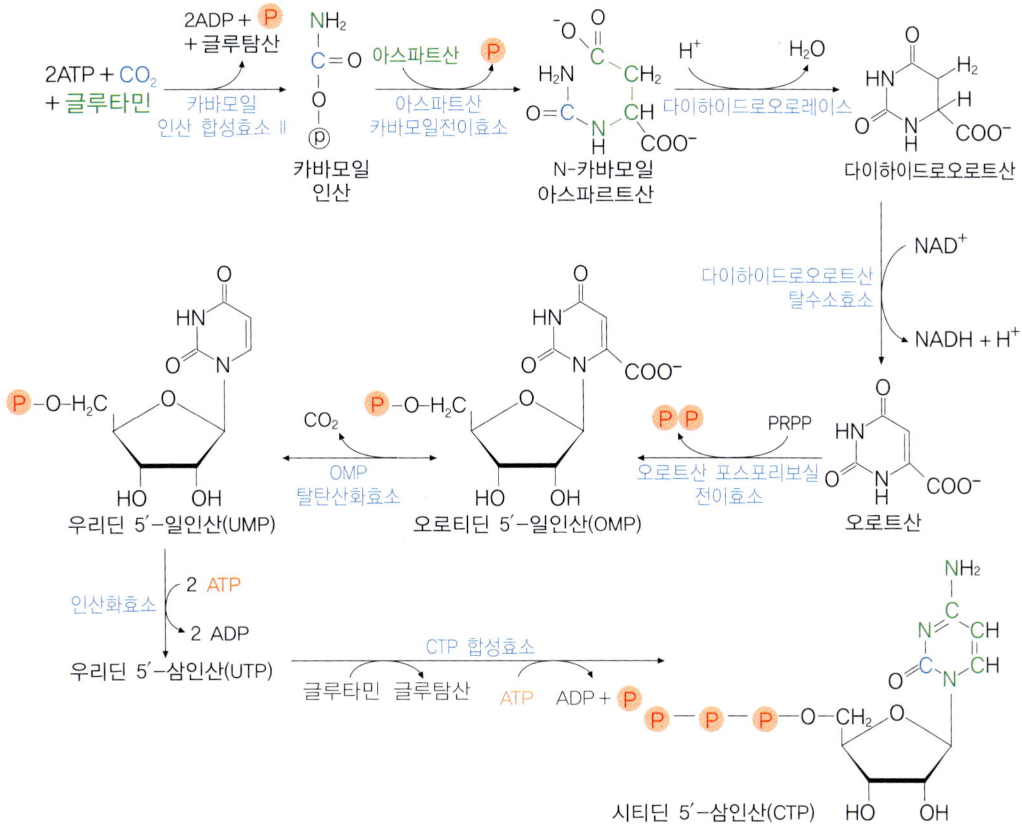

[그림 14-12] 피리미딘 뉴클레오타이드의 생합성 경로

(3) 디옥시라이보뉴클레오타이드 생합성

DNA 합성에 필요한 디옥시라이보뉴클레오타이드(deoxyribonucleotide)는 라이보뉴클레오타이드 환원효소(ribonucleotide reductase)에 의해 라이보뉴클레오타이드라이보뉴클레오타이드로부터 합성된다. 라이보뉴클레오타이드 환원효소는 조효소로 NADPH를 사용하여 라이보뉴클레오사이드 이인산(ribonucleoside diphosphate)을 디옥시라이보뉴클레오타이드로 전환한다.

❶ 티미딜산(dTMP) 생합성

티미딜산(thymidylate, dTMP)은 티미딜산 합성효소(thymidylate synthetase)에 의해 디옥시유리딜산(deoxyuridylate, dUMP)으로부터 N^5, N^{10}-메틸렌-테트라하이드로엽산

(tetrahydrofolate, THF)으로부터 메틸기를 제공받고 테트라하이드로엽산이 다이하이드로엽산(DHF)으로 산화되어 합성된다. 티미딜산 합성효소는 티민 유사체인 5-플루오로유라실(5-fluorouracil)에 의해 억제되고 다이하이드로엽산(DHF)을 다시 테트라하이드로엽산(THF)으로 재생하는 다이하이드로엽산 환원효소(DHF reductase)는 엽산 유사체인 메토트렉세이트(methotrexate)에 의해 억제된다. 티미딜산 합성효소와 다이하이드로엽산 환원효소의 경쟁적 억제제인 5-플루오로유라실과 메토트렉세이트는 dTMP의 생합성을 감소시켜 결국 DNA 생합성을 억제시키는 항암제로 사용된다.

2) 뉴클레오타이드 분해

식이로 섭취한 핵산은 췌장의 핵산 가수분해효소(nuclease)와 소장의 인산다이에스터 가수분해효소(phophodiesterase)에 의해 소장에서 뉴클레오타이드로 분해된다. 뉴클레오타이드는 뉴클레오타이드 가수분해효소(nucleotidase)와 인산가수분해효소(phosphatase)에 의해 소장에서 뉴클레오사이드로 분해된다. 뉴클레오사이드는 뉴클레오사이드 가수분해효소(nucleosidase)와 뉴클레오사이드 가인산분해효소(nucleoside phosphorylase)에 의해 유리 염기와 라이보오스 또는 라이보오스 1-인산으로 분해한다.

$$\text{nucleoside} + H_2O \xrightarrow{\text{nucleosidase}} \text{base} + \text{ribose}$$

$$\text{nucleoside} + \text{Ⓟ} \xrightarrow{\text{nucleoside phosphorylase}} \text{base} + \text{ribose 1-phosphate}$$

(1) 퓨린 뉴클레오타이드 분해

사람을 포함한 영장류, 조류와 파충류의 퓨린 뉴클레오타이드는 최종 분해되어 요산(uric acid)을 생성하여 소변으로 배설된다.

AMP, IMP, XMP와 GMP는 뉴클레오타이드 가수분해효소에 의해 각각 아데노신(adenosine), 이노신(inosine), 잔토신(xanthosine), 구아노신(guanosine)으로 분해된다. 아데노신은 아데노신 탈아미노화효소(adenosine deaminase)에 의해 탈아미노화되어 이노신으로 되고 이노신, 잔토신, 구아노신은 퓨린 뉴클레오사이드 가인산분해효소(purine nucleoside phosphorylase, PNP)에 의해 각각 하이포잔틴(hypoxanthine), 잔틴(xanthine), 구아닌(guanine)으로 가수분해된다.

하이포잔틴과 구아닌은 잔틴 산화효소(xanthine oxidase)와 구아닌 탈아미노화효소(guanine deaminase)에 의해 각각 산화와 탈아미노화되어 잔틴으로 전환된다. 잔틴은 최종적으로 잔틴 산화효소에 의해 요산으로 분해되어 소변으로 배설된다.

대부분의 포유류와 파충류는 요산을 요산 산화효소(uric acid oxidase)에 의해 알란토인(allantoin)으로 더 분해되고 조류는 알란토인을 더 분해하여 요소로 배설한다.

통풍(gout)은 혈액 내 요산 농도의 증가로 일어나는 고요산혈증으로 관절에 요산염 결정이 비정상적으로 침착되기 때문에 염증과 함께 통증을 일으키는 관절염 증상이 나타난다. 이 질환은 하이포잔틴-구아닌 포스포라이보실 전달효소(hypoxanthine-guanine phosphoribosyl transferase, HGPRT)의 유전적 결함과 관련 있는데 HGPRT의 결핍

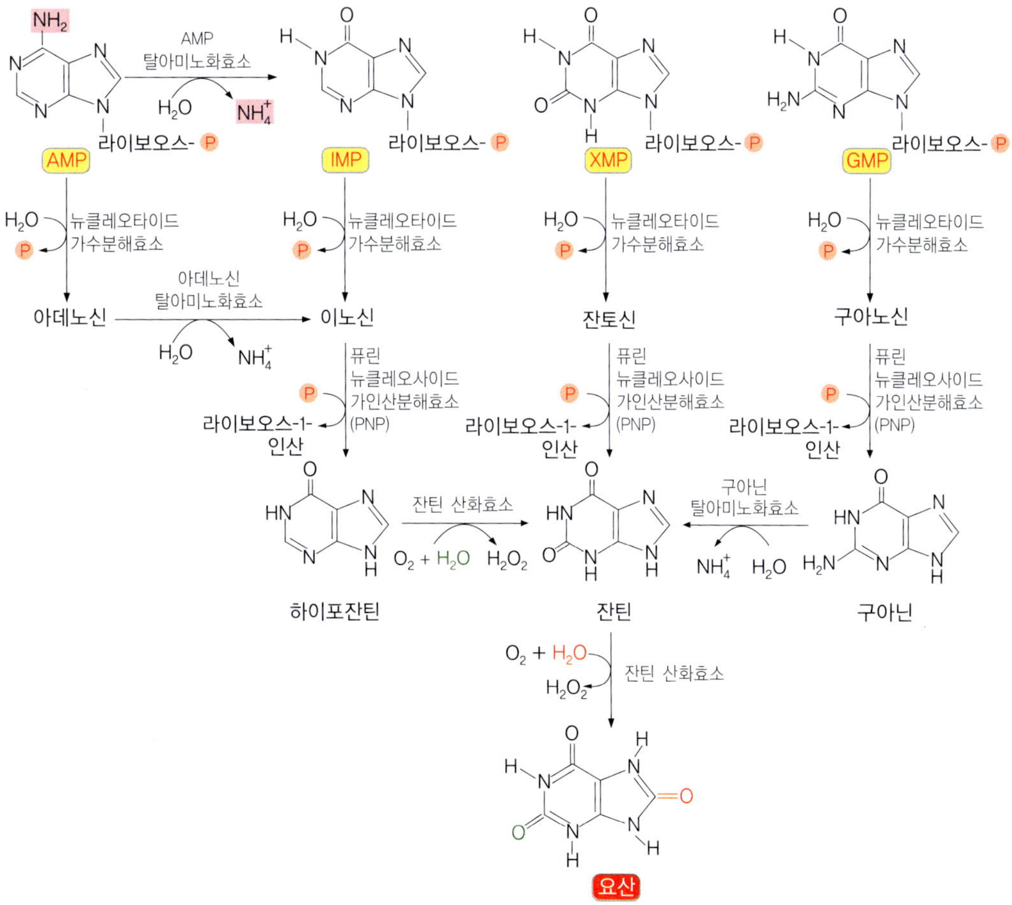

[그림 14-13] 퓨린 뉴클레오타이드의 분해

은 퓨린의 구제 경로를 차단시켜 요산이 과다하게 축적된다. 하이포잔틴 이성질체인 알로퓨리놀(allopurinol)은 통풍 치료제로 사용되는데 알로퓨리놀은 잔틴 산화효소를 억제시켜 요산 농도를 저하시키는 요산합성 저해제로 작용한다.

(2) 피리미딘 뉴클레오타이드 분해

피리미딘 뉴클레오타이드의 분해는 뉴클레오타이드 가수분해효소(nucleotidase)에 의해 시작된다.

CMP, UMP 그리고 dTMP는 뉴클레오타이드 가수분해효소에 의해 각각 시티딘(cytidine), 유리딘(uridine) 및 디옥시티미딘(deoxythymidine)으로 가수분해된다. 시티딘은 시티딘 탈아미노화효소(cytidine deaminase)에 의해 탈아미노화되어 유리딘으로 되고 유리딘과 디옥시티미딘은 유리딘 가인산분해효소(uridine phosphorylase)에 의해 각각 유라실과 티민으로 분해된다. 유라실과 티민은 조효소로 NADPH를 사용하여 다이하이드로유리딘 탈수소효소(dihydrouridine dehydrogenase)에 의해 각각 다

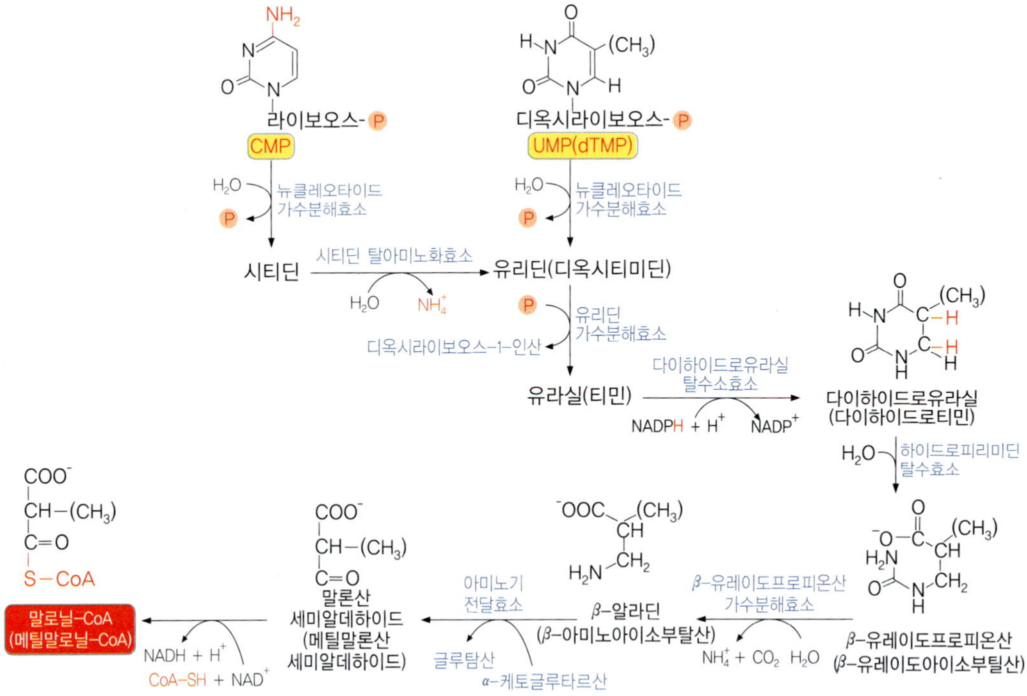

[그림 14-14] 피리미딘 뉴클레오타이드의 분해

이하이드로유라실과 다이하이드로티민으로 환원된 다음, 다이하이드로피리미딘 분해효소(dihydropyrimidinase)에 의해 탈수 및 수화되어 각각 β-알라닌(β-alanine)과 β-아미노아이소부티르산(β-aminoisobutyric acid)으로 전환된다. β-알라닌과 β-아미노아이소부티르산은 아미노기전달효소에 의해 탈아미노화되어 말론산세미알데하이드와 메틸말론산 세미알데하이드로 된 다음 각각 말로닐-CoA(malonyl-CoA)와 메틸말로닐-CoA(methylmalonyl-CoA)를 생성하고 아세틸-CoA 및 숙시닐-CoA(succinyl-CoA)로 전환되어 TCA 회로로 들어가 분해된다(NH_3 + CO_2).

3. 핵산의 구조

DNA와 RNA의 기본 구조는 한 뉴클레오타이드 단위의 5′-인산기가 다음 뉴클레오타이드 단위의 3′-OH기에 연결된 3′,5′-인산다이에스터 결합을 통해 연속적으로 연결되어 있다. DNA는 유전정보를 저장하고 있는 이중나선 구조의 폴리뉴클레오타이드이다. RNA는 유전정보를 전달하는 단일가닥의 폴리뉴클레오타이드로 DNA와 단백질 사이의 연결 역할을 한다.

1) DNA의 구조

DNA는 수백 개의 디옥시라이보뉴클레오타이드 잔기로 구성된 긴 이중나선 구조의 중합체이다. 인체 내 모든 세포의 핵은 DNA를 갖고 있으며, DNA는 각 개체의 생화학적 · 생리학적 및 물리적 특징을 나타낸다. DNA는 염기 배열 순서를 통해 세포의 복제, 성장, 발생 및 정상적인 기능 등에 필요한 단백질, 효소 등을 암호화하는 단위인 유전 코드(genetic code)를 갖고 있다.

DNA의 1차 구조는 폴리뉴클레오타이드의 연결 순서이고 2차 구조는 뉴클레오타이드 상호 간의 염기쌍이며, 3차 구조는 핵 속에서 접혀진 구조이다.

(1) 샤가프 법칙과 X-선 회절 분석

샤가프(Erwin Chargaff)는 서로 다른 생물체의 DNA 염기 성분(mole %)은 종마다 다

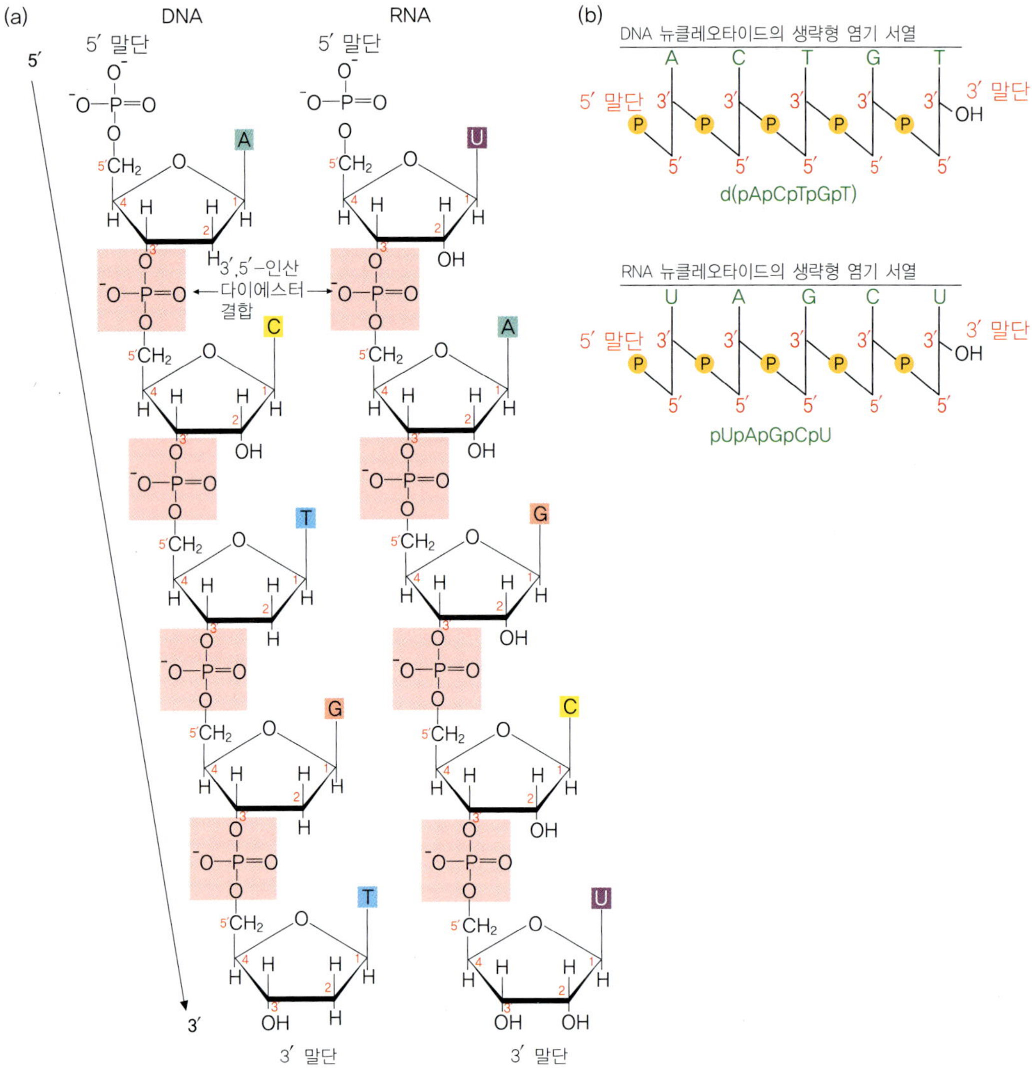

[그림 14-15] DNA와 RNA 사슬의 구조(a)와 염기 서열(b)

르며, 같은 종의 서로 다른 조직은 같은 염기 성분을 가지고 한 종의 염기 성분은 나이, 영양 상태, 환경 변화에 따라 변하지 않는다고 하였다. 또한, 종에 관계없이 모든 세포의 염기 성분은 아데닌(A)과 티민(T)이 같고(A = T) 구아닌(G)은 시토신(C)과 같다(G = C)는, 즉 퓨린의 총 염기 성분은 피리미딘의 총 염기 성분과 같다고 하였다. 이러한 관계식을 나타낸 것을 샤가프 법칙(Chargaff's law)이라 한다.

Chargaff's law : A + G = T + C

플랭클린(Rosalind Franklin)과 윌킨스(Maurice Wilkins)는 X-선 회절 분석을 통해 DNA는 긴 축에 따라 0.34nm의 1차 주기성과 3.4nm의 2차 주기성을 갖는 나선형 구조를 갖는다는 것을 밝혀냈다.

〈표 14-2〉 주요 생물체의 DNA 염기 성분

생물	A	G	C	T	A/T	G/C	퓨린/피리미딘
사람	30.4	19.9	19.9	30.1	1.01	1.00	1.01
돼지	29.8	20.7	20.7	29.1	1.02	1.00	1.01
소	29.0	21.2	21.2	28.7	1.01	1.00	1.01
효모	31.7	18.3	17.4	32.6	0.97	1.05	1.00
대장균	26.0	24.9	25.2	23.9	1.09	0.99	1.04

(2) 이중나선 구조 모델

1953년 왓슨(James. Watson)과 크릭(Francis Crick)은 샤가프 법칙, X-선 회절 분석 자료 등을 토대로 DNA의 3차 구조로 이중나선 구조를 제안하였다. 왓슨과 크릭은 DNA는 한 가닥은 3′→ 5′ 방향, 다른 가닥은 5′→ 3′ 방향으로 배열되어 있고 이 두 가닥은 서로 상반된 극성과 우선성 그리고 꼬임으로 이중나선 구조를 형성하며, 퓨린과 피리미딘 염기는 나선 구조 안쪽에 위치하고 서로 마주하는 염기들이 나선의 전체 길이에 따라 수소결합을 형성한다고 하였다.

왓슨과 크릭이 제안한 DNA의 이중나선 구조의 주요 특성은 다음과 같다.

❶ 우선성과 역평형의 이중나선

DNA는 동일한 축을 중심으로 두 개의 가닥이 좌측에서 우측으로 꼬여 감겨 있는 우선성 이중나선 구조(right-handed double helix)로 두 가닥은 서로 반대 방향으로 위치하는 역평형(antiparallel), 즉 한 가닥의 방향이 다른 가닥의 방향과 서로 반대로 되어 있다.

❷ 외부의 당과 인산 및 내부의 염기

오탄당인 디옥시라이보오스와 인산의 친수성 골격은 이중나선 구조의 외부(outside)에 위치하여 물과 접촉을 하고 소수성의 퓨린과 피리미딘 염기들은 나선의 내부(inside)로 향하여 물과 멀리 떨어져 있다.

❸ 상보적 염기쌍

나선 구조 내 염기 평면은 축에 대해 수직이며, 한 가닥의 염기는 맞은 편 가닥의 염기와 수소결합으로 상보적 염기쌍(complementary base pair)을 형성하고 있다. 염기들은 0.34nm 간격으로 떨어져 있어 1회전하는 데 필요한 거리는 10개의 염기쌍이 존재하기 때문에 3.4nm의 주기가 형성된다.

❹ 수소결합과 소수성 상호작용

두 가닥 간 상보적인 염기들 사이에 수소결합을 형성하며, A는 T와 2개의 수소결합을 (A = T), G는 C와 3개의 수소결합을 형성한다(G ≡ C). 이중나선은 수소결합 이외에도 염기들 사이의 반데르발스 힘과 소수성 상호작용에 의해 안정화된다.

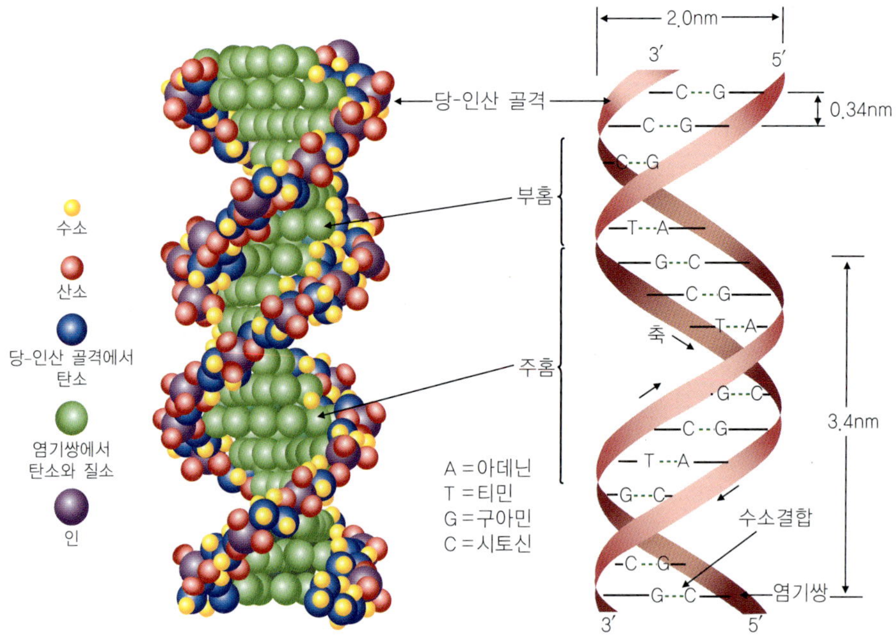

[그림 14-16] DNA의 이중나선 구조

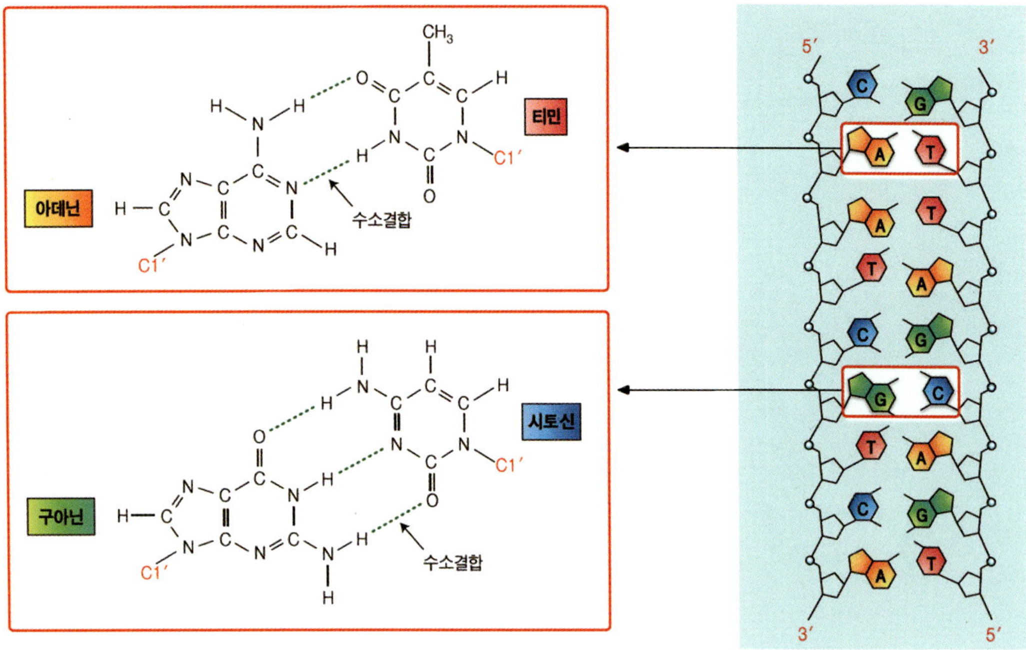

[그림 14-17] A와 T, G와 C 사이의 수소결합

(3) DNA의 종류

왓슨과 크릭의 이중나선 구조 형태의 DNA를 B-DNA라 부르며, B-DNA는 생리적 조건에서 가장 많이 존재하고 안정화된 구조이다. 이러한 B-DNA를 알코올 등으로 탈수처리하면 A-DNA로 전환된다. A-DNA는 나선 1회전당 10.5개의 염기와 2.0nm(20Å)의 직경을 가진 B-DNA와는 다르게, 11개의 염기와 더 큰 직경(2.6nm, 26Å)을 가지고 있고 1회전하는 데 필요한 거리가 2.5nm로 3.4nm의 B-DNA보다 더 짧고 밀집된 구조이다. A-DNA와 B-DNA의 공통된 특징은 우선성 나선, 역평행 가닥, 상보적 염기쌍이다.

B-DNA는 고농도 염용액에서 당-인산 골격이 지그재그(zigzag)를 나타내는 좌선성 나선의 Z-DNA로 전환된다. Z-DNA는 나선 1회전당 12개의 염기와 더 작은 직경(1.8nm, 18A)을 가지고 있어 가늘고 긴 구조로 GC가 많은 영역에서 나타난다.

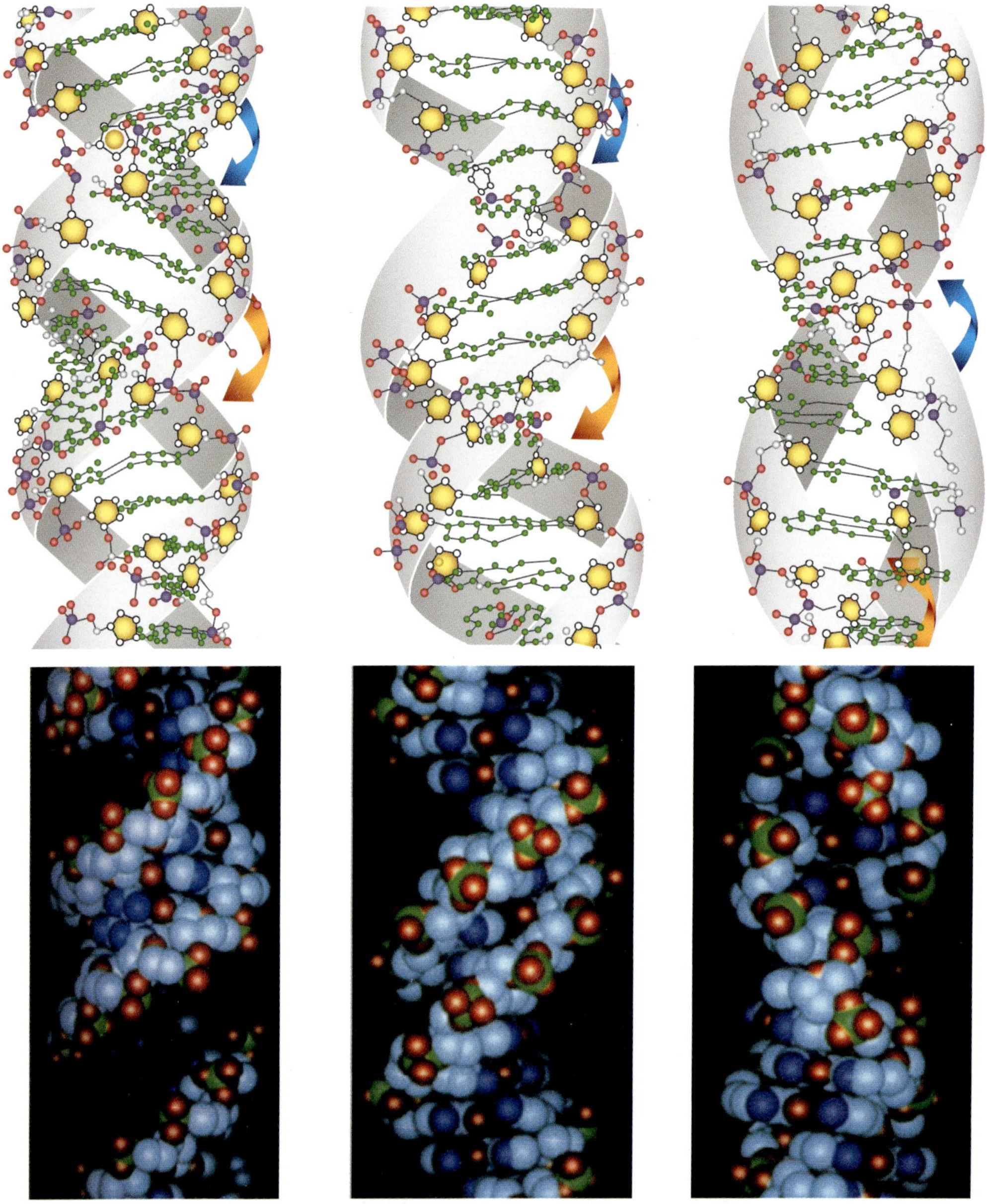

[그림 14-18] A-DNA, B-DNA와 Z-DNA의 구조

〈표 14-3〉 A-DNA, B-DNA와 Z-DNA의 비교

DNA	A-DNA	S-DNA	Z-DNA
나선 방향	우선성	우선성	우선성
직경	~2.6nm	~2.0nm	~1.8nm
회전당 염기쌍	11개	10.5개	12개
염기쌍당 나선 길이	0.26nm	0.34nm	0.37nm
정상 나선 축에 대한 염기쌍의 기울기	20°	6°	7°

2) DNA 변성과 재생

(1) DNA 변성

보통 DNA 용액은 25℃의 실온과 pH 7.0에서 점성이 상당히 높은데 이 용액에 pH를 올리거나 80℃ 이상의 온도 등으로 처리하면 점성이 감소하여 염기쌍 사이의 수소결합이 끊어져 두 가닥이 분리되는 현상인 DNA 변성(DNA denaturation) 또는 녹음(melting)이 일어난다.

한편, 퓨린 염기와 피리미딘 염기는 260nm 부근의 자외선을 강하게 흡수한다. 그런데 이중나선 구조의 DNA 흡광도는 실제 구성 뉴클레오타이드의 흡광도를 합한 것보다 약 10% 정도 낮은 값을 나타낸다. 이는 평면구조의 염기쌍이 높은 밀도로 쌓여 겹쳐진 결과 각 염기가 상호작용하여 일어나는 현상인 흡광 감소(담색) 효과(hypochromic effect)가 일어나기 때문이다. 그러나 이중나선 구조가 파괴되면 흡광도가 증가하는 현상인 흡광 증가(농색) 효과(hyperchromic effect)가 발생한다. 이때 온도가 증가함에 따라 이중나선 구조가 파괴되면서 DNA 변성과 함께 260nm에서 흡광도가 증가하는 흡광 증가 효과가 일어난다.

DNA의 반이 단일가닥으로 분리되는 온도 또는 260nm에서 흡광도 증가가 최대값의 절반에 도달했을 때의 변성 온도를 DNA의 녹는(용해) 온도(melting temperature, T_m)라 한다. T_m은 용매 및 용액의 성질, 이온 농도 및 pH 등에 달려 있어 염기성 pH에서는 이중나선 DNA가 변성되어 T_m이 감소한다.

염기쌍의 수소결합은 DNA의 이중나선을 유지하는 데 중요한 역할을 하지만, 구조적 안정성에는 수소결합보다 반데르발스힘인 쌓임 상호작용(stacking interaction)에 주로

의존하며, GC염기쌍의 쌓임 상호작용은 AT 염기쌍보다 수소결합이 1개 더 많아 더 강하다. T_m은 GC 함량에 비례하여 GC 함량이 많으면 T_m이 증가하는데, 이는 삼중 수소결합의 GC 염기쌍이 이중 수소결합의 AT 염기쌍보다 구조적으로 더 안정하다는 것을 의미한다. DNA의 녹는 곡선에서 높은 GC를 함유하는 DNA는 오른쪽으로, 낮은 GC를 함유하는 DNA는 왼쪽으로 곡선 전체가 이동한다.

(2) DNA 재생

DNA 용액의 온도를 천천히 낮추면 변성 DNA가 재생될 수 있다. 열로 변성된 DNA 용액을 천천히 냉각하면 분리된 가닥들이 다시 염기쌍 사이의 수소결합을 통해 원래대로 복원(annealing)되어 이중나선 구조를 형성되는 현상을 재생(renaturation)이라 한다.

서로 다른 종류의 DNA에 열을 가하여 변성시킨 후, 혼합하여 온도를 천천히 낮추면 각각의 DNA 가닥은 상보적인 DNA 가닥과 수소결합을 통해 재결합하는 반응을 혼성화(hybridization)라 한다. 이러한 혼성화 DNA는 서로 다른 두 종간의 서열 동정성(sequence homology) 검증 및 분석뿐만 아니라 특정 유전자를 분리 및 확인하는 데 유용하게 사용된다.

3) RNA의 구조

RNA는 DNA처럼 라이보뉴클레오타이드 단위체로 구성된 대단히 긴 폴리뉴클레오타이드인 중합체이다. RNA는 단백질 생합성에서 전사 기능과 유전자의 발현 조절, 세포의 분화 및 효소의 촉매 작용 등에 관여한다.

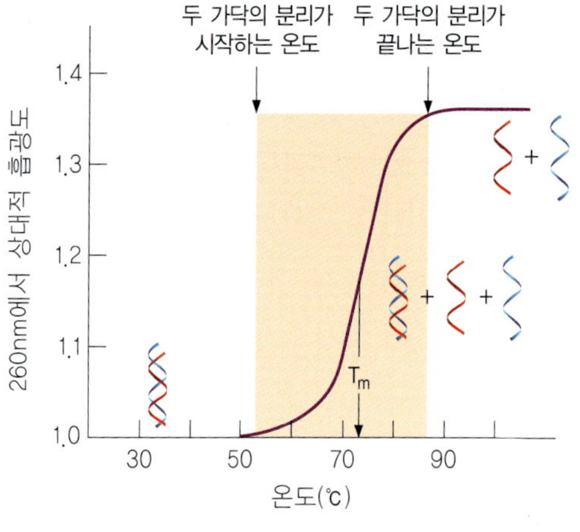

[그림 14-19] DNA의 변성 곡선

RNA는 이중가닥의 DNA와는 달리, 단일가닥이며, 오탄당으로 DNA의 디옥시라이보오스 대신 라이보오스로 가지고 있으며, 피리미딘 염기로 티민 대신 유라실을 갖고 있다.

단일가닥의 RNA도 수소결합으로 상보적인 염기쌍(A = U, G = C)을 형성하지만, RNA의 3차 구조는 일정한 주기적 패턴의 DNA 구조와는 다르게 머리핀 회전(hairpin loop), 내부 고리(internal loop) 및 불룩한 구조(bulge structure) 등 여러 다른 구조의 형태로 접혀 있다.

RNA의 종류로는 전령 RNA(messenger RNA)인 mRNA, 전달 RNA(transfer RNA)인 tRNA, 리보좀 RNA(ribosomal RNA)인 rRNA, 소형 핵 RNA(small nuclear RNA)인 sn RNA, 마이크로 RNA(micro RNA)인 miRNA, 소형 간섭 RNA(small inerfering RNA)인 si RNA 등이 있다. 또한, DNA로부터 전사된 RNA가 단백질로 번역되지 않은 RNA를 비암호 RNA(noncoding RNA, ncRNA)라고 하며, ncRNA는 전사, 유전자 침묵, 복제, RNA 가공, RNA 변형, RNA 간섭, 번역 및 단백질 안정화 등 다양한 작용을 한다.

(1) mRNA

mRNA는 세포 내 전체 RNA의 5%를 차지하고 DNA 주형(template)으로부터 전사된 단일가닥의 RNA 분자로 DNA의 이중가닥과 상보적이다. mRNA는 DNA의 유전정보를 단백질 합성을 위해 리보좀(ribosome)으로 전달하는 수명이 수분에 불과한 단명의 RNA이다. DNA와 mRNA의 유전정보는 뉴클레오타이드 염기 서열인 코돈(codon)으로 암호화되어 있으며, 원핵세포와 달리 진핵세포에서는 전사된 mRNA는 번역되기 전에 가공 및 편집되어 운반된다.

(2) tRNA

tRNA는 세포 내 전체 RNA의 15%를 차지하고 75~90개의 뉴클레오티드 잔기로 구성된 작은 분자로 단백질 합성을 위해 특정 아미노산을 리보좀으로 운반한다. tRNA는 특정 아미노산과 결합하기 때문에 세포에는 20개 각각의 아미노산에 대해 적어도 한 종류의 tRNA가 존재한다.

tRNA의 3차 구조는 클로버 잎(clover leaf) 구조 형태로, 아미노산 팔(amino acid arm), 안티코돈 팔(anticodon arm), D 팔(D arm), TΨC 팔(TΨC arm), 변이 팔(variable arm) 등과 같은 독특한 구조를 갖고 있다.

아미노산 팔은 공통적인 CCA 구조를 갖는 tRNA의 3′-말단(terminus)에서 특정 아미노산을 결합하여 운반하며, 안티코돈 팔은 tRNA가 단백질 합성에서 1종류의 아미노산에 대응하는 3개의 뉴클레오티드염기를 가지고 있다. 다른 팔들은 다양하게 변형되어 비정상적인 뉴클레오티드들인 다이하이드로유리딘(dihydrouridine, D), 라이보티미딘(ribothymidine, T), 유사유리딘(슈도유리딘, pseudouridine, Ψ) 등의 염기를 갖는다.

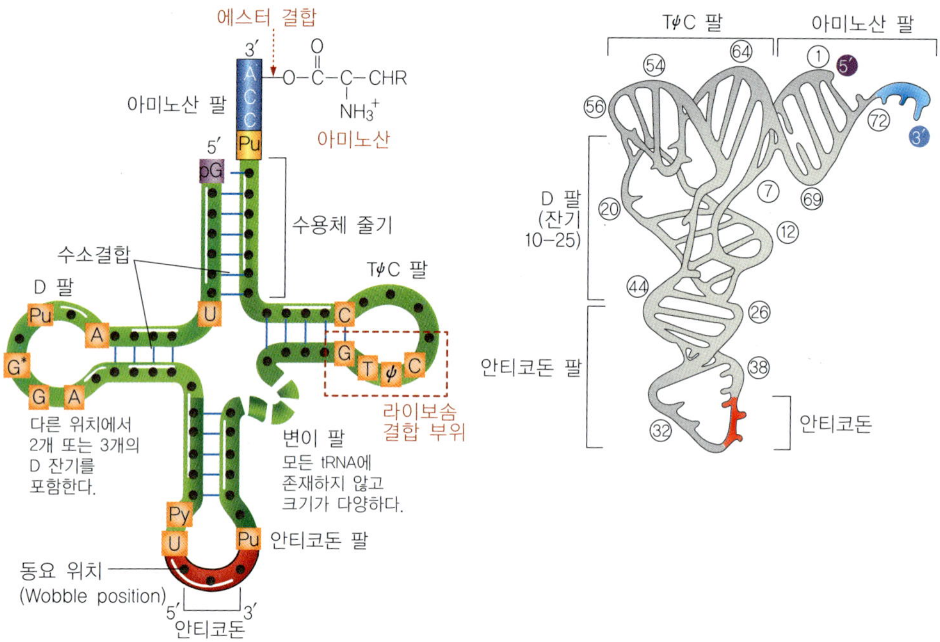

[그림 14-20] tRNA의 2차원과 3차원 구조

(3) rRNA

rRNA는 리보좀의 가장 많은 구성 성분이며, 세포 내 전체 RNA의 약 80%를 차지한다. 단백질 합성이 일어나는 리보좀은 2개의 소단위인 작은 소단위(small subunit)와 큰 소단위(large subunit)로 구성되어 있고 원핵세포에는 30S, 50S가, 진핵세포에는 40S, 60S가 있다. 원핵세포에는 30S의 16S rRNA, 50S의 5S rRNA와 23S rRNA 등 3종류의 rRNA가, 진핵세포에는 40S의 18S rRNA, 60S의 5S rRNA와 28S rRNA 등 3종류의 rRNA가 있다.

rRNA는 단백질 합성 중 리보좀의 구성 성분뿐만 아니라 모든 세포에서 가장 보전적인 유전자로 추정되기 때문에 rRNA 유전자의 염기 서열 분석을 통해 생물의 분류 관계나 종의 분기 연구 등에 유용하게 응용되고 있다.

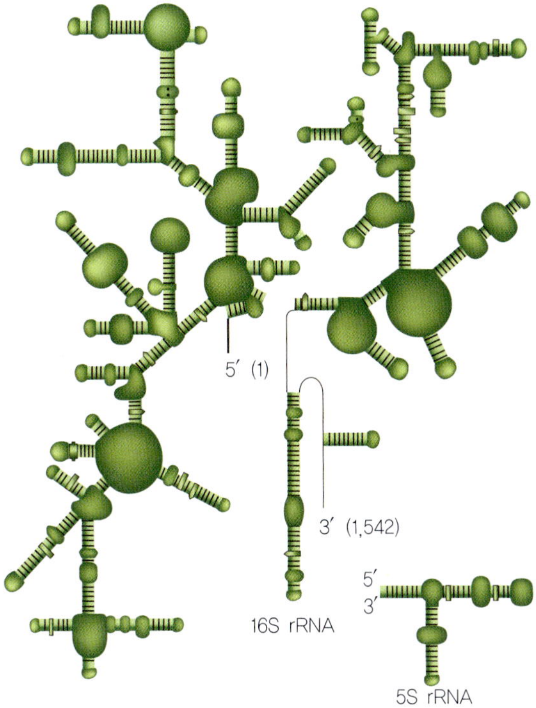

[그림 14-21] rRNA의 2차 구조

(4) snRNA와 siRNA

snRNA는 진핵세포의 핵에서 발견된 100~200개의 뉴클레오티드 잔기로 구성된 RNA로 세포 내에서 단백질들과 복합체를 형성하여 소형 라이보핵단백질 입자(small nuclear ribonucleoprotein particles, snRNPs)를 생성한다. 이 입자는 전사된 mRNA를 성숙한 형태로 가공하는 과정을 도와준다.

siRNA는 20~30개의 뉴클레오티드 잔기로 구성된 RNA로 유전자 발현을 제어하여 바람직하지 않은 유전자의 발현을 제거하는 데 이용하며, 여러 종의 보호 메커니즘으로 작용한다.

연습문제

1. 핵단백질의 가수분해 순서로 옳은 것은?
   ① 핵단백질→핵산→nucleotide→nucleoside→base
   ② 핵단백질→핵산→nucleoside→nucleotide→base
   ③ 핵단백질→핵산→base→nucleotide→nucleoside
   ④ 핵산→핵단백질→base→nucleotide→nucleoside
   ⑤ 핵산→핵단백질→nucleoside→nucleotide→base

2. DNA 이중나선 구조에서 아데닌(A)의 함량이 30%일 때, 시토신(C)의 함량은?
   ① 10%　② 20%　③ 30%
   ④ 40%　⑤ 50%

3. mRNA에 관한 설명 중 틀린 것은?
   ① 비교적 수명이 짧다.
   ② 한 가닥으로 되어 있다.
   ③ DNA의 유전정보를 단백질 합성에 반영한다.
   ④ mRNA는 세포질에서 주로 합성된다.
   ⑤ mRNA 유전부호(codon)는 세 개의 뉴클레오타이드로 구성되어 있다.

4. 퓨린 염기 배설 시 잔틴(xanthine) → 요산(uric acid) 반응에 관여하는 효소는?
   ① tyrosinase　② xanthine oxidase
   ③ arginase　④ urease
   ⑤ uricase

5. 요산을 생성하는 물질로 옳은 것은?
   ① dTMP　② CMP
   ③ dCMP　④ UMP
   ⑤ AMP

6. 퓨린 생합성에서 포르밀기(–CHO)의 운반체(carrier)는?
   ① orotate　② THF
   ③ ribose 5′–ⓟ　④ ammonia
   ⑤ biotin

7. 퓨린 고리의 C–6 탄소의 전구체는?
   ① aspartate　② glycine
   ③ formic acid　④ THF
   ⑤ CO_2

8. 피리미딘 염기 분해 시 소변에서 검출되는 것은?
   ① β–alanine　② uric acid
   ③ n–butyric acid　④ ammonia
   ⑤ urea

9. DNA와 RNA에서 뉴클레오타이드를 연결하는 오탄당의 위치는?
   ① 2와 3　② 2와 4
   ③ 3과 1　④ 3과 5
   ⑤ 4와 5

10. 다음 중 핵산 중합체의 결합은?
   ① nucleotide
   ② ester
   ③ phosphodiester
   ④ phosphoester
   ⑤ phosphate

정답: 1 ①　2 ②　3 ④　4 ②　5 ⑤
6 ②　7 ⑤　8 ①　9 ④　10 ③

chapter 15

DNA 복제와 RNA 전사

DNA replication and RNA transcription

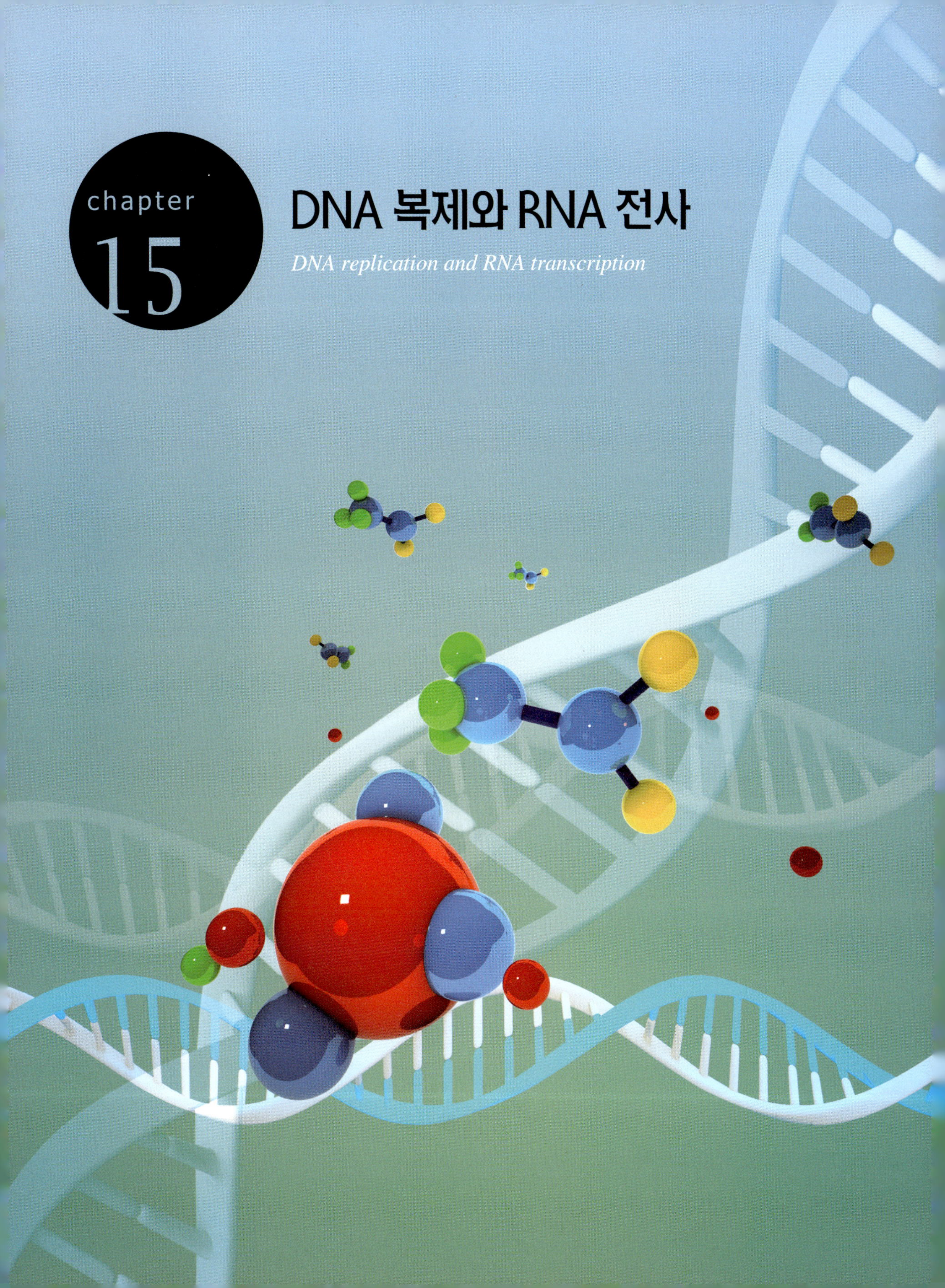

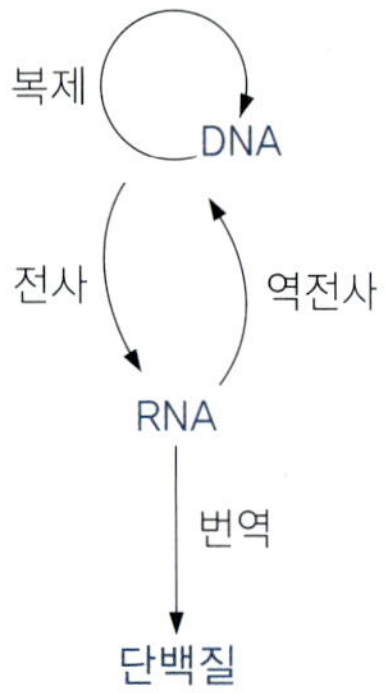

[그림 15-1] 정보물질의 흐름

생명체가 자신의 자손을 보존하기 위하여 유전정보를 정확하게 한 세대로부터 다음 세대로 전달하는 과정은 대단히 중요하고 복잡하다. 앞에서 소개한 DNA 분자의 염기 배열 순서에는 생명체의 유전정보가 들어 있으며, DNA 염기 배열과 상보적인 염기 배열을 하는 mRNA에 전달된다. mRNA에서 특정 3개의 염기 배열은 하나의 아미노산에 상당하고 이러한 mRNA 분자의 염기 배열은 단백질을 구성하고 아미노산 순서를 결정하며, 단백질의 아미노산 배열 순서는 단백질 분자의 3차원 구조와 생물학적 기능을 결정한다. 따라서, 단백질의 3차원 구조와 기능은 DNA 분자의 뉴클레오타이드 염기의 배열 순서로 결정된다.

이 장에서는 14장에서 다루었던 핵산의 구조를 기반으로 유전정보의 저장과 전달과 관련 있는 DNA 복제(DNA replication)와 RNA 전사(RNA transcription) 등을 설명하고자 한다.

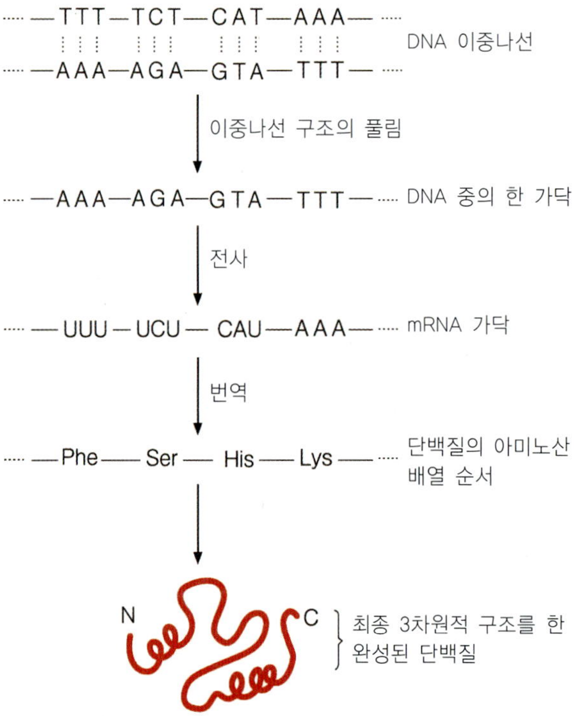

[그림 15-2] 유전정보의 전달 과정

1. DNA 복제

DNA는 유전정보를 안정적으로 저장하고 있는 물질로 한 세대로부터 다음 세대로 변함없이 신속하고 정확하게 전달되어야 한다. DNA 복제(DNA replication)는 이중나선 DNA의 두 가닥이 분리되면서 각 가닥이 주형으로 사용되어 상보적인 염기쌍으로 새로운 가닥을 합성하는 과정, 즉 어버이 DNA 분자로부터 새로운 딸 DNA 분자를 합성하는 과정이다.

1) 반보존적 복제

어버이 DNA 분자의 두 가닥이 분리한 다음, 각 가닥이 새로운 상보적 가닥을 합성하기 위한 주형으로 사용되어 각각의 딸 DNA 분자가 1개의 어버이 가닥과 1개의 새롭게 합성된 가닥으로 구성되는 복제 과정을 반보존적 복제(semiconservative replication)라 한다. 반보존적 복제에 의해 형성된 새로운 이중나선 DNA는 원래 1개의 어버이 가닥과 1개의 새롭게 합성된 가닥의 혼성체(hybrid)이다.

메셀슨(Matthew Meselson)과 스탈(Franklin Stahl)은 대장균(*E. coli*)을 보통의 ^{14}N와 무거운 동위원소^{15}N로 표지된 배지에서 배양시킨 다음 한 세대와 두 세대를 지난 후 DNA를 추출하여 염화세슘 밀도 기울기 원심분리(CsC1 density gradient centrifugation)로 DNA 분포를 분석한 결과, ^{14}N-DNA-^{15}N-DNA의 혼성 DNA가 1세대 후 ^{14}N-DNA-^{14}N-DNA와 ^{15}N-DNA-^{15}N-DNA의 밀도 중간 위치에 나타났으며, 2세대 후에도 혼성 DNA가 역시 중간 위치에 나타났고 ^{14}N-DNA-^{14}N-DNA와 1:1 비율로 관찰되어 반보

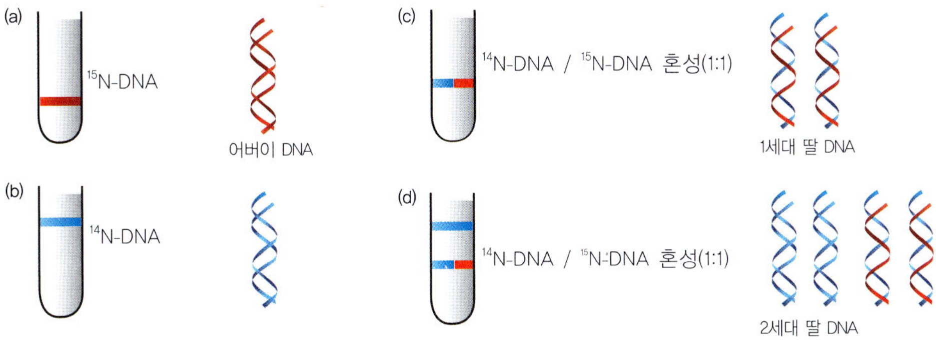

[그림 15-3] 반보존적 복제의 증명 실험

존적 복제를 증명하였다. 따라서, 어버이 이중가닥 DNA 분자의 반은 새롭게 합성된 딸 DNA 분자의 이중나선에 보존되어 유전정보는 한 세대로부터 다음 세대로 전달된다.

2) 양방향성 복제

케언즈(John Cairns)는 대장균의 DNA 복제는 염색체상에 있는 특정의 복제원점(복제시작점, origin of replication site, ori site)인 ori C로부터 시작되어 양쪽 방향으로 진행되는 양방향성 복제(bidirectional replication)를 관찰하였다. 양방향성 복제는 개시, 신장, 종결 등 3단계로 구성되며, 대장균 등 원핵세포의 원형 DNA에서는 복제 도중에 그리스 문자 세타(θ)형을 닮은 복제 거품 구조의 신장 과정을 거쳐 종결된다.

원핵세포 DNA와는 다르게 길고 복잡한 선형 구조를 갖는 진핵세포 DNA는 여러 개의 복제시작점을 가지고 있으며, 모든 복제시작점은 DNA 합성을 동시에 시작한다.

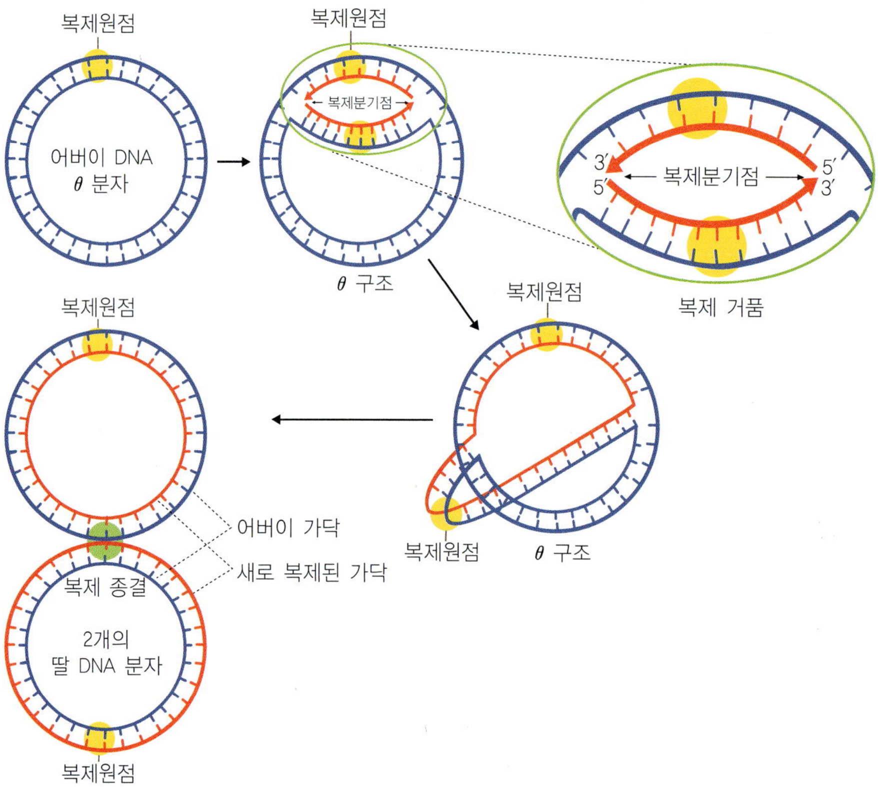

[그림 15-4] 원핵세포 DNA의 양방향성 복제

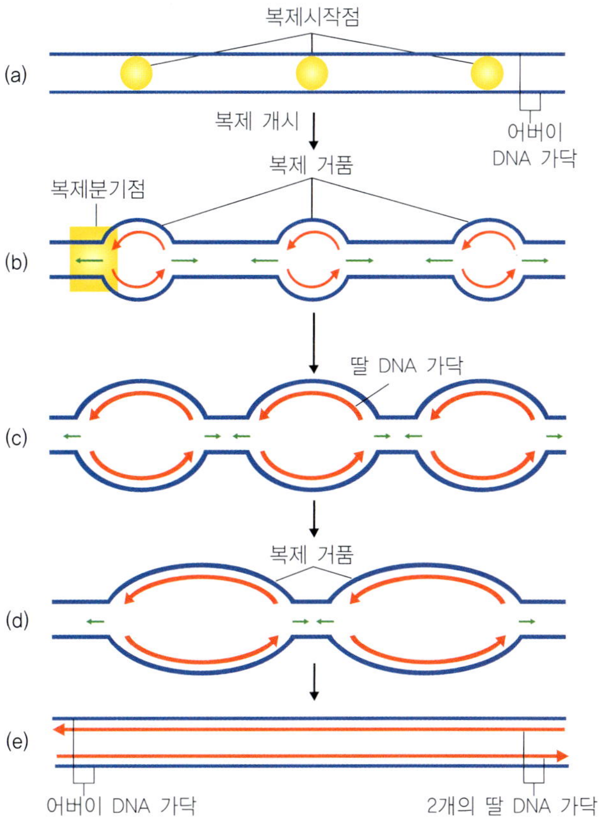

[그림 15-5] 진핵세포 DNA의 양방향성 복제

3) 원핵세포의 DNA 복제

원핵세포의 DNA 복제는 원형 DNA의 복제원점(ori C)에서 시작하여 DNA가 풀리면서 복제되는 신장 과정을 거쳐 복제가 완성되고 종결된다.

(1) 1단계

먼저, DNA 나선풀기효소(DNA helicase)가 복제원점과 결합한 다음, DNA 선회효소(DNA gyrase)와 함께 DNA 가닥을 풀어 복제분기점을 형성하고 풀어진 단일가닥의 DNA는 단일가닥 DNA 결합 단백질(single-strand DNA binding protein, SSBprotein)에 의해 안정화되어 주형으로 사용된다.

(2) 2단계

DNA 합성은 RNA 시발효소(RNA primase)에 의해 합성된 4~10개의 라이보뉴클레오타이드로 된 RNA 시발체(primer)를 이용하여 DNA 중합효소 III(DNA polymerase III)에 의해 시작된다.

(3) 3~4단계

DNA 중합효소 III는 RNA 시발체와 오카자키 단편(Okazaki fragment)으로부터 각각 선도가닥(leading strand)과 지체가닥(lagging strand)을 합성하고 RNA 시발체는 콘버그(Arthur Kornberg)가 발견한 DNA 중합효소 I의 5′→ 3′ 핵산 말단 가수분해효소(5′→ 3′exonuclease)에 의해 제거되고 남아 있는 작은 간격은 DNA 중합효소 I에 의해 합성되어 메워진다.

(4) 5단계

남아 있는 모든 간격은 DNA 중합효소 III에 의해 합성되고 마지막 간격은 DNA 연결효소(DNA ligase)에 의해 봉합된다.

〈표 15-1〉 대장균 DNA 중합효소의 특성

성질	DNA 종합효소		
	I	II	III
구조유전자	polA	polB	polC
분자 질량(달톤)	103,000	88,000	900,000
소단위 수	1	4	10
회전수(min^{-1})*	600	30	1,200
중합반응 속도	16~20	7	250~1,000
5′ → 3′ 중합반응	+	+	+
5′ → 3′ 가수분해효소	+	−	−
3′ → 5′ 핵산 말단 가수분해효소	+	+	+
가닥 합성	지체가닥	없음	선도가닥과 지체가닥 모두
생물학적 기능	DNA 수선 RNA 시발체 제거	DNA 수선	DNA 복제 교정과 편집

* 효소 분자당 37℃에서 분당 중합 합성된 뉴클레오타이드 수. +: 활성 있음. −: 활성 없음.

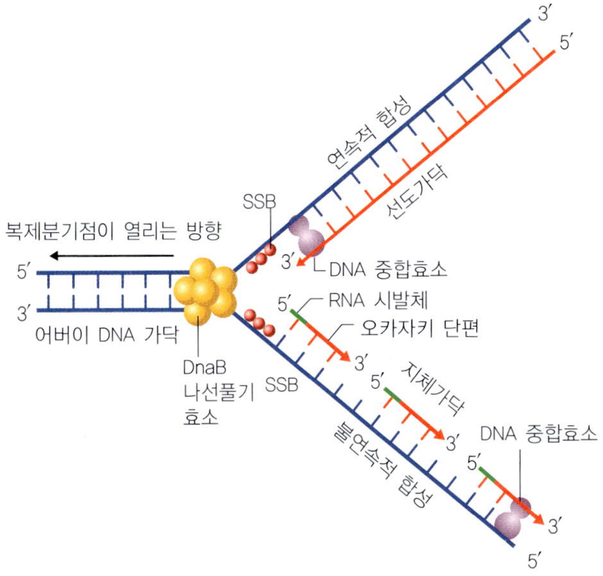

[그림 15-6] DNA 복제의 단계 과정

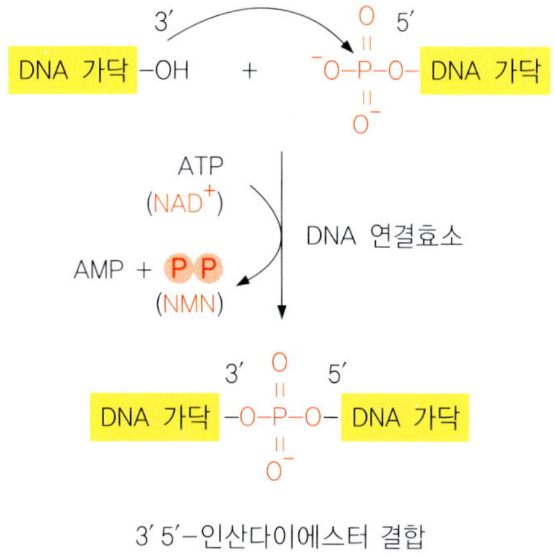

[그림 15-7] DNA 연결효소 반응

4) 진핵세포의 DNA 복제

진핵세포는 460만 개 정도의 염기쌍이 들어 있는 1개의 원형 염색체인 원핵세포와 달리, 31억 개 이상의 염기쌍을 가진 46개의 선형 염색체 구조로 복제할 때마다 끝부분이 조금씩 짧아진다.

진핵세포의 DNA 복제 과정은 전반적으로 원핵세포와 유사하나, 진핵세포의 DNA는 원핵세포의 원형 DNA와는 다른 선형 구조로 1개가 아닌 여러 개의 복제시작점을 가지고 있고 염색체의 구성 성분이 DNA와 히스톤(histone)으로 된 핵단백질 복합체를 형성하며, DNA 복제와 연관된 세포주기(cell cycle)를 갖고 있다.

진핵세포에서는 하나의 염색체 속에 여러 개의 복제시작점이 존재하며, 세포주기 동안 단 한 번만 복제가 이루어진다. 진핵세포는 복제시작점에서 일어나도록 준비하는 단계가 있고 수많은 복제시작점 중 준비된 복제시작점에서만 복제가 시작되게 한다. 따라서, 진핵세포는 한 세포가 두 세포로 세포분열할 때 DNA는 한 번만 복제하여 각 딸 세포에 한 쌍의 DNA를 물려주게 된다.

진핵세포에서도 원핵세포처럼 DNA를 풀어 주고 단일가닥 DNA 결합 단백질이 안정화시켜 주어 복제가 시작되게 한다.

복제에 관여하는 진핵세포의 주요 DNA 중합효소는 α, β, γ, δ, ε 등 5가지로 α, β, δ, ε는 핵에, γ는 미토콘드리아에 존재한다.

DNA 중합효소 α는 여러 소단위로 구성된 복합체로 시발효소와 중합효소의 활성을 갖고 있어 단일가닥 DNA 주형을 이용하여 시발체를 5′→ 3′ 방향으로 복제하지만, 3′→ 5′ 핵산 말단 가수분해효소의 활성이 없다. DNA 중합효소 δ는 진핵세포의 DNA 복제에서 가장 중요한 역할을 하며, 원핵세포의 DNA 중합효소 III와 같은 작용을 한다. DNA 중합효소 β와 ε는 각각 DNA 수선, 복제 과정에 관여하며, 미토콘드리아에만 존재하는 DNA 중합효소 γ는 미토콘드리아 DNA를 복제한다.

한편, 진핵세포는 원핵세포에는 없는 선형 염색체말단의 말단소체(telomere)가 존재하여 일반적인 DNA 중합효소는 5′→ 3′ 방향으로만 합성할 수 있기 때문에 염색체의 3′말단 DNA는 블랙번(Elizabeth Blackburn)과 그라이더(Carol Greider)가 발견한 말단소체효소(telomerase)에 의해 합성된다. 말단소체효소는 RNA를 갖고 있는 핵단백질인 라이보핵단백질(ribonucleoprotein)이다. 말단소체효소는 RNA-의존 DNA 합성을 위한 역전사효소(reverse transcriptase)로 작용하여 DNA 끝부분이 짧아지지 않도록 복제시켜 유전자가 복제 중 상실 및 손상되는 것을 방지하며 말단소체를 안정화시킨다.

〈표 15-2〉 진핵세포 DNA 중합효소의 특성

	α	β	γ	δ	ε
세포 내 위치	핵	핵	미토콘드리아	핵	핵
촉매 소단위 질량(kDa)	160~185	40	125	125	210~230
소단위 수	4	1	4(동일)	2	모름
dNTP*의 K_m(μM)	2~5	10	0.5	2~4	모름
연작용	낮음	낮음	높음	높음	높음
시발효소	+	−	−	−	−
3′ → 5′ 핵산 말단 가수분해효소	−	−	+	+	+
ddNTP**에 대한 민감도	낮음	높음	높음	낮음	중간 정도
생물학적 기능	지체가닥 복제	DNA 수선	미토콘드리아 복제	선도가닥 복제	복제

* dNTP(deoxyribo nucleoside triphosphate, 디옥시리보뉴클레오시드 삼인산)

** ddNTP(2′,3′-dideoxynucleotide triphosphate, 2′,3′-2디옥시리보뉴클레오시드 삼인산)

〈표 15-3〉 원핵세포와 진핵세포의 DNA 복제 비교

특성	원핵생물	진핵생물
세포 내 위치	세포질	핵
복제 개시	DnaB	기원인식 복합체(ORC)*
복제원점(복제시작점)의 수	1개	다수
DNA 중합효소	Ⅰ, Ⅱ, Ⅲ	$\alpha, \beta, \gamma, \delta, \varepsilon$
선도가닥 합성	DNA 중합효소 Ⅲ	DNA 중합효소 δ
지체가닥 합성	DNA 중합효소 Ⅱ	DNA 중합효소 α
DNA 수선	DNA 중합효소 Ⅰ	DNA 중합효소 β
오카자키 단편 길이	1,000~2,000 뉴클레오타이드	150~200 뉴클레오타이드
오카자키 단편 연결	DNA 연결효소(NAD^+)	DNA 연결효소(ATP)
RNA 시발체 길이	50 뉴클레오타이드	9 뉴클레오타이드
RNA 시발체 제거	DNA 중합효소 Ⅰ	DNA 중합효소 β
DNA 선회효소	필요함	필요하지 않음
복제 속도	500 뉴클레오타이드/초	50 뉴클레오타이드/초

* ORC(origin recognition complex)

2. DNA의 수선

DNA는 세포의 생명 활동을 위해 필요한 모든 단백질의 정보를 가지고 있고 DNA 복제는 세포 내에서 한 세대당 한 번씩만 일어나기 때문에 세포가 온전한 DNA 구조를 유지하는 것은 필수이며, 매우 중요하다. 이러한 DNA는 복제 과정, 자연발생적 돌연변이(mutation), 방사선 및 일부 환경 요인에 의해 다양하고 복잡한 유형의 손상이 일어난다. 이러한 DNA의 손상은 복제의 차단 및 돌연변이를 거쳐 세포의 변형 또는 죽음의 원인이 될 수 있어 세포 내에서는 손상된 DNA 분자를 원래 형태로 복구 및 수선하는 체계가 작동한다.

일반적인 DNA 수선 체계(DNA repair system)는 변형된 염기를 인식한 다음 염기를 제거하고 그 틈을 DNA 중합효소와 DNA 연결효소가 복구한다.

1) 교정

DNA 복제 과정 중 잘못된 염기의 결합으로 인한 비정상적인 염기쌍은 DNA 중합효소 I의 3′→ 5′ 핵산 말단 가수분해효소의 활성이 부정확한 염기의 잘못된 염기쌍 결합을 교정(proofreading)하는 작용을 한다. DNA 복제 과정에서 DNA 중합효소 I의 3′→ 5′ 핵산 말단 가수분해효소의 활성은 뉴클레오타이드가 첨가된 후 점검하는 역할을 하며, 만일 잘못된 뉴클레오타이드가 첨가되면 다음 뉴클레오타이드가 첨가되는 위치로 DNA 중합효소 I가 이동하는 것을 억제한다.

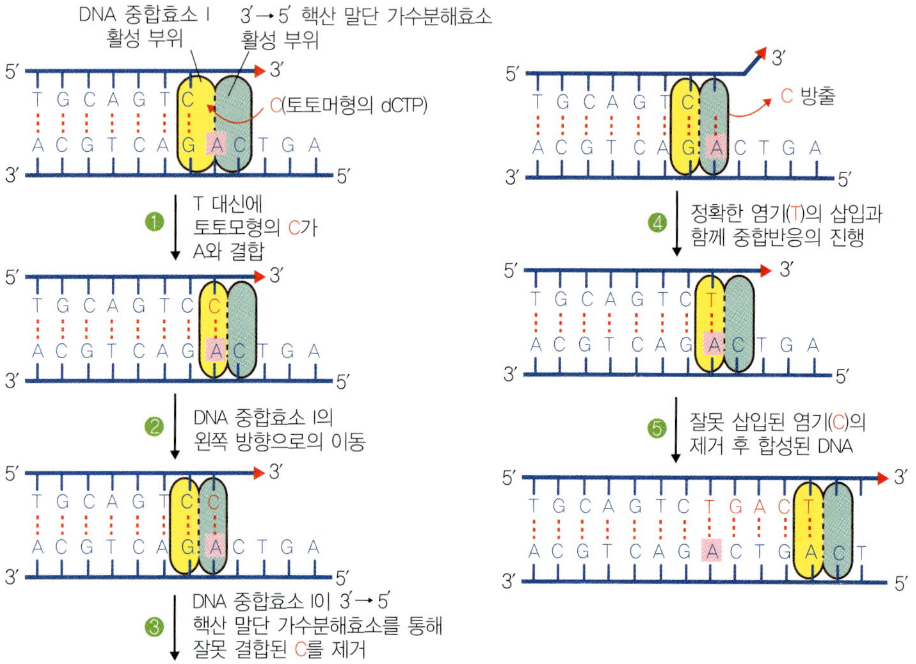

[그림 15-8] 3′→ 5′ 핵산 말단 가수분해효소에 의한 교정

① A와 상보적인 수소결합을 하는 T 대신에 토토머형의 C(dCTP)가 진입하여 A와 결합한다.
② 잘못 결합된 A-C 결합에서 C를 제거하기 위해 DNA 중합효소 I이 왼쪽으로 이동하면서, A-C 결합이 3′→5′ 핵산 말단 가수분해효소의 활성 부위 상에 위치하도록 한다.
③ DNA 중합효소 I의 3′→ 5′ 핵산 말단 가수분해효소가 C를 제거하여 방출한다.
④ C가 제거된 후 DNA 중합효소 I은 오른쪽으로 이동하여 중합효소의 활성 부위는 원래의 위치로 되돌아간다. 그리고 정상적인 A = T 염기쌍 결합이 형성된다.
⑤ 이제 DNA 중합효소 I에 의한 중합반응이 3′→ 5′ 방향으로 정상적으로 진행한다.

2) 미스매치 수선

미스매치 수선(mismatch repair)은 DNA 복제, DNA 재조합 과정이나 또는 DNA 손상에 의해 염기의 결실, 삽입 그리고 잘못 연결된(미스매치 된) 부분을 인식하여 수선하는 체계로 DNA 중합효소 I과 III의 정상적인 교정 활성으로 수선되지 않는다. 미스매치 수선은 가닥 특이성을 나타내어 새롭게 합성된 딸 가닥은 어버이 주형 가닥과 메틸화 여부로 구별되는데 어버이 가닥은 메틸화되는 반면, 딸 가닥은 메틸화되지 않는다. 대표적인 미스매치 된 염기쌍 결합은 G-T, A-C 결합으로 대장균에서 미스매치 수선에는 핵산 내부 가수분해효소(endonuclease)인 MutH, MutS, MutL의 단백질 등이 참여한다.

진핵세포의 미스매치 수선에는 더 많은 단백질들이 참여하고 과정도 더 복잡하다.

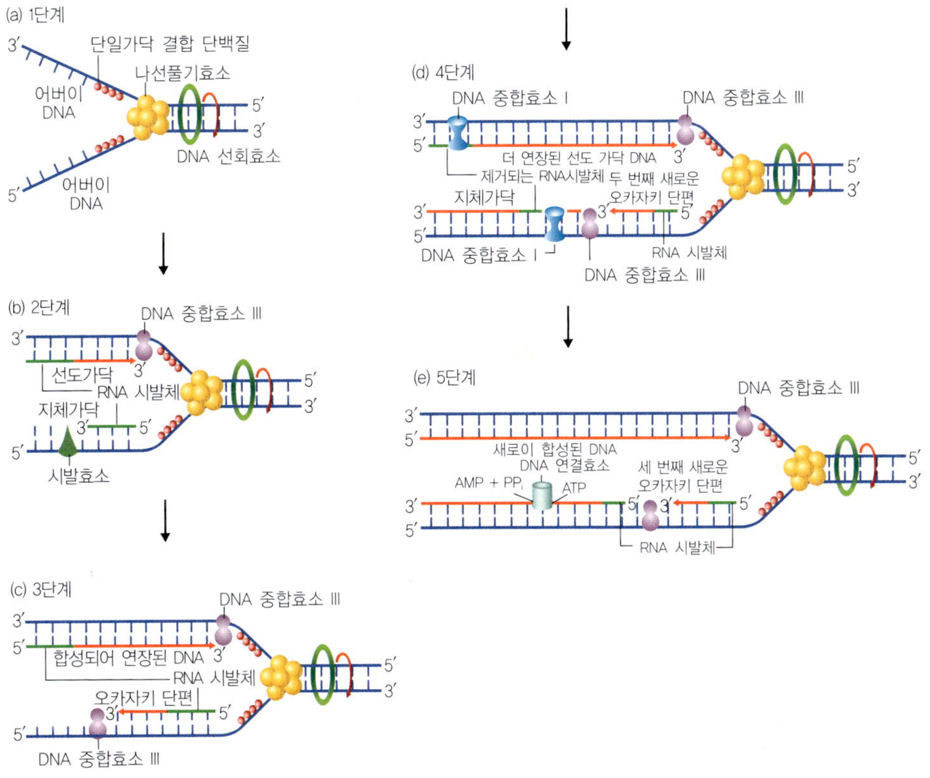

[그림 15-9] 대장균의 미스매치 수선

3) 염기절제 수선

염기절제 수선(base excision repair)은 세포주기에 걸쳐 손상된 DNA를 수선하며, 유전체로부터 DNA 복제 중 손상된 염기들을 제거하여 수선하는 체계이다. 염기절제 수선에는 DNA 글리코실화효소(DNA glycosylase)가 작용하여 N-글리코실 결합(N-glycosyl bond)을 절단하여 손상된 염기들을 제거하고 절단 장소인 AP 부위(apurine site, apyrimidine site)에서 남은 잔기는 AP 핵산 내부 가수분해효소(AP endonuclease)에 의해 절단되며, 인접 잔기들은 핵산 말단 가수분해효소에 의해 제거된다. AP 부위를 포함하여 제거된 DNA 단편으로 인해 생긴 간격은 DNA 중합효소 I에 의해 메워지고 DNA 연결효소에 의해 봉합되어 복구된다.

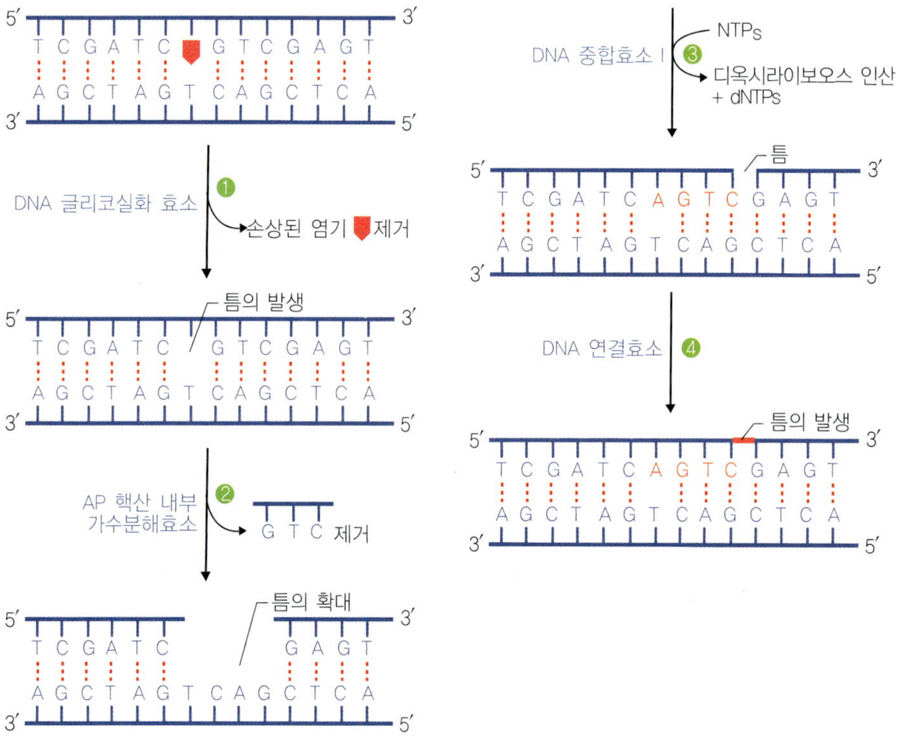

[그림 15-10] 염기절제 수선

4) 뉴클레오타이드 절제 수선

뉴클레오타이드 절제 수선(nucleotide excision repair)은 자외선(UV) 등으로 DNA의 나선 구조가 뒤틀려져서 부피가 커진 DNA의 손상을 수선하는 체계이다. 뉴클레오타이드 절제 수선은 자외선에 의한 DNA 손상으로 발생하는 피리미딘 이합체(pyrimidine dimer)인 티민 이합체(thymine dimer)를 제거한다. 이러한 티민 이합체는 DNA 중합효소가 손상된 부위로부터 복제되는 것을 방해한다.

대장균에서 뉴클레오타이드 절제 수선에는 UbrA, UbrB, UbrC 등 3개의 소단위로 구성된 뉴클레오타이드 절제 효소(exinuclease)나 UbrABC 핵산 내부 가수분해효소(UbrABC endonuclease)를 사용하여 DNA 손상 부위를 가수분해한다. 절제되어 생성된 올리고뉴클레오타이드는 DNA 나선풀기효소에 의해 방출되며, 올리고뉴클레오타이드로 인해 생긴 간격은 DNA 중합효소 I에 의해 메워지고 DNA 연결효소에 의해 봉합되어 복구된다.

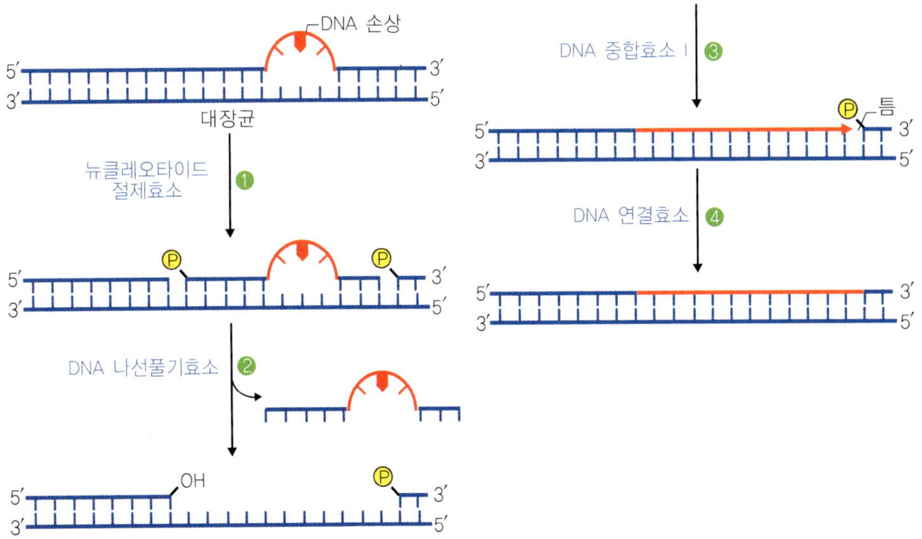

[그림 15-11] 대장균의 뉴클레오타이드 절제 수선

5) 직접 수선

직접 수선(direct repair)은 하나의 염기나 뉴클레오타이드를 제거하지 않고 DNA의 손상된 지역을 직접 제거하고 복구하여 수선하는 체계이다. 자외선 노출로 인해서 생긴 티민 잔기들의 비정상적인 사이클로뷰틸티민 이합체(cyclobutylthymine dimer)는 빛에 의해 재활성화된 DNA 광분해효소(DNA photolyase)에 의해 비정상적인 사이클로뷰틸티민 이합체를 직접 분해하여 정상적인 단위체의 티민 잔기로 복구하여 수선한다.

〈표 15-4〉 DNA 수선 체계

수선 유형	손상 원인	손상 유형	관련된 효소와 단백질
짝짝이 수선	복제 오류, 염기 변형	짝짝이 염기쌍	• 디옥시아데노신 메틸화효소 • MutS, MutL과 MutH 단백질 • 핵산 말단 가수분해효소 • DNA 중합효소 I • DNA 중합효소 II
염기 절제 수선	반응 산소종 알칼화제 이온화 방사선	산화된 염기 알킬화된 염기 퓨린 결손부위 피리미딘 결손부위	• DNA 글리코실화효소 • AP 핵산 내부 가수분해효소 • DNA 중합효소 I • DNA 연결효소
뉴클레오타이드 절제 수선	UV(C) 선	부피 큰 나선-뒤틀린 손상	• UvrA, UvrB와 UvrC로 구성됨
	흡연	가닥 내 교차결합	• 뉴클레오타이드 절제효소
	아플라톡신 벤조피렌	가닥 간 교차결합	• UvrABC 핵산 내부 가수분해효소 • DNA 나선풀기효소 • DNA 중합효소 I • DNA 연결효소
직접 수선	알킬화제 나이트로소 요소 UV(C) 선	피리미딘 이합체 O^6-메틸구아닌	• 광분해효소 • O^6-메틸구아닌 DNA • 메틸기전달효소

디옥시아데노신 메틸화효소(deoxyadenylate methylase), 반응 산소종(Reactive oxygen species, ROS), 알킬화제(alkylating agents), 아플라톡신(aflatoxin), 벤조피렌(Benzopyrene), 나이트로소 요소(nitrosourea), O6-메틸구아닌 DNA 메틸기전달효소(O6-methylguanine methyltransferase).

3. DNA 재조합

DNA 재조합(DNA recombination)은 DNA 분자 간의 교환으로 한 DNA 서열이 다른 DNA 서열로 교환 또는 편입되는 과정이다. 유사한 염기 서열을 가진 DNA 분자 간의 교환을 상동 재조합(homologous recombination)이라고 하며, 서로 다른 염기 서열을 가진 DNA 분자 간의 교환을 비상동 재조합(nonhomologous recombination)이라 한다.

상동 재조합은 일반 재조합(general recombination)이라 하며, 주로 감수분열 중 배우자를 생산하는 동안 일어난다. DNA 두 가닥 모두 이상이 생겼을 때 복구하는 체계로 먼저 한 염색체의 가닥 하나가 상동염색체의 다른 가닥과 정확히 정렬된 후, 같은 자리에 DNA 가닥이 절단되어 DNA 일부가 교환된 다음 다시 연결된다.

상동 재조합과 달리 위치 특이성 재조합(site-specific recombination)은 특정 DNA 서열에서만 제한되어 교환이 일어난다. 위치 특이성 재조합체계는 재조합효소(recombinant enzyme)가 특정 부위를 인식하고 절단하여 새로운 DNA 조각과 연결해 주는 절제(excision)와 통합(integration)의 체계이다.

전위(transposition)는 전위요소(transposon)에 의해 한 염색체의 부위로부터 다른 부위나 다른 염색체의 부위로 이동 또는 도약하여 DNA 재조합을 형성하는 과정으로 대장균은 삽입 서열(insertion sequnence), 복합 전위요소(composite transposon), Tn3 전위요소(Tn3 transposon) 등 3개 유형의 전위요소를 갖고 있다.

4. 재조합 DNA 기술

재조합 DNA 기술(recombination DNA technology)은 핵치환 기술, 세포융합 기술 등과 함께 유전공학 또는 생명공학의 핵심 기반이 되는 분야로 생명체의 유전형질을 변형시켜 고부가가치의 생물 산업을 획기적으로 발전시킬 수 있지만, 생태계의 인위적 교란과 생명 존엄성의 가치 등 윤리적 논란을 안고 있다.

1) 제한효소

제한효소(restriction enzyme)는 DNA 내부의 특정 염기 서열을 인식하여 절단하는 핵산 내부 가수분해효소(endonuclease)로 제한핵산 내부 가수분해효소(restriction endonuclease)라고도 한다. 최근까지 3,000개 이상의 제한효소가 발견되었고 제한효소는 DNA의 특정 뉴클레오타이드 염기 서열에서 인산다이에스터 결합(phosphodiester bond)을 절단하여 DNA 단편을 생성한다. 세균들은 자신의 제한효소로부터 특정 염기를 메틸화하는 DNA 변형(DNA modofication)을 통하여 자신의 DNA를 보호하는 제한-변형체계(restriction-modofication system)를 구성하고 있다.

제한효소의 이름은 세균의 속(genus), 종(species), 균주(strain)로부터 유래하여 EcoRI은 대장균의 속명 *Escherichia*(E), 종명 *coli*(co), 균주명 RY13(RI)으로부터 유래한다. 제한효소는 구조, 인식 부위, 절단 부위, 보조인자, 작용 특이성 등 5개의 종류로 나눈다. 제한효소는 주로 4~8개의 특정 염기 서열을 인식하고 절단하여 단일가닥의 돌출부를 가진 비대칭의 점착 말단(sticky end, cohesive end)이나 대칭의 비점착 말단(blunt end)을 생성한다.

〈표 15-5〉 주요 제한효소의 절단 부위(↓)

효소	세균	절단 부위	인식하는 염기쌍	생성물	
EcoRI	*Escherichia coli*	5′-GATTC-3′ 3′-CTTAA-5′	6	5′-G 3′-CTTAA	AATTC-3′ G-5′
HindIII	*Haemophilus influenzae*	5′-AAGCTT-3′ 3′-TTCGAA-5′	6	5′-A 3′-TTC- GA	AGCTT-3′ A-5″
TaqI	*Thermus aquaticus*	5′-TCGA-3′ 3′-AGCT-5′	4	5′-T 3′-AGC	CGA-3′ T-5′
AluI	*Arthrobacter luteus*	5′-AGCT-3′ 3′-TCGA-5′	4	5′-AG 3′-TC	CT-3′ GA-5′
HaeIII	*Haemophilus aegyptius*	5′-GGCC-3′ 3′-CCGG-5′	4	5′-GG 3′-CC	CC-3′ GG-5′
SmaI	*Serratis marcescens*	5′-CCCGGG-3′ 3′-GGGCCC-5′	6	5′-CCC 3′-GGG	GGG-3′ CCC-5′

2) 플라스미드

플라스미드(plasmid)는 세균에서 염색체 DNA와는 별도로 존재하는 작은 원형 DNA로 엑스트라 염색체 DNA(extra chromosomal DNA)이다.

플라스미드의 크기는 1kbp에서 200kbp 이상으로 다양하고 독립적으로 복제할 수 있다. 특히, 항생제 내성 유전자와 같은 선택 표지를 가지고 있어 외래 DNA(foreign DNA) 분자가 항생제 내성 유전자에 삽입되면 항생제 내성이 없어지기 때문에 외래 DNA의 삽입 여부를 쉽게 선별할 수 있다. 이처럼, 플라스미드는 크기가 작고 조작이 쉬워 외래 DNA 분자를 삽입할 수 있어 재조합 DNA 기술에서 유용한 매개체인 벡터(vector)로 사용된다. 재조합 플라스미드 DNA는 크기도 작고 삽입되는 외부 유전자 크기도 작아, 식별에 편리한 항생제 내선 유전자 이외에도 유전자 내부에 특정 제한효소를 인식하는 DNA의 염기 서열을 넣거나 외부 유전자를 발현시키는 데 좋은 프로모터 DNA(promotor DNA)를 연결시키게 한다.

3) 유전자 클로닝

유전자 클로닝(gene cloning)은 유전자를 살아 있는 숙주세포에 삽입하여 많은 동일한 유전자를 복제하는 기술이다. 유전자 클로닝은 다른 생명체로부터 유래한 외래 DNA 분자들을 제한효소로 절단하여 플라스미드 벡터에 연결하는 기술로 재조합 DNA 기술이라고도 한다. 유전자 클로닝은 단편화(fragmentation), 연결(ligation), 형질전환(transformation), 선별 및 선택(screening and selection) 등 4단계로 구성된다. 먼저 외래 DNA를 제한효소를 사용하여 적당한 크기의 단편을 만들고 DNA 연결효소를 사용해 DNA 단편을 플라스미드 벡터에 연결하여 재조합 DNA를 만든다. 새롭게 형성된 재조합 DNA를 세포에 도입하고 재조합 DNA로 형질이 전환된 세포를 선별 및 선택한다.

형질전환은 외래 DNA가 외부 환경으로부터 세포 안으로 흡수되어 세포의 유전적 변화가 일어나는 현상이며, 형질전환된 세포만 찾아내어 배양시킨 세포를 클론(clone)이라 하고 이러한 클론을 얻는 과정을 클로닝(cloning)이라 한다.

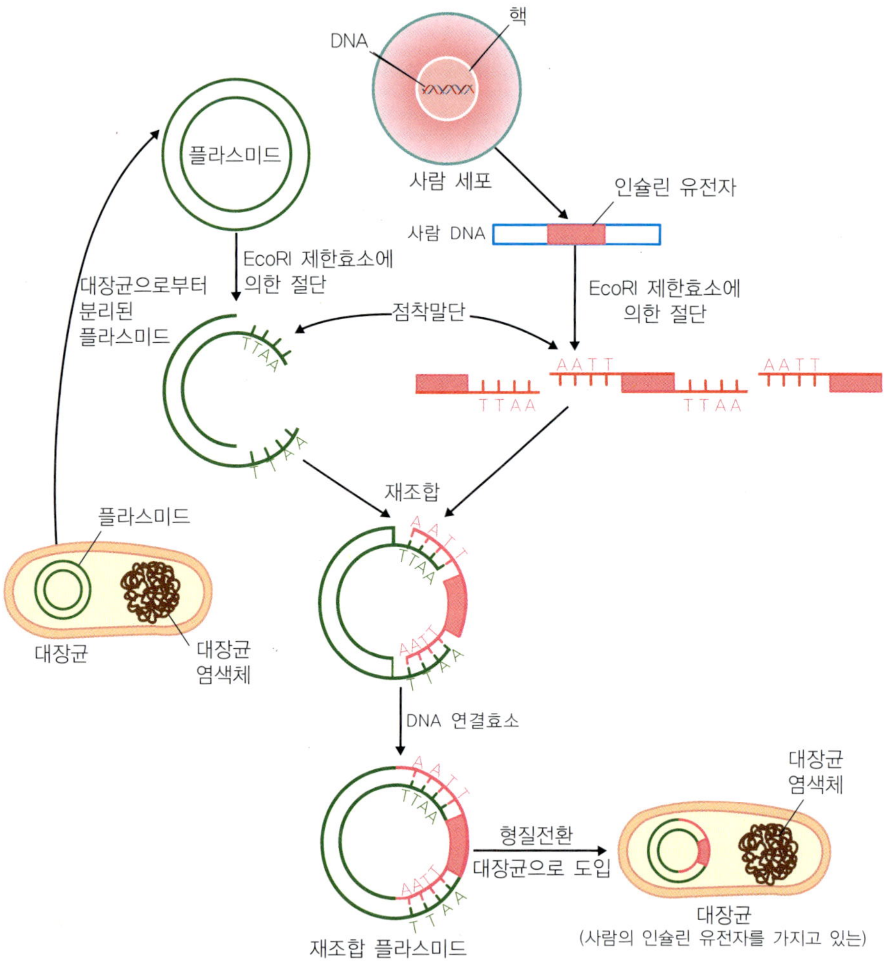

[그림 15-12] 사람 인슐린 유전자의 클로닝

4) DNA 도서관

DNA 도서관(DNA library)은 유전체의 염기 서열 결정, 유전자 발현, 유전자 기능 등을 연구할 목적으로 플라스미드 등 벡터에 클론된 DNA 단편을 수집한 곳으로, 유전체 DNA로 구성된 유전체 도서관(genomic library)과 상보성 DNA(complementary DNA, cDNA)로 구성된 cDNA 도서관(cDNA library)이 있다. cDNA는 mRNA로부터 역전사효소(reverse transcriptase)에 의해 합성된 DNA로 인트론(intron)이 없는 엑손(exon) 부분만의 정보를 가지고 있는 DNA이므로 클로닝에 매우 유용하다.

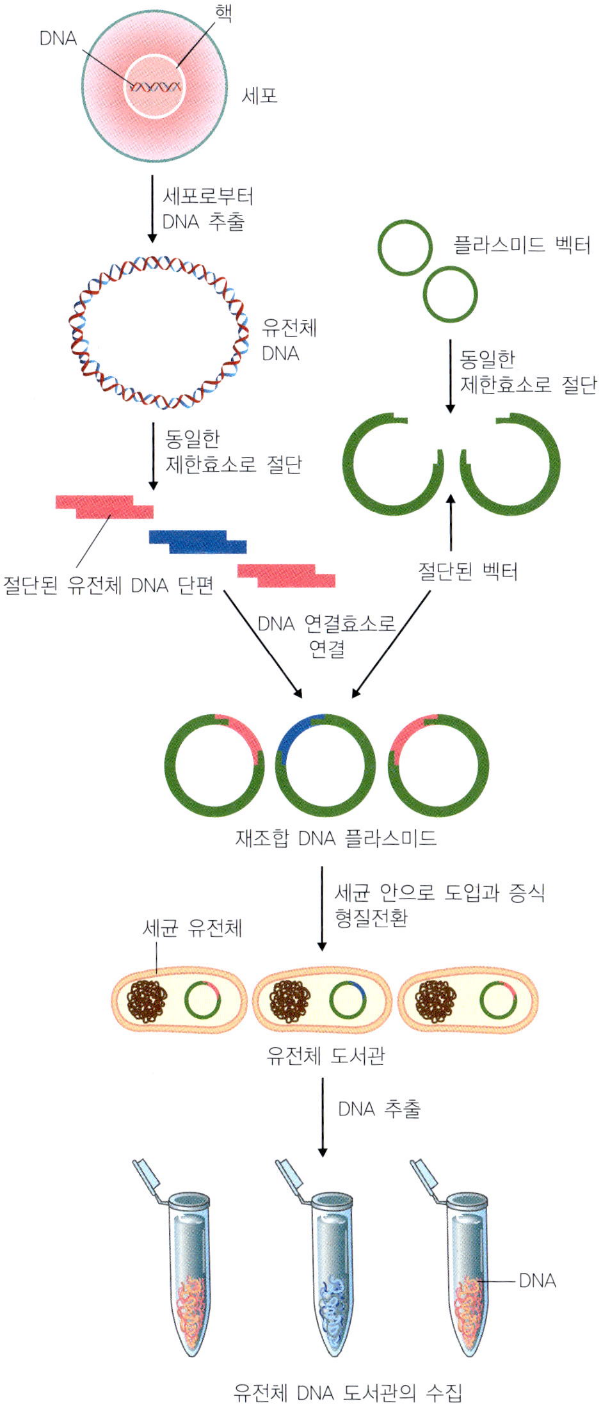

[그림 15-13] 유전체 DNA 도서관의 합성

유전체 도서관은 유전체 DNA 단편의 총량으로 매우 크지만, 유전체 도서관을 외래 유전자를 표현하는 미생물에 삽입하면 각 클론에서 특정 단백질을 분석할 수 있다. 유전체 도서관을 이용해 생물의 유전체 구조 및 기능과 특정 유전자의 위치를 확인하는 유전체 지도 작성에 관한 연구를 할 수 있다.

cDNA 도서관은 특정 유형의 세포나 조직에서 발현되는 mRNA로부터 클론된 cDNA 단편을 모은 곳이다. 유전체 도서관은 조직의 출처와 관계없이 발현 DNA와 비발현 DNA 모두 나타내지만, cDNA 도서관은 사용한 조직의 종류에 따라 유전자 발현이 다르기 때문에 유전자 분석과 새로운 유전자를 찾는 데 유용하며, 조직에서 발현되는 mRNA의 기능도 연구할 수 있다.

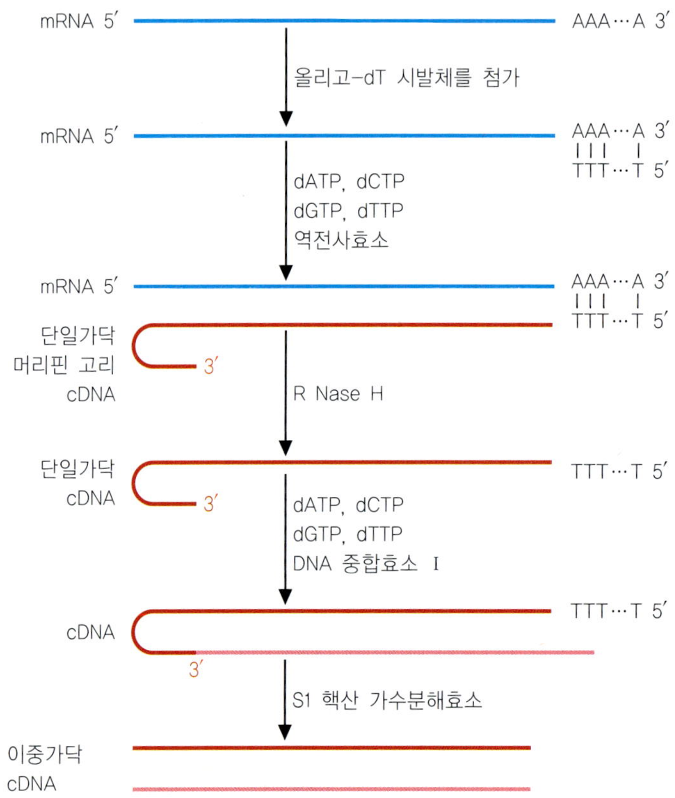

[그림 15-14] cDNA의 합성

5) 중합효소 연쇄반응

중합효소 연쇄반응(polymerase chain reaction, PCR)은 DNA 도서관의 구축과 선별 과정을 거치치 않고 시험관 안에서 특정 DNA를 반복적으로 복제시켜 빠른 시간 내에 대량 생산할 수 있는 기술이다. PCR에 의한 DNA의 합성반응에는 증폭해야 할 표적 DNA, 15~30개의 뉴클레오타이드인 시발체, 그리고 dATP, dGTP, dCTP, dTTP 등 4종류의 디옥시뉴클레오타이드, *Taq* 중합효소(Taq polymerase)가 필요하다. 해저 화산에서 서식하는 고온성 세균인 써머스 아쿠아티쿠스(*Thermus aquaticus*)로부터 분리한 내열성 DNA 중합효소인 *Taq* 중합효소는 최적 온도가 72℃이며, 94~96℃에서도 열에 안정한 특성을 갖고 있다.

PCR에 의한 DNA 증폭 과정은 변성(denaturation), 복원(annealing), 연장(elongation) 등 3단계로 구성되어 있다.

(1) 변성

표적 DNA의 이중가닥을 분리하기 위하여 94~96℃에서 20~30초 동안 가열하여 상보적인 염기쌍의 수소결합을 파괴시켜 2개의 단일가닥으로 분리한다.

(2) 복원

분리된 단일가닥은 주형으로 사용하며 시발체를 첨가하여 주형 가닥과 시발체가 염기쌍 결합을 하도록 20~30초 동안 온도를 50~65℃로 낮춘다.

(3) 연장

혼합물을 72℃로 증가시켜 *Taq* 중합효소는 시발체로부터 가닥을 연장시켜 새로운 DNA 가닥을 합성한다.

PCR은 아주 작은 극미량의 DNA로부터 DNA를 기하급수적으로 증폭시킬 수 있는데 표적 DNA를 30주기의 PCR를 통해 증폭시키면 약 10억 배 이상의 DNA를 얻을 수 있다. PCR은 DNA 클로닝, DNA 서열 분석 및 DNA 지문 분석, 유전자 검사, 질병 진단, 조직 적합 검사 등 다양한 분야에서 유용하게 사용하고 있다.

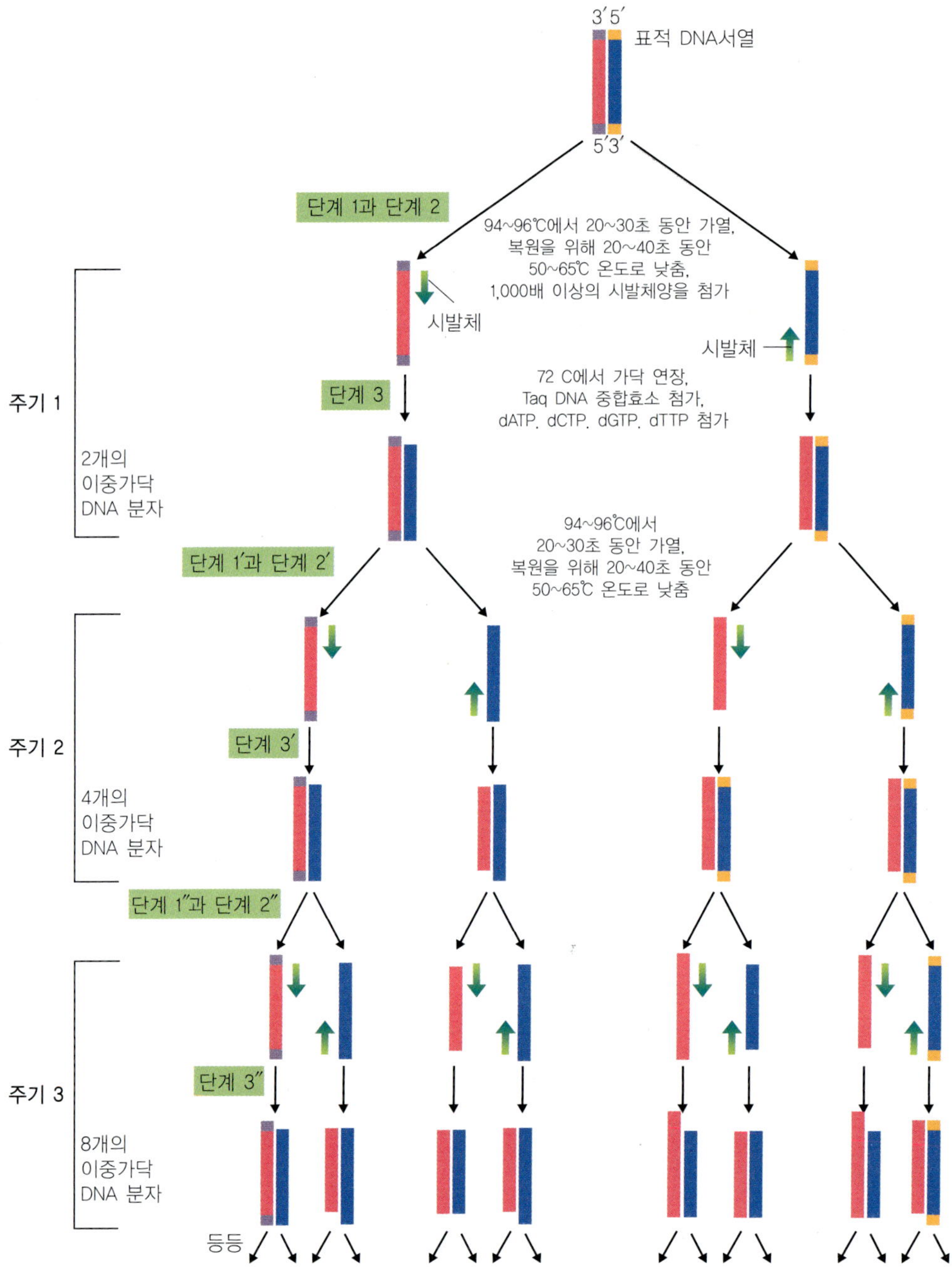

[그림 15-15] 중합효소 연쇄반응에 의한 표적 DNA의 증폭

5. RNA 전사

전사(transcription)는 DNA 정보가 RNA 정보로 전환되는 과정으로 DNA 주형으로부터 RNA 사슬을 합성하는 과정이다.

RNA 합성인 전사 과정에는 DNA 주형 가닥, 4종류의 라이보뉴클레오사이드 삼인산인 ATP, GTP, CTP, UTP와 전사 기구를 필요로 하며, DNA 합성과 달리 시발체(primer)는 필요로 하지 않는다.

1) 원핵세포의 전사

원핵세포의 전사는 DNA로부터 mRNA가 합성되는 과정으로 세포질에서 일어나며, RNA 합성이 시작되는 개시(initiation) 단계, 새로운 염기들이 중합되어 길어지는 신장(elongation) 단계, RNA 사슬 합성이 끝나 방출되는 종결(termination) 단계 등 3단계로 구성된다.

(1) RNA 중합효소

원핵세포는 세 종류를 갖고 있는 진핵세포와는 다르게, 한 종류의 RNA 중합효소(RNA polymerase)로 모든 RNA를 합성한다.

원핵세포의 RNA 중합효소는 다중소단위(multisubunit)인 $\alpha_2\beta\beta'\omega\sigma$로 구성되어 있는 완전효소(holoenzyme)이다. $\alpha_2\beta\beta'\omega$는 핵심효소(core enzyme)로 RNA 합성을 수행하며, σ 소단위는 촉진유전자(프로모터, promotor)의 인식과 전사의 개시에 관여하는 단백질로 전사가 개시하기 전에 핵심효소에 결합한다. α는 2개의 소단위로 사슬 개시와 조절단백질과 촉진 유전자 요소와 상호작용을 하고 β는 사슬 개시와 연장, 중합반응을 촉매하며, β'는 DNADNA 주형과의 결합과 풀림을, ω는 변성된 RNA 중합효소의 조립과 복원을 촉진하는 작용을 한다.

RNA 중합효소에 의한 RNA 합성반응은 다음과 같다.

$$(RNA)_n + NTP \rightleftharpoons (RNA)_{n+1} + PP$$

〈표 15-6〉 대장균의 RNA 중합효소

소단위	분자량(kDa)	효소분자당 소단위	기능
α	36.5	2	사슬 개시, 조절단백질과 촉진유전자 요소와 상호작용
β	151	1	사슬 개시와 연장, 중합반응 촉매
β'	155	1	DNA 주형과의 결합과 촉매
δ	70	1	촉진유전자와 인식
ω	11	1	변성화된 RNA 중합효소의 조립과 복원을 촉진

(2) 대장균의 전사

❶ 개시 단계

RNA 합성의 개시 단계는 촉진유전자(프로모터)의 인식으로부터 시작한다. 촉진유전자는 RNA 중합효소가 결합하여 전사가 시작하는 DNA 서열로 전사를 시작하기 전에, RNA 중합효소의 σ 소단위는 촉진유전자 부위를 인식하고, RNA 중합효소를 개시 부위(initiation site)로 안내하며, RNA 합성 시 DNA 이중가닥을 풀어서 주형가닥을 노출시키는 역할도 한다.

RNA 중합효소 완전효소가 촉진유전자에 결합하면 RNA 중합효소는 전사시작점 근처에 위치하여 DNA 이중가닥을 풀어서 단일가닥의 주형을 제공한다. RNA 중합효소는 첨가된 라이보뉴클레오사이드 삼인산(NTP)의 염기가 DNA의 뉴클레오타이드 염기와 상보적인 염기쌍을 형성하여 10개 정도의 뉴클레오타이드 전사물을 만들면 σ 소단위는 완전효소 복합체로부터 해리되고 핵심효소가 계속 신장 단계로 들어간다.

❷ 신장 단계

RNA 중합효소는 3′→ 5′ 방향을 하고 있는 주형가닥을 따라 이동하므로, 새로 합성되는 상보적인 RNA 가닥은 5′→ 3′ 방향으로 합성되며, DNA 합성과는 달리 RNA 합성은 시발체가 필요하지 않다.

σ 소단위가 분리되고 핵심효소만 남은 RNA 중합효소는 라이보뉴클레오타이드 단위가 첨가되어 DNA 주형가닥과 상보적인 RNA 전사물을 계속해서 합성하여 RNA 사슬은 연장된다. 핵심 RNA 중합효소가 DNA 나선 구조를 따라 계속 내려가면, 나선 구조는 계속 풀리면서 주형가닥을 노출시키고 새로 합성된 긴 RNA 가닥은 DNA 나선가닥 측면에 줄지어 늘어서 있다.

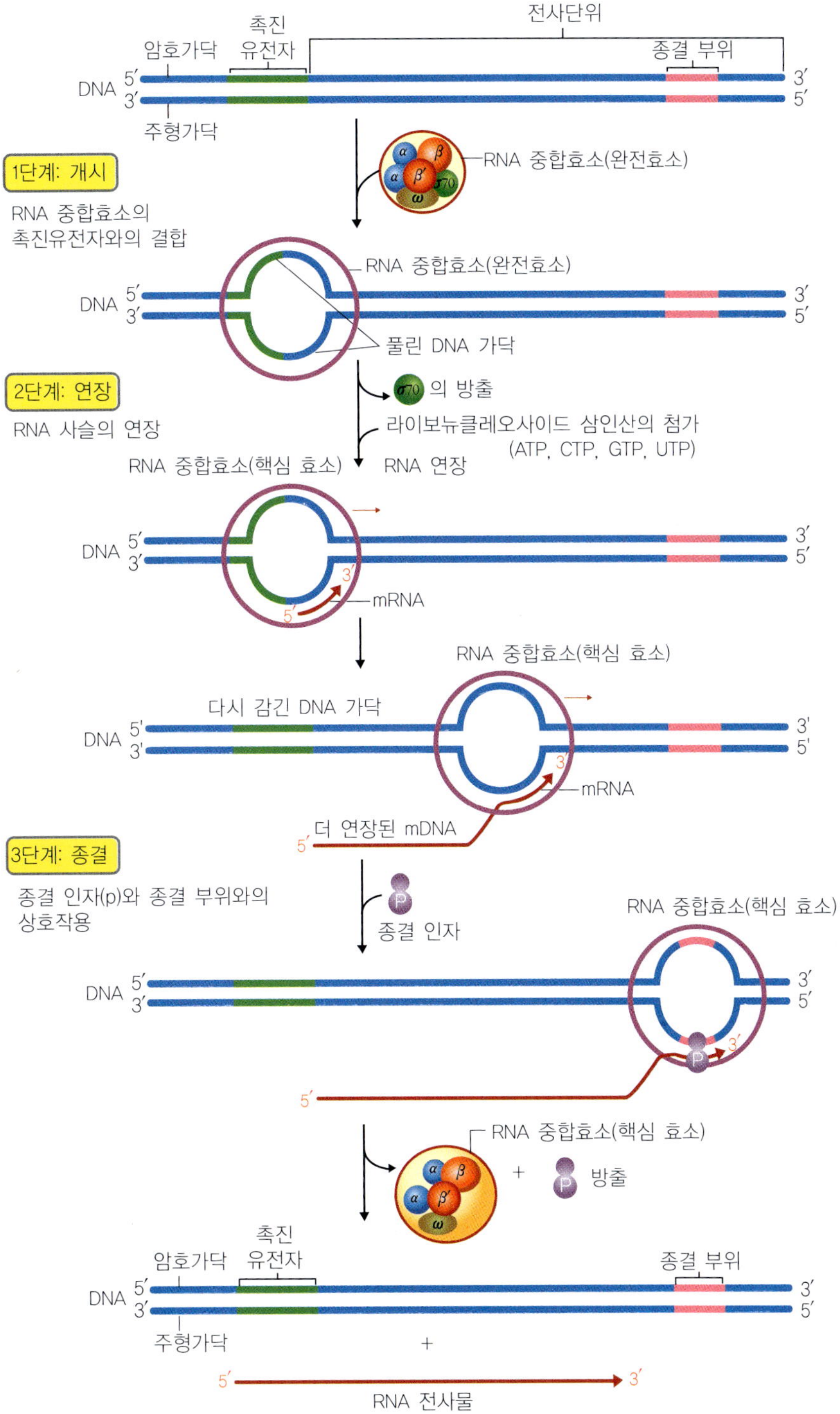

[그림 15-16] 대장균의 전사 과정

❸ 종결 단계

RNA 합성의 종결은 특정 DNA 서열에 의해 결정되며, RNA 중합효소는 종결을 알리는 특정 염기 서열을 만날 때까지 DNA 주형을 따라 이동한다.

RNA 합성의 종결에는 로(rho, ρ) 인자에 의존하지 않는 ρ 비의존형 종결과 ρ 인자에 의존하는 ρ 의존형 종결, 2가지 종류가 있다.

ρ 비의존형 종결은 고유 종결로 특정 염기 서열인 종결 부위(termination site)에 의존하며, 종결 부위는 2개의 역반복 서열을 갖고 있고 GC 풍부 구역, AT 풍부 구역 및 폴리(poly) A 구역으로 구성되어 있으며, 반복 서열은 서로 상보적이어서 머리핀(hairpin) 구조를 형성할 수 있다.

RNA 합성을 종결하는 또 다른 종류인 ρ 의존형 종결은 ρ 인자에 의한 RNA 합성의 종결이다. ρ 인자는 RNA-DNA 이중나선을 푸는 RNA-DNA 나선풀기효소(RNA-DNA helicase)이다. ρ 인자는 RNA에 결합하여 RNA-DNA 혼성체를 파괴시켜 DNA 주형가닥으로부터 전사물을 분리하고 RNA 합성을 종결시킨다.

2) 진핵세포의 전사

진핵세포의 전사는 원핵세포보다 훨씬 복잡하고 정교하다. 세포질에서 일어나는 원핵세포와 달리 진핵세포의 전사는 세포핵에서 일어나고 번역(translation)은 세포질에서 일어난다.

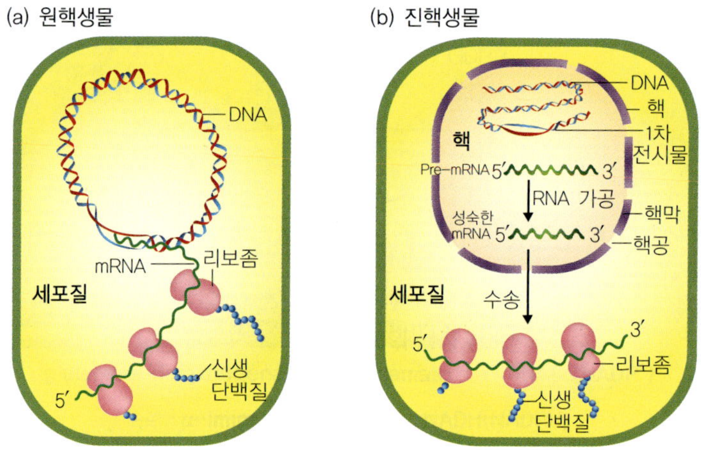

[그림 15-17] 원핵세포와 진핵세포의 전사와 번역

(1) RNA 중합효소

한 종류의 RNA 중합효소만을 갖는 원핵세포와는 달리 진핵세포는 3종류의 RNA 중합효소 I, II, III가 있다. 각 RNA 중합효소는 핵 속의 위치도 다르고 다른 유전자를 전사하며, 촉진유전자의 인식과 주형의 특이성도 다르다. RNA 중합효소 I, II, III는 각각 핵인, 핵질, 핵질에 존재하고 rRNA, mRNA, tRNA를 합성한다. 세 종류의 RNA 중합효소 모두 8~10개의 소단위로 구성되어 원핵세포의 RNA 중합효소보다 크고 복잡하지만 공통적인 $\beta\beta'$ 소단위를 갖고 있고 촉진유전자에 결합하여 전사를 개시하는 σ 소단위는 갖고 있지 않다.

mRNA 전사에 관여하는 RNA 중합효소 II는 타이로신-세린-프롤린-트레오닌-프롤린-세린 서열이 여러 번 반복되어 구성되어 있는 카복시 말단 꼬리인 카복시 말단 구역(carboxy terminal domain, CTD)을 갖고 있는데 RNA 중합효소 II의 활성은 CTD 내 세린 잔기의 인산화에 의해 조절된다.

〈표 15-7〉 진핵세포의 RNA 중합효소

중합효소	위치	전사물	기능
I	인	• 리보좀 전구물질(5.8S rRNA, 18S rRNA, 28S rRNA)	• 리보좀 성분, 단백질 합성
II	핵질	• mRNA • snRNA • miRNA	• 단백질 합성 • RNA 이어 맞추기 • 전사 후 유전자 조절
III	핵질	• tRNA • 5S rRNA • snRNA U6 • 7S RNA	• 단백질 합성 • 리보좀 성분, 단백질 합성 • RNA 이어 맞추기 • 폴리펩타이드 삽입의 신호 인식 입자
IV	핵	• siRNA(식물)	• siRNA 합성
V	핵	• siRNA(식물)	• 이질염색체 형성

snRNA(small nuclear RNA, 작은 핵, RNA), miRNA(microRNA, 미소 RNA), siRNA(small interfering RNA, 작은 간섭 RNA), RNA 이어맞추기(RNA splicing), 이질염색체(heterochromatin)

(2) 진핵세포의 mRNA 전사

진핵세포의 RNA 중합효소는 서로 다른 구조로 되어 있고 서로 다른 종류의 유전자를 전사하기 때문에 인식하는 촉진유전자도 다르다. RNA 중합효소 I, II, III는 각각 클래스

I, II, III 촉진유전자(class I, II, III promotor)를 인식한다.

RNA 중합효소 I의 클래스 I 촉진유전자는 공통적으로 보존된 염기가 부족하고 리보좀 개시인자(ribosomal initiator, rInr)와 상부촉진 유전자요소(upstream promotor element, UPE)로 구성되어 있다. RNA 중합효소 II의 클래스 II 촉진유전자는 개시요소(initiator element, Inr), TATA 상자(TATA box), 증강인자(enhancer) 또는 하부촉진 유전자요소(downstream promotor element, DPE)로 구성되어 있으며, RNA 중합효소 III의 클래스 III 촉진유전자는 5S rRNA와 tRNA 유전자의 촉진유전자로 유전자 내부에 위치하고 있다.

한편, 진핵세포의 전사에는 원핵세포와는 다르게 전사인자(transcription factor, TF)를 필요로 하며, 전사인자는 DNA 서열에 결합하여 DNA로부터 mRNA가 합성하는 전사를 조절하는 단백질이다. 전사인자는 특정 유전자의 발현을 촉진 또는 억제시키는 물질로 진핵세포에서 RNA 중합효소 II에 의한 mRNA 전사에는 TFIIA, TFIIB, TFIID, TFIIE, TFIIF와 TFIIH 등 6개의 전사인자가 필요로 한다.

〈표 15-8〉 진핵세포의 전사인자

인자	소단위 수	기능
TFIID		
TBP	1	TATA 상자 인식, TFIIB 동원
TAFII	14	핵심 촉진유전자 인식(비TATA-요소), 양성과 음성 조절 기능
TFIIA	3	TBP 결합의 안정화, TAF-DNA 상호작용의 안정화
TFIIB	1	RNA 중합요소 II-TFIIB 동원, RNA 중합효소 II에 의한 시작 부위의 선택
TFIIE	2	TFIIH 동원, TFIIH 나선풀기효소, ATPase와 인산화효소 활성의 조정
TFIIF	2	RNA 중합요소 II의 촉진유전자 표적화, 비특이적 RNA 중합효소 II-DNA 상호작용의 불안정화
TFIIH	9	나선풀기효소에 의한 촉진유전자 DNA의 풀기, CTD 내 RNA 중합효소의 인산화에 의한 촉진유전자의 제거
RNA 중합효소 II	12	RNA 합성을 촉매, TFIIE 동원

TBP(TATA binding protein, TATA-결합 단백질), TAFII(TBP-associated factor, TBP-연관인자), CTD(카복시 말단 구역)

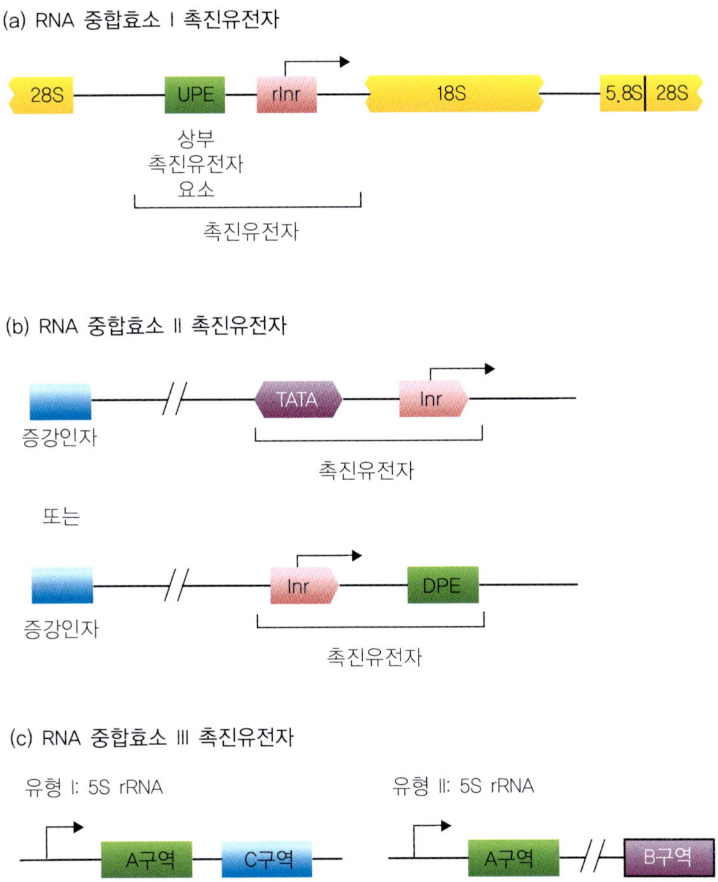

[그림 15-18] 진핵세포 RNA 중합효소의 촉진유전자

❶ 개시 단계

진핵세포에서 mRNA 전사의 첫 단계는 전사인자인 TFIID가 TATA 상자를 인식하는 것으로부터 시작하여 RNA 중합효소 II와 다른 전사인자들이 결합하여 개시 전 복합체를 형성하는 것이다.

TFIID는 촉진유전자 내 TATA 상자를 인식하는 TATA-결합단백질(TATA-binding protein, TBP)과 TBP-연관인자(TBP-associated factor, TAFIIs)로 구성된다. TFIID의 TBP가 TATA 상자에 결합하면 TFIID에 TFIIA와 TFIIB가 결합한 다음, RNA 중합효소 II와 TFIIF가 결합하고 마지막으로 TFIIE와 TFIIH가 결합하여 개시 전 복합체를 형성한다. 이 복합체는 전사를 개시할 수 있도록 DNA의 가닥을 풀어서 분리를 일으키기 시작한다.

❷ 연장 단계와 종결 단계

TFIIH의 인산화효소 활성으로 RNA 중합효소 II의 CTD가 인산화되면 복합체의 형태가 열린 복합체로 되어 전사개시로부터 전사연장으로 전환된다. 60~70개 정도의 뉴클레오타이드로 된 RNA가 합성하고 나면 TFIIB, TFIIE와 TFIIH는 방출되고 RNA 중합효소 II는 TFIIF와 연합하여 계속 RNA를 합성한다.

전사의 종결은 Rat I 단백질의 도움과 종결을 알리는 서열인 AAUAAA에 의해 RNA 중합효소 II를 멈추게 하고 종결 후 전사물은 방출되고 열린 형태의 인산화된 RNA 중합효소 II는 DNA로부터 방출된다.

RNA 중합효소 I의 종결은 대장균처럼 ρ 인자와 유사한 단백질을 필요로 하며, RNA 중합효소 III는 ρ 비의존형 종결인자와 유사한 RNA 2차 구조의 형성에 의해 종결된다.

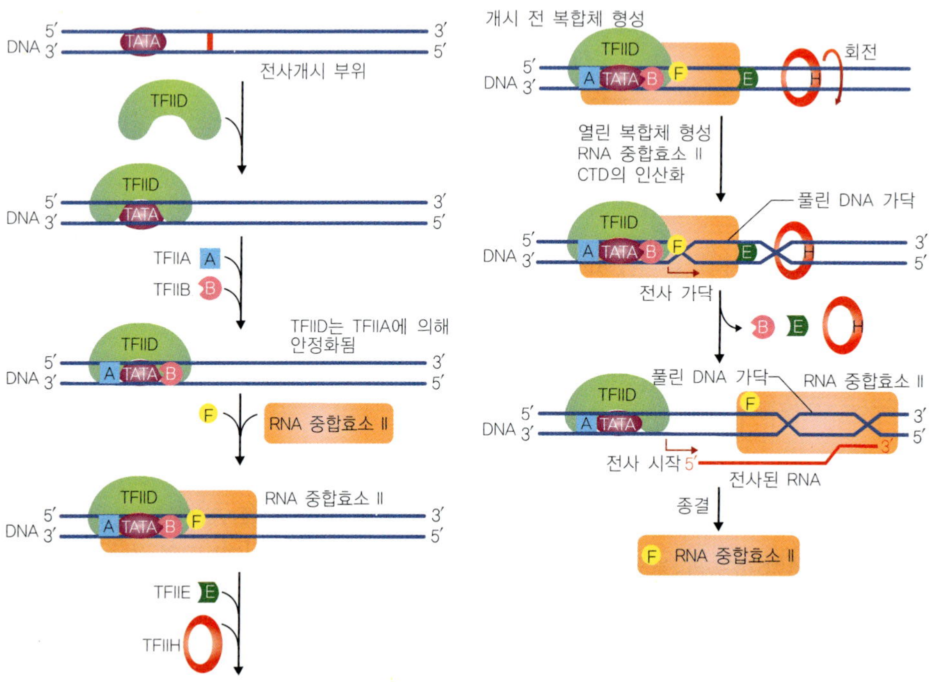

[그림 15-19] 진핵세포의 전사 과정

TBP를 구성 성분으로 갖고 있는 TFIID가 TATA 상자와 결합한다. 여기에 TFIIA와 TFIIB가 결합하고, 그다음 RNA 중합효소 II와 TFIIF가 결합한다. 마지막으로 TFIIE와 TFIIH가 결합하여 전사 전 복합체를 형성한다. 인산화효소에 의한 RNA 중합효소 II의 C-말단 구역의 인산화는 RNA 가닥이 분리되는 열린 복합체를 만든다. RNA 중합효소 II와 TFIIF가 촉진유전자를 떠날 때까지 RNA의 연장은 계속된다. RNA 중합효소 II는 종결 중 분리하고 CTD는 탈인산화된다. RNA 중합효소 II와 TFIIF는 다른 촉진유전자와 재순환 과정을 밟는다.

〈표 15-9〉 원핵세포와 진핵세포의 전사 비교

특징	원핵생물	진핵생물
장소	세포질	핵
DNA	원형	선형(히스톤으로 포장된)
RNA 중합효소	$\alpha, \beta, \beta', \delta, \omega$	Ⅰ, Ⅱ, Ⅲ
시스트론	다중 시스트론	단일 시스트론
mRNA	변형이 필요하지 않음	변형이 필요함
전사인자	필요하지 않음	필요함
전사와 번역	동시에 일어남	따로따로 일어남
전사종결	잘 알려짐	불분명

다중 시스트론(polycistronic: 1개 이상의 폴리펩타이드를 암호화하는 유전자 기능의 단위), 단일 시스트론(monocistronic: 오직 1개의 폴리펩타이드만을 암호화하는 유전자 기능의 단위), 전사인자(transcription factor), 전사종결(transcription termination)

6. RNA 가공

RNA 중합효소에 의해 DNA로부터 합성된 최초로의 RNA 생성물인 mRNA, rRNA, tRNA 등을 1차 전사물(primary transcript)이라 한다. 이렇게 새롭게 합성된 RNA 분자는 불활성이기 때문에 전사 후 변형(posttranscriptional modification) 과정을 거쳐 기능적으로 활성 있는 성숙한 분자로 전환시키는 과정이 필요한데 이러한 과정을 RNA 가공(RNA processing)이라 한다.

1) mRNA 가공

원핵세포에서는 대부분 1차 mRNA 전사물은 전사 후 변형 과정을 거치지 않고 단백질 합성을 위해 번역으로 들어가는, 즉 전사가 일어나는 동안 동시에 번역을 시작한다.

진핵세포의 mRNA 전사물인 전구체 RNA(heterogeneous nuclear RNA, hnRNA)는 번역을 위해 세포질 내 리보좀으로 들어가기 전에 핵 안에서 일반적으로 5′-말단 모자 형성반응, 3′-말단 폴리아데닐산 첨가반응, RNA 절단-연결반응 등 3가지 화학적 변형 과정을 거친다.

(1) 5′-말단 모자 형성반응

대부분의 진핵세포 mRNA는 1차 mRNA 전사물인 hnRNA의 5′-말단에 연결된 7-메틸구아노신(7-methylguanosine, m^7G)으로 구성된 5′모자(5′cap) 구조를 갖고 있고 5′모자는 RNA 분해효소(ribonuclease)로부터 RNA를 보호하며, mRNA는 리보좀에 인식되어 결합시키는 데 관여한다.

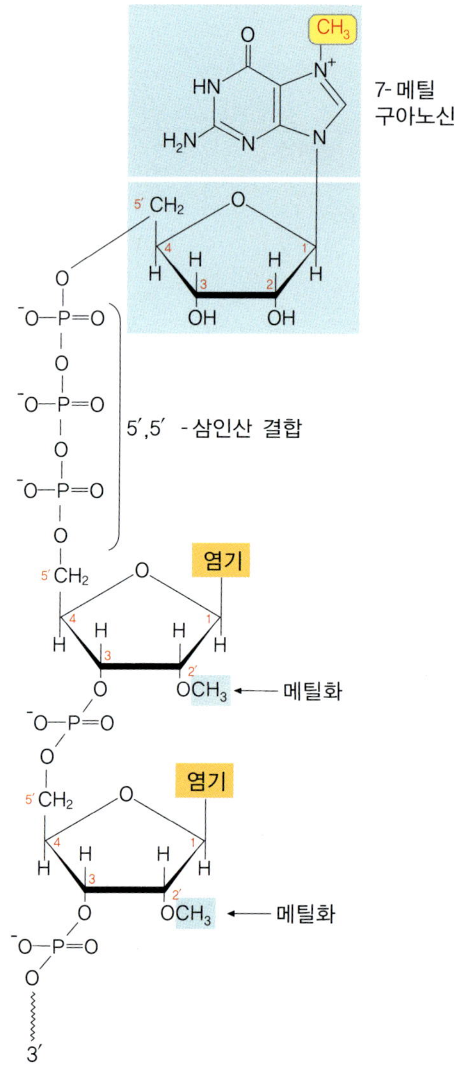

[그림 15-20] 진핵세포 mRNA의 5′-말단 모자

7-메틸구아노신 5′, 5′-삼인산 결합을 통해 mRNA의 5′ 말단과 연결된다. 효모의 경우 mRNA-메틸기를 가지고 있지 않다. 두 번째 뉴클레오타이드의 2′-메틸기는 보통 척추동물의 mRNA에서만 나타난다.

5′-말단 모자 형성반응은 RNA 삼인산 가수분해효소(RNA triphosphatase), 모자 형성 효소(capping enzyme), 구아닌-7-메틸기 전달효소(guanine-7-methyltransferase), 2′-O-메틸기 전달효소(2′-O-methyltransferase) 등 여러 단계의 효소 반응에 의해 형성된다.

5′모자 형성은 RNA 중합효소 II의 인산화된 CTD와 결합하여 RNA 중합효소 II가 전사개시로부터 전사연장으로 전환되는 것을 나타낸다.

(2) 3′-말단 폴리아데닐산 첨가반응

아데닐산 중합반응(polyadenylation)인 폴리아데닐산(poly adenylate, poly A) 첨가반응은 mRNA의 3′-말단에 폴리아데노신 잔기를 첨가하는 반응으로 대부분의 진핵세포 mRNA의 3′-말단에는 80~250개의 A 잔기들로 구성된 폴리 A 꼬리(poly A tail)를 갖고 있으며, 이 꼬리는 특정 단백질의 결합 부위로 사용된다. 폴리 A 꼬리와 연합된 특정 단백질은 mRNA를 핵산 가수분해효소(nuclease)와 인산 가수분해효소(phosphatase)로부

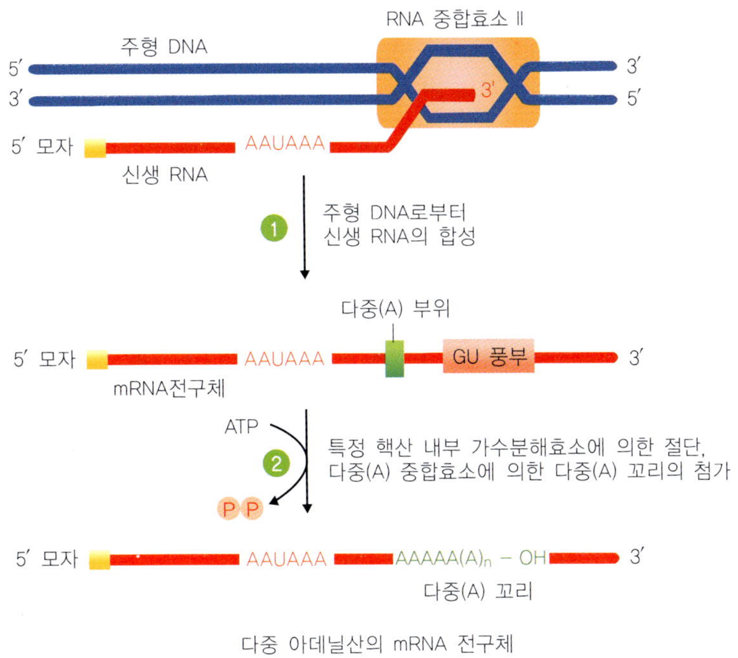

[그림 15-21] 진핵세포 mRNA의 3′-말단 폴리 A 첨가반응

터 보호하고 전사 종결과 핵으로부터 세포질로 mRNA의 수송을 돕는다. 폴리 A 꼬리 첨가반응은 여러 단계를 거쳐 진행된다. 먼저, RNA 중합효소 II에 의해 주형 DNA로부터 신생 RNA인 mRNA 전구체가 합성되고 mRNA 전구체가 핵산 내부 가수분해효소(endonuclease)에 의해 절단된 다음 폴리 A 중합효소(poly A polymerase)가 A 잔기들을 첨가한다.

(3) RNA 절단-연결반응

RNA 전구체가 핵에서 세포질로 이동하기 전에 인트론(intron) 부분의 RNA가 1차 전사물로부터 스스로 자신을 절단하고 엑손(exon) 부분만을 서로 연결시키는 반응을 RNA 절단-연결반응(RNA splicing)이라 한다. 인트론의 절단-연결반응에는 5′절단-연결 부위와 3′절단-연결 부위 그리고 구아노신 또는 구아닐산(GMP, GDP, GTP)을 필요로 한다. 그러나 진핵세포에서 대부분의 인트론 RNA는 자가 절단-연결반응(self-splicing)으로 인트론을 제거하지 않고 절단-연결 복합체(spliceosome)를 통해 인트론을 제거한다. 절단-연결 복합체는 5개의 snRNA(small nuclear RNA)와 수많은 특정 단백질로 구성된 라이보핵산단백질 복합체(ribonucleoprotein complex)이다. snRNA는 절단-연결 복합체의 주요 구성 성분으로 mRNA 전구체의 절단-연결반응에 필수적인 분자로 U1, U2, U4, U5, U6 등이 있으며, 특정 단백질과 결합하여 snRNPs(small nuclear ribonucleoprotein paticles, snurps) 또는 스넙스(snurps)라는 복합체를 형성한다. 따라서, 절단-연결 복합체는 스넙스(snRNPs), 절단-연결인자(splicing factor), 수백 개의 단백질 그리고 mRNA 전구체로 구성된 크고 역동적인 조립체이다.

포유류에서 절단-연결반응은 U1snRNP에 의한 5′절단-연결 부위의 인식으로부터 시작하며, 절단-연결 복합체의 조립을 형성한 다음 진행한다. 절단-연결 복합체의 조립 과정은 먼저 U1이 5′절단-연결 부위와 결합하고 U2는 가지점과 결합하며, 이미 형성된 U4-U5-U6 복합체는 U1과 U2와 결합하여 완전한 절단-연결 복합체를 형성한다. 절단-연결반응은 두 단계의 에스터 교환반응을 통해 올가미 형태(lariat)의 중간체를 형성한 후 인트론을 생성한다.

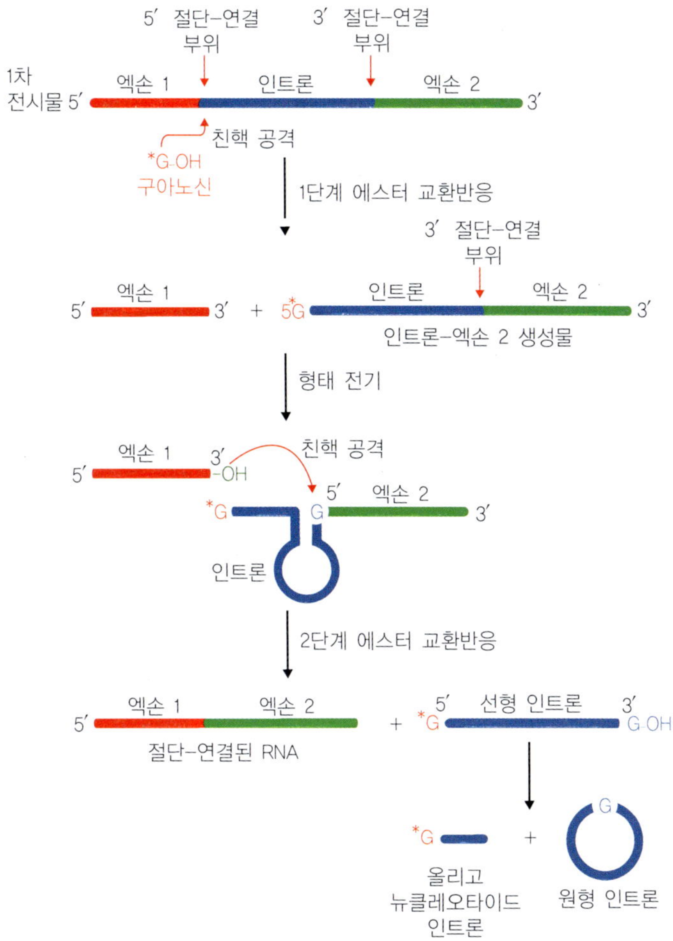

[그림 15-22] 진핵세포 인트론의 RNA 절단-연결반응

2) rRNA 가공

진핵세포에서 rRNA 전구체(pre-rRNA)인 45S rRNA는 RNA 중합효소 I에 의해 합성되고 18S rRNA, 5.8S rRNA와 28S rRNA로 가공된다. rRNA 가공은 라이보핵산 내부 가수분해효소(endoribonuclease) 또는 라이보핵산 말단 가수분해효소(exoribonuclease)에 의한 절단반응과 뉴클레오사이드 변형(nucleoside modification) 등을 포함한다. rRNA 전구체 가공에서 45S rRNA는 뉴클레오타이드 잔기의 염기와 라이보오스가 snoRNA(small nucleolar RNA)와 여러 단백질로 구성된 소형인 라이보핵산 단백질(small nucleolar ribonucleoproteins, snoRNPs)에 의해 여러 부위에서 메틸화되어 변형된다.

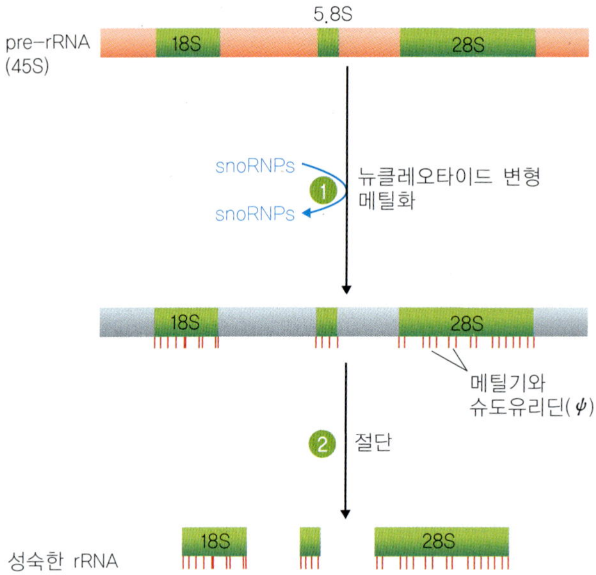

[그림 15-23] 진핵세포 rRNA 전구체의 가공

① 뉴클레오타이드 변형: snoRNPs가 특정 라이보오스를 메틸화하고 유리딘을 슈도유리딘으로 전환한다.
② 절단: pre-rRNA는 라이보핵산 가수분해효소에 의해 18S rRNA, 5.8S rRNA와 28S rRNA로 절단된다.

3) tRNA 가공

진핵세포에서 RNA 중합효소 III에 의해 합성된 tRNA 전구체는 가공되어 성숙한 tRNA로 전환된다. 대부분의 세포는 40~50개의 tRNA를 갖고 있으며, tRNA는 tRNA 전구체의 5′-말단과 3′-말단으로부터 뉴클레오타이드의 제거에 의해 생성된다. tRNA 전구체의 5′-선도 뉴클레오타이드(5′-leader nucleotide)는 RNA 가수분해효소 P(ribonuclease P, RNase P)에 의해 절단되고 3′-꼬리 뉴클레오타이드(3′-trailer nucleotide)는 라이보핵산 말단 가수분해효소(exoribonuclease)에 의해 제거되며, 3′-말단에 tRNA 뉴클레오타이드 전달효소(tRNA nucleotidyltransferase)에 의해 CCA가 첨가되고 인트론이 제거된다.

또한, tRNA의 염기는 라이보오스와 함께 메틸화, 환원 또는 탈아미노화 등에 의해 다양하게 변형되는데, 이 변형은 tRNA의 기능에 매우 중요한 영향을 준다.

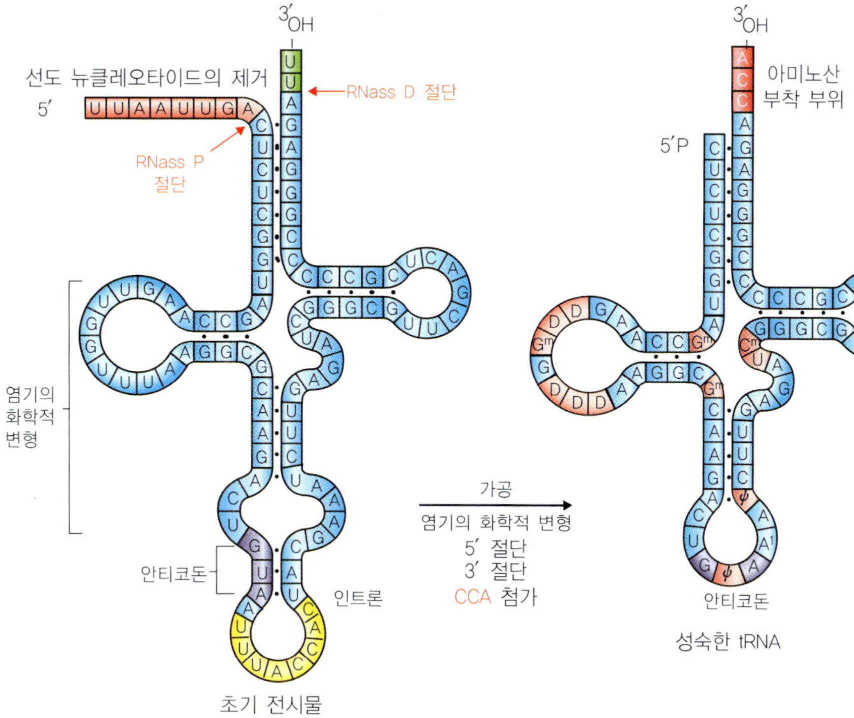

[그림 15-24] 진핵세포 tRNA의 가공

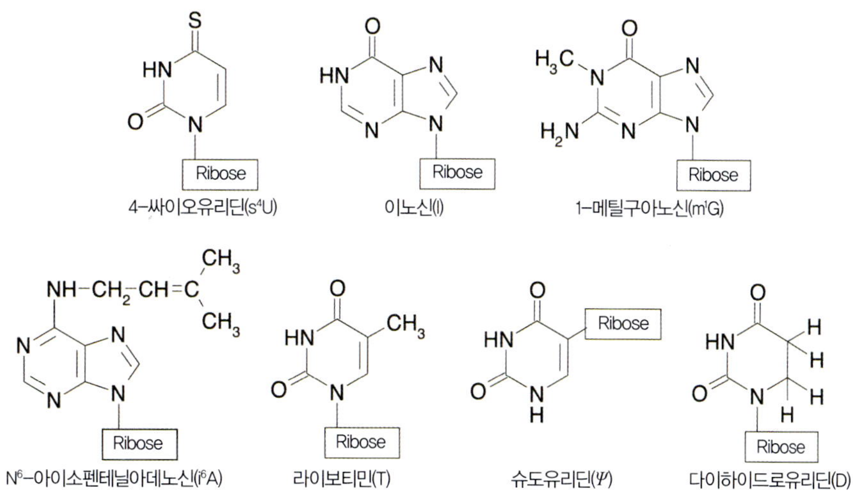

[그림 15-25] tRNA의 변형된 염기

연습문제

1. 유전정보 흐름의 과정을 옳게 나타낸 것은?
   ① protein → DNA → RNA
   ② RNA → DNA → protein
   ③ DNA → protein → RNA
   ④ protein → RNA → DNA
   ⑤ DNA → RNA → protein

2. 대장균에서 DNA 복제에 관여하는 효소들 중 합성 시 이용하는 순서로 맞는 것은?

(A) DNA polymerase Ⅲ	(B) primase
(C) helicase	(D) DNA ligase
(E) DNA polymerase Ⅰ	

   ① C → B → A → E → D
   ② C → A → B → D → E
   ③ A → B → C → D → E
   ④ B → A → C → E → D
   ⑤ B → A → D → E → C

3. DNA 복제에 관한 사항 중 틀린 것은?
   ① DNA polymerase Ⅲ가 주된 효소이다.
   ② 새 DNA사슬의 합성은 5′→3′ 방향이다.
   ③ 연속적으로 복제가 일어나는 가닥을 지연가닥이라 한다.
   ④ 진핵의 DNA 복제 시 수천에 이르는 복제원점에서 동시에 시작된다.
   ⑤ 오카자키(Okazaki) 단편은 동물세포에서는 200개 이하의 뉴클레오타이드로 되어 있다.

4. 5′–GTACCAT–3′의 주형가닥으로부터 복제 후 상보적인 DNA 염기 배열은?
   ① 5′–GGTTGAC–3′
   ② 5′–ATACCAT–3′
   ③ 5′–CATGGTA–3′
   ④ 5′–ATGGTAC–3′
   ⑤ 5′–GCAAGAT–3′

5. 5′–AGCCAT–3′의 주형가닥으로부터 전사 후 RNA 염기 배열은?
   ① 5′–UCGGUA–3′ ② 5′–AUGGCU–3′
   ③ 3′–AUGGCU–5′ ④ 5′–AGCCAU–3′
   ⑤ 3′–AGCCAT–5′

6. DNA 복제에 관여하는 주된 효소는?
   ① DNA polymerase ② DNA polymerase Ⅱ
   ③ DNA polymerase Ⅲ ④ RNA polymerase Ⅰ
   ⑤ RNA polymerase Ⅰ

7. 핵 DNA의 유전적 정보를 단백질 합성의 장소에 전달하는 것은?
   ① mRNA ② tRNA
   ③ rRNA ④ DNA
   ⑤ sn–RNA

8. RNA 전사개시를 인식하는 DNA 주형 가닥의 공통 염기 배열을 지닌 부위는?
   ① codon ② primer
   ③ exon ④ operon
   ⑤ promoter

9. RNA 전사 후 가공(processing)에 관한 설명 중 틀린 것은?
   ① 5′ cap 형성 ② 3′ poly(A) 첨가
   ③ RNA 전구체 절단 ④ RNA 사슬 연장
   ⑤ 인트론 제거

10. 주형(template) 역할을 하는 핵산은?
   ① DNA ② mRNA
   ③ tRNA ④ snDNA
   ⑤ rRNA

정답: 1 ⑤ 2 ① 3 ③ 4 ④ 5 ②
6 ③ 7 ① 8 ⑤ 9 ④ 10 ②

chapter 16

단백질 생합성과 유전자 발현 조절

Protein biosynthesis and gene expression regulation

생명체는 단백질의 성질에 따라 형질 및 기능이 결정되며, 이러한 단백질의 성질을 결정하는 것은 단백질의 아미노산 순서에 달려 있고, 이 순서에 관한 정보는 DNA가 갖고 있으며, DNA의 유전정보는 mRNA를 거쳐 최종 생성물인 단백질을 합성한다. 단백질(protein)은 생명체에서 가장 다양하고 복잡한 생물학적 기능과 구조를 담당하는 생체분자로 단백질 생합성(protein biosynthesis)은 DNA 복제와 RNA 전사와는 다르게 리보좀, mRNA, tRNA와 수많은 단백질 분자들 사이의 긴밀한 상호작용과 다양한 효소를 필요로 하는 세포에서 가장 복잡한 대사과정이다. 단백질 생합성 과정은 DNA의 유전정보가 mRNA로 전달된 후, 3개의 염기로 조합된 유전정보인 코돈(codon)이 해당 아미노산으로 전환되어 폴리펩타이드(polypeptide)를 합성하는 과정이며, 이러한 과정을 번역(translation)이라 한다.

이 장에서는 암호화된 유전정보인 유전암호(genetic code)와 유전암호가 해독되어 해당 아미노산으로 번역되는 단백질 생합성(translation) 과정 그리고 유전자의 구조 및 발현 조절 등을 설명하고자 한다.

1. 유전암호

1960년대 초 니렌버그(Marshall Nirenberg) 등은 각 아미노산을 암호화하는 유전암호가 3개의 염기로 조합되어 있는 것을 발견하였으며, 이러한 3개의 염기 배열을 삼중암호(triplet code)인 코돈(codon)이라고 한다. 유전정보는 한 번에 1개의 코돈으로 순차적으로 읽히며, 겹쳐서 읽히지 않고 건너뛰어 읽지도 않는다. mRNA에서 3개의 염기로 조합된 코돈은 특정 아미노산을 해독하는 기능적 단위로서 특정 아미노산이 폴리펩타이드 사슬에서 특정 위치로 편입하는 것을 결정한다.

1) 유전암호의 종류

단백질 생합성에 필요한 유전정보는 오직 4개의 염기 A, G, C, U로 되어 있고 단백질은 20종류의 아미노산으로 되어 있어 3개의 염기 조합인 코돈은 4^3 = 64개의 종류로 구성되어 있다.

64개의 코돈은 20종류의 아미노산을 암호화하는 61개의 전사코돈(sense codon)

과 아미노산을 암호화하지 않는 종결 신호(stop signal)인 3개의 종결코돈(stop codon, termination codon)으로 나눈다. 종결코돈은 UAA(ochre 코돈), UAG(amber 코돈) 및 UGA(opal 코돈)로, 이들은 특정한 아미노산을 인식하지 않으므로 난센스코돈(non-sense codon)이라고도 한다. 메티오닌(Met)을 암호화하는 코돈인 AUG는 포르밀화되어 단백질 생합성의 개시 신호(start signal)인 개시코돈이다. mRNA상에서 AUG로부터 종결코돈 바로 앞까지의 중복되지 않는 코돈 서열을 ORF(open reading frame)라 하며, ORF는 폴리펩타이드가 만들어질 수 있는 배열을 의미한다.

〈표 16-1〉 유전암호*

첫 번째 위치 (5′ 말단)	두 번째 위치								세 번째 위치 (3′ 말단)
	U		C		A		G		
U	UUU	Phe	UCU	Ser	UAU	Tyr	UGU	Cys	U
	UUC		UCC		UAC		UGC		C
	UUA	Leu	UCA		UAA	종결	UGA	종결	A
	UUG		UCG		UAG	종결	UGG	Trp	G
C	CUU	Leu	CCU	Pro	CAU	His	CGU	Arg	U
	CUC		CCC		CAC		CGC		C
	CUA		CCA		CAA	Gln	CGA		A
	CUG		CCG		CAG		CGG		G
A	AUU	Ile	ACU	Thr	AAU	Asn	AGU	Ser	U
	AUC		ACC		AAC		AGC		C
	AUA		ACA		AAA	Lys	AGA	Arg	A
	AUG	Met**	ACG		AAG		AGG		G
G	GUU	Val	GCU	Ala	GAU	Asp	GGU	Gly	U
	GUC		GCC		GAC		GGC		C
	GUA		GCA		GAA	Glu	GGA		A
	GUG		GCG		GAG		GGG		G

* 비극성 아미노산은 노란색, 염기성 아미노산은 파란색, 산성 아미노산은 붉은색, 극성 비전하 아미노산(polar uncharged amino acid)은 보라색이다.

** AUG는 폴리펩타이드 사슬 내 내부 Met 잔기뿐만 아니라 개시 신호 아미노산으로 쓰인다.

2) 유전암호의 성질

(1) 중첩성

61개의 코돈이 20개의 아미노산을 암호화하기 때문에, 2개 이상의 코돈이 1개의 아미노산을 암호할 수 있는 코돈의 성질을 중첩성(degenerate) 또는 퇴행성이라 한다. 중첩성은 유전암호에 유연성을 부여하고 돌연변이(mutation)로부터 보호하는 효과를 준다.

모든 아미노산 중에서 트립토판(Trp)과 메티오닌(Met)은 1개의 코돈을 갖고 나머지 아미노산은 2개 이상의 코돈을 가진다. 아르지닌(Arg), 류신(Leu)과 세린(Ser) 등은 6개의 코돈을, 알라닌(Ala), 글라이신(Gly), 프롤린(Pro), 트레오닌(Thr)과 발린(Val)은 4개의 코돈을 갖고 있다. 이처럼, 같은 아미노산을 암호화하는 코돈을 동의코돈(synonymous codon)이라 한다.

(2) 동요 현상

이러한 동의코돈의 공통적인 특징은 첫 번째와 두 번째 염기는 같지만 마지막 세 번째 염기는 다르다. 알라닌(Ala), 글라이신(Gly), 프롤린(Pro), 트레오닌(Thr)과 발린(Val)의 코돈은 코돈의 세 번째 염기가 A, G, C, U 중 어떤 염기가 되더라도 같은 아미노산을 암호화한다. 이렇게 유동적으로 변할 수 있는 코돈의 세 번째 염기를 동요(와블, wobble) 염기라 하고 이러한 현상을 동요 현상이라 한다. 동요 현상은 코돈의 세 번째 염기에서 어떤 돌연변이가 발생해도 아미노산을 변화시킬 수 없어 코돈의 세 번째 위치에서 아미노산이 단백질로 합성되는 데 영향을 주지 않는다. 따라서, 코돈의 중첩성은 돌연변이에 대한 완충 작용을 통해 돌연변이 효과를 최소화시킨다.

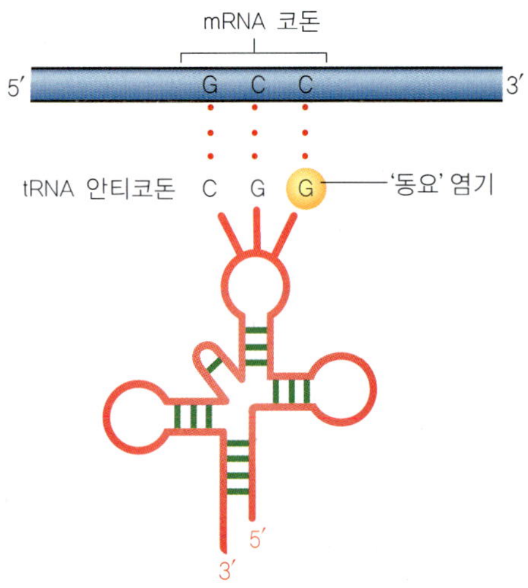

[그림 16-1] 동요 염기의 결합

(3) 코돈과 안티코돈의 결합

단백질의 합성 과정에서 아미노산이 폴리펩타이드 사슬로 편입될 때 mRNA의 코돈은 tRNA의 안티코돈(anticodon)과 상보적인 염기쌍 결합을 한다. 그러나, tRNA 분자 수는 코돈의 64개보다 적어, 실제 1개의 tRNA 분자는 1개 이상의 코돈을 인식하여 결합한다. 안티코돈은 tRNA의 구조에서 아미노산 결합 부위와 가장 멀리 떨어져 있는 안티코돈 팔(anticodon loop)에 존재한다.

코돈과 안티코돈의 첫 2개의 염기는 정상적이고 상보적인 염기쌍 결합을 하지만, 코돈의 세 번째 염기와 안티코돈의 첫 번째 염기에서는 비정상적인 염기쌍을 형성한 동요 현상이 일어나 tRNA 분자가 여러 개의 코돈과 결합한다. 이러한 mRNA의 코돈과 tRNA의 안티코돈 사이의 결합은 약해서 단백질 합성 과정에서 mRNA로부터 tRNA를 재빨리 분리시켜 단백질 합성 속도를 증가시키는 작용을 한다.

3) 아미노아실-tRNA 합성효소

아미노산이 단백질 합성에 이용되기 전에 먼저 tRNA와 결합되어 활성화 상태가 되어야 한다. 아미노산의 활성화는 아미노아실-tRNA 합성효소(aminoacyl-tRNA synthetase)에 의해 촉매되며, 아미노아실-tRNA의 형성은 2단계를 거쳐 일어난다. 첫 단계 반응은 아미노산이 ATP 분자와 반응하여 아미노아실-AMP(aminoacyl-AMP)가 합성되고 두 번째 반응은 아미노아실-AMP의 아미노아실기를 특정 tRNA 분자의 3′ 말단의 OH기에 전달하여 아미노아실-tRNA를 합성한다. 이 반응은 ATP의 AMP와 파이로인산(PP_i)의 가수분해로부터 온 파이로인산이 다시 2분자의 무기인산(P_i)으로 가수분해될 때 형성되는 에너지에 의해서 진행된다. 각 아미노산 tRNA 분자에 특이적인 아미노아실-tRNA 합성효소가 있으며, 이 효소는 아미노산을 대응하는 tRNA에 결합시킨다. 이러한 아미노아실-tRNA 합성효소는 아미노산을 tRNA에 결합시키는 작용 이외에도 전사, 번역, 인트론 절단-연결에도 관여하는 것으로 알려졌다. 아미노아실-tRNA 합성효소의 전체 반응은 다음과 같다.

amino acid + ATP → aminoacyl-AMP + P P

aminoacyl-AMP + tRNA → aminoacyl-tRNA + AMP

amino acid + ATP + tRNA → aminoacyl-tRNA + AMP + P P

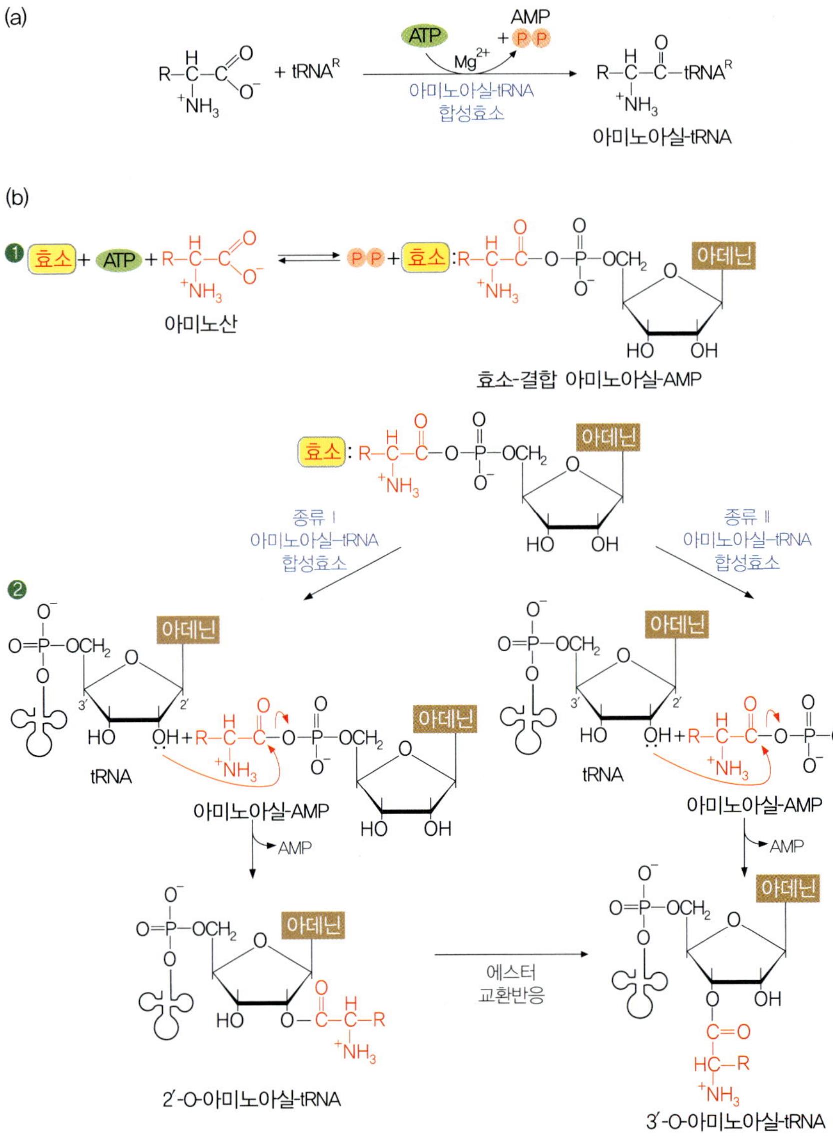

[그림 16-2] 아미노아실-tRNA 합성효소 반응

2. 단백질 합성

단백질 분자의 아미노산 배열 순서는 DNA 분자의 염기 순서에 의해 결정된 mRNA 분자 내의 코돈 순서에 따라 정해진다. 단백질 합성은 코돈이 순서대로 읽혀서 폴리펩타이드 사슬이 형성되는 과정으로 리보좀에서 코돈의 순서에 따라 아미노산이 정해진 순서대로 폴리펩타이드 사슬인 단백질로 중합되는 번역(translation) 과정이다. 폴리펩타이드 사슬의 합성은 특정 유전정보를 가진 mRNA, 단백질 합성 기관인 리보좀, 아미노산이 결합된 tRNA(aminoacyl-tRNAs) 그리고 여러 효소들과 폴리펩타이드 사슬 합성의 개시, 연장, 종결에 관여하는 단백질인자 등을 필요로 한다. 단백질은 mRNA와 리보좀 복합체에 결합되어 연장되고 있는 폴리펩타이드 사슬에 아미노산을 순차적으로 첨가해서 만들어지며, mRNA는 5′→ 3′ 방향으로 읽혀져, 폴리펩타이드 사슬은 N-말단(아미노기, amino group)으로부터 C-말단(카복실기, carboxyl group) 쪽으로 합성된다.

단백질 합성 과정은 크게 사슬 개시(chain initiation), 사슬 연장(chain elongation) 및 사슬 종결(chain termination) 등 3단계를 거쳐 진행된다.

1) 원핵세포의 단백질 합성

원핵세포에서 단백질 합성은 리보좀에서 mRNA가 5′-말단으로부터 3′-말단으로 해독하기 시작하여 N-말단으로부터 C-말단(카복실기, carboxyl group) 방향으로 합성된다. 단백질 합성도 DNA 복제와 RNA 전사처럼 개시, 연장 및 종결 등 3단계를 거쳐 일어난다.

(1) 개시 단계

대장균의 개시복합체는 3단계를 거쳐 형성되며, mRNA, 리보좀의 30S와 50S 소단위, 3개의 개시인자(initiation factor, IF)인 IF-1, IF-2 및 IF-3, GTP 그리고 N-포르밀메티오닌 tRNA(N-formylmethionyl tRNA, fMet-$tRNA^{fMet}$) 등을 필요로 한다.

❶ 1단계

개시복합체의 형성은 먼저, 개시인자 IF-3가 30S 소단위와 결합하여 30S 소단위가 50S 소단위와 결합하는 것을 막는 것으로부터 시작한다.

❷ 2단계

개시인자 IF-2가 N-포르밀메티오닌 tRNA(fMet-$tRNA^{fMet}$)를 30S 소단위와 결합시킨 다음, IF-1의 도움으로 mRNA가 30S 소단위와 결합한다. 이처럼, 30S 소단위는 mRNA,

IF-2와 GTP가 결합한 IF-2 • GTP • fMet-tRNA^{fMet}와 IF-1과 결합하여 30S 개시복합체(30S initiation complex)를 형성한다.

❸ 3단계

50S 소단위가 30S 개시복합체에 결합함으로써 IF-2를 자극하여 GTP를 GDP와 P_i로 가수분해하면서 개시인자 IF-1, IF-2 및 IF-3 모두 복합체로부터 방출되고 mRNA와 fMet-tRNA^{fMet}를 갖고 있는 70S 개시복합체를 형성한다. 이렇게 형성된 70S 개시복합체는 단백질 합성을 수행할 준비가 완료되고 단백질 합성에서 mRNA의 출발 신호가 되는 코돈은 AUG 혹은 GUG이다.

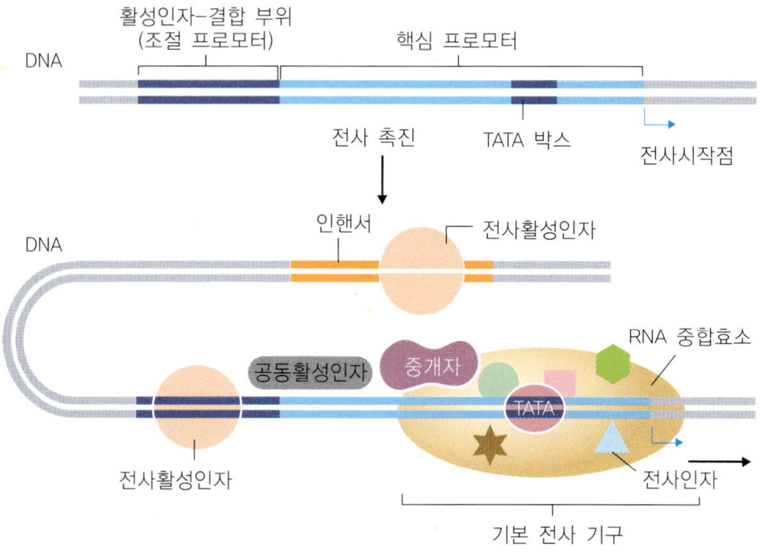

[그림 16-3] 원핵세포의 개시복합체 형성 과정

(2) 연장 단계

사슬의 연장 단계는 mRNA에 의해 지정된 아미노산인 알라닌(Ala)을 70S 개시복합체에 첨가함으로써 시작한다. 연장 단계는 70S 개시복합체, 아미노아실-tRNA인 알라닌-tRNA(alanyl-tRNA), 3개의 연장인자(elongation factor, EF)인 EF-G, EF-Ts 및 EF-Tu 그리고 GTP 등을 필요로 한다. 폴리펩타이드 사슬의 합성과 연장에 관계되는 과정은 아주 복잡한데, 연장 단계는 (1) 아미노아실-tRNA와 리보좀의 결합, (2) 펩타이드 결합의 형성, (3) 자리이동(전위)(translocation) 과정 등 3단계에 걸쳐 일어난다.

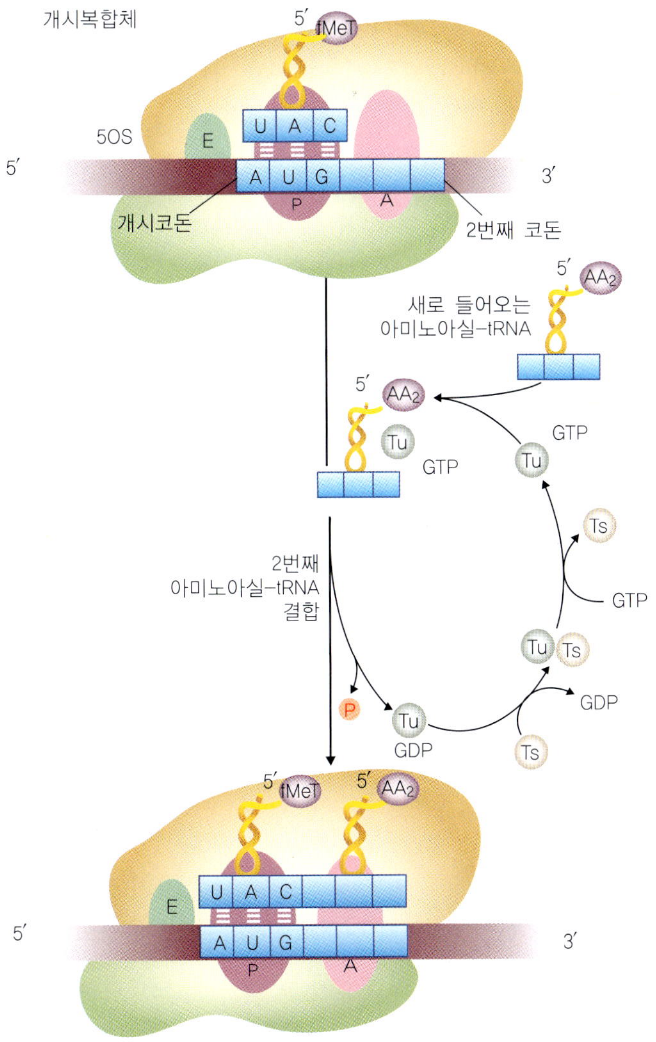

[그림 16-4] 원핵세포의 연장 단계

〈표 16-2〉 대장균의 연장인자

연장인자	잘량(kD)	기능
EF-Tu	43	아미노아실-tRNA와 결합하여 아미노아실-tRNA를 A 부위로 운반하는 G단백질
EF-Ts	74	EF-Tu상의 GDP를 GTP로 대체하는 구아닌-뉴클레오타이드 교환인자*
EF-G	77	rRNA의 자리옮김을 촉진하는 G 단백질

* 구아닌-뉴클레오타이드 교환인자(guanine-nucleotide exchange factor, GEF)

❶ 1단계: 아미노아실-tRNA와 리보좀의 결합

50S 소단위는 2개의 다른 tRNA가 결합할 수 있는 자리인 P(펩티딜, peptidyl) 자리와 A(아미노아실, aminoacyl) 자리가 있으며, 폴리펩타이드 사슬의 형성이 시작될 때 포르밀메티오닌-tRNA(fMet-tRNA^{fMet})는 P 자리에 결합되어, mRNA의 AUG 코돈에 결합되고 아미노아실-tRNA 분자는 A 자리에 결합되는데, 이때 GTP가 가수분해된다. 연장 과정의 첫 단계는 아미노아실-tRNA인 알라닌-tRNA(alanyl-tRNA)가 연장인자인 EF-Tu와 GTP와 결합하여 EF-Tu • GTP • alanyl-tRNA 복합체를 형성한다. EF-Tu는 GTP 가수분해효소(GTPase)로 A 자리에 알라닌-tRNA를 위치시키고 안티코돈을 mRNA의 알라닌 코돈에 해당하는 GCA에 위치시킨다. 이 복합체는 70S 개시복합체의 A 자리에 결합하여 GTP는 가수분해되고 EF-Tu • GDP 복합체는 70S 개시복합체로부터 방출된다.

❷ 2단계: 펩타이드 결합의 형성

다음은 펩타이드 전달효소(peptidyl transferase)에 의해 P 자리에 있는 fMet-tRNA^{fMet}의 포르밀메티오닌(fMet)과 A 자리에 들어온 알라닌-tRNA의 알라닌(Ala) 사이에 펩타이드 결합이 형성된다. 그 결과, P 자리에는 포르밀메티오닌과 결합되어 있던 tRNA가 유리 형태로 남아 있고, A 자리는 다이펩타이드로 결합된 tRNA(dipeptidyl-tRNA)인 fMet-Ala-tRNA가 위치한다.

❸ 3단계: 자리이동(전위) 과정

연장 과정의 마지막 단계는 자리이동(전위)(translocation) 과정으로 리보좀이 mRNA의 3′-말단을 향해 한 코돈을 이동하여 결합된 펩타이드 사슬을 갖고 있는 tRNA를 앞으로 전진시키고 A 자리에 다음의 코돈이 읽혀지도록 하는 과정이다.

자리이동반응에는 자리이동효소(translocase)인 EF-G와 GTP 가수분해가 필요하며, 자리이동의 결과로 포르밀메티오닌-알라닌-tRNA(fMet-Ala-tRNA)는 A 자리에서 P 자리로 위치가 이동된다. 아미노산이 제거된 tRNA는 P 자리에서 빠져나와 70S 리보좀 복합체로부터 방출되고 fMet-Ala-tRNA는 P 자리에 결합되어 A 자리는 비어 있게 된다. 자리이동 과정 후 70S 리보좀은 mRNA에서 이동하여 적절한 아미노아실-tRNA를 받아들이기 위해 A 자리가 새로운 코돈에 위치한다. 리보좀은 mRNA의 3′-말단을 향해 한 코돈씩 이동하여 mRNA는 한 번에 한 코돈씩 순차적으로 읽히면서 새로운 폴리펩타이드 사슬을 합성한다.

(3) 종결 단계

폴리펩타이드 사슬의 연장은 리보좀이 mRNA에 의해 암호화된 마지막 아미노산을 사슬에 첨가될 때까지 계속 진행된다. 종결 단계는 mRNA의 종결코돈인 UAA, UAG, UGA 등에 의해 마무리된다. 이러한 종결코돈은 상보적인 안티코돈을 가진 아미노아실-tRNA가 존재하지 않기 때문에 아미노산을 가진 tRNA가 들어오지 않아서 폴리펩타이드 사슬의 연장이 끝나게 된다. 종결코돈은 방출인자(release factor, RF)인 RF-1, RF-2, RF-3에 의해 인식되며, RF-1는 UAA와 UAG를 인식하고 RF-2는 UAA와 UGA를 인식하지만, RF-3은 폴리펩타이드 사슬 방출 후, 리보좀으로부터 RF-1와 RF-2를 분리하는 역할을 한다.

종결코돈을 인식한 RF-1이 리보좀의 A 자리에 결합되면 펩타이드 전달효소는 활성화되어 P 자리에 결합된 마지막 tRNA로부터 폴리펩타이드 사슬을 가수분해하여, 리보좀 • mRNA 복합체로부터 폴리펩타이드를 방출시킨다. 이때 방출인자도 리보좀에서 분리되고 리보좀 자체도 30S와 50S 소단위로 분리되어 mRNA 분자에서 유리되어 세포질 내로 확산된다.

〈표 16-3〉 원핵세포 단백질 합성 단계의 필요인자

단계	인자	
아미노산의 활성화	• 아미노산 • tRNAs	• 아미노아실-tRNA synthetases • ATP, Mg^{2+}
사슬합성의 개시	• 포밀메티오닌-$tRNA^{fmet}$ • mRNA의 개시코돈 • 30S 리보좀 서브유닛	• 50S 리보좀 서브유닛 • 개시인자(IF-1, IF-2 및 IF-3) • GTP, Mg^{2+}
사슬의 연장	• 70S 리보좀 • mRNA의 코돈 • 아미노아실-tRNAs	• 연장인자(EF-Tu, EF-Ts 및 EF-G) • GTP, Mg^{2+}
사슬합성의 종결	• 70S 리보좀 • 종결코돈(UAA, UAG 및 UGA)	• 방출인자(RF-1, RF-2 및 RF-3) • GTP, Mg^{2+}

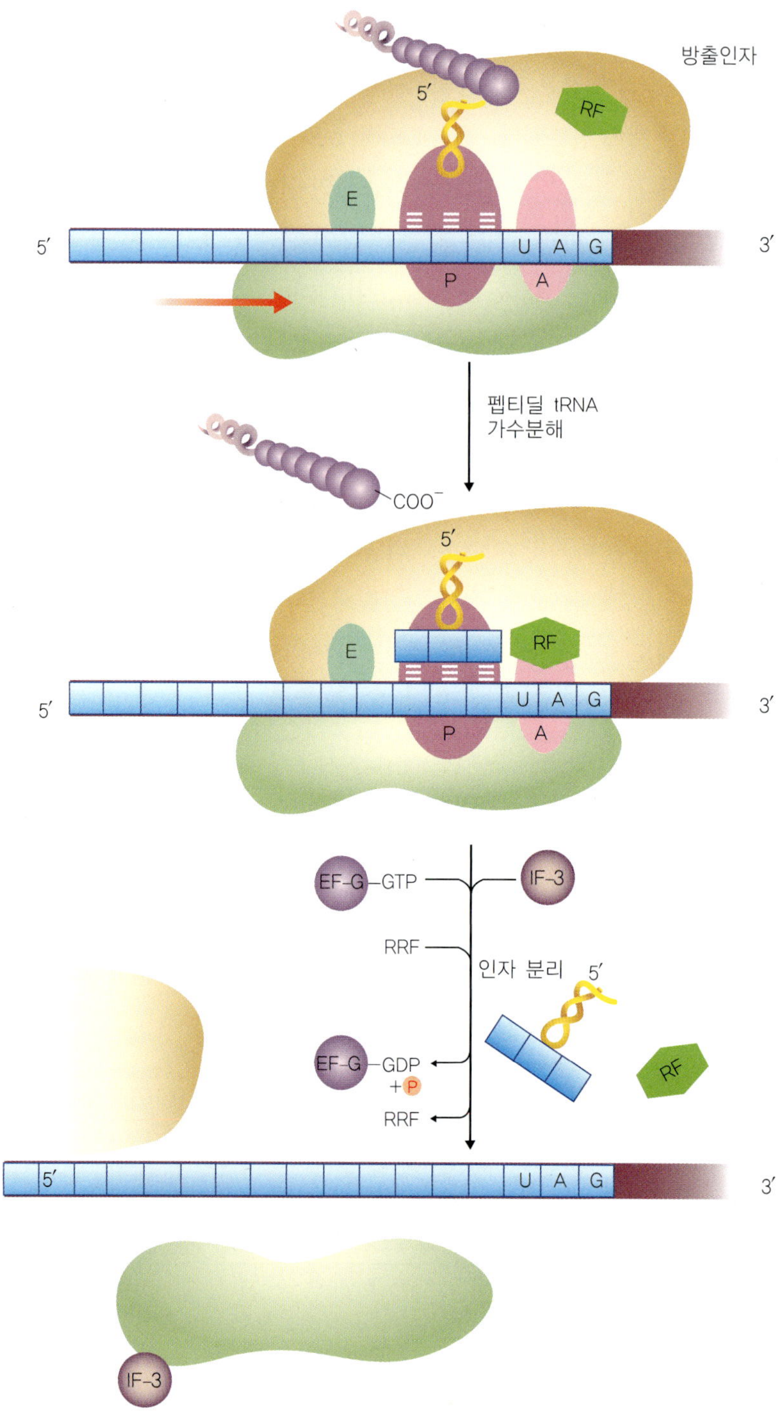

[그림 16-5] 원핵세포의 종결 단계

2) 진핵세포의 단백질 합성

진핵세포의 단백질 합성은 RNA 가공 과정을 거쳐 성숙한 mRNA가 단백질로 번역되는 과정으로 원핵세포와 유사하지만 훨씬 더 복잡한 과정을 거친다. 전사 후 진핵세포 mRNA는 5′-말단에 7-메틸구아노신(m^7G)으로 구성된 5′모자(5′cap) 구조와 3′-말단에 폴리아데닐산(poly A) 첨가 등의 구조적 변형을 거친다. 진핵세포에서 5′-말단의 m^7G 모자는 리보좀이 mRNA와 결합하는 데 필수적이며, 5′-핵산 말단 가수분해효소로부터 mRNA를 보호하며, 3′-말단의 poly A 꼬리는 mRNA의 안정과 번역을 증가시킨다. 진핵세포의 단백질 합성도 원핵세포처럼 개시, 연장 및 종결 등 3단계를 거쳐 일어난다.

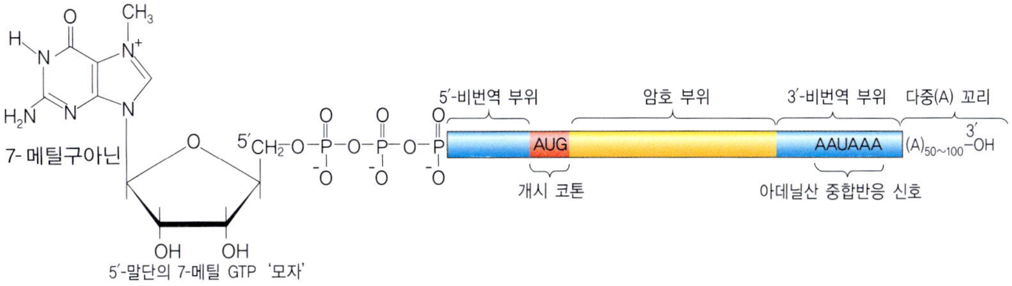

[그림 16-6] 진핵세포 mRNA의 구조

(1) 개시 단계

진핵세포는 원핵세포가 3개의 개시인자(IF-1, IF-2, IF-3)를 갖고 있는 것과 달리, 13개의 개시인자(eukaryotic initiation factor, eIF)를 갖고 있다. 진핵세포의 개시인자(eIF)들은 인산화와 탈인산화를 통해 번역 과정을 조절한다. 개시 단계는 크게 8단계 반응을 거쳐 일어난다.

❶ 1단계

개시 단계의 첫 번째 반응은 eIF3과 eIF1A가 40S 소단위와 결합하면서 시작하며, 이때 60S 소단위가 방출된다.

❷ 2단계

eIF2, GTP 및 메티오닌-$tRNA_i$(Met-$tRNA_i^{Met}$)의 복합체가 eIF1과 결합하여 43S 개시 전 복합체(43S preinitiation complex)를 형성한다.

❸ 3단계

개시의 인식은 eIF4E, eIF4G와 eIF4A의 복합체인 eIF4F가 5′-m^{7}G 모자에 결합함으로써 시작한다. eIF4E는 m^{7}G 모자-결합 단백질로 m^{7}G 모자를 인식하고 eIF4G는 eIF4E와 eIF4A를 결합시키며, eIF4A는 리보좀을 돕는 ATP-의존 RNA 나선풀기효소(ATP-dependent RNA helicase)이다.

❹ 4단계

eIF4E와 eIF4H는 eIF4F-mRNA 복합체와 결합하여 eIF4A의 RNA 나선풀기효소에 의해 mRNA의 나선을 풀어 준다.

❺ 5단계

eIF4F-mRNA-eIF4E-eIF4H 복합체는 eIF4G와 eIF3의 상호작용에 의하여 43S 개시 전 복합체와 결합한다.

❻ 6단계

43S 개시 전 복합체는 ATP의 가수분해를 통해 eIF5와 결합하고 AUG 개시코돈을 만날 때까지 mRNA를 따라 이동하여 48S 개시 전 복합체를 형성한다.

❼ 7단계

48S 개시 전 복합체의 형성은 eIF2가 결합된 GTP를 GDP와 P_i로 가수분해하면서 모든 개시인자를 방출시킨다.

❽ 8단계

60S 소단위는 eIF5B에 의한 GTP의 가수분해를 통해 mRNA와 결합한 Met-tRNA$_i^{Met}$-40S 소단위의 복합체와 결합하여 80S 개시복합체(80S initiation complex)를 형성한다.

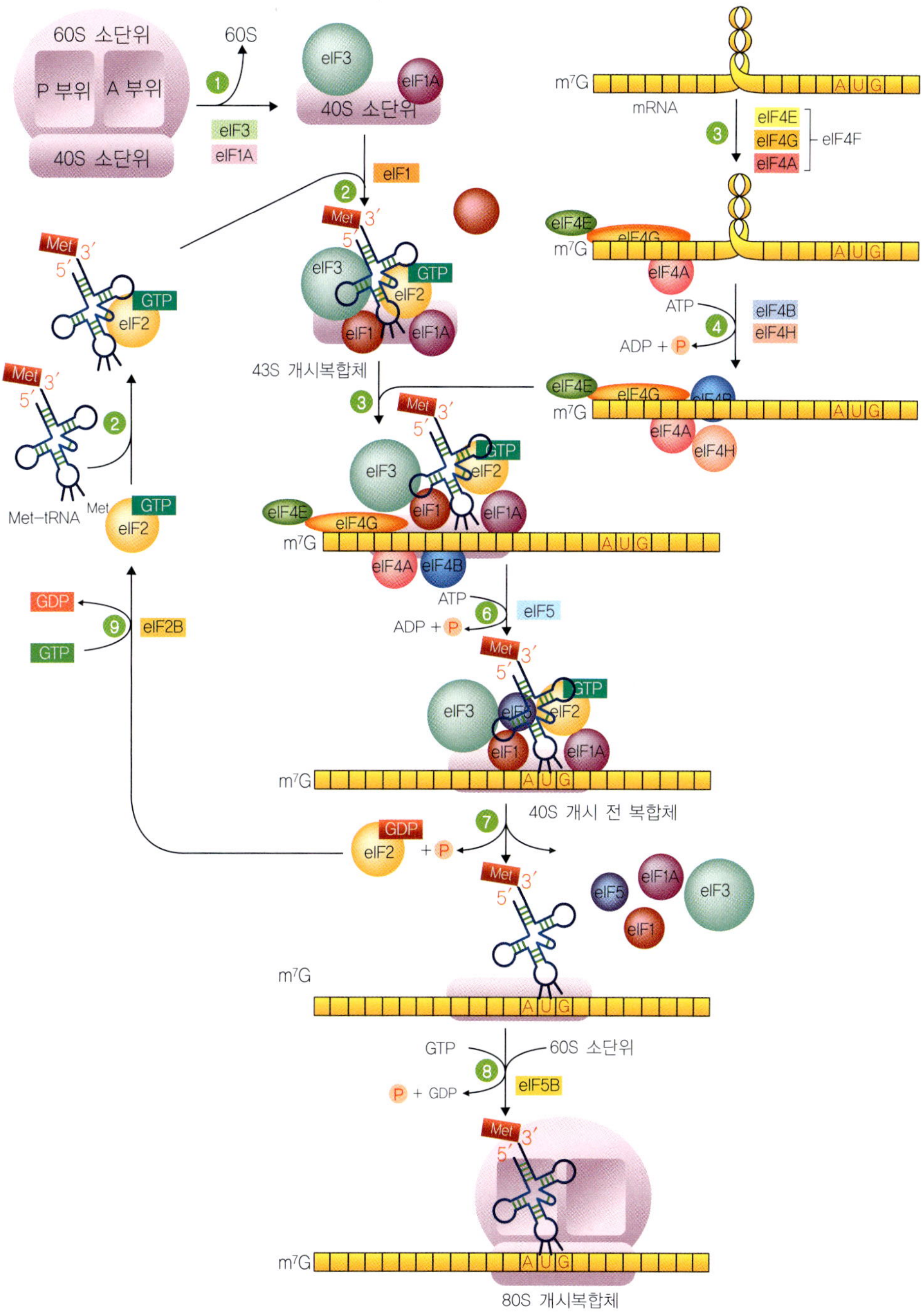

[그림 16-7] 진핵세포의 개시 단계

(2) 연장 단계

진핵세포의 연장 단계는 원핵세포처럼 펩타이드 전달효소와 자리이동효소의 작용은 유사하지만, 진핵세포의 연장인자(eukaryotic elongation factor, eEF)는 eEF1와 eEF2, 2개가 있고 eEF1은 eEF1A와 eEF1B의 2개의 소단위로 구성되어 있다. eEF1A와 eEF1B는 각각 원핵세포의 EF-Tu와 EF-Ts에 해당하고 eEF2는 EF-G에 해당하며, 자리이동에 관여한다.

항생제인 클로람페니콜(chloramphenicol)은 원핵세포에서 리보좀 50S 소단위의 A 자리와 결합하여 펩타이드 전달효소의 활성을 억제시켜 단백질 합성을 억제시키지만, 진핵세포에서는 작용하지 않는 반면, 디프테리아 독소(diphtheria toxin)는 진핵세포에서 연장인자 eEF2의 활성을 억제시켜 단백질의 합성을 억제시키지만 원핵세포에서는 작용하지 않는다.

〈표 16-4〉 단백질 합성을 저해하는 항생제

항생물질	생리적 작용
클로람페니콜	50S 리보좀 서브유닛의 펩티딜 운반효소를 저해
에리스로마이신	50S 서브유닛과 결합하여 전위 단계를 저해
퓨로마이신	미완성된 폴리펩타이드 시슬의 종료를 유도
스트렙토마이신	단백질 합성의 개시 단계를 저해
테트라사이클린	30S 서브유닛으로 결합하여 아미노아실-tRNA와의 결합을 저해

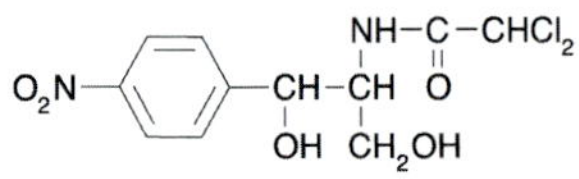

클로람페니콜

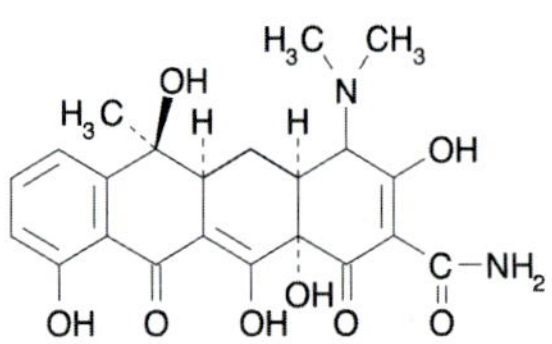

테트라사이클린

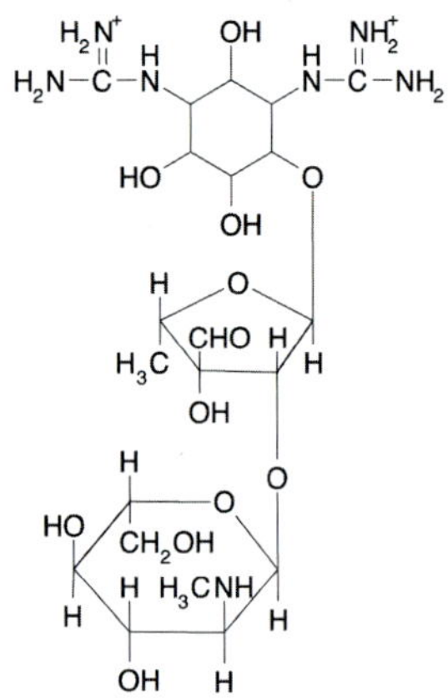

스트렙토마이신

(3) 종결 단계

진핵세포의 종결도 원핵세포처럼 종결코돈인 UAA, UAG, UGA 등에 의해 마무리되지만, 원핵세포는 3개의 방출인자 RF-1, RF-2, RF-3에 의해 종결코돈이 인식되는 반면, 진핵세포는 1개의 방출인자(eukaryotic release factor, eRF)인 eRF1에 의해서만 3개의 종결코돈을 인식하여 폴리펩타이드 사슬을 방출시킨다.

〈표 16-5〉 원핵세포와 진핵세포의 단백질 합성 비교

특징	원핵생물	진핵생물
중합요소	1개	여러 개
리보좀	70S	80S
전사와 번역	겹치다	겹치지 않는다
시작하는 아미노산	N-포르밀 메티오닌	메티오닌
샤인-달가르노 서열	있음	없음
개시와 종결인자 부위	여러 개	1개
개시인자	IF1, IF2, IF3	eIF2, eIF3, eIF4A, eIF4E, eIF4F, eIF4G
사슬연장인자	EF-T4, EF-TS, EF-G	EF1, EF2
방출인자	RF1, RF2, RF3	RF
mRNA 합성	DNA 또는 RNA로부터	오직 RNA부터

N-포르밀 메티오닌(N-formyl methionine, N-fmet), 샤인-달가르노 서열(Shine-Dalgano sequence)

3) 단백질의 번역 후 변형

단백질 합성 과정에서 리보좀으로부터 방출된 폴리펩타이드 사슬은 기능적으로 아직 완전하지 않아 새로 합성된 폴리펩타이드 사슬이 생물학적으로 활성이 있는 기능적 단백질로 전환되는 과정이 필요한데, 이러한 과정을 번역 후 변형(posttranslational modification)이라 한다. 번역 후 변형의 종류로는 단백질 분해 절단(proteolytic cleavage), 공유결합 변형(covalent modification), 단백질 절단-연결(protein splicing) 등이 있다.

(1) 단백질 분해 절단

단백질 분해 절단(proteolytic cleavage)은 가장 대표적인 번역 후 변형으로 원핵세포와 진핵세포의 N-말단에 있는 포르밀 메티오닌(fMet)과 메티오닌(Met)이 단백질 분해효소에 의해 제거된다. 대부분의 단백질과 효소는 먼저 불활성형의 전구물질로 합성되고 제한적 단백질분해(limited proteolysis)를 통해 생물적으로 활성형의 물질로 전환된다. 단백질을 가수분해하는 소화효소인 펩신(pepsin)과 트립신(trypsin)은 불활성형 전구물질인 효소원(zymogen) 펩시노겐(pepsinogen)과 트립시노겐(trypsinogen)으로부터 합성되고 혈액 응고에 관여하는 트롬빈(thrombin)과 피브린(fibrin)도 각각 프로트롬빈(prothrombin)과 피브리노겐(fibrinogen)으로부터 합성되며, 인슐린(insulin)도 프리프로인슐린(preproinsulin)과 프로인슐린(proinsulin)으로부터 형성된다.

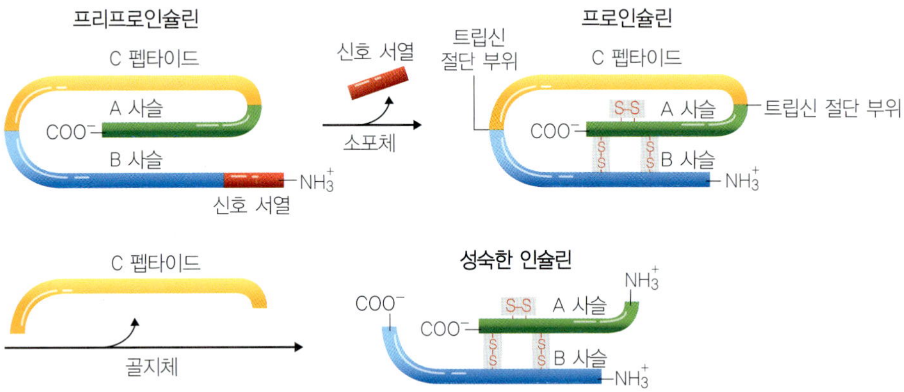

[그림 16-8] 단백질 분해 절단에 의한 인슐린 형성

프리프로 인슐린의 N-말단에서 신호 서열(23개의 아미노산으로 된 펩타이드)의 제거와 3개의 -S-S- 결합이 프로인슐린을 만든다. 이어지는 단백질 분해 절단은 프로인슐린으로부터 C 펩타이드를 제거하여 성숙한 인슐린(A와 B 사슬로 구성된)을 만든다.

(2) 공유결합 변형

공유결합 변형(covalent modification)은 단백질과 효소의 구조가 공유결합의 절단 또는 새로운 공유결합으로 연결된 작용기가 첨가되어 변형되는 반응이다. 특히, 공유결합 변형은 특정 효소의 활성을 활성화 또는 불활성화시킨다. 대표적인 공유결합 변형의 반응은 인산기, 아세틸기, 메틸기 및 하이드록시기가 첨가되는 인산화(phosphorylation),

아세틸화(acetylation), 메틸화(metylation) 및 하이드록실화(hydroxylation) 그리고 당분자와 ADP-라이보오스 단위와 결합하는 글리코실화(glycosylation), ADP-라이보실화(ADP-ribosylation) 등이 있다.

3. 유전자 발현 조절

세포는 대사나 환경의 변화 등에 대처하기 위하여 유전자 발현을 조절한다. 세포는 물질의 생합성이나 에너지 요구를 충족하고 탄소원과 에너지원의 균형을 잡기 위하여 세포 안과 밖의 상황을 감지하면서 유전자 발현을 조절한다. 이러한 유전자 발현은 대부분 전사 수준에서 일어나며, 전사 여부는 특정 DNA 서열과 이 서열에 결합하는 단백질들 사이의 상호작용에 의해 결정된다. 이 단백질들은 RNA 중합효소의 촉진유전자 결합을 봉쇄하여 특정 유전자 발현을 억제 또는 촉진시킨다.

1) 원핵세포의 유전자 발현 조절

원핵세포에서 유전자 발현은 주로 전사에서 증강인자(인핸서, enhancer), 오페론(operon), 전사 감쇠(transcription attenuation) 등에 의해 조절된다.

(1) 증강인자

대장균의 유전자에는 촉진유전자의 활성을 갖고 있지 않으면서, 전사 속도를 증가시켜 전사를 활성화시키는 촉진유전자 위쪽의 염기 서열들인 증강인자(인핸서)를 갖고 있다. 대장균에서 rRNA 유전자의 증강인자인 Fis 부위는 상부촉진유전자 요소(upstream promotor element, UPE)의 끝으로부터 약 -60에서 -150에 위치해 있고 rRNA의 촉진유전자를 활성화시켜 rRNA의 전사를 활성화시킨다. 증강인자는 염색체상의 유전자 전사 속도를 증가시키는 DNA 염기 서열로 전사인자(transcription factor)와 결합하지만, 촉진유전자와 달리 RNA 중합효소가 결합하지 않는다. 전사인자와 결합하여 전사가 감소되는 증강인자를 촉진유전자 억제유전자인 사일렌서(silencer)라고 한다.

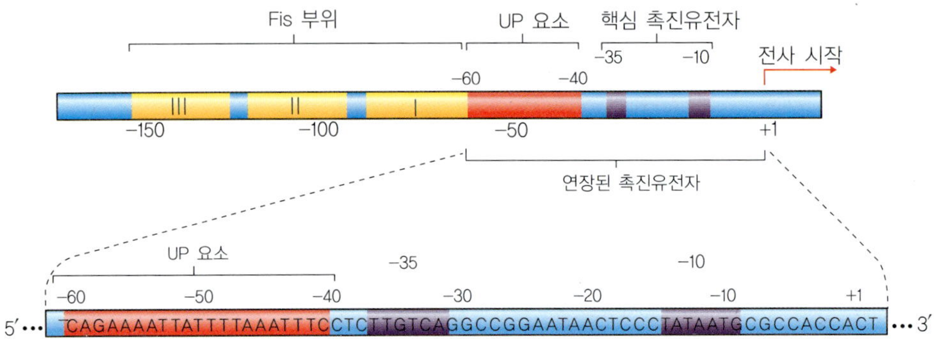

[그림 16-9] 대장균의 촉진유전자

핵심 촉진유전자는 -10과 -35 구역 그리고 연장된 촉진유전자는 UP 요소를 포함한다. UP 요소 위쪽으로 대장균 rRNA를 암호화하는 유전자의 촉진유전자에 증강인자 Fis 부위가 있다. 단백질 Fis는 전사인자이다.

(2) 오페론

오페론(operon)은 원핵세포에서 조절유전자(regulatory gene, R), 구조유전자(structural gene), 작동유전자(operator, O) 및 촉진유전자(promoter, P)로 구성된 한 무리의 유전자들을 포함한 DNA 염기 서열이며, 전사의 기능적 단위이다. 오페론은 구조유전자에 인접해 있으면서 제어 부분인 작동유전자를 함유한 DNA의 한 부분으로 특정 단백질과 효소에 해당하는 구조유전자는 특정 생화학 반응을 수행한다. 한편, 동일한 작동유전자에 의해 조절받는 오페론과 달리 다른 부위에 위치하면서 각자의 작동 유전자를 갖고 있는 레귤론(regulon)은 모두 동일한 조절유전자에 의해 조절되어서 필요한 구조유전자를 협동적으로 발현시킨다.

❶ 락 오페론

락토오스(유당) 오페론(lactose operon)인 락 오페론(lac operon)은 대장균에서 락토오스의 운반과 대사에 필요한 3개의 효소를 생성하는 DNA 분자의 염기 서열로 유당 첨가에 대응하여 3개 효소의 유전자들이 한 무리로 협동적 발현을 하는 단위이다. 락 오페론은 조절유전자(I), 작동유전자(O) 그리고 구조유전자(Z, Y, A) 등 3가지의 특징적인 부분으로 구성되어 있으며, 조절유전자(I)는 작동유전자(O)와 결합하는 억제단백질(repressor protein)을 암호화한다. 작동유전자는 촉진유전자(promoter, P) 부위와 작동유전자(operator, O) 부위로 나누며, 촉진유전자 부위는 RNA 중합효소가 결합하고, 작동유전자 부위는 억제 단백질이 결합한다. 구조유전자는 락토오스를 대사하는 데 관여하는 각각 다른 3가지 효소 Z, Y, A를 암호화하며, Z 유전자는 락토오스를 글루코오스와 갈락토오스로 분해하는 효소인 *β*-갈락토오스 가수분해효소(*β*-galactosidase)를, Y 유전자는 락토오스의 수송에 필요한 갈락토사이드 투과효소(galactoside permease)를, A 유전자는 운반물질의 해독 작용에 관여하는 티오갈락토사이드 아세틸기 교환효소(thiogalactoside transacetylase)를 암호화한다.

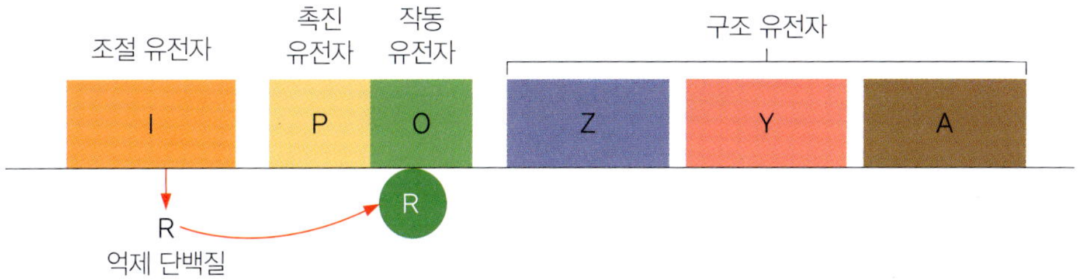

[그림 16-10] 락 오페론

❷ 유도와 억제

대장균을 탄소원으로 락토오스를 넣은 배지에서 배양하면 대장균은 락토오스를 가수분해하는 *β*-갈락토오스 가수분해효소의 생합성이 수천 배 증가하고, 동시에 *β*-갈락토사이드 투과효소와 티오갈락토사이드 아세틸기 교환효소의 합성도 증가한다. 이처럼, 특정 물질에 의하여 생합성이 유도되는 현상을 유도(induction)라고 하며 유도되는 효소를 유도효소(inducible enzyme)라 하고, 락토오스처럼 유도를 일으키는 특정 물질을 유도물질(inducer)이라 한다. 반면에, 특정 물질에 의해 효소의 생합성이 방해되는 현상을 억제(repression)라고 한다.

대장균에서 락 오페론은 락토오스만 있고 글루코오스가 없을 때 유도되며, 만일 락토오스와 글루코오스가 함께 있으면 대장균은 효소 단백질들을 합성하지 않는데, 이처럼 글루코오스에 의한 효소 단백질 합성의 억제를 이화물질 억제(catabolite repression)라고 한다. 락토오스만을 탄소원으로 사용하지 않는 배지에서 락 오페론은 억제된 상태(repressed)로, 조절유전자가 억제제(repressor)인 단백질을 합성하고 이 억제제가 오페론에 있는 작동유전자에 결합하여 RNA 중합효소가 전사하는 것을 방해함으로써 결국 효소 단백질의 합성이 이루어지지 않는다. 그러나 락토오스만이 탄소원으로 사용되는 배지에서는 락토오스가 *β*-갈락토오스 가수분해효소의 합성을 유도하는 유도물질이 되며, 유도물질인 락토오스가 억제제와 결합하여 억제제 모양이 변화되어 작동유전자에 부착할 수 없게 되어 RNA 중합효소는 유전자를 따라서 mRNA를 합성할 수 있다.

cAMP는 글루코오스가 없을 때 형성되며, cAMP는 CAP(cAMP receptor protein)와 복합체를 형성하여 락 오페론의 촉진유전자에 결합되고 RNA 중합효소가 부착하는 것을 도와 RNA 중합효소에 의하여 전사의 개시가 원활하게 이루어지게 하여 mRNA의 전사를 증가시킨다. cAMP는 완전히 억제된 오페론에서는 영향을 줄 수가 없다.

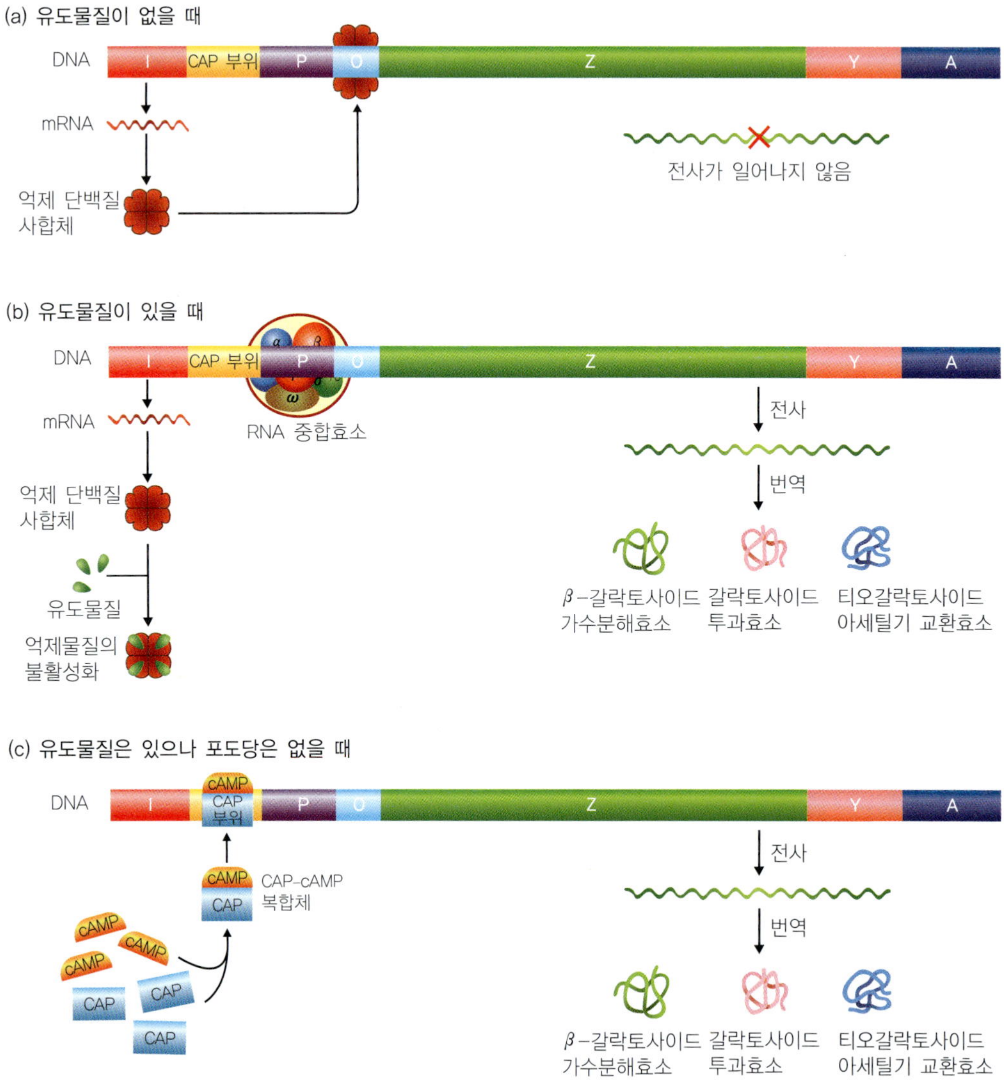

[그림 16-11] 락 오페론의 조절

❸ *trp* 오페론

한편, 단백질 합성은 최종산물에 의하여 억제되는데 이러한 최종산물억제(end product repression)는 억제제 자체는 불활성이지만, 억제제와 최종산물이 복합체를 이루면 활성화되어 작동유전자에 결합하여 단백질 합성을 억제시킨다.

대장균의 트립토판 오페론(tryptophan operon)인 *trp* 오페론은 코리슴산(chorismic acid)으로부터 트립토판으로 전환하는 트립토판 합성효소를 암호화하는 5개의 구조유전자 *trpE*, *trpD*, *trpC*, *trpB*, *trpA*와 RNA 중합효소가 결합하는 *trp* 촉진유전자와 함께 *trp* 작동유전자, trp 억제인자 유전자 등 조절 구역으로 구성되어 있다. *trp* 오페론의 제어는 2개의 트립토판 분자가 결합하는 억제 단백질을 통해 이루어지는데 트립토판 농도가 높을 때는 이 억제 단백질-트립토판 복합체는 *trp* 촉진유전자 다음에 있는 *trp* 작동유전자에 결합하여 RNA 중합효소의 결합을 방해하여 *trp* 오페론은 전사되지 않는다. 반면, 트립토판 농도가 낮을 때 억제 단백질은 보조 억제인자인 트립토판 없이 작동유전자와 결합하지 않기 때문에 억제되지 않는다.

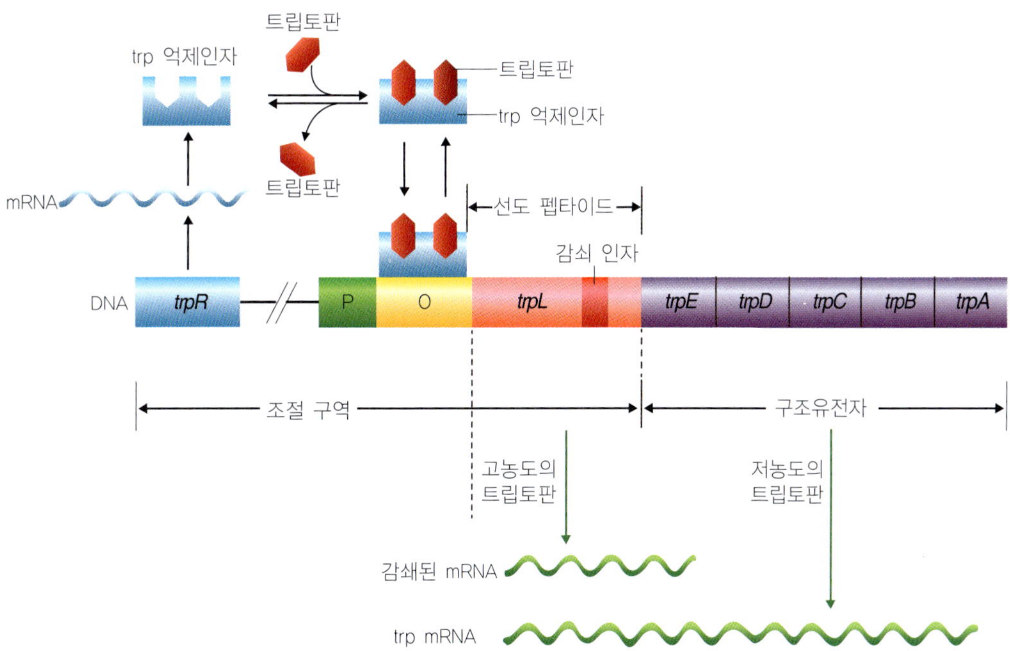

[그림 16-12] *trp* 오페론

❹ 전사 감쇠

trp 오페론은 억제 단백질에 의한 억제작용 이외에도 전사가 너무 일찍 종결되는 현상인 전사 감쇠(transcription attenuation)에 의해 조절된다. *trp* 오페론은 5개의 구조유전자와 조절 구역 이외에도 감쇠에 관여하는 선도 펩타이드(leader peptide)와 감쇠인자(attenuator)로 구성되어 있다. 전사 감쇠는 mRNA의 선도 서열에 해당하는 DNA의 일시적인 정지 신호인 감쇠인자를 필요로 하며, 감쇠가 일어나는 동안 리보좀은 mRNA의 선도 서열에 있는 감쇠인자 구역에서 멈추게 된다. 전사 감쇠는 전사 종결을 통해 전사를 변화시켜 작용하는 방식이다. *trp* 오페론은 트립토판이 부족할 때는 정상적으로 번역되지만, 트립토판이 풍부할 때는 전사는 140개의 선도 서열이 전사된 후 일찍 종결된다.

원핵세포에서 전사 감쇠는 리보좀이 RNA 중합효소가 DNA로부터 mRNA를 전사하면서 동시에 번역할 수 있기 때문에 가능하다.

2) 진핵세포의 유전자 발현 조절

진핵세포도 원핵세포처럼 환경 변화에 대해 적절하게 대응하지만, 진핵세포의 유전자는 원핵세포와 달리 오페론으로 구성되어 있지 않기 때문에 자신의 촉진유전자와 증강인자인 인핸서(enhancer)가 필요하다. 또한, 원핵세포의 유전자는 일반적으로 억제제에 의해 조절되는 반면, 진핵세포의 유전자는 주로 전사 활성인자인 전사인자(transcription factor)와 RNA 간섭(RNA interference)에 의해 조절된다.

(1) 전사인자

진핵세포의 전사인자는 원핵세포의 촉진유전자를 인식하는 δ 소단위와 유사한 TATA-결합 등 조절 DNA 부위, 인핸서 DNA, 사일렌서(silencer) DNA 등에 결합한 후 RNA 중합효소가 결합하여 전사를 촉진 또는 억제시킨다.

인핸서와 결합하는 전사인자는 자기가 제어하는 유전자로부터 수천 개 염기쌍 떨어져 있는 DNA 부위와 결합하여 유전자의 전사 속도를 증가시키며, 인핸서는 촉진적인 조절물질이다. 촉진유전자 억제유전자인 사일렌서는 인핸서처럼, 자기가 제어하는 유전자로부터 수천 개의 염기쌍이 떨어져 있는 DNA 부위이며, 전사인자가 사일렌서와 결합하자마자 RNA 중합효소 II의 전사개시가 억제되어 RNA 합성은 억제된다.

(2) RNA 간섭

RNA 간섭(RNA interference, R_i)은 이중가닥의 작은 RNA 분자가 mRNA 분자에 결합하여 유전자 발현을 억제하는 현상이다. RNA 간섭(R_i)은 RNA 분자가 특정 mRNA 분자에 결합하여 mRNA 분자를 억제 또는 파괴시켜 유전자 발현을 억제하는 작용으로 RNA 간섭을 주도하는 작은 RNA 분자는 siRNA(small interfering RNA, siRNA)와 miRNA가 있고 RNA 간섭 작용 과정은 개시 단계와 실행 단계로 구성된다. siRNA는 RNA 중합효소 II에 의한 siRNA 유전자의 전사로부터 형성된 이중가닥의 RNA이며, miRNA는 RNA 중합효소 II에 의해 독립된 유전자 또는 단백질 유전자의 인트론으로부터 전사된다.

4. 유전공학

생화학과 분자생물학을 기반으로 하는 생명공학 기술의 발전으로 신약 및 의약품 개발, 작물 개발 그리고 다양한 기능성 단백질인 호르몬, 효소 등이 생산되고 있다. 이러한 생명공학 기술로 특정 단백질에 대한 정보를 지닌 관심 있는 표적 유전자만을 분리한 후 미생물이나 배양세포에 이식하여 원하는 단백질을 상대적으로 저렴한 비용으로 재조합 단백질을 생산할 수 있다. 또한, 사람의 유전자를 식물에 도입하여 고부가가치의 단백질을 식물에서 생산하는 분자농업 기술도 활용되고 있으며, 이러한 기술을 이용하여 의약품이나 백신 등을 밀, 콩, 감자 등의 형태로 개발되고 있다. 그러나, 흙 속에 뿌리를 내리고 성장하는 식물에 분자농업 기술을 통하여 단백질이 자연환경으로 확산되어 발생하는 것은 환경적인 문제점뿐만 아니라 안전성 및 위험성 논란이 남아 있다.

1) 재조합 단백질 생산

재조합 DNA 기술의 발달에 힘입어 미생물을 숙주로 하여 매우 유용하고 중요한 단백질이나 호르몬을 대량으로 생산할 수 있다. 사람의 뇌하수체 전엽에서 분비되는 성장호르몬은 191개의 아미노산(분자량 22,000 달톤)으로 구성된 단일가닥의 폴리펩타이드 사슬이다. 성장호르몬은 어린이의 성장에 매우 중요한 동화호르몬으로 성장호르몬이 부족한 어린이는 왜소증에 걸린다. 이러한 신체적 장애를 재조합 DNA 기술을 이용하여 치료하는 기술을 유전공학(genetic engineering)이라 하며, 인슐린은 유전공학 기술을 이용하여 생산한 첫 번째 단백질이다. 유전공학 기술을 이용한 성장호르몬의 생산 과정은 먼저, 성장호르몬을 구성하는 191개의 아미노산 중 1~24번째 아미노산 잔기를 암호화하는 올리고뉴클레오타이드 단편을 화학적 방법으로 합성한다. 그다음 뇌하수체 전엽로부터 성장호르몬의 mRNA를 분리한 후, 이 mRNA를 역전사효소에 의해 cDNA를 만들고 cDNA는 25~191번째 아미노산 잔기를 암호화하는 뉴클레오타이드 단편으로 절단된다. 1~24번째 아미노산 잔기의 올리고뉴클레오타이드 단편과 25~191번째 아미노산 잔기의 뉴클레오타이드 단편에 플라스미드 발현 벡터를 첨가한 다음, DNA 연결효소를 이용하여 두 개의 뉴클레오타이드 단편을 연결한 결과 재조합 성장호르몬 플라스미드가 형성되고, 이 재조합 성장호르몬 플라스미드를 대장균에 삽입하여 배양하면 대장균은 성장호르몬을 생산한다.

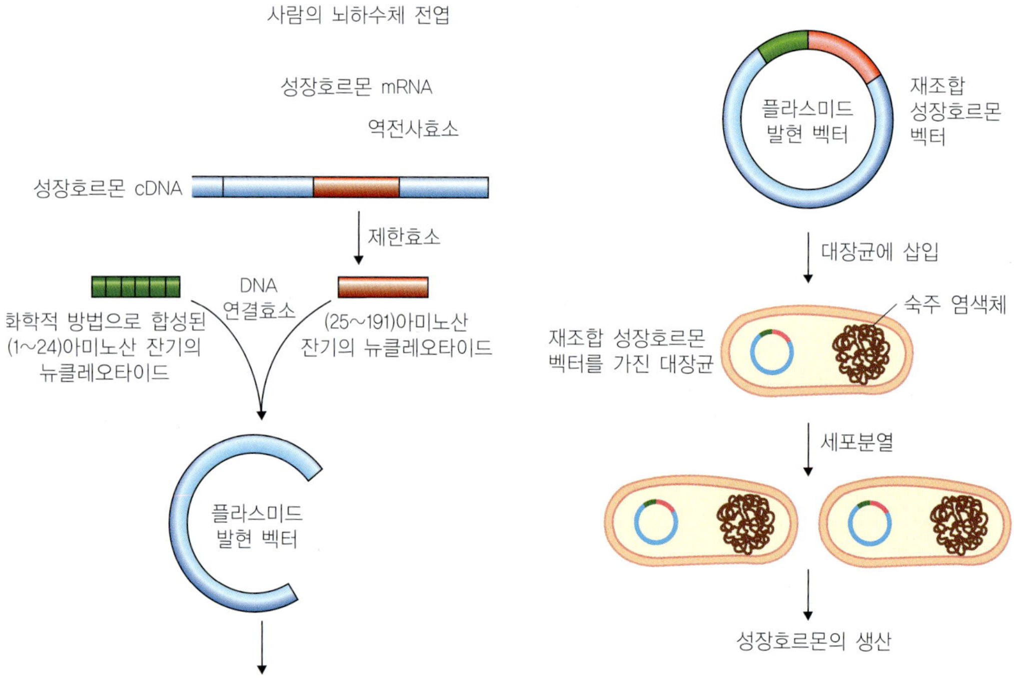

[그림 16-13] 성장호르몬 유전자의 클로닝과 발현

2) 작물 개발

농업 생명공학 분야에서 재조합 DNA 기술을 이용하여 관심 있는 외부의 표적 유전자를 여러 작물에 도입하여 새로운 형질전환 작물을 만들 수 있다. 식물체에 외래 DNA를 도입하여 형질전환하는 방법은 토양세균으로 근두암 종균인 *Agrobacterium tumefaciens*을 이용한 방법이 가장 널리 사용된다. 이 토양세균은 세균 염색체 이외에 Ti 플라스미드를 가지고 있으며, Ti 플라스미드는 근두암 종균에서 독립적으로 복제하는 원형 DNA로 전환 DNA(transfer DNA)인 T-DNA 영역과 독성 영역으로 구성되어 있다. 근두암 종균으로부터 분리한 Ti 플라스미드의 T-DNA를 제한효소로 절단하고 그 부위에 관심 있는 외래의 표적 유전자를 DNA 연결효소로 삽입한다. 이렇게 형성된 재조합 Ti 플라스미드를 근두암 종균에 다시 삽입하면 표적 유전자를 가지고 있는 T-DNA가 근두암 종균의 염색체에 삽입되어 하나의 세포 클론으로부터 생산되고 표적 유전자의 새로운 형질을 발현한다.

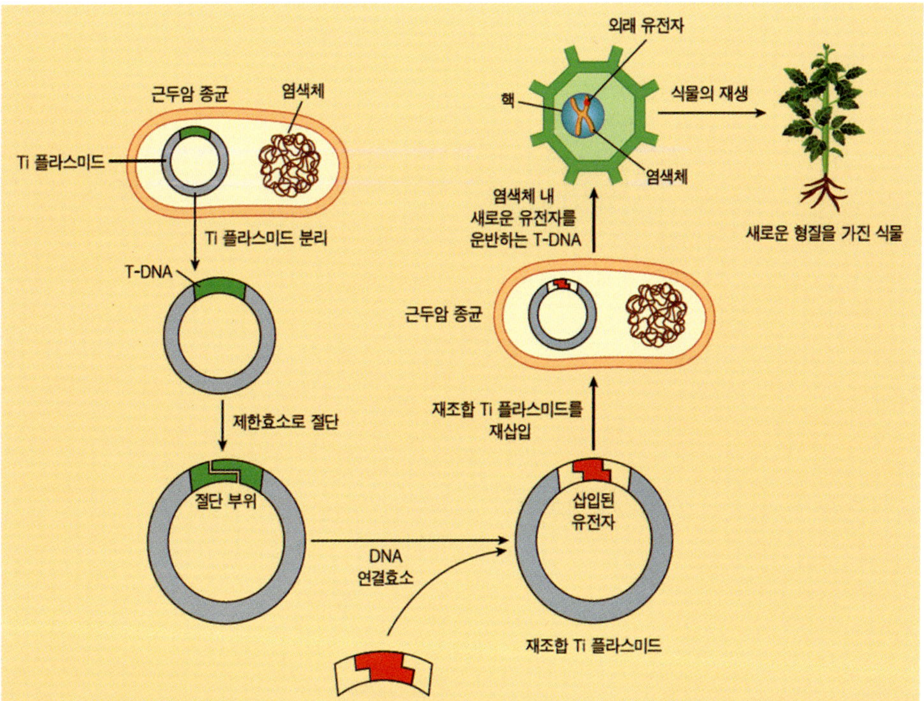

[그림 16-14] 근두암 종균의 Ti 플라스미드를 이용한 식물세포의 형질전환

연습문제

1. tRNA의 안티코돈 세 번째 염기가 mRNA에서는 발견되지 않고, tRNA에서만 발견되는 현상은?
   ① 퇴화성 ② 동요성
   ③ 공통성 ④ 개시 코돈
   ⑤ 종결 코돈

2. 다음 중 t-RNA와 반응하는 것은?
   ① ATP ② 유리아미노산
   ③ 핵 RNA ④ aminoacyl-AMP
   ⑤ 펩타이드

3. 단백질 합성 시 아미노산이 tRNA에 결합하는 장소는?
   ① tRNA의 5'OH ② tRNA의 3'OH
   ③ 안티코돈의 루프 ④ 인산
   ⑤ 아데닌(A)

4. 암호단위(codon)의 특징이 아닌 것은?
   ① 건너뛰지 않는다.
   ② 겹쳐 읽히지 않는다.
   ③ 암호단위 중 세 번째 염기는 동요염기이다.
   ④ 하나의 아미노산의 암호단위는 1개씩 존재한다.
   ⑤ 암호단위는 61개의 전사코돈과 3개의 종결코돈으로 이루어진다.

5. 다음 중 핵 DNA의 유전정보를 단백질 합성의 장소에 전달하는 것은?
   ① rRNA ② tRNA
   ③ mRNA ④ DNA
   ⑤ snRNA

6. 펩타이드의 아미노산 배열 순서를 결정하는 것은?
   ① mRNA의 염기 순서
   ② tRNA의 염기 순서
   ③ rRNA의 염기 순서
   ④ sRNA의 염기 순서
   ⑤ DNA 두 가닥의 염기 순서

7. 다음 중 단백질 합성의 연장 단계에서 필요한 인자와 관계없는 것은?
   ① mRNA ② 리보좀
   ③ tRNA ④ GTP
   ⑤ ATP

8. 단백질 생합성에서 펩타이드 사슬 연장 단계에 사용되는 고에너지 인산 화합물은?
   ① UTP ② ATP
   ③ GTP ④ CTP
   ⑤ TTP

9. 원핵세포에서 유당(lactose) 대사에 관여하는 유전자의 발현 단위는?
   ① 유도 ② 구조유전자
   ③ 유도체 ④ 조절부위
   ⑤ 락 오페론

10. 락 오페론에서 유당의 역할은?
   ① 유도물질 ② 억제물질
   ③ 코돈 ④ 역코돈
   ⑤ 유전물질

정답: 1 ② 2 ④ 3 ② 4 ④ 5 ③
6 ① 7 ⑤ 8 ③ 9 ⑤ 10 ①

chapter 17

식품 가공 및 저장 관련 생화학 반응

Biochemical reactions related food processing and preservation

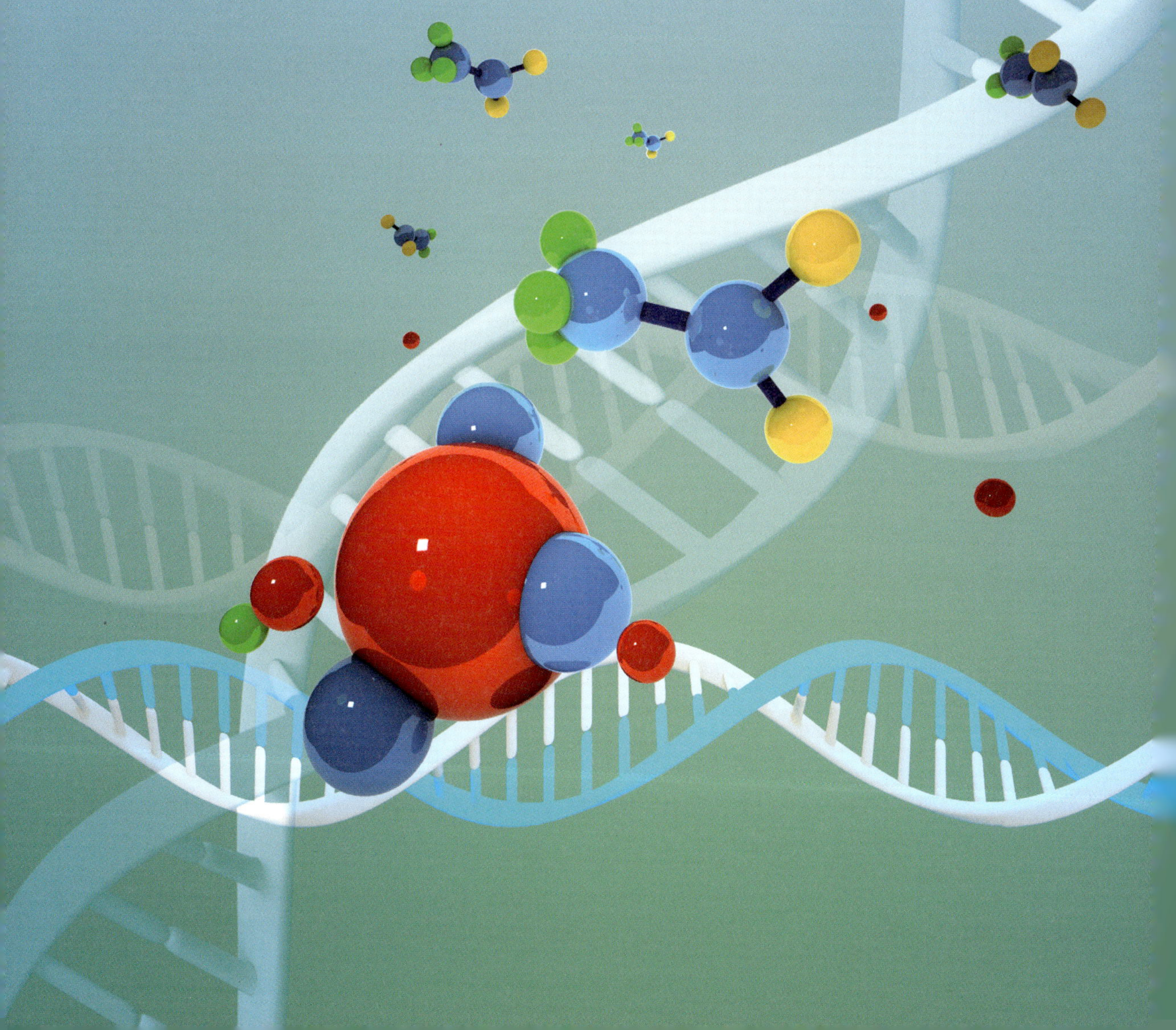

식품의 가공이나 저장 공정 과정에서 일어나는 생화학 반응은 식품 성분의 향, 맛, 색소 등의 다양한 변화를 일으켜 식품의 품질 및 물성을 변화시킨다.

이 장에서는 식물성 식품과 동물성 식품의 가공 및 저장 과정에서 일어나는 생화학 반응 등을 통해 식품의 가치와 품질을 향상 및 증진시키고 안전성을 확보하는 관련 지식을 설명하고자 한다.

1. 식물성 식품의 생화학 반응

과일 및 채소류 등 식물성 식품은 수분의 함량이 65~70%인 육류의 동물성 식품에 비해 90% 이상을 차지하고 섬유질, 유기산, 비타민 등도 많이 함유되어 있다. 특히, 과일 및 채소류는 수확 이후에 일어나는 호흡작용 등 생화학 반응 및 대사의 진행 정도에 따라 색, 향, 형태 등에 크게 영향을 준다.

1) 호흡작용과 추숙

어떤 과일류는 수확되기 전에도 호흡작용을 통하여 생명현상을 유지한다. 산소가 존재하는 호기적 조건에서 호흡작용을 통하여 탄수화물을 이산화탄소와 물로 완전 산화시키면서 ATP를 생성하여 생명 유지에 필요한 에너지를 생산한다. 또 다른 과일류는 산소가 존재하지 않는 혐기적 조건에서는 호흡작용을 통하여 탄수화물을 에탄올로 전환시키며 호기적 조건보다 훨씬 적은 ATP를 생성한다. 과일류는 이러한 호흡작용이 수확 후에는 서서히 감소하다 어느 시점에서 급상승하는 호흡 급상승 현상(climacteric rise in respiration)이 발생하는 과일과 발생하지 않는 과일로 구분한다. 호흡 급상승형(climacteric rise) 과일은 사과, 토마토, 살구, 아보카도, 바나나, 무화과 등이 있으며, 비호흡 급상승형(non-climacteric rise) 과일은 귤, 블루베리, 배, 포도, 레몬, 오렌지, 파인애플, 딸기 등이 있다.

한편, 과일류에서 자체 효소 활성의 증가에 의하여 색과 향의 변화가 일어나 식품의 품질이 향상되는 현상인 추숙이 발생한다. 추숙이 진행되면 클로로필(chlorophyll)이 분해되어 과육은 황색으로 변하고 탄닌(tannin)은 불용해화되어 떫은맛이 없어지며, 프로토펙틴(protopectin)의 분해에 의해 과육의 연화 및 향기의 발현이 촉진되어 식용할 수 있게 된다. 이러한 추숙은 과일류에서 배출되는 에틸렌(ethylene)에 의해 일어난다. 과일에 함유된 아미노산인 메티오닌(methionine)이 메티오닌 아데노실전달효소(methionine adenosyltransferase)에 의해 S-아데노실메티오닌(S-adenosyl-L-methionine, SAM, AdoMet)으로 전환되고 1-아미노사이클로프로페인-1-카복실산 합성효소(1-aminocyclopropane-1-carboxylic acid synthase, ACC synthase)에 의해 에틸렌 전구체인 1-아미노사이클로프로페인-1-카복실산(ACC)으로 되며, ACC는 분해되어 에틸렌을 생성한다. 과일류는 10℃ 이하의 저온이나 이산화탄소 농도가 높은 조건에서 보관하면 효소의 활성이 감소 또는 산소가 부족하여 에틸렌의 생산량이 적어져서 추숙이 일어나지 않는다.

미국 몬샌토(Monsanto)사는 저장기간이 긴, 무르지 않는 토마토(플레이버 세이버 토마토, flavr savr tomato)를 개발하기 위하여 과일을 무르게 하는 효소인 펙틴분해효소(polygalacturonase, PG)의 저해 연구 이외에도 과일에서 자연적으로 생산되는 에틸렌의 양을 감소시키는 연구를 진행하였다. 몬샌토사는 에틸렌을 감소시키기 위하여 에틸렌 전구체인 ACC를 분해시키고자 세균의 ACC 탈아민효소(ACC deaminase) 유전자를 토마토에 삽입하여 숙성 정도를 늦추는 유전자 변형 토마토인 GM(genetically modified) 토마토를 개발하였으나, 현재 시판되고 있지 않아 상업적으로 성공하지 못하였다.

〈표 17-1〉 호흡작용에 따른 과일류의 구분

호흡 급상승형	비호흡 급상승형
사과	블루베리
토마토	배
살구	포도
아보카도	레몬
바나나	오렌지
무화과	파인애플
블랙 푸르트	딸기

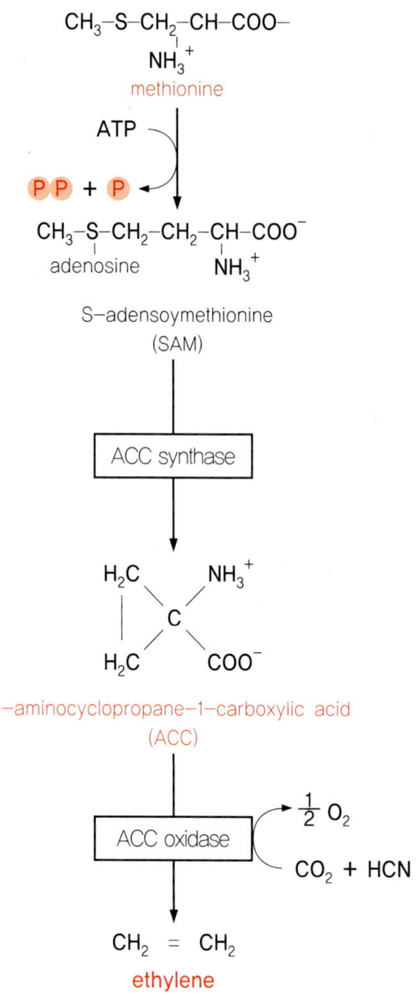

[그림 17-1] 에틸렌 생합성 경로

2) 색소의 변화

과일 및 채소류는 추숙이 진행되면 클로로필(chlorophyll)이 분해되면서 노란 색소의 카로티노이드(carotenoid)나 붉은 색소의 플라보노이드(flavonoid)가 새롭게 합성된다.

(1) 클로로필

엽록소인 클로로필은 과일 및 채소류의 녹색을 나타내는 색소로 중심에 마그네슘 이온(Mg^{2+})을 함유한 포르피린 고리 구조이다. 클로로필은 a, b, c, d 등 4종류로 나누며, 주로 a(CH_3)와 b(CHO)가 분포되어 있고 클로로필 a와 클로로필 b의 분포 비율은 3:1로 색깔은 각각 청록색, 황록색이다.

❶ 클로로필레이스에 의한 변화

녹색 채소는 데치기(blanching)나 가열 등으로 세포가 손상되면, 불용성인 청록색 색소인 클로로필은 세포 내에 함유되어 있는 클로로필레이스(chlorophyllase)에 의해 불용성의 피톨(phytol)기가 떨어져 나가면서 수용성의 클로로필리드(chlorophylide)로 형성된다. 클로로필레이스의 최적 온도는 55~75℃이며, 85℃ 이상에서는 불활성화된다.

❷ 산에 의한 변화

클로로필은 산에 불안정하며, 산 처리 시 마그네슘 이온이 수소 이온으로 치환되어 불용성인 녹갈색의 페오피틴(pheophytin)으로 전환되고 계속 산을 처리하면 페오피틴은 수용성인 갈색의 페오포비드(pheophorbide)를 형성한다. 이와 같이, 오이나 배추는 피클이나 김치로 발효되면서 생성된 젖산 또는 초산 등 유기산에 의하여 녹색에서 갈색으로 변색된다. 조리 과정에서 녹색 채소의 변색을 방지하기 위해서는 식초 등은 조리의 마지막 단계에서 첨가해야 변색을 최소화할 수 있다.

❸ 알칼리에 의한 변화

클로로필은 알칼리 용액과 반응하면 불용성의 피톨기가 떨어져 나가 수용성인 청록색의 클로로필리드로 전환되고 계속해서 알칼리를 처리하면 수용성인 청록색의 클로로필린(chlorophyline)을 형성한다. 조리 과정에서 녹색 채소를 삶을 때 알칼리와 함께 탄산마그네슘이나 초산칼슘을 함께 사용하면 녹색을 유지하면서 조직이 물러지는 것을 방지할 수 있다.

❹ 금속에 의한 변화

클로로필(Mg^{2+})을 구리(Cu^{2+}), 철 이온(Fe^{2+})과 반응시키면 클로로필의 Mg^{2+}이 치환되어 청록색의 Cu-클로로필과 갈색의 Fe-클로로필을 형성한다. 산에 의해 녹갈색으로 변색된 녹색 채소에 구리를 첨가하면 수소 이온이 구리 이온으로 치환되어 청록색으로 전환될 수 있으며, 완두콩 통조림 제조 시에도 소량의 황산구리를 첨가하여 녹색을 유지할 수 있다.

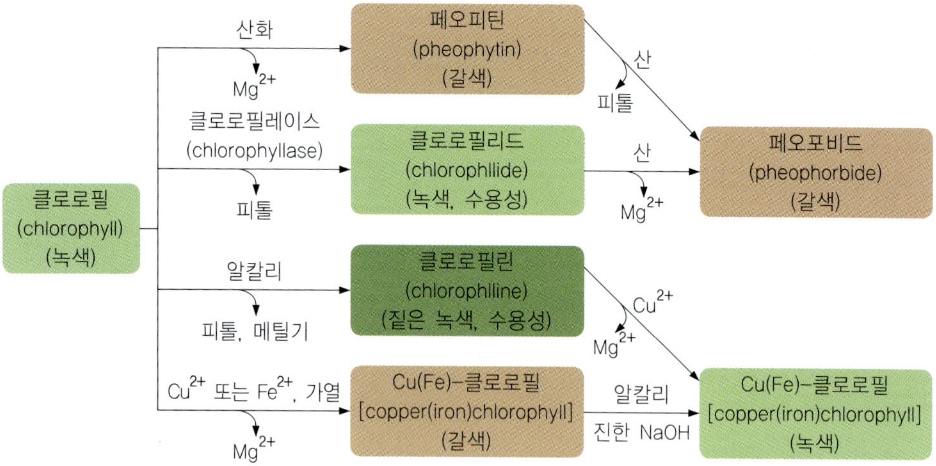

[그림 17-2] 클로로필의 변화

(2) 카로티노이드

카로티노이드(carotenoid)는 아이소프렌(isoprene) 단위가 기본적인 구성 성분으로 모두 트랜스 이중결합(all-trans double bond) 형태와 40개의 탄소로 구성된 지용성의 아이소프레노이드(isoprenoid)이다.

카로티노이드는 비타민 A 전구체(provitamin A)와 비전구체(non-provitamin A)로 나누며, 비타민 A 전구체 카로티노이드는 α-, β-, γ-, δ-카로틴(α-, β-, γ-, δ-carotene), 크립토잔틴(cryptoxanthin), 비타민 A 비전구체 카로티노이드는 지아잔틴(zeaxanthin), 루테인(lutein), 라이코펜(lycopene) 등이 있다. 또한, 하이드록시기(-OH) 함유에 따라 잔토필(xanthophyll)인 옥시카로티노이드(oxycarotenoid)와 카로티노이드(non-oxycarotenoid)로 구분한다. 옥시카로티노이드는 크립토잔틴, 지아잔틴, 루테인 등이 있으며, 카로티노이드는 α-, β-, γ-, δ-카로틴, 라이코펜 등이 있다.

카로티노이드는 식물조직이 손상을 받으면 산화효소(lypoxygenase, lipoxidase, lipoperoxidase, peroxidase) 등에 의해 트랜스 이중결합이 산화되어 고유의 색을 잃어버려 변색되며, 또한 수분량이 감소해도 산화반응이 증가하여 건조된 과일 및 채소류는 쉽게 변색된다. 물 분자는 산소 분자의 확산을 방지하는 역할을 하여 카로티노이드의 산화 속도를 감소시킨다. 과일의 성숙에 따른 카로티노이드 생성에 영향을 주는 요인은 산소, 빛, 온도 등으로, 특히 온도에 가장 큰 영향을 받는다. 토마토에서 라이코펜은 19~24℃

에서 생성하지만, 30℃ 이상에서는 생성하지 않으며, 감귤류에서 크립토잔틴은 10~15℃에서 가장 많이 생성하지만, 20℃ 이상에서는 감소한다.

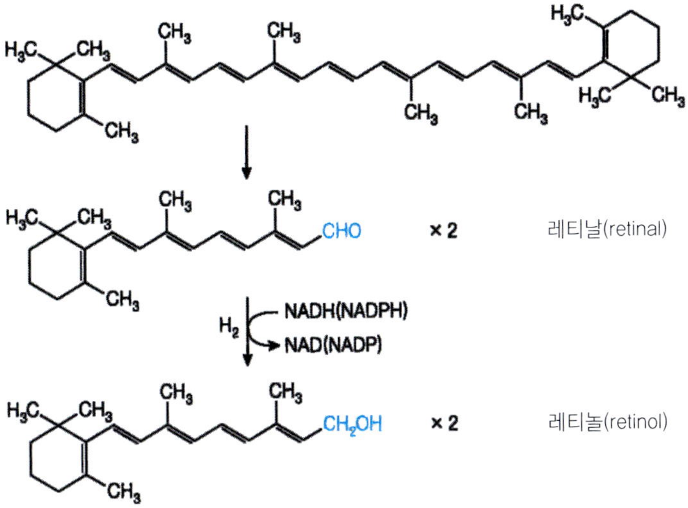

[그림 17-3] β-카로틴으로부터 비타민 A의 생합성

(3) 플라보노이드

플라보노이드(flavonoid)는 페닐알라닌(Phe)으로부터 유래한 식물성 폴리페놀계 화합물로 수용성 색소이다. 플라보노이드는 C_6-C_3-C_6를 기본 골격으로 하는 구조로 크게 안토잔틴(anthoxanthin), 안토시아닌(anthocyanin), 탄닌(tannin) 등으로 구분하며, 안토잔틴은 식물의 황색 색소로 플라반(flavan), 플라바놀(flavanol), 플라바논(flavanone), 플라본(flavone), 플라보놀(flavonol), 이소플라본(isoflavone) 등으로 분류한다.

❶ 안토잔틴

안토잔틴은 산성에서 안정하고 무색이며, 알칼리성에서는 불안정하고 황색 또는 갈색이 된다. 밀가루에 탄산수소나트륨인 중조를 첨가하여 만든 빵이나 국수는 황색으로 변하며, 금속 이온과 불용성 착화합물을 형성하여 변색된다. 철과 알루미늄 이온과 결합하면 각각 갈색과 황색으로 변색된다.

❷ 안토시아닌

안토시아닌은 옥소늄 이온(oxonium, $-O^{+}=$)을 가지고 있어 불안정한 빨간색 또는 자색의 수용성 색소로 열에 대한 안정성이 낮아 가공 공정 중 가열 과정에서 분해되어 쉽게 변색된다. 안토시아닌은 과일 및 채소류에 들어 있는 폴리페놀 옥시데이스(polyphenol oxidase), 안토시아네이스(anthocyanase) 등의 자체 효소에 의하여 분해되어 변색되며, 이러한 효소는 데치기 공정으로 불활성화시킬 수 있다. 안토시아닌은 주로 배당체로 존재하며, 가수분해되면 비배당체인 안토시아니딘(anthocyanidin)과 당으로 분리된다.

안토시아닌은 페닐기의 결합 작용기에 따라 변색되는데 하이드록시기(-OH)가 증가하면 청색으로, 메톡실기($-OCH_3$)가 증가하면 적색으로 변색된다. 또한, 안토시아닌은

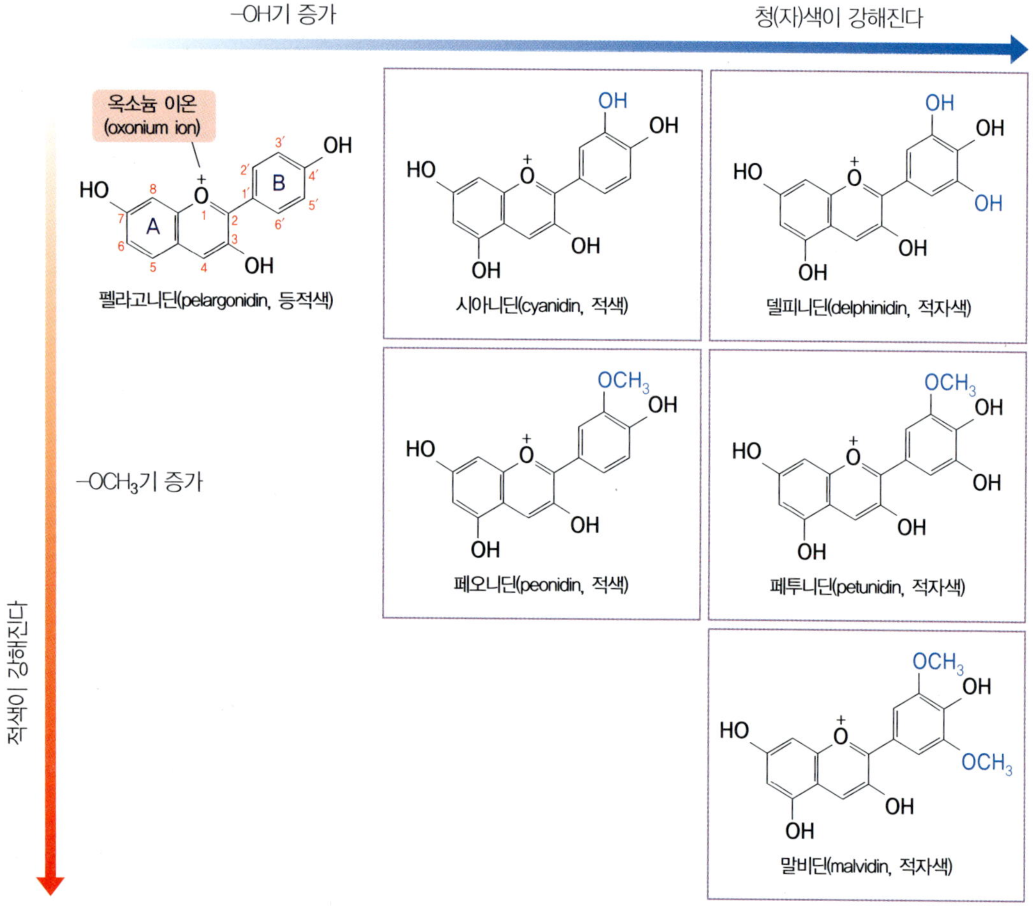

[그림 17-4] 안토시아닌 구조에 따른 변색

pH에 따라 변색되는데 산성(pH 3 이하)에서는 적색, 중성(pH 7.0)에서는 자색, 알칼리성(pH 8.5 이상)에서는 청색으로 변한다. 안토시아닌은 금속 이온과 반응하여 착화합물을 형성하는데, 철(Fe)은 청색, 주석(Sn)은 회색, 아연(Zn)은 녹색으로 변색한다.

❸ 탄닌

탄닌은 평상시 무색의 수용성 색소이나 산소, 금속 이온 또는 산화효소에 의해 산화되면 갈색 또는 흑색으로 변한다. 탄닌은 카테킨류(catechin), 류코안토시아닌류(leucoanthocyanin), 폴리페놀산(polyphenolic acid) 등으로 구분하며, 가수분해형과 축합형으로 분류한다. 가수분해형 탄닌은 항산화성의 몰식자산인 갈산(gallic acid), 엘라그산(ellagic acid) 등이 있으며, 축합형 탄닌은 카테킨류로 좌선성(-) 구조인 에피카테킨(epicatechin, EC), 에피갈로카테킨(epigallocatechin, EGC), 에피카테킨 갈레이트(epicatechin gallate, ECG), 에피갈로카테킨 갈레이트(epigallocatechin gallate, EGCG) 등 4가지 종류가 있다.

카테킨은 당과 결합하지 않으며, 수용성이므로 물에 담가 놓으면 갈변을 억제할 수 있다. 미숙한 과일에 함유된 수용성 탄닌은 떫은맛을 나타내지만, 과일이 익으면서 불용성 중합체를 형성하면서 떫은맛이 없어진다. 카테킨은 중합되면 떫은맛이 없어진 오렌지색의 불용성 중합체(dimer)인 테아플라빈(theaflavin)을, 더 중합되면 갈색의 불용성 중합체(polymer)인 테아루비긴(thearubigin)을 형성한다. 탄닌은 산화되면 안토시아닌으로 되며, 안토시아닌도 산화되어 안토잔틴으로 전환하여 변색된다. 무색의 에피카테킨

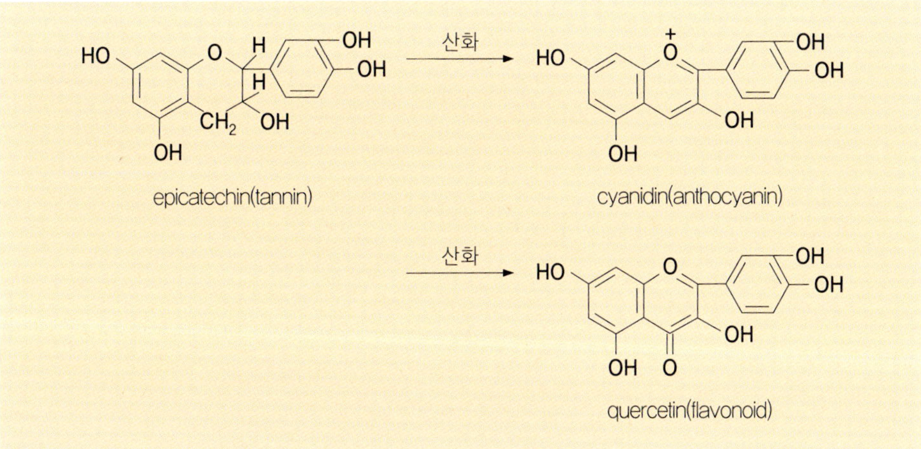

[그림 17-5] 탄닌의 산화

(EC)은 산화되어 빨간색의 시아니딘(cyanidin)으로 되고 더 산화되어 무색의 퀘르세틴(quercetin)으로 변한다. 따라서, 과일이 익어감에 따라 탄닌은 중합되어 불용성물질로 변하거나, 안토시아닌 또는 안토잔틴으로 변하여 탄닌의 떫은맛이 없어진다.

3) 향미의 변화

식품의 향기(aroma)와 맛(taste)을 느끼는 향미(flavor) 관련 효소인 향미효소(flavarase)는 역할에 따라 크게 3가지로 분류한다.

첫째, 향미물질의 전구물질에 향미효소가 작용하여 휘발성 향미물질을 생성하는 경우이다. 식품의 가공 공정에서 가열 처리 등에 의하여 휘발성 향미가 없어지는 경우에 향미효소를 첨가하여 향미를 증진시키거나 원래의 맛으로 돌아오게 한다. 건조 양배추를 물로 처리 시 신선한 양배추로부터 추출한 티오글루코시데이스(thioglucosidase)를 첨가하면 신선한 향미가 재생된다. 티오글루코시데이스는 미로시네이스(myrosinase)라고도 하며, 전구체인 글루코시놀산(glucosinolate)이나 티오글라이코사이드(thioglycoside)를 아이소티오시안산(isothiocyanate)으로 생성한다. 미로시네이스는 겨자씨에 존재하는 알릴 글루코시놀산(allyl glucosinolate)인 시니그린(sinigrin)을 특유의 매운맛을

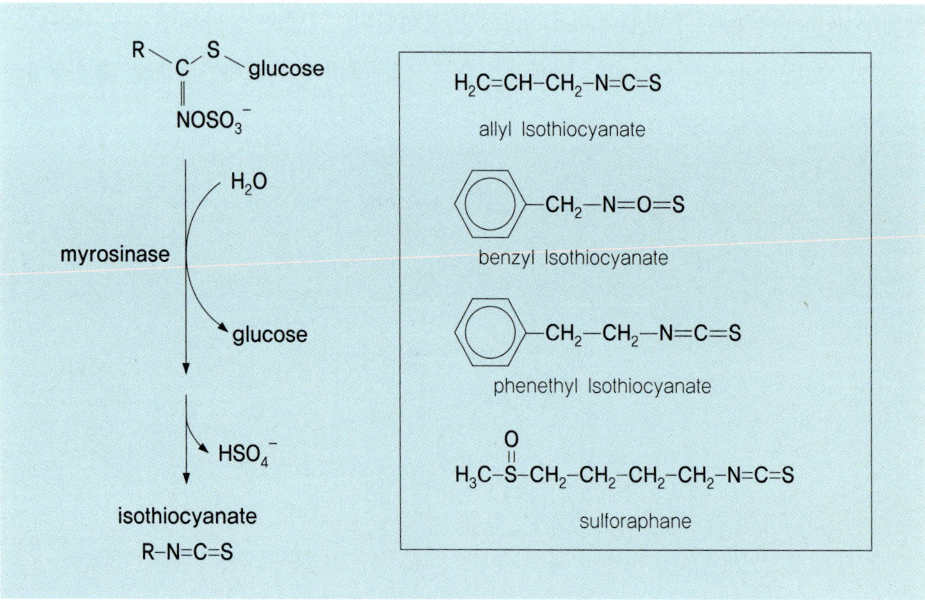

[그림 17-6] 미로시네이스의 작용

가진 알릴 아이소티오시안산(allyl isothiocyanate)으로 전환시킨다.

둘째, 식품에 불쾌한 악취를 향미효소가 작용하여 분해 제거하여 식품의 향미를 향상시키는 경우이다. 콩의 불쾌한 냄새 성분은 대두단백질(soy protein)과 결합되어 있는데 트립신으로 부분 분해하여 제거한다. 자몽이나 자몽 주스의 쓴맛을 내는 나린진(naringin)은 플라보노이드 배당체로 나린진 가수분해효소(naringinase)를 첨가하여 분해시켜 쓴맛을 감소시킬 수 있다. 나린진 가수분해효소는 람노시데이스(α-L-rhamnosidase)와 글루코시데이스(β-D-glucosidase)의 두 가지 활성을 동시에 가지고 있어 나린진으로부터 람노오스와 포도당을 순차적으로 제거하여 쓴맛이 없는 아글리콘(aglycone)인 나린제닌(naringenin)을 생성한다.

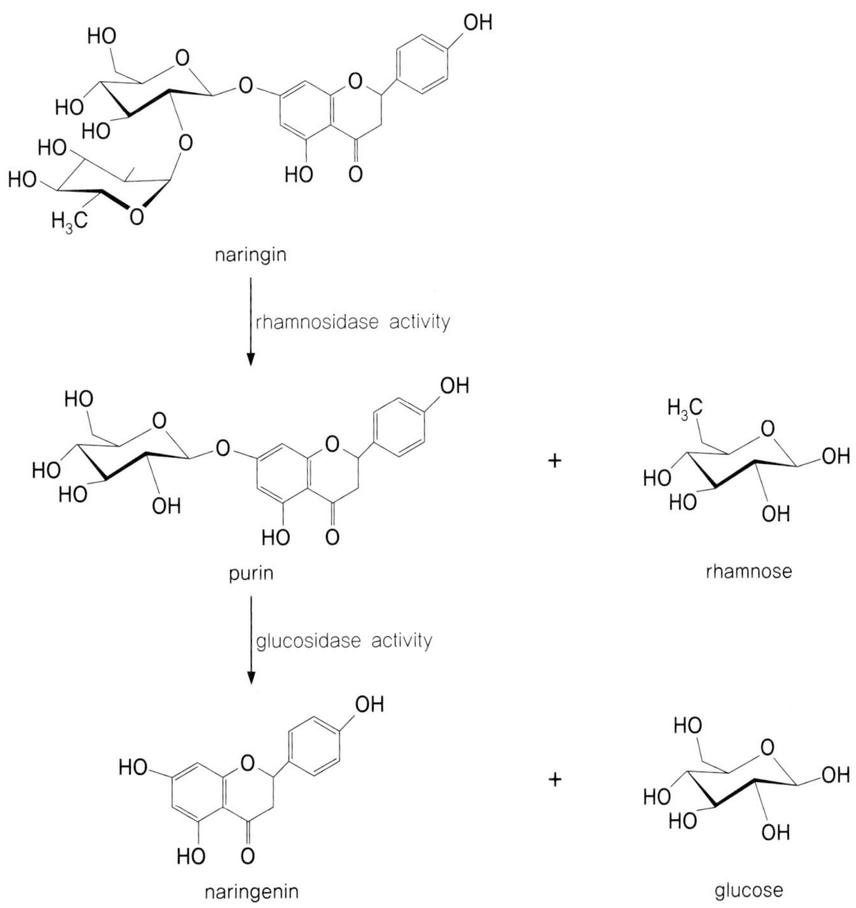

[그림 17-7] 나린진 가수분해효소의 작용

셋째, 향미효소를 사용하여 특정의 향미를 농축 상태로 제조하는 경우로 치즈 제품 제조 시 라이페이스(lipase)를 사용하여 향미를 향상시킨다. 콩이나 다른 채소 등의 가수분해된 단백질로 향미 증진 단백질인 식물단백질 가수분해물(hydrolyzed vegetable protein, HVP)은 수프나 소스의 향미를 증진시키는 향미제로 사용된다.

2. 동물성 식품의 생화학 반응

육류는 도축, 어획 등 사후 생화학 반응이 일어나 근육이 경직되고 pH는 감소하며, 시간이 지나면서 근육 경직이 다시 완화되고 숙성반응이 일어나 적합한 식품으로 이용된다.

1) 근육의 변화

(1) ATP

사후 근육에서 ATP는 새로 생성되는 양이 줄어들고 ATP 분해효소에 의하여 분해되는 양이 증가하여 전체적으로 감소된다. 사후에도 식육에서 ATP는 몇 시간 정도 합성되어 유지되지만 어육에서는 빠른 속도로 감소된다. 사후에 ATP가 분해되면서 ADP로 전환되고 ADP는 다시 AMP로 전환된다. AMP는 탈아미노화되어 IMP로 전환되고 IMP는 다시 탈인산화되어 이노신(inosine)으로 전환되는데 IMP는 풍미를 향상시키는 역할을 한다. 이노신은 하이포잔틴(hypoxanthin)으로 전환되고 하이포잔틴은 최종적으로 요산(uric acid)으로 전환된다.

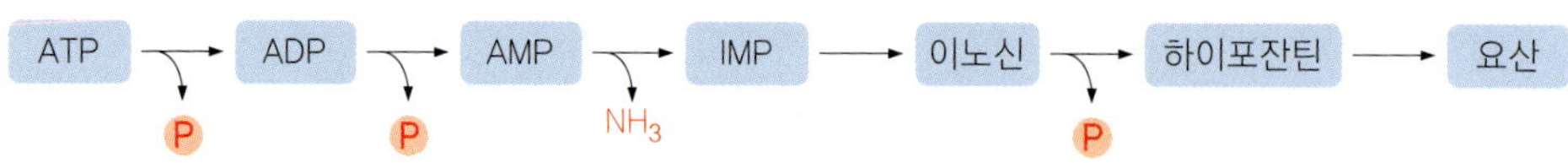

[그림 17-8] ATP의 분해 과정

(2) pH

사후 근육에서 산소 공급이 중단되면서 근육에 저장되어 있는 글리코젠은 혐기적 조건에서 분해되어 젖산을 생성한다. 이처럼, 사후 근육에서 혐기적 대사가 진행되어 젖산이 축적되면 pH가 감소된다. 근육의 pH는 도축 전 7.2~7.4에서 도축 후 5.3~5.5로 감소되며 사후 최종 pH는 근육 내 남아 있는 글리코젠의 양에 따라 달라지며, 글리코젠의 양은 도축 조건에 의하여 영향을 받는다. 근육 내 글리코젠양이 낮을수록 pH는 약간만 저하되며, pH가 높으면 색깔이 짙고 단단하며 표면이 건조한 상태가 되는데 이러한 식육을 DFD(dark, firm, dry)육이라 한다. 물고기는 어획되면 격렬히 움직여 근육 내의 글리코젠을 거의 소진하게 되어 사후 pH가 7.0 정도로 유지된다.

(3) 사후강직

사후 근육에서 액틴과 마이오신이 서로 결합하여 액토마이오신을 형성한 후 계속 유지되어 근육이 이완되는 성질이 없어지고 단단한 상태가 되는 현상을 사후강직(rigor mortis)이라 한다. 사후강직은 근육 내 ATP가 고갈되어 액토마이오신 결합을 분리할 에너지가 없어서 발생하는 현상이다. 사후에 최종 pH에 도달하고 ATP 이외에도 글리코젠, 크레아틴 인산 등이 고갈되면 분리할 수 없는 액토마이오신 결합이 증가하여 근육의 강직 현상이 더욱 증가한다. 사후강직이 일어나면 근육은 보수력이 낮아지고 질긴 상태가 된다.

(4) 숙성

사후강직이 일어난 이후 시간이 경과함에 따라 근육이 부드러워지고 보수력이 높아져서 식용으로 이용하기에 적합한 상태가 되는 현상을 숙성(aging)이라 한다. 숙성은 근육 내에 들어 있는 자가소화를 일으키는 단백질분해효소인 카텝신(cathepsin)과 칼슘활성인자(calcium activated factor, CAF) 등에 의하여 자가소화가 일어나 근섬유 단백질과 결합 조직의 단백질이 분해되면서 일어난다. 근섬유 단백질과 결합하고 있던 2가 양이온이 1가로 치환되면서 근육의 보수력이 회복되고 지방 성분이 분해되어 향미를 증진시킨다. 숙성에 필요한 시간은 식육의 종류, 숙성 온도 등에 따라 달라지는데 숙성 온도가 높아지면 숙성에 필요한 시간은 단축된다. 소고기는 숙성 시간이 4℃에서는 7~14일 정도, 10℃에서는 4~5일 정도 필요하다.

(5) 색소

마이오글로빈(myoglobin, Mb)은 철(Fe)을 함유한 포르피린(porphyrin) 고리인 헴(heme)과 단백질인 글로빈(globin)이 결합한 복합 단백질이자 붉은색을 띠고 있는 색소 단백질이다. 마이오글로빈 함량은 동물의 종류, 연령, 근육의 부위에 따라 다르며, 연령이 증가할수록 색도 짙어지는 경향이 있다.

❶ 산화

Fe^{2+}을 함유한 환원형의 마이오글로빈(Mb)은 공기와 차단되면 적자색을 나타내지만, 공기 중에 노출되면 산소(O_2)와 결합하여 선홍색의 옥시마이오글로빈(oxymyoglobin, MbO_2)으로 된다. 육류를 저장하면 옥시마이오글로빈은 Fe^{2+}가 산화되면서 Fe^{3+}가 되어 갈색의 메트마이오글로빈(metmyoglobin, MMb)으로 된다.

❷ 가열

육류를 가열하면 마이오글로빈(Mb)은 산화처럼 옥시마이오글로빈(MbO_2)을 거쳐 메트마이오글로빈(MMb)으로 되고 계속 가열하면 메트마이오글로빈의 글로빈이 변성 분

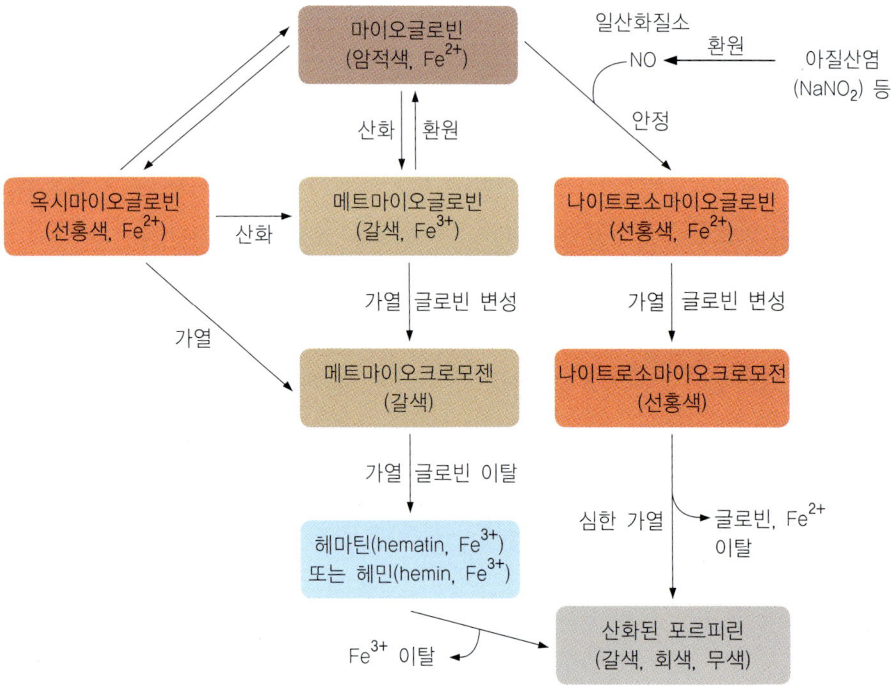

[그림 17-9] 마이오글로빈의 변화

리되고 Fe^{2+}의 헴은 Fe^{3}인 갈색의 헤마틴(hematin)으로 된다. 헤마틴은 식염(NaCl) 존재하에서 염소 이온과 결합하여 염화물인 헤민(hemin)을 생성한다.

❸ 발색

햄, 소시지, 베이컨 등 육류 가공품은 가공 과정에서 육색을 보존하기 위해 발색제를 사용한다. 발색에 관여하는 발색제는 아질산염(KNO_2, $NaNO_2$)으로 아질산염은 가공 과정 중 절임 용액 속에 들어 있는 질산염(KNO_3, $NaNO_3$)이 육류에 존재하는 비병원성 미생물에 의하여 아질산염으로 환원된 후 육류의 해당과정으로 생성된 젖산(lactate)에 의하여 아질산(HNO_2)을 생성한다. 아질산은 육류의 환원물질에 의하여 일산화질소(NO)를 생성하고 일산화질소는 환원형의 마이오글로빈(Mb)과 결합하여 선홍색의 나이트로소마이오글로빈(nitrosomyoglobin, NOMb)이 된다. 나이트로소마이오글로빈(NOMb)을 가열하면 글로빈이 변성되어 나이트로소마이오크로모겐(nitrosomyochromogen)인 나이트로실헤모크롬(nitrosylhemochrome)이 되지만 선홍색이 보존되어 육색이 고정된다.

육류 가공품의 저장 중에 마이오글로빈은 세균에 의하여 헴이 산화되면 녹색의 콜레글로빈(choleglobin)이나 설프마이오글로빈(sulfmyoglobin)을 생성하여 녹변이 된다.

3. 식품의 갈변반응

사과, 배, 바나나, 감자, 우엉 등의 껍질을 벗기거나 상처가 생겨 공기 중에 노출되면 표면이 갈색으로 변하게 된다. 갈변(browning)은 식품을 가공 저장하는 과정에 식품의 색이 갈색으로 변하는 과정을 말한다. 갈변은 바람직하지 않으나, 카테킨을 함유한 녹차가 중합되어 홍차로 유용하게 변하는 경우도 있다. 이처럼, 갈변이 식품의 품질에 미치는 영향은 다양하며, 갈변반응은 효소가 관여하는 효소적 갈변반응(enzymatic browning)과 효소의 관여 없이 일어나는 비효소적 갈변반응(non-enzymatic browning)으로 구분한다.

1) 효소적 갈변반응

과일 및 채소류의 폴리페놀 화합물은 공기 중의 산소와 반응하면 조직 내의 폴리페놀 산화효소(polyphenol oxidase)나 타이로시네이스(tyrosinase)에 의하여 산화되어 갈색물질을 생성하는데 이러한 반응을 효소적 갈변반응이라 한다. 효소적 갈변반응의 기질로는 카테킨, 타이로신, 갈산, 클로로젠산 등이 있다.

(1) 폴리페놀 산화효소

무색의 카테콜(catechol)이나 클로로젠산(chlorogenic acid) 등 카테콜 유도체는 폴리페놀 산화효소(polyphenol oxidase)에 의해 산소와 결합하여 암적색의 퀴논(quinone)으로 산화된 후 계속 중합되어 흑갈색물질인 멜라닌(melanin) 색소를 생성하여 갈변하게 된다. 폴리페놀 산화효소는 페놀을 산화하여 퀴논을 생성하는 반응을 촉매하는 효소로 구리(Cu)를 함유하고 있다. 폴리페놀 산화효소는 사과나 배 갈변의 원인으로 껍질을 깎은 사과나 배를 묽은 소금물에 담그면 염소 이온(Cl^-)이 폴리페놀 산화효소의 활성을 억제하여 갈변이 잘 일어나지 않지만, 금속 용기에 놓아두면 구리나 철이 폴리페놀 산화효소의 활성을 촉진시켜 갈변이 잘 일어나게 된다.

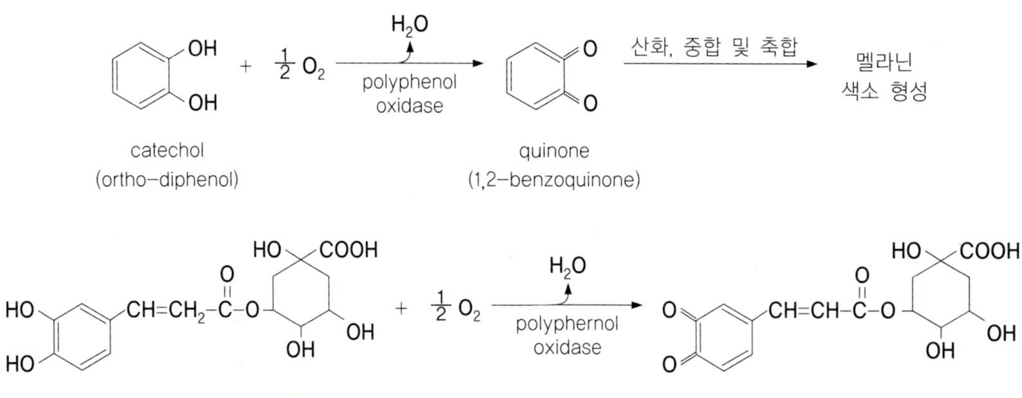

[그림 17-10] 폴리페놀 산화효소에 의한 갈변

(2) 타이로시네이스

타이로신(tyrosine)은 모노페놀 산화효소(monophenol oxidase)라고도 하는 타이로시네이스(tyrosinase)에 의하여 산화되어 DOPA(3,4-dihydroxy phenylalanine)를 거쳐 DOPA 퀴논(DOPA quinone)이 되고 DOPA 퀴논은 다시 DOPA 크롬(DOPA chrome)을 거쳐 계속 산화 및 축합반응을 통해 흑갈색물질인 멜라닌 색소를 생성한다. 타이로시네이스는 수용성의 구리 함유 효소로 감자 갈변의 원인이 된다. 타이로시네이스는 수용성이므로 깎은 감자를 물에 담그면 타이로시네이스가 용출되어 갈변이 억제된다.

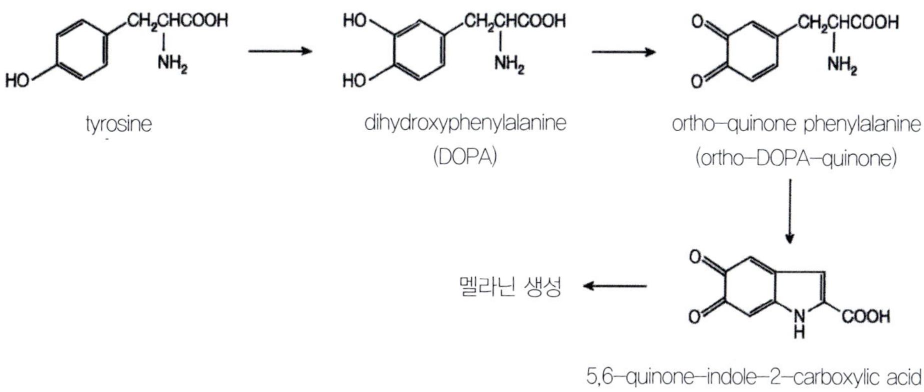

[그림 17-11] 타이로시네이스에 의한 갈변

(3) 효소적 갈변반응의 억제

효소적 갈변반응을 억제하는 방법은 주로 기질 제거, 산소 제거, 효소 불활성화 등의 요인을 사용한다.

❶ 기질 제거

아황산가스와 아황산염 형태의 이산화황은 기질을 환원시키는 환원물질로 작용하여 퀴논을 다이페놀로 환원시킨다. 이산화황은 폴리페놀 산화효소에 의한 산화를 방지하는 환원물질로 비타민 C 보존 효과를 가지며, 가장 효과적인 갈변 억제제이다.

❷ 산소 제거

갈변반응은 산소가 존재하지 않으면 일어나지 않으므로 산소를 차단하면 갈변반응을 억제시킬 수 있다. 밀폐된 용기에 넣어 공기를 차단하거나 공기 차단 포장 용기 안에 이산화탄소나 질소 가스 등으로 대체하거나 글루코오스 산화효소(glucose oxidase)를 사용하여 산소를 고갈시킨다. 또한, 물, 설탕 용액, 비타민 C 용액에 담그면 산소와의 접촉을 피할 수 있으며, 20% 이상의 설탕 용액은 산소 제거뿐만 아니라 효소 활성도 저해시킨다.

❸ 효소 불활성화

효소를 불활성화시키는 가장 간단한 방법은 70℃ 이상의 데치기(blanching) 과정으로 모든 효소는 단백질로 가열 등 열처리로 불활성화시킬 수 있다. 효소 대부분의 최적 pH는 4~7 정도로 pH 3 이하에서는 활성이 거의 상실되므로 식품의 pH를 구연산(citric acid), 아스코브산(ascorbic acid), 사과산(malic acid) 등을 첨가하여 낮추면 활성이 상실되고 변성이 되어 갈변반응을 억제할 수 있다. 폴리페놀 산화효소와 타이로시네이스는 염소 이온(Cl^-)에 의하여 활성이 억제되므로 소금물에 담그면 갈변반응을 억제할 수 있다.

4. 맥주 양조 공정의 생화학 반응

곡류 및 과일류 등 탄수화물로부터 혐기적 해당과정인 발효 과정을 통해 주류를 제조하는 공정은 생화학 반응에 의해 에탄올(ethanol)과 함께 향미성분 등이 생성된다. 보리 등 곡류를 원료로 하는 맥주는 맥아 제조(malting)와 발효 등의 공정을 거쳐 보리 등 전분으로부터 에탄올이 생성되고 첨가물질에 의한 향미성분도 만들어진다. 맥주는 보리 등 곡류로부터 생산된 당의 알코올 발효를 통해 제조되는 음료로 생화학 및 효소 반응은 맥아(malt)와 효모(yeast)에 의해 일어난다. 맥주 제조의 양조 공정은 일반적으로 담금, 전 발효, 후 발효, 여과 등으로 이루어지며, 수분이 존재하는 곡류의 발아 과정 중에 곡물에 함유되어 있는 많은 효소가 생성되어 보리 등 곡류를 분해한다.

1) 맥주 제조 관련 효소

맥주 제조의 첫 단계는 보리를 물에 담가 보리의 싹을 틔우는 맥아 제조 공정이며, 맥아에는 아밀레이스(amylase), 글루칸 분해효소(glucanase), 단백질 분해효소(protease) 등을 함유하고 있다. 보리의 전분은 아밀로오스(amylose)의 (α 1→4) 결합을 순차적으로 분해하여 맥아당을 생성하는 β-아밀레이스(α-amylase), 아밀로펙틴(amylopectin)

의 (α1→6) 결합을 분해하는 글루코아밀레이스(glucoamylase) 등의 작용에 의하여 포도당으로 분해되고 (β 1→3), (β 1→4) 글라이코사이드 결합의 포도당 중합체인 불용성의 β-글루칸(β-glucan)은 β-글루칸분해효소(β-glucanase)에 의해 분해되어 수용성으로 전환되며 보리의 주요 단백질인 호데인(hordein)과 글루텔린(glutelin)은 단백질 분해효소에 의해 아미노산으로 분해된다.

2) 발효 과정

효모의 발효 과정에 의하여 에탄올과 향미성분이 생성되어 맥주의 맛과 향이 결정된다. 보리의 전분으로부터 생성된 포도당은 효모에 의하여 혐기적 해당과정을 거쳐 분해되어 에탄올이 생성된다. 발효 과정에서 에탄올 이외에 2-페닐에탄올(2-phenyl ethanol), 프로판올(propanol), 부탄올(butanol), 헥산올(hexanol) 등의 알코올류가 함께 생성되고 알코올류와 아세틸-CoA(acetyl-CoA)가 반응하여 과일 향을 내는 에스터(ester)류의 향미성분을 생성한다. 맥주의 향미성분 중 다이메틸설파이드(dimethyl sulfide)는 보리 단백질의 황함유 아미노산으로부터 만들어진 다이메틸술폭사이드(dimethyl sulfoxide)를 효모의 메티오닌설폭사이드 환원효소(methionine sulfoxide reductase)의 작용에 의하여 전환되어 생성되며, 양조 공정 중에서 S-메틸 메티오닌(S-methyl methionine)의 열분해에 의해 생성되기도 한다.

맥주의 향미를 위하여 첨가물인 호프(hope)를 첨가하는데 호프의 α-산류인 휴물론(humulone)은 쓴맛을 내는 주요 물질로 휴물론은 양조 과정에서 아이소휴물론(isohumulone)으로 전환되어 쓴맛이 더욱 강해진다. 호프의 β-산류는 양조 과정에서 산화되어 일부는 쓴맛 성분으로 전환되지만, 일부는 쓴맛이 없는 성분으로 전환된다.

5. 냉동 및 냉장 저장의 생화학 반응

식품의 다양한 저장 방법 중에 저온에서 식품 성분들에 대한 효소의 생화학 반응 속도를 저하시켜 저장성을 증진시키는 냉동 및 냉장 저장 방법이 가장 대표적인 방법이다.

1) 냉동 저장

냉동 과정은 식품을 1~2℃에서 -5~-8℃ 구간을 거쳐 얼음 결정이 형성되는 -15~-18℃ 부근에서 저장하는 과정을 의미한다. 냉동 저장은 식품 내의 수분을 모두 동결시켜, 식품 내 효소 반응은 물론 미생물의 생육과 화학적 변화도 함께 억제시켜 식품의 장기 저장이 가능하여 경제적인 면에서 가장 효율적인 식품 저장 과정으로 널리 사용되고 있다. 그러나 이러한 냉동 저장 과정에서는 다양한 물리적 · 화학적 변화도 수반되어 식품의 품질 저하를 초래한다. 일반적으로, 냉동은 수분 함량이 매우 높은 과일이나 채소보다는 중간 정도의 수분 함량을 가진 육류나 생선류에 효과적인 저장 방법이다. 그 이유는 유연한 세포막을 가진 동물성 식품에 비해 식물성 식품은 유연성이 부족하고 견고한 세포벽으로 구성되어 있어 동결 과정에서 세포의 손상이 식물성 식품이 동물성 식품보다 더 크기 때문이다. 냉동 속도에 따라 얼음 결정의 크기와 수가 변하는데 냉동 속도가 상대적으로 느린 완만냉동(slow freezing)은 큰 얼음 결정을 만들지만, 급속냉동(fast freezing)은 균일하고 작은 결정을 생성하여 해동 후 수분 손실이 훨씬 작다.

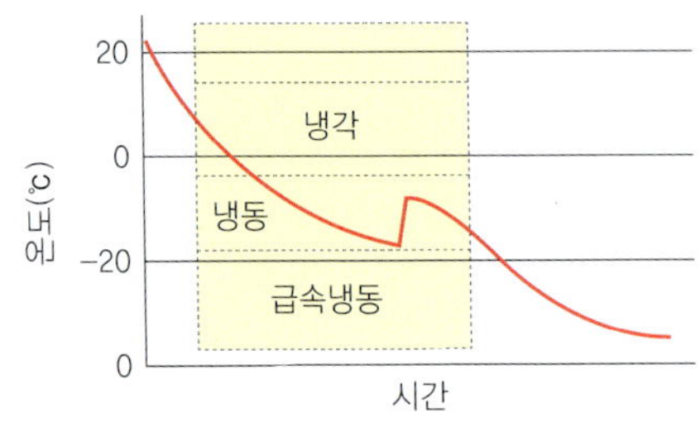

[그림 17-12] 식품의 냉동곡선

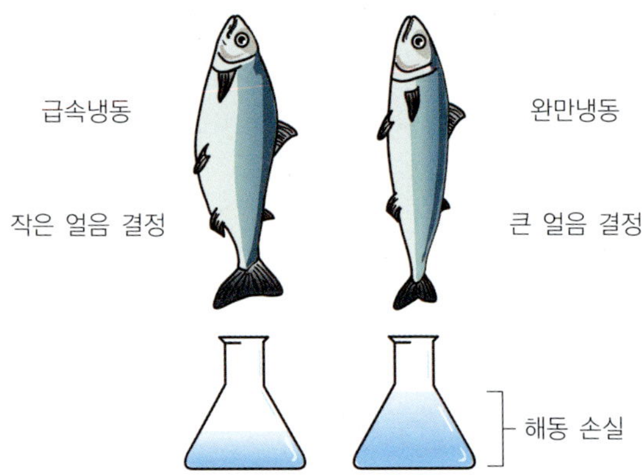

[그림 17-13] 냉동 속도에 따른 해동 후 수분 손실

(1) 물리적 변화

냉동 상태에서는 일부 수분이 증발 및 손실되어 식품의 중량 감소와 함께 조직의 손상과 단백질의 변성도 일어난다. 냉동 저장 중에는 온도 변이에 따른 얼음 결정의 부피 변화와 재결정화에 의해 주변에 탈수를 일으켜 조직의 손상이 나타난다. 육류 식품에서 조직 외관에 심각한 구조의 변형이 일어나 조직이 손상되는 것을 냉동화상(freeze burn)이라고 한다. 또한, 얼음 결정 생성 과정에서 결합수 이탈, 염류 농축 및 결합 형성으로 단백질 분자가 비가역적인 변성 과정을 거쳐 구조의 변화가 일어난다.

(2) 화학적 변화

냉동 상태에서 비타민 C인 아스코브산과 클로로필, 카로티노이드, 플라보노이드 등의 식물성 색소와 마이오글로빈 등의 동물성 색소는 매우 느리게 파괴되어 식품의 외관에 변화가 일어나며, 단백질 성분도 변성에 따른 불용화가 일어나 품질의 저하를 초래한다. 특히, 대구 살 등의 어육 단백질인 탄력을 생성하는 염용성 단백질은 저장 온도에 따라 큰 영향을 받는데 저장 온도가 높을수록 손실이 증가하여 품질이 감소한다.

효소 작용은 일반적으로 수분의 존재에 따라 크게 영향을 받는데 냉동 저장이 식품의 장기 저장에 유용한 것은 효소 작용에 필요한 수분을 얼음 결정 형태로 변화시켜 품질 저하에 관여하는 효소 반응을 억제시킬 수 있기 때문이다. 그러나, 인지질분해와 관련된 효소들은 냉동 상태에서도 느리지만 지속적으로 작용하여 인지질의 분해로부터 생성된 트라이메틸아민(trimethylamine, TMA)의 이취로 식품의 품질을 저하시킨다. 과일 및 채소류 식품에서도 조직에 함유된 인지질분해 효소(phospholipase)의 작용에 의하여 이취와 변색이 발생할 수 있어, 냉동 저장 전에 데치기(blanching)의 가열 과정인 전처리 과정을 통하여 관련 효소들을 미리 불활성화시켜 냉동 저장 중에 품질 저하를 방지하는 과정이 필요하다. 이외에도 동결 전에 산 처리로 갈변반응을 방지하거나, 저온 숙성 과정을 통해 유연성과 보수성을 증가시키고 자가소화에 의한 변패를 방지함으로써 냉동 저장 중의 변화를 최소화시켜 품질 저하를 방지할 수 있다.

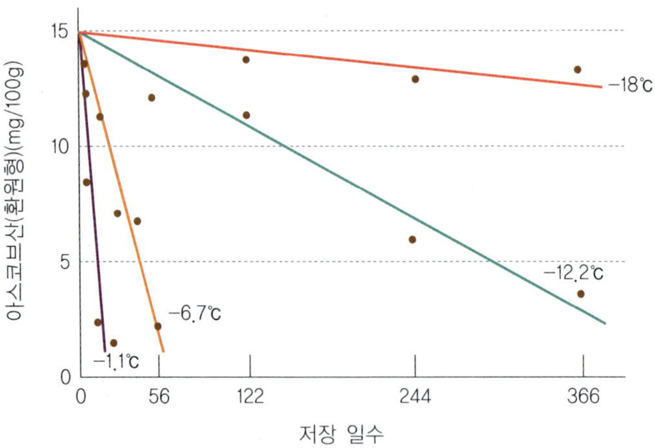

[그림 17-14] 냉동 저장 온도에 따른 아스코브산 함량의 변화

2) 냉장 저장

냉장 과정은 식품을 0℃에서 10℃ 사이의 온도로 저장하는 과정을 의미하며, 냉동 과정의 전처리 단계로도 사용된다. 냉장 저장을 이용하는 식품은 대부분 해산물이고 과일 및 채소류도 수확 후 바로 냉장하여 유통된다. 냉장 온도는 식품의 종류에 따라 다르며, 생선은 1℃, 과일류는 0~5℃, 채소류는 0~1℃, 육류는 0℃ 전후이다. 일반적으로 냉장 온도에서 대부분 부패균은 생육이 느리거나 정지되지만 리스테리아(*Listeria*)와 같은 부패균은 냉장 온도에서도 활발하게 생육할 수 있어 저장성을 크게 감소시킨다. 유제품과 같은 냉장 식품은 작은 온도 상승에도 민감하게 반응하여 미생물의 오염으로 인한 산도 저하와 이취 발생으로 품질이 크게 저하된다.

과일류는 냉장 저장에서 대부분 호흡 속도 및 관련 반응의 속도가 감소하지만, 과일의 종류에 따라 일정한 온도에서 저장했을 때, 호흡 속도가 변하는 전환성 호흡(climacteric respiration)의 특성을 나타낸다. 사과, 바나나, 배 등은 수확 후 전환성 호흡에 의해 후숙 과정이 일어나지만, 포도, 파인애플, 딸기 등은 후숙 과정을 거치지 않는다. 후숙 과정에서는 저장 중 호흡 속도가 급격히 증가하여 에틸렌과 이산화탄소 가스가 증가하고 수용성 펙틴의 증가로 과육의 연화가 일어난다. 이처럼, 전환성 호흡의 특성을 갖는 과일류는 완전히 숙성되기 전에 수확하여 냉장 저장으로 과숙 현상을 늦추고 유통기간 동안 숙성시키는 저장 유통 방식인 CA(controlled atmosphere) 저장법을 이용하고 있다. CA 저장법은 냉장 저장 중 과일 및 채소류의 호흡을 억제하기 위하여 대기보다 낮은 산소와 높은 이산화탄소 농도의 밀폐된 저장고에 냉장 저장시켜 저장 기간을 연장하는 호흡 작용의 특성을 이용한 방법이다.

냉장 저장 과정에서 육류는 저장과 함께 자가소화 과정을 통하여 풍미 증진이 되고 발효주도 품질이 개선되는 효과가 일어난다. 이처럼, 식품의 냉장 저장은 품질을 유지 및 증진시키는 긍정적 효과도 있지만 저하시키는 양면의 특성이 있다.

육류는 도축 후 온도를 0~5℃로 내리면, 근육세포의 칼슘 이온이 분비될 수 없어 근육이 과도하게 수축되고 수분 보유 능력이 감소되는 저온 단축(cold shortening)이 발생하여 품질이 저하된다. 열대 과일 및 채소류를 적정 생육온도보다 낮은 조건에서 냉장 저장할 경우, 조직의 비정상적인 변화로 인한 갈변과 표면 손상으로 품질이 저하되는 냉해(cold injury)가 발생한다. 바나나와 같은 열대 과일의 세포막에는 녹는점(melting point, mp)이 높은 지질이 많이 들어 있어 냉장 온도에서는 세포막의 지질들이 액체에서 고체로 상변화가 일어나면서 이취 등 품질 저하가 일어난다. 이러한 식품들의 안전한 저장을 위해서는 각 식품 소재에 적합한 냉장 온도를 적용하여 저장하는 것이 필요하다.

연습문제

1. 클로로필(chlorophyll)에서 마그네슘(Mg)과 피톨(phytol)이 제거된 구조는?
   ① 포르피린(porphyrin)
   ② 페오피틴(pheophytin)
   ③ 페오포비드(pheophorbide)
   ④ 클로로필린(chlorophylline)
   ⑤ 클로로필리드(chlorophyllide)

2. 클로로필을 갈변시키는 요인은?
   ① 클로로필레이스(chlorophyllase) ② 산
   ③ Cu ④ Fe ⑤ 알칼리

3. 헴색소의 변화에 대한 설명으로 옳은 것은?
   ① 육류 가열 시 Fe^{3+}의 헤마틴을 생성한다.
   ② 가공육은 적색의 콜레마이오글로빈이다.
   ③ 산화 육색소는 Fe^{2+}의 메트마이오글로빈이다.
   ④ 숙성 육색소는 Fe^{3+}의 옥시마이오글로빈이다.
   ⑤ 저장육은 NO_2를 포함한 녹색의 나이트로소마이오글로빈이다.

4. 효소적 갈변에 대한 설명으로 옳은 것은?
   ① 식품 중에서 자연발생적으로 일어난다.
   ② 데치기(blanching)에 의해 갈변반응은 억제된다.
   ③ 당을 이용한 식품의 조리 가공 중에 일어난다.
   ④ 기질은 주로 아미노화합물과 카보닐화합물이다.
   ⑤ 생성되는 색소의 양은 당과 아미노화합물의 농도에 비례한다.

5. 마이야르(Maillard) 반응의 설명으로 옳은 것은?
   ① 감자 절단 시의 갈변반응
   ② 껍질 벗긴 사과의 갈변반응
   ③ 감귤류나 주스의 갈변반응
   ④ 아미노산과 당의 갈변반응
   ⑤ 당류의 가열에 의한 산화 및 분해산물의 갈변반응

6. 다음 중 갈변(browning)에 대한 설명으로 옳은 것은?
   ① 타이로시네이스에 들어 있는 금속은 Mg이다.
   ② 캐러멜화 반응의 생성물은 휴민이다.
   ③ 마이야르 반응의 생성물은 멜라닌이다.
   ④ 폴리페놀 산화효소에 들어 있는 금속은 Ca이다.
   ⑤ 마이야르 반응은 육탄당이 오탄당보다 더 잘 일어난다.

7. 식물에 널리 존재하며, 전분의 가장 바깥에 있는 비환원성 말단에서부터 (α 1→4) 결합을 순차적으로 분해하는 효소는?
   ① α-amylase ② β-amylase
   ③ γ-amylase ④ δ-amylase
   ⑤ glucoamylase

8. 불용성의 폴리갈락트론산을 분해하여 갈락트론산을 생성하는 효소는?
   ① pectinase ② pectin esterase
   ③ pectin lyase ④ protopectinase
   ⑤ polygalacturonase

9. 다음 중 식물의 세포벽으로부터 자일로오스(xylose)를 생성할 수 있는 효소는?
   ① hemicellulase ② cellulase
   ③ β-glucanase ④ glycosidase
   ⑤ xylase

10. 전분으로부터 고과당시럽(high fructose syrup) 생산에 필요한 효소가 아닌 것은?
   ① thermostable β-amylase
   ② glucoamylase
   ③ pulluanase
   ④ glucose isomerase
   ⑤ maltase

정답: 1 ③ 2 ② 3 ① 4 ③ 5 ④
6 ② 7 ② 8 ⑤ 9 ① 10 ⑤

참고문헌

방병호 · 채기수 · 최부돌 · 최병범 (2017). 최신생화학(수정판). 서울: 도서출판 진로.

이주희 · 이홍미 · 한성림 · 김혜경 · 박경애 · 김영호 (2013). 대사를 중심으로 한 생화학(개정판). 교문사.

박인국 (2018). 생화학 길라잡이(2판). 서울: 라이프사이언스.

곽한식 · 김재원 · 김하근 · 태건식 (2015). 생화학(8판). 서울: 라이프사이언스.

김정숙 · 오문헌 · 지의상 · 최병범 (2000). 생화학. 경기: 광문각.

이성준 · 유상호 · 김지연 · 윤현근 · 어중혁 · 오병철 (2014). 생각이 필요한 식품생화학. 서울: 수학사.

장판식 · 노봉수 · 유상호 · 김묘정 · 김영완 (2017). 이해하기 쉬운 식품효소공학(개정판). 서울: 수학사.

김기대 · 김현경 · 박원종 · 배인영 · 채희정 · 최병범 · 최정희 (2018). 건강기능식품. 서울: 창지사.

윤선 · 곽호경 · 유경 · 김혜경 · 박명수 · 염경진 · 오혜숙 · 이민준 · 이재환 · 지근억 (2014). 기능성 식품학(2판). 서울: 라이프사이언스.

강일준 · 강명화 · 김미숙 · 송미란 · 박성수 · 변의흠 · 유상호 · 육홍선 · 이경행 · 이미경 · 이영택 · 이옥환 · 이준수 · 임준성 · 임지영 · 전우진 · 정서진 · 정윤화 · 정윤정 (2017). 식품화학 길라잡이(증보판). 서울: 라이프사이언스.

송효남 · 박복희 · 박영희 · 이근종 · 이성호 · 최병범 (2021). 누구나 알기 쉬운 식품화학. 서울: 창지사.

이숙영 · 정해정 · 이영은 · 김미리 · 김미라 · 송효남 (2009). 식품화학. 경기: 파워북.

조신호 · 신성균 · 박헌국 · 송미란 · 차윤환 · 한명륜 · 유경미 (2014). 식품화학(3판). 경기: 교문사.

최병범 · 이혜정(2012). 운동영양학. 서울: 문운당.

주정희 (1997). 녹두와 완두에서 저온 자극에 의한 에틸렌 생합성의 변화. 석사학위논문. 이화여자대학교.

Nicholas C. Price & Lewis Stevens (1999). *Fundamentals of Enzymology* (3rd). NY(USA): Oxford University Press.

Reginald H. Garrett & Charles M. Grisham (2005). *Biochemistry* (3rd). CA(USA): Thomson Books/Cole.

저자소개

최병범

– 연세대학교 생화학과 졸업
– 연세대학교 생화학과 석사, 박사
– 현재 신한대학교 식품영양학전공 교수

제2판
식품생화학

초 판 1쇄 발행 2018년 11월 10일
제2판 1쇄 발행 2022년 1월 28일

지 은 이 | 최병범
펴 낸 이 | 김기섭
편 집 인 | 이혜란·이윤희
펴 낸 곳 | 창지사 www.changjisa.com
08589 서울시 금천구 가산디지털 1로 83 파트너스타워 1차 9층
전화 (02)719-2211~3
팩스 (02)701-9386
등 록 | 1977년 4월 28일 · 제1-421호

ISBN 978-89-426-1512-4 (93590)

값 35,000원